论优劣并筑器，
致广大而尽精微

白春礼

戊戌春月

中国科学院院长 白春礼院士 题

U0252414

中国科学院科学出版基金资助出版

低维材料与器件丛书

成会明　总主编

低维纳米材料制备方法学

俞书宏　著

科学出版社

北　京

内 容 简 介

本书为"低维材料与器件丛书"之一。由于低维材料尺寸较小，其通常具有较高比表面积和活性，这使得大量、稳定地制备低维材料需要用到一些特殊的方法。此外，低维材料的性能与其形貌、物相、成分及元素分布等关系密切，因此还需要考虑制备过程及产物的可控性。以低维材料的实际应用为导向，本书系统介绍了通过物理、化学方法制备低维材料的策略。内容不仅涵盖发展较为成熟的各类气相、液相和固相制备技术，还介绍了可控、连续、宏量制备低维材料的研究前沿。

本书适于从事低维材料科学研究，特别是对低维材料的合成方法和应用感兴趣的科研人员、各大院校相关专业师生以及科研院所和企业专业技术人员参考学习。

图书在版编目（CIP）数据

低维纳米材料制备方法学 / 俞书宏著. —北京：科学出版社，2019.6
（低维材料与器件丛书 / 成会明总主编）
ISBN 978-7-03-060644-0

Ⅰ. ①低… Ⅱ. ①俞… Ⅲ. ①纳米材料-制备 Ⅳ. ①TB383

中国版本图书馆 CIP 数据核字（2019）第 036848 号

责任编辑：翁靖一 李丽娇 / 责任校对：杜子昂
责任印制：师艳茹 / 封面设计：耕者设计工作室

科 学 出 版 社 出版
北京东黄城根北街 16 号
邮政编码：100717
http://www.sciencep.com
北京画中画印刷有限公司 印刷
科学出版社发行 各地新华书店经销
*
2019 年 6 月第 一 版 开本：720×1000 1/16
2021 年 1 月第二次印刷 印张：26 3/4
字数：518 000
定价：150.00 元
（如有印装质量问题，我社负责调换）

低维材料与器件丛书

编 委 会

总主编：成会明

常务副总主编：俞书宏

副总主编：李玉良　谢　毅　康飞宇　谢素原　张　跃

编委（按姓氏汉语拼音排序）：

总　序

　　人类社会的发展水平，多以材料作为主要标志。在我国近年来颁发的《国家创新驱动发展战略纲要》、《国家中长期科学和技术发展规划纲要(2006—2020年)》、《"十三五"国家科技创新规划》和《中国制造2025》中，材料都是重点发展的领域之一。

　　随着科学技术的不断进步和发展，人们对信息、显示和传感等各类器件的要求越来越高，包括高性能化、小型化、多功能、智能化、节能环保，甚至自驱动、柔性可穿戴、健康全时监/检测等。这些要求对材料和器件提出了巨大的挑战，各种新材料、新器件应运而生。特别是自20世纪80年代以来，科学家们发现和制备出一系列低维材料(如零维的量子点、一维的纳米管和纳米线、二维的石墨烯和石墨炔等新材料)，它们具有独特的结构和优异的性质，有望满足未来社会对材料和器件多功能化的要求，因而相关基础研究和应用技术的发展受到了全世界各国政府、学术界、工业界的高度重视。其中富勒烯和石墨烯这两种低维碳材料的发现者还分别获得了1996年诺贝尔化学奖和2010年诺贝尔物理学奖。由此可见，在新材料中，低维材料占据了非常重要的地位，是当前材料科学的研究前沿，也是材料科学、软物质科学、物理、化学、工程等领域的重要交叉，其覆盖面广，包含了很多基础科学问题和关键技术问题，尤其在结构上的多样性、加工上的多尺度性、应用上的广泛性等使该领域具有很强的生命力，其研究和应用前景极为广阔。

　　我国是富勒烯、量子点、碳纳米管、石墨烯、纳米线、二维原子晶体等低维材料研究、生产和应用开发的大国，科研工作者众多，每年在这些领域发表的学术论文和授权专利的数量已经位居世界第一，相关器件应用的研究与开发也方兴未艾。在这种大背景和环境下，及时总结并编撰出版一套高水平、全面、系统地反映低维材料与器件这一国际学科前沿领域的基础科学原理、最新研究进展及未来发展和应用趋势的系列学术著作，对于形成新的完整知识体系，推动我国低维材料与器件的发展，实现优秀科技成果的传承与传播，推动其在新能源、信息、光电、生命健康、环保、航空航天等战略新兴领域的应用开发具有划时代的意义。

　　为此，我接受科学出版社的邀请，组织活跃在科研第一线的三十多位优秀科学家积极撰写"低维材料与器件丛书"，内容涵盖了量子点、纳米管、纳米线、石墨烯、石墨炔、二维原子晶体、拓扑绝缘体等低维材料的结构、物性及其制备方法，并全面探讨了低维材料在信息、光电、传感、生物医用、健康、新能源、环境保护等领域的应用，具有学术水平高、系统性强、涵盖面广、时效性高和引领性强等特点。本套丛书的特色鲜明，不仅全面、系统地总结和归纳了国内外在低维材料与器件领域的优秀科研成果，展示了该领域研究的主流和发展趋势，而且反映了编著者在各自研究领域多年形成的大量原始创新研究成果，将有利于提升我国在这一前沿领域的学术水平和国际地位、创造战略新兴产业，并为我国产业升级、提升国家核心竞争力提供学科基础。同时，这套丛书的成功出版将使更多的年轻研究人员和研究生获取更为系统、更前沿的知识，有利于低维材料与器件领域青年人才的培养。

历经一年半的时间，这套"低维材料与器件丛书"即将问世。在此，我衷心感谢李玉良院士、谢毅院士、俞书宏教授、谢素原教授、张跃教授、康飞宇教授、张锦教授等诸位专家学者积极热心的参与，正是在大家认真负责、无私奉献、齐心协力下才顺利完成了丛书各分册的撰写工作。最后，也要感谢科学出版社各级领导和编辑，特别是翁靖一编辑，为这套丛书的策划和出版所做出的一切努力。

材料科学创造了众多奇迹，并仍然在创造奇迹。相比于常见的基础材料，低维材料是高新技术产业和先进制造业的基础。我衷心地希望更多的科学家、工程师、企业家、研究生投身于低维材料与器件的研究、开发及应用行列，共同推动人类科技文明的进步！

成会明

中国科学院院士，发展中国家科学院院士
清华大学，清华−伯克利深圳学院，低维材料与器件实验室主任
中国科学院金属研究所，沈阳材料科学国家研究中心先进炭材料研究部主任
Energy Storage Materials 主编
SCIENCE CHINA Materials 副主编

前　言

　　低维纳米材料因其拥有与常规体相材料不同的一系列新颖物理和化学性质,备受科学界的广泛关注。目前人们已经开发出多种制备技术来获取尺寸可控、形状和结构规整的零维、一维、二维纳米材料。在最广泛的术语中,纳米尺寸控制或纳米材料制备是指具有 $1 \sim 100$ nm 尺寸范围内的材料的设计、构造和合成。在制备低维纳米材料时通常采用"自上而下"和"自下而上"两种策略,这两种策略的区别在于纳米尺度结构的构建方式不同。"自上而下"的方法通常通过光刻法或基于其他化学、物理方法解构较大的材料来产生低维纳米材料,是维度减小的过程,尤以物理方法偏多;"自下而上"的方法则是基于原子或分子基本单元之间的连接和堆积的方式构建低维纳米材料,是维度、尺寸控制的过程,多为化学方法。

　　在纳米技术这几十年的发展积累基础上,通过"自上而下"的方法来制备低维纳米材料的工艺技术发展非常迅速且日趋成熟。特别地,"自上而下"光刻法的半导体材料加工工艺技术不断地向更小的尺度发展,对电子芯片的性能提升起到了至关重要的作用,使得半导体芯片加工的发展仍然满足著名的摩尔定律。相较而言,在"自下而上"的方法中,低维纳米材料从原子或分子前驱体出发,控制其反应和生长及自组装成更复杂的结构,使得这类方法在低维纳米材料的组分、形貌和结构调控方面有更丰富的内涵,是探索低维纳米材料新结构和新物性的基础。近十年来,为了制备新型低维纳米材料并探索其新颖的物化性质,"自下而上"法在低维纳米材料的制备中得到了极大的发展,各类相关制备方法根据新型低维纳米材料的设计要求被开发出来,并实现了新型低维纳米材料的高质量制备。可以说,低维纳米材料"自下而上"的制备方法与其新颖的物性探索相辅相成,互相推动。在过去十年,"自下而上"制备低维纳米材料占据了低维纳米材料制备的主导地位。

　　本书著者在保证内容完整性的基础上,结合自己多年来在低维纳米材料制备方面的研究实践,从反应物和体系的不同物质状态的角度出发,重点阐述了"自下而上"制备低维纳米材料技术的最新动态和前沿进展,同时也兼顾了一些经典的"自上而下"和"自下而上"的制备技术。本书注重研究思路和研究方法的阐述,旨在使读者对低维纳米材料的制备方法学有充分的了解和认识,并易于掌握其制备原理和存在的技术瓶颈,便于今后更好地开展具有创新性的研究。

本书由俞书宏负责框架的设定、章节的撰写及统稿和审校。本书分为 5 章，各章主要内容如下：第 1 章主要介绍低维纳米材料的发展历史和制备方法；第 2 章介绍气相沉积法制备低维纳米材料，分别从物理气相沉积和化学气相沉积角度予以阐述；第 3 章重点介绍液相法制备低维纳米材料及其最新进展；第 4 章重点介绍固相法制备低维纳米材料及其最新进展；第 5 章介绍了低维纳米材料的宏量制备，以及技术取得的进展及其存在的瓶颈问题，主要描述和总结纳米材料从实验室少量合成到宏量制备过程中应该关注的传热、传质及能量给予方式。特别感谢团队中从怀萍、姚宏斌、刘建伟、高敏锐、陆杨、梁海伟、茅璈波、高怀岭、孟玉峰、陈思铭、赵然、王金龙、王锐、何振、郑亚荣、余自有、伍亮、顾超、鞠一鸣、潘钊、于志龙、马致远、吴亚东、胡必成、李会会、吴振禹、阳缘、徐亮等的科研贡献和在本书撰写、修改过程中给予的大力支持和帮助。

衷心感谢国家自然科学基金重点项目（21431006、50732006）和重大研究计划重点项目（91022032）、国家重大科学研究计划项目（2010CB934700）、国家自然科学基金委员会创新研究群体科学基金（21521001）等对相关研究的长期资助和支持。

诚挚感谢成会明院士和"低维材料与器件丛书"编委会专家为本书提出的宝贵意见和建议。感谢科学出版社翁靖一编辑及出版社领导在本书出版过程中给予的热情帮助。

谨以此书献给从事低维纳米材料制备方法学研究的同行、有志于从事纳米材料研究的青年学子，以及从事纳米材料的制备技术及应用的企业界人士。

由于低维纳米材料制备方法学领域仍在快速发展，新知识、新理论仍在不断涌现，加之著者经验不足，书中不妥之处在所难免，希望专家和读者提出宝贵意见，以便及时补充和修改。

俞书宏

2019 年 1 月

于中国科学技术大学

目　录

第1章

低维纳米材料制备方法概述

低维纳米材料（low-dimensional nanomaterials）是 20 世纪伴随着半导体技术的广泛应用而迅速发展的一类材料。当宏观固体材料的三个维度中至少一个下降到纳米尺度，且与电子的德布罗意波长在相近数量级时，材料中的电子运动就会受到限制，其能量也由连续态变为分立的能级，从而衍生出新的物理现象和性质。低维纳米材料还具有超大比表面积等新颖特性，使得其在电学、光学、热学等方面的物性与宏观材料有显著不同。低维纳米材料按照其维度可分为零维材料（如量子点、原子团簇）、一维材料（如纳米线、纳米管）、二维材料（如纳米片）以及衍生出来的多个维度材料组合的宏观尺度纳米组装体。随着纳米科技的发展，对低维纳米材料的研究已不仅限于其能级结构等半导体的相关性能，而是广泛扩展到其他应用领域。为了能够从材料学角度全面介绍低维纳米材料制备方法，本书中将低维纳米材料定义为至少有一个维度在 1～100 nm 范围的材料（1nm = 10^{-9}m）。

1.1.1 低维纳米材料的发展历程

尽管低维纳米材料概念提出的时间并不久，但人类早已在日常生活中运用到这些具有独特性能的零维、一维、二维等低维纳米材料。在各种零维纳米材料中，人类最早使用的是贵金属纳米颗粒。公元 4 世纪左右，古罗马人制造了一种具有二色性的玻璃杯，其中保存最完整的一只是收藏于不列颠博物馆的莱克格斯杯（Lycurgus Cup）。其在迎光观察时呈绿色（反射），而透光观察则呈酒红色（散射）[1]。直到 1990 年人们才通过透射电子显微镜发现了其中的奥秘：这种玻璃中含有少量金和银纳米晶[2]。反射光的绿色主要由银颗粒造成（其互补色被吸收），而透射光呈现酒红色是因为特定波长的光子被金纳米晶通过表面等离子共振吸收并将其互补色——红光，散射出去。在中世纪中后期的欧洲，炼金术士通过王水溶解和还原过程制备出"可饮用金",即金纳米颗粒溶胶,并被用于治疗各种疾病。1857年,Faraday 发表了里程碑式的论文"Experimental relations of gold (and other metals) to light",通过氯金酸还原法制备了金纳米颗粒,并研究了使之稳定的方法,以及其颜色随着聚集状态的变化等问题[3]。进入现代,金、银纳米颗粒越来越多的应用已逐渐被挖掘出来。首先,由于贵金属纳米颗粒可增强待测分子的拉曼散射信号,故被用于快速、无损的痕量分析中[4]。其次,在医学领域,由于其惰性、低毒性、易修饰性及其特殊的光热效应等,被用于药物定向载运、基因载运、光热治疗等领域[5]。此外,金、银纳米颗粒在催化[6]、抗菌[7]等其他很多方面都表现出优异的性能。尤其值得一提的是基于金纳米颗粒的免疫标记技术,该技术可用于疟疾等疾病的快速诊断测试,且操作十分方便,这对于提升非洲等落后地区的医疗水平有重大意义[8]。随着新的合成手段的出现,贵金属纳米颗粒的尺度还可继续减小,这种仅由几十、数百个原子组成的颗粒被称为团簇,而一些团簇更展现出组分量子化的特性,即能形成稳定团簇的原子数目一定,且结构一定,被称为魔幻尺寸团簇[9]。另一类典型的零维纳米材料是半导体量子点。半导体量子点最显著的特点就是其分立的电子能级,与原子核外电子的能级类似,因此量子点也被称为"人工原子"。1981 年,Ekimov 等报道了在硅酸盐玻璃中的氯化亚铜纳米晶的尺寸对其吸收光谱峰位置的影响,这是人类对量子点的首次探索[10]。1984 年,Brus 等首次报道了胶体硫化镉量子点[11]。随后的数十年中,半导体量子点的制备和应用研究都取得了巨大进展。例如,人们已经合成出低成本、低毒性碳量子点[12];而量子点的应用范围更是涵盖了场效应晶体管、发光二极管、光敏电阻器、太阳能电池、量子点激光器等诸多重要领域[13, 14]。2013 年,索尼公司推出了一款以量子点发光二极管取代传统的荧光背光灯管的平板电视,其显示的色域比传统显示器提高了 50%。这是世界上首次将量子点用于商业化的电子产品。随着量子点宏量制备、成本、稳定性、毒性等问题的解决,可以预期它必将进一步走近和改变我们的生活。

在一维纳米材料方面,半导体纳米线作为典型的一维功能纳米材料受到广泛关注,它在电子器件、纳米激光器、能源转化、催化、检测等多个领域都有应用前景[15]。半导体纳米线的制备方法目前有自下而上(bottom-up)和自上而下(top-down)两种。自下而上的方法包括由 Wagner 等在 1964 年提出的气-液-固(VLS)方法[16]、固-液-固方法、模板法以及后来发展的各类液相合成法等[17],而自上而下的方法包括光刻、电子束刻蚀等。自下而上法能够快速、可控地制备大量的纳米线,其外表较光滑,半径较小,且容易获得异质结构,因此在单半导体纳米线器件领域一直是研究的热点。尽管如此,但因合成的纳米线排列散乱,无法应用于制造集成电路,所以在现代电子工业中反而多使用光刻法制备纳米线[18]。碳纳米管(carbon nanotubes,CNT)是另一种颇具特色的一维纳米材料。尽管人类在 20 世纪末才首次观察到碳纳米管，但 2006 年一个研究团队在利用高分辨透射电子显微镜（high resolution transmission electron microscope，HRTEM）观察 17 世纪制造的大马士革刀的酸处理残余物时，发现其中除硬而脆的渗碳体纳米线外，还存在着碳纳米管，这些渗碳体残余暗示了其可能被柔性碳纳米管包覆和保护着。该团队推测碳纳米管对于大马士革刀的独特花纹和出色性能可能有决定性作用：碳纳米管的出现可能是因锻造乌兹钢锭（大马士革刀原料）所用的特殊矿石中的杂质元素催化而生，而当这种矿石耗尽后，大马士革刀的制造也就终止了[19]。事实上，碳纳米管也确因其独特的结构和理化性能而被广泛研究。它的径向尺寸为几纳米至几十纳米，管壁由一层或多层主要呈六边形排列的碳原子组成，根据手性矢量的不同，它可以呈现金属性、半金属性和半导体性[20]。1991 年，Iijima 首次报道了利用高分辨透射电子显微镜观察碳纳米管，由此开启了一维纳米材料的全新研究领域[21]。1993 年，中国科学院物理研究所解思深等在我国最早开展了对碳纳米管的研究[22]，并在碳纳米管的定向生长和物理性能研究领域取得了一系列重要成果[23, 24]。清华大学范守善等在制备碳纳米管阵列和碳纳米管的连续生产方面做出了重要贡献，该团队还开展了碳纳米管材料的应用研究[25-28]。2013 年，清华大学魏飞等通过提高催化剂的活性概率，利用化学气相沉积（chemical vapor deposition，CVD）法制备了长度超过 0.5m 的碳纳米管[29]。尽管碳纳米管密度很小，但其具有极高的强度、良好的柔性和极佳的抗弯折能力，单壁碳纳米管（single-walled carbon nanotubes，SWCNT）的杨氏模量和剪切模量甚至与金刚石相当[30]。因此，碳纳米管可用于制备超强、超轻的多功能复合材料，或用于增强其他材料[31-33]。此外，它还具有良好的导热性、场发射特性及储氢能力等[34, 35]。近年来，一直制约着碳纳米管应用的成本问题也随着制备技术的发展而得到有效解决，可以预期基于碳纳米管的材料和器件也将逐步由实验室步入日常生活。

　　二维纳米材料中，层状异质超晶格结构材料在理论和应用上都一直占据着重要位置[36, 37]。而近年来，二维纳米材料重回人们的视线却是由于石墨烯材料制备及研究的开展。早在 1859 年，Brodie 就已经意识到热还原的氧化石墨烯具有层状结构[38]。1946 年，Wallace 对单层石墨烯结构进行了计算，但他并不认为可以制备出单层石墨烯，而是将其用于研究石墨[39]。随后，Ruess 等利用透射电子显微镜观察了薄层石墨[40]。1962 年，Boehm 等报道称他们通过透射电子显微镜和 X 射线衍射法确认其制备了单层石墨，这一观点引起了一些争议，因为透射电子显微镜很难确定所得石墨是否为单层[41]。1968 年，Morgan 等研究了有机分子在铂（100）晶面的高温吸附[42]；通过分析他们报道的低能电子衍射数据，May 认为这种吸附层具有类石墨结构[43]。这是后续通过气相沉积法制备石墨烯的基础[44]。石墨烯（graphene）一词首次出现是在 1987 年[45]。2004 年，Novoselov

等从石墨块中利用胶带剥离的物理方法得到了石墨烯[46]。基于这种剥离法，他们又研究了石墨烯中的量子霍尔效应[47, 48]，并因此获得2010年诺贝尔物理学奖。石墨烯由与碳纳米管壁类似的六边形碳原子网络组成，在多个方面展现出与众不同的性质。例如，与碳纳米管相似，石墨烯具有极高的强度和柔韧性；再如，其特殊的电学性能，单层石墨烯是一种零带隙材料，其载流子是无质量的狄拉克费米子，具有极高的且与温度无关的电子迁移率，其导电能力比室温下的银更好。由于其特殊性质，石墨烯被用于制造各种功能材料和器件，如场效应隧穿晶体管[49]和发光二极管[50]，也可用于制作高强度纤维、纸张[51]，组织工程材料[52]，柔性透明电极[53]，超级电容器[54]，甚至可用于重油污染的快速处理[55]。近年来以石墨烯的研究为契机，各类二维纳米材料的生长和剥离制备方法及其在各个领域的应用研究都蓬勃发展起来[52, 56, 57]。例如，对于 II-VI 族二维纳米晶，可采用金属的乙酸盐卤化物前驱体在长链胺类溶剂中低温制备，也可采用长链的金属羧酸盐前驱体或加入长链羧酸，在高温油相反应中制备，前者得到纤锌矿结构，而后者得到的却是闪锌矿结构[58]。剥离法适用于具有稳定层状结构的物质，如氮化硼、二硫化钼等，可通过超声剥离、插层剥离、氧化还原剥离、渗透溶胀等方法实现二维纳米材料的制备[59]。此外，还有一种选择性抽离的方法，该方法适用于具有交替层状结构且二者性质区别较显著的体相材料的剥离[57]。这些材料不仅可用于制备结构材料[60]，而且展现出一系列新颖的性质。例如，二硫化钛超薄纳米片的室温电导率甚至要优于石墨烯[61]；过渡金属二硫化物半导体因其在态密度的不连续处（范霍夫奇点）表现出很高的峰，进而能够产生很大的光电流，故被用于制备超高效光伏器件[62]；其他一些二维材料则被用于拓扑绝缘体的研究[63]；近年来计算机存储容量的巨大提升，也是得益于基于铁磁性二维材料的复合结构的巨磁阻效应[64]。

综上，我们对低维纳米材料发展历程中一些标志性事件出现的时间段做了一个总结。如图 1.1 所示，零维纳米材料是最早出现并有所应用的低维纳米材料，如金纳米颗粒，其合成方法也是容易实现的水相溶液还原法；随后，在二维纳米材料方面，X 射线衍射和微观透射电子显微镜表征推测了单层石墨烯的存在，但是当时并没有引起广泛关注，同时相关的二维纳米材料的合成与制备尚未发展起来。1964 年 Wagner 等提出的 VLS 方法制备一维纳米材料，从材料制备方面大大促进了一维纳米材料的研究[16]。在液相合成零维纳米材料方面，高温油相合成 II-VI 族半导体量子点也开启了功能型零维纳米材料研究的热潮，并且在 2013 年量子点开始应用于平板电视，其显示的色域比传统显示器提高了 50%。1991 年，Iijima 首次报道高分辨透射电子显微镜下碳纳米管微观结构，使得对这一类典型一维纳米材料的研究成为热点。2004 年，Geim 和 Novoselov 从石墨块中利用胶带剥离的物理方法得到了石墨烯，并报道了石墨烯中的量子霍尔效应，从此也推动了二维纳米材料研究领域的蓬勃发展。在我们总结的整个历程中，可以看到零维、一维、二维纳米材料研究的发展交替进行，共同形成了目前种类繁多的低维纳米材料研究体系，将低维纳米材料的研究带入了一个高速发展期。同时，我们也可以看到低维纳米材料研究的突破是建立在材料合成与制备基础上的，可以说是材料制备技术的更新推进了材料研究的发展。

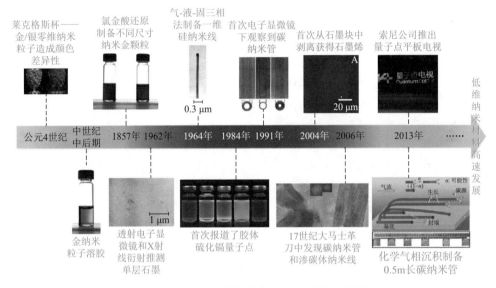

图 1.1　低维纳米材料的发展历程总结示意图

1.1.2　低维纳米材料的结构与物性特征

原子直径的数量级大约是 10^{-10} m。实际上，原子在化学状态下是无法继续分解的，但是从物理角度来说，它是由更小尺度的原子核及核外电子组成，原子核又由质子和中子构成[65]。在原子的基础上，自然界通过巧妙的手段将亚纳米尺度的原子逐级集成，最终形成宏观肉眼可见的各种材料。例如，生物体将碳原子、氧原子、氢原子、氮原子等组装成为具有特定结构和特定功能的大分子（蛋白质、多糖、核酸等），进而构建更大尺度的细胞进一步形成不同的组织并构成复杂生命体。与自然材料的构造类似，材料学家发展出各种各样的合成手段来实现原子尺度上对材料的组分、结构、形态及尺寸的控制，从而创造新的材料。其中低维纳米材料就是在合成技术上对物质的尺寸和维度进行调控从而获得的一类具备非常典型结构特征的新材料。

以原子为基本单元进行堆积排列首先形成亚纳米尺度的团簇（cluster）。一般来说，团簇是原子或分子的组装体，既不同于单原子，又有异于单分子。它通常由大于等于两个乃至上千个原子、分子或离子通过复杂的物理化学作用而形成相对稳定的微观聚集体。一般来说，原子团簇尚未形成规整的晶体结构。由于它的尺度介于亚纳米至几十纳米之间，既不同于单原子、分子，又差异于体相材料，因此人们把团簇看成是介于原子、分子与宏观固体物质之间的物质结构新层次，是各种物质由原子、分子向体相材料转变的过渡状态。团簇可以分为几类，如范德瓦尔斯团簇、分子团簇、氢键团簇、离子键团簇、共价键团簇等。按材料种类可以分为，金属团簇（碱金属、贵金属、过渡金属、合金、掺杂团簇等）、半导体团簇（硅、锗团簇等）、富勒烯团簇（富勒烯、硼富勒烯等）等。正是因为团簇尺度介于原子、分子和体相材料之间，所以它有很多独特的性质，如高的比表面积（赋予其卓越的化学活性和催化活性），以及非线性光学效应等。事实上，团簇的尺度范围往往不大于 10 nm，然而针对团簇的研究涉及跨结构化学、原子分子物理、反应动力学、晶体生长、晶体化学、合成化学、表面科学等多学科交叉，足以看出材料在微小尺度下的多样性[66]。

　　当材料的尺寸进一步突破团簇的范畴，并在不同维度调控构建的纳米尺度材料正是我们关注的低维纳米材料，如图 1.2 所示。实际上，从团簇到低维纳米材料的发展，极大地扩展了低维纳米材料的合成策略，推动了纳米科技的进步。例如，美国密歇根大学 Kotov 等利用氧化锌团簇的指引作用，运用水热合成技术成功制备了垂直排布的一维氧化锌纳米线阵列，然后结合层层自组装技术（二维纳米薄膜制备技术）将纳米线阵列用于构筑模仿自然界牙釉质的高性能结构材料[67]。德国联邦材料研究和检测机构（Bundesanstalt für Materialforschung und-prüfung）Emmerling 等利用硼氢化钠还原氯金酸并结合原位 X 射线散射技术，验证了尺寸均匀的零维金纳米颗粒的形成先后经过了金团簇生成、成核生长、合并形成金纳米颗粒等步骤[68]。这些例子都说明团簇在某种程度上是低维纳米材料成形控制和结构调控的基础，并对所形成的典型维度结构特征调控起到了关键作用。

图 1.2　原子-团簇-低维纳米材料

　　根据低维纳米材料的结构特征，我们通常将低维纳米材料分为零维纳米材料、一维纳米材料、二维纳米材料等。其中，零维纳米材料包含纳米粒子、纳米晶、量子点等。清华大学李亚栋等报道了基于液-固-溶液三相界面的相转移和相分离的通用纳米晶合成策略，该策略可适用于贵金属、磁性、介电、半导体、稀土荧光、生物医学、有机光电、导电聚合物等多种材料的纳米粒子制备[69]。韩国忠南大学 Won 等利用固相燃烧法合成了尺寸均匀的难熔金属碳化物（碳化钨、碳化钼）零维纳米颗粒[70]。中国科学技术大学俞书宏等总结了以廉价原材料（蔗糖、中国墨、蜂花粉、鸡蛋清、咖啡渣、蓝藻细菌等）宏量制备零维碳量子点材料的方法并展望了该低维材料在生物成像、传感、催化、能量转换等领域的应用[71]。一维纳米材料包含纳米线、纳米棒、纳米管、纳米带、纳米绸缎、纳米环等。杜克大学刘杰等利用化学气相沉积技术，以氧化铝气凝胶负载的铁-钼为共催化剂，以甲烷为碳源，宏量高效地制备了一维单壁碳纳米管材料[72]。加州大学伯克利分校杨培东等利用晶体外延生长技术制备了氧化锌纳米线垂直阵列，并率先发明了氧化锌纳米导线激光器[73]。哈佛大学 Lieber 等全面总结了一维纳米线材料的合成策略（气相生长、模板生长、液相生长等）并展望了纳米线材料在微电子学、光子学、量子设备、能量储存与转换、场效应晶体管、生物医学等领域的应用[74]。二维纳米材料包括纳米片、纳米碟、纳米超薄膜等。布鲁克海文国家实验室 Sutter 等利用磁控溅射技术，在氮气、氩气混合气氛下，成功在非催化特性的基底［金（111）］上制备了氮化硼二维薄膜[75]。都柏林圣三一学院 Coleman 等对层状结构材料进行液相剥离，制备了包含二硫化钼、二硫化钨、氮化硼在内的多种超薄二维纳米片[76]。近年来，受到广泛关注的超薄石墨烯纳米片、二硫化钼纳米片、层状氢氧化物纳米片、黑磷、氮化碳纳米片等都属于二维纳米材料，这些材料有望在生物传感、人造电子皮肤等方面发挥巨大的潜力[77-79]。南洋理工大学张华等归纳了超薄二维材料的合成方法（微机械剥离、机械力辅助的液相剥离、离子插层或交换剥离、选择性刻蚀剥离、化学气相沉积剥离、湿化学合成等），以及超薄二维材料在光电设备、电催化、锂电池、超级电容器、太阳能电池、光催化、传感器等诸多能源相关领域的应用[79]。实际上，还有一些材料，它们在三个维度的方向都超过了纳米量级范围，但是它们都是由基本的纳米结构单元（零维、一维、二维纳米单元）组装而成，并且被赋予了低维纳米材料的性质。因此，由基本纳米材料组成的宏观尺度纳米材料组装体也应归属于低维纳米材料范畴。例如，中国科学院沈阳金属研究所成会明等曾报道使用三维纳米镍泡沫模板通过化学气相沉积成功制备了高弹性、互穿多孔的石墨烯泡沫材料，该材料在催化、环境净化等方面有着巨大的应用前景[80]。中国科学技术大学俞书宏等以细菌纤维素纳米纤维凝胶为原材料，经冷冻干燥及煅烧程序，宏量制备了碳纳米纤维气凝胶及其复合材料，该材料具有轻质、柔性、耐火的优点并有望在新型传感器件、原油泄漏治理等方面得到应用[81]。此外，对于包含纳米孔道的材料也可以称为复合低维纳米材料，如微孔（小于 2 nm）材料、介孔（2～50 nm）材料、大孔（大于 50 nm）材料等。对于多孔复合低维纳米材料，复旦大学赵东元等开发了一系列介孔材料的制备方法，特别是硅基孔材料，并展望了孔材料在诸多领域，如药物传递与释放、水处理、光电催化等方面的应用[82-84]。

经典力学对宏观物体的行为给出了准确的描述。量子力学基于德布罗意提出的波粒二象性对包括电子、原子、分子在内的微观体系给予了解释。由于宏观物体的尺寸事实上要远大于其波长，因此难以用量子力学理论来描述。但是低维纳米材料虽然包含了诸多的原子，但是其尺寸在某个维度上实际上已相当小，以至于该体系能够体现出一定的量子力学效应。换句话说，当一个物理系统的尺寸与粒子波长接近时，粒子与系统会发生相互作用，其行为一定程度上可以通过量子力学定律、薛定谔方程来描述求解。因此，低维纳米材料就会表现出许多与体相材料不同的特殊效应，如小尺寸效应、表界面效应、量子尺寸效应、介电限域效应、库仑阻塞与单电子隧穿效应、宏观量子隧道效应等，在未来的新型功能器件方面有着巨大的应用前景。因此，如何制备低成本、高质量的低维纳米材料，从而实现其在高性能器件方面的应用，已成为目前材料制备领域的一个重要研究方向。在 1.2 节，我们将围绕低维纳米材料在结构和物性方面的基本特征来总结归纳低维纳米材料制备方法的最新进展，这也是本书将要着重强调的低维纳米材料制备方法与其结构和物性研究的关联性。

1.2 低维纳米材料制备方法的前沿进展概述

1.2.1 低维纳米材料制备方法简介

如 1.1 节所述，低维纳米材料通常拥有与常规体相材料不同的一系列新颖物理和化学性质，目前人们已经开发出了多种制备技术来获取具有尺寸可控、形状和结构规整的零维、一维、二维纳米材料。自从德国科学家 Gleiter 等在 1984 年首次利用惰性气体凝聚法成功制备出纳米铁微粒以来，人们在纳米材料制备方面的研究已经取得了重大的进展，其中低维纳米材料制备方法的研究仍旧是当前十分重要的研究领域。

在制备低维纳米材料时，通常采用两种策略，即"自上而下"和"自下而上"。其中"自上而下"的方法，即为采用物理和化学方法对宏观物体进行超细化的方法。近半个世纪以来，科学一直沿着"自上而下"的微型化过程发展，这其中的优势是可以利用已具备的知识，与现行的微光子、微电子、超细材料等技术相结合，因而技术相对容易实现。但这实际上并不是直接操纵原子或者分子来创造新的材料。对于"自下而上"法，即为从原子、分子等最小的单元开始组装成具有特定功能的纳米材料的方法,是在一定物理、化学条件下,通过自组装效应制备出新型结构材料、功能薄膜或者量子点结构器件,它在低维纳米材料的组分、形貌和结构调控方面具备更加丰富的内涵,是探索低维纳米材料新结构和新物性的发展方向。"自下而上"法目前存在很多难点,包括单元器件的集成,集成后与外部器件的连接,以及将原子、分子自组装成一个完整的系统等。

在 1.2.2 小节,我们将从反应物和体系的不同物质状态的角度来概述自下而上制备低维纳米材料技术的前沿进展,这也是本书内容的总体构架形式和阐述的重点。

1.2.2 低维纳米材料制备技术前沿概述

自下而上制备低维纳米材料,是从原子、分子层次出发来对材料生长在某个维度上进行控制,使其达到纳米尺度范畴,其显著的优势在于其组分和结构的可调性与多样性。在自下而上制备低维纳米材料的过程中,起始物的状态与材料维度的控制机制关联度非常大,因为不同状态下的物质生长方式完全不同。在本书中,考虑从起始物质原子、分子所处的状态不同来对近十年来的低维纳米材料制备方法的前沿进展进行分类总结,意在从一个新的角度来阐述新型低维纳米材料的设计和制备原理,并和与之相关的目标物性探索相关联。在我们的世界中,物质所处的状态主要为气态、液态和固态,在制备低维纳米材料方法中,与之相对应的是气相沉积法、液相合成法和固相合成制备法。通过这些方法,可以得到形貌、尺寸、晶相和组成均可控的低维纳米材料,甚至可以精确地控制元素以及单原子在纳米材料中的分布。在此基础上,面对低维纳米材料实际应用的瓶颈问题是否能实现低维纳米材料的高质量和低成本制备,著者将单独对低维纳米材料的宏量制备技术的发展进行了介绍和总结。在总结这些自下而上制备低维纳米材料方法的同时,也将注重材料的结构控制与低维纳米材料物性探索的相互关联性。本书对低维纳米材料制备方法进展的总体框架和组织形式如图 1.3 所示。下面,将分别就低维纳米材料的气相沉积法、液相合成法、固相合成法及宏量制备技术的前沿进展进行简要的概述。

1. 气相沉积法制备低维纳米材料

气相沉积法是将前驱体在一定真空条件下加热到气态,并在惰性气流的带动下,将气态物质输运到低温区的基底进行沉积得到低维纳米材料。其制备的低维纳米材料纯度高、杂质污染少,而且通过调节真空度、蒸发温度等因素,气相沉

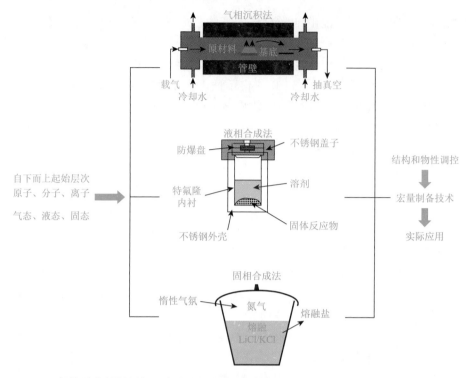

图 1.3 低维纳米材料制备方法分类与结构物性调控以及面向实际应用的宏量制备技术

积可以实现对低维纳米材料的组分、尺寸和维度的精确调控。气相沉积法可以分为物理气相沉积和化学气相沉积，两种方法均能实现零维、一维、二维纳米材料的制备，但各有所长。

物理气相沉积（physical vapor deposition，PVD）是一种通过在真空或低压气体放电条件下，利用物理方法将物质源蒸发或溅射成气态原子或分子后，在基体表面生成与基体材料性能不同的低维纳米材料的制备技术。物理气相沉积可以实现对纳米材料尺寸和维度的精确调控，因而可以得到粒径分布较窄的零维纳米颗粒、一维纳米线和二维纳米片等多种高质量低维纳米材料。同时，通过调节反应腔体的容量以及传热和传质参数还可以实现材料的快速大规模的制备。目前，在零维纳米颗粒合成方面，惰性气体冷凝技术结合蒸发镀膜法，被普遍用于合成具有结构可控、粒径分布窄的金属及金属氧化物纳米粉末[85]。物理气相沉积技术作为一种最简单常用的方法，同时被成功地应用于一维纳米结构的制备。通过控制不同的反应驱动力，如蒸汽过饱和度、沉积温度和催化剂等可以得到纳米带、纳米棒、枝状纳米线结构[86]、各种纳米线阵列等多种低维纳米材料[87-91]。

近年来，由于有机材料的快速发展，通过简单的物理气相蒸发还可以实现一维有机纳米材料的制备，并且这些有机纳米材料表现出了明显的纳米尺寸效应，显示了巨大的应用前景。例如，中国科学院姚建年等发展了将硅胶、氧化铝等吸附剂引入有机小分子的气相沉积体系，通过有机分子和吸附剂之间的吸附-脱附平衡，成功合成了很多有机一维纳米结构并且研究了它们的光学性质[92-94]。此外，物理气相沉积技术也为制备高质量的二维层状纳米材料提供了一条有效途径，通过该方法制备的层状纳米材料具有尺寸均匀、质量好、形貌可控的优点，同时可以实现在原子尺度控制生长，特别是半导体纳米材料。例如，典型的代表石墨烯、六方氮化硼纳米片[95, 96]、二元硫属半导体化合物硒化镓（GaSe）纳米片[97]，以及硒化锡（SnSe）纳米片[98]等都可以通过此方法实现有效、可控地制备。

相比物理气相沉积，化学气相沉积涉及化学反应过程，是通过将前驱体分子引入化学气相沉积反应器中，利用气态物质在气固或气液固界面上进行化学反应，从而制备相应的低维纳米材料。化学气相沉积技术能够制备包括金属、金属化合物、碳化物、氮化物陶瓷、硅以及金刚石等低维纳米材料，同时，通过调节反应物的组分，也可以实现对单一材料的掺杂，获得具有一定掺杂效果的特殊材料，从而改变材料的理化性质。

目前已经有多种低维纳米材料通过化学气相沉积方法制备获得，包括零维纳米材料、一维纳米线材料、二维纳米片材料及多种异质结材料。例如，由于零维纳米材料不具有各向异性，其合成动力学过程较为简单，目前通过化学气相沉积方法制备的纳米颗粒可以小至几纳米，并且尺寸均匀。在一维纳米材料合成方面，单壁碳纳米管和多壁碳纳米管（multi-walled carbon nanotubes，MWCNT）是利用化学气相沉积方法制备最典型的例子，随着该方法制备碳纳米管技术的成熟，各种直径的碳纳米管已经被制备出来，且其质量越来越高，长度也越来越长[29]。同时，利用该方法制备氧化锌纳米线阵列[99]和硅纳米线[100]也相当成熟。在二维纳米片材料合成方面，通过改变基底的类型，可以使很多材料通过化学气相沉积的方法沉积在基底的表面，从而获得相应二维片状纳米材料，并且可以十分简单地实现多种二维纳米材料尤其是大面积单层石墨烯的规模化制备。此外，由于化学气相沉积可以很简单地改变反应源和反应条件，可以使两种反应产物一次在同个化学气相沉积过程中发生，因此该方法还可以制备一些掺杂的带隙可调的二维单层结构，如硫化钼和硫化钨合金纳米片[101, 102]。最近，新加坡南洋理工大学刘政等通过熔盐辅助的气相沉积法实现了 47 种高质量的过渡金属硫化物二维纳米片的制备[103]。

由于气相反应可以保证合成颗粒的均匀性、小粒度和高纯度等特点，同时通过对浓度、流速、温度等工艺参数的控制，可以对低维纳米材料的组分和形貌进行调控，目前，该技术已经实现了如氧化锌纳米颗粒、碳纳米管、硅纳米线及石墨烯纳米片等一系列低维纳米材料的可控制备，相比溶剂热和溶胶-凝胶等液相合成法，气相沉积制备的低维纳米材料表面没有表面活性剂包裹，更有利于材料直接应用在电子器件中[104]。在第 2 章中,我们将对两种气相沉积技术的原理、特点和前沿进展进行详细阐述,并详细列举它们对于诸多类型低维纳米材料制备的优势,并对其未来的发展做出展望。

2. 液相合成法制备低维纳米材料

液相合成法是选择一种或多种合适的可溶性盐类,按所制备的材料组成计量比配制成溶液,使各元素呈离子或分子态,通过在溶液中进行的化学反应,相应的离子或分子均匀沉淀或成核结晶,从而制备得到不同类型的低维纳米材料。该方法可以通过调控液相反应条件,如浓度、温度及时间等,对材料的结晶成核和生长进行控制,从而获得结构类型丰富的低维纳米材料。根据反应类型的不同,目前可将液相合成法主要分为离子沉淀法、水热法、溶剂热法、溶胶-凝胶法、微乳液法和模板合成法。在本书中我们将重点介绍水热法、溶剂热法、微乳液法和模板合成法。

水热法是在特制的具有高温、高压的密闭反应容器高压釜中进行。水热法采用水溶液作为反应介质,通过对反应容器进行加热,形成一个高温、高压的反应环境,在这种特殊的环境中使得通常难溶或不溶的前驱体在反应体系中得到充分的溶解,形成原子或分子生长基元,进行化合,最后成核结晶[105]。在水热条件下,水处于高温高压的状态,既可以作为反应体系中的溶剂,也能作为压力的传递介质。在高温高压下,绝大多数反应物能完全溶解于水,可以使反应在均相中进行,从而加快反应的进程。通过对影响水热合成的因素,即温度、升温速率、反应时间等进行调控,通常可以获得物相均匀、纯度高、结晶性好、分散性好、形貌及尺寸大小可控的低维纳米材料。用水热法制备的粉体一般无需烧结,因此可以避免在烧结过程中晶粒长大和混入杂质等缺点。例如,清华大学李亚栋等通过可控的水热合成成功制备出 α 相和 β 相单晶二氧化锰纳米线,这种基于无催化剂、无模板、无需复杂设备的低温合成策略为规模化制备一维纳米材料提供了新途径[106]。同时,中国科学技术大学俞书宏等以淀粉为前驱体,基于水热碳化共还原过程成功地制备了中空管状、中空球形等多种不同的金属/碳纳米杂化材料,该方法为在温和条件下大规模合成多种高含碳量低维纳米材料奠定了基础[107]。此外,清华大学王训等在水热合成过程中,通过严格的成分和形貌控制,成功获得了多孔 $Pt_{72}Ru_{28}$ 纳米合金材料[108]。

然而,水热法的局限性在于它仅仅适用于对氧化物材料或少数对水不是很敏感的硫化物材料的制备和处理,而对其他一些易水解的化合物,如III-V族半导体材料的制备就不能胜任了,这些问题的出现促进了溶剂热合成技术的产生和发展。溶剂热法是通过在密闭体系如高压釜中,以有机物或非水媒介为溶剂,在一定的温度和溶液的自生压力下,使前驱体在反应体系中得到充分的溶解,并且达到一定的过饱和度，从而形成原子或分子生长基元，最后进行成核结晶生成所需的低维纳米材料，因此，采用溶剂热法可以制备出在水溶液中无法生长、易水解、易氧化或对水敏感的材料。例如，中国科学技术大学钱逸泰、谢毅等以 Li_3N 和 $GaCl_3$ 为原料，苯为溶剂，在 280℃ 的情况下，成功制备了 30 nm 大小的 GaN 纳米晶[109]。李亚栋、钱逸泰等以四氯化碳和钠为原材料，在 700℃ 下成功制备了纳米金刚石材料[110]。此外，斯坦福大学戴宏杰等发展了一种简单高效的高温溶剂热法，并以此制备出单层二硫化钨纳米片，这种方法整个操作过程简单易行，克服了机械剥离与锂离子插层剥离法无法实现大面积制备单层二硫化钨纳米片的缺点[111]。

微乳液法是将两种互不相溶的溶剂混合在一起，其中一种溶液以液滴的方式分散在另一种溶液中，该体系即为乳状液。前者被分散的溶液成为分散相或者内相，后者成为连续相或外相，而当分散的液滴尺寸在 100 nm 以下时，该体系可以成为微乳液。随着人们对于微乳液组成、流变稳定性及热力学性质的深入了解，目前，已经可以以微乳液作为模板合成出多种金属单质、过渡金属硫属化合物以及其他一系列金属盐、无机复合材料及无机有机杂化材料等低维纳米材料。例如，西班牙阿利坎特大学 Solla-Gullón 等以一种 W/O 型的水/BRIJ@30/正庚烷（80.5%）的混合溶剂作为微乳液，在不同浓度的盐酸条件下采用硼氢化钠作为还原剂还原氯铂酸，从而制备出不同表面结构的 Pt 纳米颗粒[112]。加州大学圣芭芭拉分校 Stucky 等以 P123 或 F127/正丁醇/SiO_2 溶胶/辛烷作为微乳液反应体系，成功制备了有序介孔 SiO_2 液晶材料[113]。同时，韩国首尔大学 Hyeon 等首先利用 TaO_x 与 Igepal CO-520/乙醇/环己烷/NaOH 溶液形成微乳液，构筑 TaO_x-ME 体系，并对其表面官能团进行修饰，最终获得粒径均匀分布的 PEG-RITC-TaO_x 磁性纳米核磁造影剂材料[114]。

模板法作为一种合成新型纳米结构材料的方法，最近十多年得到了很好的发展。根据模板自身的特点可以分为"硬模板"法和"软模板"法。硬模板多具有纳米孔洞结构，通常以材料的内表面或外表面为模板，单体填充到模板中进行聚合反应，通过控制聚合的时间长短得到不同形貌的产物。常用的硬模板包括多孔氧化铝、二氧化硅、碳纳米管、分子筛以及经过特殊处理的多孔高分子薄膜等，硬模板是制备纳米管线等一维材料及二维有序阵列的一种有效方法。而软模板是指模板剂通过非共价键作用力，结合电化学、沉积法等技术，使反应物在具有纳米尺度的微孔或层隙间反应，形成不同的低维纳米结构材料，并利用其空间限制作用和模板剂的调节作用对合成材料的尺寸、形貌等进行有效控制。软模板常用来制备纳米颗粒、量子点等零维纳米材料，目前用得较多的软模板主要有表面活性剂、合成高分子和生物模板。

在本书第 3 章中，我们将分别对各种液相合成法的原理和特点进行阐述，详细列举说明液相合成过程中低维纳米材料的形成机制，讨论各液相合成方法制备低维纳米材料的优劣势，并对其未来进一步发展做出了展望。

3. 固相合成法制备低维纳米材料

气相和液相体系中的传质过程较快、反应物混合较充分，因此化学反应能够更快、更均匀地进行。与此相反，固相体系中反应物的扩散与混合的充分程度要远低于前二者。对固相反应物而言，很多化学反应难以快速且可控地进行，也难以像在气相和液相体系中一样，通过直接的固相化学反应制备低维纳米材料。然而，这并不意味着无法在固相体系中制备低维纳米材料。目前，解决该问题的方法主要有两种。一种是通过自上而下的球磨法对原料进行物理破碎，使原料尺度降至要求范围得到产物，或者通过继续球磨、升温等方法诱发进一步化学反应而得到产物；另一种则是通过加热，使得原本呈固态的反应物熔化，与适当的助熔剂形成类似于常规溶液的熔盐体系并在其中发生化学反应以制备低维纳米材料。

球磨法的基本原理是机械能向化学能的转化。首先，通过球磨介质之间的挤压和剪切作用可使粒径较大的原料发生破碎、剥离和塑性形变等物理过程，从而降低其尺寸；其次，尺寸减小后的原料，因为其比表面积极大提高，同时原料颗粒间会因球磨珠的撞击而发生挤压碰撞，所以可能会出现不同物相逐渐合金化，甚至可将陶瓷氧化物颗粒分散于合金基质中；此外，球磨法得到的纳米颗粒产物经过高温、高压等方法处理还可以得到其他种类、形貌的低维纳米材料。球磨法不同于气相、液相合成制备方法的最大特点是其反应体系可以简单地放大，而且成本低，这对工业生产极为有利。此外，它的普适性较好，通过改变球磨介质、球磨速度、时间、温湿度等诸多条件，也可以对产物的结构、性能有一定调控。通过球磨法与不同后处理方法相结合，可以制备零维、一维、二维等多种低维纳米材料[115, 116]。

熔盐法的原理是通过高温熔化后，将合金、盐类等固态助熔剂转化为类似于溶液体系中的溶剂，并使固态的反应物在该熔盐体系中溶剂化，促进其传质速度大大提高并极大加快化学反应的速率。熔盐体系与常规的溶液体系有着很大区别，例如，可以在较高温度下较长时间稳定反应而不挥发，另外离子型助熔剂比分子溶剂也更易将一些难溶的无机物（如陶瓷基材料）溶剂化，故在此类纳米材料的制备中，熔盐法往往是一条有效途径[117]。以往，熔盐法在工业中有着非常重要的应用，如电解法制备铝。近年来，熔盐法被越来越多地用于制备各种低维纳米材料，包括陶瓷基材料和半导体材料等[118]。值得注意的是，熔盐法制备的纳米材料形貌可控度高，如在熔盐体系中制备出厚度均匀的超长 $La(OH)_3$ 纳米带[119]。通过熔盐法也可得到一些特殊形貌的纳米材料并由此提高其性能，例如，用于制备致密"玫瑰花"型 $LiCoO_2$ 锂电池阴极材料，其结构有利于提高材料在高放电速率下的性能[120]。由于其反应环境与气相或液相中显著不同，熔盐法还能导致暴露的晶面发生变化，从而显著改变纳米材料的性能，例如，基于熔盐法制备的 SnO_2 纳米晶可以选择性暴露高能晶面,其具有更高的催化活性和选择性[121]。近期,随着碳材料重要性的提升,通过熔盐法制备各种多孔碳纳米材料、石墨烯材料和杂原子掺杂的碳材料。例如,通过 $ZnCl_2$ 熔盐法一步制备的硬碳气凝胶,其中 $ZnCl_2$ 作为熔盐体系的"溶剂",在最终材料形成过程中发挥了多种关键作用[122]。由于温度较高,熔盐法有利于碳材料的石墨化,甚至可用于制备碳纳米管等材料[123, 124]。此外,还有一类特殊的有机低共熔点盐,或称为离子液体,这些有机盐也可成为碳材料前驱体,通过碳化形成碳纳米材料,而在此过程中,可通过加入其他前驱体而简便地实现元素掺杂,制备多种功能化的碳基复合材料[125-127]。

尽管固相制备低维纳米材料的方法种类没有气相和液相合成制备法丰富,但它们的重要性无论在工业应用还是材料科学中都不容忽视。在本书第 4 章中,我们阐述了固相法的原理和与气相、液相制备方法的不同之处,简要介绍了固相法在生产中的应用实例,详细列举了利用固相法制备不同种类低维纳米材料的例子,讨论了反应条件的影响,分析了其优势和劣势,并对固相法未来的发展做出了展望。

4. 低维纳米材料的宏量制备技术

数十年来,低维纳米材料的合成技术取得了长足进步。前文中已将这些技术按照制备过程中涉及的主要物相分为气相合成法、液相合成法和固相合成法等三种。通过这些方法,可以得到形貌、尺寸、晶相和组成均可控的低维纳米材料,甚至可以精确调控元素以及单原子在低维纳米材料中的分布。通过这些调控,可以改变和优化材料的性能,经过优化的材料的性能要远优于实际应用中的同类材料。尽管低维纳米材料的应用前景诱人,但在实际应用前首先要解决宏量制备的问题,即在保持材料组成和结构可控的前提下实现材料的放大制备。

解决这个问题的一个直观策略是提高反应物浓度或放大反应器的规模。这个策略在对浓度、体积不敏感的气相、液相反应体系中合理可取。例如,目前已经报道的某些贵金属、氧化物、半导体纳米材料及碳纳米材料的克级甚至千克级制备[128-132];对于诸如球磨法一类的固相制备方法,直接放大反应规模也行之有效。然而在气相、液相合成方法中,很多纳米材料的制备反应会由于浓度或体积改变后,因传质、传热过程变化或非零级反应等多种因素而对产品质量造成显著影响。此外,反应容器的扩大化也可能造成生产成本和反应危险性明显提高。因为对浓度和体积的提高和放大有一定限制,因此还可将反应装置设计为连续生产式。连续生产策略的优势在纺丝法中得到了体现,通过纺丝法,可以大量制备多种聚合物或聚合物/低维纳米材料复合的纳米线,也可以通过后处理将其转化为其他类型的纳米材料[133, 134]。另一个值得一提的连续生产策略是近年来发展迅速的微流控反应器制备法,其中反应物的混合和反应的发生均在微流控芯片的细小通道中进行,这种方法不仅可以良好控制产品质量,而且只需同时在多个反应器中平行反应，就能实现纳米材料的工业化生产。例如，通过微流控技术实现的形貌、尺寸、组分和结构均可控的一系列贵金属纳米晶的宏量制备[135]。通过结合反应放大和连续生产两种策略，人们已实现了多种低维纳米材料的宏量制备。此外，连续生产的方法还被用于工业化制备基于低维纳米材料的其他复合材料，并取得了令人瞩目的成果[136]。这种宏量制备成品低维纳米材料产品的技术对于实际应用同样有重要意义。

由于低维纳米材料宏量制备是其实际应用的一个关键性制约因素，近年来研究前沿已不仅限于通过精巧的合成方法实现精细的结构控制及由此带来的更高性能，也包括对宏量制备技术的不断探索。本书的第 5 章将聚焦几类有代表性的低维纳米材料，即碳纳米材料、半导体纳米材料、贵金属纳米材料以及有机-无机复合材料的宏量制备技术的发展与展望。尽管宏量化生产的基本思路还是扩大反应、流动相制备这二者以及二者的结合，但由于材料种类和对材料形貌单分散性、纯度等要求不同，上述材料的宏量制备技术实现难度也有很大差别。例如，同样是零维量子点，由于碳量子点可由大量有机前驱体直接水热转化，而半导体量子点则需要考虑复杂的反应物物料混合和升温过程以保证产品质量，难以大量制备[137]。由于不同材料宏量制备难度存在很大差异，因此利用易宏量制备的低维纳米材料作为模板，通过一定条件下的化学转化法制备不易宏量制备的纳米材料就成为一种合理的方法。一个典型的例子是在低温溶液中使用超细碲纳米线作为活性诱导模板，可将其化学转化为一系列功能纳米线（管），由于已经实现碲纳米线的宏量制备，因此这一系列纳米线（管）也实质上实现了宏量制备[138-140]。故本书第 5 章也着重介绍了这类模板法的应用。此外，复合材料的宏量制备已不仅仅涉及合成技术本身，还涉及不同材料的分散和组装过程，这已属于另一类研究范畴。本书在保证内容全面性的前提下，将只对这部分内容做简要介绍。

综上，本书将围绕低维纳米材料的尺寸、结构和物性调控及相互之间的关联性来阐述近年来低维纳米材料制备方法的最新进展。我们期望通过对这些低维纳米材料制备方法进展的总结和凝练，能够为未来的低维纳米材料研究提供一个较为完整的制备方法工具库以及新的研究思路，以促进低维纳米材料的研究领域和制备技术的发展。

参 考 文 献

[1]　Freestone I，Meeks N，Sax M，et al. The Lycurgus Cup—a Roman nanotechnology. Gold Bulletin，2007，40（4）：270-277.

[2]　Barber D J，Freestone I C. An investigation of the colour of the Lycurgus Cup by analytical transmission electron microscopy. Archaeometry，1990，32（1）：33-45.

[3]　Faraday M. Experimental relations of gold（and other metals）to light. Philosophical Transactions of the Royal Society of London，1857，147（1857）：145-181.

[4] Freeman R G, Grabar K C, Allison K J, et al. Self-assembled metal colloid monolayers: An approach to SERS substrates. Science, 1995, 267 (5204): 1629-1632.

[5] Ghosh P, Han G, De M, et al. Gold nanoparticles in delivery applications. Advanced Drug Delivery Reviews, 2008, 60 (11): 1307-1315.

[6] Bian Z, Tachikawa T, Zhang P, et al. Au/TiO$_2$ superstructure-based plasmonic photocatalysts exhibiting efficient charge separation and unprecedented activity. Journal of the American Chemical Society, 2013, 136(1): 458-465.

[7] Sondi I, Salopek-Sondi B. Silver nanoparticles as antimicrobial agent: A case study on *E. coli* as a model for gram-negative bacteria. Journal of Colloid and Interface Science, 2004, 275 (1): 177-182.

[8] Guirgis B S S, Sá e Cunha C, Gomes I, et al. Gold nanoparticle-based fluorescence immunoassay for malaria antigen detection. Analytical and Bioanalytical Chemistry, 2012, 402 (3): 1019-1027.

[9] Mathew A, Pradeep T. Noble metal clusters: Applications in energy, environment, and biology. Particle & Particle Systems Characterization, 2014, 31 (10): 1017-1053.

[10] Ekimov A I, Onushchenko A A. Quantum size effect in three-dimensional micorscopic semiconductor crystals. JETP Letters, 1981, 34 (6): 345-349.

[11] Rossetti R, Nakahara S, Brus L E. Quantum size effects in the redox potentials, resonance Raman spectra, and electronic spectra of CdS crystallites in aqueous solution. Journal of Chemical Physics, 1983, 79 (2): 1086-1088.

[12] Li X, Rui M, Song J, et al. Carbon and graphene quantum dots for optoelectronic and energy devices: A review. Advanced Functional Materials, 2015, 25 (31): 4929-4947.

[13] Yakunin S, Protesescu L, Krieg F, et al. Low-threshold amplified spontaneous emission and lasing from colloidal nanocrystals of caesium lead halide perovskites. Nature Communications, 2015, 6: 8056.

[14] Kagan C R, Lifshitz E, Sargent E H, et al. Building devices from colloidal quantum dots. Science, 2016, 353 (6302): 885.

[15] Yang P, Yan R, Fardy M. Semiconductor nanowire: What's next? Nano letters, 2010, 10 (5): 1529-1536.

[16] Wagner R S, Ellis W C. Vapor-liquid-solid mechanism of single crystal growth. Applied Physics Letters, 1964, 4 (5): 89-90.

[17] Hobbs R G, Petkov N, Holmes J D. Semiconductor nanowire fabrication by bottom-up and top-down paradigms. Chemistry of Materials, 2012, 24 (11): 1975-1991.

[18] Hayden O, Agarwal R, Lu W. Semiconductor nanowire devices. Nano Today, 2008, 3 (5/6): 12-22.

[19] Reibold M, Paufler P, Levin A A, et al. Materials: Carbon nanotubes in an ancient damascus sabre. Nature, 2006, 444 (7117): 286.

[20] Rajter R F, French R H, Ching W Y, et al. Chirality-dependent properties of carbon nanotubes: Electronic structure, optical dispersion properties, Hamaker coefficients and van der Waals-London dispersion interactions. RSC Advances, 2013, 3 (3): 823-842.

[21] Iijima S. Helical microtubules of graphitic carbon. Nature, 1991, 354 (6348): 56-58.

[22] 解思深, 刘维, 张泽勃, 等. 新型碳纳米管的研究. 科学通报, 1993, 38 (12): 2024-2025.

[23] Li W Z, Xie S S, Qian L X, et al. Large-scale synthesis of aligned carbon nanotubes. Science, 1996, 274(5293): 1701-1703.

[24] Zhong J, Song L, Meng J, et al. Bio-nano interaction of proteins adsorbed on single-walled carbon nanotubes. Carbon, 2009, 47 (4): 967-973.

[25] Fan S S, Chapline M G, Franklin N R, et al. Self-oriented regular arrays of carbon nanotubes and their field emission properties. Science, 1999, 283 (5401): 512-514.

[26] Jiang K L，Li Q Q，Fan S S. Nanotechnology: Spinning continuous carbon nanotube yarns-carbon nanotubes weave their way into a range of imaginative macroscopic applications. Nature，2002，419（6909）: 801.

[27] Xiao L，Chen Z，Feng C，et al. Flexible，stretchable，transparent carbon nanotube thin film loudspeakers. Nano Letters，2008，8（12）: 4539-4545.

[28] Zhang H X，Feng C，Zhai Y C，et al. Cross-stacked carbon nanotube sheets uniformly loaded with SnO_2 nanoparticles: A novel binder-free and high-capacity anode material for lithium-ion batteries. Advanced Materials，2009，21（22）: 2299-2304.

[29] Zhang R，Zhang Y，Zhang Q，et al. Growth of half-meter long carbon nanotubes based on schulz-flory distribution. ACS Nano，2013，7（7）: 6156-6161.

[30] Salvetat J P，Bonard J M，Thomson N H，et al. Mechanical properties of carbon nanotubes. Applied Physics A: Materials Science & Processing，1999，69（3）: 255-260.

[31] Cheng Q，Li M，Jiang L，et al. Bioinspired layered composites based on flattened double-walled carbon nanotubes. Advanced Materials，2012，24（14）: 1838-1843.

[32] Zu M，Li Q，Wang G，et al. Carbon nanotube fiber based stretchable conductor. Advanced Functional Materials，2012，23（7）: 789-793.

[33] Behabtu N，Young C C，Tsentalovich D E，et al. Strong，light，multifunctional fibers of carbon nanotubes with ultrahigh conductivity. Science，2013，339（6116）: 182-186.

[34] De Heer W A，Châtelain A，Ugarte D. A carbon nanotube field-emission electron source. Science，1995，270（5239）: 1179-1180.

[35] Dillon A C，Jones K M，Bekkedahl T A，et al. Storage of hydrogen in single-walled carbon nanotubes. Nature，1997，386（6623）: 377-379.

[36] Schuller I K. New class of layered materials. Physical Review Letters，1980，44（24）: 1597-1600.

[37] Mizukami Y，Shishido H，Shibauchi T，et al. Extremely strong-coupling superconductivity in artificial two-dimensional kondo lattices. Nature Physics，2011，7（11）: 849-853.

[38] Brodie B C. On the atomic weight of graphite. Philosophical Transactions of the Royal Society of London，1859，149（9）: 249-259.

[39] Wallace P R. The band theory of graphite. Physical Review，1947，71（9）: 622-634.

[40] Ruess G，Vogt F. Höchstlamellarer kohlenstoff aus graphitoxyhydroxyd. Monatshefte für Chemie，1948，78（3/4）: 222-242.

[41] Boehm H P，Clauss A，Fischer G，et al. Surface Properties of Extremely Thin Graphite Lamellae. Heidelber: Pergamon Press，1962: 73-80.

[42] Morgan A E，Somorjai G A. Low energy electron diffraction studies of gas adsorption on the platinum（100）single crystal surface. Surface Science，1968，12（3）: 405-425.

[43] May J W. Platinum surface leed rings. Surface Science，1969，17（1）: 267-270.

[44] Dreyer D R，Ruoff R S，Bielawski C W. From conception to realization: An historial account of graphene and some perspectives for its future. Angewandte Chemie International Edition，2010，49（49）: 9336-9344.

[45] Hamwi A，Mouras S，Djurado D，et al. New synthesis of first stage graphite intercalation compounds with fluorides. Journal of Fluorine Chemistry，1987，35（1）: 151.

[46] Novoselov K S，Geim A K，Morozov S V，et al. Electric field effect in atomically thin carbon films. Science，2004，306（5696）: 666-669.

[47] Novoselov K S，Geim A K，Morozov S V，et al. Two-dimensional gas of massless dirac fermions in graphene.

Nature，2005，438（7065）：197-200.

[48] Novoselov K S，Jiang Z，Zhang Y，et al. Room-temperature quantum Hall effect in graphene. Science，2007，315（5817）：1379.

[49] Britnell L，Gorbachev R V，Jalil R，et al. Field-effect tunneling transistor based on vertical graphene heterostructures. Science，2012，335（6071）：947-950.

[50] Kim Y D，Kim H，Cho Y，et al. Bright visible light emission from graphene. Nature Nanotechnology，2015，10（8）：676-681.

[51] Xu Z，Gao C. Graphene chiral liquid crystals and macroscopic assembled fibres. Nature Communications，2011，2：571.

[52] Xu M，Liang T，Shi M，et al. Graphene-like two-dimensional materials. Chemical Reviews，2013，113（5）：3766-3798.

[53] Cao Q，Kim H S，Pimparkar N，et al. Medium-scale carbon nanotube thin-film integrated circuits on flexible plastic substrates. Nature，2008，454（7203）：495-500.

[54] El-Kady M F，Strong V，Dubin S，et al. Laser scribing of high-performance and flexible graphene-based electrochemical capacitors. Science，2012，335（6074）：1326-1330.

[55] Ge J，Shi L A，Wang Y C，et al. Joule-heated graphene-wrapped sponge enables fast clean-up of viscous crude-oil spill. Nature Nanotechnology，2017，12（5）：434-440.

[56] Wu J，Yuan H，Meng M，et al. High electron mobility and quantum oscillations in non-encapsulated ultrathin semiconducting Bi_2O_2Se. Nature Nanotechnology，2017，12（8）：530-534.

[57] Naguib M，Gogotsi Y. Synthesis of two-dimensional materials by selective extraction. Accounts of Chemical Research，2014，48（1）：128-135.

[58] Wang F，Wang Y，Liu Y H，et al. Two-dimensional semiconductor nanocrystals: Properties，templated formation，and magic-size nanocluster intermediates. Accounts of Chemical Research，2014，48（1）：13-21.

[59] Ma R，Sasaki T. Two-dimensional oxide and hydroxide nanosheets: Controllable high-quality exfoliation，molecular assembly，and exploration of functionality. Accounts of Chemical Research，2014，48（1）：136-143.

[60] Yao H B，Tan Z H，Fang H Y，et al. Artificial nacre-like bionanocomposite films from the self-assembly of chitosan-montmorillonite hybrid building blocks. Angewandte Chemie Inter national Edition，2010，49（52）：10127-10131.

[61] Sun Y，Gao S，Lei F，et al. Ultrathin two-dimensional inorganic materials: New opportunities for solid state nanochemistry. Accounts of Chemical Research，2014，48（1）：3-12.

[62] Britnell L，Ribeiro R M，Eckmann A，et al. Strong light-matter interactions in heterostructures of atomically thin films. Science，2013，340（6138）：1311-1314.

[63] Di Pietro P，Ortolani M，Limaj O，et al. Observation of dirac plasmons in a topological insulator. Nature Nanotechnology，2013，8（8）：556-560.

[64] Ennen I，Kappe D，Rempel T，et al. Giant magnetoresistance: Basic concepts，microstructure，magnetic interactions and applications. Sensors，2016，16（6）：904.

[65] 陈乾旺. 纳米科技基础. 北京：高等教育出版社，2014.

[66] 颜晓红，严辉. 纳米物理学. 哈尔滨：哈尔滨工程大学出版社，2010.

[67] Yeom B，Sain T，Lacevic N，et al. Abiotic tooth enamel. Nature，2017，543（7643）：95-98.

[68] Polte J，Erler R，Thunemann A F，et al. Nucleation and growth of gold nanoparticles studied *via in situ* small angle X-ray scattering at millisecond time resolution. ACS Nano，2010，4（2）：1076-1082.

[69] Wang X, Zhuang J, Peng Q, et al. A general strategy for nanocrystal synthesis. Nature, 2005, 437 (7055): 121.

[70] Won H I, Hayk N, Won C W, et al. Simple synthesis of nano-sized refractory metal carbides by combustion process. Journal of Materials Science, 2011, 46 (18): 6000-6006.

[71] Ge J, Sun L, Zhang F R, et al. A stretchable electronic fabric artificial skin with pressure-, lateral strain-, and flexion-sensitive properties. Advanced Materials, 2016, 28 (4): 722-728.

[72] Su M, Zheng B, Liu J. A scalable CVD method for the synthesis of single-walled carbon nanotubes with high catalyst productivity. Chemical Physics Letters, 2000, 322 (5): 321-326.

[73] Huang M H, Mao S, Feick H, et al. Room-temperature ultraviolet nanowire nanolasers. Science, 2001, 292 (5523): 1897-1899.

[74] Zhang A, Zheng G, Lieber C M. Emergence of Nanowires. Berlin/Heidelberge: Springer, 2016: 1-13.

[75] Camilli L, Sutter E, Sutter P. Growth of two-dimensional materials on non-catalytic substrates: h-BN/Au (111). 2D Materials, 2014, 1 (2): 025003.

[76] Coleman J N, Lotya M, O'Neill A, et al. Two-dimensional nanosheets produced by liquid exfoliation of layered materials. Science, 2011, 331 (6017): 568-571.

[77] Gan X, Zhao H, Quan X. Two-dimensional MoS_2: A promising building block for biosensors. Biosensors & Bioelectronics, 2017, 89 (Pt1): 56-71.

[78] Yin H J, Tang Z Y. Ultrathin two-dimensional layered metal hydroxides: An emerging platform for advanced catalysis, energy conversion and storage. Chemical Society Reviews, 2016, 45 (18): 4873-4891.

[79] Tan C, Cao X, Wu X J, et al. Recent advances in ultrathin two-dimensional nanomaterials. Chemical Reviews, 2017, 117 (9): 6225-6331.

[80] Chen Z, Ren W, Gao L, et al. Three-dimensional flexible and conductive interconnected graphene networks grown by chemical vapour deposition. Nature Materials, 2011, 10 (6): 424-428.

[81] Wu Z Y, Li C, Liang H W, et al. Ultralight, flexible, and fire-resistant carbon nanofiber aerogels from bacterial cellulose. Angewandte Chemie International Edition, 2013, 125 (10): 2997-3001.

[82] Shi Y, Wan Y, Zhao D. Ordered mesoporous non-oxide materials. Chemical Society Reviews, 2011, 40 (7): 3854-3878.

[83] Wan Y, Zhao D Y. On the controllable soft-templating approach to mesoporous silicates. Chemical Reviews, 2007, 107 (7): 2821-2860.

[84] Li W, Liu J, Zhao D. Mesoporous materials for energy conversion and storage devices. Nature Reviews Materials, 2016, 1 (6): 16023.

[85] Murty B S, Shankar P, Raj B, et al. Textbook of Nanoscience and Nanotechnology. Heidelberg: Springer, 2013.

[86] Zhai T, Zhong H, Gu Z, et al. Manipulation of the morphology of ZnSe sub-micron structures using CdSe nanocrystals as the seeds. Journal of Physical Chemistry C, 2007, 111 (7): 2980-2986.

[87] Yang P, Lieber C M. Nanostructured high-temperature superconductors: Creation of strong-pinning columnar defects in nanorod/superconductor composites. Journal of Materials Research, 2011, 12 (11): 2981-2996.

[88] Yang P, Lieber C M. Nanorod-superconductor composites: A pathway to materials with high critical current densities. Science, 1996, 273 (5283): 1836-1840.

[89] Shen G, Bando Y, Lee C J. Synthesis and evolution of novel hollow ZnO urchins by a simple thermal evaporation process. Journal of Physical Chemistry B, 2005, 109 (21): 10578-10583.

[90] Kong X Y, Ding Y, Yang R, et al. Single-crystal nanorings formed by epitaxial self-coiling of polar nanobelts.

Science，2004，303（5662）：1348-1351.

[91]　Pan Z W，Dai Z R，Wang Z L. Nanobelts of semiconducting oxides. Science，2001，291（5510）：1947-1949.

[92]　Zhao Y S，Xiao D，Yang W，et al. 2, 4, 5-triphenylimidazole nanowires with fluorescence narrowing spectra prepared through the adsorbent-assisted physical vapor deposition method. Chemistry of Materials，2006，18（9）：2302-2306.

[93]　Zhao Y S，Fu H B，Hu F Q，et al. Tunable emission from binary organic one-dimensional nanomaterials：An alternative approach to white-light emission. Advanced Materials，2008，20（1）：79-83.

[94]　Zhao Y S，Peng A，Fu H，et al. Nanowire waveguides and ultraviolet lasers based on small organic molecules. Advanced Materials，2008，20（9）：1661-1665.

[95]　Zhu D M，Jakovidis G，Bourgeois L. Catalyst-free synthesis of carbon and boron nitride nanoflakes using RF-magnetron sputtering. Materials Letters，2010，64（8）：918-920.

[96]　Hoang D Q，Pobedinskas P，Nicley S S，et al. Elucidation of the growth mechanism of sputtered 2D hexagonal boron nitride nanowalls. Crystal Growth & Design，2016，16（7）：3699-3708.

[97]　Lei S，Ge L，Liu Z，et al. Synthesis and photoresponse of large GaSe atomic layers. Nano Letters，2013，13（6）：2777-2781.

[98]　Zhao S，Wang H，Zhou Y，et al. Controlled synthesis of single-crystal SnSe nanoplates. Nano Research，2015，8（1）：288-295.

[99]　Xiang B，Wang P，Zhang X，et al. Rational synthesis of p-type zinc oxide nanowire arrays using simple chemical vapor deposition. Nano Letters，2007，7（2）：323-328.

[100]　Kikkawa J，Ohno Y，Takeda S. Growth rate of silicon nanowires. Applied Physics Letters，2005，86（12）：123109.

[101]　Gong Y，Liu Z，Lupini A R，et al. Band gap engineering and layer-by-layer mapping of selenium-doped molybdenum disulfide. Nano Letters，2013，14（2）：442-449.

[102]　Feng Q，Zhu Y，Hong J，et al. Growth of large-area 2D $MoS_{2(1-x)}Se_{2x}$ semiconductor alloys. Advanced Materials，2014，26（17）：2648-2653.

[103]　Zhou J，Lin J，Huang X，et al. A library of atomically thin metal chalcogenides. Nature，2018，556（7701）：355.

[104]　倪星元，姚兰芳，沈军，等. 纳米材料制备技术. 北京：化学工业出版社，2007.

[105]　Byrappa K，Yoshimura M. Handbook of Hydrothermal Technology. Norwich：William Andrew，2012.

[106]　Wang X，Li Y. Selected-control hydrothermal synthesis of α-and β-MnO_2 single crystal nanowires. Journal of the American Chemical Society，2002，124（12）：2880-2881.

[107]　Yu S H，Cui X J，Li L L，et al. From starch to metal/carbon hybrid nanostructures：Hydrothermal metal-catalyzed carbonization. Advanced Materials，2004，16（18）：1636-1640.

[108]　Zhao W Y，Ni B，Yuan Q，et al. Highly active and durable $Pt_{72}Ru_{28}$ porous nanoalloy assembled with sub-4.0 nm particles for methanol oxidation. Advanced Energy Materials，2017，7（8）：1601593.

[109]　Xie Y，Qian Y，Wang W，et al. A benzene-thermal synthetic route to nanocrystalline gan. Science，1996，272（5270）：1926-1927.

[110]　Li Y，Qian Y，Liao H，et al. A reduction-pyrolysis-catalysis synthesis of diamond. Science，1998，281（5374）：246-247.

[111]　Cheng L，Huang W，Gong Q，et al. Ultrathin WS_2 nanoflakes as a high-performance electrocatalyst for the hydrogen evolution reaction. Angewandte Chemie International Edition，2014，53（30）：7860-7863.

[112]　Martinez-Rodriguez R A，Vidal-Iglesias F J，Sola-Gullon J，et al. Synthesis of Pt nanoparticles in water-in-oil

microemulsion: Effect of HCl on their surface structure. Journal of the American Chemical Society, 2014, 136 (4): 1280-1283.

[113] Feng P, Bu X, Stucky G D, et al. Monolithic mesoporous silica templated by microemulsion liquid crystals. Journal of the American Chemical Society, 2000, 122: 994-995.

[114] Oh M H, Lee N, Kim H, et al. Large-scale synthesis of bioinert tantalum oxide nanoparticles for X-ray computed tomography imaging and bimodal image-guided sentinel lymph node mapping. Journal of the American Chemical Society, 2011, 133 (14): 5508-5515.

[115] Yadav T P, Yadav R M, Singh D P. Mechanical milling: A top down approach for the synthesis of nanomaterials and nanocomposites. Nanoscience and Nanotechnology, 2012, 2 (3): 22-48.

[116] Burmeister C F, Kwade A. Process engineering with planetary ball mills. Chemical Society Reviews, 2013, 42 (18): 7660-7667.

[117] Volkov S V. Chemical-reactions in molten-salts and their classification. Chemical Society Reviews, 1990, 19 (1): 21-28.

[118] Bugaris D E, zur Loye H C. Materials discovery by flux crystal growth: Quaternary and higher order oxides. Angewandte Chemie International Edition, 2012, 51 (16): 3780-3811.

[119] Hu C G, Liu H, Dong W T, et al. La(OH)$_3$ and La$_2$O$_3$ nanobelts-synthesis and physical properties. Advanced Materials, 2007, 19 (3): 470-474.

[120] Chen H L, Grey C P. Molten salt synthesis and high rate performance of the "desert-rose" form of LiCoO$_2$. Advanced Materials, 2008, 20 (11): 2206-2210.

[121] Wang X, Han X G, Xie S F, et al. Controlled synthesis and enhanced catalytic and gas-sensing properties of tin dioxide nanoparticles with exposed high-energy facets. Chemistry—A European Journal, 2012, 18 (8): 2283-2289.

[122] Yu Z L, Li G C, Fechler N, et al. Polymerization under hypersaline conditions: A robust route to phenolic polymer-derived carbon aerogels. Angewandte Chemie International Edition, 2016, 55 (47): 14623-14627.

[123] Schwandt C, Dimitrov A T, Fray D J. High-yield synthesis of multi-walled carbon nanotubes from graphite by molten salt electrolysis. Carbon, 2012, 50 (3): 1311-1315.

[124] Liu X F, Antonietti M. Moderating black powder chemistry for the synthesis of doped and highly porous graphene nanoplatelets and their use in electrocatalysis. Advanced Materials, 2013, 25 (43): 6284-6290.

[125] Paraknowitsch J P, Thomas A, Antonietti M. A detailed view on the polycondensation of ionic liquid monomers towards nitrogen doped carbon materials. Journal of Materials Chemistry, 2010, 20 (32): 6746-6758.

[126] Paraknowitsch J P, Zhang J, Su D, et al. Ionic liquids as precursors for nitrogen-doped graphitic carbon. Advanced Materials, 2010, 22 (1): 87-92.

[127] Paraknowitsch J P, Thomas A. Functional carbon materials from ionic liquid precursors. Macromolecular Chemistry and Physics, 2012, 213 (10/11): 1132-1145.

[128] Jana N R, Peng X. Single-phase and gram-scale routes toward nearly monodisperse Au and other noble metal nanocrystals. Journal of the American Chemical Society, 2003, 125 (47): 14280-14281.

[129] Park J, An K, Hwang Y, et al. Ultra-large-scale syntheses of monodisperse nanocrystals. Nature Materials, 2004, 3 (12): 891-895.

[130] Williamson C B, Nevers D R, Hanrath T, et al. Prodigious effects of concentration intensification on nanoparticle synthesis: A high-quality, scalable approach. Journal of the American Chemical Society, 2015, 137 (50): 15843-15851.

[131] Fan F J, Wang Y X, Liu X J, et al. Large-scale colloidal synthesis of non-stoichiometric Cu$_2$ZnSnSe$_4$ nanocrystals

for thermoelectric applications. Advanced Materials，2012，24（46）：6158-6163.

[132] Liang H W，Guan Q F，Chen L F，et al. Macroscopic-scale template synthesis of robust carbonaceous nanofiber hydrogels and aerogels and their applications. Angewandte Chemie International Edition，2012，51（21）：5101-5105.

[133] Zhang C L，Yu S H. Nanoparticles meet electrospinning：Recent advances and future prospects. Chemical Society Reviews，2014，43（13）：4423-4448.

[134] Wang H，Zhang X，Wang N，et al. Ultralight, scalable, and high-temperature-resilient ceramic nanofiber sponges. Science Advances，2017，3（6）：e1603170.

[135] Zhang L，Niu G，Lu N，et al. Continuous and scalable production of well-controlled noble-metal nanocrystals in milliliter-sized droplet reactors. Nano Letters，2014，14（11）：6626-6631.

[136] Deng B，Hsu P C，Chen G，et al. Roll-to-roll encapsulation of metal nanowires between graphene and plastic substrate for high-performance flexible transparent electrodes. Nano Letters，2015，15（6）：4206-4213.

[137] Zhang J，Yuan Y，Liang G，et al. Scale-up synthesis of fragrant nitrogen-doped carbon dots from bee pollens for bioimaging and catalysis. Advanced Science，2015，2（4）：1500002.

[138] Liang H W，Liu S，Wu Q S, et al. An efficient templating approach for synthesis of highly uniform CdTe and PbTe nanowires. Inorganic Chemistry，2009，48（11）：4927-4933.

[139] Liang H W，Wang L，Chen P Y，et al. Carbonaceous nanofiber membranes for selective filtration and separation of nanoparticles. Advanced Materials，2010，22（42）：4691-4695.

[140] Yang Y，Wang K，Liang H W，et al. A new generation of alloyed/multimetal chalcogenide nanowires by chemical transformation. Science Advances，2015，1（10）：e1500714.

第2章 低维纳米材料的气相沉积制备技术

2.1 物理气相沉积

2.1.1 物理气相沉积简介

物理气相沉积（PVD）是指在真空或低压气体放电条件下，利用物理方法将物质源蒸发或溅射成气态原子或分子后，在基体表面生成与基体材料性能不同的新的固态物质涂层。物理气相沉积通常包含三个工艺步骤：①将物质源（靶材）以物理方法由固体或液体转换为气体；②物质源材料的蒸气经过一个低压区域到达衬底；③蒸气在基体表面凝结，形成薄膜[1]。

PVD 技术最早出现于 20 世纪初，并于 70 年代末得到了迅速发展，成为一门极具广阔应用前景的新技术。PVD 技术最早主要用于制备具有高硬度、低摩擦系数以及具有良好耐磨性和化学稳定性的薄膜材料，并应用于半导体工业和航天航空等特殊领域。随着离子镀和射频溅射镀的相继发明，PVD 工艺技术和设备水平得到了快速的发展，其使用范围不断扩大，不再局限于过去的硬质合金材料，逐渐实现了 PVD 技术对氮化物、氧化物和碳化物等中低合金结构的拓展。降低沉积的基体温度是提高沉积层性能的一个主要技术问题，采用磁控溅射技术可以在350℃实现 TiN 的沉积，采用非平衡磁控溅射沉积多层 TiN-CrAlN 和 CrN-CrAlN复合涂层可以将温度降到 200℃。根据制件的要求，沉积温度最低可降低到小于70℃，扩大了镀层的可使用范围。此外，发展新型镀层或复合镀层是改善 PVD 沉积层性能的重要发展方向[2]。

20 世纪 90 年代以来各个国家对物理气相沉积的研究越来越重视，涂层逐渐向新的金属陶瓷硬质涂层、多元复合涂层、多层复合涂层、纳米复合涂层、纳米晶-非晶复合涂层和非金属超硬涂层方向发展，大大提高了沉积涂层的性能。到90 年代末，一些发达国家利用 PVD 技术沉积涂层在刀具应用领域超过了 80%，并涉及汽车零部件、航天航空零部件和防腐饰件等领域。纳米材料具有独特的量子尺寸效应、体积效应和表面效应，因而使材料的光、电、磁和力学性能产生惊人的变化。例如，把 TiN 和 AlN 涂层交互重叠达到 2000 层，每层的厚度为 1～2 nm，大大提高了涂层材料的抗高温磨损和氧化性能，使具有该纳米涂层刀具的使用寿命提高了 3 倍以上[3]。将纳米尺度的过渡金属的氮化物微细晶粒嵌入另一种非晶中，可以大幅提高涂层的硬度，其硬度可以超过 40 GPa[2, 4]。

按照沉积时物理机制的不同，物理气相沉积技术一般分为真空蒸发镀（vapor evaporation）、离子镀（ion plating）和溅射镀（vapor sputtering）[5]。真空蒸发镀是应用最早的 PVD 技术，是指在真空室中，加热蒸发容器中的靶材，使其原子或分子在表面气化逸出，形成蒸气流并入射到基底材料表面形成固态薄膜，在光学以及半导体领域具有重要的作用。溅射镀是指用荷能粒子轰击物体，从而引起物体表面原子从靶材中逸出，并最终在基底材料表面重新沉积凝聚形成薄膜。离子镀是在真空蒸发镀膜和溅射镀膜的基础上发展起来的新技术，将各种气体以放电方式引入气相沉积领域，整个气相沉积过程都是在等离子体中进行，大大提高了膜层离子能量，可以获得具有优异性能的薄膜[5]。近年来，薄膜技术和薄膜材料的发展突飞猛进，在原有基础上又相继出现了离子束增强沉积技术（ion-beam-enhanced deposition）、电火花沉积技术（electron spark deposition）、电子束物理气相沉积技术（electron beam-PVD）和多层喷射沉积技术（multi-layer spray deposition）等[6]。

2.1.2 物理气相沉积制备低维纳米材料

PVD 技术作为一种气相凝结技术，通过控制制备工艺可以得到较为精细的粒径分布较窄的纳米微粒、纳米线和纳米片等，是制备纳米材料的一种常用方法。

1. 零维纳米材料

惰性气体冷凝技术结合蒸发镀膜法，被普遍用于合成具有结构可控、粒径分布窄的金属及金属氧化物纳米粉末。该技术最早由 Granqvist 和 Buhrman 在 1976 年提出[7]，由 Gleiter 在 1981 年加以改进[8]。在该过程中，金属在充有稀有气体的超真空室内被蒸发（图 2.1），通过与氩分子碰撞，蒸发物能量逐渐降低，由于碰撞限制了平均自由程，因此能够实现上述蒸发源达到过饱和。在过饱和度下，经过聚结和凝聚生长能够迅速形成大量团簇，这些团簇随着冷凝气体的对流转移到填充有液氮的垂直冷凝管内的表面，利用刮刀从冷凝管上移除粒子，并通过一个漏斗将它们收集在一起，然后转移到原位压实设备或一个涂有表面活性剂的设备，以防止团聚。粒子的刮涂和固结是在超真空室里完成的，以防止金属纳米粒子的氧化。该方法制备的纳米粒子的大小、形态和产量可以通过调节发生冷凝的过饱和区的原子供应率，冷凝气体介质从热原子中移除能量的速率和过饱和区成核团簇的移除率来进行调节[9]。

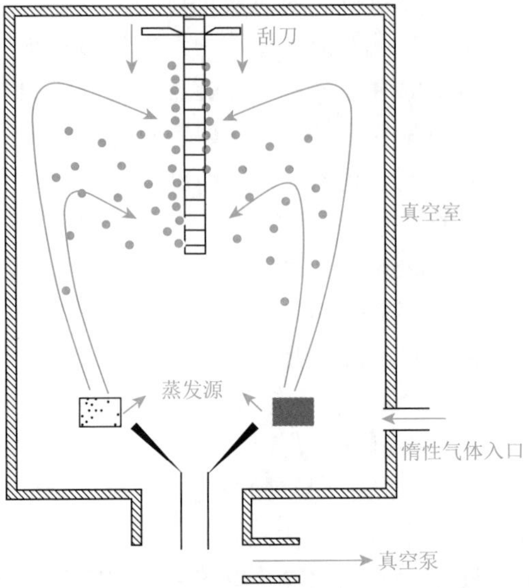

冷凝器捕集管

刮刀

真空室

蒸发源

惰性气体入口

真空泵

图 2.1　零维纳米材料合成时惰性气体的冷凝示意图[9]

　　F. Faupel 等通过共蒸发沉积金属镍和无定形含氟聚合物（Teflon AF），得到了尺寸可调的金属镍纳米团簇并均匀地分散在包覆聚合物层内[10]。这种方法是在 $10^{-6} \sim 10^{-7}$ mbar（1 bar = 10^5 Pa）的真空度下进行的，其中两个独立的蒸发源分别用于蒸发金属和聚合物。图 2.2（a）～（c）为制备不同填充比的镍和 Teflon AF 复合产物透射电子显微镜（transmission electron microscope，TEM）图片，通过控制不同的体积填充比，可以得到不同尺寸的镍纳米颗粒。从图中可以看出当镍的体积填充比分别在 1%［图 2.2（a）］、10%［图 2.2（b）］和 20%［图 2.2（c）］时，镍纳米颗粒的尺寸分别在 10～15 nm、7～10 nm 和 3～11 nm。从图 2.2（b）中的电子选取衍射图可以看出，生长的镍纳米团簇的晶体结构为面心立方结构（fcc）[10]。

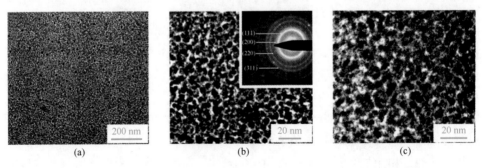

(a)　　　　　　　　　　(b)　　　　　　　　　　(c)

图 2.2　镍纳米颗粒和 Teflon AF 复合薄膜［(a)～(c)］TEM 图片[10]

插图为选区电子衍射图

　　在物理气相沉积过程中，沉积速率和沉积量对纳米颗粒的形貌和尺寸的调节具有显著的影响。据报道，Grundmeier 采用电子束蒸发镀方法，通过调节沉积速率和沉积量在含氟超薄膜的硅基底上实现了银纳米颗粒的尺寸调控[11]。首先，通过低温等离子聚合得到十七氟-1-癸烷（HDFD）超薄的氟碳化合物修饰的硅基底薄膜，通过化学蒸汽表面改性法在硅基底形成十七氟癸基三甲氧基硅烷（FAS-17）单层膜修饰的硅基底。对基底进行修饰，主要是因为 HDFD 的含氟功能团—CF_2—CF_2—CF_2—或—CF_3 大大降低了基底的表面能，而且 FAS-17 具有很高的表面有序性。此外，银与化学改性的氟碳薄膜基底的微弱作用也可以促进银纳米颗粒的形成。与纯氧化物表面相比，氟碳化合物层能够促进成核位点的形成，而不是在已成核的基础上继续生长。图 2.3（a）和（b）～（f）为没有修饰和修饰后的基底上沉积的银纳米颗粒的形貌对比，可以看出修饰后的基底更容易形成尺寸和形貌均匀的纳米颗粒。电子束蒸发镀制备银纳米颗粒是在真空度为 10^{-6} mbar 下进行的，银纳米颗粒的质量厚度通过蒸发过程中的原位石英晶体微天平控制（quartz crystal microbalance，QCM）。通过 Sauerbrey 方程 $\left(\Delta f = -\left(\dfrac{f_0^2}{N \rho_q} \right) \Delta m = -c_f \Delta m \right)$[12]，

可以根据频率的变化（Δf）计算相应的质量变化。其中，Δf 为观测到的平均频率变化值；f_0 为石英晶体的共振频率 6 MHz；N 为频率常数（$N = f_0 L_q = 1.20 \times 10^5$ Hz·cm）；L_q 为纯石英盘的厚度，为 0.02 cm；ρ_q 为石英的密度 2.468 g/cm^3；Δm 为单位面积内质量变化。因此根据 Sauerbrey 方程可以得到 c_f 为 1.216×10^8 (Hz·cm^2)/g。由于在沉积过程中，薄膜不是连续的，因此不能通过 QCM 准确地测量，在该实验过程中沉积的银的质量 m 对应的是 5 nm 连续的银膜的质量，其中银的沉积速率为 $1.05 \times 10^{-8} \sim 3.156 \times 10^{-8}$ g/(cm^2·s)。当银原子以较高的速率蒸发到基底上时具有较高的动能，需要较长的冷却周期，因此更容易在已成核的表面继续生长而不是形成新的成核点，也就是说高的蒸发速率得到的颗粒尺寸会比较大，而且尺寸分布更广。沉积的量对银纳米颗粒的尺寸影响也非常大，图 2.3（b）～（e）为在相同的基底上沉积不同量的银的扫描电子显微镜（scanning electron microscope，SEM）图片。随着银的沉积量的增加，银纳米颗粒的尺寸逐渐增加，而形貌逐渐由球形颗粒［图 2.3（b）、（c）］变成不规则的椭圆形［图 2.3（d）、（e）］。随着沉积量由 m 增加到 4m，银纳米颗粒的平均尺寸由 4.2 nm 增加到 13.4 nm。但是，在相同沉积条件下，FAS-17 自组装单层薄膜修饰的硅基底上沉积的银颗粒要比在 HDFD 等离子聚合物修饰的硅基底上制备的银颗粒大很多［图 2.3（f），直径约为 21.2 nm］，这可能是由于蒸发过程中银原子碰撞和部分银原子在 FAS-17 自组装单层薄膜部分渗透造成的。相比于 FAS-17 自组装单层薄膜，HDFD 等离子聚合物拥有更强的交联结构，相对更稳定，因此不容易被银原子渗透，得到的银纳米颗粒尺寸更均匀[11]。

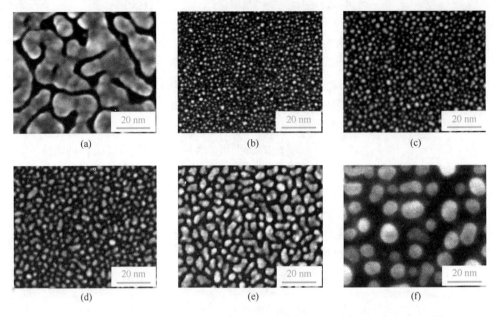

图 2.3　电子束沉积银纳米颗粒的场发射扫描电子显微镜（FE-SEM）图片[11]

（a）在纯硅基底上沉积 2*m* 的银；（b）～（e）在 4 nm FAS-17 自组装单层薄膜修饰的硅基底上沉积质量分别为 *m*、
2*m*、3*m* 和 4*m* 的银颗粒；（f）在 FAS-17 自组装单层薄膜修饰的硅基底上沉积 2*m* 的银颗粒。*m* 对应连续的单位面
积内 5 nm 厚的银薄膜在蒸发过程中的质量变化

2. 一维纳米材料

　　一维纳米材料主要包括纳米管、纳米线、纳米带和纳米同轴电缆等，是研究
电子传输行为和光学、磁学等物理性质和尺寸、维度间关系的理想体系，而且从
应用前景上看，一维纳米材料特定的几何形态将在构筑纳米电子、光学器件方面
担当重要的角色。物理气相沉积技术作为一种最简单常用的方法，已经被成功地
应用于制备一维纳米结构，与其他合成方法相比，该方法不包含任何化学反应过
程，其基本过程包括高温升华粉末状的原材料，然后被蒸发的蒸气在某温度区域
内沉积生长成相应的一维纳米结构[13-16]。例如，哈佛大学 Lieber 等用此法制备了定
向生长的 MgO 纳米棒[17, 18]；Lee 等用这种方法制备了 ZnO 的纳米线和多级组装结
构[19]。其中，王中林等利用物理气相沉积技术成功地制备了多种一维纳米材料[20, 21]。
图 2.4 为制备一维氧化物纳米结构的物理气相沉积装置示意图[20, 21]。一维氧化物
纳米结构的合成是在管式炉中的石英管或氧化铝管中进行的。高纯的氧化物前驱
体粉末放置在最高温度区域的反应管的中间位置，而用于收集纳米结构的基底被
放置在载气流的下方。基底包括单晶硅片、多晶氧化铝或单晶金红石结构氧化铝
等。管的两端用不锈钢帽封住，帽中通入冷却水使反应管获得合适的温度梯度。

在具体制备纳米结构过程时，首先将系统抽真空至 10^{-2} Torr[①]，然后以一定的速率开始加热反应管到反应温度。反应过程中，以恒定的速率持续通入氩气和氮气等载气使管内的气压保持在 200~500 Torr。对于不同的原材料和纳米结构产物，所需气压也有不同的要求。保持一定的气压和温度一段时间之后，就会得到相应的纳米结构产物[20, 21]。

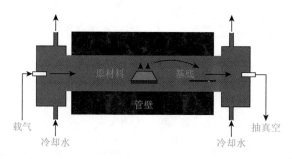

图 2.4　物理气相沉积法制备一维氧化物纳米结构的示意图[20, 21]

　　采用上述方法，王中林等制备出了多种一维氧化物纳米结构，如 ZnO 纳米带、SnO_2 纳米带、In_2O_3 纳米带和 CdO 纳米带等[21]。保持腔体压力为 300 Torr，Ar 气流速为 50 cm^3/min，将 ZnO 粉末（纯度 99.99%）置于 1400℃温度下保持 2 h，在下风口的氧化铝基底上就可以得到纤锌矿 ZnO 纳米带。图 2.5（a）为 ZnO 纳米带的 SEM 图片。在相同的气流和压强条件下，将前驱体改为 SnO_2（纯度 99.9%）在 1350℃下保持 2 h 后，在氧化铝片上就可以得到金红石相的 SnO_2 纳米带结构。图 2.5（b）为 SnO_2 纳米带的 SEM 图片。类似地，在相同条件下，通过在 1400℃和 1000℃的温度下分别蒸发 In_2O_3 粉末和 CdO 粉末（纯度 99.998%）可以得到 C-稀土晶体结构的 In_2O_3 纳米带和氯化钠立方晶相 CaO 纳米带以及纳米片结构。图 2.5（c）、（d）分别为 In_2O_3 和 CdO 纳米带的 SEM 图片。此外，通过该方法还可以制备其他一维氧化物纳米结构，如 Ga_2O_3 和 PbO_2 纳米带。

　　在物理气相沉积过程中，基底的温度和催化剂对纳米材料的尺寸和形貌具有很大的影响。中国科学院化学研究所姚建年等利用 GdSe 纳米晶作为晶种，得到了不同形貌的 ZnSe 亚微米结构，通过控制不同的反应驱动力，如 ZnSe 蒸气过饱和度、沉积温度等，可以得到纳米带、纳米棒和枝状纳米线结构[22]。利用该方法，复旦大学方晓生等通过在不同的温度下沉积 ZnS 蒸气得到了不同形貌和尺寸的 ZnS 纳米结构产物。在同一反应炉内，不同区域温度不同，当沉积区域温度为 850~900℃时 ZnS 为纳米棒状结构，区域温度为 950~1000℃时形成 ZnS 纳米线结构，

---

① 1 Torr = 133.322 Pa

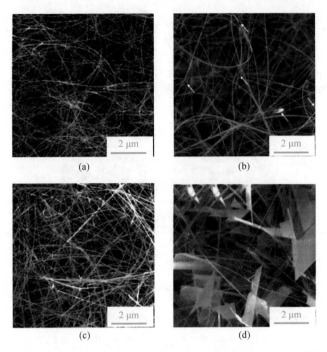

图 2.5 物理气相沉积法制备的一维纳米材料的 SEM 图片[21]

（a）ZnO 纳米带；（b）SnO$_2$ 纳米带；（c）In$_2$O$_3$ 纳米带；（d）CdO 纳米带

区域温度继续升高到 1000～1050℃时形成 ZnS 纳米片状结构[23]。华中科技大学翟天佑等通过在 860℃热蒸发 CdS 粉末，在沉积有一层 10 nm 厚 Au 的 Si 基底上制备了形貌均匀的 CdS 纳米带[24]。利用 PVD 法，南开大学陈军等制备了一系列的一维金属纳米结构，如 Mg 纳米线、Al 纳米棒等[25, 26]。图 2.6（a）为制备金属纳米线的装置示意图，以沉积 Mg 纳米线为例，其制备过程如下：①将一片不锈钢丝网筛（在 10×10 mm^2 面积上有 1500 目）作为沉积基底放置在管式炉的冷却区域；②调节蒸发温度为 1203 K 保持 100 min，并控制 Ar 气流速为 200～400 cm^3/min，此时沉积温度为 573 K；③在 Ar 气流的保护下，通过振动丝网分离器收集得到 Mg 纳米线产物。不同的 Ar 气流速下得到的产物形貌也会不同，当气体流速为 200 cm^3/min 时，得到形貌均匀的 Mg 纳米线，如图 2.6（b）所示。将管式炉中央的 Mg 粉换成 Al 粉，调节加热速率为 30℃/min 并升至 1000℃保持 10 h，控制 Ar 气流速为 1000 cm^3/min 即可在沉积温度为 250℃的基底上沉积获得 Al 纳米棒结构，如图 2.6（c）所示。通过该方法获得的 Mg 纳米线和 Al 纳米棒在氢气储存和电池方面具有广泛的应用前景。

斯坦福大学崔屹等在催化剂辅助下通过蒸发 GaSe 粉末得到了一系列的 GaSe 一维纳米结构[27]。如图 2.7（a）所示，GaSe 纳米结构的合成是在配有一个直径为

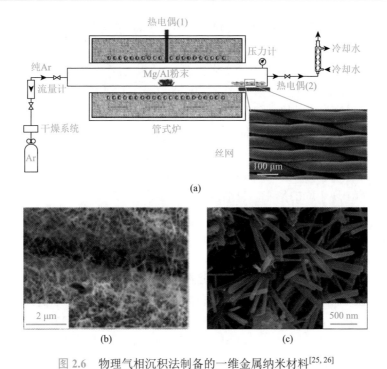

图 2.6　物理气相沉积法制备的一维金属纳米材料[25, 26]

（a）物理气相沉积设备示意图；（b）Mg 纳米线的 SEM 图片；（c）Al 纳米棒的 SEM 图片

1 英寸（in，1in = 2.54cm）石英管的水平管式炉内进行的。多晶的 GaSe 粉末作为原材料位于管式炉的中央位置，均匀分布着直径为 20 nm Au 颗粒的催化剂并暴露〈100〉晶面的本征氧化硅作为沉积基底。将纯度为 99.999% 的高纯 N_2 与 H_2 混合，其中 H_2 的含量为 2%，将此混合气体作为载气用于物质的传输。在实验之前，先将管式炉内的真空度抽至 60 mTorr，然后用载气冲洗，重复该过程几次以排除管式炉内的氧气。在生长 GaSe 纳米材料过程中，载气流速保持在 100 cm^3/min，气压为 1 atm。热蒸发温度是根据原材料的升华温度决定的，通过图 2.7（a，ii）中的热重分析曲线可以看出在 800℃时 GaSe 开始具有明显的蒸发，在 950℃时完全蒸发。因此选择沉积 GaSe 纳米结构时的蒸发温度为 800℃或 900℃并保持 3 h，同时加热速率控制在 70℃/min。在实验温度下，GaSe 粉末开始挥发，其蒸气中主要含有 Ga_2Se 和 Se_2 以及少量的 Ga_2。蒸气中 Ga_2 的量对 GaSe 的形貌影响非常大，同时管内的温度分布对控制纳米线的形貌也具有非常重要的影响。图 2.7（a，i）为管内温度与中心到管终端的距离的相关曲线，随着距离的增加，温度逐渐降低。用于沉积 Ga_2Se 的基底放在温度为 600～400℃的管式炉下游区域。图 2.7（b）为不同温度和反应时间下得到的不同形貌 GaSe 纳米结构示意图。图 2.7（c）为 GaSe 粉末在 800℃温度下蒸发 1 h 所得的 GaSe 纳米线 SEM 图片，纳米线宽度为 20～28 nm，长度为几微米。在纳米线的一端为催化剂 Au 纳米颗粒，其尺寸影响和控制着 GaSe 纳米线的宽度和厚度。如图 2.7（d）所示，控制温度不变（800℃）的同时延长蒸发时间到 3 h，GaSe 纳米线的形貌发生了变化。首先 GaSe 的长度增加到了几十微米，同时在连接催化剂一端的宽度也增加到了 70～80 nm，而厚度也从 180 nm 减小到了50 nm 左右。这种形貌上的变化是由于气-液-固过生长和 Au-Ga 合金催化剂的形成影响的。而当没有 Au 纳米颗粒催化剂时，在基底上得不到任何的 GaSe 产物。在较高的温度下会产生更多的 Ga 蒸气，为考察 Ga 蒸气对 GaSe 纳米结构的影响，可以将生长温度提高到 900℃反应 1 h。结果表明，在该条件下可以获得 GaSe 纳米带产物，并开始出现不同的形貌，包括锯齿状和 Z 形［图 2.7（e）～（h）］。此外，纳米带的宽度从 200 nm 变成几微米，长度也从几微米增加到了几百微米，厚度增加到了 100 nm［图 2.7（e）插图］。这种形貌的变化是由催化剂 Ga 的沉积造成的，与 Au 相比，Ga 的液滴具有更低的表界面能，而且在生长过程中对扰动更敏感。因此在不增加自由能的基础上，催化剂 Ga 使生长方向产生恒定变化导致了锯齿状和Z 形结构。层状的纳米结构很容易通过卷曲的方式形成纳米管，通过将 GaSe 粉末以 1℃/min 的速率加热到 900℃，可以得到约 5%的 GaSe 纳米管，其内径约为 20 nm，外径约为 35 nm［图 2.7（h）］。采用类似的方法，合肥工业大学罗林保等通过在 250℃和真空度为 10^{-4} Torr 条件下热蒸发 Se 粉末得到了延[001]方向生长的 Se 纳米带，其宽度和厚度分别为 100～800 nm 和 20～90 nm，表现出优异的光电性能，并可以作为构筑单元制备纳米光电子器件[28]。清华大学朱静等也利用简单的物理气相沉积技术制备了 Si_3N_4、Ga_2O_3、ZnO 和 SiO_2 纳米线，研究表明反应温度对这些一维纳米结构的尺寸具有重要的影响，在合适的温度下其直径可以小于 100 nm[29]。

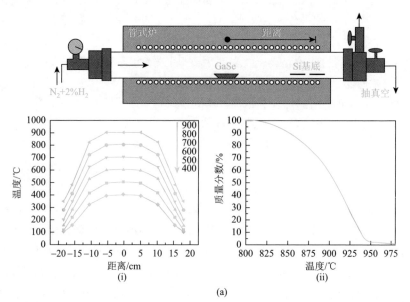

(a)

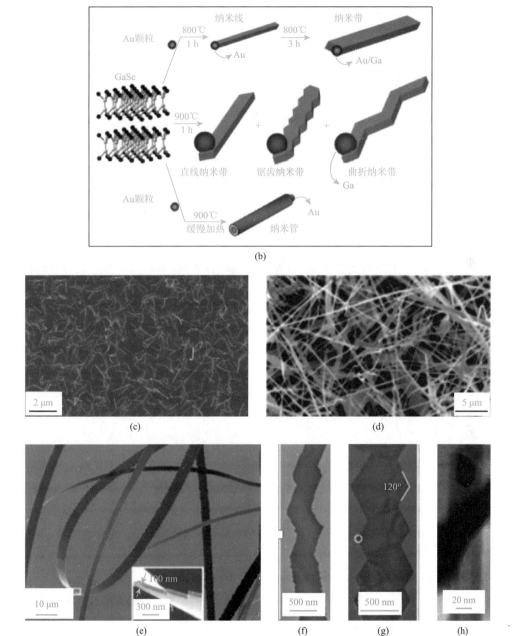

图 2.7　物理气相沉积法制备的一维 GaSe 纳米材料[27]

（a）制备 GaSe 纳米材料的装置示意图，（ⅰ）和（ⅱ）分别为管内温度与中心距离关系曲线和 GaSe 的热重分析曲线；（b）通过控制温度和反应时间得到不同形貌 GaSe 纳米线的示意图；（c）800℃，沉积 1 h 得到的 GaSe 纳米线 SEM 图片；（d）800℃，沉积 3 h 得到的 GaSe 纳米线 SEM 图片；（e）800℃，沉积 3 h 得到的 GaSe 纳米带 TEM 图片，插图为纳米带的侧面 SEM 图片；（f）Z 形 GaSe 纳米带的 TEM 图片；（g）锯齿形 GaSe 纳米带的 TEM 图片；（h）GaSe 纳米管的 TEM 图片

　　近年来，由于有机材料的快速发展，利用 PVD 法制备一维有机纳米材料受到了越来越多的关注。通过简单的物理气相蒸发制备一维有机纳米材料有了快速的发展，并且这些有机纳米材料表现出了明显的纳米尺寸效应，显示了巨大的潜在优势。采用气相沉积方法制备一维有机纳米材料的难点在于有机小分子本身熔点低，易升华，而用气相沉积制备纳米结构时的温度较高，饱和度不容易控制，而过饱和度对材料的形貌控制是非常重要的。因此，如何控制有机分子蒸气的饱和度是物理气相沉积制备有机纳米材料的一个关键问题。中国科学院化学研究所姚建年等通过将硅胶和氧化铝等吸附剂引入有机小分子的气相沉积体系，通过有机分子和吸附剂之间的吸附-脱附平衡，成功地合成了多种一维有机纳米结构并且研究了它们的光学性质[30-32]。以制备 2, 4, 5-三苯基咪唑（TPI）纳米线为例，首先通过研磨，将中性氧化铝（或硅胶）与 TPI 以一定比例混合均匀，然后将混合物转移至特制的石英舟。将放有混合物的石英舟放入一个两端开口的石英管内，并将石英管插入水平放置的管式电阻炉。管式炉两端封盖内部通冷凝水，以便获取一定的温度梯度。石英管内通氮气以防止气相沉积的过程中 TPI 被氧化，氮气流速控制在 100 cm^3/min。将不同的基底放在低温区（载气的下游）来收集样品。在该实验过程中，沉积时间和温度对纳米线的尺寸具有很大的影响，如固定沉积温度为 230℃，而沉积时间分别为 30 s、60 s、120 s 和 240 s 时，制备纳米线的长度分别为 1 μm、10 μm、25 μm 和 100 μm。如果固定反应时间为 30 s，而沉积温度分别为 200℃、210℃、220℃和 230℃时，沉积制备得到的纳米线的直径由 40 nm 增加到 120 nm、300 nm 和 500 nm。在该实验过程中，吸附剂的引入对纳米线的生长起到至关重要的作用，在该实验中引入的吸附剂是硅胶和中性的氧化铝。如图 2.8（a）所示，当有吸附剂时形成的 TPI 纳米线比较均匀 [图 2.8（b）、（c）]。当没有吸附剂时，形成的 TPI 蒸气饱和度较高，此时形成的产物是单分散性很差的棒状结构，如图 2.8（e）、（f）所示。在该实验过程中，没有使用任何催化剂，因此基底对纳米线的形貌没有影响，所得到的纳米线的顶端没有发现球形小滴，因此 TPI 纳米线的生长是受气相-固相过程控制的。当 TPI 与吸附剂的混合物被加热到沉积温度时，TPI 会升华，并且借助吸附剂的吸附-脱附平衡产生合适的 TPI 蒸气饱和度，这就使得 TPI 在基底表面形成大小均匀的晶核。接下来的 TPI 蒸气通过 TPI 分子之间的氢键、π-π 键作用和范德瓦尔斯力等被吸附到晶核的表面，然后均匀地在一维方向上外延生长，最终得到单分散性较好的纳米线，如图 2.8（a）所示。与之相反，如图 2.8（d）所示，当没有吸附剂时，TPI 升华时会产生较大的气流，起始阶段产生的晶核尺寸不均一，通过外延生长得到的产物的均一性就不能保证。采用同样的方法，该课题组还制备了近单分散的三（8-羟基喹啉）铝（Alq$_3$）一维有机纳米材料，在制备过程中，吸附剂的引入同样对改善纳米线均匀性起到了重要作用。通过延长沉积时间可以获得更长的纳米线，例如，固定沉积温度 270℃，

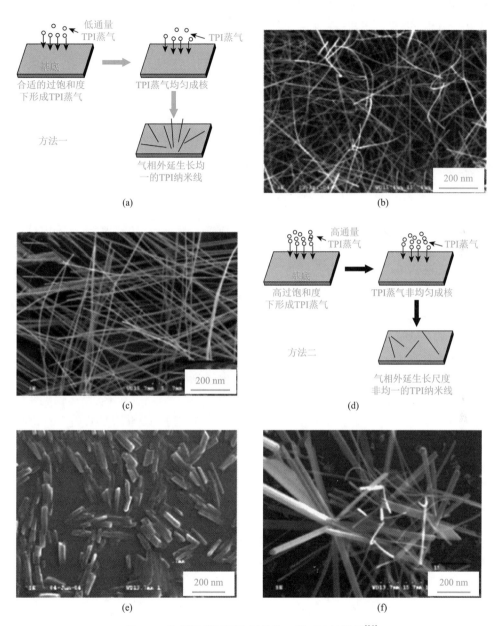

图 2.8　物理气相沉积法制备的一维 TPI 纳米线[30]

（a）添加吸附剂时制备 TPI 纳米线原理示意图；（b）直径 120 nm、长度 10 μm 的 TPI 纳米线的 SEM 图片；（c）直径 300 nm、长度 100 μm 的 TPI 纳米线的 SEM 图片；（d）没有吸附剂时制备 TPI 纳米线示意图；（e）沉积温度在 220℃、沉积时间为 30 s 时制备的 TPI 纳米线的 SEM 图片；（f）沉积温度在 220℃、沉积时间为 60 s 时制备的 TPI 纳米线的 SEM 图片

沉积时间从 30 s 增加到 60 s、120 s 和 240 s，相应的纳米线长度从 1.5 μm 增加到
20 μm、50 μm 和 100 μm。而通过增加沉积温度，可以得到不同直径的纳米线，
其直径随着沉积温度的增加而增加。由于该方法制备的 Alq_3 纳米线的尺度可以精
细调控，有利于研究其光电性能与尺寸的关系，而且研究结果也表明 Alq_3 纳米线
的电致发光和场发射器件的性能随着纳米线的直径减小而显著提高。美国德雷塞
尔大学籍海峰等利用玻璃衬底的 Si—OH 与酰亚胺类半导体之间的氢键作用，成
功地制备了苝二酰亚胺（PTCDI）和萘二酰亚胺（NPDI）的单晶纳米线[33]。首先，
他们将 5 g 的 PTCDI 或 NPDI 样品放入石英管内，在真空或氮气氛围内加热到
500℃并保持 1 h，然后冷却到室温就可以得到相应的纳米线结构。

3. 二维纳米材料

自从石墨烯发现以来，二维层状纳米材料受到越来越多的关注。与体相材料
相比，二维层状纳米材料在电子结构、比表面积和电子的量子限域效应等方面表
现出了巨大的优势，在电学、光学、光电子和柔性器件等领域具有广泛的应用前
景，因此控制生长高质量的二维纳米材料成为目前研究的热点。物理气相沉积制
备的二维层状纳米材料具有尺寸均匀、质量好和形貌可控的优点，该方法可以在
原子尺度上控制二维纳米材料的生长，特别是半导体纳米材料。

碳纳米片是一种新型的二维纳米碳材料，其中石墨烯最具有代表性。这种材
料具有高的比表面积和优异的导电性能，在电催化和能源储存方面具有巨大的优
势。六方氮化硼纳米片与石墨烯的片层结构类似，但是氮化硼纳米片具有更好的
耐高温、宽带隙、更高的抗氧化性和更强的抗化学腐蚀性等优异的性能，在高温
下工作的半导体器件、高温热传导复合材料和光电材料等方面具有很好的应用前
景。比利时哈瑟尔特大学 Hoang 和澳大利亚莫纳什大学 Bourgeois 等采用物理气
相沉积中的射频磁控溅射方法分别在硅、钼和钨基底上成功制备了氮化硼和碳纳
米片结构[34, 35]。在沉积过程中，纯度为 99.99%的石墨或氮化硼作为靶材，腔体的
真空保持在 $1.3×10^{-3}$ Pa。通过电阻丝加热煅烧过的钼片或钨舟将基底的温度加热
到 800℃或 1000~1200℃。向腔体中通入氩气到真空度为 30 mTorr，用于产生相
应的等离子体。在沉积之前先将溅射能量设置为 30 W 保持 30 min 用于清洗靶材，
随后调节功率到 200 W 开始沉积碳或氮化硼纳米片。经过 3 h 的沉积时间，可以
得到 5~10 mg 的碳纳米片和氮化硼纳米片薄膜，通过增加射频功率和减少靶材与
基底的距离，可以增加沉积速率，通过增加基底的面积可以获得更高的产量甚至
达到工业需求。图 2.9（a）为 800℃沉积 3 h 溅射得到的碳纳米片层结构的 TEM
图片，插图为该区域的选区电子衍射图，表明碳纳米片为多晶结构，从 002 衍
射环得到层间距为 3.6 Å±0.1 Å。进一步通过高倍数的 TEM 图片［图 2.9（b）］
可以看出碳纳米片的形貌包括弯曲和扭曲的片层结构，其平均长度在 100 nm 左

右。在一些纳米片中甚至会出现 90℃的弯折，长度达到约 200 nm。通过高分辨图片 [图 2.9（c）] 可以看出单个碳片层沿着缺陷分裂。图 2.9（d）、（e）为在 1000℃下沉积得到的氮化硼纳米片 TEM 图片，其平均长度为 200 nm。从插图中的选区电子衍射花纹可以看出通过该法制备的氮化硼为多晶结构，从 002 衍射环得到层间距为 3.5 Å±0.1 Å。

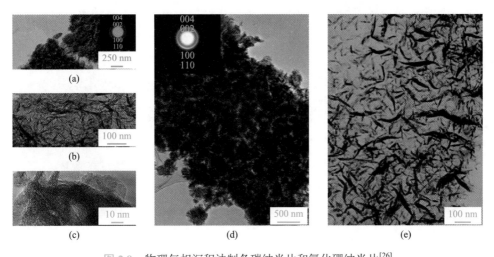

图 2.9　物理气相沉积法制备碳纳米片和氮化硼纳米片[26]

（a）～（c）不同倍数下多晶碳纳米片的 TEM 图片，插图为相应图片的选区电子衍射图；
（d）、（e）不同倍数下多晶氮化硼纳米片的 TEM 图片，插图为相应图片的选区电子衍射图

　　非过渡金属卤化物具有多相态和优异的光学性能，因此III-VI族的半导体受到了非常多的关注。处于 α 相时 In_2Se_3 为层状晶体，其厚度约为 1 nm。研究 In_2Se_3 的相变过程已经持续了很多年，然而这些研究都是基于无定形或多晶结构 α 相 In_2Se_3，因此制备高质量的层状 α 相 In_2Se_3 是非常迫切的。α 相 In_2Se_3 的带隙为 1.3 eV，因此在非挥发相变记忆和光电子器件方面具有广泛的应用。北京大学刘忠范等首次通过物理气相沉积技术外延生长得到了 In_2Se_3 纳米片，并考察了在不同基底（石墨烯和云母）上的 In_2Se_3 纳米片形貌特征[36]。采用类似的方法，南洋理工大学刘政等采用物理气相沉积的方法制备了高质量的单层 α 相 In_2Se_3 纳米结构并用于场效应晶体管的性能测试[37]。如图 2.10（a）所示，首先将纯度为 99.99% 的 In_2Se_3 粉末放在二氧化硅舟中并转移至石英管的中心。然后，将一片具有 285 nm SiO_2 的 Si 晶片放置在 10～15 cm 的下游位置，作为样品生长的基底。在石英管内通入每秒 60 cm^3 的氩气流量作为惰性保护气氛，并且作为载气用于携带蒸发的 In_2Se_3 蒸气，在 SiO_2/Si 基底上沉积。In_2Se_3 粉末在 30 min 内加热至 850℃，并在 850℃下保持 5～15 min，以生长 In_2Se_3 原子层。图 2.10（b）为单层 α 相 In_2Se_3 的原子结构示意图，表明其是由五层 "Se-In-Se-In-Se" 组成，其中 "Se-In-Se" 堆

垛在一列，而"Se-In"堆垛在另一列。在生长过程中，In₂Se₃原子层的厚度可以通过生长时间来进行调控。如图2.10（c）所示，当在温度为850℃条件下生长时间5 min即可以获得横向尺寸小于5 μm的三角形In₂Se₃结构。当增加生长时间到10 min，三角形In₂Se₃的尺寸相应地增加到10 μm，继续增加到15 min，就会出现多层结构的In₂Se₃纳米片。图2.10（d）为In₂Se₃纳米片的TEM图片，从插图中的选区电子衍射图可以看出为六重旋转对称衍射，表明In₂Se₃纳米片为六方结构。图2.10（e）、（f）为典型的三方和六方结构的In₂Se₃纳米片的TEM图片。

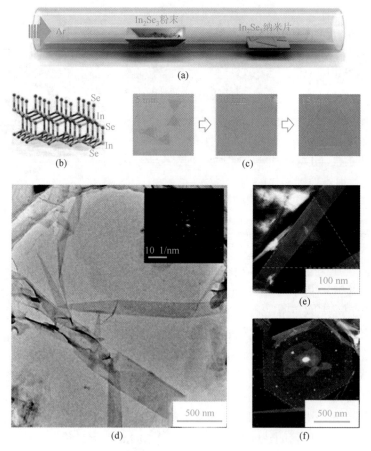

图2.10　物理气相沉积法制备In₂Se₃纳米片[37]

（a）以In₂Se₃粉末为前驱体，通过物理气相沉积制备In₂Se₃纳米片示意图，SiO₂/Si基底为生长基底；（b）单层In₂Se₃的晶体结构示意图；（c）生长时间分别为5 min、10 min和15 min时得到In₂Se₃纳米片的光学显微照片，其尺寸分别为5 μm、10 μm和10 μm；（d）单层In₂Se₃纳米片的TEM图片，插图为纳米片的选取电子衍射图（SAED）；（e）、（f）三角形和六边形形貌In₂Se₃的低倍数TEM图片硒化镓（GaSe）是一种重要的层状III-VI族二元硫属化合物。它具有优异的非线性光学性质和光响应特性，在光电技术和非线性光学器件等领域有重要应用前景。休斯敦莱斯大学 Ajayan 等通过物理气相沉积技术在绝缘基底上生长制备了单晶结构的 GaSe 纳米片层结构[38]。在制备 GaSe 纳米片之前，将摩尔比为 1：1 的 Ga_2Se_3 和 Ga 粉末混合均匀后密封在一个气压小于 10^{-3} Torr 氩气的石英管内，然后将混合物在 2 h 内加热到 950℃并保持 1 h。然后，系统在 2 h 内自然冷却到850℃。通过该过程得到的 GaSe 为云母堆垛结构。通过超声所得到的 GaSe 粉末制备 GaSe 晶种，将晶种转移到含有 285 nm SiO_2 的硅片上（使用前用食人鱼洗液做亲水处理）。如图 2.11（a）所示，将剩余的 GaSe 粉末放到蒸发源位置，并密封在含有小于 10^{-3} Torr 氩气的真空石英管内。真空环境可以防止前驱体被氧化。将蒸发源和基底分别加热到 750℃和 720℃保持 20 min，然后冷却到室温，即可得到 GaSe 纳米片结构。图 2.11（b）～（e）为制备得到的 GaSe 晶体的光学显微照片，包括三角形、缺角三角形、六边形和无规则形貌。晶体的生长是从中心的成核点逐渐生长的，随着成核点与原材料的距离增加，其形貌逐渐由三角形[图 2.11（b）] 变成缺角三角形 [图 2.11（c）]。尽管在基底上可以看到完美的六边形结构 [图 2.11（d）] 的形成，但是这种结构非常稀少。当蒸发源位置与生长基底比较近时，很难控制晶体的生长过程，二维的晶体结构很快变成多层结构。与之相反，当生长位点远离蒸发源时，缺角结构的晶体生长得更大。当蒸发源的位置和成核点的位置比较远时，晶体的形貌就不再是对称结构 [图 2.11（e）]。利用原子力显微镜（atomic force microscope，AFM）可以确定纳米片的厚度。图 2.11（f）为一片完整的三角形 GaSe 纳米片的 AFM 图片，沿着虚线的测量结果显示纳米片的厚度约为 2 nm。由于沿着 c 轴方向 GaSe 的晶格距离（包含两层 GaSe）为 1.6 nm左右，即两层之间的距离约为 0.8 nm。因此，本方法得到的 GaSe 纳米片包含了两到三层的 GaSe。图 2.11（g）为 GaSe 纳米片的 TEM 图片、HRTEM 图片和 SAED图片，表明 GaSe 纳米片具有良好的结晶性。

北京大学刘忠范等在柔性透明的云母或刚性的 SiO_2/Si 基底上都能成功地制备 GaSe 纳米片，其尺寸可以达到几十微米。该方法不需要 GaSe 晶体作为晶种，而是采用范德瓦尔斯外延生长原理，通过气相传输和沉积过程得到 GaSe 纳米片[39]。首先，将原材料 GaSe 粉末放在管式炉的中央部位，反应温度设置为 790～850℃。然后，通过高纯氩载气将产生的 GaSe 传输到下游区域，并在温度为 560～620℃下，在云母基底上进行沉积生长，最终得到 GaSe 纳米片。研究表明，该方法制备的 GaSe 纳米片具有良好的光电响应性能，在光电探测器件等领域具有良好的应用前景。

层状 SnSe 纳米结构作为典型的IV-VI族卤化物是一种二元 p 型半导体材料，在记忆开关器件、红外探测器件和锂离子电池阳极电极材料等领域具有广泛的应

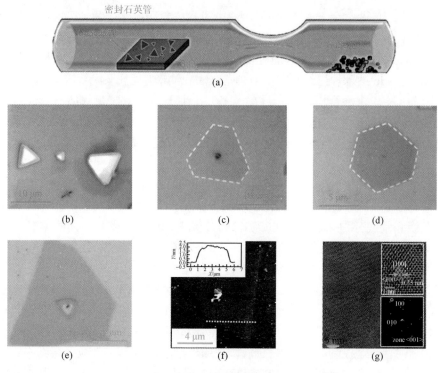

密封石英管

(a)

(b)　　　　　　　　(c)　　　　　　　　(d)

(e)　　　　　　　　(f)　　　　　　　　(g)

图 2.11　　物理气相沉积法制备 GaSe 纳米片[38]

（a）合成 GaSe 纳米片的石英管：离管右端 15 cm 处的收缩将生长基底（左）和蒸发源（右）隔开；（b）～（e）在含 SiO$_2$ 的 Si 基底上沉积的 GaSe 纳米片的光学显微照片，随着蒸发源和基底的距离增加，GaSe 纳米片的形貌由三角形逐渐变成缺角三角形、六边形和无规则形貌；（f）三角形 GaSe 纳米片的 AFM 图片；（g）GaSe 纳米片的 TEM、HRTEM 和 SAED 图片，沿着〈100〉方向[100]面的晶格间距为 0.36 nm，选区电子衍射图案是由平行于〈001〉方向的电子束照射得到（zone 表示选区）

用前景。与体相材料相比，层状的 SnSe 纳米结构由于具有更高的比表面积和量子限域效应，因此具有可调的带隙和更高的光响应性能，更适合于微电子器件的制备。北京大学刘忠范等利用制备 GaSe 纳米片的技术制备了 SnSe 纳米片结构[40]。具体方法是利用干净的云母片作为生长基底，SnSe 粉末作为前驱体，并利用氩气作为载气将 SnSe 和 Sn$_2$Se$_2$ 带到下游温度较低区域的云母基底上并开始沉积生长。通过调节反应温度和气体的压力，可以调节 SnSe 纳米片的尺寸。当 SnSe 的蒸发温度为 500℃，沉积区域的温度为 340～390℃，真空度为 70 Torr 时得到 SnSe 纳米片尺寸约为 1 μm。保持其他条件不变，增加蒸发温度，SnSe 纳米片的尺寸就会逐渐增加到 2 μm、3 μm、4 μm、5 μm 和 6 μm。图 2.12（a）为生长在透明柔性云母片上的二维 SnSe 纳米片的实物照片。图 2.12（b）为 SnSe 纳米片的原子力显微镜图片，可以看出纳米片为正方形结构，宽度在 5～6 μm，厚度为 15.8 nm。通过对二维 SnSe 纳米片进行 TEM 表征 [图 2.12（c）、（d）]，可以看出 SnSe 在 TEM

电子束的照射下非常稳定。高分辨透射电子显微镜（HRTEM）图片［图 2.12（e）］表明 SnSe 为正交晶系，晶格间距为 0.30 nm，晶格条纹的转角为 92°。通过对图 2.12（d）中的折角部分进行高分辨表征，表明沿着[100]堆垛取向上的层间距为 0.58 nm，与相关文献报道一致。研究表明，通过该方法制备的 SnSe 纳米片具有典型的 p 型半导体性质，在光电探测方面表现出优异的性能。

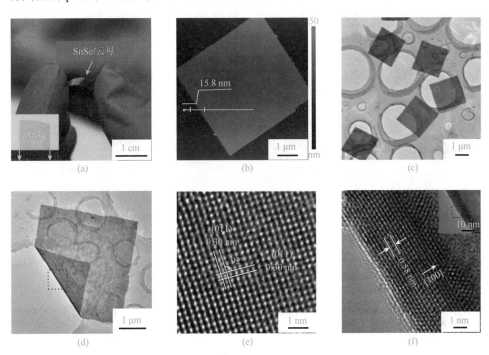

图 2.12 物理气相沉积法制备 SnSe 纳米片[40]

（a）在云母片上物理气相沉积制备的 SnSe 纳米片；（b）单个 SnSe 纳米片的 AFM 表征，z 轴尺度为 50 nm；（c）SnSe 纳米片的 TEM 图片；（d）在转移过程中发生折叠的单个 SnSe 纳米片的 TEM 图片；（e）SnSe 纳米片的 HRTEM 图片；（f）图（d）中 SnSe 折叠区域的 HRTEM 图片

SnS 作为一种金属硫族化合物在中红外带隙（13 eV 的直接带隙和 1.07 eV 的间接带隙）和在整个电磁谱中的高吸收系数（>10^4 cm^{-1}）使其成为在光伏器件中非常有前景的光捕获材料。由于具有低毒性和地球中的高含量，SnS 在其他领域如电池、电化学电容器、光催化剂和场发射器件等领域也具有广泛的应用前景。最近研究表明二维层状结构的 SnS 在光探测器和压电器件方面表现出优异的性能。通过物理气相沉积的方法，中国科学院孟祥敏等制备了形貌均匀的正方形 SnS 纳米片[41]。如图 2.13（a）所示，二维 SnS 纳米片是通过热蒸发 SnS 粉末得到的。首先将装有 0.1 g SnS 粉末的瓷舟放在加热石英管的中心区域，将用于生长 SnS 纳米片的云母片放在石英管的下游区域，距离中心位置 8～20 cm。在加热之前，

将石英管内的空气排出，并通入氩气保持真空度在 20～300 Torr。然后以 20℃/min 的速率将石英管中心区域的温度加热到 600～800℃，保持 10 min，最后自然冷却到室温。此外，在整个过程中，氩气作为载气始终保持 60 cm³/min 恒定的速率。图 2.13（b）、（c）为通过该方法制备的 SnS 纳米片的 SEM 图片（制备条件：加热温度为 600℃；真空度为 80 Torr），可以看出大部分的 SnS 纳米片都是独立分散的，而且接近菱形，尺寸从几百纳米到十几微米。纳米片的厚度是通过原子力显微镜观察得到，从图 2.13（d）可以看出 SnS 纳米片的厚度约为 14.6 nm，约为 26 层 SnS 单层纳米片的厚度。

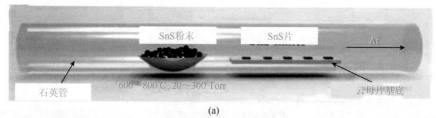

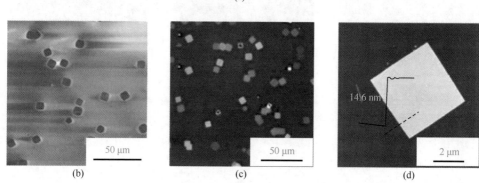

图 2.13　物理气相沉积法制备 SnS 纳米片[41]

（a）物理气相沉积生长 SnS 纳米装置示意图；（b）、（c）在 600℃、80 Torr 真空度下生长的 SnS 纳米片的 SEM 和光学显微图片；（d）二维 SnS 纳米片的 AFM 表征图片

2.1.3　物理气相沉积制备纳米材料展望

　　物理气相沉积技术早在 20 世纪初已有应用，经过几十年的不断探索和发展，已经成为一种具有广阔应用前景的新技术，无论是传统的薄膜制备还是多尺度纳米材料的合成都已经取得了巨大的进步。随着科学技术的不断进步和发展，物理气相沉积技术也逐渐出现了一些新的技术，如多弧离子镀与磁控溅射兼容技术、大型矩形长弧靶和溅射技术、非平衡磁控溅射靶、孪生靶技术、带状泡沫多弧沉积卷绕镀层技术、条状纤维织物卷绕镀层技术等，并向着环保型、清洁型、计算机全自动以及大规模的工业化方向发展。

由于物理气相沉积过程是在一定真空条件下将和最终产物粉体同样组成的固体高温加热或用某种方法强制性地使其蒸发、急冷和凝缩等步骤得到纳米材料，因此制备的纳米材料纯度高，杂质污染少。而且通过调节真空度和蒸发温度等因素，物理气相沉积可以实现对纳米材料尺寸和维度的精确调控。此外，通过调节反应腔体的容量以及传热和传质参数还可以实现材料的快速大规模的制备，是实现纳米材料宏量制备的一种重要的制备方法。物理气相沉积采用的原料通常是容易制备、蒸气压高、反应性也比较好的金属氯化物、氧氯化物、金属醇盐、烃化物和羰基化合物等，适于制备金属及其氧、氮和碳化物的纳米粒子。目前用此法制备炭黑、ZnO、TiO_2、SiO_2、Sn_2O_3 和 Al_2O_3 等的纳米粉体已达到工业生产水平。通过在传统物理气相沉积设备的基础上引入磁场等外场作用，可以实现对磁性等敏感材料的性能进行调控，有利于纳米材料的性能调控。

由物理气相沉积技术的原理和特点可知，物理气相沉积技术是一种极具发展潜力的纳米材料制备技术。今后一段时期内，物理气相沉积技术的研究重点将是特殊尺寸和功能的纳米材料的制备。随着辅助设备、材料和工艺的进一步优化，以及与其他交叉学科的共同进步，物理气相沉积技术的应用前景会更加广阔。

2.2　化学气相沉积（CVD）

2.2.1　概述

CVD 是在近几十年发展起来的一种高效制备无机材料的方法，CVD 技术广泛运用于集成电路、半导体工业、新型晶体研制等领域。CVD 技术能够制备包括金属、金属化合物、非金属材料、硅及其外延薄膜材料、碳化物及氮化物陶瓷材料等，同时还可以通过 CVD 方法来制备Ⅲ-Ⅴ族、Ⅱ-Ⅴ族薄膜材料、金刚石、碳化钛等涂层材料[42-49]。同时通过调节反应物的组分，也可以实现对单一材料的掺杂，获得具有一定掺杂效果的特殊材料，也就是说合理地设计反应，CVD 技术可以调节材料的理化性质。从 20 世纪 90 年代开始，随着纳米科技的兴起和发展，CVD 技术被广泛运用于制备低维纳米材料，如碳纳米管和氧化物纳米线等一维材料，石墨烯和二硫化钼等二维材料，氧化锌等纳米阵列、石墨烯泡沫等三维材料。CVD 制备的纳米材料具有结晶性好、无表面活性剂、缺陷少、可大规模制备等优势，目前被广泛采用和研究。

2.2.2　CVD 技术简介

1. CVD 技术的定义

化学气相沉积是指反应的前驱体分子被引入 CVD 反应器中，利用气态或蒸气悬浮态的物质在气相或者气固界面上反应生成固态沉积物的技术。它本质上属于原子范畴的气态传质过程。与物理气相沉积的显著区别是，化学气相沉积伴随着化学反应的进行。

2. CVD 技术的产生和发展

化学气相沉积的历史十分悠久，研究发现古人类在取暖和烧烤食物时在墙壁上熏出来的黑色碳层就是最开始的化学气相沉积的例子。现代 CVD 技术的发展主要开始于 20 世纪 50 年代，当时，CVD 技术被广泛运用于刀具涂层的制备。20世纪 70 年代，苏联 Dergain、Spitsyn 和 Fedoseev 等通过引入原子氢开创了低压制备金刚石薄膜的 CVD 技术，继而于 80 年代在全世界范围内掀起了研究 CVD 的热潮[47, 48]。

随着半导体和集成电路技术的发展，CVD 技术得到了更大的发展。CVD 技术不仅成为生产半导体超纯硅原料的唯一方法，而且成为生产砷化镓等III-V族外延半导体的重要方法[43, 49]。由于 CVD 技术的独特优势契合了大规模集成电路制备的需求，CVD 技术已经成为集成电路制造业中大规模生产各种掺杂的半导体外延单晶薄膜、多晶硅薄膜、绝缘层二氧化硅薄膜的主要生产技术（图 2.14）。

(a)　　　　　　　　　　　　　　　　(b)

图 2.14　CVD 制备的工业产品

（a）CVD 制备的金刚石薄膜；（b）通过 CVD 制备的晶圆

CVD 设备比较复杂，且设备研发投资巨大，所以 CVD 设备制造技术被欧美企业垄断。随着我国经济的不断发展，对关键技术设备的重视程度与日俱增，已经有很多国内企业开始研发 CVD 相关设备。

CVD 设备通常可以由气源控制部件、沉积反应室、沉积温控部件、真空排气和压强控制部件等部分组成。一般而言，CVD 设备均包含一个反应器、一组气体传输系统、排气系统及工艺控制系统等[50]，具体而言，CVD 设备其实包括以下七个子系统[51]：

（1）气体传输系统：用于气体混合和传输；

（2）反应室：化学反应和沉积过程发生场所；

（3）进装料系统：用于进炉、出炉和产品在反应室内的支撑装置；

（4）能量系统：为化学反应提供能量源；

（5）真空系统：抽除反应废气和控制反应压力，包括真空泵、管道和连接装置；

（6）工艺自动控制系统：用于测量和控制沉积温度、压力、气体流量和沉积时间；

（7）尾气处理系统：用于处理尾气，通常包括冷阱、化学阱、粉尘阱等。

同时，根据 CVD 过程中化学反应所需要能量的来源不同，可以将 CVD 分为常压化学气相沉积、热化学气相沉积（TCVD）、激光化学气相沉积（LCVD）、低压化学气相沉积（LPCVD）、金属有机化合物化学气相沉积（MOCVD）、等离子增强化学气相沉积（PECVD）等。

目前，CVD 技术已经发展成为一门系统的学科，通过现有的 CVD 技术可以制备薄膜材料、单晶材料和多晶材料。随着纳米科技的发展，科学家也尝试了运用 CVD 技术来制备一些常见的纳米材料。

2.2.3 CVD 技术在低维纳米材料制备中的应用

随着纳米科技的发展，科学家发现 CVD 技术在大规模制备纳米材料领域有广泛的应用前景。这是由于 CVD 技术是通过气体在高温条件下反应使目标产物沉积在基底上，能够为反应提供很大的能量。同时，气相反应也可以保证颗粒的均匀、高纯度、粒度小等特点。能够实现纳米尺度材料的形核和生长。同时通过对工艺参数的调整，如对浓度、流速、温度等参量的控制，可以实现对纳米材料的组分、形貌进行调控。目前，已经实现了零维、一维、二维、三维等一系列纳米材料的制备。与溶剂热法和溶胶-凝胶法相比较，CVD 制备的纳米材料表面没有表面活性剂，同时由于制备温度也较高，因此获得的材料结晶性较好，有利于纳米材料器件制备[52]。

1. CVD 技术制备纳米材料的原理

研究表明，CVD 技术制备低维纳米材料的关键是合理控制化学气相沉积过程中的形核与生长方式，这就要求我们对气相合成过程中纳米材料的形核和生长原理有所了解。

以纳米线为例，目前，被广泛认可的纳米线生长机理有螺旋位错理论、气-液-固（VLS）晶体生长理论、气-固（VS）晶体生长理论、固-液-固（SLS）晶体生长理论[53]。VLS 晶体生长方法是最为普遍的一种纳米材料的生长方式[54-56]。虽然现在对很多材料的 VLS 生长方式机理尚不清楚，但是已经能够解释一些常见材料的生长机制。VLS 方法依靠纳米材料的原子在固液气三相界面沉积、形核并生长，其中 V 代表气相物质，L 代表液态催化剂，S 代表生长的固态晶须。早在 20 世纪 60 年代，贝尔实验室的两位科学家（Wagner 和 Ellis）在制备高质量 SiC 晶须时，发现不纯物有利于晶须的生长，从而提出了 VLS 机理[57]。VLS 机理可以划分为三个阶段，分别是融合、成核、生长（图 2.15）。首先，在融合阶段，目标产物的原子和催化剂原子融合形成一定大小的合金纳米液态颗粒，这种颗粒是不稳定的，在液态系统冷却下来后，可以观察到在纳米线的头部出现一个稍大于纳米线的固态颗粒，这也是 VLS 生长模式相对于其他生长方式最大的区别。随着反应源的不断通入，合金中目标产物原子含量迅速提高，会产生过饱和现象，过饱和的目标产物原子开始沉淀成核。可以发现目标产物的成核都是在液滴的边缘区域。随着晶核的产生，后续的原子析出变得更加容易，而且随着目标产物源浓度的增加，目标产物的析出越来越快。一般来说，VLS 模式的生长阶段是一种层层模式，而且纳米线材料都是沿着总自由能最低的晶向开始生长。这也就意味着纳米线的取向可以通过催化剂、反应室的温度、压力及反应源的种类进行调节。值得一提的是，目前已有很多关于 VLS 方法制备纳米线材料的原位观察的报道，将进一步促进纳米线的 CVD 生长机理的深入研究。

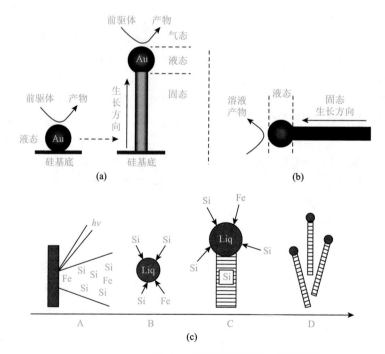

图 2.15 CVD 方法合成纳米线的原理示意图[53, 57]

（a）VLS 原理示意图；（b）VS 原理示意图；（c）Fe 作为催化剂采用 VLS 方法合成 Si 纳米线原理图

与 VLS 类似，SLS 晶体生长方式被广泛用于低维纳米材料的可控生长。与 VLS 技术相比，SLS 制备技术展现出了一定的优势，包括：①该方法可以获得小尺寸纳米晶，例如，可以控制纳米线平均直径小到量子限域的尺寸之下；②还可以控制纳米线的表面钝化，调整纳米线溶解度，实现低维纳米晶的宏量制备。同时，VLS 的一些合成思路可以应用于 SLS 的生长过程。例如，SLS 方法可以合成同质和异质纳米线，以及可以制备具有分支的轴向异质结纳米线。SLS 晶体生长方式最大的优势就是能够控制低维纳米材料的尺寸。这是因为 SLS 技术是基于溶液的生长模式，其温度一般在 350℃ 以下。同时，SLS 生长的纳米线的表面通常存在表面活性剂分子，能够在纳米线生长过程中起到保护的作用。因此，SLS 生长模式有效地抑制了纳米材料的径向生长，特别是一维纳米材料。可以预见，SLS 生长方式可以很容易地控制纳米线的平均直径和直径分布。

二维材料的 CVD 制备技术近几年发展很快，主要包括石墨烯、碳化钛、氮化硼、硫族化合物等材料的制备[58]。相应地，生长机理也有很多，包括层层生长（layer-by-layer, LBL）、层层堆垛（layer-over-layer, LOL）、螺旋位错（screw-dislocation-driven, SDD）、树突生长模式等[59]。其中，反应物的过饱和程度是这些生长机理调控中最重要的参数。其中，LBL 模式生长所需要的过饱和度是最大的，这是因为在新的一层上形核所需要克服的势垒是最大的，同时，LBL 生长模式也是最常见的合成石墨烯和二维金属硫族化合物材料的方法[59]。

目前已经有多种纳米材料通过化学气相沉积方法制备获得，包括零维纳米材料、一维纳米线/管、二维纳米片、三维结构纳米材料，以及多种纳米异质结材料，这里简单介绍一下这些材料的制备工艺。

2. 零维纳米材料的 CVD 制备工艺

由于零维纳米材料不具有各向异性，所以不需要经过控制外延生长，动力学过程较为简单。现有技术已经能够通过 CVD 制备出小至几纳米的纳米颗粒，而且尺寸均匀，如 Si/SiO_x[60]、Au[61]、Pd[62]、WS_2[63]、WO_3[64]等。

2016 年，Hiller 等报道了一种利用 SiH_4 和 O_2 原料通过 PECVD 制备氧化硅和硅纳米颗粒的新方法。通过控制氧气的比例能够实现不同氧化学计量的氧化硅纳米颗粒的制备，获得的氧化硅纳米颗粒的尺寸在 10 nm 以下，尺寸分布均匀一致[60]（图 2.16）。

3. 一维纳米材料的 CVD 制备工艺

一维纳米材料是一类直径或内径为纳米数量级的纳米结构材料，包括纳米线和纳米管。当其特征尺寸等于或小于特定的特征长度，如玻尔（Bohr）半径、光

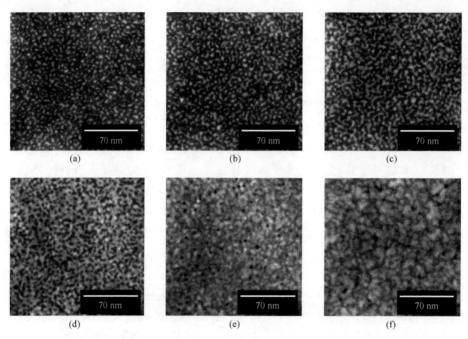

图 2.16　不同氧含量制备的 SiO_2 纳米颗粒的 TEM 图片[60]

（a）$SiO_{1.0}$；（b）$SiO_{0.9}$；（c）$SiO_{0.7}$；（d）$SiO_{0.5}$；（e）$SiO_{0.3}$；（f）$SiO_{0.0}$

波波长、声子自由程等，量子效应变得非常显著[65]。另外，作为一种理想的能量传输材料，纳米线的大纵横比使其可以传输电子、光子等量子化粒子，促进其在技术领域的应用。而通过 CVD 方法制备一维纳米材料已经有 20 多年的历史。CVD 方法可以制备包括碳纳米管、硅纳米线、氧化锌纳米阵列等一系列一维纳米材料。

　　硅纳米线的生长：通过 CVD 技术生长硅纳米线的技术开始于 20 世纪 90 年代，经过 20 多年的发展，已经十分成熟[66]。2004 年，加州大学伯克利分校杨培东等报道了利用 VLS 原理在金纳米团的表面生长高长径比的硅纳米线。主要工艺如下：四氯化硅作为主要反应源，在 850℃下硅纳米线可以在金种子层的表面很快生长[67]。具体的工艺是这样的，首先将几块（111）面的硅片完全清洁，然后在接近真空的状态下将金沉积在硅的表面，金的平均厚度在 0.5 nm 左右。在金沉积过后，将硅片放置在反应室的中间位置。在硅片于一定反应温度下被加热 1 h 后，沉积在硅片表面的金形成纳米级的催化剂。最后将氩气稀释成浓度为 1%的 SiH_4 气体通入反应室中，可以实现硅纳米线的快速生长，从 TEM 照片可以看出硅纳米线的直径在 10 nm 左右 [图 2.17（a）]，随着反应时间的延长，硅纳米线的长度也在加大 [图 2.17（b）]。

　　GaN 是宽带隙半导体，是未来高性能、大功率光电子器件的重要原料。由于其熔点高，载流子迁移率高和电击穿性能优越，单晶 GaN 纳米线已经在光子和生物

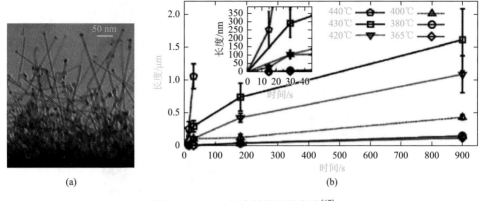

(a)　　　　　　　　　　(b)

图 2.17　CVD 方法制备硅纳米线[67]

（a）CVD 方法获得的硅纳米线 TEM 图片；（b）CVD 获得硅纳米线长度和生长时间的关系

纳米器件，如蓝色发光二极管、短波长紫外线纳米线束、纳米流体生化传感器方面有所应用[68-70]。目前报道的所有的 GaN 材料大多是通过 CVD 等技术制备[71]，这些技术一般是以 Ga 金属作为蒸气源，通过 VLS 原理实现纳米线的生长。其中，大多数反应需要 Fe、Ni 等作为催化剂实现 GaN 材料的生长。1997 年，Smrekar 等利用碳纳米管的限域效应和碳的还原性，首次通过 CVD 法在碳纳米管内部合成了 GaN 纳米棒［图 2.18（a）、（b）］，可以看出 GaN 纳米棒是在碳纳米管内部随机分布的[72]。2003 年，哈佛大学 Lieber 等报道了利用 Ga 和 Mg_3N_2 在 950℃左右反应，可以合成具有〈0001〉轴向的 GaN 纳米线，经过电学测试，这种 GaN 是一种 p 型材料[73]。杨培东等在 2004 年报道了一种通过 MOCVD 法制备具有阵列结构的 GaN 纳米线阵列[74]，这种纤锌矿结构的 GaN 阵列结构能够在（100）面的 γ-$LiAlO_2$ 和（111）面的单晶氧化镁上选择性生长［图 2.18（c）、（d）］。同时，在 γ-$LiAlO_2$ 上长出的 GaN 结构为三角形界面，而在氧化镁上面长出的结构为六方结构。具体的方案如下：在一般情况下，将 2～3 nm 薄膜的镍、铁或金催化剂热蒸发到基板上，对于图案化的纳米线生长，在金属沉积过程中使用透射电子显微镜铜网格作为阴影掩模。随后，GaN 纳米线在 900℃基板温度开始 VLS 生长。这个反应是在常压下和无氧环境下进行的。氮气将–10℃的三甲基镓前驱体带入反应室中，同时提供了氢源和氨源，三甲基镓的流量为 250 s.c.c.m（s.c.c.m 表示标准毫升每分钟），相应的氢源和氨源的总流量大致为 155 s.c.c.m。一般来说，再经过 5～30 min 化学气相沉积过程就可以完成。通过一系列表征表明，得到的 GaN 纳米线为〈110〉方向，通过对基底的图案化处理，可以很简单地实现纳米线的图案化。

氧化锌纳米线是最早用 CVD 方法合成的一种纳米线材料。杨培东等利用 VLS 机理合成了结晶性非常好的氧化锌材料，这些氧化锌是长在金的表面，其轴向为

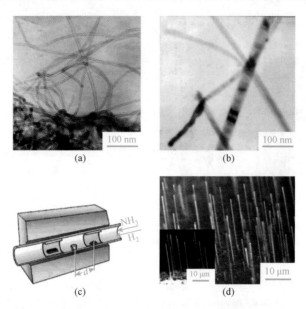

图 2.18　CVD 方法制备 GaN 纳米线

（a）、（b）CVD 方法制备 GaN 纳米线 TEM 图片[72]；（c）CVD 装置示意图；（d）获得的 GaN 纳米线阵列[73]

〈0001〉[75]。王中林等利用简单的常压化学气相沉积方法合成了氧化锌纳米线阵列[76]，并且利用五氧化二磷作为掺杂剂制备了具有一定 P 掺杂的氧化锌纳米线阵列（图 2.19），研究表明，这种方法制备的氧化锌阵列具有 p 型特征。具体的方案如下：将氧化锌粉末和石墨粉末以摩尔比为 1∶1 放入氧化铝坩埚中。将清洁好的蓝宝石衬底放入距离粉末几英寸的地方，将氮气和氧气的混合气体作为载气以 200 s.c.c.m 的流量通过，在 945℃的情况下加热 30 min，即可以得到整齐的氧化锌纳米线阵列。这种氧化锌阵列的结晶度非常高，这也是 CVD 技术的最大特征之一。

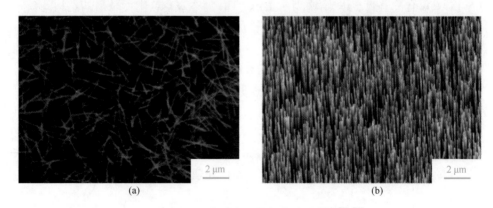

图 2.19　CVD 方法生长的氧化锌纳米线[75, 76]

（a）氧化锌纳米线阵列扫描图；（b）整齐的氧化锌阵列扫描图

1991 年日本 NEC 公司基础研究实验室的电子显微镜专家 Iijima 采用高分辨率隧道电子显微镜发现一种外径为 5.5 nm、内径为 2.3 nm、由两层同轴类石墨圆柱面叠合而形成的碳纳米管[77,78]。碳纳米管是继富勒烯之后出现的又一种新型的碳质纳米材料，从结构上看，碳纳米管是由一层或者多层石墨层片按照一定螺旋角卷曲而成的、直径为纳米量级的圆柱壳体[79]。根据组成石墨片层数的不同，碳纳米管可分为单壁碳纳米管和多壁碳纳米管，前者是由单层石墨片卷曲而成的，后者是由多层石墨片卷曲而成的。碳纳米管因其具有较高的长径比，以及独特的机械、物理、化学性能，引起了科学家的极大兴趣，在储能器件电极材料、复合材料、吸附分离、催化等诸多领域得到了广泛应用[80-82]。目前仍有很多研究致力于碳纳米管在生物、电子等领域的应用。毫无疑问，碳纳米管是过去 20 年中最吸引人的材料之一。

第一次通过 CVD 方法制备碳纳米管材料是在 1996 年。中国科学院物理研究所谢思深等在 1996 年提出利用掺杂了铁纳米颗粒的硅微球作为基底，通过 CVD 方法获得了大规模有取向排列的碳纳米管阵列[83]。这种方法是利用乙炔在 700℃ 左右发生分解在硅球上的铁纳米颗粒处沉积形核，形成了长度可达 50 μm 的碳纳米管。1998 年，碳纳米管的 CVD 合成技术取得重要进展。斯坦福大学戴宏杰等利用硅片作为衬底，在上面沉积 Fe 或者 Mo 作为催化剂，在 1000℃ 的温度下通入甲烷作为前驱体实现了碳纳米管的生长[84]。进一步的表征证明了这种碳纳米管是一种单壁的碳管，其直径在 1~3 nm（图 2.20）。Provencio 等提出了利用先进的等离子体增强 CVD 技术，在低于 666℃ 的相对低温环境下，利用乙炔/氨气/氮气混合气体在玻璃基底上实现了碳纳米管阵列的生长[85]。重要的是，他们还实现了碳纳米管的直径从 20 nm 到 400 nm，长度从 0.1 μm 到 50 μm 的可控调节。

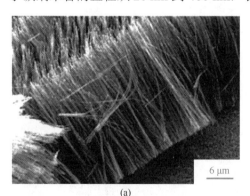
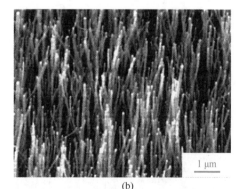

(a)　　　　　　　　　　　　　　　　(b)

图 2.20　CVD 方法合成的碳纳米管阵列[85]

（a）侧视图；（b）表面形貌

随着 CVD 方法制备碳纳米管技术的成熟，碳纳米管的质量获得显著改善。在

2004 年，Hata 等提出了利用水汽协助法制备高纯度的碳纳米管。他们给出的解释是水的存在大大提高了催化剂的催化活性，有助于碳纳米管的生长[86]。可以看出，这种方法可以在 20 min 内获得长将近 2.5 mm、纯度高达 99.8%的单壁碳纳米管。清华大学魏飞等报道了一种合成超长碳纳米管的新方法（图 2.21）。他们以 Fe 作为催化剂，通过调节温度和通入少量氢气作为还原气体，提高了催化剂的活性和稳定性，在 910℃条件下以甲烷作为前驱体实现了碳纳米管的生长。研究表明，这种碳纳米管的长度可以达到 0.5 m，是目前已报道最长的碳纳米管[87]。他们还实现了超高强度碳纳米管的制备[88]，利用上述方法，实现了多壁高结晶度碳纳米管的生长，经过力学测试，这种碳纳米管的抗张强度达到 80 GPa，是目前已报道的最高值。

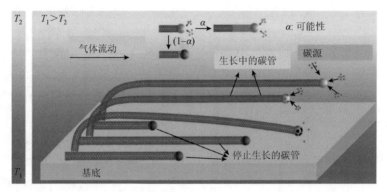

图 2.21 CVD 合成 0.5 m 超长碳纳米管的原理示意图[87]

除了纳米线的阵列生长，杜克大学刘杰等还开发了碳纳米管的水平生长模式[89]，这种方法可以实现碳纳米管沿着衬底方向的生长，直接实现二维网络结构的制备 [图 2.22 （a）]。他们发现通过快速升温可以实现碳纳米管的水平生长，而且获得的碳纳米管的长度也较大，碳纳米管的取向与载气的流向一致。通过两次生长，可以实现碳纳米管网格结构的生长 [图 2.22 （b）]。

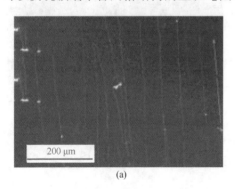
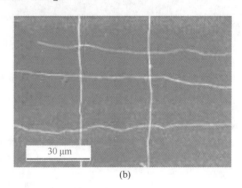

(a)　　　　　　　　　　　　　　(b)

图 2.22 水平生长的碳纳米管[89]

（a）单向生长的碳纳米管阵列；（b）双向生长的碳纳米管网格

北京大学张锦等发展了一种利用碳纳米管与催化剂对称性匹配的外延生长的新方法[79]，通过对碳管成核效率的热力学控制和生长速度的动力学控制，实现了结构为手性指数（$2m, m$）类碳纳米管阵列的富集生长（原理图见图 2.23）。他们通过催化剂的调节，利用碳化钼和碳化钨作催化剂可以实现高纯度高密度的水平碳纳米管的生长。这种方法还可以实现相同结构碳纳米管水平阵列的制备。

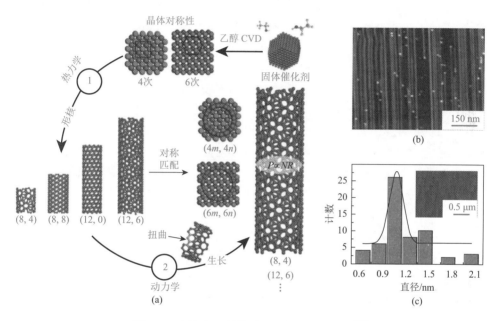

图 2.23　制备相同结构碳纳米管的水平阵列[79]

（a）CVD 两步法控制碳纳米管手性原理；（b）碳纳米管 AFM 图片；（c）获得的碳纳米管的直径统计

4. 二维纳米材料的 CVD 制备工艺

2004 年，英国曼彻斯特大学的两位科学家安德烈·海姆（Andre Geim）和康斯坦丁·诺沃肖洛夫（Konstantin Novoselov）用微机械剥离法成功从石墨中分离出石墨烯，因此共同获得 2010 年诺贝尔物理学奖。石墨烯是第一种被发现并且分离出来的二维纳米材料，由于其良好的强度、柔韧、导电、导热、光学特性，在物理学、材料学、电子信息、计算机、航空航天等领域都具有重要的应用前景[90-97]。

随着制备技术的进步，二维纳米材料已经在过去的十几年间得到了长足的发展。二维纳米材料常常从大块的层状晶体中制取，如石墨或二硫属化合物。这些固体包括由共价键结合的多层原子层，中间相距一个范德瓦尔斯距离。单层的材料可以通过多种方法制得，如机械剥离法、液体剥离法，或者是 CVD 方法[92, 97]。

二维材料展示了独特的物理性质，包括电荷密度波、拓扑绝缘体、二维电子气的物理、超导现象、自发磁化和各向异性的传输特性等。二维层状材料在电池、电致变色显示、化妆品、催化剂和固体润滑剂等方面有着一系列广泛的应用[98-100]。

当一个层状块体连续减薄到单层尺寸时，层状块材的固有性质将被改变。随着该领域研究的不断深入，人们逐渐发现了许多单层材料具有新奇的物理性质。令人振奋的例子之一是发现当大量过渡金属硫族化合物（MoS_2、WS_2、$TiSe_2$、Bi_2Se_3）接近单层厚度时，这些材料均展现出极高的载荷迁移率[98, 101, 102]。其次，一些金属硫族化合物，尤其是 Bi_2Se_3、Sb_2Te_3 和 Bi_2Te_3，展现了优异的热电和拓扑绝缘体性能。

虽然二维纳米材料具有很多独特的性质，但是通过机械剥离的方法制备二维材料不适合大规模应用，而液相剥离的方法也会导致二维材料本身的性质产生变化，这就要求人们开发新的二维材料的制备方法。人们发现，通过改变基底的类型，可以使很多二维材料通过化学气相沉积的方法沉积在基底的表面，也就是说可以通过 CVD 方法获得二维材料[59]。

目前研究人员已经发展了化学气相沉积制备多种二维材料的方法。石墨烯结构是碳原子的六边形排列，形成一个原子厚的平面薄片。通过高定向石墨（HOPG）成功分离出了第一片石墨烯材料，引起了全世界的关注。石墨烯优越的导电性和极高的载流子迁移率使它在电子信息中有很大的运用潜力。目前科学家对于石墨烯的制备研究着眼于大规模制备中。大面积石墨烯的合成方法主要有超高真空（真空）退火，还有通过石墨片的化学剥离[97, 103-105]。然而，这些方法都需要一个特定的衬底材料。而且单一制备的成本很高，同时，晶体衬底和生长所需的超高真空条件极大地限制了这些方法的大规模应用。由石墨烯薄片液体悬浮液制成的薄膜可以克服这些局限性，但由于这种石墨烯为氧化石墨烯，表面具有很多羟基等官能团，石墨烯的内在特性尚未得到实现。所以，科学家一直致力于常压大规模制备石墨烯的研究[96, 106]。

Kong 等在 2009 年开发了大规模制备石墨烯的新方法[107]，他们利用镍作为沉积衬底，将镍通过电子束蒸发的方式沉积到二氧化硅上，然后在 $900 \sim 1000\,^{\circ}C$ 的情况下通入碳氢化合物气体，这样可以很容易地获得单层到十层左右的石墨烯片，这些石墨烯的尺寸在 $1 \sim 20\,\mu m$（图 2.24），实验证明这种石墨烯材料具有一定的带隙，这可能是因为这种制备石墨烯的方法可能会引入一定的杂质和掺杂，使得石墨烯材料具有一定的场效应。Hong 等同样使用 CVD 技术在图形化的镍基底上沉积石墨烯材料[108]，他们发现在 $300\,\mu m$ 的镍基底上可以实现大规模石墨烯的制备，其层数从单层到十层以上不等，这种石墨烯通过转印过后可以用来制备透明导电电极。

 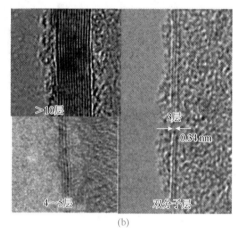

图 2.24　镍基底上沉积的石墨烯材料[108]

（a）CVD 获得石墨烯的扫描照片；（b）表征石墨烯层数的 TEM 图片

目前发展的石墨烯 CVD 制备技术大多是在铜箔上制备的。2009 年，Ruoff 等第一次报道了利用铜箔作为基底大规模合成石墨烯材料。他们发现，在 1000℃ 情况下可以实现石墨烯材料的快速生长。石墨烯可以跨过铜的晶界形成面积很大的单层膜[109]。研究发现铜可以起到催化剂的作用，促进石墨烯的生长，同时碳在铜中的溶解度很低，碳可以直接在铜表面形核生长，形成石墨烯结构。这种方法可以制备上百微米大小的石墨烯单层结构。

清华大学刘开辉等开发了一种超快的石墨烯的生长方法，这种方法能够将之前 0.4 μm/s 的生长速度提高到 60 μm/s（图 2.25）。他们利用铜作为石墨烯材料的生长衬底，将铜放在氧化铝的衬底上，氧化铝衬底作为提供氧的基底，能够在 CVD 生长过程中不断地给铜催化剂表面提供氧，这样有利于石墨烯在铜表面的沉积作用。这种方法能够在 1000℃ 条件下快速制备石墨烯材料[110]。

北京大学刘忠范等报道了一种在玻璃上大规模合成石墨烯的方法[111]。他们利用低压 CVD（LPCVD）的方法通入乙醇/氢气/氩气混合载气，在 1100℃ 下获得了尺寸可达 25 英寸的石墨烯薄膜［图 2.26（a）］。这种方法的生长速度较传统的甲烷载气方法更快，这是因为 LPCVD 保证了物质的快速输运，其次是乙醇分解可获得的活性碳种类更多。而且通过改变反应时间，可以改变石墨烯生长的层数，改变玻璃的透光率［图 2.26（b）］。

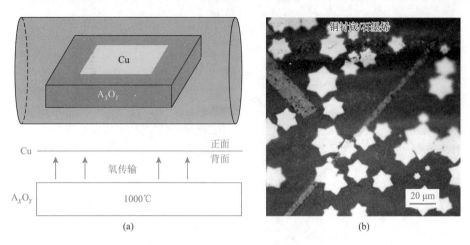

图 2.25　利用氧化铝做衬底实现超快石墨烯生长[110]

（a）生长石墨烯装置图；（b）铜箔上实现超快石墨烯生长

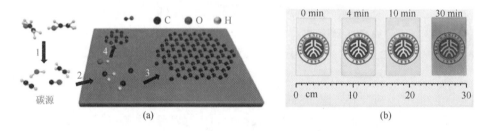

图 2.26　利用 LPCVD 获得大规模石墨烯[111]

（a）乙醇载气生长石墨烯原理图；（b）不同生长时间的透光率对比图

作为石墨烯的结构类似物，单层的VIB族金属硫族化合物（MX_2：M＝Mo、W；X＝S、Se、Te 等）被认为在纳米电子、光电和光催化领域具有重要的应用前景[112]。一般来说，二维金属硫化物的制备是通过自上而下的方法，如机械剥离、化学或者电化学剥离、超声作用等，这些方法都是通过力来将二维材料的堆垛体拆开[113-116]。但是这些方法普遍存在获得的层状材料的尺寸很小，而且获得的层数分布可以从十层到单层，十分不均匀。近年来，化学气相沉积作为比传统化学合成方法及物理剥离更有效的制备方法，已经被广泛运用在大面积的单层 MX_2 制备中。合成得到的 MX_2 具有大面积尺寸、高厚度均匀性和连续性，以及令人满意的晶体质量等特点。

首先被成功制备的就是 MoS_2 材料。单层 MoS_2 的 CVD 合成到目前为止有两种基本方法[117-120]。第一种方法是两步法，首先，Mo 的氧化物被沉积到基底上，然后通过硫化作用，将氧化钼材料转化为硫化钼材料［图 2.27（a）］。

另外一种方法是一步法，将气态 Mo 和 S 原料直接通过反应室生成 MoS₂ 材料
［图 2.27（b）］。

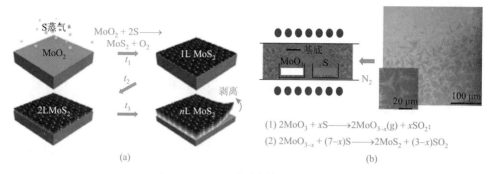

图 2.27　CVD 方法制备 MoS₂ 材料

（a）两步法制备 MoS₂，先沉积 MoO₂ 薄膜再获得 MoS₂[117]；（b）一步法直接获得 MoS₂ 材料[118]

以下针对这两种方法的发展进行详细的介绍。

两步法：两步法基本上是先合成氧化钼的前驱体材料，然后利用硫的通入和
硫化作用实现硫化钼的生长。Lin 等在 2012 年首次提出了利用氧化钼和硫单质合
成二硫化钼的单层结构。他们认为在合成过程中，氧化钼首先被部分还原，然后
还原的氧化钼会扩散到基底上，最后被通入的硫单质置换，形成硫化钼。经过表
征，确认这种硫化钼的层厚是 0.72 nm，与单层二硫化钼的厚度一致[119]。

2013 年莱斯大学 Lou 等利用改进的方法实现了大面积二硫化钼的制备
（图 2.28），他们系统地研究了在生长过程中出现的晶界位错等现象，为后面二硫
化钼 CVD 工业化提供了理论支持[121]。

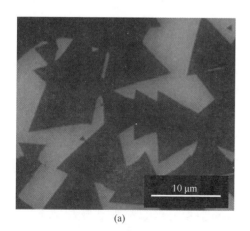
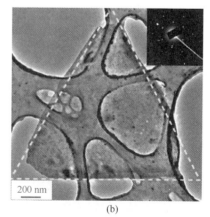

图 2.28　CVD 方法制备大面积 MoS₂ 材料[121]

（a）大面积 MoS₂ 的扫描图；（b）单片 MoS₂ 的 TEM 表征

Lou 等通过两步法制备了 MoS_2 材料，他们首先采用电子束蒸发技术直接在二氧化硅基底上沉积了 Mo 材料，然后通过 CVD 技术将极薄的 Mo 层硫化形成硫化钼材料。事实证明，这种方法能够实现几纳米的硫化钼材料的生长，而且材料的形状仅受到基底形状的影响。而且由于单质 Mo 的熔点在 2610℃，CVD 过程中的温度为 750℃，能够有效地抑制 Mo 原子的迁移过程，这样就能够避免多晶 MoS_2 的形成[122]。

Li 等提出了利用氧化钼作为前驱体制备硫化钼材料的方法。首先他们将氧化钼材料沉积到二氧化硅基底上，通过向 CVD 反应室里通入硫气体实现氧化钼的硫化，生长均匀的硫化钼单层结构[123]。

总而言之，两步法能够很容易地大规模制备 MoS_2 材料，但是通过两步法制备的 MoS_2 材料大多为多层结构，很难获得单层的二维金属硫化物体系，这可能是因为金属前驱体的不可控性导致了沉积过程中的不均匀性和量的不确定性，而且在二氧化硅基底上的硫化作用和扩散作用都会受到影响。

一步法也可以合成相应的硫化钼单层结构。通过直接向反应器里通入金属和硫族前驱体气体源，可以直接生长出硫化钼单层纳米片结构。Lin 等提出了将氧化钼和单质硫同时放入反应器中，在其下方放置一个旋涂过一层氧化石墨烯结构的二氧化硅片（石墨烯的作用是可以诱导硫化钼形核长大并形成单层结构）[124]。随后的表征表明，这种方法可以获得大规模的单层到三层的硫化钼的纳米片结构。

此外，还可以通过热分解法实现硫化钼材料的直接制备，2011 年 Li 等利用钼氨酸盐在反应室中高温分解直接制备了硫化钼纳米片[125]。具体制备过程是将 $(NH_4)_2MoS_4$ 在 800℃下分解成 MoS_2、NH_3 和 S 单质。实验证明了这种硫化钼纳米片具有很强的场效应性质，所制备的场效应管（field effect tube，FET）具有很大的开关比和很高的载流子迁移率。其性质能够与物理剥离的单层硫化钼结构相媲美。

目前，如何获得较大尺寸的单层硫化钼结构仍然是 CVD 法制备硫化钼结构的研究热点。Zande 等利用常压 CVD 技术已经能够实现最大边长达到 120 μm 的三角形的硫化钼结构制备［图 2.29（a）］[126]。通过透射电子显微镜可以看出，这种微米级的硫化钼片具有一致的晶格取向，证明了这种结构为单晶体系［图 2.29（b）］。

徐晓东等发展了一种通过硫化钼的粉末直接制备硫化钼单层结构的方法[127]。具体如下：将硫化钼的高纯度粉末放入反应室，升温至 900℃，抽真空至 20 Torr 以下，硫化钼粉末会变成气体，沉积的基底温度为 650℃左右，硫化钼能够在基底上沉积形成一种单层结构。得到的硫化钼结构具有很好的结晶性，但是厚度不均匀，这可能是因为这种方法形成的硫化钼蒸气沉积具有一定的随机性。

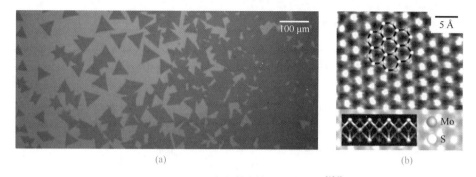

图 2.29　CVD 大规模制备 MoS$_2$ 材料[126]

（a）在 Si/SiO$_2$ 衬底上大规模沉积 MoS$_2$ 材料；（b）单层 MoS$_2$ 材料的环形暗场像

其他过渡金属硫族化合物的制备如下所述。

加州大学洛杉矶分校段镶锋等在 2012 年利用 CVD 方法成功制备了大面积的 WSe$_2$ 二维纳米片［图 2.30（a）］，得到的 WSe$_2$ 的面积可达到 1 cm^2。研究发现，在 765℃的情况下可以实现最高质量的 WSe$_2$ 生长。经过 AFM 测定，发现这种大面积的 WSe$_2$ 材料基本上全为单层结构，是一种非常好的 p 型半导体材料[128]。

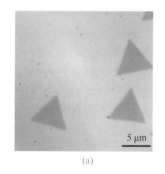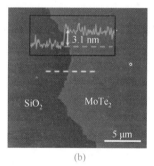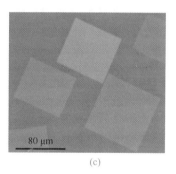

图 2.30　CVD 制备其他硫族化合物材料

（a）WSe$_2$ 材料[128]；（b）MoTe$_2$ 材料[129]；（c）NbSe$_2$ 材料[130]

麻省理工学院 Dresselhaus 等报道了通过一步法和两步法分别合成 MoTe 二维纳米片的方法[129]。首先通过热蒸发的方法在二氧化硅表面覆盖了一层钼单质，然后直接通入碲单质的载气可以实现 1 T 相（金属性）碲化钼的制备，但是晶界较多。通过两步法先将单质钼氧化再通入碲单质，可以实现大面积的少晶界碲化钼的制备。值得一提的是，加入不足的碲可以实现 1 T 相的生长，而足量的碲则会使 2H 相（半导体）的碲化钼产生［图 2.30（b）］。

最近，南洋理工大学刘政等首次开发了 NbSe$_2$ 二维纳米片的 CVD 制备方法[130]。而此前的 NbSe$_2$ 仅能通过机械剥离的方法获得。他们首次使用部分氧化的 NbO$_x$

加上少量的氯化钠,加上硒粉单质,实现了 300~340℃条件下的 $NbSe_2$ 的制备,研究发现这种材料具有很好的超导性质 [图 2.30 (c)]。

此外,通过 CVD 方法,还能够十分简单地制备掺杂的带隙可调的二维单层结构。带隙可调的二维过渡金属硫族化合物材料对于电子学和光电子学十分重要。带隙的调节可以通过应力的作用来实现。研究表明,每增加 1% 的应力可以使带隙变化 100 meV,但是这种施加应力的方法被证明很难运用在实际的电子工业中。近来的研究表明,二维过渡金属硫族化合物材料的金属或者半导体性质能够通过掺杂取代或者是更换金属阳离子的方法来实现。换句话说,二维过渡金属硫族化合物材料的性质能够通过化学计量的改变来实现。幸运的是,很多二维过渡金属硫族化合物材料具有相同的构型,能够十分简单地进行掺杂形成三元的硫族化合物合金。国家纳米科学中心谢黎明等报道了二维材料 $MoS_{2(1-x)}Se_{2x}$ 的制备。他们同样利用了 VS 生长法。硫化钼和硒化钼的粉末被用作反应的前驱体,然后在 8 Pa 左右的低压下对前驱体粉末进行蒸发,直接生长得到了 $MoS_{2(1-x)}Se_{2x}$ 材料。通过控制两种物质的蒸发温度,可以实现不同比例的 $MoS_{2(1-x)}Se_{2x}$ 材料的制备。而且这种材料的带隙能够从 1.86 eV 到 1.73 eV 连续可调。Ajayan 等利用了相同的技术实现了硫化钼和硫化钨合金纳米片的生长[112, 131]。

2018 年,刘政等报道了一种利用熔融盐辅助制备 47 种过渡金属硫族化合物的普适方法,材料集中在第ⅢB 族到第Ⅷ族的过渡族金属与硫、硒、碲形成的二维结构(图 2.31)。他们提出,利用金属盐能够降低过渡金属氧化物的熔点,使过渡金属氧化钨和硫族单质能够在相应较低的温度下反应,在低温环境下材料的生长速率会和形核速率达到一个平衡,实现二维材料的快速生长[102]。另外,通过这种方法,不仅能够实现单质二维材料的生长,还可以实现掺杂二维材料的生长,以及少量二维材料异质结的生长。这种方法十分普适,为二维材料 CVD 制备提供了理论指导。

除了改变通入载气和催化剂,还可以通过对基底的设计实现二维纳米材料的生长[132-134]。翟天佑等提出了利用限域效应得到 In_2S_3 纳米片结构[132]。利用两片云母片堆叠,在两片之间极小的空间内可以实现纳米片的 CVD 生长。他们认为这是因为限域效应,物质的输运速率与扩散速率达到平衡,有利于高结晶度的纳米片生长(原理图见图 2.32)。

除了石墨烯和二维过渡金属硫族化合物材料以外,目前还开发了二维氮化硼纳米片的 CVD 制备方法,BN 纳米片不仅具有很高的柔性,而且具有很高的透明性,被认为在柔性电子器件方面有所应用。

此外,研究人员还开发了超高真空化学气相沉积法,实现了在很多单晶过渡金属 [Ni (111)、Cu (111)、Pt (111) 和 Ag (111)] 表面生长 BN 材料。迄今,单层 BN 材料的 CVD 制备已经十分成熟,但是多层结构的氮化硼材料的制备仍十

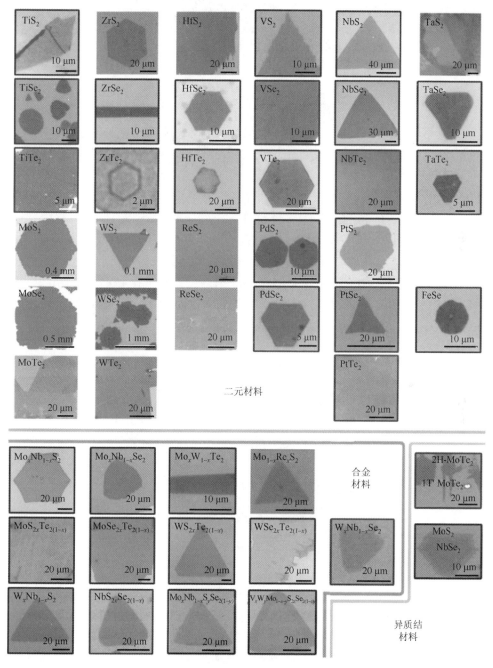

图 2.31 熔融盐辅助 CVD 法可获得众多二维纳米材料[102]

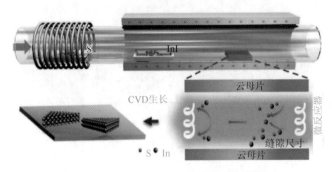

图 2.32　限域 CVD 法可生长 In_2S_3[132]

分困难，这是由于氮化硼多层之间的相互作用力十分弱，而且多层结构的氮化硼的结晶性十分差。Kong 等报道了一种利用铁箔作为沉积基底来大规模制备氮化硼材料的技术（图 2.33）[135]。这种氮化硼薄膜的厚度能够从 5 nm 至 15 nm 可控调节，这主要取决于降温的速率。具体的操作如下，首先将铁箔放入反应室中在 1100℃下氢气气氛（10 s.c.c.m）下还原 1 h，去除铁表面的氧化层，使铁箔表面变得更加平滑，然后将环硼氮烷气体和氢气气体分别以 0.1 s.c.c.m 和 10 s.c.c.m 速率通入反应室中，保持 30 min。最后通过不同的降温速率冷却至 700℃（5℃/min 和 30℃/min）。随后自然冷却，可以发现得到的氮化硼材料具有（0002）取向，是六方结构。从透射电子显微镜照片可以看出，这种氮化硼结构是多层堆垛结构。

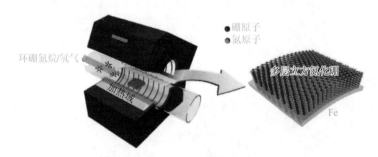

图 2.33　在铁箔表面沉积 BN 纳米片的装置示意图[135]

5. 三维纳米材料的 CVD 制备工艺

CVD 工艺需要衬底，而将三维材料作为 CVD 工艺的衬底，纳米材料在上面沉积生长，这样就可以实现三维纳米材料的 CVD 制备工艺。成会明等在 2011 年首次报道了利用泡沫镍作为基底，获得石墨烯三维结构[136]。他们首先利用甲烷/氢气/氩气载气在泡沫镍上沉积了石墨烯，然后将泡沫镍刻蚀，形成了石墨烯的三维结构 [图 2.34 (a)]。通过灌入聚二甲基硅氧烷（polydimethylsiloxane，PDMS），可以实现高强度石墨烯三维结构的制备 [图 2.34 (b)、(c)]。

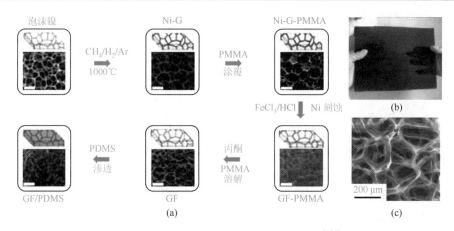

图 2.34　CVD 技术生长石墨烯三维结构[136]

（a）生长原理图；（b）获得的石墨烯三维结构实物图；（c）获得的石墨烯三维结构扫描图；
G：石墨烯；GF：石墨烯泡沫；PMMA：聚甲基丙烯酸甲酯

6. 异质结构纳米材料的 CVD 生长

　　化学气相沉积可以很简单地改变反应源和反应条件，这样就可以获得不同的反应产物。如果两种反应产物依次在同个 CVD 过程中发生，就可以获得异质结构的材料。

　　早在 2002 年，哈佛大学 Lieber 等就提出了核壳异质纳米线的 CVD 制备工艺[137]。这种方法是首先通过 VLS 原理在 600℃获得纯净的硅纳米线结构，由于金纳米颗粒催化剂的存在，该处反应势垒最低，硅烷的沉积主要发生在金-硅-气的三相界面处，这样可以实现硅纳米线的轴向生长（图 2.35）。随后，向反应室中通入二硼烷，二硼烷的加入能够促进硅烷的分解，降低了整体反应势垒，这样能够使反应在整个硅纳米线的表面发生，而且硼元素作为 p 型掺杂的主要元素，能够实现 p 型硅纳米线的外延生长，这样就实现了核壳结构硅纳米线的 CVD 生长。

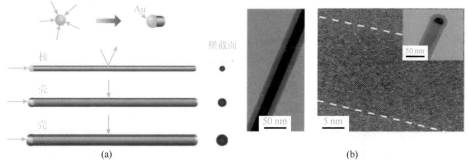

图 2.35　异质结构硅纳米线的 CVD 制备工艺[137]

（a）异质结构纳米线的生长机理；（b）异质结构硅纳米线的 TEM 和 HRTEM 图片

科学家发现，通过简单的外延生长，两种纳米材料形成异质结构，能够获得独特的性质。例如，上述二维纳米材料，如果形成两种纳米片的异质外延，可以改变纳米材料的能带结构和化学性质，使得二维纳米材料的应用前景更大。二维材料异质结主要分为两种，一种是垂直异质结构，是指两种纳米片材料堆垛形成的，所以相应的两种材料之间不存在晶格匹配的问题，两层之间依靠范德瓦尔斯力结合；另一种是外延异质结构，两种材料以共价键的方式结合，位于一个平面[59, 101]。

垂直异质结：2012 年，Kong 等第一次制备了石墨烯-MoS_2 的范德瓦尔斯异质结构。他们首先利用 CVD 技术制备了石墨烯，然后利用一步法实现了 MoS_2 结构在石墨烯表面生长[120]。研究表明，石墨烯有利于 MoS_2 的形核和生长，使 MoS_2 的生长温度降低到了 400℃。

Warner 报道了一种制备绝缘体-半导体二维材料异质结的方法[138]。首先，利用 CVD 方法制备了 BN 材料，然后在 BN 上沉积 MoS_2 材料（图 2.36）。同样，在 BN 材料上生长的 MoS_2 动力学过程更快，也证明了两者之间有相互作用。

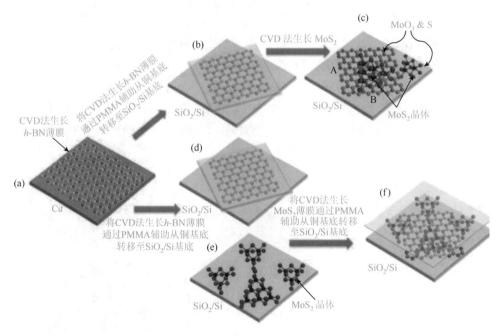

图 2.36 BN/MoS_2 垂直异质结制备工艺[138]

北京大学刘忠范等报道了一种氮化硼-石墨烯异质结纳米材料的 CVD 制备方法[139]，他们首先制备了较大尺寸的氮化硼纳米片，然后改变反应条件，实现了石墨烯在氮化硼上异质外延生长（图 2.37）。具体的操作流程如下：首先在 1×10^2 Pa 的低气压下将铜箔在反应室里＞500℃加热 10 min，然后通过氮化硼的前驱体材料硼烷氨，反应 10 min 形成氮化硼纳米片，然后将反应室的温度降至 920℃左右（路线 1），氮化硼表面会被高温刻蚀出孔洞结构，这时通入石墨烯的前驱体苯甲酸，可以实现石墨烯外延生长，这种外延生长出的石墨烯和氮化硼在同一个表面，如果生长石墨烯时的温度比 900℃低（路线 2），氮化硼就不会被刻蚀，这样石墨烯就完全在氮化硼表面生长。研究表明，石墨烯在氮化硼表面呈岛状分布，其尺寸大致在 2 μm。

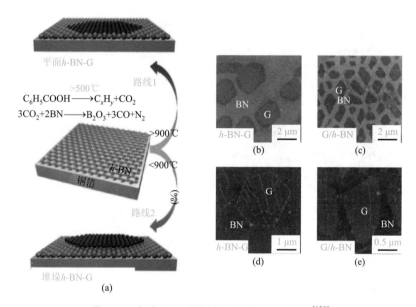

图 2.37　氮化硼-石墨烯异质结构 CVD 生长[139]

（a）制备不同外延生长模式的路线示意；（b）、（c）两种路线生长出的异质结构的 SEM 图片；
（d）、（e）两种路线生长的异质结构的 AFM 表征

外延异质结：二维材料外延异质结的生长条件更加苛刻，这是因为外延异质结的两种组分需要在同一个平面上，所以需要满足严格的晶格匹配条件。目前，科学家已经实现了多种外延异质结材料的生长。

Ajayan 等开发了一种石墨烯-氮化硼二维外延异质结材料的制备技术[140]。他们首先利用 CVD 技术获得了 BN 材料，然后利用离子束刻蚀的方法刻蚀出局部孔洞，再利用 CVD 技术实现了石墨烯材料的生长。这种方法不仅能够实现外延异质结的生长，还可以通过控制刻蚀区域获得不同周期分布的异质结构。

段镶锋等利用热化学气相沉积技术实现了 WS_2-WSe_2、MoS_2-$MoSe_2$ 外延异质结的生长，他们首先通过 CVD 方法合成了三角形的 WS_2、MoS_2 纳米片，然后继续引入 Se 源实现了平面外延生长 WSe_2 和 $MoSe_2$ 材料，这与以往的层状异质结不同，形成的外延结构是沿着三角形纳米片的边生长，形成一种侧向外延。他们认为这和二维金属硫族化合物相似的晶体结构和一致的晶体取向有关[141]。他们在二

维外延异质结材料领域取得很多突出的成果。例如，该团队在 2017 年提出了合成外延异质结的普适方法[142]（图 2.38）。首次发现当两个源气体从两边分别通入时可以精确控制外延层的宽度。他们不仅实现了外延生长，还实现了二维材料的周期性外延以及三组分的周期外延结构，从而大大改善了二维材料的制备工艺，研究发现，只要晶格匹配，均可以运用这种方法实现异质结材料的生长。

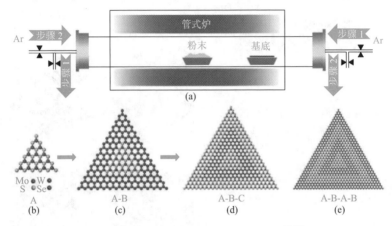

图 2.38　双通载气法获得外延异质结[142]

（a）装置示意图；（b）单相 WS₂ 晶体示意图；（c）～（e）依次合成多重外延异质结

　　随后不久，Gutiérrez 等报道了一种极其简便的制备异质结二维材料的方法 [图 2.39（a）] [101]。这种方法只需要控制载气的不同，就可以实现原子级异质结构的可控生长。他们在载气里加入少量的水蒸气，可有效地控制金属前驱体上水诱导的氧化和蒸发，以及基底上成核。这种方法可以实现多重异质结的取向生长 [图 2.39（b）]。

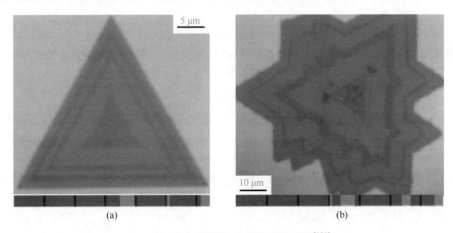

图 2.39　水汽辅助法获得外延异质结[101]

（a）五重异质结扫描图；（b）七重异质结扫描图

目前 CVD 制备纳米材料还有很多局限性，这是因为 CVD 技术需要较高的温度，以及载气的选择范围比较小。但是由于 CVD 技术的可控性强，工业化的前景光明，很多科学家都在开发新型材料的 CVD 制备技术。2016 年，Ameloot 等报道了一种 CVD 制备 MOF 材料的方法[143]［图 2.40（a）］。他们将金属、氧气、有机物三种源分开，作为三种载气通入，可以实现沸石咪唑类骨架材料 8（ZIF-8）材料的 CVD 生长。实验表明这种 ZIF-8 具有很好的结晶性，而且实现了在各种结构的基底上的沉积［图 2.40（b）］。

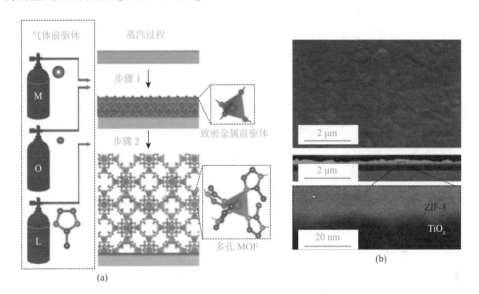

图 2.40 CVD 技术生长 MOF[143]

（a）装置示意图；（b）获得的 ZIF-8 的扫描图

2.2.4 CVD 技术制备纳米材料展望

CVD 技术作为制备纳米材料最常见的方法之一，具有纯度高、洁净度好、产品品质高、可规模化生产等特点，已经被广泛运用在科学研究和工业生产过程中。随着工艺路线的成熟，各种先进的 CVD 工艺均实现了工业化。随着国内对于 CVD 技术生产的产品需求越来越大，很多国内企业也开始研制 CVD 设备，生产成本大大下降。CVD 技术也有了长足的发展，CVD 工艺开始向着自动化、大规模工业化方向发展。

CVD 在纳米材料的合成方面也具有很大的优势，其高温环境能够保证材料的高结晶性，高真空的高纯源气合成方式避免了其他合成方法中可能引入的杂质和表面活性剂，保证了产品的纯净度。同时，CVD 工艺的连续性生产特性和较短的生产时间，十分有利于其工业化。目前，通过 CVD 技术获得的石墨烯、碳纳米管等材料，已经得到了广泛运用。而通过开发新的 CVD 技术，能够实现更多纳米材料的规模化制备和应用。同时，将 CVD 技术制备的材料通过转印等组装技术制造成器件，也在近年来成为研究重点。可以预见，CVD 技术在低维纳米材料制备方面具有重要的不可替代的地位，必将进一步促进纳米材料制备和应用技术的进步。

参 考 文 献

[1] 陈拱诗. 金属表面涂层. 北京：对外贸易教育出版社，1988：1-403.

[2] 李健，韦习成. 物理气相沉积技术的新进展. 材料保护，2000，33（1）：91-94.

[3] 李学芳. 国外刀具材料的发展近况. 工具技术，1999，33（3）：3-7.

[4] 吴笛. 物理气相沉积技术的研究进展与应用. 机械工程与自动化，2011，（4）：214-216.

[5] 邸英浩，曹晓明. 真空镀膜技术的现状及进展. 天津冶金，2004，5：45-54.

[6] 王福贞，马文存. 气相沉积应用技术. 北京：机械工业出版社，2006：1-411.

[7] Granqvist C G，Buhrman R A. Log-normal size distributions of ultrafine metal particles. Solid State Communications，1976，18：123-126.

[8] Gleiter H. Materials with ultra-fine grain sizes. 2nd Riso International Symposium on Metallurgy and Materials Science，1981，15：15-21.

[9] Murty B S，Shankar P，Raj B，et al. Textbook of Nanoscience and Nanotechnology. Berlin/Heidelberge：Springer，2013：1-223.

[10] Biswas A，Marton Z，Kanzow J，et al. Controlled generation of Ni nanoparticles in the capping layers of Teflon AF by vapor-phase tandem evaporation. Nano Letters，2003，3（1）：69-73.

[11] Wang X，Zuo J，Keil P，et al. Comparing the growth of PVD silver nanoparticles on ultra thin fluorocarbon plasma polymer films and self-assembled fluoroalkyl silane monolayers. Nanotechnology，2007，18（26）：265-303.

[12] Sauerbrey G. Verwendung von Schwingquarzen zur Wägung dünner Schichten und zur Mikrowägung. Zeitschrift für Physik，1959，155（2）：206-222.

[13] Stagon S P，Huang H. Syntheses and applications of small metallic nanorods from solution and physical vapor deposition. Nanotechnology Reviews，2013，2（3）：259-267.

[14] Devan R S，Patil R A，Lin J H，et al. One-dimensional metal-oxide nanostructures：Recent developments in synthesis，characterization，and applications. Advanced Functional Materials，2012，22（16）：3326-3370.

[15] Zhai T，Li L，Ma Y，et al. One-dimensional inorganic nanostructures：Synthesis，field-emission and photodetection. Chemical Society Reviews，2011，40（5）：2986-3004.

[16] Zhao Y S，Fu H，Peng A，et al. Low-dimensional nanomaterials based on small organic molecules：Preparation and optoelectronic properties. Advanced Materials，2008，20（15）：2859-2876.

[17] Yang P，Lieber C M. Nanostructured high-temperature superconductors：Creation of strong-pinning columnar defects in nanorod/superconductor composites. Journal of Materials Research，2011，12（11）：2981-2996.

[18] Yang P，Lieber C M. Nanorod-superconductor composites：A pathway to materials with high critical current densities. Science，1996，273（5283）：1836-1840.

[19] Shen G，Bando Y，Lee C J. Synthesis and evolution of novel hollow ZnO urchins by a simple thermal evaporation process. Journal of Physical Chemistry B，2005，109（21）：10578-10583.

[20] Kong X Y，Ding Y，Yang R，et al. Single-crystal nanorings formed by epitaxial self-coiling of polar nanobelts.

Science，2004，303（5662）：1348-1351.

[21]　Pan Z W，Dai Z R，Wang Z L. Nanobelts of semiconducting oxides. Science，2001，291（5510）：1947-1949.

[22]　Zhai T，Zhong H，Gu Z，et al. Manipulation of the morphology of ZnSe sub-micron structures using CdSe nanocrystals as the seeds. Journal of Physical Chemistry C，2007，111（7）：2980-2986.

[23]　Fang X S，Ye C H，Zhang L D，et al. Temperature-controlled catalytic growth of ZnS nanostructures by the evaporation of ZnS nanopowders. Advanced Functional Materials，2005，15（1）：63-68.

[24]　Li H，Wang X，Xu J，et al. One-dimensional CdS nanostructures：A promising candidate for optoelectronics. Advanced Materials，2013，25（22）：3017-3037.

[25]　Li W，Li C，Ma H，et al. Magnesium nanowires：Enhanced kinetics for hydrogen absorption and desorption. Journal of the American Chemical Society，2007，129（21）：6710-6711.

[26]　Li C，Ji W，Chen J，et al. Metallic aluminum nanorods：Synthesis via vapor-deposition and applications in Al/air batteries. Chemistry of Materials，2007，19（24）：5812-5814.

[27]　Peng H，Meister S，Chan C K，et al. Morphology control of layer-structured gallium selenide nanowires. Nano Letters，2007，7（1）：199-203.

[28]　Luo L B，Yang X B，Liang F X，et al. Transparent and flexible selenium nanobelt-based visible light photodetector. CrystEngComm，2012，14（6）：1942-1947.

[29]　Zhang Y J，Wang N L，Gao S P，et al. A simple method to synthesize nanowires. Chemistry of Materials，2002，14（8）：3564-3568.

[30]　Zhao Y S，Xiao D，Yang W，et al. 2, 4, 5-triphenylimidazole nanowires with fluorescence narrowing spectra prepared through the adsorbent-assisted physical vapor deposition method. Chemistry of Materials，2006，18（9）：2302-2306.

[31]　Zhao Y S，Fu H B，Hu F Q，et al. Tunable emission from binary organic one-dimensional nanomaterials：An alternative approach to white-light emission. Advanced Materials，2008，20（1）：79-83.

[32]　Zhao Y S，Peng A，Fu H，et al. Nanowire waveguides and ultraviolet lasers based on small organic molecules. Advanced Materials，2008，20（9）：1661-1665.

[33]　Ji H F，Majithia R，Yang X，et al. Self-assembly of perylenediimide and naphthalenediimide nanostructures on glass substrates through deposition from the gas phase. Journal of the American Chemical Society，2008，130（31）：10056-10057.

[34]　Zhu D M，Jakovidis G，Bourgeois L. Catalyst-free synthesis of carbon and boron nitride nanoflakes using RF-magnetron sputtering. Materials Letters，2010，64（8）：918-920.

[35]　Hoang D Q，Pobedinskas P，Nicley S S，et al. Elucidation of the growth mechanism of sputtered 2D hexagonal boron nitride nanowalls. Crystal Growth & Design，2016，16（7）：3699-3708.

[36]　Lin M，Wu D，Zhou Y，et al. Controlled growth of atomically thin In_2Se_3 flakes by van der Waals epitaxy. Journal of the American Chemical Society，2013，135（36）：13274-13277.

[37]　Zhou J，Zeng Q，Lv D，et al. Controlled synthesis of high-quality monolayered alpha-In_2Se_3 via physical vapor deposition. Nano Letters，2015，15（10）：6400-6405.

[38]　Lei S，Ge L，Liu Z，et al. Synthesis and photoresponse of large GaSe atomic layers. Nano Letters，2013，13（6）：2777-2781.

[39]　Zhou Y，Nie Y，Liu Y，et al. Epitaxy and photoresponse of two-dimensional GaSe crystals on flexible transparent mica sheets. ACS Nano，2014，8（2）：1485-1490.

[40]　Zhao S，Wang H，Zhou Y，et al. Controlled synthesis of single-crystal SnSe nanoplates. Nano Research，2015，

8（1）：288-295.

[41] Xia J，Li X Z，Huang X，et al. Physical vapor deposition synthesis of two-dimensional orthorhombic SnS flakes with strong angle/temperature-dependent raman responses. Nanoscale，2016，8（4）：2063-2070.

[42] Nagel S R，Macchesney J B，Walker K L. An overview of the modified chemical vapor-deposition（MCVD）process and performance. IEEE Journal of Quantum Electronics，1982，18（4）：459-476.

[43] Ludowise M J. Metalorganic chemical vapor-deposition of Ⅲ-Ⅴ semiconductors. Journal of Applied Physics，1985，58（8）：31-55.

[44] Jasinski J M，Meyerson B S，Scott B A. Mechanistic studies of chemical vapor-deposition. Annual Review of Physical Chemistry，1987，38：109-140.

[45] Ashfold M N R，May P W，Rego C A，et al. Thin-film diamond by chemical-vapor-deposition methods. Chemical Society Reviews，1994，23（1）：21-30.

[46] Delhaes P. Chemical vapor deposition and infiltration processes of carbon materials. Carbon，2002，40（5）：641-657.

[47] Serp P，Kalck P，Feurer R. Chemical vapor deposition methods for the controlled preparation of supported catalytic materials. Chemical Reviews，2002，102（9）：3085-3128.

[48] Choy K L. Chemical vapour deposition of coatings. Progress in Materials Science，2003，48（2）：57-170.

[49] Balmer R S，Brandon J R，Clewes S L，et al. Chemical vapour deposition synthetic diamond：Materials，technology and applications. Journal of Physics：Condensed Matter，2009，21（36）：364221.

[50] 叶志镇. 半导体薄膜技术与物理. 杭州：浙江大学出版社，2008.

[51] 韩同宝. 化学气相沉积设备与装置. 化学工程与装备，2011，（3）：136-137.

[52] 倪星元，姚兰芳，沈军. 纳米材料制备技术. 北京：化学工业出版社，2007.

[53] Dasgupta N P，Sun J，Liu C，et al. 25th anniversary article：Semiconductor nanowires-synthesis，characterization，and applications. Advanced Materials，2014，26（14）：2137-2184.

[54] Kukovitsky E F，L'vov S G，Sainov N A. VLS-growth of carbon nanotubes from the vapor. Chemical Physics Letters，2000，317（1-2）：65-70.

[55] Chen Y Q，Cui X F，Zhang K，et al. Bulk-quantity synthesis and self-catalytic VLS growth of SnO$_2$ nanowires by lower-temperature evaporation. Chemical Physics Letters，2003，369（1-2）：16-20.

[56] Wacaser B A，Dick K A，Johansson J，et al. Preferential interface nucleation：An expansion of the VLS growth mechanism for nanowires. Advanced Materials，2009，21（2）：153-165.

[57] Wagner R S，Ellis W C. Vapor-liquid-solid mechanism of single crystal growth. Applied Physics Letters，1964，4（5）：89-90.

[58] Chen K，Shi L，Zhang Y，et al. Scalable chemical-vapour-deposition growth of three-dimensional graphene materials towards energy-related applications. Chemical Society Reviews，2018，47（9）：3018-3036.

[59] Cai Z，Liu B，Zou X，et al. Chemical vapor deposition growth and applications of two-dimensional materials and their heterostructures. Chemical Reviews，2018，118（13）：6091-6133.

[60] Laube J，Gutsch S，Wang D，et al. Two-dimensional percolation threshold in confined Si nanoparticle networks. Applied Physics Letters，2016，108（4）：043106.

[61] Thanh T D，Balamurugan J，Hwang J Y，et al. *In situ* synthesis of graphene-encapsulated gold nanoparticle hybrid electrodes for non-enzymatic glucose sensing. Carbon，2016，98：90-98.

[62] Wang J，Sun H B，Pan H Y，et al. Detection of hydrogen peroxide at a palladium nanoparticle-bilayer graphene hybrid-modified electrode. Sensors and Actuators B：Chemical，2016，230：690-696.

[63] Pawbake A S，Waykar R G，Late D J，et al. Highly transparent wafer-scale synthesis of crystalline WS_2 nanoparticle thin film for photodetector and humidity-sensing applications. ACS Applied Materials & Interfaces，2016，8（5）：3359-3365.

[64] Trawka M，Smulko J，Hasse L，et al. Fluctuation enhanced gas sensing with WO_3-based nanoparticle gas sensors modulated by UV light at selected wavelengths. Sensors and Actuators B：Chemical，2016，234：453-461.

[65] Andrews R，Jacques D，Qian D，et al. Multiwall carbon nanotubes：Synthesis and application. Accounts of Chemical Research，2002，35（12）：1008-1017.

[66] Kikkawa J，Ohno Y，Takeda S. Growth rate of silicon nanowires. Applied Physics Letters，2005，86（12）：123109.

[67] Hochbaum A I，Fan R，He R，et al. Controlled growth of Si nanowire arrays for device integration. Nano Letters，2005，5（3）：457-460.

[68] Gradecak S，Qian F，Li Y，et al. GaN nanowire lasers with low lasing thresholds. Applied Physics Letters，2005，87（17）：486.

[69] Huang C T，Song J，Lee W F，et al. GaN nanowire arrays for high-output nanogenerators. Journal of the American Chemical Society，2010，132（13）：4766-4771.

[70] Lupan O，Pauporte T，Viana B. Low-voltage UV-electroluminescence from ZnO-nanowire array/p-GaN light-emitting diodes. Advanced Materials，2010，22（30）：3298-3302.

[71] Wang D，Pierre A，Kibria M G，et al. Wafer-level photocatalytic water splitting on GaN nanowire arrays grown by molecular beam epitaxy. Nano Letters，2011，11（6）：2353-2357.

[72] Han W Q，Fan S S，Li Q Q，et al. Synthesis of gallium nitride nanorods through a carbon nanotube-confined reaction. Science，1997，277（5330）：1287-1289.

[73] Zhong Z H，Qian F，Wang D L，et al. Synthesis of p-type gallium nitride nanowires for electronic and photonic nanodevices. Nano Letters，2003，3（3）：343-346.

[74] Kuykendall T，Pauzauskie P J，Zhang Y，et al. Crystallographic alignment of high-density gallium nitride nanowire arrays. Nature Materials，2004，3（8）：524-528.

[75] Yang P D，Yan H Q，Mao S，et al. Controlled growth of ZnO nanowires and their optical properties. Advanced Functional Materials，2002，12（5）：323-331.

[76] Xiang B，Wang P，Zhang X，et al. Rational synthesis of p-type zinc oxide nanowire arrays using simple chemical vapor deposition. Nano Letters，2007，7（2）：323-328.

[77] Iijima S. A career in carbon. Sumio Iijima is interviewed by adarsh sandhu. Nature Nanotechnology，2007，2（10）：590-591.

[78] Iijima S. Helical microtubules of graphitic carbon. Nature，1991，354（6348）：56-58.

[79] Zhang S C，Kang L X，Wang X，et al. Arrays of horizontal carbon nanotubes of controlled chirality grown using designed catalysts. Nature，2017，543（7644）：234-249.

[80] Kumar S，Rani R，Dilbaghi N，et al. Carbon nanotubes：A novel material for multifaceted applications in human healthcare. Chemical Society Reviews，2017，46（1）：158-196.

[81] Qiu C，Zhang Z，Xiao M，et al. Scaling carbon nanotube complementary transistors to 5-nm gate lengths. Science，2017，355（6322）：271-276.

[82] Wu Q，Yang L，Wang X，et al. From carbon-based nanotubes to nanocages for advanced energy conversion and storage. Accounts of Chemical Research，2017，50（2）：435-444.

[83] Li W Z，Xie S S，Qian L X，et al. Large-scale synthesis of aligned carbon nanotubes. Science，1996，274（5293）：1701-1703.

[84] Kong J，Soh H T，Cassell A M，et al. Synthesis of individual single-walled carbon nanotubes on patterned silicon wafers. Nature，1998，395（6705）：878-881.

[85] Ren Z F，Huang Z P，Xu J W，et al. Synthesis of large arrays of well-aligned carbon nanotubes on glass. Science，1998，282（5391）：1105-1107.

[86] Hata K，Futaba D N，Mizuno K，et al. Water-assisted highly efficient synthesis of impurity-free single-walled carbon nanotubes. Science，2004，306（5700）：1362-1364.

[87] Zhang R，Zhang Y，Zhang Q，et al. Growth of half-meter long carbon nanotubes based on schulz-flory distribution. ACS Nano，2013，7（7）：6156-6161.

[88] Bai Y，Zhang R，Ye X，et al. Carbon nanotube bundles with tensile strength over 80 GPa. Nature Nanotechnology，2018，13：589-595.

[89] Huang S，Cai X，Liu J. Growth of millimeter-long and horizontally aligned single-walled carbon nanotubes on flat substrates. Journal of the American Chemical Society，2003，125（19）：5636-5637.

[90] Zhang Y，Tan Y W，Stormer H L，et al. Experimental observation of the quantum Hall effect and Berry's phase in graphene. Nature，2005，438（7065）：201-204.

[91] Berger C，Song Z，Li X，et al. Electronic confinement and coherence in patterned epitaxial graphene. Science，2006，312（5777）：1191-1196.

[92] Geim A K，Novoselov K S. The rise of graphene. Nature Materials，2007，6（3）：183-191.

[93] Lee C，Wei X，Kysar J W，et al. Measurement of the elastic properties and intrinsic strength of monolayer graphene. Science，2008，321（5887）：385-388.

[94] Nair R R，Blake P，Grigorenko A N，et al. Fine structure constant defines visual transparency of graphene. Science，2008，320（5881）：1308-1309.

[95] Neto A H，Guinea F，Peres N M R，et al. The electronic properties of graphene. Reviews of Modern Physics，2009，81（1）：109-162.

[96] Dreyer D R，Park S，Bielawski C W，et al. The chemistry of graphene oxide. Chemical Society Reviews，2010，39（1）：228-240.

[97] Zhu Y，Murali S，Cai W，et al. Graphene and graphene oxide：Synthesis，properties，and applications. Advanced Materials，2010，22（35）：3906-3924.

[98] Tan C，Cao X，Wu X J，et al. Recent advances in ultrathin two-dimensional nanomaterials. Chemical Reviews，2017，117（9）：6225-6331.

[99] Gatensby R，McEvoy N，Lee K，et al. Controlled synthesis of transition metal dichalcogenide thin films for electronic applications. Applied Surface Science，2014，297：139-146.

[100] Sun Z，Chang H. Graphene and graphene-like two-dimensional materials in photodetection：Mechanisms and methodology. ACS Nano，2014，8（5）：4133-4156.

[101] Sahoo P K，Memaran S，Xin Y，et al. One-pot growth of two-dimensional lateral heterostructures via sequential edge-epitaxy. Nature，2018，553（7686）：63-67.

[102] Zhou J，Lin J，Huang X，et al. A library of atomically thin metal chalcogenides. Nature，2018，556（7701）：355-359.

[103] Stankovich S，Dikin D A，Piner R D，et al. Synthesis of graphene-based nanosheets via chemical reduction of exfoliated graphite oxide. Carbon，2007，45（7）：1558-1565.

[104] Hernandez Y，Nicolosi V，Lotya M，et al. High-yield production of graphene by liquid-phase exfoliation of graphite. Nature Nanotechnology，2008，3（9）：563-568.

[105] Park S, Ruoff R S. Chemical methods for the production of graphenes. Nature Nanotechnology, 2009, 4 (4): 217-224.

[106] Hao Y, Bharathi M S, Wang L, et al. The role of surface oxygen in the growth of large single-crystal graphene on copper. Science, 2013, 342 (6159): 720-723.

[107] Reina A, Jia X, Ho J, et al. Large area, few-layer graphene films on arbitrary substrates by chemical vapor deposition. Nano Letters, 2009, 9 (1): 30-35.

[108] Kim K S, Zhao Y, Jang H, et al. Large-scale pattern growth of graphene films for stretchable transparent electrodes. Nature, 2009, 457 (7230): 706-710.

[109] Li X, Cai W, An J, et al. Large-area synthesis of high-quality and uniform graphene films on copper foils. Science, 2009, 324 (5932): 1312-1314.

[110] Xu X, Zhang Z, Qiu L, et al. Ultrafast growth of single-crystal graphene assisted by a continuous oxygen supply. Nature Nanotechnology, 2016, 11 (11): 930-935.

[111] Chen X D, Chen Z, Jiang W S, et al. Fast growth and broad applications of 25-inch uniform graphene glass. Advanced Materials, 2016, 29 (1): 1603428.

[112] Feng Q, Zhu Y, Hong J, et al. Growth of large-area 2D $MoS_{2(1-x)}Se_{2x}$ semiconductor alloys. Advanced Materials, 2014, 26 (17): 2648-2653.

[113] Zhao Y, Hughes R W, Su Z, et al. One-step synthesis of bismuth telluride nanosheets of a few quintuple layers in thickness. Angewandte Chemie International Edition, 2011, 50 (44): 10397-10401.

[114] Yoo D, Kim M, Jeong S, et al. Chemical synthetic strategy for single-layer transition-metal chalcogenides. Journal of the American Chemical Society, 2014, 136 (42): 14670-14673.

[115] Zheng J, Zhang H, Dong S, et al. High yield exfoliation of two-dimensional chalcogenides using sodium naphthalenide. Nature Communications, 2014, 5: 2995.

[116] Coleman J N, Lotya M, O'Neill A, et al. Two-dimensional nanosheets produced by liquid exfoliation of layered materials. Science, 2011, 331 (6017): 568-571.

[117] Lee Y, Zhang X Q, Zhang W, et al. Synthesis of large-area MoS_2 atomic layers with chemical vapor depasition. Advanced Materials, 2012, 24 (17): 2320-2325.

[118] Zhang W, Huang J K, Chen C H, et al. High-gain phototransistors based on a CVD MoS_2 monolayer. Advanced Materials, 2013, 25 (25): 3456-3461.

[119] Lee Y H, Zhang X Q, Zhang W, et al. Synthesis of large-area MoS_2 atomic layers with chemical vapor deposition. Advanced Materials, 2012, 24 (17): 2320-2325.

[120] Shi Y, Zhou W, Lu A Y, et al. Van der Waals epitaxy of MoS_2 layers using graphene as growth templates. Nano Letters, 2012, 12 (6): 2784-2791.

[121] Najmaei S, Liu Z, Zhou W, et al. Vapour phase growth and grain boundary structure of molybdenum disulphide atomic layers. Nature Materials, 2013, 12 (8): 754-759.

[122] Zhan Y, Liu Z, Najmaei S, et al. Large-area vapor-phase growth and characterization of MoS_2 atomic layers on a SiO_2 substrate. Small, 2012, 8 (7): 966-971.

[123] Lin Y C, Zhang W, Huang J K, et al. Wafer-scale MoS_2 thin layers prepared by MoO_3 sulfurization. Nanoscale, 2012, 4 (20): 6637-6641.

[124] Lee Y H, Zhang X Q, Zhang W, et al. Synthesis of large-area MoS_2 atomic layers with chemical vapor deposition. Advanced Materials, 2012, 24 (17): 2320-2325.

[125] Liu K K, Zhang W, Lee Y H, et al. Growth of large-area and highly crystalline MoS_2 thin layers on insulating

substrates. Nano Letters，2012，12（3）：1538-1544.

[126] van der Zande A M，Huang P Y，Chenet D A，et al. Grains and grain boundaries in highly crystalline monolayer molybdenum disulphide. Nature Materials，2013，12（6）：554-561.

[127] Wu S，Huang C，Aivazian G，et al. Vapor-solid growth of high optical quality MoS$_2$ monolayers with near-unity valley polarization. ACS Nano，2013，7（3）：2768-2772.

[128] Zhou H，Wang C，Shaw J C，et al. Large area growth and electrical properties of p-type WSe$_2$ atomic layers. Nano Letters，2015，15（1）：709-713.

[129] Zhou L，Zubair A，Wang Z，et al. Synthesis of high-quality large-area homogenous 1t' MoTe$_2$ from chemical vapor deposition. Advanced Materials，2016，28（43）：9526-9531.

[130] Wu J，Yuan H，Meng M，et al. High electron mobility and quantum oscillations in non-encapsulated ultrathin semiconducting Bi$_2$O$_2$Se. Nature Nanotechnology，2017，12（6）：530-534.

[131] Gong Y，Liu Z，Lupini A R，et al. Band gap engineering and layer-by-layer mapping of selenium-doped molybdenum disulfide. Nano Letters，2013，14（2）：442-449.

[132] Huang W，Gan L，Yang H，et al. Controlled synthesis of ultrathin 2D β-In$_2$S$_3$ with broadband photoresponse by chemical vapor deposition. Advanced Functional Materials，2017，27（36）：1702448.

[133] Yan C，Gan L，Zhou X，et al. Space-confined chemical vapor deposition synthesis of ultrathin HfS$_2$ flakes for optoelectronic application. Advanced Functional Materials，2017，27（39）：1702918.

[134] Wang Y G，Gan L，Chen J N，et al. Achieving highly uniform two-dimensional PbI$_2$ flakes for photodetectors via space confined physical vapor deposition. Science Bulletin，2017，62（24）：1654-1662.

[135] Kim S M，Hsu A，Park M H，et al. Synthesis of large-area multilayer hexagonal boron nitride for high material performance. Nature Communications，2015，6：8662.

[136] Chen Z，Ren W，Gao L，et al. Three-dimensional flexible and conductive interconnected graphene networks grown by chemical vapour deposition. Nature Materials，2011，10（6）：424-428.

[137] Lauhon L J，Gudiksen M S，Wang D，et al. Epitaxial core-shell and core-multishell nanowire heterostructures. Nature，2002，420（6911）：57-61.

[138] Wang S，Wang X，Warner J H. All chemical vapor deposition growth of MoS$_2$：h-BN vertical van der Waals heterostructures. ACS Nano，2015，9（5）：5246-5254.

[139] Gao T，Song X，Du H，et al. Temperature-triggered chemical switching growth of in-plane and vertically stacked graphene-boron nitride heterostructures. Nature Communications，2015，6：6835.

[140] Liu Z，Ma L，Shi G，et al. In-plane heterostructures of graphene and hexagonal boron nitride with controlled domain sizes. Nature Nanotechnology，2013，8（2）：119-124.

[141] Duan X，Wang C，Shaw J C，et al. Lateral epitaxial growth of two-dimensional layered semiconductor heterojunctions. Nature Nanotechnology，2014，9（12）：1024-1030.

[142] Zhang Z，Chen P，Duan X，et al. Robust epitaxial growth of two-dimensional heterostructures，multiheterostructures，and superlattices. Science，2017，357（6353）：788-792.

[143] Stassen I，Styles M，Grenci G，et al. Chemical vapour deposition of zeolitic imidazolate framework thin films. Nature Materials，2016，15（3）：304-310.

第3章

低维纳米材料的液相法制备

3.1　低维纳米材料的液相成核生长理论

有机合成化学早期机理研究的主要贡献者 Christopher Ingold 曾经预言："新的工作清晰地告诉我们有机化学的旧秩序正在改变，这一学科逐渐由艺术性走向了科学性；人们不再是将几种物质简单地混合就可以了，对精细的物理化学过程的理解是一切工作的基石，所有的化学家，包括有机化学家必须由此开始。"纳米晶合成就像一个世纪前的有机合成，人们已经发展了许多经验性方法来制备一系列半导体、陶瓷和金属纳米晶。然而，这些工作更多是经验性艺术，而非科学。纳米晶合成早已过了这种经验性阶段了，以往工作也偶有涉及机理，但都缺乏证据，直到最近才有少量的机理性研究工作出现。除了经典的 LaMer 理论和奥斯特瓦尔德熟化（Ostwald ripening）理论[1-4]，大多数机理即使被认可也鲜有被用来设计合成纳米晶。这里，我们综述近几十年来发展的关于纳米晶成核、生长的主要机理，通过对机理的深入阐述与理解，以期为从事纳米晶合成的研究者们在将来的研究中提供参考和更深入的思考。

3.1.1　晶体成核过程的热力学基础

我们首先从理论上理解晶体成核生长的热力学过程。在过饱和溶液中均相成核时，其吉布斯自由能变化为

$$\Delta G = \Delta G_S + \Delta G_V \tag{3-1}$$

其中，ΔG_S 为表面自由能变化；ΔG_V 为体自由能变化。

在经典成核理论（即 Gibbs-Thomson theory）中，晶核一般被看作是凝聚相球体。对于半径为 r 的球形颗粒，

$$\Delta G = 4\pi r^2 \gamma_{SL} - \frac{4}{3}\pi r^3 \frac{RT \ln S}{V_m} \tag{3-2}$$

其中，γ_{SL} 为固液界面张力；S 为溶液过饱和度；V_m 为单体的摩尔体积。

这里，有必要介绍下单体的概念，一般将晶体的最小构筑单元理解为单体，我们在后文中会进一步详细解释单体的组成结构。那么，由此我们可以定义过饱和度为"反应时单体浓度[M]/体相材料的平衡单体浓度[M₀]"。

这时，我们可以得到晶体自由能随尺寸的变化曲线，见图 3.1。由图可以看出，晶体成核生长过程存在临界半径尺寸 $r_c = \dfrac{2\gamma V_m}{RT\ln S}$。高于该尺寸的晶核，能够稳定存在并继续生长；而低于该尺寸的晶核，由于总自由能增大，无法稳定存在，进而溶解到溶液中形成单体。换言之，临界半径是保证晶核不发生溶解从而可以进一步生长的最小尺寸。

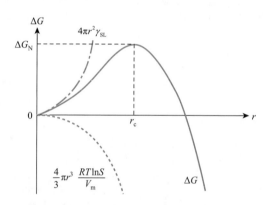

图 3.1　表面自由能（点画线）、体自由能（虚线）以及总自由能（实线）随颗粒尺寸的变化关系[3]

存在临界晶核尺寸 r_c，低于这一尺寸晶核无法稳定存在，趋于溶解；高于这一尺寸，晶核能稳定存在，趋于长大

晶核形成速率可以用 Arrhenius 形式表达，其形成能 ΔG_N 可以写成 $\Delta G(r_c)$。因此，

$$\begin{aligned}\frac{\mathrm{d}N}{\mathrm{d}t} &= A\exp\left[\frac{-\Delta G_N}{k_B T}\right]\\ &= A\exp\left[-\frac{16\pi\gamma^3 V_m^2}{3k_B^3 T^3 N_A^2 (\ln S)^2}\right]\end{aligned} \tag{3-3}$$

其中，N、A、k_B、N_A 及 T 分别为晶核数、指前因子、玻尔兹曼常数、阿伏伽德罗常量及温度。成核能垒 ΔG_N 的存在导致颗粒成核过程要求的过饱和度远高于颗粒生长所需的过饱和度。经典成核理论存在一些明显的缺点，如式（3-3）中定义的表面自由能和单体摩尔体积都是根据体相材料所得。

在式（3-3）中，有三项影响成核过程的实验可控参数：单体过饱和度、温度、表面自由能。图 3.2 显示了三个实验参数对 CdSe 纳米晶成核速率的影响。其中，单体过饱和度对成核速率的影响最为明显。当过饱和度从 2 增加到 4 时，成核速率大约增加了 10^{70} 倍。成核速率还可以通过控制反应温度和表面自由能进行调控。升高温度，反应速率加快。调控反应体系中表面活性剂的种类和浓度，也可以调节纳米晶的表面自由能，从而调控成核速率。

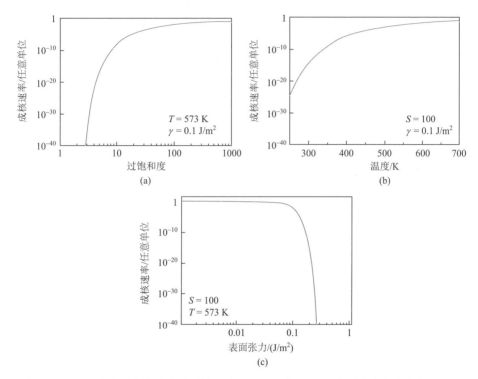

图 3.2　CdSe 纳米晶成核速率随过饱和度（a）、温度（b）和表面吉布斯自由能（c）的变化关系[3]

其中，CdSe 单体的摩尔体积 V_m 为 $3.29 \times 10^{-5}\ \mathrm{m^3/mol}$

3.1.2　经典成核生长理论

一般而言，溶液中胶体颗粒的形成过程遵循 LaMer 和 Dinegar 在 1950 年提出的生长模型[1]（即 LaMer 模型，见图 3.3）。根据这一模型，化学反应开始后首先在溶液中产生单体。当越来越多的单体产生后，溶液迅速出现饱和。但即使是在饱和浓度（c_s）下，这些单体依旧难以凝聚成固态晶核，因为在均匀溶液环境下要形成固相物质需要大量能量，要求很高的化学势，只有达到一定的过饱和度以后，晶核才足以稳定，这与我们在 3.1.1 小节中描述的成核热力学模型一致。一旦稳定的晶核形成，单体将迅速消耗并降低到成核阈值浓度以下（略高于饱和浓度），成核随即停止。随后单体以扩散方式添加到晶核上，晶体逐渐长大。同质成核与颗粒生长过程所需的单体浓度的巨大差异有利于我们将成核过程与生长过程在时间尺度上分开，从而实现高度均匀纳米颗粒的合成。而成核时间域的宽度决定了最终纳米颗粒的尺寸分布情况。

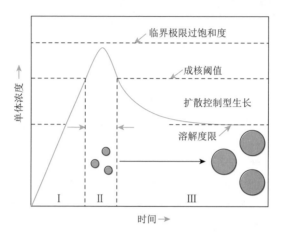

图 3.3　经典 LaMer 成核理论中单体浓度随时间变化示意图[2]

主要包括单体形成阶段（阶段Ⅰ）、成核阶段（阶段Ⅱ）、晶体生长阶段（阶段Ⅲ）

LaMer 模型的提出为早期人们对颗粒成核生长过程的理解提供了基础，这一模型在很多情况下也非常适用于由麻省理工学院 Bawendi 等发展的热注射（hot-injection）合成方法[5]。但是，随着液相合成方法在纳米科学领域的迅猛发展，面对纷繁复杂的成核生长过程，LaMer 理论开始显现出不足之处，几个重要的科学问题仍然值得我们思考：

（1）前驱体如何转化为单体？

（2）单体如何成核？

（3）纳米晶如何逐步生长？

LaMer 理论认为成核是爆发式的，将成核与生长过程分开。而实际上，许多反应的成核与生长过程在时间尺度上是交叉的，异常复杂。在这种情况下，不同的晶体成核生长机理应运而生，为液相成核过程进行充分的补充和发展。下面我们将简单介绍下近年来在不同合成体系下发展而来的众多理论，阐述其内在联系与区别。

3.1.3　单体与晶核的形成过程

目前，对于单体与晶核的形成过程仍有许多问题值得商榷。对于低维纳米材料，尤其是量子点材料的合成，其单体形成过程大多涉及具体的配体相关的有机化学反应，这里不作详细介绍。我们仅以 CdSe 量子点的合成为例，简单介绍下从前驱体到纳米晶的基本反应过程。如图 3.4 所示，当两种前驱体在一定温度下结合时，它们形成金属硫族化合物单体$(ME)_i$，这些单体合并在一起便形成了晶核$(ME)_n$，随后晶核再以单体添加的方式逐渐长大，形成胶体量子点$(ME)_m$。

$$MR_2 + R_3'P \!=\! E \longrightarrow (ME)_i$$
$$(ME)_i \longrightarrow (ME)_n$$
$$(ME)_i + (ME)_n \longrightarrow (ME)_m$$

图 3.4　双前驱体形成量子点的基本过程示意图[6]

其中，M 表示金属；R 表示官能化配体；E 表示硫族元素；R′表示有机膦上的官能团；$(ME)_i$ 表示单体；$(ME)_n$ 表示晶核；$(ME)_m$ 表示量子点纳米晶

　　实际上，量子点样品的尺寸分布很大程度上取决于初期成核过程中颗粒的均匀性。虽然上述机理能够提供对纳米晶形成过程的一些基本理解，但对单体和晶核初期形成过程更深入的理解还是一项艰巨的任务。

　　近期，四川大学余睽等研究了烷基胺作用下前驱体至 Cd_1Se_1 单体的反应路径[7]。考虑到不同纳米晶体系单体的形成路径可能不同，他们结合 ^{31}P 核磁共振谱与理论计算分析提出了低温下前驱体至单体转化过程中的"氢辅助配体损失机制"。对于含有 $MX_n + nE \!=\! PPh_2H + HY$ 的反应，他们提出两种相互竞争的反应路径可以形成 M_2E_n 单体。HY 能够参与单体的形成，因此可以加速成核过程；但同时，大量的 HY 也具有溶剂的作用，因此会延缓成核。对单体形成过程中分子水平反应路径的理解有利于我们设计、合成更加精细的纳米结构。

　　那么，单体又是如何逐步形成晶核的呢？

　　经典成核理论（classical nucleation theory，CNT）认为晶核是从溶液中一步生成的。虽然该理论能很好地描述水蒸气凝聚成液滴等现象，但在更加复杂的成核体系中却有诸多不符。为此，越来越多的研究者发展了多步成核理论，并发现它能够很好地适应多种成核生长现象。碳酸钙（$CaCO_3$）晶体的成核生长过程是我们理解晶体成核过程的经典体系，研究人员发现体相 $CaCO_3$ 主要是通过亚稳相团簇进一步聚集结晶形成的[8, 9]。此外，2016 年新加坡国立大学 Mirsaidov 等通过原位电子显微镜系统性研究了 Ag 和 Au 颗粒在过饱和水溶液中成核的全过程，他们提出三步成核过程 [图 3.5（a）]：Spinodal 分解形成富溶质液相和少溶质液相，富金属液相成核形成无定形纳米团簇，以及团簇的进一步结晶过程[10]。之后，2017 年余睽等结合吸收光谱、核磁及质谱等手段，针对胶体 CdTe 量子点成核初期的孵化过程展开了详细的研究[11]。他们同样观察到了多步成核过程 [图 3.5（b）]：首先 Cd 和 Te 前驱体通过非共价作用形成约 1 nm 尺寸的无定形超分子组装体，

即中间体 1，随后在氢辅助作用下发生配体移除，形成共价作用的 CdTe 无定形结构，即中间体 2，最后发现溶液在持续加热的情况下，中间体 2 会转变为常规量子点，而若溶液冷却，在烷基胺的作用下则会发生结构重排形成光学可见的幻数量子点（magic size cluster，MSC）。

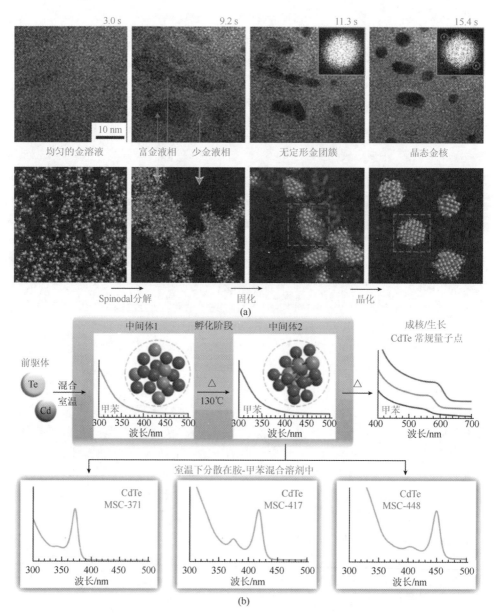

图 3.5 （a）原位透射电子显微镜研究揭示 Au 纳米颗粒在溶液中的三步成核过程[10]；
（b）CdTe 量子点以及 MSC 在溶液中的三步形成过程[11]

3.1.4　几种常见的生长模式

关于晶核是如何逐步形成晶体，除了 LaMer 模型提出的单体扩散添加方式外，常见的晶体生长模式还包括奥斯特瓦尔德熟化过程、消解熟化过程（digestive ripening）、尺寸聚焦模式（size focusing）、自聚焦模式（self-focusing）、聚集生长（aggregative growth）、取向搭接生长（oriented attachment）、克肯达尔效应（Kirkendall effect）、离子交换反应（ion exchange reaction）等（图 3.6）。实际的结晶过程通常是由多种生长模式共同作用导致的，而非单一生长模式的结果。下面将简单介绍这几种生长模式并阐述其区别与联系。

1. 奥斯特瓦尔德熟化过程

对于稀溶液，根据 Gibbs-Thomson 效应，成核体系中会存在临界晶核尺寸，当溶液中单体因晶体生长而耗尽时，晶核临界尺寸会增大而超过晶粒的平均尺寸，这时小的晶体会趋于溶解，大的晶体会继续长大，从而导致颗粒尺寸分布宽化，这就是所谓的奥斯特瓦尔德熟化机制［图 3.6（a）］[2]。

2. 消解熟化过程

消解熟化机制是由堪萨斯州立大学 Klabunde 等首次提出的[12, 13]，它作为一种后合成尺寸修饰方法，可以将多分散纳米晶转变为近乎单分散的纳米晶。一般而言，这一过程主要包括三个步骤［图 3.6（b）］：首先通过化合方法合成出纳米晶，随后向这些纳米晶分散液中加入一定量的表面活性剂（如硫醇、胺、羧酸等），并在最后一步加入过量表面活性剂进行回流反应。经过这些简单的操作即可获得尺寸分布非常窄的纳米晶[12, 13]。

由此，研究者们提出了关于消解熟化反应中可能发生的主要过程：①新配体加入溶液中替换了纳米晶表面原本结合较弱的配体；②分解大尺寸纳米晶形成金属-配体复合物，导致纳米晶尺寸窄化；③在表面活性剂作用下分解的配体复合物通过回流反应进一步在其他纳米晶上生长，形成尺寸聚焦。

3. 尺寸聚焦模式

尺寸聚焦模式最早是由加州大学伯克利分校 Alivisatos 等在 II-VI 和 III-V 族胶体量子点合成过程中提出的[14, 15]。一般地，尺寸聚焦生长要求体系在颗粒尺寸分布窄化阶段没有新的成核，所有颗粒都同时生长。之所以会发生尺寸分布窄化，是因为纳米晶尺寸越小，其生长速率越高，这样在同步生长阶段小颗粒的尺寸最终就会生长成为大的颗粒。

小颗粒追赶式生长的具体方式取决于反应是扩散控制的还是生长控制的。对于生长控制体系，小颗粒因其更高的表面能和比表面积而具有更高的反应活性。但是，大多数纳米晶的生长过程被认为是扩散控制型的，主要原因是纳米晶表面有大量的表面配体阻挡了其反应位点，形成了扩散屏障。在典型的扩散控制型反应中，不同尺寸颗粒之间生长速率的差异可以用扩散球模型来描述［图 3.6（c）左侧］。在这一模型中，每一颗粒应该具有同样尺寸的扩散球，而纳米晶的尺寸与扩散球相比可以忽略不计。当单体浓度足够高时，就会有几乎相同数量的单体扩散到每个扩散球周边，这样每个纳米晶的体生长速率就会相同。而尺寸生长速率就会随纳米晶尺寸降低而急剧增加，生长速率正比于直径平方的倒数（$1/d^2$）。这就意味着，所有相对较小的颗粒尺寸会很快追上大颗粒。

总的来说，传统的尺寸聚焦生长具有几个典型的特征。首先，生长过程中颗粒浓度始终是保持不变的。其次，要求单体浓度足够高并在生长阶段急剧消耗。最后，该生长模式导致的纳米晶尺寸分布在小尺寸附近不应该有尾状分布。

最近，康奈尔大学 Robinson 等利用尺寸聚焦生长模式，通过设计反应体系，在高浓度前驱体溶液中合成了高度均匀的胶体颗粒［图 3.6（c）右侧］，该方法具有一定的普适性[16]。

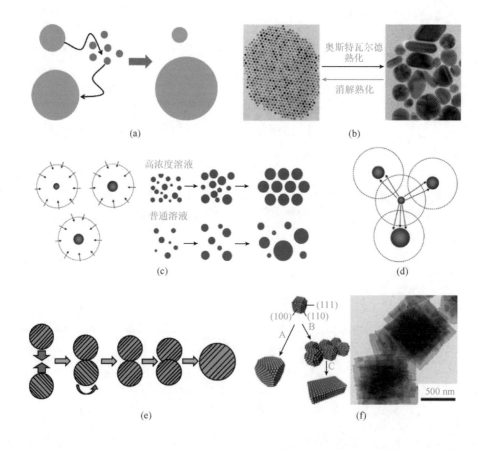

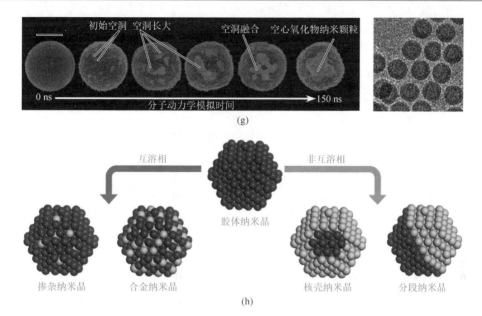

图 3.6　常见的几种晶体生长模型[2, 5, 12-15, 17-19]

（a）奥斯特瓦尔德熟化；（b）消解熟化；（c）尺寸聚焦生长；（d）自聚焦生长；（e）聚集生长；
（f）取向搭接生长；（g）克肯达尔效应；（h）离子交换反应

4. 自聚焦模式

在尺寸聚焦生长的扩散球模型基础上，浙江大学彭笑刚等观察到当颗粒浓度
足够高使得其扩散球之间相互交叠时，单体直接从一个颗粒扩散至周围颗粒上。
其基本过程可以理解为 [图 3.6（d）]：在单体浓度趋于零且粒子浓度很高的前提
下，邻近颗粒间的溶解度梯度导致小的颗粒溶解形成的单体很快与邻近颗粒结合，
最终导致颗粒尺寸趋于统一，而颗粒总浓度显著降低[17, 20]。

5. 聚集生长

早在 1973 年伊利诺伊大学厄巴纳-香槟分校 Zukoski 等就意识到了颗粒生长
中的聚集过程[21]，随后又有了诸多实验结果。在 20 世纪 90 年代，Zukoski 等就
将金、银等金属颗粒生长过程中的聚集现象归纳到了其动力学生长机制中[22-24]。
在 1998 年威斯康星大学麦迪逊分校 R. Lee Penn 和东京大学 Banfield 揭示了晶体
生长过程中的取向搭接现象[25]，这也是一种聚集生长。

最近，华盛顿大学（圣路易斯）Buhro 等系统地综述了聚集生长的基本机制
与动力学模型[2]。图 3.7 展示了一般纳米晶成核生长过程。首先是经典成核过程，
包含了初期孵化阶段和 LaMer 模型的尺寸增长过程。其次是聚集成核与生长过程。

最后阶段可能会发生奥斯特瓦尔德熟化现象。实际上，这三个区域在时间轴上可能会发生不同程度的重合。

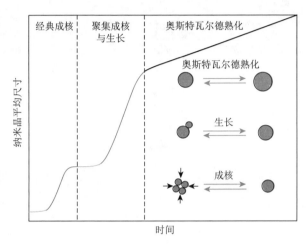

图 3.7 纳米晶成核生长过程示意图[2]

其中可能会存在三个阶段：经典成核与生长过程，聚集成核与生长过程，以及奥斯特瓦尔德熟化阶段

加州大学伯克利分校 Alivisatos 与 Zheng 等首次利用原位液态反应池在透射电子显微镜下观察到了金属颗粒的聚集生长过程[26, 27]［图 3.6（e）］。他们发现纳米颗粒间首先通过直接碰撞接触，然后重排结晶，最后融合成新的颗粒，其颗粒尺寸存在典型的双峰分布。

6. 取向搭接生长

取向搭接生长[25]作为一种特殊的聚集生长形式，已被广泛用来制备不同形貌的纳米材料。生长过程中颗粒以特定的结晶学取向重排，再通过熟化重结晶将颗粒以共价键形式相互搭接起来。Zheng 等利用原位透射电子显微镜观察到了 Pt$_3$Fe 纳米颗粒取向搭接形成一维纳米线的过程[28]。同样地，近期东南大学孙立涛等也利用原位透射电子显微镜揭示了 Au 颗粒取向搭接的过程[29]。德国汉堡大学 Weller 等通过取向搭接的方式将 PbS 量子点重排，形成了二维纳米片以及二维蜂窝状纳米结构，这些材料表现出了优异的电学特性[30]［图 3.6（f）］。

7. 克肯达尔效应

克肯达尔效应是由美国化学家 Ernest Kirkendall 在 1947 年首次发现的现象[31]，它描述了两种金属原子由于扩散速率的差异而发生的界面移动现象，最后通常会形成中空结构。该效应具有非常重要的实际应用意义，通常被用来预防或抑制金属合金中空洞的形成。随着纳米技术的发展，克肯达尔效应被越来越广泛地用于制备不同的中空纳米粒子。加州大学河边分校殷亚东等首次利用了纳米克肯达尔效应将 Co 纳米颗粒进行氧化、硫化及硒化，形成了一系列中空结构[32]。近期，天普大学孙玉刚等结合同步辐射原位小角 X 射线衍射和广角 X 射线衍射实验及分子动力学模拟方法揭示了纳米克肯达尔效应的内在机制[33]。他们发现晶体缺陷对中空结构的形成起到了非常重要的作用。在颗粒氧化过程中，首先由于原子扩散速率差异在晶体内部形成多个空洞，随后这些空洞发生取向重排，相互融合长大，最后形成了中空结构［图 3.6（g）］。

8. 离子交换反应

在众多胶体纳米晶的合成后处理方法中，离子交换反应是近年来发展的极具潜力的简便高效合成方法。始于 20 世纪 90 年代并自 2004 年起通过 Alivisatos 等的发展，离子交换方法已被广泛用于制备不同的纳米结构[19, 34, 35]。根据交换程度的不同，离子交换反应可用来制备掺杂、合金、核壳或分段等异质纳米材料［图 3.6（h）］。

目前，离子交换反应包括阳离子交换反应（cation exchange reaction）和阴离子交换反应（anion exchange reaction）。阳离子交换反应是目前使用较多的一种，这是因为大多数材料中都是由阴离子框架形成的，阳离子通常填充在阴离子框架的四面体或八面体空隙中，因而在进行阳离子交换反应时，阴离子亚晶格可以保持不变，从而保证了材料的拓扑转变。阳离子交换反应能否发生主要取决于反应前后材料的溶度积常数差异及离子的软硬酸碱强度，当然反应体系中配体的类型、材料的晶体结构、缺陷种类及数目等都会影响最终产物的形貌与成分。近年来，中国科学技术大学俞书宏等利用阳离子交换反应设计并制备了一系列复杂一维纳米异质结构并展示了其在光电转化领域的应用[36, 37]。近期，宾夕法尼亚州立大学 Schaak 等利用阳离子交换反应及合成后修饰方法制备了多达 47 种纳米异质结构[38]。相关内容在本章 3.4.3 小节中将进行详细介绍。

相比而言，阴离子交换反应因难以保持其晶体结构而不易控制。日本筑波大学 Teranishi 等利用有机膦将 CdS 纳米晶转变为了 CdS/CdTe 异质结[39]。钙钛矿材料，如有机无机杂化钙钛矿和 $CsPbBr_3$ 等无机钙钛矿材料，是近年来受到广泛关注的一类材料。他们因其特殊的 ABX_3 结构形式可以很容易地进行阴离子交换反应而保持晶体结构不变，因此研究者们可通过随意改变卤素离子的种类及数量调控材料的电子结构，从而优化材料的光电转化性能[40-42]。

3.1.5　低维纳米晶生长过程的调控策略

对于低维纳米材料的液相合成，不同材料有不同的生长模式与调控策略，下面将分别对零维、一维、二维材料展开讨论。

　　零维晶体生长控制条件：零维纳米晶体的生长通常要求材料具有结晶学各向同性的生长方向，或者在各方向的生长速率相同；若表面配体对不同晶面结合能力相同，材料也会倾向于形成零维纳米晶[43]；此外，通常低生长速率的合成条件更有利于形成零维纳米晶［图 3.8（a）］[20]。同时，零维化学/物理模板也是制备零维纳米材料非常简便高效的方法，通常具有很强的普适性。

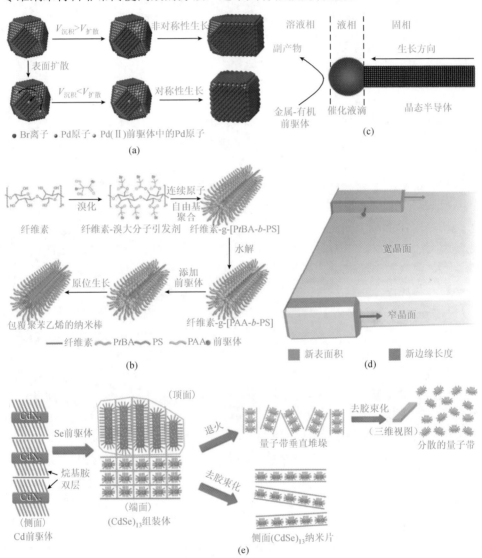

图3.8　零维（a）、一维［(b)、(c)］、二维［(d)、(e)］晶体生长控制策略

（a）低生长速率易形成零维纳米晶[20]；（b）一维软模板法制备一维纳米结构[50]；（c）SLS 催化生长一维纳米线[51, 52]；

（d）在非扩散受限的生长条件下，晶体内在生长不稳定性导致侧边晶面成核势垒更低，

容易形成二维晶体[53]；（e）分子模板控制二维晶体形成[54]

一维晶体生长控制条件：一维纳米晶体的生长通常要求材料在结晶学生长方向具有各向异性，或者在不同方向的生长速率存在明显差异，通常高生长速率下更容易形成一维纳米晶。若表面配体对不同晶面表现出不同的结合能力，材料也更容易形成一维纳米结构。同时，一维化学/物理模板也不失为制备一维纳米结构有效的方式，在俞书宏等发展了纳米线模板制备一系列一维纳米结构材料的方法[44-49]后，佐治亚理工学院的林志群等也发展了一维纤维素软模板制备多种一维纳米结构的普适方法［图 3.8（b）］[50]。此外，如在 3.1.4 小节所介绍的，取向搭接生长也是制备一维纳米结构常用的方法。另外，自 1964 年气相-液相-固相（VLS）催化生长一维材料以来，近年来随着液相合成技术的发展，研究者们逐渐将 VLS 方法发展成溶液-液相-固相（SLS）和溶液-固相-固相（SSS）方法制备一维纳米结构［图 3.8（c）］[51, 52]。

二维晶体生长控制条件：二维材料的制备目前主要包括利用晶体内在生长不稳定性控制法和分子模板控制法。前者要求高前驱体浓度以保证非扩散限制的生长模式，在二维材料生长时当维度小于临界岛状晶核尺寸时，该维度的成核势垒会显著降低，从而保证快速的优先生长［图 3.8（d）］[53]。后者是先利用金属前驱体形成层状结构，再加入阴离子形成 magic size cluster，进一步熟化生长后便可形成二维晶体［图 3.8（e）］[54]。中国科学技术大学俞书宏等开展了一系列溶液相合成二维有机-无机杂化纳米材料的研究[55-65]。

3.1.6　异质成核的热力学基础及成核模式

1. 异质成核的热力学基础

单一纳米材料在实际应用过程中通常会存在一定的局限性，为此有必要将多种组分结合到同一纳米材料中，构建异质结构，从而实现材料的多功能化与协同效应。构建复合纳米结构最常见的方法就是在一种材料的基础上异质成核生长第二种材料。异质成核的能量势垒 ΔG_{het}^* 较同质成核的能量势垒 ΔG_{hom}^* 低很多，可表示为[4]

$$\Delta G_{het}^* = f(\theta)\Delta G_{hom}^* \tag{3-4}$$

其中，
$$f(\theta) = \frac{1}{2} - \frac{3}{4}\cos\theta + \frac{1}{4}\cos^3\theta \tag{3-5}$$

为浸润度函数，$0 < f(\theta) < 1$，θ 为三相界面接触角。

根据式（3-4），异质成核所需的溶液过饱和度远低于同质成核的临界过饱和度（图 3.9）。

根据式（3-5），浸润度随接触角的变化趋势如图 3.10 所示：当接触角低于 30°时，过生长材料在基底上的浸润性非常好，容易异质成核形成核壳结构；当接触

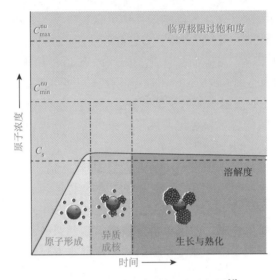

图 3.9　异质成核过程的反应坐标图[4]

角高于 150°时，过生长材料在基底上的浸润性非常差，倾向于发生自成核；当接触角在 30°～150°时，过生长材料在基底的部分位点上选择性成核。

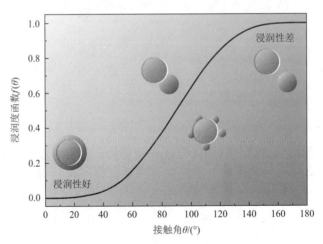

图 3.10　异质成核过程中浸润度函数 $f(\theta)$ 随次生长材料与晶种材料界面接触角 θ 的关系曲线[4]

根据 Young 方程，
$$\cos\theta = \frac{\gamma_1 - \gamma_{12}}{\gamma_2} \qquad (3\text{-}6)$$

可以看出，决定接触角的最根本因素是材料的表面能 γ_1 和 γ_2，以及材料的界面能 γ_{12}。

2. 异质成核模式

异质成核的总表面自由能变化可表示为

$$\Delta G_\text{S} = \gamma_1 - \gamma_2 + \gamma_{12} \qquad (3\text{-}7)$$

γ_1 与 γ_2 主要取决于材料本身以及表面吸附物种，γ_{12} 主要由材料化学键强度和结晶学特性影响。

根据 ΔG_S 的大小，异质成核的模式可分为三种[66]（图 3.11），包括 Franck-van der Merwe 模式、Volmer-Weber 模式和 Stranski-Krastanov 模式。

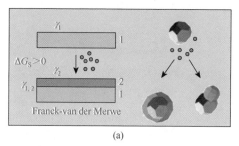

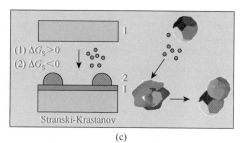

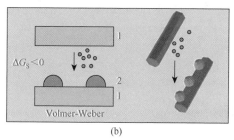

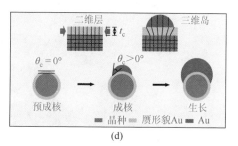

图 3.11　异质外延生长的三种模式

（a）Franck-van der Merwe 模式；（b）Volmer-Weber 模式；（c）、（d）Stranski-Krastanov 模式

实际上，在低维纳米材料的液相合成中，影响材料表面能与界面能的因素有很多，其中包括晶格失配度（lattice mismatch）、晶体结构对称性及配位数、材料的表面化学性质、物理阻隔、材料热膨胀系数、反应物扩散速率等，这些因素决定了异质成核的可能性及成核形式。同样地，利用这些因素也可对异质成核的形式进行充分调控，这里不再细述。

3.2　密闭体系下低维纳米材料液相合成

3.2.1　密闭体系下低维纳米材料合成方法简介

在密闭加压体系中，水或者有机溶剂的温度可以达到沸点以上，而开放体系的最高反应温度即为溶剂的沸点。密闭体系中不同温度下的高压环境有利于很多化学反应的进行。同时，该体系的温度不受溶剂沸点的限制。例如，常温常压下，乙醇的沸点大约为 78℃，而在密闭容器中进行加热，体系温度可以迅速达到 164℃，从而大幅度提升反应速率[67]。在开放体系中则很难做到这一点。在密闭反应体系中，由于温度的升高会连带引起压力的增大，因此溶剂的温度很容易达到沸点以上。需要注意的是，从安全的角度出发，密闭体系在反应过程中能够达到的压力需要预先计算，并在整个实验过程中被监控。目前广泛使用的密闭合成体系包括使用高压反应釜的水热溶剂热合成、微波合成和特定气氛压力下的封管合成（图 3.12）。

图 3.12　几种密闭体系液相合成策略

1. 水热溶剂热合成

水热技术历史上起源于地质学，早在 19 世纪中叶，首次被英国地质学家罗德里克·麦奇生用于描述冷却岩浆的热液产生的矿物。上百年来，人们不断发展新水热合成方法，深入理解反应机理，逐渐成为无机合成领域的一个重要分支，可用于制备氧化物、卤化物、分子化合物、分子筛和其他微孔结构材料[68,69]。水热合成通常是在特制的密闭高压反应容器中进行，采用水溶液作为反应介质，使体系温度高于 100℃。在此条件下，系统会产生一定压力，并随着温度升高而急剧增加 [图 3.13（a）]，升压速率与反应釜内衬装填体积和前驱体盐有关[68]。在传统的水热方法中水溶剂的存在导致某些易水解的材料难以制备，如III-V族半导体材料。近年来，人们将不同的非水相溶剂替换水热合成体系中的水，发展了溶剂热合成方法。相比于水热方法，溶剂热合成可以选择更多的具有特殊物理化学性能的溶剂，利用极性或非极性溶剂替代水，可以拓展合成非氧化物材料，在醇、苯、胺、水合肼、液氨等体系中，可制备碳化物、氮化物、磷化物、硅化物、硫化物等纳米材料[70, 71]。

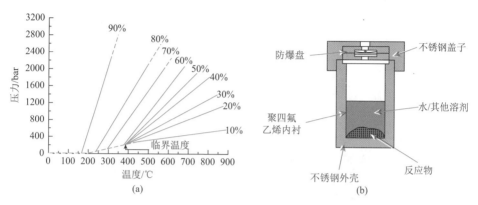

图 3.13　（a）水热反应体系不同装填度下的温度-压力图；（b）含有聚四氟乙烯内衬的不锈钢高压釜示意图[68, 72]

在溶剂热反应过程中，通过对反应体系中的溶剂、温度、反应时间等因素进行调控，进而控制产物的形貌结构。密封的反应体系可以有效地保护不稳定前驱体及防止有毒物质的外泄。溶剂热反应通常是在含有聚四氟乙烯内衬的不锈钢反应釜中进行［图 3.13（b）］[70, 72]。聚四氟乙烯内衬可以保护溶剂和反应物对不锈钢外壳的腐蚀。水热溶剂热合成体系的关键是水或其他溶剂在高温高压条件下被活化，处于非理想、非平衡态，更利于难溶的反应物的溶解，类似于高温固相反应中的熔融态。对水热溶剂热反应体系的调控可分为内部反应条件（包括反应浓度、pH、反应时间、压力、有机添加物、模板等）和外部反应环境（如提供能量方式）。对于内部反应条件的调控人们可以采用模板辅助、添加有机物等方式，而对于外部反应环境可施加微波、磁场、搅拌等方式辅助合成。

2. 微波合成

针对封闭加压体系，微波加热法是一种理想的提高化学反应速率进而加快产物生成的手段。在早期关于微波辅助有机合成中使用的仪器多为微波炉，随着技术的发展，目前已有专业用于微波反应合成的仪器［图 3.14（a）、（b）］，因此可以更系统地探索辐照功率、反应温度、内部压力等参数对整体反应的影响[73]。近年来，微波辅助的水热/溶剂热法被广泛用于不同温度和压力的密闭体系中快速制备无机纳米结构[74]。与传统的水热/溶剂热法相比，微波加热会大幅减少反应时间，传统的水热溶剂热法往往需要一天或几天的时间用于材料制备，而微波辅助的水热/溶剂热法所需时间只需要数分钟即可。

    微波辅助水热合成在材料的快速制备中具有明显的优势。然而也正是由于反应速率快，温度和压力可急剧升高，因此在利用微波合成纳米材料时，需时刻关注实时密闭体系内部压力，特别是一些低沸点溶剂（如乙醇等）。专用的微波反应器通常会连接电脑，可实时检测反应体系中的压力及温度，图 3.14（c）所示为在苯甲醇体系中微波合成氧化锌纳米颗粒实时参数图。如果水热/溶剂热反应过程中压力过大，会产生爆炸的危险。微波辅助的水热/溶剂热法中应用到的反应管多由可透过微波的高强度聚合物或石英材料组成，反应体系可以迅速地加热到由压力决定的温度。

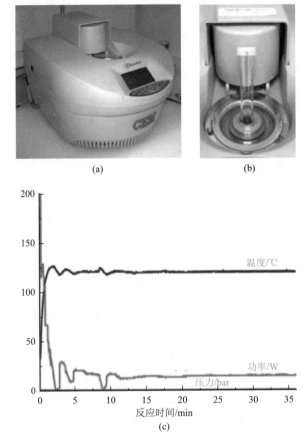

图 3.14　（a）、（b）微波合成反应器和反应管；（c）120℃下苯甲醇体系中微波合成
氧化锌纳米颗粒的温度、压力、功率图[73]

3. 封管合成

    封管反应体系的温度常比所用溶剂和反应物原料沸点略低或稍高，在反应过程中不会产生大量气体，当反应物中有气体参与时，反应需要加热才能进行。封

管反应通过升温或增加反应体系压力以达到加快反应的目的，通常溶剂使用量不会太多，并需注意封管承受压力最大限度。封管反应常用于金属有机催化反应，常用的封管容器有石英材质和不锈钢材质。当使用封管实验进行低维纳米材料合成时，除了选择合适的金属前驱体、反应剂、保护剂外，还可以引入特殊的气体分子（氢气、氧气、一氧化碳等），这些气体分子可以有效地调节金属前驱体的氧化还原电势及不同晶面表面能，常用于控制合成形貌均一的贵金属纳米晶。例如，一氧化碳（CO）分子是一种合成金属纳米晶胶体十分有效的形貌"调控器"，由于 CO 分子易与金属纳米晶低指数面表面原子形成强配位键，因此当适量的 CO 分子存在时会形成具有各向异性的二维金属纳米结构[75]。

3.2.2　密闭体系下非金属低维纳米材料的合成

1. 密闭体系下制备低维碳基纳米材料

碳材料的合成及应用已有很长的历史，随着富勒烯和碳纳米管的发现，碳材料因其具有重要的应用价值而逐渐成为热门研究领域之一，如应用于固碳、催化剂载体、吸附剂、气体存储、电极、碳燃料电池和生物等领域。水热碳化技术是一种合成多种碳材料的有利技术手段，已有百年的历史，早在 1913 年 Bergius 首次报道了纤维素水热转变为类煤状物质[76]，随后大量研究集中在生物质原料、反应机理和最终产物的确定。水热碳化技术根据反应条件和机理的不同，可以分为两大类：基于生物质热解，高温水热碳化（$300\sim800\text{℃}$）大大高于有机化合物的稳定温度，易合成碳纳米管、石墨和活性碳材料；低温水热碳化过程则不高于 300℃，且通常经过几个化学转换过程，可以合成各种尺寸、形貌、表面功能化的碳材料，与其他合成策略相比，水热碳化的优势在于低毒性、利用可再生资源、装置操作简便，是一种更环保的合成路线[77]。此外，这些碳基材料都可与其他功能材料复合制备具有特殊物理、化学性能的复合材料。低温水热碳化常可合成单分散胶体碳球，碳源可以来自碳水化合物 [图 3.15（a）][78]、葡萄糖 [图 3.15（b）][79]、环糊精、果糖、纤维素和淀粉等，其过程包括脱水、浓缩、聚合和芳香化。Titirici 等在丙烯酸存在下，利用一步水热碳化葡萄糖手段制备了一种表面富含羧基的碳基材料 [图 3.15（c）][80]。金属离子催化剂常用于合成各种碳基材料，且对于糖类化合物可以有效加速其水热碳化过程。俞书宏等研究发现，亚铁离子和三氧化二铁纳米颗粒能够加速淀粉水热碳化进程，在相对温和的条件下可使谷物完全碳化，并对碳基纳米材料的最终结构形貌具有重要的影响。当亚铁离子存在时，可以制备出大量中空微球 [图 3.15（d）]；而当体系中存在三氧化二铁纳米颗粒时，最终产物为很细的绳状碳纳米结构，也包含一些管状碳纳米结构[81]。

图 **3.15** 水热碳化制备各种碳基纳米材料

（a）水热蔗糖制备单分散碳球扫描电子显微图像[78]；（b）水热葡萄糖碳化制备碳球透射电子显微图像[79]；
（c）表面富含羧基碳基材料扫描电子显微图像[80]；（d）金属离子催化制备中空碳球透射显微图像[81]

2. 密闭体系下合成硫族单质低维纳米材料

硫族元素均具有特殊而且重要的物理化学性质，如硒、碲都是重要的半导体元素，常用于光催化剂、热电材料、光电子器件、能源存储等领域。而且，作为重要的反应前驱体，可制备其他多种半导体金属硫族化合物。在过去的 20 年里，合成一维固体硫族元素纳米材料迅速发展，人们已可通过条件反应体系条件，制备出纳米棒、纳米线、纳米管和纳米带等结构。硒和碲一维纳米结构由于沿着 c 轴方向各向异性结构特点，很容易形成一维线状、管状结构。例如，中国科学技术大学钱逸泰等在水热条件下大规模制备了宽度在 80 nm，长度可达几百微米的单晶 Se 纳米带[图 3.16（a）][82]。俞书宏等在聚乙烯吡咯烷酮（polyvinylpyrrolidone，

PVP）辅助的水热条件下，选择性地制备了单分散超细超长的碲纳米线和纳米带［图 3.16（b）］[83]。这种方法制备的碲纳米材料形貌强烈依赖于反应温度、PVP 的用量和反应时间。一维管状纳米材料由于其高几何纵横比、表面积大、密度低和特殊的中空内部结构，在能源存储和转换体系、传感器、光探测器、生物医学等领域具有广泛应用前景，而且可用于构建纳米器件和制备其他一维纳米材料的模板。在合成超细碲纳米线的基础上，俞书宏等成功实现了其宏量制备，一次可制备 150 g 的直径为 7 nm、长度达几百微米的高质量超细碲纳米线，此内容会在宏量制备部分系统介绍[84]。当使用氧化碲作为碲源、乙二醇为还原剂、体系中加入十六烷基三甲基溴化铵和醋酸纤维素，180℃下反应 24 h 可以得到碲纳米管［图 3.16（c）］[85]。此外，在氨水体系中以亚碲酸钠为前驱体 180℃反应不同时间，同样可以制备得到厚度为 8 nm、宽度在 30～500 nm、长度达几百微米的碲纳米带［图 3.16（d）］[86]。由于纳米带厚度均一，很容易观测到螺旋状和环形碲纳米结构，表明其良好的弯曲特性。合成高质量的碲纳米带取决于生长动力学，通过控制 pH、反应温度、压力和前驱体浓度。

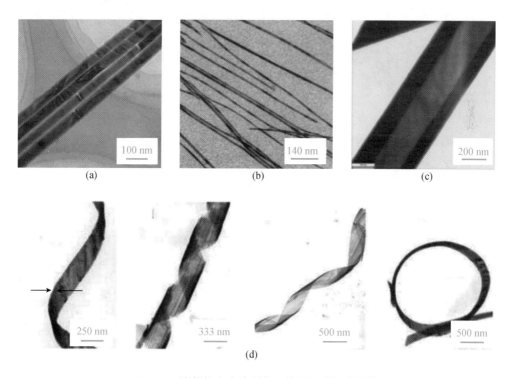

（a）　　　　　　　　　　　（b）　　　　　　　　　　　（c）

（d）

图 3.16　溶剂热合成法制备一维硒、碲纳米结构

（a）单晶硒纳米带[82]；（b）超细碲纳米线[83]；（c）碲纳米管[85]；（d）具有弯曲性能的碲纳米带呈现扭曲状、螺旋状和弯曲成环的纳米结构[86]

3. 密闭体系下合成其他低维非金属纳米材料

六方氮化硼（BN）具有与石墨烯相似的结构特点，常表现出一些特殊光学性能、绝缘性能、高热导性和化学稳定性，其层状结构材料在催化、光电子和半导体器件均具有潜在应用价值。目前大多数 BN 量子点都是自上而下的方法合成，近来研究人员发展了一种自下而上的水热合成法，利用硼酸和三聚氰胺在 200℃下反应 15 h，制备了高质量单分散的 BN 量子点，并研究了不同金属离子对量子点荧光探测性能的影响［图 3.17（a）］[87]。此外，利用水热溶剂热高温高压体系，可实现二维材料的剥离。北京理工大学曲良体等通过冻干得到组装的双氰胺前驱体，之后经过高温退火得到块状多孔石墨化氮化碳（g-C$_3$N$_4$），随后利用溶剂热剥离制备得到单原子层厚度的介孔 g-C$_3$N$_4$ 纳米片，大幅提升其可见光催化产氢性能［图 3.17（b）］[88]。

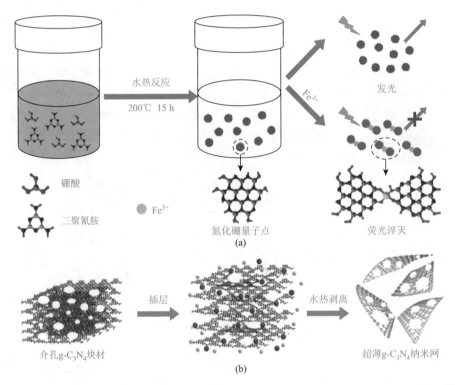

图 3.17　（a）水热制备六方氮化硼量子点[87]；（b）溶剂热剥离原子层厚度 g-C$_3$N$_4$ 纳米片[88]

自 2014 年首次报道少层黑磷纳米片用于场效应晶体管以来，这种新型类石墨烯二维材料受到了物理学家、化学家、材料学家和生物医学家的广泛关注。黑磷与红磷、白磷相似，是另一种磷的同素异形体，具有半导体特性且带宽与层数密切相关，传统的黑磷是在高温高压的固相体系中由红磷制得，如何在温和的条件下大量制备黑磷材料一直是黑磷合成研究的热点。近来，太原理工大学与美国劳伦斯伯克利国家实验室合作，在温和反应条件下利用溶剂热技术成功制备产量在克级的少层黑磷纳米片[89]。先将白磷分散于乙二胺溶剂中加热至 100℃ 反应 12 h，最终产物分别用苯、乙醇和去离子水逐步清洗。研究发现溶剂的选择及温度的控制，会影响黑磷纳米片的形成及厚度。

3.2.3　密闭体系下金属氧化物低维纳米材料的合成

随着纳米技术的迅速发展，纳米级金属氧化物在各个领域具有广泛的应用前景，其中如何实现金属氧化物的可控合成一直是材料合成的重点和难点。通常的化学合成主要包括自上而下和自下而上两种合成策略，而对于密闭体系下金属氧化物的合成主要采用的是自下而上的合成策略。选择合适的反应前驱体和反应条件，通过水热溶剂热以及微波辅助等合成方法，制备出纳米级金属氧化物。选择不同的前驱体和反应条件，往往稍加改变，得到材料的物相和形貌大不相同。由于金属氧化物体系非常庞杂，本小节主要将金属氧化物分为 3d 过渡金属氧化物、4d 和 5d 过渡金属氧化物及稀土金属氧化物三个方面分别进行阐述，并选择具有代表性的研究工作进行具体分析。

1. 密闭体系下合成 3d 过渡金属氧化物纳米材料

对于 3d 过渡金属而言，是研究最多的一类金属氧化物材料，主要包括 Ti、Mn、Fe、Co、Ni、Cu、Zn 等金属。以零维 TiO_2 纳米颗粒为例，水热法、溶剂热法及微波辅助法均可以用于 TiO_2 纳米颗粒的合成[90-95]。例如，在酸性的水和乙醇体系中，将钛酸异丙酯缓慢加入溶剂中，并调节 pH 约为 0.7，通过水热反应可以得到物相较纯的 TiO_2 纳米颗粒[90]。通过改变前驱体的浓度和溶剂中水和乙醇的比例，可以调控 TiO_2 的尺寸大小为 7~25 nm。相对于水热法，溶剂热法则选择非水溶剂，能够有效地减缓钛基前驱体的水解过程，进而能够更好地调控 TiO_2 纳米颗粒的尺寸分布和形貌[92, 93]。微波辅助合成 TiO_2 纳米颗粒最主要的优势是反应时间短，往往只需要 5~60 min 就能制备出结晶性较好的 TiO_2 纳米粒子[94]。一维 3d 过渡金属氧化物，如纳米棒、纳米管及纳米纤维等，由于具有不易团聚和能够暴露更多的活性面积等特点，在能源存储与转换领域具有广泛的应用前景。例如，利用水热过程在三维导电基底上生长铁基、钴基及镍基氧化物纳米棒等，其活性物质能够完全与电化学反应的电解质进行接触，具有更高的活性面积；同时电化学反应的电子能够在活性材料与三维集流体之间快速转移，进而大幅度提高其电化学性能[96-99]。

此外，二维 3d 过渡金属氧化物纳米片的合成是近年来的研究热点，同样包括自上而下和自下而上两种策略。其中自上而下主要是通过先合成体相材料，然后通过剥离等手段，制备其相应的层状材料[100, 101]。与自上而下的方法相比，自下而上则是选择合适的前驱体在一定的反应条件下，一步直接制备出层状材料，具有方法简单和可以批量合成等特点。例如，澳大利亚卧龙岗大学窦士学等发展了一种制备超薄过渡金属氧化物的通用合成方法[102]。该方法采用溶剂热法合成，选择 P123 嵌段共聚物作为表面活性剂。基于表面活性剂-水-油三元平衡体系，加入 P123 后形成反层状胶束，金属前驱体进而被限域在胶束里面。通过溶剂热过程，实现过渡金属氧化物的组装和结晶。反应结束后，通过洗涤去除表面活性剂，即可得到 TiO_2、ZnO、Co_3O_4 等多种过渡金属氧化物的层状材料。得到纳米片的厚度为 1.6～5.2 nm，大小为 0.2～10 μm（图 3.18）。

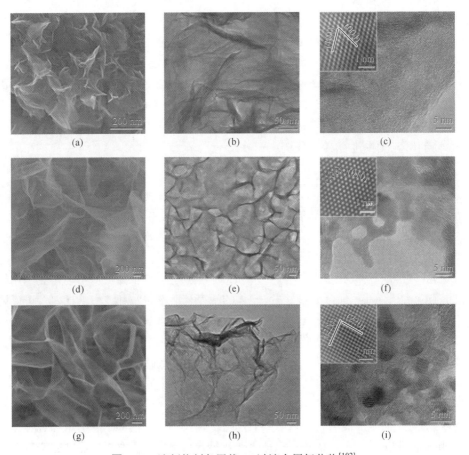

图 3.18 溶剂热制备层状 3d 过渡金属氧化物[102]

（a）～（c）TiO_2 纳米片的电子显微图像；（d）～（f）ZnO 纳米片的电子显微图像；
（g）～（i）Co_3O_4 纳米片的电子显微图像

2. 密闭体系下合成 4d、5d 过渡金属氧化物纳米材料

在 4d 和 5d 过渡金属中，氧化钼和氧化钨是报道最多的两种过渡金属氧化物材料。水热溶剂热和微波辅助合成是合成氧化钼和氧化钨的常用方法[103-108]。加州大学洛杉矶分校 Bruce Dunn 等最近利用微波辅助水热法合成了具有氧缺陷的 MoO_{3-x} 纳米带材料[103]。在 200 W 和 180℃的条件下，加热 15 min 即可得到含有 4%氧缺陷的氧化钼材料 [图 3.19 （a）]。相对于不含氧缺陷的氧化钼而言，其能够储存更多的锂离子，并具有更高的赝电容容量。这主要因为引入的氧缺陷能够导致更宽晶面间距以及低价态 Mo^{4+} 的形成，从而有利于锂离子的插入和脱出。由于钨基前驱体在水相中很难溶解，因此大多数氧化钨的合成主要是利用溶剂热反应。将 WCl_6 溶于乙醇中，并通过溶剂热过程，即可得到直径约为 5 nm 和长度为几十微米的 $W_{18}O_{49}$ 纳米线 [图 3.19 （b）][106]。若将 WCl_6 溶于苯甲醇中，并加入少量表面活性剂调控产物形貌，可以获得直径约为 1.3 nm 的 WO_3 超细纳米线[107]。

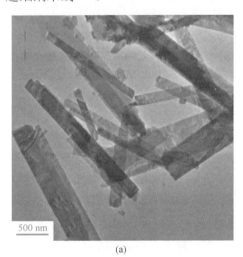

500 nm

(a)

200 nm

(b)

图 3.19　（a）MoO_{3-x} 纳米带的 TEM 图片[103]；（b）$W_{18}O_{49}$ 超细纳米线的 TEM 图片[106]

3. 密闭体系下合成稀土氧化物纳米材料

稀土金属氧化物是一类化学性质较为相似的材料，在航天、光学、陶瓷、化工等领域具有重要的应用前景。CeO_2 纳米晶是研究最早的一类稀土金属氧化物[109-112]。例如，以硝酸铈为前驱体，以氢氧化钠为碱源，调控水热反应的反应温度，可以得到 CeO_2 的纳米立方体和纳米棒形貌，但其尺寸分布较宽[110]。进一步的研究显示，在 400℃的超临界水状态下，调控表面活性剂的含量，可以获得不同形貌和尺寸的氧化铈纳米颗粒[111]。该超临界状态下的水热过程，合成时间较

短，产物较为均一。除了单一的稀土金属氧化物的合成之外，稀土金属氧化物与有机分子复合的有机-无机杂化材料的合成，也引起了人们的研究兴趣。Nicola Pinna 等选择以稀土金属的醇盐作为前驱体，以苯甲醇或者联苯甲醇作为反应溶剂，通过溶剂热反应，制备得到多种稀土金属氧化物与有机分子的复合材料（图 3.20）[113]。该复合材料为层状结构组成的纳米棒形貌。高分辨透射电子显微镜（HRTEM）结果显示，以联苯甲醇为溶剂合成的复合材料的层间距约为 2.6 nm，宽于以苯甲醇为溶剂合成的复合材料（1.8 nm）。

图 3.20　溶剂热制备有机-稀土金属氧化物复合材料[113]

（a）氧化钐-苯甲醇复合纳米材料；（b）氧化钕-苯甲醇复合纳米材料；（c）氧化钇-联苯甲醇复合纳米材料；（d）氧化钕-联苯甲醇复合纳米材料

3.2.4　密闭体系下金属低维纳米材料的合成

　　金属纳米晶体相比于块体金属材料具有特殊的物理化学性质，广泛应用于催化、传感、生物医学诊断治疗、能源存储与转换等领域，通过改变金属纳米晶的尺寸、形貌、结构和组分等因素，可更灵活地调控相关应用性能。利用湿化学合成和液相合成法，选择合适的溶剂、金属前驱体、封端剂、还原剂、温度、时间等，可精细调控金属纳米晶的形貌及结晶性。近年来，发展了一系列代表性的液相合成法用于合成金属纳米晶，包括多元醇还原、晶种生长、微乳液合成、电沉积、光还原、声化学法、微波合成和溶剂热合成。尤其是在密闭体系中，温度可升至溶剂沸点以上，在特定压力条件下，反应物活性及溶解性可大幅提升，同时在不同气氛条件下，可更精确地调控金属纳米晶结构及形貌。金属纳米结构的形成过程一般可以分为两个阶段：金属离子被还原及原子成核生长成纳米晶，通过控制反应热力学和动力学参数，调节纳米晶体成核生长过程，从而达到对金属纳米晶形貌、结晶性的调控。

1. 密闭体系下合成 3d 过渡金属纳米材料

近年来，利用水热溶剂热合成法成功合成了一系列 3d 过渡金属低维纳米结构，如钴（Co）纳米片，镍（Ni）纳米片、纳米带，还有铜（Cu）纳米片、纳米线。Co、Ni、Cu 广泛应用于合成贵金属多组分合金材料，单质 Co、Ni 具有铁磁性，空气中易氧化，因此人们对单质 Co、Ni 纳米结构材料研究相对较少。中国科学技术大学谢毅等利用溶剂热技术制备了单分散的 4 原子层厚度的单质或表面部分氧化的 Co 纳米片，二甲基甲酰胺和正丁胺溶剂的选择对还原金属离子和片状形貌控制起到关键作用[114]（图 3.21）。乙酰丙酮钴经过初步水解变成 $[Co(H_2O)_6]^{3+}$，正丁胺吸附在表面降低表面能，同时防止材料团聚，直至开始逐渐形成片状结构，同时控制二甲基甲酰胺逐步还原 Co 离子时间 3 h 或 48 h，可成功制备部分氧化或单质 Co 原子层纳米结构。这种表面部分氧化的原子层厚度的 Co 纳米片对电催化二氧化碳还原成甲酸具有良好的选择性和稳定性。研究发现原子层厚度薄片的表面 Co 原子是催化二氧化碳还原的活性位点，经过部分氧化，可进一步提升活性位点的本征活性及催化稳定性。

镍作为重要的铁磁性材料，其各向异性磁性纳米结构常表现出特殊的磁性。以往合成 Ni 纳米线主要依靠模板法，如在多孔模板上电沉积或化学气相沉积金属镍。液相合成不仅可以有效降低成本，更利于扩大规模制备。中国科学技术大学

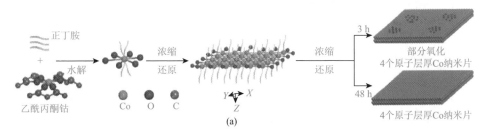

乙酰丙酮钴　　Co　O　C　　部分氧化 4 个原子层厚 Co 纳米片　　4 个原子层厚 Co 纳米片

(a)

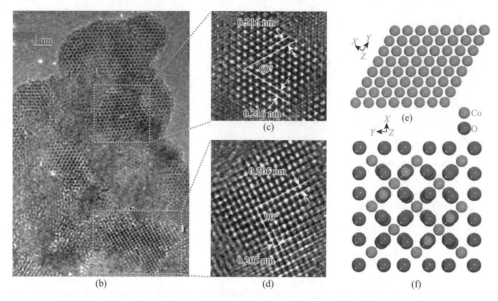

图 3.21　溶剂热制备原子层厚度单质/部分氧化的 Co 纳米片[114]

（a）合成 4 个原子层厚度的单质或部分氧化的 Co 纳米片示意图；（b）～（d）部分氧化的 Co 纳米片高分辨透射
电子显微图像；（e）、（f）对应六方单质 Co 和立方相四氧化三钴的原子结构模型示意图

钱逸泰等发展了一种表面活性剂辅助水热还原技术，酒石酸镍在碱性溶液中加入适当的表面活性剂，在相对低的反应温度（110℃）下，可制备宽度在 500～1000 nm、厚度约 15 nm、长度可达 50 μm 的单晶镍纳米带[115]。在相似的碱性条件下，若使用十二烷基硫酸钠作为表面活性剂，选择金属氯化物作为前驱体，加入少量次亚磷酸钠，控制不同反应时间、温度可成功制备得到 Co、Ni、Cu 纳米片[116]。对于单质 Cu 纳米线，最普遍的合成方法还是使用模板诱导电化学转换，这种方法得到的纳米线形貌和结晶性较好，但操作步骤繁杂、产量低。匈牙利 Kongya 等利用水热法在十六胺存在的体系中，通过葡萄糖还原得到超长单晶 Cu 纳米线[117]。随后，俞书宏等通过对合成方法及最终产物洗涤分离过程的优板，发展了大规模制备形貌均一的超长单晶 Cu 纳米线技术，并将其作为模板，发展了一系列 Cu 基多元合金纳米结构用于能源转换领域[118-120]。

2. 密闭体系下合成 4d、5d 过渡金属纳米材料

清华大学李亚栋等发展了一种水热溶剂热合成的新方法，在液态相-固相-溶液相体系中成功制备了一系列不同种类的单分散纳米晶（图 3.22）[121]。他们选择贵金属材料为模型体系，先将金属离子溶解于水中，随后加入亚油酸钠（或其他硬脂酸钠）、亚油酸（或其他脂肪酸）和乙醇的混合溶液，形成了亚油酸钠（固相）、乙醇和亚油酸（液态相）和含有金属离子的水-乙醇（溶液相）的三相体系。由于

离子交换的作用，在亚油酸钠和水-乙醇界面处出现贵金属离子的相转移过程，钠离子会进入溶液相，金属离子会形成亚油酸金属盐；随后在特定的反应温度下，液态相和溶液相中的乙醇会在界面处还原贵金属离子，同时产生的亚油酸分子会吸附在晶体表面使其疏水；由于金属纳米晶较重，同时发生的相分离过程，会利于最终产物的分离收集。在 20～200℃下水热和常压条件下乙醇还原金属离子，可合成出单分散的 7.1 nm 金颗粒、2.2 nm 铑纳米晶和 1.7 nm 的铱纳米晶，在非极性溶剂中（环己烷或氯仿）可形成均匀稳定的胶体溶液。此外，这种方法可拓展至合成其他单分散低维纳米晶，如磁性纳米材料、金属氧化物、过渡金属硫族化合物、稀土荧光纳米材料、生物化学材料、导电聚合物纳米粒子等，验证了这种方法制备高质量单分散纳米晶的普适性和实用性。

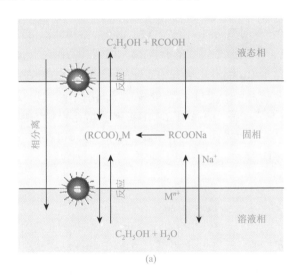

(a)

(b)

图 3.22　（a）液态相-固相-溶液相合成策略示意图；（b）制备的零维贵金属纳米晶：Au（7.1 nm±0.5 nm，50℃）、Rh（2.2 nm±0.1 nm，120℃）和 Ir（1.7 nm±0.09 nm，120℃）[121]

　　此外，利用水热溶剂热技术，选择加入合适的有机分子表面活性剂，可制备多种具有特定形貌的低维贵金属纳米材料。例如，香港大学 Yam 等通过在银镜反应中加入不同量的溴化十六烷基三甲胺（CTAB）可制备得到不同形貌的 Ag 纳米晶体（纳米块、纳米三角结构、纳米棒和纳米线）[122]。俞书宏等利用一步水热法合成了柔软的聚乙烯醇（polyvinyl alcohol，PVA）包覆 Ag 纳米电缆结构［图 3.23（a）］。通常 PVA 分子链交联需要温度高于 250℃，而在含有 Ag 离子的水热条件下，较低温度即可实现 PVA 交联。而且 PVA 分子可还原 Ag 纳米颗粒，并稳定其取向生长成纳米线，同时 Ag 纳米线会作为骨架促进 PVA 分子交联，从而得到 PVA 包覆 Ag 纳米线的电缆结构。国家纳米科学中心唐智勇等利用水热合成法，通过甲酰胺分散单层氢氧化镍，并在其表面原位还原生长直径约为 1.8 nm 的超细铂纳米线，这种杂化材料在碱性电解中表现出超高的电催化析氢活性［图 3.23（b）］[123]。

此外，利用水热溶剂热还可制备一系列二维贵金属纳米材料。例如，北京大学严纯华等可控合成了不同形貌尺寸的钌（Ru）纳米片，侧边长度 23.8 nm±4.6 nm，厚度约 3 nm 的三角形 Ru 纳米片可利用氯化钌、甲醛、PVP 在 160℃下水热 4 h 合成［图 3.23（c）］[124]。由于 CO 可有效调控金属纳米晶的形貌，厦门大学郑南峰等利用封管合成技术，乙酰丙酮钯在 DMF 或苯甲醇溶剂中，加入 PVP、卤素盐和少量水，封管充 1 bar 的 CO，加热至 100℃保持 3 h，可合成形貌均一尺寸可调的六边形 Pd 纳米片［图 3.23（d）］[125]。利用相似的合成方法，他们还制备了原子层厚度的铑纳米片[126]。

3. 密闭体系下合成金属合金纳米材料

由几种特定金属元素构成的多组分合金纳米晶体，由于不同组分间的协同效

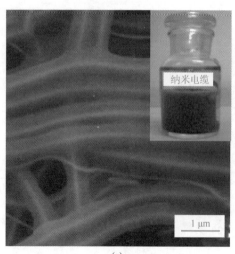

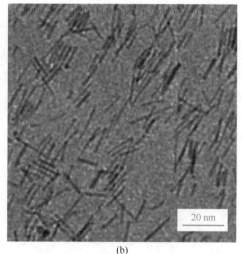

(a)　　　　　　　　　　　　　　　　(b)

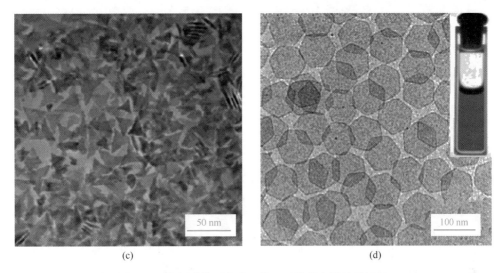

图 3.23　密闭系统下合成一维、二维贵金属纳米材料

（a）Ag 纳米线/PVA 纳米电缆扫描电子显微图像，插图为反应 72 h 后样品照片[122]；（b）生长在氢氧化镍表面的
Pt 超细纳米线透射电子显微图像[123]；（c）三角形 Ru 纳米片透射电子显微图像[124]；（d）超薄 Pd 纳米片透射电子
显微图像，插图为分散于乙醇中的 Pd 纳米片[125]

应常会带来一些特殊的物理化学性能，近年来逐渐受到重视，利用溶剂热技术可合成一系列不同形貌、不同组分的合金纳米结构，如磁场诱导溶剂热合成 CoNi 合金链[127]、PtCu 纳米片/纳米锥[128]、PtNi 纳米块、BiRh 纳米片[129]、PtAgCo 三元合金纳米片[130]。清华大学王训等利用两步溶剂热法可控合成了厚度仅为 4～6 原子层的超薄 PtCu 合金纳米片和 PtCu 纳米锥 ［图 3.24（a）、（b）］[128]。首先将 PVP、甲醛、三羧甲基甲胺混合得到胶体状材料，然后加入含有 Pt、Cu 前驱体和碘化钾（KI）的甲酰胺溶液，随着 KI 用量的增加，合金纳米片的尺寸可以从 8 nm 生长至 50 nm。而且，将这种预先合成好的 PtCu 合金纳米片作为晶种，利用溶剂热合成手段可制备得到 PtCu@Pd、PtCu@PdRu、PtCu@PdIr 和 PtCu@PdRh 一系列 PtCu 基核壳结构纳米片[131]。柏林工业大学 Peter Strasser 小组在不加表面活性剂条件下利用溶剂热合成八面体 PtNi 合金纳米颗粒，研究发现前驱体配体的选择会影响最终合金形貌，通过调节反应时间，控制表面 Pt：Ni 组成，从而最大程度优化合金材料的电催化氧还原性能 ［图 3.24（c）、（d）］[132]。随后，他们利用球差扫描透射电子显微镜和电子能力损失谱技术，系统分析了不同组分 PtNi 合金颗粒在催化循环过程中 {111} 面组分结构的分离过程，新得到的 PtNi 八面体合金颗粒在边和拐角处会富集 Pt，而在{111}面 Ni 原子更易富集[133]。

3.2.5　密闭体系下过渡金属硫族化合物低维纳米材料的合成

过渡金属硫族化合物化学式为 ME，M 代表过渡金属元素，E 代表硫（S）、

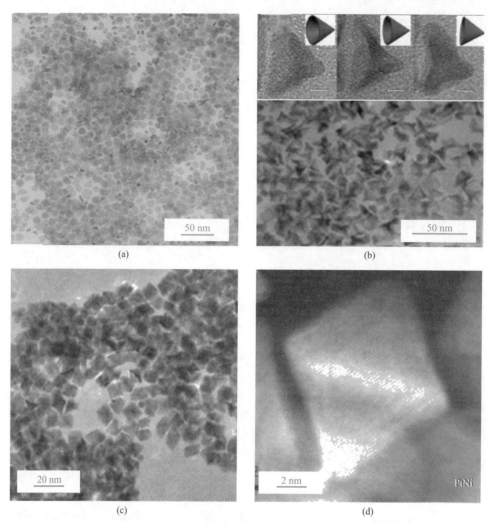

图 3.24   溶剂热合成多元合金纳米材料

(a)、(b) 透射电子显微镜图片[128]；(c)、(d) 透射电子显微镜图片[132]

硒（Se）、碲（Te），作为一类传统的无机材料，一直被广泛应用于各种磁性半导体、量子点、超导、热电、光伏、电子器件、传感器和电催化领域，并且发展了各种合成微纳结构过渡金属硫族化合物材料的合成方法，包括化学气相沉积、水热溶剂热、微波合成、超声化学、表面活性剂/封端剂辅助软合成、模板诱导和自组装等手段。其中密闭体系下的水热溶剂热、微波合成等方法，由于操作简单方便、反应条件较温和、易扩大生产等优点。通常合成反应温度区间在 100~250℃，硫族元素前驱体可选硫/硒/碲单质、亚硒酸钠、亚碲酸钠、二硫化碳、硫脲、硫代乙酰胺等，选择合适的溶剂，从而合成各种不同形貌、尺寸、组分的过渡金属硫族化合物。

1. 密闭体系下合成 3d 过渡金属硫族化合物

利用水热溶剂热合成策略已能合成绝大多数的 3d 过渡金属硫族化合物的零维、一维、二维及一些特殊形貌的纳米结构。例如，选择硫代乙酰胺为硫源，VO_4^{3-} 为钒源 160℃水热反应 24 h 后，立刻进行剥离处理即可制备超薄 VS_2 纳米片[134]；利用溶剂热手段在四氢呋喃和苯溶剂中合成了棒状亚稳态 MnS 纳米晶，在水、氨水和乙二胺体系中可合成稳态 MnS 纳米晶[135]；在较低反应温度下，利用简单的溶剂热还原可制备一系列铁系元素（Fe、Co、Ni）硒化物[136]；在十二硫醇和油酸混合溶剂中 160℃ 热解 *N,N*-二乙基二硫代氨基甲酸亚铜，制备单晶、高长径比、超细六方 Cu_2S 纳米线[137]；而对于经典硫化锌（ZnS）纳米晶，可通过选择合适溶剂有效地控制产物的维度及物相，当选择乙酸锌或氯化锌为锌源、硫脲为硫源，在乙二胺溶剂中 180℃温度下反应 12 h 可制备得到层状 ZnS 纳米片前驱体。经过真空热解去除材料中的胺分子，可得到纯纤锌矿结构的 ZnS 纳米片[图 3.25（a）]。利用相似的溶剂热反应在 120℃下，将乙醇替换乙二胺溶剂，可得到 3 nm 的闪锌矿 ZnS 纳米颗粒 [图 3.25（b）]。选择正丁胺作为溶剂可得到纤锌矿 ZnS 纳米棒，且在一定的反应条件下纳米棒可排列成束状结构 [图 3.25（c）][138]。

图 3.25　溶剂热法制备不同形貌结构 ZnS 纳米晶[138]

（a）ZnS 纳米片扫描电子显微图像；（b）ZnS 纳米颗粒透射电子显微图像；（c）ZnS 纳米棒透射电子显微图像；
（d）不同溶剂诱导不同结构 ZnS 纳米晶形貌示意图

有机-无机杂化材料是通过功能化有机组分与无机结构单元之间的物理或化学相互作用形成的一类特殊材料。这类材料不是单纯地将有机分子同无机单元相互混合,而是两种组分直接协同结合,且杂化材料的功能性可根据不同的有机-无机组分,由原子或分子尺度到纳米尺度进行调控,有机-无机杂化材料在光学、电子器件、薄膜、防护层、催化剂、传感器等领域有广泛应用。例如,罗格斯大学坎顿分校李静等首次通过无机半导体 ZnTe 与有机"隔垫"共价键结合,发展了具有均一结构的有机胺与Ⅱ-Ⅵ族杂化材料,随后他们系统研究了这一类新型杂化材料,并设计预期相关材料的结构及维度[139]。近年来,中国科学技术大学俞书宏等发展了一种混合溶剂热体系,混合溶剂介质对于这些杂化材料的晶体生长及产物形貌起到关键作用,制备了一系列与有机胺结合的有机-无机杂化纳米材料。例如,通过简单的混合二元溶剂热的方法可直接合成具有层状结构的超薄二硒化钴-胺(二乙烯三胺 DETA、三乙烯四胺 TETA 或四乙烯五胺 TEPA)杂化纳米带(图 3.26)[140],胺分子与水的体积比(最佳为 2∶1)对合成带状杂化纳米带起到关键作用。制备得到的超薄单晶纳米带形貌均一,宽度在 100~500 nm,长度可达几十微米,沿着厚度方向可以看到超薄纳米带是由多层结构组成。反应过程中胺分子首先会与水反应质子化形成带正电荷铵离子与 Se 原子配位,并随着反应的进行逐渐包含在相互邻近的 $CoSe_2$ 层中。选择的胺分子都是链状构型,不仅可起到模板分子作用,而且可以诱导介观杂化纳米带各向异性生长。惰性气体中 450℃退火 4 h 即可得到纯立方相 $CoSe_2$ 纳米带。这种具有高比表面积的层状 $CoSe_2$-DETA 纳米带可以与其他功能性材料(如贵金属[141]、氧化物[142, 143]、硫化物[144]、碳材料[145, 146]、杂原子[147]等)进行复合,得到以二硒化钴为母体的复合材料。研究发现,与单纯的层状 $CoSe_2$-DETA 纳米带相比,这些复合材料无论是电催化活性还是稳定性都能得到很大的提升,从而有望实际应用于燃料电池、电解水等能量转换和存储等。为合成和制备其他半导体纳米材料提供了一条普适的合成路线。利用相似合成策略还可以制备 ZnSe-DETA 杂化纳米带[148]、$Fe_{18}S_{25}$-TETA 杂化纳米带[149]和纤锌矿 ZnS-DETA 杂化纳米带[150]。

2. 密闭体系下合成 4d、5d 过渡金属硫族化合物

在密闭体系中,利用水热溶剂热或微波辅助合成技术,可合成各种具有特定形貌结构的 4d 过渡金属硫族化合物:MoS_2 纳米片[151, 152]、Ag_2Se 纳米颗粒[153]、CdS/Se/Te 纳米棒[154]、In_2Se_3 纳米花[155]、SnS_2 纳米花[156]、Sb_2Te_3 纳米带[157]等。如在胺体系中 160℃反应 12 h 可制备得到直径 20~50 nm、长度在 200~1300 nm 的 CdS 纳米棒,当将溶剂替换成吡啶后产物为片状颗粒结构,且在相似的胺体系中同样可以制备 CdSe、CdTe 纳米棒,并可以通过调节反应温度和时间控制纳米棒的宽度和尺寸[154]。二硫化钼(MoS_2)可分为两种物相:2H 相(半导体)和 1 T

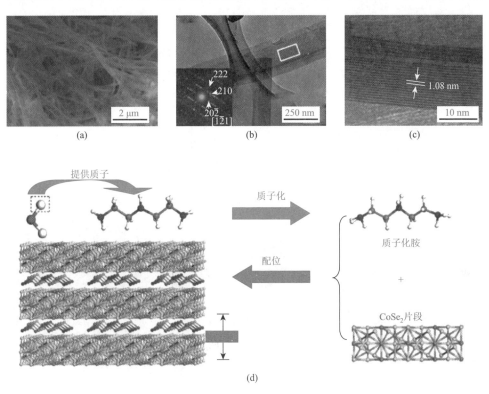

图 3.26 混合溶剂热制备层状 $CoSe_2$-胺杂化纳米带[140]

(a)、 b) 层状介观 $CoSe_2$-DETA 纳米带扫描、透射电子显微图像;(c)沿厚度方向观测层状结构;
(d)介观结构 $CoSe_2$-DETA 杂化纳米带形成机理

相(金属性)结构,由于其特殊的物理化学性质,在能源存储及催化能源转换领域具有广泛的应用潜力,已成为过渡金属硫族化合物中的一种明星材料。例如,韩国 Cho 等利用二甲苯作为溶剂制备了石墨烯状的 MoS_2 纳米片[152];中国科学技术大学谢毅等在过量硫脲条件下水热制备了少层富缺陷的 MoS_2 纳米片[158],并利用相似的水热技术 200℃下合成了结合氧的 MoS_2 纳米片,且相比原始的 2H 相结构的层间距增加了 3.35 Å[159]。近来美国阿贡国家实验室孙玉刚等利用微波辅助方法于 240℃下反应 2 h 即可得到 93%产率的边缘终止-层间距扩展的层状 MoS_2 纳米片 [图 3.27(a)][151],微波辅助合成可大幅降低还原反应时间。研究发现在较低反应温度下[190℃,图 3.27(b)]开始有超小的 MoS_2 层状晶体成核出现,而在 240℃下 MoS_2 呈数十纳米的片状结构,层间距约为 9.4 Å [图 3.27(c)],而当温度继续升高后可获得大量交织的结晶 MoS_2 纳米片会组成的花状结构 [图 3.27(d)]。这种边缘终止的结构可提供更多催化活性位点,扩展的层间距优化材料电子结构,从而使得其表现出良好的电催化析氢活性。

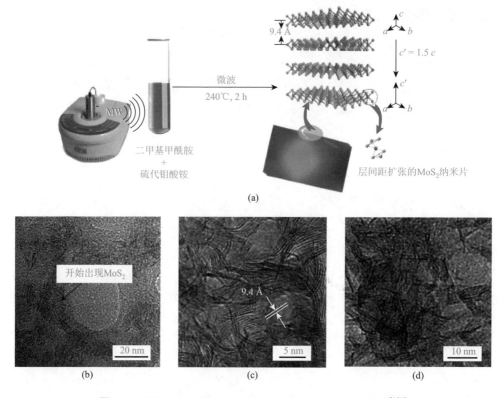

图 3.27 微波合成层间边缘终止-层间扩张 MoS₂ 层状材料[151]

（a）微波合成边缘终止-层间扩张的 MoS₂ 示意图，制备所得 MoS₂ 沿 c 轴方向比标准的 2H 相 MoS₂ 扩展 1.5 倍；190℃（b）、240℃（c）和 260℃（d）下产物透射电子显微图像

人们对于 5d 过渡金属硫族化合物中Ⅳ-Ⅴ主族元素硫族化合物的合成及性能研究较为广泛，如利用单配体正丁胺作为形貌"调控器"溶剂热反应制备 PbSe 纳米棒[160]，在聚 2-氨基乙基丙烯酰胺和乙二胺-水混合溶剂中合成 PbS 纳米线组成的闭合椭圆环结构[161]。硫化铋（Bi₂S₃）是一种良好的光导半导体，直接带隙 1.3 eV，在热电冷却、气体传感器、生物分子检测、光催化等领域均有广泛应用。传统合成方法是利用单质 Bi 和 S 蒸气高温反应[162]，而液相合成的 Bi₂S₃ 通常结晶性差、多呈胶体颗粒结构。加拿大多伦多大学 Ozin 等发展了一种高温热注射硫源的方法，通过改变 Bi/S 用量比，可控制备了形貌均一的 Bi₂S₃ 纳米颗粒、纳米棒、纳米线[163]；近来，德国马普胶体与界面研究所 Antonietti 等在不同的聚离子液体中溶剂热合成了三种不同结构的Bi₂S₃纳米材料：纳米线、六方纳米片和介孔纳米片[164]。对于 5d 其他元素硫族化合物通常可利用化学气相沉积、高温油相合成手段制备，如 TaS₂[165]、ReS₂[166]、PtSe₂[167]等，近来虽发展了一些溶剂热合成手段可制备 WS₂ 纳米片[168]和 ReS₂ 纳米球[169]，但对材料

的形貌、尺寸和结晶性调控较难，仍需寻找更合适的反应溶剂、体系来优化合成反应路线。

3. 密闭体系下合成多元合金过渡金属硫族化合物

多元合金过渡金属硫族化合物是指几种过渡金属硫族化合物的固溶体结构，由于多种组分的协同作用，此类材料的物理、化学性能可调，在能源存储及转换领域常表现出良好的性能[170]。多元合金过渡金属硫族化合物可通过阴、阳离子部分掺杂、置换原始结构中的某些元素，仍可保持原结构材料均一性。与杂原子掺杂相比，多元合金硫族化合物中元素的取代比例任意可调。合成多元合金过渡金属硫族化合物原则上要保证材料晶胞参数、金属-硫族元素键长的吻合性，且至少有一种是半导体材料。例如，VI族过渡金属（Mo、W）硫族化合物具有相似的晶格/电子结构，且 Mo-W 硫族化合物的形成能为负，因此很容易形成 Mo-W 系列硫族化合物，利用水热合成手段合成了 $Mo_{1-x}W_xSe$[171]和 MoSeS[172]纳米片。此外，利用水热或溶剂热技术还可合成其他多种三元过渡金属硫族化合物，例如，在 $InCl_3$ 和硫脲存在的体系下水热反应 CdS 纳米棒会转换得到 $CdIn_2S_4$ 纳米棒[173]；在含有 Pb、Sn 氯化物的硫脲水溶液中加入少量碘可形成 $PbSnS_3$ 纳米棒[174]。

3.2.6　密闭体系下金属硼化物、氮化物及磷化物低维纳米材料的合成

1. 密闭体系下合成金属硼化物纳米材料

近几十年来，相较于纳米氧化物无论在实验方法或其应用上的巨大发展，有关于纳米硼化物的研究却鲜有报道。其中块体硼化物作为耐火导电陶瓷、硬磁体、超导体和硬质材料等的应用，在工业市场上具有极大的潜力。与此同时，探索硼化物的其他性能如导电、发光、场发射、热电和磁性质、超硬度等也已引起了研究者们的广泛关注。从块体到纳米级材料的尺寸调控是优化材料性能和开拓材料新性能的重要途径。为了实现这一目标，设计材料合成新途径至关重要。之前用于纳米硼化物超导材料的制备主要是通过自上而下合成法，如利用电子束光刻技术、光刻与离子束结合等技术来制备超导 MgB_2 纳米线和纳米带[175]。然而，目前关于制备纳米级硼化物的研究主要还是依靠自下而上合成法，通常为基于金属与硼单质或其固体前驱体之间的相互反应。硼氢化钠（$NaBH_4$）或硼氢化锂（$LiBH_4$）通常作为低温合成纳米硼化物的主要硼源，主要通过溶剂热反应来制备金属硼化物[176-178]。例如，美国维克森林大学的 Geyer 等选择以四氢呋喃为溶剂，采用溶剂热法制备出 FeB_2 纳米颗粒（图 3.28）[178]，并将该材料作为全水分解电催化剂，其催化性能远远优于水系体系下制备的 Fe_2B 纳米颗粒。以上合成手段为实现密闭体系下制备纳米级硼化物开辟了新途径。

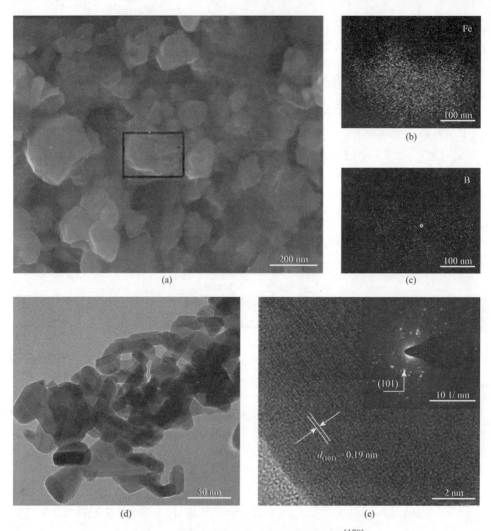

图 3.28 溶剂热制备 FeB$_2$ 纳米颗粒的表征[178]

（a）FeB$_2$ 的 SEM 照片；（b）、（c）FeB$_2$ 的元素分布图；（d）FeB$_2$ 的透射电子显微图像；
（e）FeB$_2$ 的高分辨透射电子显微图像

2. 密闭体系下合成金属氮化物纳米材料

除了硼化物纳米材料可在密闭体系下合成外，氮化物由于其优良的电、光电特性也得到了研究者们的广泛关注。密闭体系下实现纳米级氮化物的制备作为一种简单有效地合成氮化物的手段变得尤其重要。1996 年，中国科学技术大学钱逸泰、谢毅等运用溶剂热法首次制备了 GaN 纳米晶[71]。在该合成体系中，以苯作为溶剂，Li$_3$N 和 GaCl$_3$ 作为前驱体，在 280℃下进行反应，由于反应釜中溶剂蒸发形成的压力，促进了液-固反应的进行，从而成功合成出 30 nm 左右的 GaN 纳米晶（图 3.29）。该体系产率高达 80%，远远优于传统的合成方法。之后，谢毅等将该合成方法拓展到 InN 纳米晶的制备，此合成过程中使用苯作为溶剂，以 $NaNH_2$ 和 In_2S_3 分别作为氮源和铟源，在 180~200℃下进行溶剂热反应，可以得到 InN 纳米颗粒[179]。除了以苯作为溶剂外，其他溶剂包括甲苯、二甲苯及四氢呋喃等，均有报道用于金属氮化物的合成[180-182]。

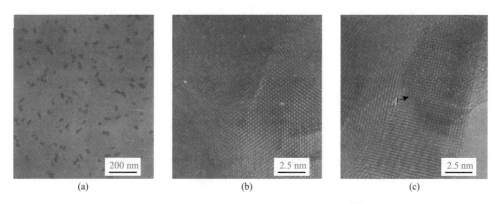

图 3.29　GaN 纳米晶的透射电子显微图像[71]

3. 密闭体系下合成金属磷化物纳米材料

磷化物优异的物理化学性能，在半导体、光学及催化剂等工业领域具有极大的应用潜力。目前，关于制备纳米级磷化物相关的合成方法正在迅速发展，包括成分、晶体结构、形貌及分散性等的精确调控。此外，研究人员发展了很多开创性的合成途径及用以合成纳米磷化物，其中包含了极其重要的一部分：高活性金属前驱体和磷源的选择。密闭体系下纳米级磷化物的合成，由于其特殊的反应环境和反应条件，对于磷源的选择在合成过程中起着关键的作用。其中，选择单质磷作为磷源不需要煅烧处理，可以为实验提供更温和的反应条件。例如，在水热法或溶剂热法制备纳米磷化物反应过程中，加入过量的白磷以保证反应的充分进行，常用溶剂包括水、乙醇、乙二胺及其混合物等，产物多为磷化物纳米晶材料，如 Ni_2P、Cu_3P、InP 和 Co_2P 的合成[183-186]。以磷化镍的合成为例，白磷作为磷源时，水热法或溶剂热法制备纳米级磷化镍时，通过调控实验情况从而获得不同形貌和成分的磷化镍[183, 184, 187, 188]。在该反应过程中，单质磷通常不直接参与反应，而是转变为中间产物磷酸盐或 PH_3，进而相互反应制备出磷化镍纳米粒子。

3.2.7　密闭体系下其他低维纳米材料的合成

1. 密闭体系下合成低维含氧酸盐纳米材料

除了上述这些常见的低维纳米材料外，其他类材料包括金属含氧酸盐、金属氢氧化物、金属有机框架、钙钛矿等，将在本小节进行简要介绍。金属钼酸盐/钨酸盐/钒酸盐是无机材料中的重要分支，由于其具有良好的化学稳定性和特殊的结构等特点，在光学、微波、传感器、催化、气敏、水处理等领域都受到了广泛的关注。中国科学技术大学俞书宏等发展了简单的水热晶化方法，在温和的反应条件下实现了一系列过渡金属钨酸盐纳米棒/纳米线的制备，如 MWO_4（M = Zn，Mn，Fe）、Bi_2WO_6、Ag_2WO_4 和 $Ag_2W_2O_7$，这些钨酸盐纳米棒（线）直径为 20～40 nm，长度可达几微米，通过调控水热合成的条件和利用无定形颗粒再晶化过程，可有效控制一维钨酸盐结构的长径比。研究发现，合成得到的钨酸盐的物相、形貌及长径比与初始分散液的 pH 密切相关，pH 过高或者过低都会导致杂质相的出现 [图 3.30（a）][189]。此外，这种简单的水热法还可以拓展到金属钼酸盐和钒酸盐纳米棒/线材料的合成。与钨酸盐合成体系相似，通过改变反应的起始 pH、反应温度及反应时间等参数，来实现材料在形貌和物相上的可控制备。例如，在钼酸镍合成体系中，仅当 pH 为 7 时可制备得到物相均一的 $NiMoO_4$ 纳米棒 [图 3.30（b）]，同时向溶剂中加入少量的 PEG，可以进一步调节材料的物相[190, 191]。当将其应用于锂离子电池的负极材料时，$NiMoO_4$ 纳米棒表现出良好的锂离子存储性能。在钼酸银合成体系中，在 pH 为 2 条件下可成功制备超长 $Ag_6Mo_{10}O_{33}$ 纳米线 [图 3.30（c）][192]。在水热合成钒酸银过程中，引入少量吡啶有机分子，可成功制备宽度为 300～600 nm、厚度约为 40 nm、长度为 200～300 μm 的单斜相 $AgVO_3$ 纳米带[193]。

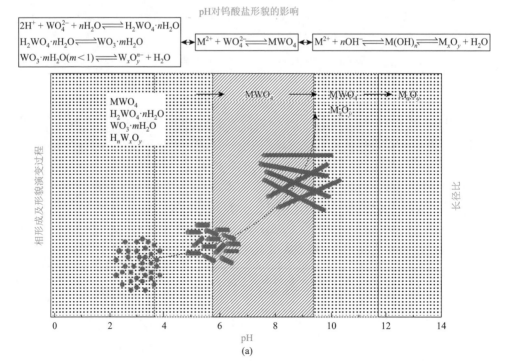

(a)

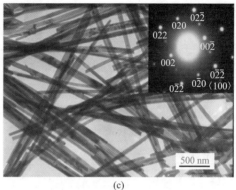

(b)　　　　　　　　　　　　　　　　(c)

图 3.30　（a）水热合成钨酸盐体系中 pH 对最终产物形貌及物相的影响[189]；
（b）水热制备 NiMoO₄ 纳米棒[190]；（c）水热制备 Ag₆Mo₁₀O₃₃ 纳米线[192]

除了水热方法外，溶剂热法也是制备金属含氧酸盐的一种重要途径。清华大学王训等发展了有效构筑超细纳米材料的"良溶剂-不良溶剂"体系，其中良溶剂为纳米晶提供良好的生长环境，不良溶剂可以提高体系的过饱和度，有效限制成核尺寸，可以合成亚纳米级超细尺寸的纳米材料。他们利用这一原理，合成了 $W_{18}O_{49}$、MoO_3、$GdOOH$ 等氧化物/氢氧化物[194-197]，以及杂多酸、$NiMoO_4$ 等含氧酸盐的超细纳米结构[198, 199]。其中，$NiMoO_4$ 超细纳米线的长度可达微米级，长径比超过 10^3 数量级，具有与线性高分子相近的维度，表现出传统大尺寸无机材料所不具有的机械柔性[199]。而且纳米线通过抽滤可形成具有多级结构的透明薄膜，该薄膜表现出良好的机械柔性及强度，模量可达 442.7 MPa，同时该材料具有良好的电催化活性，有望成为新型功能纳米材料。

2. 密闭体系下合成二维金属氢氧化物纳米材料

近年来，金属氢氧化物因在超级电容器、电催化、光催化及重金属离子吸附等领域表现出良好的性能[200-203]，发展其有效的制备方法受到广泛关注。其中利用水热法和微波辅助法是制备该类材料最为常用和有效的方法。例如，得克萨斯大学奥斯汀分校 Rodney S. Ruoff 等利用水热法在导电基底上原位生长 $Ni(OH)_2$ 二维片状结构，并将其应用于超级电容器的电极材料[159]。这种原位生长过程，有利于暴露更多的活性物质和提高电子传输速率，进而实现性能的最优化。作为氢氧化物的一种，层状双氢氧化物（layered double hydroxide，LDH）是两种层状金属氢氧化物在分子水平上的结合，由于两种金属之间的协同效应，往往表现出比二者物理混合更加优异的性能。最近，瑞典皇家理工学院孙立成等以镍盐和钒盐为金属前驱体，以尿素为碱源，通过简单的一步水热法制备了一系列不同镍钒比的 NiV-LDH 材料[204]。原子力显微镜表征结果显示这种超薄纳米片呈单层结构，厚度仅为 0.9 nm（图 3.31）。当镍和钒的摩尔比是 3：1 时，该复合纳米材料表现出最优的电催化氧气析出活性，远远优于纯的氢氧化镍、氢氧化钒及其他镍钒比的材料。此外，日本国立材料科学研究所 Takayoshi Sasaki 等通过微波辅助水热法合成了 NiCo-LDH 超薄纳米片材料，这种层状结构通过表面活性剂的诱导作用，自组装成为有趣的纳米锥结构[205]。

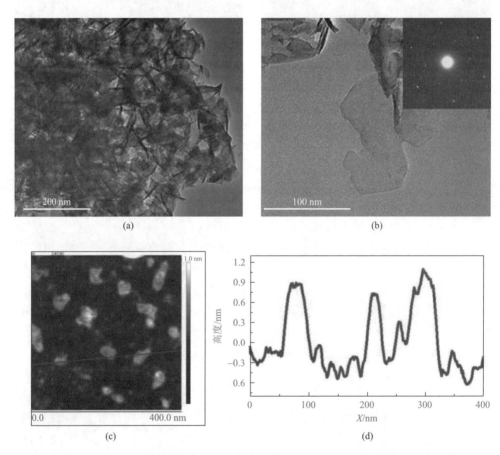

图 3.31　（a）、（b）水热制备镍钒层状双氢氧化物（NiV-LDH）的透射电子显微图像；（c）NiV-LDH 的原子力电子显微图像；（d）NiV-LDH 纳米片高度曲线[204]

3. 密闭体系下合成金属有机框架材料

金属有机框架（metal-organic framework，MOF）材料是一类由金属离子或团簇与有机配体通过配位键进行组装形成的具有分子内孔隙的有机-无机杂化材料。其具有许多独特的性质，包括高的比表面积、超高的孔隙率、容易调节的组分及不同的拓扑结构，是目前纳米研究领域的热点[206-208]。密闭体系下的水热溶剂热和微波辅助合成等是合成 MOF 材料较为常用的方法之一。例如，法国凡尔赛大学 Patricia Horcajada 等利用溶剂热和微波辅助合成法制备了系列铁基 MOF 材料，包括 MIL-100、MIL-88A、MIL-53、MIL-89 等的纳米粒子和纳米棒结构[209]。并将这种较为绿色的 MOF 材料应用于药物释放和生物成像等领域。美国北卡罗来纳大学林文斌等，利用溶剂热制备了多种锆基 MOF 纳米颗粒材料[210]。由于锆基 MOF 具有很好的化学稳定性，可以将其应用于光催化水氧化、二氧化碳还原及有机催化等。

4. 密闭体系下钙钛矿氧化物低维纳米材料合成

钙钛矿氧化物（ABO_3）是一类具有独特物理和化学性质的新型无机材料，在磁学、催化、固态电解质、传感器等诸多领域具有广泛的应用前景。其中 A 位点一般是碱土或者稀土金属，B 位点一般是过渡金属，改变 A 和 B 位点的元素种类，可以得到不同种钙钛矿氧化物材料。大多数文献报道的钙钛矿氧化物的合成分为两个步骤，包括液相前驱体的合成和高温下的退火处理。通过水热溶剂热一步法制备钙钛矿氧化物材料的报道相对较少。德国马普学会胶体与界面研究所 Markus Niederberger 等发展了一种利用溶剂热合成多种钙钛矿氧化物纳米颗粒的方法[211, 212]。他们选择苯甲醇作为反应溶剂，碱土金属单质和过渡金属醇盐分别作为 A 和 B 位点的前驱体，在 200～220℃下制备了 $Ba_xSr_{1-x}TiO_3$、$BaZrO_3$ 及 $LiNbO_3$ 等多种钙钛矿氧化物的纳米颗粒材料。此外，浙江大学韩高荣等采用聚合物辅助下的水热法成功地实现了单晶 $PbZr_{0.52}Ti_{0.48}O_3$ 纳米棒和纳米线的合成[213]。这些简单一步制备钙钛矿氧化物的方法为研究其在诸多领域的应用提供了有利条件。

3.3　表面配体辅助合成低维纳米材料

3.3.1　表面配体与纳米晶体概述

液相合成纳米材料的表面通常并不是裸露的，而是被很多表面配体所包覆。这些表面配体一方面降低了纳米材料的表面能，另一方面也阻碍了纳米材料与外界的直接接触，从而使得纳米材料更为稳定[214]。然而，配体对纳米晶体的作用不仅是提高其稳定性，从纳米材料的合成到其应用过程中，表面配体都扮演着重要的角色[215]。在成核期，配体的存在会影响反应速率和成核速率，从而控制纳米晶成核的数目和晶核的大小；在生长期，配体对晶体特定晶面的选择性吸附，导致形成具有不同维度和不同形貌的纳米晶体；在应用过程中，作为纳米材料与外界接触的界面，纳米材料表面的配体层在一定程度上决定了材料的分散性、亲和性、稳定性和反应性。

常用的用于纳米材料合成的表面配体可以分为两大类：疏水性配体和亲水性配体（图 3.32），具体包括烷基氧化膦、烷基膦酸、烷基膦、巯基化合物、脂肪酸、脂肪胺、含氮芳族化合物、含羟基、羧基或氨基基团的聚合物等[216]。这些配体分子都包含一个金属配位基团和一个亲溶剂基团。金属配位基团通常是给电子的，从而与纳米晶体表面贫电子的金属原子配位，起到调控纳米材料生长和稳定纳米材料的作用。配体的另一端是延伸到溶剂的亲溶剂基团，它们与溶剂分子的相互作用决定了纳米材料在该溶剂中的分散性。

2015 年哥伦比亚大学 Owen 等系统讨论了纳米晶体和配体之间的相互作用，根据表面配体与晶体之间的配位机制，他们将表面配体分为了三大类：L 型、X 型和 Z 型[217, 218]。L 型配体是两电子供体，通过其孤对电子和纳米晶体的表面原子配位，这些配体包括有机胺类（RNH_2）、膦类化合物（R_3P）、烷基氧化膦（R_3PO）等。X 型配体是单电子供体，因此它们需要纳米晶体表面原子提供一个电子与其形成两电子的配位键。这些配体包括羧酸化合物（$RCOO^-$）、硫醇化合物（RS^-）、膦酸酯化合物（$RPO(OH)O^-$）和一些无机离子（如 Cl^-、$InCl^-$、AsS_3^{3-}）等。L 型和 X 型配体通常结合在晶体表面缺电子的路易斯酸位点，如纳米晶体表面低配位的金属原子/离子。然而，在金属硫族化合物、氧化物和其他一些纳米晶体的表面却暴露着一些富电子的路易斯碱位点。这些位点可以和作为电子受体的 Z 型配体（如 $Pb(OOCR)_2$ 和 $CdCl_2$）结合形成配位键[219]。根据这种配体分类方法，纳米晶体的表面组成和表面化学可以被很好地描述。例如，对于 L 型和 X 型配体共同包覆的 CdSe 纳米晶体可以被描述为$(CdSe)_m(Cd_nX_pL_q)$，这里的 m 与纳米晶体的核心 CdSe 的尺寸有关，而 n、p 和 q 主要用于描述纳米晶体配体层的组成。因此，大部分液相合成的纳米晶体实际上是一种复合物，它包含一个无机的核心和一个表面配体壳层。无机核心的组成、尺寸和形状决定了纳米晶体的基本性质，而表面配体壳层除了起到稳定无机核心的作用也可在一定程度上影响纳米晶体的某些性质[215]。

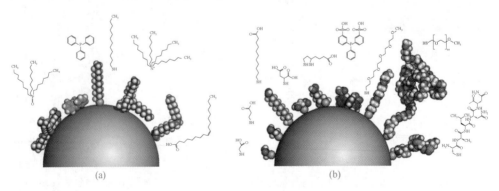

图 3.32 纳米材料表面常用表面配体的示意图[220]

（a）疏水性配体；（b）亲水性配体

3.3.2　表面配体对纳米材料形貌的调控

　　纳米材料并不是简单无机基元的无限重复，纳米材料的性能往往表现出强烈的形貌和尺寸依赖特性。同样的材料组成，特异的形貌和特定的尺寸会使纳米材料表现出不同的性质。因此，形貌和尺寸的精准调控对纳米材料的研究和应用具有十分重要的意义。在纳米材料合成过程中，纳米材料各个晶面的晶面能对其各向异性生长有着重要的影响[221]。由于晶体生长的速率与晶面能具有指数关系，晶体中某晶面的晶面能最大，则晶体将沿着该晶面方向生长。而当某晶面的生长速率快于其他晶面时，将致使该晶面逐渐消失，最后晶体显露出表面能较低、生长缓慢的晶面。然而，如果在合成过程中引入合适的表面配体，表面配体会在晶体不同晶面选择性吸附，从而改变这些被吸附晶面的晶面能以及它们的生长速率，达到纳米晶体择优取向生长的目的，即纳米材料形貌的调控[215, 216]。值得指出的是，这里的表面配体不是模板剂，不是利用其形成胶束来诱导纳米材料的生长，而是通过其在纳米晶体表面的吸附来达到调控晶体生长的目的[221]。

　　近几十年来，研究者利用表面配体成功调控合成了具有各种各样形貌的纳米材料。例如，球形、立方块、立方八面体、八面体、十面体、二十面体、线状、管状、带状、棒状、盘状、片状以及中空、核壳和其他一些复杂的三维等级结构[221, 222]。这里我们将以银纳米晶体为例，讨论表面配体对其形貌的调控作用。银为面心立方结构金属，其各晶面表面能的对应关系为：$\gamma_{\{111\}} < \gamma_{\{100\}} < \gamma_{\{110\}}$。其中，$\{111\}$晶面表面能最低，则其生长速率最慢。对于面心立方金属纳米晶体的合成，其最终的形貌取决于晶体在 $\langle 100 \rangle$ 方向和 $\langle 111 \rangle$ 方向上生长速率的快慢[43, 223]［图 3.33（a）］。当引入对$\{100\}$晶面选择性吸附的表面配体时，晶体$\{100\}$晶面的表面能小于$\{111\}$晶面的表面能，导致晶体在 $\langle 111 \rangle$ 方向的生长速率远快于其在 $\langle 100 \rangle$ 方向的生长速率。由于晶面生长速率的不同，晶体表面上$\{100\}$晶面和$\{111\}$晶面之间的比例将逐渐增大，并且纳米晶体的形貌从最初的截角八面体逐渐演化为立方八面体、截角立方体，最终形成仅由$\{100\}$晶面闭合的立方块纳米晶[43]。与之相反，如果在合成过程中加入对$\{111\}$晶面选择性吸附的表面配体，晶体$\{111\}$晶面的表面能将进一步降低。晶体在 $\langle 100 \rangle$ 方向上较快的生长速率将导致晶面表面$\{100\}$晶面的比例逐步降低，最终导致形成仅由$\{111\}$晶面闭合的八面体纳米晶[43]。已有的理论计算表明，PVP（聚乙烯吡咯烷酮）和柠檬酸根分别在 Ag$\{100\}$晶面和 Ag$\{111\}$晶面具有最大的结合能[224, 225]，从而可以分别诱导形成$\{100\}$晶面和$\{111\}$晶面闭合的银纳米晶体。佐治亚理工学院夏幼南等则从实验角度探究了 PVP 和柠檬酸根对银纳米晶体形貌的调控[226]。首先，他们合成了由$\{100\}$晶面和$\{111\}$晶面混合闭合的近似球形的银纳米颗粒作为晶种，然后通过晶种介导法进一步制备银纳米晶体。除了使用的表面配体不一样外，在其他实验条件保持一致的前提下，PVP 诱

导形成{100}晶面闭合的银纳米立方块 [图3.33（b）~（d）]，而柠檬酸根则诱导形成{111}晶面闭合的银纳米八面体 [图3.33（e）~（g）]。此外，PVP 也可以用来诱导合成五重孪晶的银纳米线，这些纳米线的侧面为被 PVP 吸附的Ag{100}晶面，两端为 Ag{111}晶面[228]。由此可见，配体与晶体不同晶面的结合差异决定了它们对不同晶面的调控能力，而实验和理论计算的结合将有助于在原

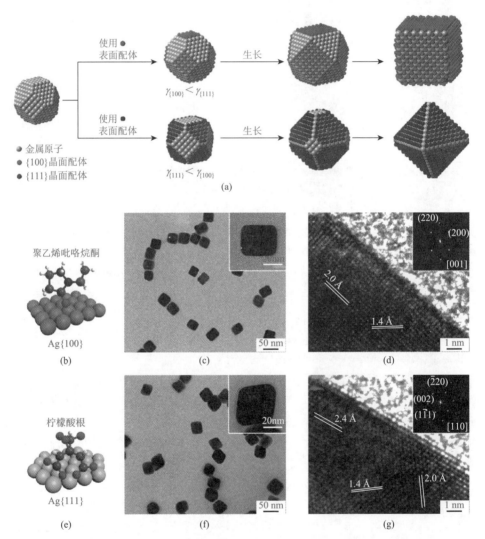

图 3.33 （a)表面配体调控面心立方结构金属纳米材料生长的示意图[43]；(b)PVP 分子在 Ag{100}晶面的吸附示意图，PVP 作为表面配体合成银立方块的透射（c）和高分辨（d）电子显微镜照片；(e）柠檬酸根在 Ag{111}晶面的吸附示意图，柠檬酸根作为表面配体合成银八面体的透射（f）和高分辨（g）电子显微镜照片[222, 227]

子/分子层面揭示表面配体对纳米晶体形貌的调控能力。除了这些常用的有机配体外，一些无机分子或离子也可以用作表面配体来调控纳米晶体的形貌。例如，利用 CO、Br⁻ 和 I⁻ 作为表面配体来合成超薄钯纳米片[229]、钯纳米立方块和纳米棒[230]以及钯纳米线[231]。与其他表面配体不同，由于 Br⁻ 和 I⁻ 卤素离子具有很强的配位能力，当这些卤素离子加入溶液后，它们会与溶液中的前驱体金属离子络合，从而改变这些金属离子的氧化还原电势并影响它们的反应活性[232]。

另外，生物系统中在生物分子的参与下可以通过控制材料的尺寸、形貌、取向和自组装形成一些具有复杂结构和特殊功能的生物纳米材料。受此启发，研究者开始利用一些生物分子作为表面配体来调控纳米材料的形貌。例如，加利福尼亚大学 Ruan 等利用多肽制备出各种形状的 Pt 纳米颗粒，这些纳米颗粒的形状和暴露晶面均可通过改变添加的多肽种类而进行调控[233, 234]；美国国家标准与技术研究院 Bedford 等则以不同多肽为配体制备了一系列具有突出催化对硝基苯酚还原性能的金纳米颗粒[235]。近年来，加州大学洛杉矶分校黄昱等也利用与铂不同晶面具有选择性结合的肽段合成了多种铂纳米结构[236]。与传统的通过实验结果来筛选对纳米材料具有调控能力的配体分子的方法不一样，他们首先利用噬菌体展示技术（phage display）来筛选出对铂特定晶面具有选择性结合的肽段，然后再以其为配体来调控合成暴露特定晶面的铂纳米颗粒[237]［图 3.34（a）和（b）］。通过筛选，发现肽段 T7（TLTTLTN）和肽段 S7（SSFPQPN）可以分别选择性吸附在 Pt{100}晶面和 Pt{111}晶面，表明这两种肽段对铂的这两种晶面具有调控能力；基于此，再分别利用这两种肽段成功地合成了 {100} 晶面闭合的铂立方块［图 3.34（c）］和 {111} 晶面闭合的铂四面体纳米晶体［图 3.34（d）］。此外，如果在 T7 肽段参与的合成反应中，加入大量的 S7 肽段则会导致纳米晶体形貌由立方块逐步转变为四面体［图 3.34（e）～（h）］。因此，T7 肽段和 S7 肽段对铂纳米晶体的特定晶面有着特异的调控能力。对此，他们认为 T7 肽段和 S7 肽段中含有大量的富羟基的基团，这些基团会以不同构象与铂特定晶面的晶格匹配，从而导致了这些肽段与不同晶面的特异性结合，进而赋予了这些肽段对特定晶面的调控能力。此外，他们还利用其他肽段合成了铂双椎体纳米晶[238]和铂纳米线[239]。

Pt{100}　　序列筛选　　T7: Thr-Leu-Thr-Thr-Leu-Thr-Asn　　铂晶种　　T7调控　立方块　　S7调控　四面体

S7: Ser-Ser-Phe-Pro-Gin-Pro-Asn

Pt{111}

(a)　　　　　　　　　　　　　　　　　　　(b)

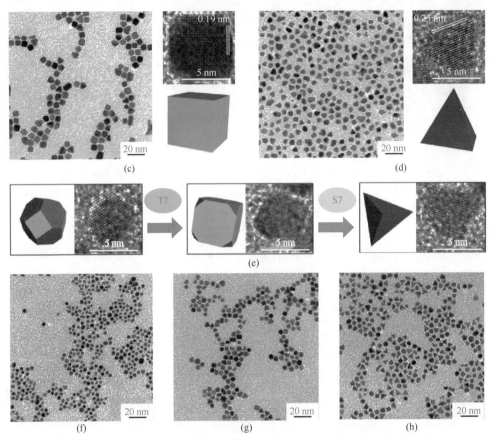

图 3.34 （a）、（b）不同序列肽段的筛选及其调控铂纳米晶体合成的示意图；以 T7 肽段（c）和 S7 肽段（d）为表面配体合成铂纳米晶体的透射和高分辨电子显微镜照片；（e）T7 肽段和 S7 肽段之间的配体交换导致铂纳米晶体形貌变化的示意图；只有 T7 加入时反应进行 30 s （f）和 1 min（g）得到铂纳米晶体的透射电子显微镜照片；（h）反应 1 min 后加入过量 S7 后得到的铂纳米晶体的透射电子显微镜照片[237]

3.3.3 表面配体对纳米材料尺寸的调控

纳米材料一般是指材料至少在某一维度上的尺寸在纳米量级（1~100 nm），因此尺寸是纳米材料区别于传统材料最显著的特征。尽管过去几十年里人们发展了各种合成纳米材料的方法，并通过这些方法合成了各种形貌的纳米材料，但这些方法往往只能得到具有特定尺寸的纳米材料。而合成具有连续尺寸的纳米材料对于研究其尺寸依赖的性质具有十分重要的意义。目前，合成连续尺寸的纳米材料的方法主要包括以下两种。定时取样法：在纳米材料生长的不同阶段取样，从而得到不同尺寸的纳米材料[240, 241]；多步合成法：在纳米材料合成的过程中逐步加入适量的前驱体使得纳米材料一直处于生长的状态，前驱体加入量的多少决定了最后纳米材料尺寸的大小[242, 243]。就其本质而言，这两种方法其实是一致的，即在保持反应体系内纳米晶体数量不变的前提下，用于纳米材料生长消耗的前驱体的量越多，则得到的产物的尺寸越大。由此可见，这些方法仅仅考虑了用量的问题，而未深入考虑材料生长过程中晶体取向生长的情况。因此，这些方法仅对零维纳米材料有很好的适用性。对于各向异性生长的二维、三维或其他复杂结构的纳米材料，通过这些方法很难达到尺寸调控的目的。因此，相比于零维纳米材料，各向异性的非零维纳米材料的尺寸调控较为困难。

这里我们以一维纳米材料的尺寸调控为例来具体展开讨论。一维纳米材料通常是由材料沿着某一方向定向生长而形成的。在这个过程中往往需要加入表面配体，这些表面配体在特定晶面的选择性吸附对诱导材料的定向生长起着十分重要的作用，它们可以抑制被吸附晶面的生长而允许未被吸附或吸附较弱晶面继续生长，从而形成一维纳米结构。在整个生长过程中，晶面表面的表面配体处于动态的吸附和脱附过程，只有当表面配体从晶体表面脱附之后，溶液中晶体的生长材料（原子或原子簇）才能扩散并附着到材料的表面。随着这种"脱附—附着—吸附"过程的重复，纳米材料逐渐长大［图 3.35（a）］。显然，纳米材料的生长速率与"脱附—附着—吸附"过程的重复速率成正比，而该重复速率取决于表面配体和纳米晶体表面的亲和力。因此，表面配体对纳米材料的生长有着重要的影响。例如，Wiley 等最近发现随着烷基胺碳链的增加，其诱导合成的铜纳米线的长度逐渐降低[244]。通过理论计算，他们发现长碳链的烷基胺在 Cu{111}晶面具有更慢的脱附速率，从而降低了铜纳米线的生长速率，最终形成较短的铜纳米线［图 3.35（b）］。除了调控一维纳米材料的长度外，其直径的调控也十分重要。由于银纳米线可以用来制备太阳能电池、触摸屏和柔性显示器的透明电极，银纳米线引起了人们极大的兴趣。目前，通常由 PVP 辅助合成的银纳米线的直径为 30～150 nm，而夏幼南等[245]通过在银纳米线合成过程中引入与 Ag{100}晶面有强配位能力的 Br⁻离子，成功地限制了银纳米线的横向生长，合成了直径在 20 nm 以下的银纳米线［图 3.35（c）］。最近，俞书宏等则利用环戊酮/PVP 在 Te{100}晶面的竞争吸附成功调控了碲纳米线的直径（从 6 nm 到 34 nm）［图 3.35（d）］[246]。由于碲具有强烈的一维生长的晶体特性，因此调控碲纳米线直径最重要的就是调控它的横向生长速率，即 Te{100}晶面的生长速率。例如，在 2006 年，俞书宏等利用 PVP 在 Te{100}晶面强烈的吸附效应，合成了直径仅为 4～9 nm 的超细碲纳米线[83]。如果在该合成过程中，引入其他能够与 Te{100}晶面相互作用的配体，则会导致两种配体在该晶面上的竞争性吸附，从而可调控碲纳米线的横向生长速率，导致形成不同直径的碲纳米线。通过配体竞争吸附精准调控碲纳米线直径的成功主要归因于两个方面：一方面，环戊酮和 PVP 分子的重复单元具有相同的与 Te{100}晶面结合的功能基团，导致它们对该晶面具有类似的选择性吸附，这使得它们之间能够在该晶面上发生竞争吸附；另一方面，PVP 可以看作是一个多齿配体，因此 PVP 从 Te{100} 晶面完全脱附比环戊酮更难。这使得 PVP 对 Te{100} 晶面表现出强烈的生长限制效应，而环戊酮对该晶面的生长限制较弱。因此，当在碲纳米线合成体系中引入环戊酮后，Te{100} 晶面吸附的部分 PVP 分子会被环戊酮所取代，导致 PVP 对 Te{100} 晶面的生长限制效应被削弱，使得碲纳米线横向生长的速率提高，最终形成大直径的碲纳米线。

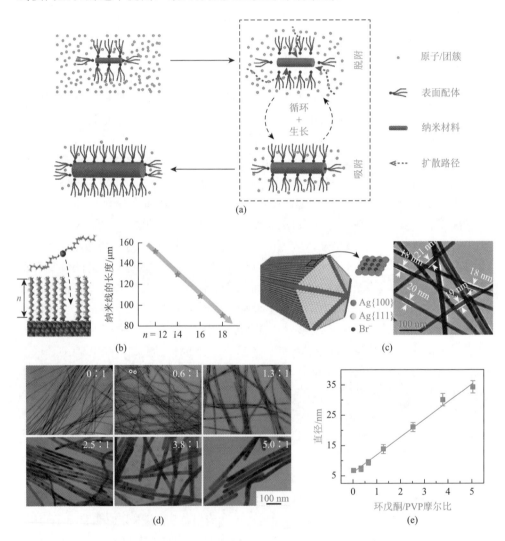

图 3.35　（a）一维纳米材料的生长示意图；（b）铜纳米线长度随脂肪胺配体碳链长度的变化图[244]；（c）溴离子调控银纳米线的直径[245]；环戊酮和聚乙烯吡咯烷酮竞争吸附调控碲纳米线的直径；（d）合成的不同直径碲纳米线的透射电子显微镜照片；（e）碲纳米线直径随环戊酮/PVP摩尔比的变化图

3.3.4　表面配体对纳米材料物相的调控

通常无机纳米晶体的相变发生在高温和高压条件下。此外，电子束也会诱导纳米晶体的相变，例如，在电子束的照射下低辉铜矿结构的 Cu_2S 纳米棒逐渐转变为高辉橄榄岩结构[247]。同时，阳离子交换也会导致无机纳米晶体物相发生变化，但是需要注意的是，在阳离子交换之后，初始纳米晶体的组成将发生变化。例如，用 Ag^+ 交换 CdSe 纳米晶体中的 Cd^{2+} 后，六方结构的 CdSe 纳米晶体转变为立方结构的 Ag_2Se 纳米晶体。很长一段时间以来人们都认为纳米晶体的物相与其表面配体没有关系。但是，越来越多的研究表明：纳米晶体的表面化学环境对其内部结构有着重要的影响。当材料的尺寸低于临界尺寸时，纳米材料的表面能将在系统能量中占据主导地位，而纳米晶体的表面化学环境对其表面能有着重要的影响，从而对其晶体结构的调整起到关键作用。例如，当其表面和水结合后，甲醇中合成的 3 nm ZnS 纳米颗粒无序结构的表面将转变为有序的立方结构[248]。

2002 年，韩国延世大学 Cheon 等以三辛胺（TOA）和十六烷基胺（HDA）为研究对象，发现配体的空间位阻对 GaP 纳米晶体的物相具有调控作用[249]。GaP晶体有两个螺旋异构的不同物相，即交错构象的热力学稳定的闪锌矿结构和重叠构象的动力学稳定的纤锌矿结构。在 GaP 晶体合成过程，配体会在晶体表面特异性结合从而降低了晶体的表面能使其稳定化，因此配体的改变对晶体结构的构象有很大的影响。当使用高位阻的 TOA 作为配体时，交错构象是有利的，从而形成闪锌矿结构。当选用位阻小的 HDA 时，体系倾向于形成更加稳定的纤锌矿结构。之后，2014 年彭笑刚等发现通过晶体表面和配体的相互作用也可以调控 CdSe 纳米晶体的物相[250]。首先，他们从相变焓和相变熵角度对 CdSe 纳米晶体的相变进行了系统分析。以一个 CdSe 晶胞为计算单位，其闪锌矿结构和纤锌矿结构之间的能量差别只有 1.4 meV，约为 0.14 kJ/mol。而 CdSe 纳米晶体表面 Cd^{2+} 离子与表面配体之间的结合能在 50～150 kJ/mol，这一数值远大于闪锌矿和纤锌矿两种晶型之间的能量差。此外，体相 CdSe 的相变温度在 100℃左右，其对应估算的相变熵十分小，约为 0.38 J/(mol·K)。由于闪锌矿和纤锌矿之间的相变焓和相变熵远小于表面配体与纳米晶体表面之间的结合能，因此不难推测表面配体的类型能够决定 CdSe 纳米晶体的内部晶型。基于以上的讨论，彭笑刚等从实验角度验证了这一猜想：无论是成核阶段还是生长阶段，长链膦酸镉配体有利于形成纤锌矿结构的 CdSe 纳米晶体，而长链羧酸镉配体有利于形成闪锌矿结构的 CdSe 纳米晶体。但是其他一些常用的脂肪胺、脂肪酸、有机膦化物等表面配体对 CdSe 的晶型结构没有选择调控作用。

最近，新加坡南洋理工大学张华等在金属纳米材料物相调控方面取得了系列进展[251]。一般在常规条件下，金、银、钯和铂这些金属都是以其最稳定的面心立方结构的形式存在。而在 2011 年，他们以石墨烯为模板和油胺分子为表面配体成功合成了六方密堆积结构的金纳米方片，其边长为 200～500 nm，厚度为 2.4 nm（约为 16 个金原子层）[252]。表面包覆的油胺分子极大地降低了其表面能，进而降低了金纳米方片整体的系统能量，使得这些六方密堆积结构的金纳米方片变得十分稳定，可以在常规条件下保存几个月。之后在 2015 年，他们发现表面配体交换会引起该金纳米方片的相变[253]。当金纳米方片表面的油胺分子被十八硫醇取代后，金纳米方片从六方密堆积结构彻底转变为面心立方结构 [图 3.36（a）]。同时，他们发现金纳米方片表面包覆银也会导致这种相变过程的发生。当利用抗坏血酸或硼氢化钠为还原剂时，会形成面心立方结构的核壳结构的金@银纳米方片，而利用有机胺（油胺、辛胺和二正辛胺）作还原剂时，则会形成同时具有六方密堆积结构和面心立方结构金@银核壳结构的纳米方片 [图 3.36（b）和（c）]。由此可见，有机胺的存在有利于形成金或金@银纳米方片的六方密堆积结构。除了银包覆，其他贵金属（铂和钯）的包覆也会引起金纳米方片的相变[254]。随后，他们还成功制备了具有 4H 六方密堆积结构金纳米带，并发现配体交换同样会导致其晶型变为立方面心结构[255]。除了金纳米材料外，其他金属纳米结构的物相也可以

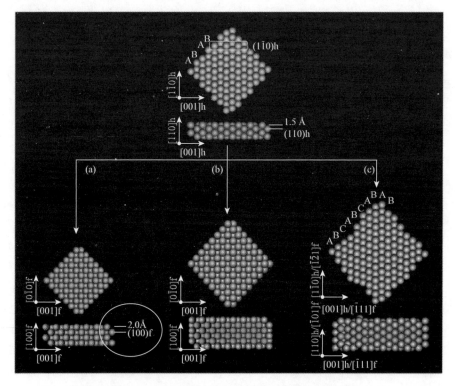

图 3.36　六方密堆积结构金纳米方片相变示意图[253]

（a）配体交换导致的相变；（b）无油胺分子时包覆银导致的相变；（c）有油胺分子时包覆银导致的相变

通过表面配体来进行调控。美国国家癌症研究所 Zheleva 等发现在合成介稳 2H 六方密堆积结构银纳米片时，配体分子柠檬酸可以优先地吸附在银纳米晶体的密堆积晶面使其稳定化[256]。与金和银不同，金属钌的热力学稳定物相是六方密堆积结构，因此获得面心立方结构的钌纳米材料是一个挑战。然而，2013 年京都大学 Kitagawa 等以乙酰丙酮钌为前驱体和聚乙烯吡咯烷酮（PVP）为配体成功制备面心立方结构的钌纳米颗粒[257]。此外，过渡金属纳米材料的晶型也可以通过表面配体来进行调控。例如，非离子表面活性剂有利于形成面心立方结构的铁纳米颗粒，而阳离子季铵盐表面活性剂则导致形成体心立方结构的铁纳米颗粒[258]；加利福尼亚大学伯克利分校 Alivisatos 等发现在合成过程中添加烷基胺将促进六方密堆积结构的钴纳米盘的形成[259]；延世大学 Kim 等认为十六胺有利于六方密堆积结构镍纳米颗粒的形成[260]。

3.3.5　表面配体调控合成手性纳米材料

手性是指结构不能与其镜像重合的性质，手性结构与其镜像被称为手性对映体[261]。手性结构普遍存在于大自然中，如蛋白质、糖类和 DNA 等生物大分子都具有手性结构，手性在生物化学和生物进化中起着关键作用。手性根据其产生的原因可以大致分为两类[261]：本征手性和结构手性。若物体自身的几何形状具有手性，则该物体为本征手性物体，如前面提到的各种生物大分子。如果其手性不是由分子手性引起的，而是由其结构的手性特性引起的空间色散，则这种手性为结构手性。由于在自然界手性演化方面的关键作用以及在制备光学器件上良好的应用前景，具有高光学活性的手性材料引起了人们广泛的关注[262]。遗憾的是，传统的手性分子的光学活性在窄波段带上很弱。而手性无机纳米材料却表现出数量级增强和可调节的光学活性，使得它们有望成为手性分子的替代物。

早期手性纳米材料的研究主要聚焦于金属纳米团簇或半导体纳米团簇，如以手性谷胱甘肽为稳定剂制备的 Au_{28} 团簇[263]。最近，尺寸较大的手性纳米颗粒引起了人们极大的研究兴趣。从手性团簇到手性纳米颗粒，其差别不仅在尺寸上[264]。由于尺寸较小的纳米团簇对外界环境十分敏感并且能够产生显著的结构变化，手性纳米团簇的无机核心可能具有本征手性。而对于纳米颗粒，手性配体只能影响纳米颗粒的表面结构却无法改变内部无机核心的结构，因此其手性为结构手性。目前，最常用的合成手性纳米颗粒的方法是在含有手性表面配体的溶液中进行纳米合成[265]。这种合成方法实际上就是将生物组分的手性转移到无机产物的反应。为了获得具有良好手性结构的纳米材料，单一手性的生物分子（如氨基酸、核苷酸、多肽类、糖类和脂类等）常常被用来作为合成手性无机纳米晶体的表面配体。在合成过程中，这些手性分子可以以化学键合或物理吸附形式与纳米颗粒的表面相互作用，从而起到手性转移的作用。此外，即使手性分子在溶液中保持自由并不与纳米材料直接接触，其仍然可以在纳米颗粒的周围产生手性环境来赋予它们一定程度的手性，特别是当手性分子和溶剂强烈相互作用时。

在 1998 年，佐治亚理工学院 Schaaff 等首先以手性谷胱甘肽为表面配体合成了具有光学活性的金纳米团簇[263]。此后，人们利用其他手性配体分子也成功合成了各种金属手性纳米材料。这些配体包括 N-异丁酰基-L-半胱氨酸、1, 1′-联萘-2, 2′-二胺、D-/L-青霉胺、卡托普利、DNA 低聚物等[265]。此外，一些非手性的分子也可用于制备手性纳米材料，如 2-苯乙硫醚[266]、对巯基苯甲酸[267]和其他一些分子[268]。除了金属手性纳米材料，人们也成功制备了各种半导体手性纳米材料。例如，都柏林圣三一学院 Kelly 等在 2007 年利用青霉胺为手性配体最早制备了 CdS 手性量子点[269]。通过类似的方法，利用(D, L)-半胱氨酸[270]或(D, L)-谷胱甘肽[271]手性配体可以制备 CdTe 手性量子点。国家纳米科学中心唐智勇等近几年来在手性无机纳米材料方面进行了系统性研究[264, 271-273]，他们发现右旋半胱氨酸和左旋半胱氨酸稳定的 CdTe 纳米粒子表现出不同的生长速率，而且手性半胱氨酸稳定的 CdTe 纳米晶体不仅保留了半胱氨酸本身的手性信号，而且还显示出手性分子诱导的 CdTe 纳米晶体的手性[270, 274]。近期，他们又利于手性半胱氨酸与 Cd^{2+} 之间配位诱发的自组装形成了具有手性的聚合物纳米线[272]。此外，他们还利用 LB 组装技术形成了具有结构手性的金纳米线薄膜[262]。

最近，韩国首尔大学 Ki Tae Nam 和浦项工大学 Junsuk Rho 等利用氨基酸和多肽作为配体分子合成了具有三维手性结构的金纳米颗粒[275]。由于这些三维手性结构中存在着扭折位点，获得这种手性纳米结构的关键在于形成具有本征手性的高指数晶面。为此，这种三维手性金纳米颗粒的合成分为两步在溶液中完成。首先，通过晶种法合成尺寸均匀的具有低指数晶面的金纳米颗粒。随后，在溶液中加入具有手性构象的半胱氨酸和多肽，随着金离子（Au^+）的还原，低指数晶面的金纳米颗粒逐渐生长为具有高指数晶面的金纳米颗粒，从而将半胱氨酸和多肽分子的手性转移到金纳米颗粒。圆二色光谱和扫描电子显微镜照片证实合成了三维手性结构的金纳米颗粒（图 3.37）。需要注意的是，在合成过程中使用的配体分子的手性构象决定了最终金纳米颗粒产物的手性。当在纳米颗粒合成过程中加入 L-半胱氨酸［图 3.37（b）］或 D-半胱氨酸时［图 3.37（c）］，尽管两种情况下合成的金纳米颗粒的形貌都是类立方块状，但是它们却表现出相反的手性［图 3.37（a）］。同时，他们认为具有手性构象的半胱氨酸和多肽之所以可以诱导出光学活性的金纳米颗粒，是因为在合成过程中纳米颗粒的表面和手性半胱氨酸和多肽之间发生了对映选择性相互作用，从而导致了纳米颗粒的非对称演化并形成由高指数晶面组成的扭曲螺旋手性结构。基于此，他们通过晶种法制备了八面体金纳米颗粒并利用手性半胱氨酸来诱导形成三维手性纳米结构，结果发现合成得到的金纳米颗粒的光学活性更强。由于具有不同手性的金纳米颗粒与圆偏振光的相互作用不同，可以呈现出广泛的颜色调制能力。因此，这种基于手性氨基酸和多肽来制备三维手性纳米结构的方法，在未来光学领域如显示器、全息图像，以及手性传感、负折射率材料制备等领域都有借鉴和指导意义。

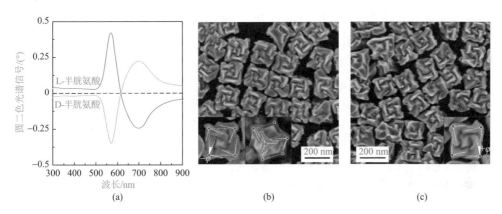

图 3.37　（a）使用 L-半胱氨酸和 D-半胱氨酸合成的三维手性金纳米颗粒的圆二色光谱；L-半胱氨酸（b）和 D-半胱氨酸（c）辅助合成的三维手性金纳米颗粒的扫描电子显微镜照片[275]

3.4　模板辅助液相合成低维纳米材料

3.4.1　模板法简介

模板法就是将具有纳米结构、形状容易控制、价廉易得的物质作为模板，通过物理或化学的方法将相关材料沉积到模板的孔中或表面后移除模板，得到具有模板规范形貌与尺寸的纳米材料的过程。模板法是合成纳米材料的一种重要方法，也是纳米材料研究中应用最广泛的方法之一，特别是制备性能特异的纳米材料，模板法可以根据合成材料的性能要求以及形貌来设计模板的材料和结构，来满足实际的需要。模板法通常用来制备特殊形貌的纳米材料，如中空纳米球、纳米线、纳米管及纳米片等[276, 277]。

模板法作为一种制备纳米材料的有效方法，其主要特点是模板法不管是在液相中还是气相中发生的化学反应，其反应都是在有效控制的区域内进行的，这就是模板法与普通方法的主要区别。模板法合成纳米材料与直接合成相比具有诸多优点，主要表现为以下三点：首先，模板法能精确地控制纳米材料的尺寸、形状及结构；其次，模板法能实现纳米材料合成与组装的一体化，并保证纳米材料的分散稳定性；最后，模板法合成过程相对简单，易实现宏量合成。模板依据其自身的特点和限域能力的不同又可分为软模板和硬模板两种。二者的共性是都能提供一个有限大小的反应空间，区别在于前者提供的是处于动态平衡的空腔，物质可以透过腔壁扩散进出；而后者提供的是静态的孔道，物质只能从开口处进入孔道内部。

3.4.2 软模板

软模板常常是由表面活性剂分子聚集而成的。主要包括两亲分子形成的各种有序聚合物，如囊泡、胶束、微乳液、自组装膜以及生物分子和高分子的自组织结构等。分子间或分子内的弱相互作用是维系模板的作用力，在该作用力的作用下分子形成具有空间结构特征的聚集体。这种聚集体具有明显的结构界面，无机物正是通过这种特有的结构界面而呈现特定的趋向分布，进而形成模板所具有的特异结构的纳米材料。软模板在制备纳米材料时的主要特点有以下几点：一是形态具有多样性；二是软模板易构筑，不需要复杂的设备；三是软模板在模拟生物矿化方面有独特的优势。尽管优点很多，软模板也有着相应的缺点，软模板结构的稳定性通常较差，模板效率不够高。

1. 微乳液

由水（W）、油（O）、表面活性剂（S）和助表面活性剂（A）组成的透明、热力学稳定而且光学各向同性的液体体系称为微乳液。依据连续相的类型，微乳液可以划分为水包油（O/W）型、油包水（W/O）型和双连续型。如果微乳液由油核、水连续相和界面膜组成时，界面膜上表面活性剂和助表面活性剂的极性基团会朝向水连续相，称该类微乳液为 O/W 型微乳液。反之，如果微乳液由水核、油连续相和界面膜组成，界面膜上的表面活性剂和助表面活性剂的非极性基团朝向油连续相，则将其称为 W/O 型微乳液。此外，如果体系中任一部分油在形成油核液滴并被水连续相包围的同时，又与其他部分油核液滴一起形成油连续相包围水相，同样，水核液滴不仅被油连续相包围，同时也相互组成水连续相包围油相，最终整个体系形成了水、油双连续的结构，该类微乳液为双连续型微乳液，具有 O/W 和 W/O 两种结构的综合特征，其中水可以是分布于油相管状网络的双连续相，也可以是处于规则的联通状态的双连续相。微乳液中油核（或水核）是由表面活性剂和助表面活性剂所构成的分子层包覆的微乳液液滴，这些小液滴直径在 100 nm 以下，而且彼此分离，形成很多的"微反应器"。这些"微反应器"拥有很大的界面，十分有利于化学反应的进行。以微乳液作为模板制备纳米材料是从 20 世纪 80 年代开始发展的，到目前为止，微乳液作为模板在低维纳米材料的可控合成上已得到了广泛的应用。

以微乳液作为模板，可以实现众多金属纳米结构的合成。J. Solla-Gullon 等以 W/O 型的水（3%）/聚乙二醇十二烷基醚（16.5%）/正庚烷（80.5%）微乳液作为模板，实现了 Pt 纳米晶的高质量合成[278]。该方法以 H_2PtCl_6 为 Pt 源，$NaBH_4$ 为还原剂，在室温条件下即可实现 Pt 纳米晶的合成，具有产率高、操作简便、成本低等诸多优点。经研究发现，产物 Pt 纳米晶的结构与微乳液中水相中的盐酸的浓度密切相关。盐酸的加入量不会影响整个反应的时间，但是会影响产物 Pt 颗粒的表面结构。如图 3.38 所示，当盐酸浓度从 0% 上升到 25%（在盐酸水溶液中的浓度，下同）时，整个 Pt 纳米颗粒暴露的（100）面一直在增加，尺寸由 3～5 nm 长大为 12～14 nm；当盐酸浓度进一步上升到 37% 时，所暴露的（100）面比例在下降，尺寸基本保持不变，但是产物形貌由立方体逐渐变为类似骨头的形貌，这种形貌的转变可能是由于过多盐酸的刻蚀作用所致。除了金属纳米结构，微乳液也可作模板指引氧化物、碲化物等低维纳米材料的合成[279, 280]。

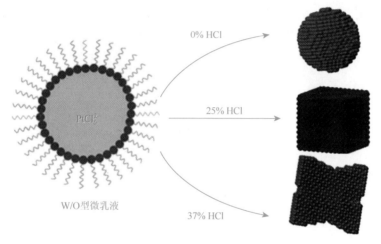

图 3.38　W/O 型微乳液体系中通过改变 HCl 浓度制备不同表面结构的 Pt 纳米颗粒示意图[278]

2. 胶束和囊泡

微乳液作为模板尽管有诸多优点，但是它也有尺寸分布宽泛、形貌易畸变及稳定性较差等不可避免的缺点。相比较于微乳液，胶束和囊泡能在一定程度上克服上述缺点，也是非常有前景的软模板。胶束，又称胶团，表面活性剂在溶液中的浓度大于临界胶束浓度时便会形成。当表面活性剂浓度较低时胶束的形态一般是球形，随着浓度的增大形成棒状或层状。在水溶液中，表面活性剂的疏水端相互连接形成内核，亲水端在外，形成水溶液中的非极性微区，这种胶束称为正相胶束，直径一般在 5～100 nm；在非水溶液中，表面活性剂形成反相胶束，此时亲水基在内，疏水基在外，直径一般为 3～6 nm。如图 3.39 所示，囊泡的形成过程是一个与胶束的形成过程类似的超分子自组装过程。具有明显的亲疏水基团的两亲性表面活性剂以及嵌段聚合物，能够自组装形成囊泡。囊泡一般是具有双壳层结构的中空球体，这种双壳层结构的形成是由于两层表面活性剂的疏水基团在内部连接在一起，而亲水基团向外突出与水接触。胶束和囊泡因其独特的结构，被广泛地应用于纳米材料的合成。通过改变表面活性剂种类、表面活性剂混合物组分、温度、pH 或者搅拌速度等多种因素，可以调节胶束和囊泡的尺寸、形貌及稳定性。

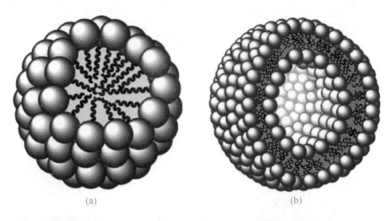

图 3.39　胶束（a）和囊泡（b）的结构示意图

　　微乳液模板一般只能用于合成球形纳米粒子，与此不同，胶束模板展现出了更多的本领，它可用于合成球形纳米粒子，也可用于合成一维甚至是二维纳米材料。例如，巴黎第六大学的 Pileni 以表面活性剂双（2-乙基己基）磺基琥珀酸钠所构成的胶束为模板，成功地合成了 Cu 纳米颗粒、纳米棒及纳米线[281]。嵌段共聚物，又称镶嵌共聚物，是将两种或两种以上性质不同的聚合物链段连在一起制备而成的一种特殊聚合物。嵌段共聚物在溶液中可以形成胶束，是合成纳米材料的一种常用的软模板[282]。一般来说，嵌段共聚物的结构精确可控，非常有利于纳米材料的精准合成，换句话说，有利于对纳米材料的尺寸和形状进行精准控制。佐治亚理工学院的林志群等在嵌段共聚物的精确合成及其在纳米材料的精准合成上做了大量的工作。普通线形嵌段共聚物所形成的胶束的热力学稳定性较差，以其为模板合成纳米材料时，无法对产物的形貌进行较为精准的调控。星形嵌段共聚物形成的胶束是一种单分子胶束，其结构非常稳定，可以克服线形嵌段共聚物的本征缺陷——不稳定。基于星形嵌段共聚物，林志群等发展了一种合成单分散胶体纳米晶的通用合成方法，该方法可对产物的尺寸、组分及结构进行精确控制[283]。利用该方法，他们合成了贵金属、氧化物及硒化物等一系列单组分实心纳米晶。该方法也可用于中空结构纳米晶和核/壳结构纳米晶的合成。2016 年，他们又在一维纳米材料的精准合成领域取得了重要进展[50]。以具有洗瓶状结构的单分子胶束（骨架为溴化纤维素，支链为功能嵌段共聚物）为模板，可以实现一维纳米材料的精准合成，产物的尺寸、形状、结构及表面化学等参数精确可控。例如，如图 3.40 所示，通过改变单分子胶束中溴化纤维素的分子量，可以准确地控制 Au 纳米棒的长度。

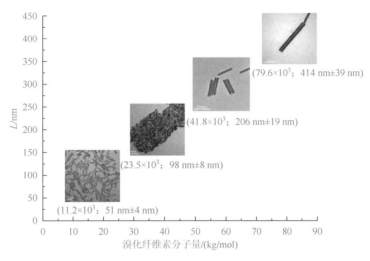

图 3.40　溴化纤维素分子量对产物 Au 纳米棒长度的影响[50]

3. 生物大分子

生物大分子及其组装体常具有一些人工很难合成的复杂而特殊的结构，在纳米材料的合成上有着重要的应用。常用的生物大分子软模板有多肽、蛋白质及 DNA 等。

对于合成双螺旋结构等复杂的纳米结构而言，普通的模板几乎无能为力，而生物大分子模板则能较为轻易地实现。举个例子，如图 3.41 所示，多肽作为模板可以指引具有双螺旋结构的 Au 纳米颗粒的组装体的合成[284]。为了获得 Au 纳米颗粒的双螺旋组装体，首先需制备出对 Au 具有特异性亲和能力的多肽。在多肽的 N 端基上接上琥珀酰亚胺活化的月桂酸分子，多肽分子能自组装成双螺旋结构。多肽链上的络氨酸残基具有还原 Au 盐的能力。结合上述两点，在多肽发生自组装的同时加入 Au 盐，专门合成出来的特异性多肽能指引具有双螺旋结构的 Au 纳米颗粒组装体的形成。通常情况下，具有特定形状的纳米晶需通过调控反应的

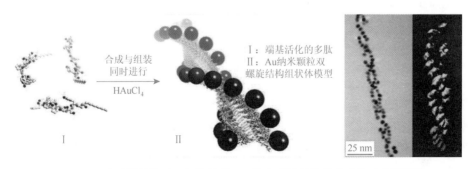

图 3.41　多肽模板指引双螺旋结构 Au 纳米颗粒组装体合成的示意图[284]

动力学来实现。无需调控反应的动力学，特异性的多肽序列可以作为模板直接指引具有特定几何形状的纳米晶的合成。在 2011 年，黄昱等以能特异性结合 Pt 晶面的多肽做模板成功地合成了一系列具有规整几何形状的 Pt 纳米晶[285]。

胰岛素是一种蛋白质，其淀粉样纤维具有超细的一维纳米结构，是一种制备超细纳米线的优良模板。燕山大学的高发明等以胰岛素淀粉样纤维为模板合成了一系列的贵金属超细纳米线。2012 年，以胰岛素淀粉样纤维为模板，他们合成出了直径约为 1.2 nm 且长径比高达 10^4 的超长超细 Pt 纳米线[286]。运用类似的方法，他们还合成出了超长超细的 Pd 纳米线[287]。在生物体中，DNA 是遗传信息的载体，而在纳米化学中，DNA 则是一种多才多艺的软模板。以 DNA 为模板，可以实现具有复杂形貌的一维、二维及三维纳米结构的合成[288]。尽管生物大分子模板在纳米材料的合成上具有许多的优点，然而其也有着无法回避的缺点，如合成复杂而且成本高昂。

3.4.3 硬模板

硬模板主要是通过共价键维系的刚性模板，如具有不同空间结构的高分子聚合物、阳极氧化铝膜、多孔硅、金属模板、天然高分子材料、分子筛、胶态晶体、碳纳米管等。与软模板相比，硬模板具有较高的稳定性和良好的空间限域作用，能严格地控制纳米材料的尺寸和形貌。但硬模板结构比较单一，因此用硬模板制备的纳米材料的形貌通常变化也较少。硬模板可依据模板所扮演的角色分为两类，即物理模板和化学模板。物理模板不参与化学反应，模板只为纳米材料的生长提供稳定静态的限域空间。顾名思义，化学模板则不仅为纳米材料的生长提供限域空间，同时也参与化学反应，因此，基于化学模板的模板合成法可称为化学转化法。

1. 物理模板

使用物理模板合成纳米材料时，一般有两种策略，一种是在模板的表面沉积目标材料，另一种是在具有孔洞结构的模板的孔洞内部沉积目标材料。

以纳米结构为模板，在其表面沉积目标材料，去除模板则可得到中空纳米材料，保留模板则可得到复合纳米材料。目标材料在模板上沉积时，往往伴随着不可避免但通常是有害的均相成核生长过程，为了使目标材料在模板表面顺利地沉积，一般需要对模板的表面进行修饰以提高模板对目标材料的黏附力。Te 纳米线具有长径比可控、分散性好且可大规模合成等诸多优点，且 Te 纳米线通常表面包覆有 PVP，利于许多种材料在其表面沉积，是非常优良的物理模板，更重要的是，经过十几年的发展，Te 纳米线的合成技术已经非常成熟[83, 289, 290]。2006 年，中国科学技术大学的俞书宏等以 Te 纳米线为模板，葡萄糖为碳源，通过水热碳化方法首次合成出了 Te@C 纳米电缆［图 3.42（a）］[291]。该纳米电缆直径可控，既可通过调整反应时间来调控，也可通过调整 Te 与葡萄糖的摩尔比来调控。简单地去除掉模板 Te 纳米线即可制备出尺寸均匀的超长碳质纳米纤维（carbonaceous nanofiber，CNF），如图 3.42（b）所示。更重要的是，调整反应时间，Te@C 纳米电缆能交联形成水凝胶，并可放大合成［图 3.42（c）］[292]。若将葡萄糖换成其他碳源，以 Te 线为模板可以制备出一系列组分不同的 Te@C 纳米电缆。举两个例子，以氨基葡萄糖盐酸盐为碳源，去除模板后，可制备出 N 掺杂的 CNF[293]；而若以氨基葡萄糖盐酸盐和葡萄糖酸亚铁一起作为碳源，去除模板后，则可制备出 Fe/N 共掺杂的 CNF[294]。金属有机框架材料具有超大的比表面积，在气体分离、催化等领域具有广泛的应用前景。模板法是制备金属有机框架材料的一种重要手段[295]。Te 纳米线可作为物理模板指引一维金属有机框架纳米材料的合成[296]。将 Te 纳米线溶液与 2-甲基咪唑和硝酸锌溶液简单地混合在一起，即可制备出 Te@ZIF-8 纳米电缆［图 3.42（d）］。Te@ZIF-8 纳米电缆的直径可通过调节反应物的浓度来控制。Te@ZIF-8 纳米电缆经热解后可转变成比表面积极大的多孔碳纳米纤维，比表面积可达 2270 m^2/g。

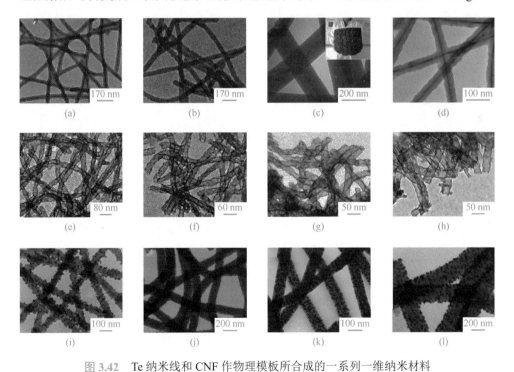

图 3.42　Te 纳米线和 CNF 作物理模板所合成的一系列一维纳米材料

（a）Te@C[291]；（b）CNF[291]；（c）Te@C 水凝胶[292]；（d）Te@ZIF-8[296]；（e）～（h）TiO_2、SnO_2、ZrO_2 及 $BaTiO_3$[297]；
（i）～（l）CNF-Fe_2O_3、CNF-TiO_2、CNF-Ag 及 CNF-Au[298]

正如上文中所提到的，CNF 合成方法简单可靠，可实现宏量制备，且 CNF 表面富含羟基、羧基等基团。显然，CNF 也是优异的物理模板。首先 CNF 可作牺牲模板以制备中空纳米结构。2009 年，俞书宏等以 CNF 为模板成功制备出了一系列氧化物纳米管，如 TiO_2、SnO_2、ZrO_2 及 $BaTiO_3$ [图 3.42（e）～（h）] 等[297]。CNF 表面富含羟基等官能团，因而 CNF 表面是带负电的，非常利于金属阳离子的吸附。以 CNF 为模板，在其表面沉积上一层金属氧化物，经煅烧去除掉模板后即可获得相应的金属氧化物纳米管。具有复杂中空纳米结构（具有多级结构，如管套管结构等）的金属氧化物纳米材料在能源存储和转化领域有着重要的应用前景[299]。以这种 CNF 作为物理模板，可合成一系列具有复杂中空纳米结构的氧化物纳米材料。基于模板 CNF，楼雄文等发展了一种一维金属氧化物纳米材料的通用方法，这些纳米材料的形貌均为复杂的中空纳米结构[300, 301]。该方法可用于合成 Mn_2O_3、Co_3O_4、NiO 及 Fe_2O_3 等一维单金属氧化物纳米材料，也可用于合成 $CuCo_2O_4$、$ZnCo_2O_4$、$CoMn_2O_4$、$ZnMn_2O_4$、$MnCo_2O_4$ 及 $NiCo_2O_4$ 等一维双金属氧化物纳米材料。CNF 作为模板指引中空纳米结构的合成时，需要将模板去除掉，也可以将模板保留以制备基于 CNF 的复合纳米材料。例如，在 CNF 负载上金属或氧化物纳米颗粒，可以制备多功能化的复合纳米材料，如 $CNF-Fe_2O_3$、$CNF-TiO_2$、CNF-Ag 及 CNF-Au 等 [图 3.42（i）～（l）][298]。

与表面沉积相反，以多孔或中空纳米结构为模板通过孔道填充取代也可以制备纳米材料。利用该方法合成纳米材料时，前驱体通过孔道的渗透效果是影响合成最关键的因素。孔道沉积法多用于一维纳米材料的制备，通常使用的多孔材料模板可以分为：孔洞有序排列的模板，如高分子聚合物、多孔氧化铝膜（AAO）、纳米管等；孔洞无序排列的模板，如沸石、分子筛、多孔硅模板等。以 AAO 为例，因其简单的制备工艺，可调的孔径大小，可直接制备在导电玻璃等其他基底上等特点，是制备一维纳米材料的理想模板，通过电沉积、溶液填充等技术将反应物前驱体引入 AAO 孔道，再经化学反应和模板刻蚀得到一维纳米材料，多种金属、氧化物、硫化物、碳材料及各种异质结构纳米线都可以通过这种方法合成[302, 303]。

Martin 等在用 AAO 模板制备纳米线方面做了大量开拓性的工作[304-306]。早在 1989 年，他们就在 AAO 模板的孔道内合成了 Au 纳米线[305]。自此以后，AAO 模板在一维纳米材料的制备上得到了广泛的应用。近年来，钙钛矿因其优异的光伏性能受到了人们的广泛关注。常规方法合成的钙钛矿纳米线的尺寸相当不均匀（尺寸分布大于 20%）[307]，而 AAO 模板则可有效地解决这个问题。Mirkin 等通过前驱体溶液填充的方法在 AAO 模板中制备了钙钛矿纳米线，该方法合成的钙钛矿纳米线的直径分布小于 10%，显著优于常规的合成方法[308]。这种方法不仅可以用来制备有机-无机杂化卤素钙钛矿（$CH_3NH_3PbI_3$ 和 $CH_3NH_3PbBr_3$）纳米线，还可以用来制备全无机钙钛矿（Cs_2SnI_6）纳米线[308]。目标材料在 AAO 模板中沉积是一个渐进的过程，因而可以根据需要对材料的沉积过程进行操控。例如，若交替地在 AAO 模板中沉积两种材料，则可制得两种组分交替分布的多节异质纳米线。2005 年，Lee 等利用此方法合成了 Au-Ni-Au-Ni-Au 多节异质纳米线[309]。

多元纳米阵列是一种单个纳米阵列中存在两种（或以上）具有不同结构或组分的重复单元的纳米阵列，这是一种设计和制备功能器件的新思路[310]。当多元纳米阵列的各重复单元的间距小到能发生相互作用时，可能会给材料带来更好的甚至是本不具有的性能。常规的合成方法很难对多元纳米阵列的组分和形貌进行有效的调控。AAO 模板的结构具有极高的可塑性，其孔的形状、直径、深度以及孔与孔之间的间距均具有较大的调控空间[302]。更重要的是，通过特定的技术手段，可以制备出同时具有两种或以上孔结构的 AAO 膜，这种 AAO 膜可用于制备尺寸、组分及结构可控的多元纳米阵列。伊尔梅瑙工业大学雷勇等结合压印和阳极处理技术制备了一系列具有双重复单元的 AAO 膜 [图 3.43（a）～（e）][311]。该

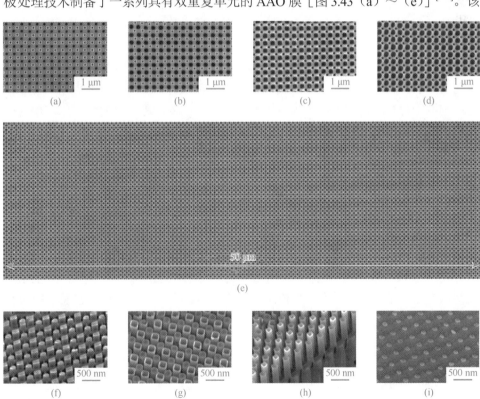

图 3.43 具有双重复单元的 AAO 膜 [（a）～（e）] 及以其为模板所制备的一系列
两元纳米阵列 [（f）～（i）][311]

（a）和（b）中的圆形孔的直径分别为 158 nm 和 225 nm；（c）和（d）中方形孔的直径分别为 119 nm 和 130 nm；（e）为一张面积为 50 μm×20 μm 的 AAO 膜的 SEM 照片；（f）～（i）分别为重复单元为纳米线/纳米线、纳米线/纳米管、纳米管/纳米管及纳米点/纳米点的两元纳米阵列

系列 AAO 膜均具有两种重复单元，分别为方形孔和圆形孔，这两种孔的孔径均可单独调控。需强调的是该系列 AAO 膜都可实现大规模制备。利用这些 AAO 模板，他们合成了一系列具有不同结构的两元纳米阵列，其重复单元可以是纳米线/纳米线、纳米线/纳米管、纳米管/纳米管及纳米点/纳米点等组合 [图 3.43 (f) ～ (i)]。

2. 化学模板

低维纳米材料具有尺寸小、比表面积大等特性，这些特性使得低维纳米材料的稳定性通常较差。但是，稳定性差意味着高的反应活性，而高反应活性则意味着低维纳米材料可进一步发生化学反应并生成另外一种低维纳米材料，这就是所谓的化学模板法。模板作为化学模板参与低维纳米材料的形成时，存在如下三种情况：一是模板中的原子无任何流失且有新的原子流入；二是模板中的部分原子被其他原子替换掉；三是模板中流失了一部分原子但无新原子流入。第一、第三种情况可与有机化学反应中的加成和消去反应类比，因此可分别称之为"加成"法和"消去"法。第二种情况又可以细分为两种：一种涉及氧化还原反应，可称之为置换法；另一种则涉及非氧化还原反应，称为离子交换法。使用化学模板指引低维纳米材料的合成时，不仅可以实现形貌的调控，更重要的是可以实现对产物组分的精细控制。

1) "加成"与"消去"

在有机化学中，两个或多个分子互相作用，生成一个加成产物的反应称为加成反应，发生在有不饱和键的有机物中。在无机化学反应中，化合反应与合金化反应具有类似的特征。当模板与反应物发生化合反应或合金化反应时，我们称这种化学模板法为"加成"法。无论是化合反应还是合金化反应，它们一般发生于单质之间。因此，利用"加成"法合成低维纳米材料时，所用到的模板一般为单质金属（如 Fe、Co、Ni、Cu 等）或非金属（如 Se、Te 等）纳米材料。自 21 世纪初以来，单质金属或非金属低维纳米材料合成的发展突飞猛进，已发展得极为成熟，为"加成"法的应用提供了极好的基础。

单质金属可与 O、S、P、Se 等非金属化合生成相应的化合物。基于此，在合适的条件下，单质金属纳米材料可转化成金属氧化物、金属硫化物等纳米材料。举个简单的例子，在温和氧化剂氧化三甲胺的作用下，Fe 纳米颗粒可被转化成 $\gamma\text{-Fe}_2\text{O}_3$[312]。金属纳米晶在向金属硫化物等纳米晶发生转化时，往往伴随着纳米尺度的克肯达尔效应的发生，该现象最早由 Alivisatos 等在 Co 纳米颗粒的硫化过程中观察到[313]。克肯达尔效应概念最早来源于冶金学，指两种扩散速率不同的金属在扩散过程中会形成缺陷。由于克肯达尔效应的存在，在合金的形成过程中会形成空隙并逐渐积累成大空穴。在冶金过程中，工程师们想努力消除这个效应。

然而，Alivisatos 等的发现使克肯达尔效应焕发新的活力。现如今，该效应已被广泛用于中空纳米材料的合成。Co 纳米颗粒与 S 单质反应后可转化成 Co_3S_4 或 Co_9S_8 中空纳米颗粒[313]。在 Co 纳米颗粒硫化时，Co 离子从纳米颗粒里向外扩散的速度大于 S 离子向纳米颗粒里扩散的速度，当反应完成时，纳米颗粒的内部形成了一个空腔。Co 纳米颗粒硫化产物的组成与所加入的 S 的量有关，通过调整 S 的加入量，Alivisatos 等合成出了两种组分不同的中空纳米颗粒（Co_3S_4 或 Co_9S_8），纳米颗粒的空洞大小与 S 的加入量密切相关，S 加入量越多，空洞越大。此外，Co 纳米颗粒经氧化或硒化后也可转化成相应的氧化物或硒化物中空纳米颗粒；特别地，Pt@Co 核/壳纳米颗粒经氧化或可转化成 Pt/CoO 中空核壳结构纳米颗粒[313]。克肯达尔效应对金属纳米颗粒的磷化产物的形貌也有着显著的影响。Schaak 等发现 Ni 纳米颗粒的磷化产物的形貌与其尺寸密切相关，当 Ni 纳米颗粒的尺寸为 10～25 nm 时，其磷化产物为 Ni_2P 中空纳米球，而当其尺寸为 5.2 nm 时，磷化产物则为实心 Ni_2P 纳米颗粒[314]。除了氧化物、硫化物等化合物，金属纳米颗粒也可经"加成"反应转化成金属合金或金属间化合物纳米颗粒。早在 2001 年，Park 和 Cheon 就以 Co 纳米颗粒为模板制备了 CoPt 合金纳米颗粒[315]。与合金相比，"加成"法在金属间化合物纳米材料合成上应用更为广泛。利用"加成法"，Schaak 等以 β-Sn 纳米晶为模板制备了一系列 M-Sn（M = Fe、Co、Ni、Pd）金属间化合物纳米晶[316]。

　　单质硒和碲均是非常重要的元素半导体，其相应的纳米结构具有非常高的化学反应活性，是优良的"加成"反应前驱体。硒、碲纳米结构经"加成"反应后可转化成相应的硒化物和碲化物纳米结构。早在 2001 年，夏幼南等就注意到了 Se 纳米线的高反应活性，并将其作为"加成"反应底物制备出了"加成"产物 Ag_2Se 纳米线[317]。Se 纳米线作为"加成"反应底物的相关研究相对较少，原因可能是 Se 纳米线的高质量合成比较困难。与 Se 纳米线相比，Te 纳米线的精准合成相对简单，其直径、长径比等参数的调控相对比较容易。俞书宏等以 Te 纳米线为"底物"制备了 CdTe、PbTe、Ag_2Te、Cu_2Te 及 Bi_2Te_3 等碲化物纳米线，如图 3.44（a）～（f）所示[318-320]。鉴于 Se、Te 纳米结构均具有极高的反应活性，有理由推断，Se_xTe_y 合金纳米结构或 Te/Se 异质纳米结构也具有极高的反应活性，且可用作合成三元金属-硒-碲合金或异质纳米结构的"底物"。正是基于这个思路，俞书宏等建立了一种多元金属-硒-碲合金或异质结构纳米线的通用方法[321]。如图 3.44（g）～（p）所示，"底物"Te_xSe_y@Se 核/壳结构纳米线经"加成"反应可转化成一系列三元金属-硒-碲合金纳米线，具体为 AgSeTe、HgSeTe、CuSeTe、BiSeTe、PbSeTe、CdSeTe、SbSeTe、NiSeTe 及 CoSeTe 九种三元合金纳米线[321]。在有机化学中，对于多烯烃、炔烃等不饱和有机化合物的加成，往往需要对反应进程甚至是反应路径进行控制以获得想要的加成产物。对于"加成"法，操控其反应进程可用于异质纳米结构的制备。例如，Se 纳米线经局部"加成"反应可转化成 Se@CdSe、Se@RuSe$_2$ 及 Se@Pd$_{17}$Se$_{15}$ 等核/壳结构纳米线，去除掉未发生反应的"底物"则可制备出 CdSe、RuSe$_2$ 及 Pd$_{17}$Se$_{15}$ 等硒化物纳米管，该方法是制备金属硒化物纳米管的一种有效手段[322, 323]。又如，以 Te 纳米线为"底物"，经局部"加成"反应可制得 Te-Bi$_2$Te$_3$ 及 Te-PbTe 等异质结构纳米线，如图 3.44（q）～（r）所示[324, 325]。Te-Bi$_2$Te$_3$ 和 Te-PbTe 中未反应的 Te 可进一步发生"加成"反应并生成 PbTe-Bi$_2$Te$_3$ 和 Ag$_2$Te-PbTe 异质结构纳米线[325, 326]。类似地，从 Te$_x$Se$_y$@Se 核/壳结构纳米线出发，经两步"加成"反应可制备出多达 36 种四元金属-硒-碲合金或异质结构纳米线[321]。

    消去反应，是一种有机反应，一般为有机化合物分子和其他物质发生反应，失去部分原子或官能团的反应。类比于消去反应，"消去"法制得的纳米结构与

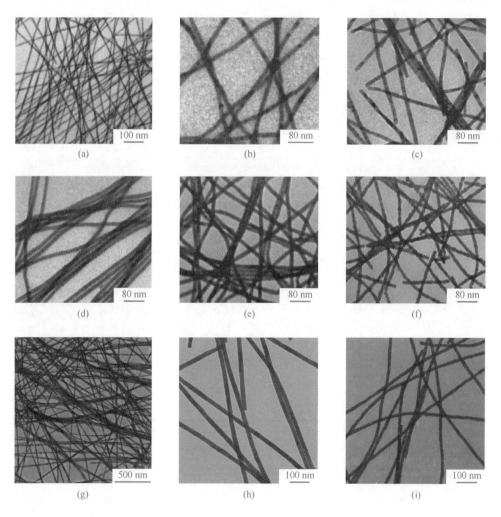

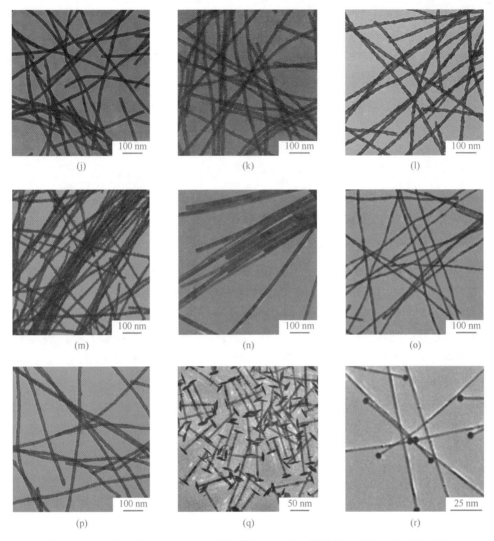

图 3.44   Te 纳米线和 Te$_x$Se$_y$@Se 纳米线作"加成"模板所合成的一系列纳米线

（a）~（f）Te、CdTe、PbTe、Ag$_2$Te、Cu$_2$Te 及 Bi$_2$Te$_3$[318-320]；（g）~（p）Te$_x$Se$_y$@Se、AgSeTe、HgSeTe、CuSeTe、BiSeTe、PbSeTe、CdSeTe、SbSeTe、NiSeTe 及 CoSeTe[321]；（q）PbTe-Bi$_2$Te$_3$[324]；（r）Ag$_2$Te-PbTe[325]

原始模板相比少了某些组分。用于"消去"法的模板往往是离子化合物或共价化合物。"消去"法既可以去除模板中的金属组分，也可以去除掉模板中的非金属组分。当要去除掉模板中的金属组分时，常用的策略是加入螯合剂将金属离子络合住，以达到去除掉模板中的金属离子的目的。以离子化合物为例，张兵等以 Sb$_2$Te$_3$ 纳米片为模板经"消除"反应制备出了多孔的 Te 纳米片[327]。在 Sb$_2$Te$_3$ 纳米片的分散液中加入络合剂（酒石酸）并同时鼓入氧气，经水热处理即可制备出多孔 Te 纳米片，Te 纳米片保留了模板 Sb_2Te_3 纳米片的骨架结构。去除模板中的非金属组分常用的手段有还原、热解及配体萃取。例如，Schaak 等以三辛基膦为配体成功地将富硒金属硒化物（如 $NiSe_2$ 和 $CoSe_2$）纳米颗粒中的一部分硒萃取出来，制备出了少硒金属硒化物（如 Ni_3Se_2 和 Co_9Se_8）纳米颗粒[328]。伴随着 Se 的"消去"，模板纳米颗粒的物相发生了变化而形貌得到了保留。对于纳米结构上发生的"消去"反应，既可以是整个模板中的某种组分被去除了，产物的结构和组分与模板不再相同，也可以是模板中的某个区域的组分被整体去除了，产物的组分与模板相同而形貌发生了变化，后者是一种制备中空或介孔纳米结构的有效方法。为了整体地去除纳米结构中某个区域而保留余下部分，必须对余下部分进行保护。基于上述概念，殷亚东等首次提出了合成介孔（或中空）SiO_2 纳米颗粒的表面保护刻蚀策略[329]。在有刻蚀剂存在下，没有表面保护层的 SiO_2 纳米颗粒将被完全地刻蚀掉，而对于有表面保护层（PVP）的 SiO_2 纳米颗粒，SiO_2 纳米颗粒的表面无法被刻蚀掉而其内部仍可被刻蚀掉，最终 SiO_2 实心纳米颗粒将转变成介孔（刻蚀时间短）或中空（刻蚀时间长）纳米颗粒。与物理模板法相比，表面保护刻蚀策略具有诸多优点，如操作简单、易放大合成等。但是，该策略的缺点也相当明显，它的应用范围相当有限，一般只用于某些空心氧化物的合成，如 SiO_2、TiO_2 等。

2）置换

置换反应是单质与化合物反应生成另外的单质和化合物的化学反应，是化学中四大基本反应类型之一，包括金属与金属盐的反应、金属与酸的反应等。它是一种单质与一种化合物作用，生成另一种单质与另一种化合物的反应。以金属纳米结构为模板，另一种金属的盐为反应前驱体，通过置换反应可制备出另一种形貌类似而组分不一样的金属纳米结构，该合成方法称为置换法。置换法有诸多优点，主要体现在以下三个方面：一是组分，简单地调整金属盐的加入量即可达到调控产物组分的目的；二是内部结构，一般来说，置换反应会优先在模板上化学活性更高的区域发生，因此产物的表面会形成一层多孔壳层，而壳层的厚度受加入的金属盐的量控制；三是形貌，产物具有与模板类似的几何形状，尽管尺寸会发生一定的变化。总而言之，置换法是一种方便简洁的合成技术，可用于合成一系列组分、尺寸、形状可控的多功能纳米结构。近年来，置换法被广泛应用于贵金属纳米结构的合成[330]。

置换反应属于氧化还原反应，可以拆分成两个半反应，即一种单质的氧化以及另一种单质的生成。在热力学上某个置换反应能否自发地进行与该置换反应所涉及的两种单质所对应的还原电势密切相关。一般地，对于置换反应 $A + BX \longrightarrow B + AX$，若该反应能自发进行，则被置换单质（A）应具有比产物单质（B）更低的还原电势，即 A/AX 的还原电势比 B/BX 更负；若 A 和 B 均为金属，根据其金属活动性顺序即可判断该置换反应的热力学可行性，这是因为金属越活泼，其对应的还原电势越负。基于此，使用置换法合成金属纳米结构时，应选用相对较活泼的金属纳米结构作为模板。如表 3.1 所示[331]，Ag 具有相对较强的金属活性，Ag 纳米结构可作为置换模板用于 Pd、Ir、Pt 及 Au 等贵金属纳米结构的合成。举个例子，夏幼南等利用置换法，以具有不同几何形状的 Ag 纳米结构为模板，制备了一系列基于 Au、Pt 及 Pd 的贵金属纳米盒或纳米笼[332]。具有规整几何形状的 Ag 纳米结构（如纳米立方体）的不同表面位点的化学活性存在差异。如图 3.45（a）所示，AuCl$_4^-$ 与 Ag 纳米立方体［图 3.45（b）］发生置换反应时，在反应的初期，在 Ag 纳米立方体的侧边会生成一些小孔，这是因为置换反应会在表面能最大的位点（缺陷位）优先发生。在小孔处 Ag 单质氧化并迁移出纳米立方体，而单质 Au 则在立方体的表面上沉积，随着反应的进行，沉积的 Au 会逐渐将生成的小孔围拢，最终生成 Au/Ag 合金纳米盒。当 Au 源 HAuCl$_4$ 加入量足够时，Ag 纳米立方体中的 Ag 将被 Au 全部置换出来并生成 Au 纳米笼［图 3.45（c）］。当 Ag 纳米结构的几何形状为截角立方体时，Ag 的氧化会优先在截角面进行，最终生成孔只分布在截角面的 Au 纳米笼，如图 3.45（d）～（f）所示。显然，HAuCl$_4$ 与 Ag 纳米结构发生置换反应时，Ag 纳米结构的几何形状对产物的形貌有着重要的影响。Ag 纳米立方体的合成一般需要用高分子聚乙烯吡咯烷酮（PVP）作稳定剂，而 PVP 与 Ag 的不同晶面的作用力存在明显的差异，PVP 通常优先吸附在 Ag 的 {100} 晶面族上。对于 Ag 立方体而言，其暴露的晶面为 {100} 晶面族，所有的表面均被 PVP 钝化了；而对于 Ag 截角立方体而言，其截角面暴露的晶面为 {111} 晶面族，PVP 与该晶面族的作用力相对较弱。因此，Ag 截角立方体与 HAuCl$_4$ 发生置换反应时，截角面上的 Ag 优先氧化，而 Au 则仍在 {100} 晶面族上沉积，从而使得最终产物 Au 纳米笼的孔洞只分布在截角面上。

表 3.1　一些半反应的标准电极电势[331]

半反应	标准电极电势/V	半反应	标准电极电势/V
$Co^{2+} + 2e^- \longrightarrow Co$	−0.28	$Ag^+ + e^- \longrightarrow Ag$	0.7996
$Cu^{2+} + 2e^- \longrightarrow Cu$	0.3419	$Pd^{2+} + 2e^- \longrightarrow Pd$	0.951
$Ru^{2+} + 2e^- \longrightarrow Ru$	0.455	$Ir^{3+} + 3e^- \longrightarrow Ir$	1.156
$TeO_2 + 4e^- + 4H^+ \longrightarrow Te + 2H_2O$	0.593	$Pt^{2+} + 2e^- \longrightarrow Pt$	1.18
$Rh^{3+} + 3e^- \longrightarrow Rh$	0.758	$Au^{3+} + 3e^- \longrightarrow Au$	1.498

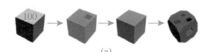

(a)

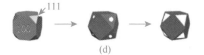

(d)

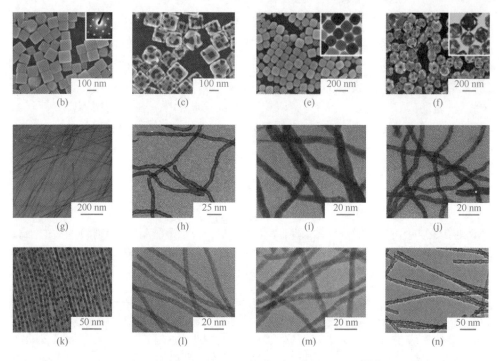

图 3.45 （a）～（f）Ag 纳米结构作为置换模板指引 Au 纳米笼的生长[332]：（a）Ag 纳米立方体到 Au 纳米笼的形貌演变示意图；（b）Ag 纳米立方体；（c）Au 纳米笼；（d）Ag 截角立方体到 Au 纳米笼形貌演变示意图；（e）Ag 截角立方体；（f）孔洞分布在截角面上的 Au 纳米笼；（g）～（n）Te 纳米线作置换模板所合成的一系列纳米线：（g）～（j）Te 纳米线、Pt 纳米管、Pd 纳米线及 Pt 纳米线[333]；（k）Te-Au 异质结构纳米线[334]；（l）、（m）PtTe 纳米线和 PtPdTe 纳米线[335]；（n）PtPdRuTe 纳米管[336]

从表 3.1 中可知，Te 的活性高于许多的贵金属，因此 Te 纳米结构是非常优良的置换法模板，可用于制备一系列的贵金属纳米结构。从 2009 年开始，俞书宏等在这方面做了大量的工作，并取得了一系列进展。如图 3.45（g）～（i）所示，超细 Te 纳米线与 Pt 盐或 Pd 盐发生置换反应可转化成相应的 Pt 纳米线（管）或 Pd 纳米线[333]。Te 纳米线与 Pt 盐（H_2PtCl_6）或 Pd 盐（$PdCl_2$）的反应方程式可以写成如下形式：

$$PtCl_6^{2-} + Te + 3H_2O \longrightarrow Pt + TeO_3^{2-} + 6Cl^- + 6H^+ \tag{3-8}$$

$$2PdCl_2 + Te + 3H_2O \longrightarrow 2Pd + TeO_3^{2-} + 4Cl^- + 6H^+ \tag{3-9}$$

显然，从上述反应式中可知，Te 与 H_2PtCl_6 反应的摩尔比为 1∶1，而 Te 与 $PdCl_2$ 反应的摩尔比为 1∶2。Pt 的摩尔体积约为 9 cm^3/mol，Pd 约为 9 cm^3/mol，而 Te 约为 20 cm^3/mol。因此，Te 纳米线与 H_2PtCl_6 反应后，纳米线的体积变小，产物为纳米管；而 Te 纳米线与 $PdCl_2$ 反应后，纳米线的体积变化很小，产物为实心纳米线。依据此机制，若将 Pt 盐换成相应的二价盐，产物将为 Pt 实心纳米线。事实上，如图 3.45（j）所示，Te 纳米线与二价 Pt 盐 PtCl$_2$(NH$_3$)$_2$ 的反应产物为 Pt 实心纳米线。Pd 比 Pt 活泼，因此金属 Pd 可与 Pt 盐发生置换反应。Pd 纳米线可进一步与 H$_2$PtCl$_6$ 发生置换反应生成 Pd@Pt 核/壳结构纳米线，产物中 Pt 的含量由所加入的 H$_2$PtCl$_6$ 的量所决定[337]。Te 纳米线与足量的贵金属盐反应时可转化成相应的纯贵金属纳米线，但是，若所加入的贵金属盐不足时，即置换反应只在模板的局部发生时，产物将为相应的合金或异质纳米线。如图 3.45（k）所示，Te 纳米线与少量的 HAuCl$_4$ 反应的产物为 Te-Au 异质结构纳米线[334]。当加入的 HAuCl$_4$ 的量不够时，Te 纳米线中只有一部分 Te 被置换成 Au，而 Au 与 Te 的晶体结构差异太大，难以形成 AuTe 合金，因此最终产物为 Te-Au 异质结构纳米线。与 Te-Au 的情况不同的是，Te 纳米线与 Pt 盐发生局部置换的产物为 PtTe 合金纳米线，如图 3.45（l）所示[335]。当 Te 纳米线与两种或以上的贵金属盐发生局部置换反应时，Te 纳米线可转化成相应的三元或以上的合金纳米线。在同时有 Pt 盐和 Pd 盐存在的情况下，Te 纳米线发生局部置换反应并转化为 PtPdTe 纳米线，如图 3.45（m）所示[335]。类似地，在同时有 Pt 盐、Pd 盐及 Ru 盐等三种盐存在的情况下，Te 纳米线可转化成 PtPdRuTe 四元合金纳米线［图 3.45（n）］[336]。从表 3.1 中可知，Te 的金属活动性是要弱于 Ru 的，从热力学的角度考虑，Te 纳米线是无法与 Ru 盐发生置换反应的，然而事实上，Te 与 Ru 盐却可以发生反应并生成 RuTe 合金纳米线[336]。在判断某个置换反应能否进行时，常用的方法是比较反应物单质与产物单质所对应的标准电极电势，这种判断方法在实际情况下有可能会失效，这是因为实际反应一般是在远离标准条件的情况下进行，而电极电势是随着反应条件改变而改变的。对于某个置换反应而言，随着反应条件的改变，其反应方向可能会发生逆转，如上文提到 Te 纳米线与 Ru 盐发生反应的情况。非标准条件下，在酸性溶液中，Te 与 Ru 所对应的非标准电极电势可写成如下形式：

$$Ru^{2+} + 2e^- \longrightarrow Ru \qquad \varphi(Ru^{2+}/Ru) = 0.455 + \frac{RT}{2F}\ln[Ru^{2+}] \qquad (3\text{-}10)$$

$$TeO_2 + 4H^+ + 4e^- \longrightarrow Te + 2H_2O \qquad \varphi(TeO_2/Te) = 0.593 + \frac{RT}{4F}\ln[H^+]^4 \qquad (3\text{-}11)$$

其中，R 为摩尔气体常量；T 为热力学温度；F 为法拉第常数。在不考虑有配体存在的情况下，从上述方程式中可以看出，在固定温度下，在酸性溶液中 Ru 所对应的电极电势只与 Ru^{2+} 离子浓度相关，而 Te 所对应的则与溶液的 pH 相关。显然，Te 与固定浓度的 Ru 盐溶液混合时，只要调整溶液 pH 的大小，即可使 Te 所对应的非标准电极电势负于 Ru。因此，从热力学角度来看，在条件合适时，Te 纳米线可以与 Ru 盐发生置换反应。

　　3）离子交换

对于离子键占主导的金属氧化物、金属硫族化合物等无机化合物半导体而言，其晶格中存在具有一定迁移能力的阴、阳离子，这种特征使得此类材料中的某种元素存在被交换出来的可能。离子交换法是一种材料的后处理技术，根据被交换离子的种类，离子交换可以分为阳离子交换和阴离子交换。在溶液中，离子交换反应能否进行彻底取决于被交换离子能否完全地从晶体中迁移到反应溶液中。对于大块晶体而言，被交换离子很难完全地从晶体中迁移出来，离子交换反应无法进行彻底，而且由于离子需要迁移的距离较大，所需反应时间较长，应用价值有限。但是，若晶体的尺寸足够小，离子交换反应则能快速而彻底地完成。低维纳米材料至少有一个维度处于纳米尺度范围，离子交换反应在此类材料中极易发生，因此离子交换在纳米材料的后处理方面极具应用前景[19, 338]。

以制备好的纳米材料为模板（宿主），通过离子交换反应可将宿主中的某种元素替换成一种新的元素，从而制备出形貌与宿主几乎一致但组分不同的纳米材料，这就是制备纳米材料的离子交换法。一般情况下，晶体的结构骨架由阴离子构成，阳离子的迁移能力远高于阴离子。因此，相比于阳离子交换，引发阴离子交换反应需要更苛刻的条件，而且阴离子交换很容易造成宿主的结构和形貌的变化，在低维纳米材料的可控合成领域的应用受到了很大限制，鲜为人关注。自 20 世纪 90 年代初 Weller 等首次利用阳离子交换法制备纳米材料以来[339]，阳离子交换在低维纳米材料的制备中得到了广泛的应用[340]。下文将主要介绍阳离子交换反应的基本原理及其在低维纳米材料制备中的应用。

在溶液中的阳离子交换反应的基本形式如下：

$$\mathrm{MX(s)} + \mathrm{N^+(sol)} \longrightarrow \mathrm{NX(s)} + \mathrm{M^+(s)} \tag{3-12}$$

该反应方程式中 s 代表固相，sol 代表溶液相。为了简单起见，我们在此仅讨论单价阳离子的交换，尽管多价阳离子也可发生离子交换反应。假定产物和宿主的晶相变化所带来的能量变化在整个交换反应的能量变化中不占主导地位，阳离子交换反应可以分成如下四个理想的反应步骤，即宿主 MX 的解离、NX 的形成、$\mathrm{N^+}$ 离子的去溶剂化及 $\mathrm{M^+}$ 离子的溶剂化[340]。为了预测阳离子交换反应能否自发进行，有必要知道上述四个步骤所涉及的能量变化。MX 的解离和 NX 的形成过程所涉及的能量变化可由 MX 和 NX 的晶格和表面能进行定量的描述，而为了确定溶剂化和去溶剂化过程中所涉及的能量变化，需要精确知道阳离子对溶剂和可能需要用到的配体的亲和力。

离子晶体的晶格能（ΔH_{latt}），也称晶格焓，通常定义为在绝对零度下将晶体解离成相应离子所需的能量[331]。晶格能决定了离子晶体中化学键的强度，晶格能越大，晶体越稳定。晶体的晶格能取决于晶格中离子间的库仑作用力，它不仅仅受阴、阳离子半径及所带电荷的影响，同时也受阴、阳离子排列方式（即晶体结构）的影响，具体来说，可用如下方程式描述：

$$\Delta H_{latt} = -\frac{NMz_i z_j e^2}{r^+ + r^-}\left(1 - \frac{1}{n}\right) \tag{3-13}$$

其中，N 为阿伏伽德罗常量；z_i 和 z_j 为离子所带的电荷（单位为 e）；r^+ 和 r^- 分别为阳离子和阴离子的离子半径；n 为 Born 指数；M 为 Madelung 常数。M 与离子在晶体中的空间位置密切相关，因此该常数的大小取决于晶体的晶体结构。也就是说，对于组分相同的同素异形体，它们各自的晶格能有着很大的不同。

阳离子交换一般用于处理金属硫属化合物，然而大部分相关的晶格能数据很难从文献中查到，特别是那些有同素异形体的材料。表 3.2 中列出了部分金属硫属化合物的晶格能。在一些情况下，例如，产物为亚稳相材料的阳离子交换反应，大量晶格能数据的缺失使得我们无法在理论上对某些阳离子交换反应能否发生进行判断。如果材料的晶体结构是已知的，依据前文中晶格能的表达式，可以对晶格能进行一些定量的计算。晶格能的大小强烈地依赖于阴、阳离子之间的距离，对于某个给定的阳离子 M^+，显然离子化合物 MX 的晶格能随着阴离子 X^- 的离子半径的增大而减小。因此，通常来说，对于金属硫属化合物，同一种金属的硫化物具有最大的晶格能，硒化物次之，而碲化物最小，如表 3.2 所示[341, 342]。对于某个阳离子交换反应，当相应的晶格能常数未知时，对比产物和宿主的离子键裂解能（BDE）之间的差异是评估该反应热力学的另一种选择[343, 344]。化合物 MX 的 BDE 可以定义为反应 MX ⟶ M + X 的标准焓变。BDE 的大小与离子的排列无关，因此 BDE 的大小与晶体结构无关。如表 3.2 所示，BDE 的变化趋势大致与晶格能一致。对于一个阳离子交换反应，知道晶格能、溶剂化能和去溶剂化能仍然无法计算出反应的整体能量变化。事实上，宿主的解离和产物的形成还涉及表面能的变化。大比表面积是低维纳米材料最常见的特性之一，也因此低维纳米材料中的表面原子占比比较大。与大块材料相比，从热力学角度来说，大比表面积反映了低维纳米材料的高表面能。然而，到目前为止，我们仍然无法对纳米材料的表面能进行精确的计算，甚至无法对其做一个粗略的估算，原因是表面能取决于许多的因素，如表面配体的种类、表面所暴露的是何种晶面等。

表 3.2 一些金属硫属化合物的晶格能（ΔH_{latt}）和键裂解能（BDE）[331, 341, 342]（kJ/mol）

硫化物	ΔH_{latt}	BDE	硒化物	ΔH_{latt}	BDE	碲化物	ΔH_{latt}	BDE
Ag$_2$S	2677	216.7±14.6	Ag$_2$Se	2686	210.0±14.6	Ag$_2$Te	2600	195.8±14.6
CdS	3460	208.5±20.9	CdSe	3310	127.6±25.1	CdTe	—	100.0±15.1
Cu$_2$S	2865	274.5±14.6	Cu$_2$Se	2936	255.2±14.6	Cu$_2$Te	2683	230.5±14.6
HgS	3573	217.3±22.2	HgSe	—	144.3±30.1	HgTe	—	<142
PbS	3161	398	PbSe	3144	302.9±4.2	PbTe	3039	249.8±10.5
ZnS	3674	224.8±12.6	ZnSe	—	170.7±25.9	ZnTe	—	117.6±18.0

现让我们讨论如下反应：$A_2X + B^{2+} \longrightarrow BX + 2A^+$。反应过程中，$B^{2+}$阳离子去溶剂化并插入到宿主的晶格中交换出两个 A^+ 阳离子，A^+ 阳离子溶剂化进入溶液中，显然，此过程中整个反应体系的熵增加了，因此该反应从熵的角度来说是自发进行的。如果产物 BX 比宿主 A_2X 更稳定（即 $|\Delta H_{latt}BX| > |\Delta H_{latt}A_2X|$），显然该反应不管从熵还是熵的角度来说都是自发进行的。大量实验结果表明，在很多情况下这种类型的阳离子交换反应无法发生，除非在反应体系中引入合适的配体。最典型的例子是 Cu_2X 或者 Ag_2X 到 CdX 的阳离子交换反应，该类反应是熵、焓均有利的自发反应，然而除非在烷基膦配体的参与下，否则该类反应无法进行。据此，离子的溶剂化和去溶剂化所造成的能量变化在阳离子交换反应所涉及的能量变化中应占主导地位，也就是说溶剂化能和去溶剂化能是阳离子交换反应的主要驱动力。通常情况下，溶剂化能和去溶剂化能是可以预测和控制的。据此，选择合适的溶剂和（或）配体可以有效地增加宿主中阳离子的溶解能力并促使目标阳离子进入宿主中[345]。

Pearson 的软硬酸碱理论对于阳离子交换反应来说是极为重要的定性理论，它可以帮助预测金属离子对配体或溶剂的亲和能力，对有目的地调节阳离子交换反应中所涉及的阳离子的溶解能力有重要的参考价值[346]。该理论依赖于 Lewis 酸（A）和碱（B）的硬和软的概念[347]。选用特定的碱作参照物，依据相应 AB 化合物的稳定性，可以将 Lewis 酸分成两类，即软酸和硬酸。类似地，Lewis 碱依据其给电子原子的特征分成软碱和硬碱。简单来说，在软硬酸碱理论中，"硬"的概念可以理解为对改变的抵抗能力。软碱的给电子原子极性大、电负性小，易被氧化；而硬碱的给电子原子极性小、电负性大，很难被氧化。软酸的受电子原子正电荷数低、体积大，而硬酸的正电荷数高、体积小。硬酸易与硬碱结合形成离子化合物，而软酸则易与软碱结合形成共价化合物。为了比较 Lewis 酸碱的硬度，在 1983 年 Parr 和 Pearson 引入了绝对硬度（η）的概念[347]。表 3.3 中列出了阳离子交换反应中常用到的阳离子、溶剂及配体的绝对硬度[348]。这些数据为比较阳离子（Lewis 酸）的酸度以及配体和溶剂（Lewis 碱）的碱度提供了便利，从而方便对阳离子交换反应进行调控。从表 3.3 中可以看出，对于具有类似分子结构的 Lewis 碱，给电子原子是 F、O 或 N 的碱的硬度要强于给电子原子是 Cl、S 或 P 的碱。依据软硬酸碱理论，我们可以预测，若宿主中的阳离子是硬酸（如 Zn^{2+}、Cd^{2+} 等），则宿主中的阳离子可在硬碱溶剂（如水或乙醇）中被硬度较小的酸（如 Cu^+、Pb^{2+}、Ag^+ 等）交换出来；若宿主中的阳离子是软酸，在有软碱（如烷基膦等）存在的情况下，该阳离子可自发地被硬酸阳离子交换出来。

表 3.3　常用阳离子、溶剂及配体的绝对硬度（η）[348]

酸	η	碱	η
Cu^+	6.28	$C_6H_5NH_2$	4.4
Pd^{2+}	6.75	C_6H_5SH	4.6
Ag^+	6.96	C_6H_5OH	4.8
Fe^{2+}	7.24	C_5H_5N	5
Hg^{2+}	7.7	CH_3COCH_3	5.6
Sn^{2+}	7.94	CH_3CHO	5.7
Pt^{2+}	8	DMF	5.8
Co^{2+}	8.22	$(CH_3)_3P$	5.9
Cu^{2+}	8.27	PH_3	6
Au^{3+}	8.4	$(CH_3)_2S$	6
Pb^{2+}	8.46	HCHO	6.2
Co^{3+}	8.9	$HCONH_2$	6.2
Mn^{2+}	9.02	$(CH_3)_3N$	6.3
Ge^{2+}	9.15	$HCOOCH_3$	6.4
Cd^{2+}	10.29	CH_3CN	7.5
Zn^{2+}	10.88	CH_3Cl	7.5
Fe^{3+}	12.08	$(CH_3)_2O$	8
In^{3+}	13	NH_3	8.2
Ga^{3+}	17	CH_3F	9.4
Al^{3+}	45.77	H_2O	9.5

　　当阳离子交换反应在水溶液中进行时，比较宿主与预期产物的溶度积（K_{sp}）常数可方便地判断该阳离子交换反应的热力学可行性[349]。溶度积常数反映了固体在水溶液中的溶解能力，只与温度有关。溶度积常数既可以由实验测定，也可依据标准 Gibbs 自由能计算得到，相应的计算公式为 $\ln K_{sp} = -\Delta G/RT$。显然，溶度积常数越大，Gibbs 自由能越小，因此，对于某个阳离子交换反应，若产物的溶度积常数小于宿主，则该反应的自由能变化为负，反应能自发进行[350]。表 3.4 列出了一些常见的金属硫属化合物的溶度积常数[349, 351]。很多情况下，阳离子交换反应需要在非水极性溶剂（如甲醇、乙醇等）中进行，然而在这些溶剂中的相关溶度积常数数据非常匮乏，但是参考水溶液中的溶度积常数，我们仍然可以对发生在非水极性溶剂中的阳离子交换反应的热力学可行性进行评估。据此，利用溶度积常数，我们可以在理论上解释许多阳离子交换反应在极性溶剂中自发的发生。举个例子，CdS 的溶度积常数大于 PbS、Ag_2S、CuS、Cu_2S 或 HgS 等硫化物，因此 CdS 纳米晶很容易经阳离子交换转化成相应的硫化物纳米晶。类似地，利用溶

度积常数也可解释 ZnS 纳米晶中硬酸 Zn^{2+} 离子在极性溶剂中能自发被软酸（如 Ag^+、Pb^{2+}、Cu^{2+}、Cd^{2+}、Hg^{2+} 和 Bi^{3+} 等阳离子）交换的现象[19]。当预期产物可能有两种时，溶度积常数可帮助预测阳离子交换反应的产物，可以预测预期产物应为具有更低溶度积常数的那种。举个例子来说，当 $Cu_{2-x}Se/Cu_{2-x}S$ 核/壳结构纳米晶暴露在低浓度的 Hg^{2+} 或 Ag^+ 溶液中时，只有 $Cu_{2-x}Se$ 中的 Cu^{2+} 被选择性地交换了出来，原因是硒化物通常具有比硫化物更低的溶度积常数[344]。

正如表 3.4 所示，大部分硒化物、碲化物的溶度积常数是未知的。通常情况下，金属硫属化合物的溶度积常数随着阴离子半径的增大而减小，也即一般存在如下规律：$K_{sp}(M_xS_y) > K_{sp}(M_xSe_y) > K_{sp}(M_xTe_y)$[350]。当无法查到相应的溶度积常数时，这个规律可以帮助我们判断阳离子交换反应的热力学可行性。举个例子，在极性溶剂中，CdSe 与 Cu^+ 之间的阳离子交换反应是热力学可行的。从表 3.4 中可以知道 CdSe 的溶度积常数（$K_{sp} = 4 \times 10^{-35}$）是已知的，$Cu_2Se$ 的溶度积常数是未知的。但是 Cu_2S 的溶度积常数（$K_{sp} = 2.5 \times 10^{-48}$）是已知的，依据上述规律可知，$Cu_2Se$ 应具有更小的溶度积常数，因此 Cu_2Se 的溶度积常数小于 CdSe，这就是 CdSe 与 Cu^+ 之间的阳离子交换反应在热力学上可行的原因。对于一个阳离子交换反应，很多时候仅热力学可行仍不足以驱动反应的正向进行，活化能、离子扩散率等动力学因素也是决定其能否发生的重要因素。到目前为止，还没有普适的动力学模型来对阳离子交换反应进行描述，这里不做介绍。

表 3.4　一些金属硫属化合物的溶度积常数（25℃）[349, 351]

ME	E = S	E = Se	E = Te
Ag_2E	6.3×10^{-50}	3×10^{-54}	N.A.
Bi_2E_3	1×10^{-97}	1×10^{-130}	N.A.
CdE	8×10^{-27}	4×10^{-35}	1×10^{-42}
CuE	6.3×10^{-36}	2×10^{-40}	N.A.
Cu_2E	2.5×10^{-48}	N.A.	N.A.
HgE	1.6×10^{-52}	4×10^{-59}	N.A.
In_2E_3	5.7×10^{-74}	N.A.	N.A.
NiE	3.2×10^{-19}	2×10^{-26}	N.A.
PbE	8×10^{-28}	1×10^{-37}	N.A.
PtE	9.9×10^{-74}	N.A.	N.A.
Sb_2E_3	2×10^{-93}	N.A.	N.A.
SnE	1×10^{-25}	5×10^{-34}	N.A.
ZnE	1.6×10^{-24}	3.6×10^{-26}	N.A.

注：N.A.表示缺少相应的数据

阳离子交换法可用于一系列的低维纳米材料（包括量子点、纳米线及纳米片等），如III-IV族、II-VI族、IV-VI族及 I-III-VI族等半导体纳米材料[338]。阳离子交换反应不仅可以用来制备纯相的低维纳米材料，还可以通过调控阳离子交换反应的反应过程实现目标产物的掺杂、合金化及异质化。事实上，后者才是阳离子交换法在低维纳米材料合成上的最重要的应用。关于阳离子交换法在低维纳米材料制备方面的应用，Alivisatos 等在这方面做出了大量开创性的工作。早在 2004 年，Alivisatos 等就实现了 CdSe 量子点（纳米棒）与 Ag$_2$Se 量子点（纳米棒）、CdS 空心纳米颗粒与 Ag$_2$S 空心纳米颗粒以及 CdTe 四足纳米晶与 Ag$_2$Te 四足纳米晶之间的可逆阳离子交换[352]。2007 年，他们以 CdS 纳米棒为宿主，通过局部阳离子交换制备 CdS-Ag$_2$S 超晶格纳米棒，如图 3.46（a）和（b）所示[353]。类似地，俞书宏等通过对 ZnS 纳米棒进行局部阳离子交换操作制得了 ZnS-Ag$_2$S 多节点异质纳米棒，进一步将 Ag$_2$S 节点中的 Ag$^+$离子交换成 Cd^{2+}离子则可制得 ZnS-CdS 多节点异质纳米棒，如图 3.46（c）～（e）所示[45]。有趣的是，当在 ZnS-CdS 异质纳米棒上生长 Au 纳米颗粒时，Au 纳米颗粒只选择性地生长在 CdS 节点上。具有精确组分和明确界面的复杂异质纳米颗粒对于许多应用非常重要，阳离子交换反应在制备复杂异质纳米结构方面有特殊的优势。Schaak 等以 Cu$_{1.8}$S 纳米颗粒、纳米棒及纳米片为前驱体，通过阳离子交换法制备了多达 47 种具有复杂结构的异质

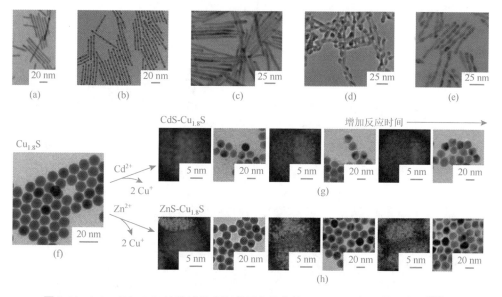

图 3.46 （a）、（b）CdS 纳米棒及其阳离子交换产物 CdS-Ag$_2$S 超晶格纳米棒[353]；（c）～（e）ZnS 纳米棒及其阳离子交换产物 Ag$_2$S-ZnS 多节点异质纳米棒和 CdS-ZnS 多节点异质纳米棒[45]；（f）～（h）Cu$_{1.8}$S 纳米颗粒及其阳离子交换产物 CdS-Cu$_{1.8}$S 异质纳米颗粒和 ZnS-Cu$_{1.8}$S 异质纳米颗粒[38]

纳米结构[38]。举个例子，如图 3.46（f）～（h）所示，$Cu_{1.8}S$ 纳米颗粒分别与 Cd^{2+} 和 Zn^{2+} 离子发生阳离子交换反应，通过操控反应进程可以制备出一系列组分不同的 $Cu_{1.8}S$-CdS 和 $Cu_{1.8}S$-ZnS 异质纳米颗粒。

阳离子交换反应在球状纳米颗粒或者纳米棒上进行时，反应过程中产生的应力很容易弛豫掉，然而若阳离子交换反应在长径比很大的纳米线上进行时，反应过程中产生的晶格应力则不容易释放掉，这是由纳米线所能提供的应力释放通道有限所致。在纳米线的轴向上尤其容易积累反应过程中因体积变化所产生的应力。由于宿主与产物的晶体结构存在差异，在阳离子交换反应进行的过程中会产生大量的缺陷，从而使得产物纳米线扭曲、缩短甚至断裂。如图 3.47 所示，在 2010 年，Jeong 等以 Ag_2Te 纳米线为模板，通过阳离子交换法制备出了 CdTe、ZnTe 及 PbTe 纳米线，这些纳米线保留了模板 Ag_2Te 纳米线的单晶特性[349]。Ag_2Te 的溶度积常数小于 CdTe、ZnTe 及 PbTe，因此 Ag_2Te 向 CdTe、ZnTe 及 PbTe 转化在热力学上是不可行的，因此需要额外加入软碱配体（TBP）来促进阳离子交换反应的进行。CdTe 纳米线可进一步转化成 $PtTe_2$ 纳米管。$PtTe_2$ 的溶度积常数远小于 CdTe，因此，该转化过程在热力学上能自发进行，不需添加额外的配体。Ag_2Te 纳米线转

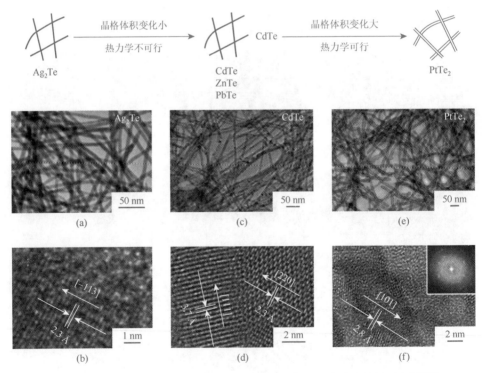

图 3.47 Ag_2Te 纳米线作阳离子交换模板制备其他碲化物纳米线的示意图[349]

（a）、（b）Ag_2Te 纳米线；（c）、（d）CdTe 纳米线；（e）、（f）$PtTe_2$ 纳米管

化成 CdTe、PbTe 纳米线的反应能在 1～2 min 内彻底完成，而转化成 ZnTe 纳米线的反应则需要更长的时间（约 10 min）才能进行彻底。造成该现象的主要原因是反应 $Ag_2Te \longrightarrow CdTe$（PbTe）与反应 $Ag_2Te \longrightarrow ZnTe$ 所涉及的晶格体积变化不一样。反应 $Ag_2Te \longrightarrow ZnTe$ 进行过程中体积改变得更多，反应的动力学势垒更高，降低了反应进行的速率。而对于反应 $CdTe \longrightarrow PtTe_2$，产物与反应物相比，体积有着显著的降低（$\Delta V/V = -0.462$），致使生成多晶 $PtTe_2$ 纳米管。

　　至今为止，阳离子交换法已发展得非常成熟，而阴离子交换法则不太成熟，相关的工作较少。通常情况下，阴离子的离子半径都很大，迁移非常缓慢，这是阴离子交换反应难以发生的本质原因。但是，在某些情况下，若有针对性地利用阴离子的迁移特性可以规避这个问题，从而促使阴离子交换反应发生。与阳离子交换反应不同，阴离子交换反应的离子净迁移是由里向外的，其产物往往具有空心结构。举个例子，ZnO 纳米晶通过阴离子交换反应可转化成 ZnS 单晶空心纳米晶[354]。与阳离子交换反应类似，对阴离子交换反应的反应过程进行操控可制备出异质纳米晶。例如，经局部离子交换后，CdS 纳米晶可转化成 CdS-CdTe 异质纳米晶[39]。灵活运用阴、阳离子交换法可为制备新型低维纳米结构材料创造很多的机会。纤锌矿相的 ZnS 纳米笼具有优异的光学性能，然而常规的合成方法常常需要非常苛刻的反应条件。以 Cu_2O 纳米晶为模板经连续的阴离子交换、酸刻蚀、阳离子交换可以制得物相可控的 ZnS 纳米笼[355]。产物 ZnS 纳米笼的物相与模板 Cu_2O 的几何结构息息相关，若 Cu_2O 纳米晶为规则六面体，最终产物 ZnS 纳米笼的物相为闪锌矿相，而若 Cu_2O 纳米晶为菱形十二面体，则产物 ZnS 纳米笼的物相为纤锌矿相。

3.5　外延生长法合成低维纳米材料

3.5.1　外延生长简介

　　外延生长（epitaxial growth）是指在单晶衬底（基片）上生长一层有一定要求的、与衬底晶向相同的单晶层，犹如原来的晶体向外延伸了一段。根据衬底材料和外延生长材料的种类可以分为同质外延生长和异质外延生长。根据衬底材料和外延生长材料的晶格排列可以分为共度生长、赝晶生长和不共度生长（图 3.48）[356]。外延生长最早可以追溯到 1836 年，Frankenheim 首次报道在方解石表面定向沉积硝酸钠[357]。在 1928 年，Royer 利用 X 射线衍射（XRD）广泛地研究不同类型的材料，能够很好地解释几何形状对晶体取向的影响[358]。基于他的研究基础，Royer 引入"外延"概念（定向排列的意思）来描述两种晶体的生长模式。进一步，Royer 建立了外延生长的两条基本定理：首先，只有在结晶的衬底（具有单晶或多晶结构且具有相似的晶格大小）上沉积结晶材料，定向生长才会发生。其次，两种晶体的晶格失配度要小于 15%。晶格失配度的定义为$(b-a)/a$，其中 a 和 b 分别是结晶衬底和外延生长晶体相关联的晶格参数[359]。这些基本的规则被研究者广泛应用于实现两种晶体的外延生长。尽管外延生长已被研究了近二十年，但前期的研究主要集中在单晶体相衬底上外延生长大的晶体或外延沉积薄膜。随着纳米合成化学的快速发展，外延生长同质异相纳米结构和复合异质纳米结构越来越受研究者的青睐[359]。不同的合成方法中都会涉及外延生长机理，如溶液相合成及化学气相沉积等。本节重点介绍溶液相中外延生长合成纳米材料。溶液相合成法主要包括胶体化学合成法和化学还原法等。

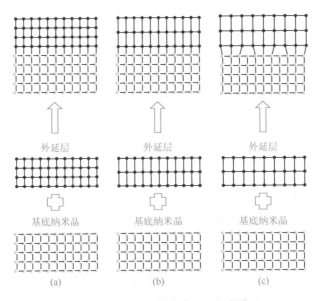

图 3.48　几种不同的生长方式[356]

（a）共度生长；（b）赝晶生长；（c）不共度生长

　　胶体化学合成法：胶体化学合成法是一种被广泛应用于外延生长硫族同质和异质纳米结构（半导体核壳结构量子点、纳米棒和纳米片）的方法[215, 360, 361]。胶体合成法主要分为两类：热注射法和一步合成法。热注射法是将高反应活性的前驱体注射入包含其他反应前驱体的长链有机配体（如油胺和油酸）的热溶液中，然后，混合溶液在保护气下加热到高温进行反应[3]。通过热注射法外延生长复合纳米结构通常包含两个步骤：首先生长晶种，然后另外一种纳米结构在晶种上外延生长得到复合纳米结构。另外，在一步胶体合成法中，所有的反应前驱体混合加入长链有机配体溶液中形成均质的溶液或浆体，然后，将混合溶液在保护气下加热到高温反应得到外延生长纳米结构[362]。胶体化学合成法能够制备单分散、尺寸均一、形貌可控且高质量的纳米复合结构。所合成的复合纳米材料的尺寸、形貌、结构、生长模式和空间结构可以通过实验条件来调控，如反应温度、反应时间、溶剂体系、前驱体的种类和浓度及配位剂的选择。所合成的外延生长复合纳米结构的组分可以通过阴离子和阳离子交换反应来调节，且保持形貌结构不变。最近的研究表明，通过晶种加工可以得到一些具有复杂结构的外延异质纳米材料。

化学还原法：化学还原法被广泛应用于溶液相中合成金属基复合纳米结构。这种合成方法的基本原理是：在表面活性剂的存在下，利用还原剂还原金属前驱体在金属核或其他纳米结构的表面生长金属层或纳米晶（如金属硫族化合物）。生长速率和两种晶体的匹配度是获得外延生长的两个关键因素。最初，这种方法是用来在一种金属上沉积另一种金属形成核壳纳米结构，特别是贵金属核壳纳米结构。例如，在溶液中，利用 Pt 立方块作为晶种，利用抗坏血酸还原 K_2PdCl_4 可以在 Pt 表面外延生长一层 Pd 壳。在反应体系中引入 NO_2 来调节反应速率，可以调节 Pd 层的形貌进而得到立方体和八面体的 Pt@Pd 核壳纳米结构[363]。Pt 和 Pd 之间的晶格失配度只有 0.77%，这种几乎可以忽略的晶格失配度有利于它们之间的外延生长。由于 Au 和 Pt 的晶格失配度高达 4.08%，在相同的条件下外延生长 Au 就难以得到 Pt-Au 复合异质纳米结构，通常会得到 AuPt 合金而非核壳结构。另外一个例子，Au@Ag 四方核壳纳米片可以通过在 Au 四方纳米片上外延生长 Ag 得到，它们之间的晶格失配度只有 0.2%[251]。然而，由于 Au 与 Pt 和 Pd 之间巨大的晶格失配度（>5%），在 Au 四方纳米片的表面生长 Pt 和 Pd 将会得到正交相的 Au@Pt 和 Au@Pd 纳米片。值得注意的是，在 Au 四方纳米片的表面外延生长另外一种金属时，Au 四方纳米片会从面心立方结构变为六方密堆积结构[364, 365]。化学还原法也可以用来在二维纳米片（如石墨烯和 MoS_2）表面外延生长金属纳米晶。

其他溶液相化学合成法：其他的溶液相外延合成复合纳米结构的方法包括水热和溶剂热合成法。在这些合成方法中，前驱体和表面活性剂首先溶解在水或有机溶剂中，然后，这些混合溶液转移到聚四氟乙烯内衬的不锈钢高压反应釜中。反应釜加热到溶剂的沸点以上，进而得到高压促进晶体生长。为了得到外延复合纳米结构，预先合成好的纳米晶分散在溶液中作为外延生长另一种纳米晶材料的晶种。使用溶剂热和水热合成法可以在较低的温度和成本下高质量和宏量制备外延复合纳米材料。然而，这种方法很难精确地控制复合结构的形貌和物相。利用上述合成法，可以外延生长一些复合纳米材料，如在 Ag 线外延生长 CuO[366]。

3.5.2　同质外延生长

同质多相纳米晶通常是指在一个纳米颗粒上拥有两个或多个物相。Ⅳ、Ⅲ-

Ⅴ和Ⅱ-Ⅵ（通常包含闪锌矿和纤锌矿两种物相）族半导体材料中最常见，因为这些材料较大的原子堆叠自由度可以使同一个纳米粒子上存在两种不同的物相。闪锌矿的（111）晶面可以与纤锌矿的（0001）晶面连接，进而使得它们可以相互在另一个晶面上外延生长，形成同质异相纳米晶。例如，闪锌矿结构拥有 8 个（111）晶面可以用于外延生长纤锌矿结构，因此在闪锌矿的晶核上外延生长纤锌矿结构可以得到枝状三维形貌；纤锌矿结构只有 2 个（0001）晶面可以用于外延生长闪锌矿，因此在纤锌矿晶核上生长闪锌矿物相可以得到线性多形体纳米晶。

外延生长同质异相结构最常见的方法是热注射胶体化学合成法，这种合成法会将阳离子和阴离子反应源分开。这种方法趋向于在低温形成动力学稳定物相，然后再高温外延生长热力学稳定物相。在 2000 年，加利福尼亚大学 Aliviosatos 等利用胶体化学合成法实现了 CdSe 各种形貌的精确控制，首次报道了四爪同质异相结构的合成（图 3.49）。他们主要是通过三个反应条件的调节实现的：反应溶液中的表面活性剂的比例（正己基磷酸/三正辛基磷氧），初始的注射体积，单体浓度随时间的变化规律[367]。2003 年，Aliviosatos 等实现了 CdTe 四爪同质异相纳米晶的精确控制。他们展示了在同一个纳米晶上的不同区域存在两种或更多的不同物相，并且通过反应动力学的操控实现了枝晶长度和尺寸的调节[368]。2004 年，Aliviosatos 等报道了在单个纳米粒子的枝上外延生长纳米晶[360]。2008 年，高丽大学 Jeunghee Park 等通过利用两种不同类型的配位剂（拥有 4～18 个碳链的有机胺和磷酸）实现了 CdTe 四爪结构纳米晶的形貌和物相的调控[369]。2009 年，意大利理工学院 Liberato Manna 等报道了一种普适的合成Ⅱ-Ⅵ四爪半导体纳米晶的胶体化学合成法。通过共注射晶核和反应前驱体到热的表面活性剂的混合溶液中，在预制的闪锌矿晶种上外延生长纤锌矿结构得到均一的四爪纳米晶[370]。同年，得克萨斯大学奥斯汀分校 Korgel 等首次报道了三元纳米晶多形体现象，在纤锌矿结构的 $CuInS_2$ 上外延生长黄铜矿结构的 $CuInS_2$[371]。2012 年，俞书宏等报道了外延生长线性排列的 $Cu_2ZnSn(S_xSe_{1-x})_4$（CZTSSe）四元合金同质异相纳米晶，并且通过调节反应温度可以有效地控制闪锌矿和纤锌矿结构的物相比例[372]。2013 年，利默里克大学 Kevin M. Ryan 等通过热注射法外延生长了 Cu_2SnSe_3 三元四爪纳米晶，所得的四爪纳米晶拥有一个纤锌矿的核和四个闪锌矿的枝[373]。2014 年，俞书宏等和加泰罗尼亚纳米科学与纳米技术研究所 Jordi Arbiol 等分别实现了线性排列的 $Cu_2CdSn(S_xSe_{1-x})_4$（CCTSSe）和四爪结构 $Cu_2CdSnSe_4$（CCTSe）纳米晶的合成[374, 375]。2015 年，Kevin M. Ryan 等也报道了 Cu_2ZnSnS_4（CZTS）同质异相纳米晶的合成。2016 年，俞书宏等实现了铜基三元合金纳米晶的合成，所得的多形体纳米粒子由纤锌矿结构的柱子和闪锌矿/黄铜矿结构的尖端组成，且 S/Se 比不影响多形体的形貌[376]。

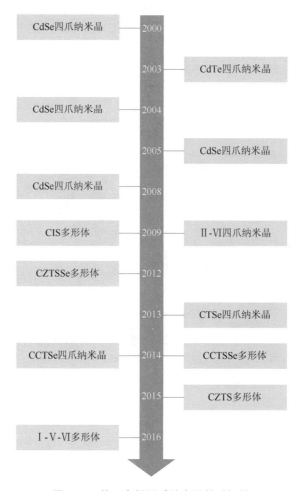

图 3.49 外延生长同质纳米晶的时间轴

1. 枝状外延同质异相纳米结构

在一种纳米晶上外延生长另一种同质异相的纳米晶，当另一种物相结构的分布超过三处，就会形成一种三维枝状结构。例如，在闪锌矿结构晶核上外延生长纤锌矿的枝结构。由于只有闪锌矿的{111}晶面与纤锌矿的{0001}晶面满足晶格匹配，因此，纤锌矿结构只会选择在闪锌矿{111}晶面上生长。{111}晶面具有正负两组晶面，且两组晶面的反应活性有差异，当纤锌矿结构选择在活性较高的–{111}晶面上生长，将会得到四爪结构纳米晶。例如，Aliviosatos 等人报道以闪锌矿的 CdTe 为晶种，在其{111}晶面上外延生长纤锌矿的 CdTe 得到 CdTe 四爪纳米结构［图 3.50（a）］[368]。当纤锌矿结构在 8 个晶面上生长就会得到八爪结构纳米晶。例如，乌得勒支大学 Marijn A. van Huis 等报道了 CdSe 八爪纳米晶的合成[377]。另外，通过改变有机配位剂的种类和类型也可以实现多爪结构纳米晶的合成[378]。近几年来，铜基多元硫族化合物枝状多形体纳米晶也被成功制备出来。例如，巴塞罗那材料研究所 Reza R. Zamani 等成功制备出 $Cu_2CdSnSe_4$ 四爪纳米晶 [图 3.50（b）][375]，Kevin M. Ryan 等以二苯基硒醚为硒源制备了 Cu_2SnSe_3 四爪纳米晶 [图 3.50（c）][373]。

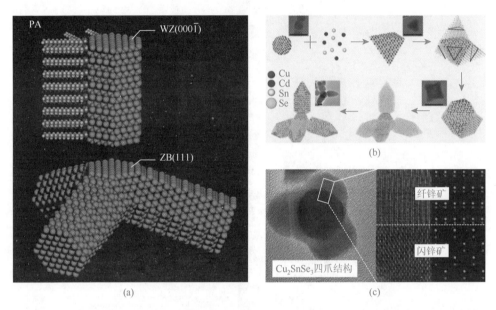

图 3.50　（a）四爪结构 CdTe 的示意图[368]；（b）$Cu_2CdSnSe_4$ 四爪结构纳米晶的生长过程[375]；（c）Cu_2SnSe_3 四爪结构纳米晶[373]

2. 线性排列外延同质异相纳米结构

与闪锌矿的{111}晶面类似，纤锌矿结构的{0001}晶面也可以作为基底外延生长闪锌矿结构。而{0001}晶面只有两个平行的 +（0001）和 -（0001），因此以纤锌矿为晶种生长闪锌矿结构只能得到线性排列的同质异相纳米结构。此外，+（0001）和 -（0001）晶面的反应活性存在差异。当闪锌矿结构选择在活性高的 -（0001）面生长时，将得到子弹状的同质异相纳米结构；当闪锌矿在两个{0001}晶面上同时生长时，将得到橄榄球状的同质异相纳米结构。俞书宏等实现了线性排列的 CZTSSe 同质异相纳米结构的合成，并且以 CCTSSe 为例研究了闪锌矿结构在纤锌矿结构上的选择性生长 [图 3.51（a）和（b）][374]。进一步，通过胶体化学法合成出不同 S/Se 比的 $CuIn(S_xSe_{1-x})_2$ 三元同质异相纳米结构 [图 3.51（c）]，且通过实验和 DFT 计算证明了这种同质异相纳米结构有利于光电分离[376]。

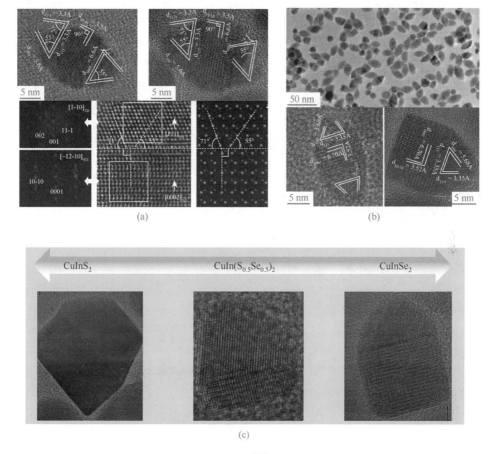

图 3.51 （a）线性排列的 CZTSSe 多形体纳米晶[372]；（b）子弹状和橄榄球状的 CCTSSe 多形体
纳米晶[374]；（c）不同 S/Se 比的 $CuIn(S_xSe_{1-x})_2$ 多形体纳米晶[376]

3.5.3 异质外延生长

在 1990 年，首次合成出核壳半导体量子点，引导了外延生长复合异质纳米材料的研究。Aliviosatos 等在 1996 年和 1997 年分别首次成功利用外延生长原理制备了 CdS@HgS@CdS 核-壳-壳和 CdSe@CdS 核壳量子点（图 3.52）[379,380]。基于这些最初的报道，外延生长核-壳-壳和核壳半导体量子点的研究在随后的几十年里取得了飞速的发展。显然，具有完美晶面（如多面体纳米粒子）和各向异性形貌（如纳米棒、纳米线和纳米片）的纳米晶可以提供更丰富的晶面去外延生长另一种纳米晶，进而形成规整的异质纳米结构或更复杂的复合纳米结构。因此，具有不同组分、结构和构架的复合纳米结构可以通过不同的外延生长方法合成。例如，受核-壳量子点的激励，不同结构形式的核壳复合纳米结构（如纳米多面体、纳米棒、纳米线和纳米片）都可以被合成出来。此外，也有报道外延生长复杂或异质界限明确的复合纳米结构。例如，通过一步胶体化学合成法制备的 $Cu_{1.94}S$-CdS 和 $Cu_{1.94}S$-$Cd_xZn_{1-x}S$ 异质纳米材料[381]。现在被广泛研究的超薄二维纳米片，由于其单晶性和超薄特性使其也可以作为一种用来外延生长其他纳米晶的理想衬底。2010 年以后，各种各样的基于超薄二维纳米片的外延复合纳米结构也逐渐被构建出来。例如，在 MoS_2 的表面外延生长纳米粒子或小的纳米片。此外，通过在纳米片晶种的边沿或面上外延生长单层的纳米片形成 2D-2D 水平和垂直的异质纳米结构。最近，通过胶体化学合成法可以在二维的六方 CuS 纳米片的不同晶面上外延生长半导体纳米棒[382]。更有趣的是，以制备好的 4H 相的 Au 纳米带和纳米片为模板可以外延生长其他的具有 4H 相的贵金属，如 Pt、Pd、Ir、Rh、Os 和 Ru[383, 384]。

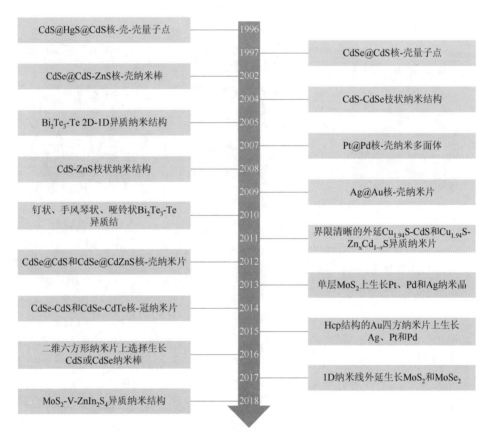

图 3.52　外延异质复合纳米晶的研究时间轴[359]

1. 核-壳纳米结构

核-壳结构是通过在晶种上生长一层或多层纳米材料得到的 [图 3.53（a）]。最典型的例子是 Alivisatos 等报道的核-壳及核-壳-壳量子点的合成，随后通过不同实验方法可以外延生长出不同组分和尺寸的核-壳和核-壳-壳量子点。纳米多面体，特别是贵金属纳米多面体，是另外一种广泛报道的外延 0D 核壳纳米结构。例如，加州大学伯克利分校杨培东等报道的以 Pt 的立方快为晶核直接外延生长第二种金属，生长晶格匹配的 Pd 金属可以得到形貌可控的 Pt@Pd 核-壳纳米立方块、立方八面体、正八面体（图 3.54）[363]。除了 0D 纳米结构，具有不同形貌的一维核壳纳米结构（纳米棒、纳米线和纳米带）也被广泛地研究。例如，在 CdS 纳米棒的表面生长 $Cd_xZn_{1-x}S$ 半导体层形成核壳纳米棒[385]。在 4H 的 Au 纳米带表面外延生长其他的 4H 贵金属层形成核壳纳米带[384]。二维纳米结构也可以组成其

核-壳纳米颗粒　　核-壳纳米多面体　　核-壳纳米棒　　核-壳纳米线　　核-壳纳米带　　核-壳纳米片

(a)

纳米粒子点缀　　纳米粒子点缀　　纳米粒子点缀　　纳米粒子点缀纳米片
纳米立方块　　　纳米棒　　　　　纳米线

(b)

异质纳米片　　异质纳米柱　　哑铃状异质结构　　三明治状异质结构　　核-冠异质结构　　异质结构纳米聚集体

(c)

1D-0D枝状异　　1D-1D分级异　　2D-1D分级异　　1D-2D分级异　　1D-2D分级异　　1D-2D分级异
质结构　　　　质结构　　　　质结构　　　　质结构　　　　质结构　　　　质结构

(d)

图 3.53　几种典型的异质外延纳米晶[359]

（a）核-壳纳米结构；（b）纳米粒子基复合异质结构；（c）界限清晰的异质纳米结构；（d）枝状异质纳米结构

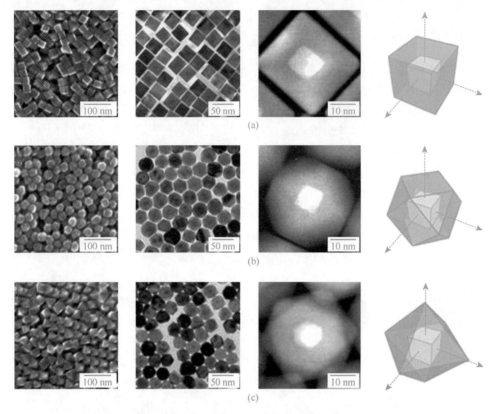

图 3.54   Pt@Pd 核-壳纳米结构[363]

（a）立方块 Pt 为晶种外延生长 Pd 形成 Pt@Pd 核-壳纳米方块；（b）立方块 Pt 为晶种外延生长 Pd 形成 Pt@Pd
核-壳立方八面体纳米晶；（c）立方块 Pt 为晶种外延生长 Pd 形成 Pt@Pd 核-壳正八面体纳米晶

他经典的各向异性外延生长的核-壳复合纳米结构。例如，在 CdSe 纳米片晶种
表面外延生长 CdS 或 CdZnS 层可以得到 CdSe@CdS 和 CdSe@CdZnS 核壳纳米
片[386]。另外，在 Au 四方纳米片的表面外延生长其他贵金属层，也可以得到一系
列的 Au 片为核的核壳结构[364, 365]。

2. 纳米粒子基的复合纳米结构

在一种纳米结构（如纳米立方块、纳米八面体、纳米棒、纳米线和纳米片）
的表面外延沉积球形的纳米粒子形成的复合纳米结构为纳米粒子基复合纳米结构
[图 3.53（b）]。最常见的是在半导体材料表面外延沉积金属纳米粒子。例如，在 CZTS
纳米粒子的表面生长 Au 和 Pt 纳米粒子来增强光催化性能 [图 3.55（a）][387]，在
CdS 纳米棒的端点上生长 Au 颗粒形成 0D-1D 外延异质纳米结构[图 3.55（b）][388]。
此外，也可以在二维的 MoS$_2$ 表面外延生长贵金属形成 0D-1D 外延异质纳米结构
[图 3.55（c）][389]。

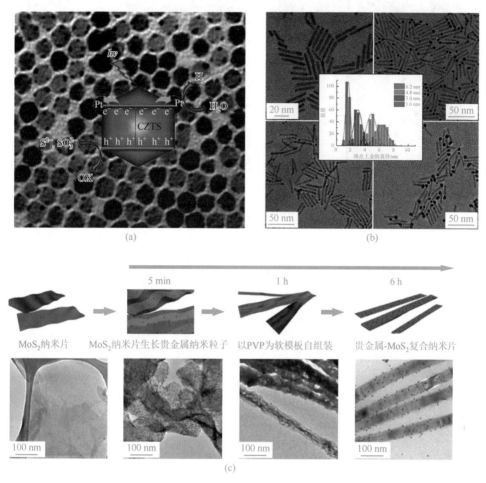

图 3.55　（a）贵金属修饰的 CZTS 纳米粒子[387]；（b）CdS 纳米棒端点上外延生长 Au 纳米粒子[388]；（c）贵金属-MoS_2 复合纳米片[390]

3. 界限清晰的异质结构

　　界限清晰的异质结构是两种纳米晶沿着同一个方向外延生长得到的两种材料分布明显的异质纳米结构 [图 3.53（c）]。例如，新加坡国立大学韩明勇等通过一步法外延生长 $Cu_{1.94}S$ 和 CdZnS 可以得到的 $Cu_{1.94}S$-CdS 和 $Cu_{1.94}S$-$Cd_xZn_{1-x}S$ 六方片状的异质纳米材料，这种异质纳米片具有清晰的异质界面 [图 3.56（a）][381]。类似地，俞书宏等以 Cu_2S 纳米粒子为晶种，在晶种的一个晶面上生长 PbS 纳米柱也可以得到界限清晰的 Cu_2S-PbS 异质纳米柱[391]；以 Cu_2S 纳米粒子为晶种外延生长 ZnS 可以得到哑铃状的界限清晰的异质结构 [图 3.56（b）][392]。

图 3.56 （a）Cu$_{1.94}$S-CdS 异质纳米片[381]；（b）Cu$_{1.94}$S-ZnS-Cu$_{1.94}$S 哑铃状异质纳米结构[392]

4. 分级异质结构

分级结构通常是在纳米粒子、纳米线和纳米片的表面外延生长一维纳米棒得到，或者在一维纳米结构表面外延生长二维纳米片得到。枝状异质结构是最典型的分级异质结构［图 3.53（d）］。例如，在 CdSe 晶种上外延生长 CdTe 得到的四爪半导体异质结构[360]。除了枝状异质结构，1D-1D 分级异质纳米结构可以通过在 1D 纳米线主干上生长 1D 纳米线得到[393]。另外，2D-1D 分级异质纳米结构可以通过在 1D 纳米结构上外延生长 2D 纳米片得到。例如，南洋理工大学张华等报道，在 Cu$_{2-x}$S 纳米线的主干上外延生长过渡金属硫族化合物纳米片可以得到2D-1D 分级异质纳米结构［图 3.57（a）］[394]。相反地，一维纳米棒也可以在二维纳米片上外延生长得到 1D-2D 分级纳米结构。例如，在 CdS 纳米片表面外延生长 CdS 得到1D-2D 分级纳米结构［图 3.57（b）］[382]。

5. 外延复合异质纳米结构的形成机理研究

为了设计和可控制备复合异质纳米结构，有必要了解其形成机制和可能的驱动力。以 0D 纳米晶为晶种，利用胶体化学合成法外延生长异质纳米结构为例，

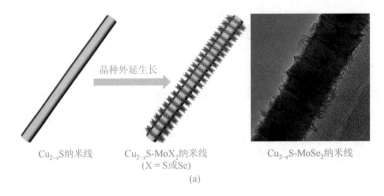

Cu$_{2-x}$S纳米线　　Cu$_{2-x}$S-MoX$_2$纳米线　　Cu$_{2-x}$S-MoSe$_2$纳米线
　　　　　　　　　（X = S或Se）

（a）

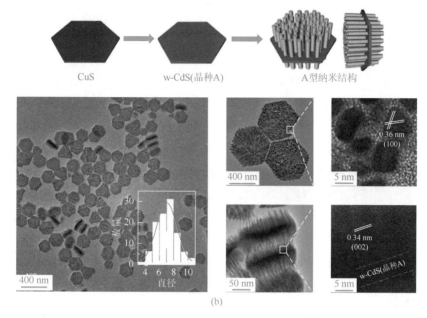

图 3.57　（a）$Cu_{2-x}S$ 纳米线外延生长 MoX_2（X = S 或 Se）[394]；（b）CdS 纳米片上外延生长 CdS 纳米棒[382]

很多因素（如晶种的尺寸和晶体结构、晶种和外延生长纳米晶之间的晶格失配度、配位剂分子及反应温度）都会影响所得异质纳米结构的最终形貌。以 0D 纳米晶为晶种，如果晶种和外延生长的纳米晶具有相同的物相且晶格失配度低就可以得到高质量的核壳结构。如果可以满足这个条件，那么在晶核上生长不同材料的壳层可以不产生额外的界面应力而降低总体的表面能，进而得到核壳纳米结构。如果外层的晶体和核晶有较大的晶格失配度，那么两种晶体材料的界面倾向于收缩而减小界面能（由较大的晶格失配度引起的），导致形成纳米二聚体或其他的复合结构（取决于晶种的尺寸和第二种材料的扩散能力）。继续增大晶格失配度将增大第二种晶体自成核生长的可能性。除了晶格失配度以外，配位剂分子和晶种的物相结构也会影响所得异质纳米结构的最终形貌。一个典型的例子是通过胶体化学法外延生长 CdS-CdSe 异质纳米结构：在结构导向配位分子存在下，CdS 在纤锌矿 CdSe 核上外延生长成棒状结构；然而，以闪锌矿 CdSe 为晶核，将得到由四个 CdS 枝组成的四爪结构[395]。上述原理也适用于外延生长纳米粒子基的复合纳米结构、界面清晰的异质纳米结构和 2D-2D 异质结构。尽管晶格匹配度、表面能、配位剂分子和动力学及热力学因素被用来解释外延生长各种类型的复合纳米结构，但仍然缺少普适的模型来解释具有不同形貌的外延复合纳米结构的形成机理，特别是通过不同方法制备的复杂复合纳米结构。

　　总的来说，外延生长是合成复合纳米结构，特别是异质纳米结构最常见的一种生长机理。通过外延生长，已经合成出一系列形貌和结构可控的同质或异质复合纳米结构。尽管已经合成出很多外延复合纳米结构，但是精确合成具有理想的组分、结构、构架和物相的外延复合纳米结构仍然是一个挑战。尽管一系列的合成方法被用于外延生长复合纳米结构，这些复合结构的形成机理仍然需要足够的关注。例如，通过原位 TEM 表征技术，原位观察复合纳米结构的生长过程，进而探索生长机理。此外，理论计算，如第一性原理计算，可以用来计算界面能，直观地提供界面能的影响因素。结合理论计算和实验结果可以有助于更好地理解生长机理。因此，尽管外延生长复合异质纳米结构已被研究了二十多年，仍然还需要更深入的研究。

3.6 仿生矿化合成低维纳米材料

3.6.1 仿生矿化法简介

生物矿化是指在一定条件下，在生物体内的不同位置，在细胞和有机基质的共同调控下，生物体摄入的金属离子通过各种物理化学作用形成具有特殊高级结构和组装形式的生物矿物的过程。生物矿物具有高度有序的分级结构，使其具备一般无机晶体所没有的独特物理化学性质[396-398]。生物矿化过程及其形成的生物矿物广泛存在于自然界中，它的发生可以追溯到 35 亿年以前。从原生生物、原核生物、细菌到维管植物、无脊椎动物和脊椎动物都有这一现象的发生。自然界中的生物体能够巧妙地通过生物矿化控制无机晶体如碳酸钙、羟基磷酸钙、氧化铁和硅石等的结晶和生长，合成一系列的生物矿物如骨骼、牙齿、贝壳、海胆脊柱、硅质海绵、硅藻和铁磁矿等[399]。这些生物矿物通常是有机-无机杂化材料，呈现出从分子水平到纳米级，然后到微观尺度，最后到宏观尺度的分级有序结构，赋予它们具有优越的性能，以实现特定或多重的功能，如机械支持和保护[400, 401]、捕食[402, 403]、导航、光学传感[404]和引力沉积[405]等。生物矿化被认为是材料合成的优化过程，通过数十亿年的生命演化和一系列灵感蓄积来设计和制备下一代先进功能材料[406-408]。

与传统的体外化学合成相比，生物矿化显示出几个优点：第一，生物矿化过程通常在温和条件下进行，即温和的环境温度和压力、接近中性的 pH 和水介质，表明它是最节能的合成途径；第二，用于生物矿化的大部分元素是钙、铁、碳、氧、硅和磷等储量丰富的元素，都与生物体有关，而且很经济；第三，生物矿化对无机纳米材料的生长和组装过程可以实现从形貌到分布、从组成到晶型、从微观结构到宏观性质的精确控制。具有复杂晶体超结构的生物矿物可以在有机模板的辅助下实现其合成，特别是具有分子识别性质的水溶性生物大分子。受生物启发的聚合物控制结晶法提供了一种"巧妙的"、环境友好且有前景的途径来构建具有可控结晶性的功能无机材料，可通过聚合物表面活性剂调控经典或非经典结晶途径来进行改性。所有这些控制和调节随后导致了第四优势的产生，即在生物矿物中产生有序结构以及由此产生的有机-无机杂化材料的独特性质。其中一个最著名的例子是贝壳珍珠层，其展现出多层"实体"结构，其中文石（$CaCO_3$ 的一种晶型）片和生物聚合物分别充当"砖"和"泥浆"。这种组织良好的有机-无机杂化材料分别表现出高强度和韧性改善的高损伤容限，分别比纯文石晶体高 2 倍和 3 倍[409]。在下面的章节中，将详细讨论通过使用生物分子和合成聚合物在仿生合成各种功能无机材料领域的最新进展。

3.6.2　仿生矿化合成低维碳酸钙纳米材料

碳酸钙作为最常见的生物矿物之一，是重要的仿生材料对象。美国佛罗里达大学 Gower 等在结晶反应体系中添加酸性大分子，模仿海胆牙齿和细菌沉积物中的生物矿物结构，在方解石基底上沉积生长出了直径 100～800 nm 的方解石纤维[410]。这种方解石的纤维结构在生物体外很少被发现，而且若要在实验室中合成这种纳米纤维，往往需要较高的反应温度，而这个反应条件在生物体中是不具备的。在 Gower 等的实验中，添加的酸性大分子稳定无定形碳酸钙（ACC）形成液滴前驱体，这一液滴在反应中起到了类似气相沉积方法里面助熔剂的作用，诱导碳酸钙从基底上的缺陷开始沿着一维的方向生长，从而生长出碳酸钙纳米纤维［图 3.58（a）、（b）］。而在生物体内各种不同的碳酸钙结构也是由运输液态无定形碳酸钙前驱体逐渐形成的。对无定形碳酸钙的调控，是仿生合成碳酸钙材料的关键步骤。

德国美因茨约翰内斯古腾堡大学 Tremel 等使用海绵里调控骨针生长的蛋白质 silicatein-α 来调控碳酸钙生长，通过气相扩散的方法在云母基底上得到了与海绵骨针结构类似的碳酸钙针状晶体［图 3.58（c）］[411]。这种碳酸钙针状晶体由有机物结合 5 nm 左右的纳米晶生长而来。与人们传统印象中"坚硬"的碳酸钙不

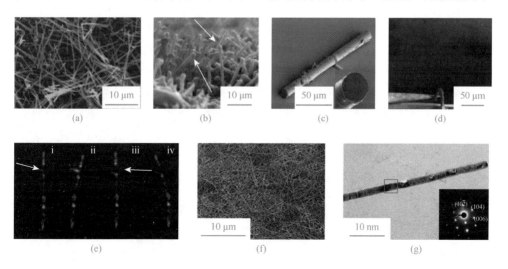

(a)　　　　(b)　　　　(c)　　　　(d)

(e)　　　　(f)　　　　(g)

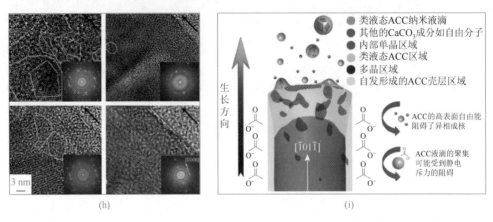

图 3.58　（a）、（b）在方解石基底上合成的碳酸钙纳米线的 SEM 图像，箭头处可以看到 ACC 液滴前驱体留下的痕迹；（c）silicatein-α 蛋白质调控生长得到的碳酸钙针状晶体的 SEM 图像，包括晶体全貌和截面；（d）在扫描电子显微镜下观察碳酸钙针状晶体的弯曲；（e）碳酸钙针状晶体在一定程度弯曲时仍然保持光导特性；（f）、（g）Mg^{2+}和聚合物诱导合成的碳酸钙纳米线的 SEM 和 TEM 图像，插图是框体处的 SAED 图像；（h）从上到下、从左到右是在一根碳酸钙纳米线上逐渐远离生长尖端的区域的 HRTEM 图像，可以看到头部的多晶区域、内部的单晶区域和 ACC 壳层区域随着距离的变化，箭头方向为纳米线的生长方向；（i）碳酸钙纳米线的生长原理示意图[410-412]

同，通过调整其中有机成分的比例，合成出的针状材料能够表现出不同程度的弹性，甚至可以弯曲成 U 字形 [图 3.58（d）]。这一材料同时还表现出了光导的性质，并且在一定的弯曲范围内仍然表现出这一性能 [图 3.58（e）]。

中国科学技术大学俞书宏等模仿生物体中矿化前驱体与聚合物大分子的相互作用，合成了碳酸钙纳米线 [图 3.58（f）、（g）]，并提出了一种新的碳酸钙纳米线生长机制[412]。在这种机制中，聚合物对特定晶面的吸附使得晶体在不同方向上的生长出现差异，影响碳酸钙晶体的生长方向。同时 Mg^{2+}离子和聚合物可以稳定反应生成的无定形碳酸钙形成液状前驱体。无定形碳酸钙聚集在纳米线的侧面形成一层壳 [图 3.58（h）]，其较高的表面能和静电对溶液中未沉积的无定形碳酸钙产生排斥，这样新的无定形碳酸钙更容易吸附在纳米线的尖端，从而使纳米线继续沿尖端生长。而在保存纳米线的过程中，这一层无定形碳酸钙会逐渐结晶，此时纳米线的侧面会开始生长直到纳米线消失，这也从侧面反映了无定形碳酸钙壳层的作用。这一新的生长机制展现了矿化过程中除了传统的聚合物调控外，无定形的碳酸钙也可以形成一个自我限制的模板 [图 3.58（i）]。这有助于我们更好地理解生物矿化过程，以及开发生长晶体的新策略。

3.6.3　仿生矿化合成金属纳米材料

美国空军研究实验室 Naik 等将肽基仿生矿化方法用于 Ag 纳米材料的合成，并在 AG4 肽序列（NPSSLFRYLPSD）的控制下从 AgNO$_3$ 水溶液中获得六角形和截短的三角形 Ag 纳米片 ［图 3.59（a）］[413]，但是随之作为副产物的大量球形 Ag 纳米颗粒也沉淀出来。同样，新加坡国立大学 Xie 等通过在 HAuCl$_4$ 溶液中加入单细胞绿藻（*Chlorella vulgaris*）的提取物，可以形成以（111）晶面为基面的单晶金纳米片 ［图 3.59（c）］[414]。分离纯化的分子质量约为 28 kDa 的蛋白被证明对 HAuCl$_4$ 的还原有积极作用，并诱导二维结构的形成。进一步的生长机制研究表明，该蛋白质中的肽序列主要负责结合和稳定金纳米片的（111）晶面。

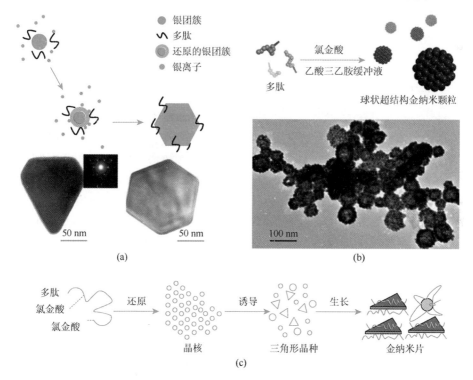

图 3.59　（a）通过 AG4 肽序列控制还原 AgNO$_3$ 合成 Ag 纳米片的示意图和 TEM 图像；（b）Au 纳米颗粒空心球超结构的形成示意图和 TEM 图像；（c）通过藻类提取物还原 HAuCl$_4$ 合成 Au 纳米片的示意图[413-415]

自组装过程和肽仿生矿化的结合已被证明在制备复杂的贵金属纳米结构中是极为有效的。因此，这随后引起更多研究，利用这种方法来制造其他巧妙的三维纳米结构，其基本原理是对某个肽序列的不同修饰可影响其自组装形式，从而导致形成变体组装形式和纳米结构。美国匹兹堡大学 Song 等用正己烷通过两个丙氨酸残基作为桥修饰了未加工的 PEPAu 肽，由此制备了 C_6-AA-PEP$_{Au}$ 肽序列[415]。在与制备金纳米颗粒双螺旋结构相同的反应条件时，观察到中空 Au 球形超结构的形成 [图 3.59（b）]。最近，通过这一方式，用另一种肽共轭物 BP-PEP$_{Co}$（$C_{12}H_9$CO-HYPTLPLGSSTY，BP = 联苯），他们报道了磁性空心球形 CoPt 纳米颗粒超结构的合成[416]。支架肽的结构（如空间取向、排列和价态）也可以极大地影响仿生矿化贵金属的构建。通过将 Pd 结合肽序列 Pd4（TSNAVHPTLRHL）缀合至肿瘤抑制蛋白 p53 的四聚化结构域的 N 端（人 p53 的残基 324~358），日本北海道大学 Janairo 等设计并制备了具有高度 3D 定向的仿生矿化肽 Pd4-p53Tet[417]。在 HEPES 缓冲溶液中通过 $NaBH_4$ 还原 $PdCl_4^{2-}$ 导致 Pd 纳米颗粒在仍然保持其 3D 几何形状的 Pd_4 位点沉积。随着 Pd 纳米颗粒的连续生长，获得了由分支长丝网络产生的多孔珊瑚状 Pd 结构。因此，原则上可以针对性地制备具有不同化学组成和各种非常规形状的金属纳米粒子超结构，前提是确定并选择合适的肽并对其进行适当的修饰。

3.6.4　仿生矿化合成二氧化钛纳米材料

自从 Morse 等采用仿生矿化合成部分结晶的二氧化钛纳米材料以来[418]，催生了大量关于聚合物添加剂（蛋白质、多肽、酶）控制下的各种二氧化钛纳米材料合成的研究[419, 420]。这些作为催化剂和/或模板的添加剂在加速矿化过程和诱导二氧化钛结晶方面起着关键作用。美国范德堡大学 Sewell 和 Wright 发现，R5 肽（SSKKSGSYSGSKGSKRRIL）和聚（L-赖氨酸）能够在室温下催化形成由双（铵-乳酸）-二氢氧化钛（Ti-BALDH）缩合而形成球形 TiO_2 颗粒 [图 3.60（a）、（b）][421]。然而，这些亚微球的形成也伴随着一些不规则形状的杂质，而且显示出非常宽的尺寸分布。与此同时，使用相同的钛源在溶菌酶存在的情况下可以观察到由精细的 TiO_2 纳米颗粒组成的开放和相互连接的网络的形成 [图 3.60（c）][422]。最近，通过利用二氧化钛结合肽 Ti-1（QPYLFATDSLIK）作为生长诱导剂的仿生矿化，可以合成出几乎单分散的、直径约 4 nm 大小的二氧化钛纳米颗粒，如图 3.60（d）所示[423]。这些纳米粒子均匀地分散在溶液中，形成高度稳定的二氧化钛溶胶，这是国际上首次报道通过仿生矿化方法可制备二氧化钛溶胶。

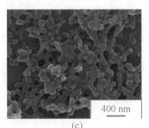

(a)　　　　　　　　　　　(b)　　　　　　　　　　　(c)

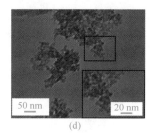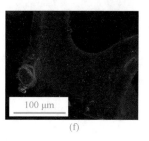

图 3.60　在不同聚合物添加剂存在下通过仿生矿化过程合成各种 TiO₂ 纳米
颗粒的 SEM 和 TEM 图像[421-423, 425, 426]

（a）R5 肽；（b）聚（L-赖氨酸）；（c）溶菌酶；（d）Ti-1 肽；（e）重组硅酸盐；（f）鱼精蛋白

在许多情况下，固体基质上生长二氧化钛纳米粒子薄膜在一些特定的应用中是必要的。因此，研究者关注的是仿生矿化方法在这些情况下是否仍然有效。德国美因茨大学 Tremel 等发现固定在金（111）表面上的自组装单层聚合物上的硅酸盐在催化二氧化钛的仿生矿化中保持活性[424]。然而，沉积的二氧化钛纳米粒子倾向于聚集成较大的聚集体而不是均匀分布在聚合物表面上。之后，美国佐治亚理工学院 Kharlampieva 等报道了另一个例子，其使用与重组硅胶（rSilC）分子束缚的层层（layer-by-layer，LBL）组装的聚电解质多层体，在 Ti-BALDH 水溶液中孵育 7 天，来诱导仿生矿化形成单分散的二氧化钛纳米颗粒 ［图 3.60（e）］[425]。由于表面栓塞的 rSilC 分子聚集成纳米尺度，因此可以很好地防止二氧化钛纳米粒子的大规模聚集。最近，北京工业大学陈戈等证明了通过 LBL 蛋白诱导的二氧化钛沉积过程可以在镍泡沫上制造鱼精蛋白/二氧化钛复合层 ［图 3.60（f）］[426]。在还原气氛中在 500℃ 下煅烧之后，获得在泡沫镍上嵌入无定形碳基质中的二氧化钛纳米颗粒的涂层。

3.6.5　仿生矿化合成钛酸钡纳米材料

美国纽约城市大学 Nuraje 等受生物启发，通过使用双（N-α-酰胺基甘氨酸）-1, 7-庚二羧酸酯合成的肽样双硼磷酸酯作为修饰诱导剂和生长介质以及 BaTi(O₂CC₇H₁₅)，证明了合成铁电 BaTiO₃ 纳米颗粒时可使用 BaTi(OCH(CH₃)₂)₅ 作为前驱体 ［图 3.61（a）］[427]。前驱体的存在促进了肽分子的自组装，从而形成用作前驱体水解的纳米反应器的纳米环。实验发现自组装肽纳米环的直径取决于溶液的 pH，因此可以合理地构建直径为 6～12 nm 的高度单分散的 BaTiO₃@肽混合纳米颗粒。随后，美国佐治亚理工学院 Ahmad 及其同事通过噬菌体展示方法鉴定了两种多肽，分别命名为 BT1（HQPANDPSWYTG）和 BT2（NTISGLRYAPHM），它们还能够诱导铁电四方 BaTiO₃ 在室温下沉积于接近中性 pH 的水性前驱体溶液中[428]。这项工作的另一个特点是反应快速，即在 2 h 内就可以形成晶态 BaTiO₃ 颗粒。扫描和透射电子显微镜分析表明得到了具有较大尺寸的轻微刻面的 BaTiO₃

颗粒 [图 3.61 (b)、(c)]。使用具有不同功能性肽配体的对照研究结果表明，在包含相似的带羟基、带酰胺、带电荷和疏水性氨基酸的两种肽中的独特序列对特定亲和力以及形成结晶的 $BaTiO_3$ 颗粒起到关键作用。

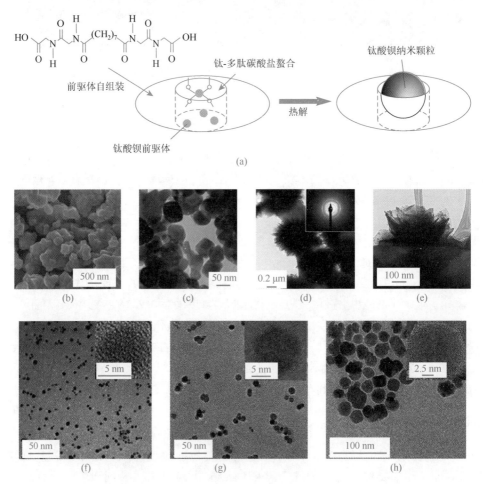

图 3.61　(a) 以 $BaTi(OCH(CH_3)_2)_5$ 作为前驱体合成铁电 $BaTiO_3$ 纳米颗粒的示意图；(b)、(c) 用 BT2 肽合成 $BaTiO_3$ 纳米颗粒的 SEM 和 TEM 图像；(d)、(e) 在硅酸盐细丝表面沉淀 $BaTiOF_4$ 的 TEM 图像；用不同分子量的 PAA-b-PS 二嵌段共聚物作为纳米反应器得到不同直径 6 nm(f)、11 nm (g)、27 nm (h) $BaTiO_3$ 纳米颗粒的 TEM 和 HRTEM 图像[427-430]

　　与此同时，美国加州大学圣巴巴拉分校 Brutchey 等报道了由天然硅酸盐细丝模板生成 $BaTiOF_4$（一种高温 $BaTiO_3$ 中间体）的生物诱发低温合成 [图 3.61 (d)、(e)] [429]。不同于之前基于硅酸盐的 TiO_2、SnO_2 或 Ga_2O_3 的矿化，$BaTiOF_4$ 的形成需要存在 H_3BO_3 以清除由前体 $BaTiF_6$ 水解释放的过量 F^-。最近的研究表明，这种方法可通过使用合成二嵌段共聚物如聚丙烯酸-b-聚苯乙烯（PAA-b-PS）而得到进一步扩展[430]。与双（N-α-酰胺基甘氨酸）-1, 7-庚二羧酸酯的自组装过程类似，这种两亲性星形共聚物倾向于形成结构稳定的球形单分子胶束，其中内部 PAA 嵌段促进了水解和缩合，$BaTiO_3$ 前驱体通过金属离子与 PAA 的羧基之间的强配位键合。因此，通过改变 PAA 嵌段的链长可以容易地改变 $BaTiO_3$ 纳米晶体的直径。使用 PAA-b-PS 为修饰诱导剂，可选择性地获得具有不同直径 6.3 nm±1.3 nm、11.2 nm±1.9 nm 和 27.1 nm±3.1 nm 的纳米晶 [图 3.61（f）～（h）]，其中 PAA 嵌段的分子量为 4500、8400 和 28100。此外，还可以观察到尺寸依赖性的晶相和电性质的判别：6 nm 的 $BaTiO_3$ 纳米晶体为顺电的立方相，而 11 nm 和 27 nm 的尺寸均为铁电四方 $BaTiO_3$ 纳米晶体。该研究组进一步设计了另一种含有功能嵌段聚丙烯酸-b-聚偏二氟乙烯（PAA-b-PVDF）的两亲性多壁星形嵌段共聚物，并用它来控制单分散 $BaTiO_3$ 纳米颗粒的结晶[431]。他们发现得到的 $BaTiO_3$ 纳米颗粒呈现出铁电四方结构，显示出高介电常数和低介电损耗。

3.6.6　仿生矿化合成磷酸铁纳米材料

模仿生物体内磷酸生物矿物的矿化过程，韩国科学技术院 Ryu 等发现使用芴基甲氧羰基二苯丙氨酸（Fmoc-FF）肽分子的自组装纳米纤维作为模板可以控制一系列过渡金属（Fe、Co、Ni、Cu 和 Mn）磷酸盐材料的矿化[432]。无定形矿物纳米粒子首先通过金属离子与暴露肽的极性部分之间的强相互作用而沉淀在肽纳米纤维的表面上，导致肽@磷酸盐核-壳复合纳米纤维的形成。在 350℃ 的退火处理引起无定形纳米粒子的脱水，伴随着肽纤维的碳化，结果获得了在内壁上具有薄导电碳涂层的过渡金属磷酸盐纳米管 [图 3.62（a）、（b）]。除了聚合物自组装外，结合到一些硬模板表面的聚合物仍然可以进行过渡金属磷酸盐的矿化。美国麻省理工学院 Lee 等设计了在一端具有对单壁碳纳米管（SWNT）有亲和力的肽基修饰的 M13 病毒和能够成核无定形 $FePO_4$ 的肽涂层[433]。使用这种病毒，作者合成了 $FePO_4$/SWNT 杂化材料，其中在通过 SWNT 特异性肽附着于 SWNT 的病毒上生长 $FePO_4$ 纳米晶体，制备出的 $FePO_4$ 纳米颗粒是非晶。类似地，$FePO_4$/DWNT（双壁碳纳米管）杂化材料 [图 3.62（c）、（d）] 的独特网络结构已通过在 DNA 官能化的 DWNT 的表面上原位矿化 $FePO_4$ 而实现[434]。通过它们的碱性芳香族基团和 DWNT 之间的 π-π 相互作用使得锚定在 DWNT 上的 DNA 分子良好分散而没有聚集，因此可以诱导具有良好分散性的超小型 $FePO_4$ 纳米颗粒的生长。此外，$FePO_4$ 价格低廉、无毒、循环性能好、比容量高、热稳定性和安全性高，而且它是橄榄石型 $LiFePO_4$ 的重要前驱体，而 $LiFePO_4$ 是商业化锂离子电池最有前景的阴极材料之一[435]。最近，齐鲁工业大学何文等采用高能生物分子 ATP 作为磷源、成核剂和结构模板来诱导 $FePO_4$ 的矿化，随后通过固态反应将其用作形成 $LiFePO_4$ 的前驱体在高温下与 $LiCO_3$ 和抗坏血酸反应[436]。图 3.62（e）

所示的 HRTEM 图像显示了 LiFePO₄ 的最终片状结构，该结构用几个高能量子点（HEQD）修饰，其平均直径约为 3 nm（参见红色环包围的黑点，彩图见封底二维码）。同时，通过 TEM 测量也证实了 ATP 作为碳源在热解降解过程中发挥了作用，在 TEM 图像中可以清晰地观察到介孔碳纳米纤维（CNW）结构［图 3.62（f）］。

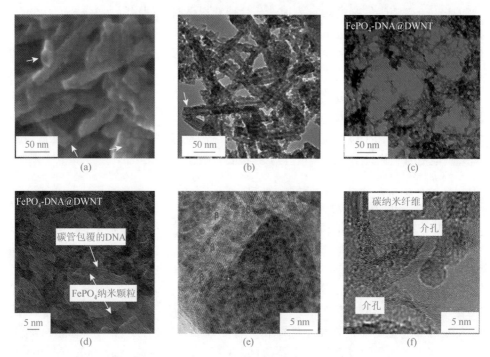

图 3.62　（a）、（b）退火后 FePO₄/肽杂化纳米纤维的 SEM 和 TEM 图像；（c）、（d）FePO₄/碳纳米管混合网络的 TEM 图像；（e）、（f）高能量子点-LiFePO₄-介孔生物质碳纤维三元混合材料的 HRTEM 和 TEM 图像[432, 434, 436]

3.6.7　仿生矿化合成钨酸盐纳米材料

双亲嵌段聚合物（DHBC）可模拟可溶性生物大分子以控制生物矿物相关无机材料的结晶过程，DHBC 被证明在钨酸盐（AWO₄）形貌调控合成中具有显著的作用。具有可控纵横比的非常薄的 1D 和 2D CdWO₄ 纳米晶体［图 3.62（a）～（c）］可以简捷地通过在室温下的一步注射方法直接合成，或者随后在添加聚乙二醇-b-聚甲基丙烯酸（PEG-b-PMAA）的溶液中合成[437]。不含 PEG-b-PMAA 的双注射反应会产生厚度为 6～7 nm，长度为 1～2 mm，沿其整个长度均匀宽度为 70 nm 的 CdWO₄ 纳米棒/纳米带［图 3.63（a）］。但是，在 PEG-b-PMAA 存在下，通过两步处理可以获得直径为 2.5 nm 的非常薄且均匀的纳米纤维［图 3.63（b）］，其长度为 100～210 nm，而直接水热处理前驱体只能生成薄纳米片［图 3.63（c）］。

应该指出的是，这些纳米结构是通过无定形前驱体转变的非经典结晶过程而不是基于离子的经典结晶过程形成的。这些无定形中间体纳米粒子是通过双注射技术缓慢且可控添加反应物而形成的。通过 DHBC 的晶化控制和表面活性剂在含水环境中的自组装可以产生新的晶态结构，如同样报道的类似但更简单的聚电解质/表面活性剂添加剂。通过多步生长机制，结合来自阴离子反胶束（十一烷基酸和癸胺）和 PEG-b-PMAA 的介质，北京大学齐利民等合成了基于 $BaWO_4$ 纳米线的羽毛状结构[438]。沿着白钨矿[001]方向生长的许多几乎平行的单晶倒钩垂直于多晶中心轴的两侧，这意味着可以在有限的实验中实现特殊的模板效应[图 3.63（d）、（e）]。此外，即使这种 DHBC 在产生这些复杂结构中的确切作用仍不清楚，通过简单地调节 PEG-b-PMAA 的浓度，所得到的 $BaWO_4$ 纳米晶体的结构可以从星状结构变为单轴。除了 DHBC 外，燕山大学高发明等还报道了在温和条件下使用双链 DNA 诱导 $BaWO_4$ 纳米双线性阵列［图 3.63（f）］的仿生矿化[439]。由于 DNA 的热变性可将其两条链分开，因此反应温度在合成该结构中发挥重要作用，从而引起显著的纳米线阵列生长。与使用四种寡核苷酸的对照实验结果相比，表明磷酸基团和可能的腺嘌呤上的氨基部分的结合位点促进了纳米颗粒的生长。

图 3.63　不同条件下获得的 $CdWO_4$ 纳米晶体的 TEM 图像

（a）在室温下没有添加剂，双喷射；（b）在 PEG-b-PMAA = 1 g/L，双射流，80℃水热结晶；（c）在 PEG-b-PMAA-PO$_3$H$_2$ = 1 g/L，130℃下直接水热处理；羽毛状［(d)、(e)］和纤维状（f）$BaWO_4$ 纳米结构的 TEM 和 HRTEM 图像[437-439]

3.6.8　仿生矿化合成金属有机框架纳米材料

金属有机框架（metal organic frameworks，MOF）是结晶多孔固体，具有由金属离子和有机分子通过配位键连接在一起组成的超分子结构，因为它们具有易于设计和精细可控的均匀孔隙结构，是一种有应用前景的材料[440, 441]。通过仿生方法，可以选择多种生物大分子来调控 MOF 材料的合成。清华大学戈钧等发现细胞色素 c（Cytc）在 PVP 辅助下可有效催化沸石咪唑骨架（ZIF-8，一种具有小孔的代表性常见 MOF 材料）的成核并诱导其后续生长，形成如图 3.64（a）所示的 Cytc-ZIF-8 杂交晶体[442]。在这里，PVP 用于与 Cytc 分子结合，从而改善这种蛋白质在甲醇中的分散性。矿化 24 h 后，通过作为中间体的一些棒状组装体［图 3.64（b）］获得平均尺寸约为 620 nm 的均匀菱形十二面体杂化晶体［图 3.64（c）］。在烧结样品上的 SEM 和 TEM 照片均证实 Cytc 成分主要被吸入 ZIF-8 晶体表面附近的浅区域。最近，澳大利亚 Liang 等利用各种生物大分子（蛋白质、酶和 DNA）来控制几种 MOF 材料［如 ZIF-8、$Cu_3(BTC)_2(HKUST-1)$、$Eu_2(1, 4-BDC)_3(H_2O)_4$、$Tb_2(1, 4-BDC)_3(H_2O)_4$ 和 Fe(III)二羧酸盐 MOF(MIL-88A)］的合成[443]。通过精细地选择合适的生物大分子，可以精确地诱导生成生物大分子-ZIF-8 杂合晶体的形貌和尺寸［图 3.64（d）～（m）］。例如，可以通过使用 BSA、卵清蛋白、人血白蛋白（human serum albumin，HSA）、辣根过氧化物酶（horseradish peroxidase，HRP）和胰蛋白酶作为结晶调节剂，选择性地作为合成具有截断的立方体、叶状、菱形十二面体、花状和星状形状的混合晶体。同时，MOF 晶体的尺寸可以从 1.5 μm 调整到 0.6 μm，同时保持截断立方形貌。在这两项研究中值得注意的另一个重要方面是，在 MOF 矿化之后，那些采用的生物大分子在通常条件下会分解，但在特殊条件下处理后仍然可以恢复活性，这意味着矿化形成的 MOF 可以有效保护

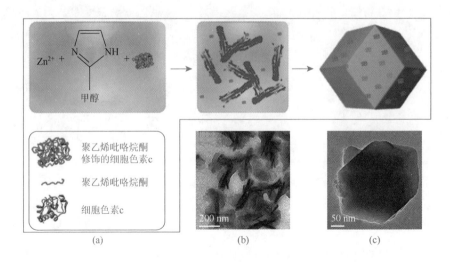

(a)	(b)	(c)

图 3.64　（a）细胞色素 c/ZIF-8 杂交晶体的合成示意图；5 min（b）和 24 h（c）后细胞色素 c/ZIF-8 杂交晶体的 TEM 图像。不同生物分子诱导合成的基于 ZIF-8 杂交晶体的 SEM 图像：（d）卵清蛋白；（e）血清蛋白；（f）血红蛋白；（g）核糖核酸酶 A；（h）寡核苷酸；（i）脲酶；（j）溶菌酶；（k）脂肪酶；（l）辣根过氧化物酶；（m）胰蛋白酶[442, 443]

材料[442, 443]。最近的一项研究进一步证实，在一定温度范围内，仿生矿化比其他方法如共沉淀[444]，可以提供更好的保护。这些最新研究进一步强调了这种受生物启发的聚合物控制晶化方法的多样性。

3.7　液相法合成低维纳米材料展望

　　纳米材料已经开始从实验室的基础研究逐渐走向现代高新技术产业的实际应用，它涉及日常生活的方方面面，包括能源、照明显示、光伏、生物医药等。发展纳米材料的液相合成技术对制备新型功能性纳米材料和将其进一步推向应用至关重要。本章综述了近年来低维纳米材料在液相成核生长理论及液相合成方法方面取得的主要进展。目前，研究人员已经开发了多种液相合成方法制备从零维到二维的多种低维纳米材料，并可以控制材料的形状、尺寸、物相、晶面等参数。常见的液相合成法包括：水热溶剂热合成、微波合成、封管合成等密闭体系下的合成方法，模板法、高温热分解法等。密闭体系下的合成方法通常采用低沸点的水作为溶剂，具有反应操作简便、易于大规模制备等优势。模板法可以便捷高效地制备各种组分和结构的功能性纳米材料，利用模板法可以在一定程度上突破热力学的限制，从而制备出一系列普通合成方法难以得到的纳米结构。值得注意的是，表面配体在溶液相制备过程中起到了极其重要的作用，利用表面配体调控材料成核生长的热力学与动力学可以实现对纳米材料结构参数的控制。此外，外延生长是制备多种复杂纳米异质结构一种十分有效的手段，可以实现常规单组分材料无法具备的多功能性和协同效应。

尽管纳米材料的液相合成技术当前已经取得长足的发展，但现有技术仍存在许多尚未解决的问题。例如，密闭体系下的合成过程难以保证材料的均一性和分散性；模板法通常会受到模板材料尺寸和结构的制约；表面配体策略虽然已广泛用于调控纳米材料的生长，但仍缺乏一种通用的配体筛选和设计策略来指导复杂纳米结构的制备；此外，精准控制外延生长过程中材料组分、物相、构型等参数，利用生物体分子制备具备生物兼容性的纳米材料，以及模仿生物体矿化过程制备复杂纳米结构材料均存在诸多挑战。

为了进一步将纳米尺度材料推向实际应用，无疑需要对其进行更加精准的控制以改善材料的均匀性。笔者认为，对于未来低维纳米材料液相合成的发展，主要需要关注以下几方面的问题和挑战：①加强纳米晶成核生长机理的深入研究，补充和完善现有成核生长理论并用以指导复杂纳米结构的制备，以实现对纳米材料原子尺度上的精准控制；②发展新的合成方法，实现常规液相合成无法得到的新颖结构和特性，如在材料制备过程中引入光、电、磁场等外场加以调控；③发展新的表征技术，实现对复杂液相环境中材料合成过程的原位动态跟踪、调控和优化；④设计制备复杂和精细的纳米结构以实现常规材料无法具备的独特功能；⑤发展高效和环境友好的高质量低维纳米材料的液相制备技术，以实现未来的实际应用。

参 考 文 献

[1] Van Embden J, Chesman A S R, Jasieniak J J. The heat-up synthesis of colloidal nanocrystals. Chemistry of Materials, 2015, 27 (7): 2246-2285.

[2] Wang F, Richards V N, Shields S P, et al. Kinetics and mechanisms of aggregative nanocrystal growth. Chemistry of Materials, 2013, 26 (1): 5-21.

[3] Kwon S G, Hyeon T. Formation mechanisms of uniform nanocrystals via hot-injection and heat-up methods. Small, 2011, 7 (19): 2685-2702.

[4] Sun Y. Interfaced heterogeneous nanodimers. National Science Review, 2015, 2 (3): 329-348.

[5] Rempel J Y, Bawendi M G, Jensen K F. Insights into the kinetics of semiconductor nanocrystal nucleation and growth. Journal of the American Chemical Society, 2009, 131 (12): 4479-4489.

[6] Sowers K L, Swartz B, Krauss T D. Chemical mechanisms of semiconductor nanocrystal synthesis. Chemistry of Materials, 2013, 25 (8): 1351-1362.

[7] Yu K, Liu X, Qi T, et al. General low-temperature reaction pathway from precursors to monomers before nucleation of compound semiconductor nanocrystals. Nature Communications, 2016, 7: 12223.

[8] Nielsen M H, Aloni S, de Yoreo J J. In situ TEM imaging of CaCO$_3$ nucleation reveals coexistence of direct and indirect pathways. Science, 2014, 345 (6201): 1158-1162.

[9] Wallace A F, Hedges L O, Fernandez-Martinez A, et al. Microscopic evidence for liquid-liquid separation in supersaturated CaCO$_3$ solutions. Science, 2013, 341 (6148): 885-889.

[10] Loh N D, Sen S, Bosman M, et al. Multistep nucleation of nanocrystals in aqueous solution. Nature Chemistry,

2017，9（1）：77-82.

[11]　Liu M，Wang K，Wang L，et al. Probing intermediates of the induction period prior to nucleation and growth of semiconductor quantum dots. Nature Communications，2017，8：15467.

[12]　Stoeva S I，Zaikovski V，Prasad B L V，et al. Reversible transformations of gold nanoparticle morphology. Langmuir，2005，21（23）：10280-10283.

[13]　Sahu P，Shimpi J，Lee H J，et al. Digestive ripening of Au nanoparticles using multidentate ligands. Langmuir，2017，33（8）：1943-1950.

[14]　Peng X，Wickham J，Alivisatos A P. Kinetics of Ⅱ-Ⅵ and Ⅲ-Ⅴ colloidal semiconductor nanocrystal growth："Focusing" of size distributions. Journal of the American Chemical Society，1998，120（21）：5343-5344.

[15]　Peng X. An essay on synthetic chemistry of colloidal nanocrystals. Nano Research，2010，2（6）：425-447.

[16]　Williamson C B，Nevers D R，Hanrath T，et al. Prodigious effects of concentration intensification on nanoparticle synthesis：A high-quality，scalable approach. Journal of the American Chemical Society，2015，137（50）：15843-15851.

[17]　Owen J S，Chan E M，Liu H，et al. Precursor conversion kinetics and the nucleation of cadmium selenide nanocrystals. Journal of the American Chemical Society，2010，132（51）：18206-18213.

[18]　Xie R，Li Z，Peng X. Nucleation kinetics *vs.* chemical kinetics in the initial formation of semiconductor nanocrystals. Journal of the American Chemical Society，2009，131（42）：15457-15466.

[19]　De Trizio L，Manna L. Forging colloidal nanostructures via cation exchange reactions. Chemical Reviews，2016，116（18）：10852-10887.

[20]　Peng H C，Park J，Zhang L，et al. Toward a quantitative understanding of symmetry reduction involved in the seed-mediated growth of Pd nanocrystals. Journal of the American Chemical Society，2015，137（20）：6643-6652.

[21]　Uyeda N，Nishino M，Suito E. Nucleus interaction and fine structures of colloidal gold particles. Journal of Colloid and Interface Science，1973，43（2）：264-276.

[22]　Bogush G H，Zukoski C F. Uniform silica particle precipitation：An aggregative growth model. Journal of Colloid and Interface Science，1991，142（1）：19-34.

[23]　Chow M K，Zukoski C F. Gold sol formation mechanisms：Role of colloidal stability. Journal of Colloid and Interface Science，1994，165（1）：97-109.

[24]　Van Hyning D L，Klemperer W G，Zukoski C F. Silver nanoparticle formation：Predictions and verification of the aggregative growth model. Langmuir，2001，17（11）：3128-3135.

[25]　Penn R L，Banfield J F. Imperfect oriented attachment：Dislocation generation in defect-free nanocrystals. Science，1998，281（5379）：969-971.

[26]　Yuk J M，Park J，Ercius P，et al. High-resolution EM of colloidal nanocrystal growth using graphene liquid cells. Science，2012，336（6077）：61-64.

[27]　Zheng H，Smith R K，Jun Y W，et al. Observation of single colloidal platinum nanocrystal growth trajectories. Science，2009，324（5932）：1309-1312.

[28]　Liao H G，Cui L，Whitelam S，et al. Real-time imaging of Pt₃Fe nanorod growth in solution. Science，2012，336（6084）：1011-1014.

[29]　Zhu C，Liang S，Song E，et al. *In-situ* liquid cell transmission electron microscopy investigation on oriented attachment of gold nanoparticles. Nature Communications，2018，9（1）：421.

[30]　Schliehe C，Juarez B H，Pelletier M，et al. Ultrathin PbS sheets by two-dimensional oriented attachment. Science，2010，329（5991）：550-553.

[31]　Smigelskas A D，Kirkendall E O. Zinc diffusion in alpha brass. Trans AIME，1947，171：130-142.

[32]　Yin Y，Rioux R M，Erdonmez C K，et al. Formation of hollow nanocrystals through the nanoscale kirkendall effect. Science，2004，304（5671）：711-714.

[33]　Sun Y，Zuo X，Sankaranarayanan S K R S，et al. Quantitative 3D evolution of colloidal nanoparticle oxidation in solution. Science，2017，356（6335）：303-307.

[34]　Beberwyck B J，Surendranath Y，Alivisatos A P. Cation exchange: A versatile tool for nanomaterials synthesis. The Journal of Physical Chemistry C，2013，117（39）：19759-19770.

[35]　Jain P K，Amirav L，Aloni S，et al. Nanoheterostructure cation exchange: Anionic framework conservation. Journal of the American Chemical Society，2010，132（29）：9997-9999.

[36]　Zhuang T T，Liu Y，Sun M，et al. A unique ternary semiconductor-（semiconductor/metal）nano-architecture for efficient photocatalytic hydrogen evolution. Angewandte Chemie International Edition，2015，54（39）：11495-11500.

[37]　Zhuang T T，Liu Y，Li Y，et al. Integration of semiconducting sulfides for full-spectrum solar energy absorption and efficient charge separation. Angewandte Chemie International Edition，2016，55（22）：6396-6400.

[38]　Fenton J L，Steimle B C，Schaak R E. Tunable intraparticle frameworks for creating complex heterostructured nanoparticle libraries. Science，2018，360（6388）：513-517.

[39]　Saruyama M，So Y G，Kimoto K，et al. Spontaneous formation of wurtzite-CdS/zinc blende-CdTe heterodimers through a partial anion exchange reaction. Journal of the American Chemical Society，2011，133（44）：17598-17601.

[40]　Nedelcu G，Protesescu L，Yakunin S，et al. Fast anion-exchange in highly luminescent nanocrystals of cesium lead halide perovskites（$CsPbX_3$，X = Cl，Br，I）. Nano Letters，2015，15（8）：5635-5640.

[41]　Huang H，Polavarapu L，Sichert J A，et al. Colloidal lead halide perovskite nanocrystals: Synthesis，optical properties and applications. NPG Asia Materials，2016，8：e328.

[42]　Kovalenko M V，Protesescu L，Bodnarchuk M I. Properties and potential optoelectronic applications of lead halide perovskite nanocrystals. Science，2017，358（6364）：745-750.

[43]　Xia Y，Xia X，Peng H C. Shape-controlled synthesis of colloidal metal nanocrystals: Thermodynamic versus kinetic products. Journal of the American Chemical Society，2015，137（25）：7947-7966.

[44]　Li H H，Yu S H. Recent advances on controlled synthesis and engineering of hollow alloyed nanotubes for electrocatalysis. Advanced Materials，2019：1803503.

[45]　Zhang T T，Liu Y，Sun M，et al. A unique ternary semiconductor-（semiconductor/metal）nano-architecture for efficient photocatalytic hydrogen evolution. Angewandte Chemie International Edition，2015，54（39）：11495-11500.

[46]　Wu Z Y，Liang H W，Hu B C，et al. Emerging carbon nanofiber aerogels: Chemosynthesis versus biosynthesis. Angewandte Chemie International Edition，2018，57：15646-15662.

[47]　Liang H W，Guan Q F，Chen L F，et al. Macroscopic-scale template synthesis of robust carbonaceous nanofiber hydrogels and aerogels and their applications. Angewandte Chemie International Edition，2012，51（21）：5101-5105.

[48]　Liang H W，Cao X，Zhou F，et al. A free-standing Pt-nanowire membrane as a highly stable electrocatalyst for the oxygen reduction reaction. Advanced Materials，2011，23（12）：1467-1471.

[49]　Liang H W，Liu S，Yu S H. Controlled synthesis of one-dimensional inorganic nanostructures using pre-existing one-dimensional nanostructures as templates. Advanced Materials，2010，22（35）：3925-3937.

[50]　Pang X，He Y，Jung J，et al. 1D nanocrystals with precisely controlled dimensions，compositions，and architectures. Science，2016，353（6305）：1268-1272.

[51]　Wang F, Dong A, Buhro W E. Solution-liquid-solid synthesis, properties, and applications of one-dimensional colloidal semiconductor nanorods and nanowires. Chemical Reviews, 2016, 116 (18): 10888-10933.

[52]　Wang F, Dong A, Sun J, et al. Solution-liquid-solid growth of semiconductor nanowires. Inorganic Chemistry, 2006, 45 (19): 7511-7521.

[53]　Riedinger A, Ott F D, Mule A, et al. An intrinsic growth instability in isotropic materials leads to quasi-two-dimensional nanoplatelets. Nature Materials, 2017, 16 (7): 743-748.

[54]　Wang F, Wang Y, Liu Y H, et al. Two-dimensional semiconductor nanocrystals: Properties, templated formation, and magic-size nanocluster intermediates. Accounts of Chemical Research, 2015, 48 (1): 13-21.

[55]　Yao W T, Yu S H, Wu Q S. From mesostructured wurtzite ZnS-nanowire/amine nanocomposites to ZnS nanowires exhibiting quantum size effects: A mild-solution chemistry approach. Advanced Functional Materials, 2007, 17 (4): 623-631.

[56]　Yao W T, Yu S H. Synthesis of semiconducting functional materials in solution: From II-VI semiconductor to inorganic-organic hybrid semiconductor nanomaterials. Advanced Functional Materials, 2008, 18 (21): 3357-3366.

[57]　Ma T, Zhou F, Zhang T W, et al. Large-scale syntheses of zinc xulfide·(diethylenetriamine)$_{0.5}$ hybrids as precursors for sulfur nanocomposite cathodes. Angewandte Chemie International Edition, 2017, 56 (39): 11836-11840.

[58]　Hu Z W, Xu L, Yang Y, et al. A general chemical transformation route to two-dimensional mesoporous metal selenide nanomaterials by acidification of a ZnSe-amine lamellar hybrid at room temperature. Chemical Science, 2016, 7 (7): 4276-4283.

[59]　Yao H B, Li X B, Yu S H. New blue-light-emitting ultralong [Cd(L)(TeO$_3$)] (L = polyamine) organic-inorganic hybrid nanofibre bundles: Their thermal stability and acidic sensitivity. Chemistry: A European Journal, 2009, 15 (31): 7611-7618.

[60]　Wu L, Yao H, Hu B, et al. Unique lamellar sodium/potassium iron oxide nanosheets: Facile microwave-assisted synthesis and magnetic and electrochemical properties. Chemistry of Materials, 2011, 23 (17): 3946-3952.

[61]　Zhang M, Shi C, Zhang T K, et al. Mn-substituted [Zn$_{1-x}$Mn$_x$Se](DETA)$_{0.5}$ ($x = 0 \sim 0.3$) inorganic-organic hybrid nanobelts: Synthesis, electron paramagnetic resonance spectroscopy, and their temperature-and pressure-dependent optical properties. Chemistry of Materials, 2009, 21 (22): 5485-5490.

[62]　Yao H B, Zhang X, Wang X H, et al. From (Cd$_2$Se$_2$)$_{(pa)}$ (pa = propylamine) hybrid precursors to various CdSe nanostructures: Structural evolution and optical properties. Dalton Transactions, 2011, 40 (13): 3191-3197.

[63]　Yao H B, Gao M R, Yu S H. Small organic molecule templating synthesis of organic-inorganic hybrid materials: Their nanostructures and properties. Nanoscale, 2010, 2 (3): 323-334.

[64]　Gao M R, Gao Q, Jiang J, et al. A methanol-tolerant Pt/CoSe$_2$ nanobelt cathode catalyst for direct methanol fuel cells. Angewandte Chemie International Edition, 2011, 50 (21): 4905-4908.

[65]　Gao M R, Zheng Y R, Jiang J, et al. Pyrite-type nanomaterials for advanced electrocatalysis. Accounts of Chemical Research, 2017, 50 (9): 2194-2204.

[66]　Carbone L, Cozzoli P D. Colloidal heterostructured nanocrystals: Synthesis and growth mechanisms. Nano Today, 2010, 5 (5): 449-493.

[67]　Grant E, Halstead B J. Dielectric parameters relevant to microwave dielectric heating. Chemical Society Reviews, 1998, 27 (3): 213-224.

[68]　Rabenau A. The role of hydrothermal synthesis in preparative chemistry. Angewandte Chemie International Edition, 1985, 24 (12): 1026-1040.

[69]　Feng S, Xu R. New materials in hydrothermal synthesis. Accounts of Chemical Research, 2001, 34 (3): 239-247.

[70] Gao M R, Xu Y F, Jiang J, et al. Nanostructured metal chalcogenides: Synthesis, modification, and applications in energy conversion and storage devices. Chemical Society Reviews, 2013, 42 (7): 2986-3017.

[71] Xie Y, Qian Y, Wang W, et al. A benzene-thermal synthetic route to nanocrystalline GaN. Science, 1996, 272 (5270): 1926-1927.

[72] Walton R I. Subcritical solvothermal synthesis of condensed inorganic materials. Chemical Society Reviews, 2002, 31 (4): 230-238.

[73] Bilecka I, Niederberger M. Microwave chemistry for inorganic nanomaterials synthesis. Nanoscale, 2010, 2 (8): 1358-1374.

[74] Komarneni S, Roy R, Li Q. Microwave-hydrothermal synthesis of ceramic powders. Materials Research Bulletin, 1992, 27 (12): 1393-1405.

[75] Chen Y, Fan Z, Zhang Z, et al. Two-dimensional metal nanomaterials: Synthesis, properties, and applications. Chemical Reviews, 2018, 118 (13): 6409-6455.

[76] Bergius F. 1913. Die Anwendung hoher drucke bei chemischen Vorgängen und eine nechbildung des Entstehungsprozesses der Steinkohle. Verlag Wilhelm Knapp, Halle an der Saale, Germany.

[77] Hu B, Wang K, Wu L, et al. Engineering carbon materials from the hydrothermal carbonization process of biomass. Advanced Materials, 2010, 22 (7): 813-828.

[78] Wang Q, Li H, Chen L, et al. Monodispersed hard carbon spherules with uniform nanopores. Carbon, 2001, 39 (14): 2211-2214.

[79] Sun X, Li Y. Colloidal carbon spheres and their core/shell structures with noble-metal nanoparticles. Angewandte Chemie International Edition, 2004, 43 (5): 597-601.

[80] Demir-Cakan R, Baccile N, Antonietti M, et al. Carboxylate-rich carbonaceous materials via one-step hydrothermal carbonization of glucose in the presence of acrylic acid. Chemistry of Materials, 2009, 21 (3): 484-490.

[81] Cui X, Antonietti M, Yu S H. Structural effects of iron oxide nanoparticles and iron ions on the hydrothermal carbonization of starch and rice carbohydrates. Small, 2006, 2 (6): 756-759.

[82] Xie Q, Dai Z, Huang W, et al. Large-scale synthesis and growth mechanism of single-crystal Se nanobelts. Crystal Growth & Design, 2006, 6 (6): 1514-1517.

[83] Qian H S, Yu S H, Gong J Y, et al. High-quality luminescent tellurium nanowires of several nanometers in diameter and high aspect ratio synthesized by a poly (vinyl pyrrolidone) -assisted hydrothermal process. Langmuir, 2006, 22 (8): 3830-3835.

[84] Wang K, Yang Y, Liang H W, et al. First sub-kilogram-scale synthesis of high quality ultrathin tellurium nanowires. Materials Horizons, 2014, 1 (3): 338-343.

[85] Song J M, Lin Y Z, Zhan Y J, et al. Superlong high-quality tellurium nanotubes: Synthesis, characterization, and optical property. Crystal Growth & Design, 2008, 8 (6): 1902-1908.

[86] Mo M S, Zeng J H, Liu X M, et al. Controlled hydrothermal synthesis of thin single-crystal tellurium nanobelts and nanotubes. Advanced Materials, 2002, 14 (22): 1658-1662.

[87] Huo B, Liu B, Chen T, et al. One-step synthesis of fluorescent boron nitride quantum dots via a hydrothermal strategy using melamine as nitrogen source for the detection of ferric ions. Langmuir, 2017, 33(40): 10673-10678.

[88] Han Q, Wang B, Gao J, et al. Atomically thin mesoporous nanomesh of graphitic C_3N_4 for high-efficiency photocatalytic hydrogen evolution. ACS Nano, 2016, 10 (2): 2745-2751.

[89] Tian B, Tian B, Smith B, et al. Facile bottom-up synthesis of partially oxidized black phosphorus nanosheets as metal-free photocatalyst for hydrogen evolution. Proceedings of the National Academy of Sciences of the USA,

2018，115：4345-4350.

[90]　Chae S Y，Park M K，Lee S K，et al. Preparation of size-controlled TiO_2 nanoparticles and derivation of optically transparent photocatalytic films. Chemistry of Materials，2003，15（17）：3326-3331.

[91]　Andersson M，Österlund L，Ljungström S，et al. Preparation of nanosize anatase and rutile TiO_2 by hydrothermal treatment of microemulsions and their activity for photocatalytic wet oxidation of phenol. Journal of Physical Chemistry B，2002，106（41）：10674-10679.

[92]　Wang X，Zhuang J，Peng Q，et al. A general strategy for nanocrystal synthesis. Nature，2005，437（7055）：121-124.

[93]　Li X L，Peng Q，Yi J X，et al. Near monodisperse TiO_2 nanoparticles and nanorods. Chemistry：A European Journal，2006，12（8）：2383-2391.

[94]　Bonamartini C A，Federica B，Bonaventura F，et al. Conventional and microwave-hydrothermal synthesis of TiO_2 nanopowders. Journal of the American Ceramic Society，2005，88（9）：2639-2641.

[95]　Chen X，Mao S S. Titanium dioxide nanomaterials：Synthesis，properties，modifications，and applications. Chemical Reviews，2007，107（7）：2891-2959.

[96]　Wang L，Liu P，Guan P，et al. *In situ* atomic-scale observation of continuous and reversible lattice deformation beyond the elastic limit. Nature Communications，2013，4：2413.

[97]　Zhu L，Wen Z，Mei W，et al. Porous CoO nanostructure arrays converted from rhombic Co(OH) F and needle-like $Co(CO_3)_{0.5}(OH) \cdot 0.11H_2O$ and their electrochemical properties. Journal of Physical Chemistry C，2013，117（40）：20465-20473.

[98]　Qu L，Zhao Y，Khan A M，et al. Interwoven three-dimensional architecture of cobalt oxide nanobrush-graphene@$NixCo_{2x}(OH)_{6x}$ for high-performance supercapacitors. Nano Letters，2015，15（3）：2037-2044.

[99]　Wu G，Chen W，Zheng X，et al. Hierarchical Fe-doped NiO_x nanotubes assembled from ultrathin nanosheets containing trivalent nickel for oxygen evolution reaction. Nano Energy，2017，38：167-174.

[100]　Coleman J N，Lotya M，O'Neill A，et al. Two-dimensional nanosheets produced by liquid exfoliation of layered materials. Science，2011，331（6017）：568-571.

[101]　Xiao X，Song H，Lin S，et al. Scalable salt-templated synthesis of two-dimensional transition metal oxides. Nature Communications，2016，7：11296.

[102]　Sun Z，Liao T，Dou Y，et al. Generalized self-assembly of scalable two-dimensional transition metal oxide nanosheets. Nature Communications，2014，5：3813.

[103]　Kim H S，Cook J B，Lin H，et al. Oxygen vacancies enhance pseudocapacitive charge storage properties of MoO_{3-x}. Nature Materials，2017，16：454-460.

[104]　Dong Y，Xu X，Li S，et al. Inhibiting effect of Na^+ pre-intercalation in MoO_3 nanobelts with enhanced electrochemical performance. Nano Energy，2015，15：145-152.

[105]　Zhang Q，Li X，Ma Q，et al. A metallic molybdenum dioxide with high stability for surface enhanced Raman spectroscopy. Nature Communications，2017，8：14903.

[106]　Liu B J W，Zheng J，Wang J L，et al. Ultrathin $W_{18}O_{49}$ nanowire assemblies for electrochromic devices. Nano Letters，2013，13（8）：3589-3593.

[107]　Polleux J，Pinna N，Antonietti M，et al. Growth and assembly of crystalline tungsten oxide nanostructures assisted by bioligation. Journal of the American Chemical Society，2005，127（44）：15595-15601.

[108]　Xi G，Ye J，Ma Q，et al. *In situ* growth of metal particles on 3D urchin-like WO_3 nanostructures. Journal of the American Chemical Society，2012，134（15）：6508-6511.

[109]　Yan Z G，Yan C H. Controlled synthesis of rare earth nanostructures. Journal of Materials Chemistry，2008，

18 （42）：5046-5059.

[110] Yang Z，Zhou K，Liu X，et al. Single-crystalline ceria nanocubes: Size-controlled synthesis，characterization and redox property. Nanotechnology，2007，18 （18）：185606.

[111] Zhang J，Ohara S，Umetsu M，et al. Colloidal ceria nanocrystals: A tailor-made crystal morphology in supercritical water. Advanced Materials，2010，19 （2）：203-206.

[112] Yang S，Gao L. Controlled synthesis and self-assembly of CeO_2 nanocubes. Journal of the American Chemical Society，2006，128 （29）：9330-9331.

[113] Nicola P，Markus N. Surfactant-free nonaqueous synthesis of metal oxide nanostructures. Angewandte Chemie International Edition，2008，47 （29）：5292-5304.

[114] Gao S，Lin Y，Jiao X，et al. Partially oxidized atomic cobalt layers for carbon dioxide electroreduction to liquid fuel. Nature，2016，529 （7584）：68-71.

[115] Liu Z P，Li S，Yang Y，et al. Complex-surfactant-assisted hydrothermal route to ferromagnetic nickel nanobelts. Advanced Materials，2003，15 （22）：1946-1948.

[116] Xu R，Xie T，Zhao Y，et al. Single-crystal metal nanoplatelets: Cobalt，nickel，copper，and silver. Crystal Growth & Design，2007，7 （9）：1904-1911.

[117] Mohl M，Pusztai P，Kukovecz A，et al. Low-temperature large-scale synthesis and electrical testing of ultralong copper nanowires. Langmuir，2010，26 （21）：16496-16502.

[118] Li H H，Cui C H，Zhao S，et al. Mixed-PtPd-shell PtPdCu nanoparticle nanotubes templated from copper nanowires as efficient and highly durable electrocatalysts. Advanced Energy Materials，2012，2 （10）：1182-1187.

[119] Li H H，Fu Q Q，Xu L，et al. Highly crystalline PtCu nanotubes with three dimensional molecular accessible and restructured surface for efficient catalysis. Energy & Environmental Science，2017，10 （8）：1751-1756.

[120] Fu Q Q，Li H H，Ma S Y，et al. A mixed-solvent route to unique PtAuCu ternary nanotubes templated from Cu nanowires as efficient dual electrocatalysts. Science China Materials，2016，59 （2）：112-121.

[121] Wang X，Zhuang J，Peng Q，et al. A general strategy for nanocrystal synthesis. Nature，2005，437 （7055）：121-124.

[122] Yu D，Yam V W W. Controlled synthesis of monodisperse silver nanocubes in water. Journal of the American Chemical Society，2004，126 （41）：13200-13201.

[123] Yin H，Zhao S，Zhao K，et al. Ultrathin platinum nanowires grown on single-layered nickel hydroxide with high hydrogen evolution activity. Nature Communications，2015，6：6430.

[124] Yin A X，Liu W C，Ke J，et al. Ru nanocrystals with shape-dependent surface-enhanced Raman spectra and catalytic properties: Controlled synthesis and DFT calculations. Journal of the American Chemical Society，2012，134 （50）：20479-20489.

[125] Huang X，Tang S，Mu X，et al. Freestanding palladium nanosheets with plasmonic and catalytic properties. Nature Nanotechnology，2011，6 （1）：28-32.

[126] Zhao L，Xu C，Su H，et al. Single-crystalline rhodium nanosheets with atomic thickness. Advanced Science，2015，2 （6）：1500100.

[127] Hu M J，Lin B，Yu S H. Magnetic field-induced solvothermal synthesis of one-dimensional assemblies of Ni-Co alloy microstructures. Nano Research，2008，1 （4）：303-313.

[128] Saleem F，Zhang Z，Xu B，et al. Ultrathin Pt-Cu nanosheets and nanocones. Journal of the American Chemical Society，2013，135 （49）：18304-18307.

[129] Köhler D，Heise M，Baranov A I，et al. Synthesis of BiRh nanoplates with superior catalytic performance in the

semihydrogenation of acetylene. Chemistry of Materials，2012，24（9）：1639-1644.

[130] Mahmood A，Lin H，Xie N，et al. Surface confinement etching and polarization matter：A new approach to prepare ultrathin PtAgCo nanosheets for hydrogen-evolution reactions. Chemistry of Materials，2017，29（15）：6329-6335.

[131] Saleem F，Xu B，Ni B，et al. Atomically thick Pt-Cu nanosheets：Self-assembled sandwich and nanoring-like structures. Advanced Materials，2015，27（12）：2013-2018.

[132] Cui C，Gan L，Li H H，et al. Octahedral PtNi nanoparticle catalysts：Exceptional oxygen reduction activity by tuning the alloy particle surface composition. Nano Letters，2012，12（11）：5885-5889.

[133] Cui C，Gan L，Heggen M，et al. Compositional segregation in shaped Pt alloy nanoparticles and their structural behaviour during electrocatalysis. Nature Materials，2013，12（8）：765-771.

[134] Feng J，Sun X，Wu C，et al. Metallic few-layered VS_2 ultrathin nanosheets：High two-dimensional conductivity for in-plane supercapacitors. Journal of the American Chemical Society，2011，133（44）：17832-17838.

[135] Lu J，Qi P，Peng Y，et al. Metastable MnS crystallites through solvothermal synthesis. Chemistry of Materials，2001，13（6）：2169-2172.

[136] Yang J，Cheng G H，Zeng J H，et al. Shape control and characterization of transition metal diselenides MSe_2 （M = Ni，Co，Fe）prepared by a solvothermal-reduction process. Chemistry of Materials，2001，13（3）：848-853.

[137] Liu Z，Xu D，Liang J，et al. Growth of Cu_2S ultrathin nanowires in a binary surfactant solvent. Journal of Physical Chemistry B，2005，109（21）：10699-10704.

[138] Yu S H，Yoshimura M. Shape and phase control of ZnS nanocrystals：Template fabrication of wurtzite ZnS single-crystal nanosheets and ZnO flake-like dendrites from a lamellar molecular precursor $ZnS-(NH_2CH_2CH_2NH_2)_{(0.5)}$. Advanced Materials，2002，14（4）：296-300.

[139] Huang X，Li J，Fu H. The first covalent organic-inorganic networks of hybrid chalcogenides：Structures that may lead to a new type of quantum wells. Journal of the American Chemical Society，2000，122（36）：8789-8790.

[140] Gao M R，Yao W T，Yao H B，et al. Synthesis of unique ultrathin lamellar mesostructured $CoSe_2$-amine （protonated）nanobelts in a binary solution. Journal of the American Chemical Society，2009，131（22）：7486-7487.

[141] Gao M R，Gao Q，Jiang J，et al. A methanol-tolerant $Pt/CoSe_2$ nanobelt cathode catalyst for direct methanol fuel cells. Angewandte Chemie International Edition，2011，50（21）：4905-4908.

[142] Gao M R，Xu Y F，Jiang J，et al. Water oxidation electrocatalyzed by an efficient $Mn_3O_4/CoSe_2$ nanocomposite. Journal of the American Chemical Society，2012，134（6）：2930-2933.

[143] Zheng Y R，Gao M R，Gao Q，et al. An efficient $CeO_2/CoSe_2$ nanobelt composite for electrochemical water oxidation. Small，2015，11（2）：182-188.

[144] Gao M R，Liang J X，Zheng Y R，et al. An efficient molybdenum disulfide/cobalt diselenide hybrid catalyst for electrochemical hydrogen generation. Nature Communications，2015，6：5982.

[145] Gao M R，Cao X，Gao Q，et al. Nitrogen-doped graphene supported $CoSe_2$ nanobelt composite catalyst for efficient water oxidation. ACS Nano，2014，8（4）：3970-3978.

[146] Zheng Y R，Gao M R，Yu Z Y，et al. Cobalt diselenide nanobelts grafted on carbon fiber felt：An efficient and robust 3D cathode for hydrogen production. Chemical Science，2015，6（8）：4594-4598.

[147] Zheng Y R，Wu P，Gao M R，et al. Doping-induced structural phase transition in cobalt diselenide enables enhanced hydrogen evolution catalysis. Nature Communications，2018，9（1）：2533.

[148] Yao W，Yu S H，Huang X，et al. Nanocrystals of an inorganic-organic hybrid semiconductor：Formation of uniform nanobelts of [ZnSe](diethylenetriamine)$_{0.5}$ in a ternary solution. Advanced Materials，2005，17（23）：2799-2802.

[149] Zang Z A，Yao H B，Zhou Y X，et al. Synthesis and magnetic properties of new $[Fe_{18}S_{25}](TETAH)_{14}$ （TETAH =

protonated triethylenetetramine）nanoribbons：An efficient precursor to Fe_7S_8 nanowires and porous Fe_2O_3 nanorods. Chemistry of Materials，2008，20（14）：4749-4755.

[150] Yao W T，Yu S H，Pan L，et al. Flexible wurtzite-type ZnS nanobelts with quantum-size effects：A diethylenetriamine-assisted solvothermal approach. Small，2005，1（3）：320-325.

[151] Gao M R，Chan M K Y，Sun Y. Edge-terminated molybdenum disulfide with a 9.4-angstrom interlayer spacing for electrochemical hydrogen production. Nature Communications，2015，6：7493.

[152] Hwang H，Kim H，Cho J. MoS_2 nanoplates consisting of disordered graphene-like layers for high rate lithium battery anode materials. Nano Letters，2011，11（11）：4826-4830.

[153] Wang J，Fan W，Yang J，et al. Tetragonal-orthorhombic-cubic phase transitions in Ag_2Se nanocrystals. Chemistry of Materials，2014，26（19）：5647-5653.

[154] Yu S H，Wu Y S，Yang J，et al. A novel solventothermal synthetic route to nanocrystalline CdE（E = S，Se，Te） and morphological control. Chemistry of Materials，1998，10（9）：2309-2312.

[155] Tan X，Zhou J，Yang Q. Ascorbic acid-assisted solvothermal growth of γ-In_2Se_3 hierarchical flowerlike architectures. CrystEngComm，2011，13（7）：2792-2798.

[156] Parveen N，Ansari S A，Alamri H R，et al. Facile synthesis of SnS_2 nanostructures with different morphologies for high-performance supercapacitor applications. ACS Omega，2018，3（2）：1581-1588.

[157] Shi W，Yu J，Wang H，et al. Hydrothermal synthesis of single-crystalline antimony telluride nanobelts. Journal of the American Chemical Society，2006，128（51）：16490-16491.

[158] Xie J，Zhang H，Li S，et al. Defect-rich MoS_2 ultrathin nanosheets with additional active edge sites for enhanced electrocatalytic hydrogen evolution. Advanced Materials，2013，25（40）：5807-5813.

[159] Xie J，Zhang J，Li S，et al. Controllable disorder engineering in oxygen-incorporated MoS_2 ultrathin nanosheets for efficient hydrogen evolution. Journal of the American Chemical Society，2013，135（47）：17881-17888.

[160] Yang J，Xue C，Yu S H，et al. General synthesis of semiconductor chalcogenide nanorods by using the monodentate ligand n-butylamine as a shape controller. Angewandte Chemie International Edition，2002，41（24）：4697-4700.

[161] Yu D，Wang D，Meng Z，et al. Synthesis of closed PbS nanowires with regular geometric morphologies. Journal of Materials Chemistry，2002，12（3）：403-405.

[162] Arivuoli D，Gnanam F，Ramasamy P. Growth and microhardness studies of chalcogneides of arsenic，antimony and bismuth. Journal of Materials Science Letters，1988，7（7）：711-713.

[163] Malakooti R，Cademartiri L，Akçakir Y，et al. Shape-controlled Bi_2S_3 nanocrystals and their plasma polymerization into flexible films. Advanced Materials，2006，18（16）：2189-2194.

[164] Gao M R，Yu S H，Yuan J，et al. Poly（ionic liquid）-mediated morphogenesis of bismuth sulfide with a tunable band gap and enhanced electrocatalytic properties. Angewandte Chemie International Edition，2016，55（41）：12812-12816.

[165] Yu Y，Yang F，Lu X F，et al. Gate-tunable phase transitions in thin flakes of 1T-TaS_2. Nature Nanotechnology，2015，10（3）：270-276.

[166] Rahman M，Davey K，Qiao S Z. Advent of 2D rhenium disulfide（ReS_2）：Fundamentals to applications. Advanced Functional Materials，2017，27（10）：1606129.

[167] Lin X，Lu J，Shao Y，et al. Intrinsically patterned two-dimensional materials for selective adsorption of molecules and nanoclusters. Nature Materials，2017，16（7）：717-721.

[168] Cheng L，Huang W J，Gong Q F，et al. Ultrathin WS_2 nanoflakes as a high-performance electrocatalyst for the hydrogen evolution reaction. Angewandte Chemie International Edition，2014，53（30）：7860-7863.

[169] Ding S J，Luo Z J，Xie Y M，et al. Strong magnetic resonances and largely enhanced second-harmonic generation

of colloidal MoS$_2$ and ReS$_2$@ Au nanoantennas with assembled 2D nanosheets. Nanoscale，2018，10（1）：124-131.

[170] Zhang X，Lai Z，Ma Q，et al. Novel structured transition metal dichalcogenide nanosheets. Chemical Society Reviews，2018，47（9）：3301-3338.

[171] Yang K，Wang X，Li H，et al. Composition-and phase-controlled synthesis and applications of alloyed phase heterostructures of transition metal disulphides. Nanoscale，2017，9（16）：5102-5109.

[172] Xu J，Li X，Liu W，et al. Carbon dioxide electroreduction into syngas boosted by a partially delocalized charge in molybdenum sulfide selenide alloy monolayers. Angewandte Chemie International Edition，2017，56（31）：9121-9125.

[173] Hu J，Deng B，Zhang W，et al. Synthesis and characterization of CdIn$_2$S$_4$ nanorods by converting CdS nanorods via the hydrothermal route. Inorganic Chemistry，2001，40（13）：3130-3133.

[174] Wang C，Tang K，Yang Q，et al. Characterization of PbSnS$_3$ nanorods prepared via an iodine transport hydrothermal method. Journal of Solid State Chemistry，2001，160（1）：50-53.

[175] Brinkman A，Veldhuis D，Mijatovic D，et al. Superconducting quantum interference device based on MgB$_2$ nanobridges. Applied Physics Letters，2001，79（15）：2420-2422.

[176] Gu Y，Qian Y，Chen L，et al. A mild solvothermal route to nanocrystalline titanium diboride. Journal of Alloys and Compounds，2003，352（1）：325-327.

[177] Bariş M，Şimşek T，Taşkaya H，et al. Synthesis of Fe-Fe$_2$B catalysts via solvothermal route for hydrogen generation by hydrolysis of NaBH$_4$. Bor Dergisi，2018，3（1）：51-62.

[178] Hui L，Peng W，Qi L，et al. Earth-abundant iron diboride（FeB$_2$）nanoparticles as highly active bifunctional electrocatalysts for overall water splitting. Advanced Energy Materials，2017，7（17）：1700513.

[179] Xiao J，Xie Y，Tang R，et al. Benzene thermal conversion to nanocrystalline indium nitride from sulfide at low temperature. Inorganic Chemistry，2003，42（1）：107-111.

[180] Sardar K，Rao C N R. New solvothermal routes for GaN nanocrystals. Advanced Materials，2010，16（5）：425-429.

[181] Grocholl L，Wang J，Gillan E G. Solvothermal azide decomposition route to GaN nanoparticles，nanorods，and faceted crystallites. Chemistry of Materials，2001，13（11）：4290-4296.

[182] Choi J，Gillan E G. Solvothermal synthesis of nanocrystalline copper nitride from an energetically unstable copper azide precursor. Inorganic Chemistry，2005，44（21）：7385-7393.

[183] Barry B M，Gillan E G. Low-temperature solvothermal synthesis of phosphorus-rich transition-metal phosphides. Chemistry of Materials，2008，20（8）：2618-2620.

[184] Xie Y，Su H L，Qian X F，et al. A mild one-step solvothermal route to metal phosphides（Metal = Co，Ni，Cu）. Journal of Solid State Chemistry，2000，149（1）：88-91.

[185] Bao K，Liu S，Cao J，et al. A convenient solvothermal synthesis route to metal phosphides with a shape of hollow nanospheres. Journal of Nanoscience and Nanotechnology，2009，9（8）：4918-4923.

[186] Liu S，Qian Y，Ma X. Polymer-assisted synthesis of Co$_2$P nanocrystals. Materials Letters，2008，62（1）：11-14.

[187] Su H L，Xie Y，Li B，et al. A simple，convenient，mild solvothermal route to nanocrystalline Cu$_3$P and Ni$_2$P. Solid State Ionics，1999，122（1）：157-160.

[188] Wang X，Wan F，Gao Y，et al. Synthesis of high-quality Ni$_2$P hollow sphere via a template-free surfactant-assisted solvothermal route. Journal of Crystal Growth，2008，310（10）：2569-2574.

[189] Yu S H，Liu B，Mo M S，et al. General synthesis of single-crystal tungstate nanorods/nanowires：A facile，low-temperature solution approach. Advanced Functional Materials，2003，13（8）：639-647.

[190] Ding Y，Wan Y，Min Y L，et al. General synthesis and phase control of metal molybdate hydrates MMoO$_4 \cdot n$H$_2$O （M = Co，Ni，Mn，n = 0，3/4，1）nano/microcrystals by a hydrothermal approach：Magnetic，photocatalytic，

and electrochemical properties. Inorganic Chemistry，2008，47（17）：7813-7823.

[191] Yu Z Y，Duan Y，Gao M R，et al. A one-dimensional porous carbon-supported Ni/Mo₂C dual catalyst for efficient water splitting. Chemical Science，2017，8（2）：968-973.

[192] Cui X，Yu S H，Li L，et al. Selective synthesis and characterization of single-crystal silver molybdate/tungstate nanowires by a hydrothermal process. Chemistry：A European Journal，2004，10（1）：218-223.

[193] Song J M，Lin Y Z，Yao H B，et al. Superlong β-AgVO₃ nanoribbons：High-yield synthesis by a pyridine-assisted solution approach，their stability，electrical and electrochemical properties. ACS Nano，2009，3（3）：653-660.

[194] He J，Liu H，Xu B，et al. Highly flexible sub-1 nm tungsten oxide nanobelts as efficient desulfurization catalysts. Small，2014，11（9/10）：1144-1149.

[195] Huang Q，Hu S，Zhuang J，et al. MoO₃₋ₓ-based hybrids with tunable localized surface plasmon resonances：Chemical oxidation driving transformation from ultrathin nanosheets to nanotubes. Chemistry：A European Journal，2012，18（48）：15283-15287.

[196] Hu S，Liu H，Wang P，et al. Inorganic nanostructures with sizes down to 1 nm：A macromolecule analogue. Journal of the American Chemical Society，2013，135（30）：11115-11124.

[197] Liu H，Gong Q，Yue Y，et al. Sub-1 nm nanowire based superlattice showing high strength and low modulus. Journal of the American Chemical Society，2017，139（25）：8579-8585.

[198] He P，Xu B，Wang P P，et al. A monolayer polyoxometalate superlattice. Advanced Materials，2014，26（25）：4339-4344.

[199] Liu H，Li H，He P，et al. Sub-1 nm nickel molybdate nanowires as building blocks of flexible paper and electrochemical catalyst for water oxidation. Small，2016，12（8）：1006-1012.

[200] Li H B，Yu M H，Wang F X，et al. Amorphous nickel hydroxide nanospheres with ultrahigh capacitance and energy density as electrochemical pseudocapacitor materials. Nature Communications，2013，4：1894.

[201] Luo J，Im J H，Mayer M T，et al. Water photolysis at 12.3% efficiency via perovskite photovoltaics and Earth-abundant catalysts. Science，2014，345（6204）：1593-1596.

[202] Zhao Y，Jia X，Waterhouse G I N，et al. Layered double hydroxide nanostructured photocatalysts for renewable energy production. Advanced Energy Materials，2015，6：1501974.

[203] Ma L，Wang Q，Islam S M，et al. Highly selective and efficient removal of heavy metals by layered double hydroxide intercalated with the MoS₄²-ion. Journal of the American Chemical Society，2016，138（8）：2858-2866.

[204] Fan K，Chen H，Ji Y，et al. Nickel-vanadium monolayer double hydroxide for efficient electrochemical water oxidation. Nature Communications，2016，7：11981.

[205] Liu X，Ma R，Bando Y，et al. A general strategy to layered transition-metal hydroxide nanocones：Tuning the composition for high electrochemical performance. Advanced Materials，2012，24（16）：2148-2153.

[206] Li H，Eddaoudi M，O'Keeffe M，et al. Design and synthesis of an exceptionally stable and highly porous metal-organic framework. Nature，1999，402（6759）：276-279.

[207] Furukawa H，Cordova K E，O'Keeffe M，et al. The chemistry and applications of metal-organic frameworks. Science，2013，341（6149）：1230444.

[208] Peng Y，Li Y，Ban Y，et al. Metal-organic framework nanosheets as building blocks for molecular sieving membranes. Science，2014，346（6215）：1356-1359.

[209] Horcajada P，Chalati T，Serre C，et al. Porous metal-organic-framework nanoscale carriers as a potential platform for drug delivery and imaging. Nature Materials，2010，9（2）：172-178.

[210] Wang C，Xie Z，de Krafft K E，et al. Doping metal-organic frameworks for water oxidation，carbon dioxide

reduction, and organic photocatalysis. Journal of the American Chemical Society, 2011, 133 (34): 13445-13454.

[211] Niederberger M, Garnweitner G, Pinna N, et al. Nonaqueous and halide-free route to crystalline $BaTiO_3$, $SrTiO_3$, and (Ba, Sr) TiO_3 nanoparticles via a mechanism involving C—C bond formation. Journal of the American Chemical Society, 2004, 126 (29): 9120-9126.

[212] Niederberger M, Pinna N, Polleux J, et al. A general soft-chemistry route to perovskites and related materials: synthesis of $BaTiO_3$, $BaZrO_3$, and $LiNbO_3$ nanoparticles. Angewandte Chemie International Edition, 2004, 43: 2270-2273.

[213] Xu G, Ren Z, Du P, et al. Polymer-assisted hydrothermal synthesis of single-crystalline tetragonal perovskite $PbZr_{0.52}Ti_{0.48}O_3$ nanowires. Advanced Materials, 2005, 17 (7): 907-910.

[214] Xu L, Liang H W, Yang Y, et al. Stability and reactivity: Positive and negative aspects for nanoparticle processing. Chemical Reviews, 2018, 118 (7): 3209-3250.

[215] Yin Y, Alivisatos A P. Colloidal nanocrystal synthesis and the organic-inorganic interface. Nature, 2005, 437 (7059): 664-670.

[216] Cushing B L, Kolesnichenko V L, O'Connor C J. Recent advances in the liquid-phase syntheses of inorganic nanoparticles. Chemical Reviews, 2004, 104 (9): 3893-3946.

[217] Owen J. Nanocrystal structure. The coordination chemistry of nanocrystal surfaces. Science, 2015, 347 (6222): 615-616.

[218] Boles M A, Ling D, Hyeon T, et al. The surface science of nanocrystals. Nature Materials, 2016, 15 (2): 141-153.

[219] Anderson N C, Hendricks M P, Choi J J, et al. Ligand exchange and the stoichiometry of metal chalcogenide nanocrystals: Spectroscopic observation of facile metal-carboxylate displacement and binding. Journal of the American Chemical Society, 2013, 135 (49): 18536-18548.

[220] Sperling R A, Parak W J. Surface modification, functionalization and bioconjugation of colloidal inorganic nanoparticles. Philosophical Transactions of the Royal Society A, 2010, 368 (1915): 1333-1383.

[221] 冯怡, 马天翼, 刘蕾, 等. 无机纳米晶的形貌调控及生长机理研究. 中国科学 B 辑, 2009, 39 (9): 864-886.

[222] Xia Y, Xiong Y, Lim B, et al. Shape-controlled synthesis of metal nanocrystals: Simple chemistry meets complex physics? Angewandte Chemie International Edition, 2009, 48 (1): 60-103.

[223] Sun Y, Xia Y. Shape-controlled synthesis of gold and silver nanoparticles. Science, 2002, 298 (5601): 2176-2179.

[224] Al-Saidi W A, Feng H, Fichthorn K A. Adsorption of polyvinylpyrrolidone on Ag surfaces: Insight into a structure-directing agent. Nano Letters, 2012, 12 (2): 997-1001.

[225] Kilin D S, Prezhdo O V, Xia Y. Shape-controlled synthesis of silver nanoparticles: Ab initio study of preferential surface coordination with citric acid. Chemical Physics Letters, 2008, 458 (1/2/3): 113-116.

[226] Zeng J, Zheng Y, Rycenga M, et al. Controlling the shapes of silver nanocrystals with different capping agents. Journal of the American Chemical Society, 2010, 132 (25): 8552-8553.

[227] Xia X, Zeng J, Zhang Q, et al. Recent developments in shape-controlled synthesis of silver nanocrystals. The Journal of Physical Chemistry C, 2012, 116 (41): 21647-21656.

[228] Wiley B, Sun Y, Mayers B, et al. Shape-controlled synthesis of metal nanostructures: The case of silver. Chemistry: A European Journal, 2005, 11 (2): 454-463.

[229] Nie L, Chen M, Sun X L, et al. Palladium nanosheets as highly stable and effective contrast agents for *in vivo* photoacoustic molecular imaging. Nanoscale, 2014, 6: 1271-1276.

[230] Xiong Y, Cai H, Wiley B J, et al. Synthesis and mechanistic study of palladium nanobars and nanorods. Journal of the American Chemical Society, 2007, 129 (12): 3665-3675.

[231] Huang X, Zheng N. One-pot, high-yield synthesis of 5-fold twinned Pd nanowires and nanorods. Journal of the American Chemical Society, 2009, 131 (13): 4602-4603.

[232] Gilroy K D，Ruditskiy A，Peng H C，et al. Bimetallic nanocrystals: Syntheses，properties，and applications. Chemical Reviews，2016，116（18）：10414-10472.

[233] Ruan L，Ramezani-Dakhel H，Lee C，et al. A rational biomimetic approach to structure defect generation in colloidal nanocrystals. ACS Nano，2014，8（7）：6934-6944.

[234] Ruan L，Ramezani-Dakhel H，Chiu C Y，et al. Tailoring molecular specificity toward a crystal facet: A lesson from biorecognition toward Pt{111}. Nano Letters，2013，13（2）：840-846.

[235] Bedford N M，Hughes Z E，Tang Z，et al. Sequence-dependent structure/function relationships of catalytic peptide-enabled gold nanoparticles generated under ambient synthetic conditions. Journal of the American Chemical Society，2016，138（2）：540-548.

[236] Chiu C Y，Ruan L，Huang Y. Biomolecular specificity controlled nanomaterial synthesis. Chemical Society Reviews，2013，42（7）：2512-2527.

[237] Chiu C Y，Li Y，Ruan L，et al. Platinum nanocrystals selectively shaped using facet-specific peptide sequences. Nature Chemistry，2011，3（5）：393-399.

[238] Ruan L，Chiu C Y，Li Y，et al. Synthesis of platinum single-twinned right bipyramid and {111}-bipyramid through targeted control over both nucleation and growth using specific peptides. Nano Letters，2011，11（7）：3040-3046.

[239] Ruan L，Zhu E，Chen Y，et al. Biomimetic synthesis of an ultrathin platinum nanowire network with a high twin density for enhanced electrocatalytic activity and durability. Angewandte Chemie International Edition，2013，52（48）：12577-12581.

[240] Yu W W，Qu L，Guo W，et al. Experimental determination of the extinction coefficient of CdTe，CdSe，and CdS nanocrystals. Chemistry of Materials，2003，15（14）：2854-2860.

[241] Yin X，Shi M，Wu J，et al. Quantitative analysis of different formation modes of platinum nanocrystals controlled by ligand chemistry. Nano Letters，2017，17（10）：6146-6150.

[242] Yu W W，Wang Y A，Peng X. Formation and stability of size-，shape-，and structure-controlled cdte nanocrystals: ligand effects on monomers and nanocrystals. Chemistry of Materials，2003，15（22）：4300-4308.

[243] Bastus N G，Comenge J，Puntes V. Kinetically controlled seeded growth synthesis of citrate-stabilized gold nanoparticles of up to 200 nm: Size focusing versus Ostwald ripening. Langmuir，2011，27（17）：11098-11105.

[244] Kim M J，Alvarez S，Yan T，et al. Modulating the growth rate，aspect ratio，and yield of copper nanowires with alkylamines. Chemistry of Materials，2018，30（8）：2809-2818.

[245] Da Silva R R，Yang M，Choi S I，et al. Facile synthesis of sub-20 nm silver nanowires through a bromide-mediated polyol method. ACS Nano，2016，10（8）：7892-7900.

[246] Xu L，Wang G，Zheng X，et al. Competitive adsorption between a polymer and its monomeric analog enables precise modulation of nanowire synthesis. Chem，2018，10（4），2451-2462.

[247] Zheng H，Rivest J B，Miller T A，et al. Observation of transient structuraltransformation dynamics in a Cu_2S nanorod. Science，2011，333（6039）：206-209.

[248] Zhang H，Gilbert B，Huang F，et al. Water-driven structure transformation in nanoparticles at room temperature. Nature，2003，424（6952）：1025-1029.

[249] Kim Y H，Jun Y W，Jun B H，et al. Sterically induced shape and crystalline phase control of GaP nanocrystals. Journal of the American Chemical Society，2002，124（46）：13656-13657.

[250] Gao Y，Peng X. Crystal structure control of CdSe nanocrystals in growth and nucleation: Dominating effects of surface versus interior structure. Journal of the American Chemical Society，2014，136（18）：6724-6732.

[251] Cheng H，Yang N，Lu Q，et al. Syntheses and properties of metal nanomaterials with novel crystal phases.

Advanced Materials，2018，30（26）．

[252] Huang X，Li S，Huang Y，et al. Synthesis of hexagonal close-packed gold nanostructures. Nature Communications，2011，2：292.

[253] Fan Z，Huang X，Han Y，et al. Surface modification-induced phase transformation of hexagonal close-packed gold square sheets. Nature Communications，2015，6：6571.

[254] Fan Z，Zhu Y，Huang X，et al. Synthesis of ultrathin face-centered-cubic Au@Pt and Au@Pd core-shell nanoplates from hexagonal-close-packed Au square sheets. Angewandte Chemie International Edition，2015，127（19）：5764-5768.

[255] Fan Z，Bosman M，Huang X，et al. Stabilization of 4H hexagonal phase in gold nanoribbons. Nature Communications，2015，6：7684.

[256] Zhelev D V，Zheleva T S. Silver nanoplates with ground or metastable structures obtained from template-free two-phase aqueous/organic synthesis. Journal of Applied Physics，2014，115（4）：044309.

[257] Kusada K，Kobayashi H，Yamamoto T，et al. Discovery of face-centered-cubic ruthenium nanoparticles：Facile size-controlled synthesis using the chemical reduction method. Journal of the American Chemical Society，2013，135（15）：5493-5496.

[258] Wilcoxon J P，Provencio P P. Use of surfactant micelles to control the structural phase of nanosize iron clusters. The Journal of Physical Chemistry B，1999，103（45）：9809-9812.

[259] Puntes V F，Zanchet D，Erdonmez C K，et al. Synthesis of hcp-Co nanodisks. Journal of the American Chemical Society，2002，124（43）：12874-12880.

[260] Kim C，Kim C，Lee K，et al. Shaped Ni nanoparticles with an unconventional hcp crystalline structure. Chemical Communications，2014，50（48）：6353-6356.

[261] 邓俊臣. 金属手性纳米结构的制备及其圆二色性研究. 西安：陕西师范大学，2015.

[262] Lv J，Hou K，Ding D，et al. Gold nanowire chiral ultrathin films with ultrastrong and broadband optical activity. Angewandte Chemie International Edition，2017，56（18）：5055-5060.

[263] Schaaff T G，Knight G，Shafigullin M N，et al. Isolation and selected properties of a 10.4 kDa gold：Glutathione cluster compound. The Journal of Physical Chemistry B，1998，102（52）：10643-10646.

[264] Xia Y，Zhou Y，Tang Z. Chiral inorganic nanoparticles：Origin，optical properties and bioapplications. Nanoscale，2011，3（4）：1374-1382.

[265] Ma W，Xu L，de Moura A F，et al. Chiral inorganic nanostructures. Chemical Reviews，2017，117（12）：8041-8093.

[266] Yao H. On the electronic structures of $Au_{25}(SR)_{18}$ clusters studied by magnetic circular dichroism spectroscopy. Journal of Physical Chemistry Letters，2012，3（12）：1701-1706.

[267] Jadzinsky P D，Calero G，Ackerson C J，et al. Structure of a thiol monolayer-protected gold nanoparticle at 1.1 Å resolution. Science，2007，318（5849）：430-433.

[268] Tlahuice A，Garzon I L. On the structure of the $Au_{18}(SR)_{14}$ cluster. Physical Chemistry Chemical Physics，2012，14（11）：3737-3740.

[269] Moloney M P，Gun'ko Y K，Kelly J M. Chiral highly luminescent CdS quantum dots. Chemical Communications，2007，（38）：3900-3902.

[270] Zhou Y，Yang M，Sun K，et al. Similar topological origin of chiral centers in organic and nanoscale inorganic structures：Effect of stabilizer chirality on optical isomerism and growth of CdTe nanocrystals. Journal of the American Chemical Society，2010，132（17）：6006-6013.

[271] Zhou Y，Zhu Z，Huang W，et al. Optical coupling between chiral biomolecules and semiconductor nanoparticles：Size-dependent circular dichroism absorption. Angewandte Chemie International Edition，2011，50（48）：11456-11459.

[272] Zheng J，Wu Y，Deng K，et al. Chirality-discriminated conductivity of metal-amino acid biocoordination polymer nanowires. ACS Nano，2016，10（9）：8564-8570.

[273] Tan C，Qi X，Liu Z，et al. Self-assembled chiral nanofibers from ultrathin low-dimensional nanomaterials. Journal of the American Chemical Society，2015，137（4）：1565-1571.

[274] Han B，Zhou Y，Li Z，et al. Chiral inorganic nanoparticles：New opportunities in bioapplication. Chinese Science Bulletin，2013，58（24）：2425.

[275] Lee H E，Ahn H Y，Mun J，et al. Amino-acid-and peptide-directed synthesis of chiral plasmonic gold nanoparticles. Nature，2018，556（7701）：360-365.

[276] Liu Y，Goebl J，Yin Y. Templated synthesis of nanostructured materials. Chemical Society Reviews，2013，42（7）：2610-2653.

[277] Wang X，Feng J，Bai Y，et al. Synthesis，properties，and applications of hollow micro-/nanostructures. Chemical Reviews，2016，116（18）：10983-11060.

[278] Martínez-Rodríguez R A，Vidal-Iglesias F J，Solla-Gullón J，et al. Synthesis of Pt nanoparticles in water-in-oil microemulsion：Effect of HCl on their surface structure. Journal of the American Chemical Society，2014，136（4）：1280-1283.

[279] Purkayastha A，Kim S，Gandhi D D，et al. Molecularly protected bismuth telluride nanoparticles：Microemulsion synthesis and thermoelectric transport properties. Advanced Materials，2010，18（22）：2958-2963.

[280] Lee N，Cho H R，Oh M H，et al. Multifunctional Fe_3O_4/TaO_x core/shell nanoparticles for simultaneous magnetic resonance imaging and X-ray computed tomography. Journal of the American Chemical Society，2012，134（25）：10309-10312.

[281] Pileni M P. The role of soft colloidal templates in controlling the size and shape of inorganic nanocrystals. Nature Materials，2003，2：145.

[282] Li X，Iocozzia J，Chen Y，et al. From precision synthesis of block copolymers to properties and applications of nanoparticles. Angewandte Chemie International Edition，2018，57（8）：2046-2070.

[283] Pang X，Zhao L，Han W，et al. A general and robust strategy for the synthesis of nearly monodisperse colloidal nanocrystals. Nature Nanotechnology，2013，8：426.

[284] Chen C L，Zhang P，Rosi N L. A new peptide-based method for the design and synthesis of nanoparticle superstructures：Construction of highly ordered gold nanoparticle double helices. Journal of the American Chemical Society，2008，130（41）：13555-13557.

[285] Chiu C Y，Li Y，Ruan L，et al. Platinum nanocrystals selectively shaped using facet-specific peptide sequences. Nature Chemistry，2011，3：393.

[286] Zhang L，Li N，Gao F，et al. Insulin amyloid fibrils：An excellent platform for controlled synthesis of ultrathin superlong platinum nanowires with high electrocatalytic activity. Journal of the American Chemical Society，2012，134（28）：11326-11329.

[287] Tao L，Yu D，Zhou J，et al. Ultrathin wall（1 nm）and superlong Pt nanotubes with enhanced oxygen reduction reaction performance. Small，2018，14（22）：e1704503.

[288] Wang Z G，Ding B. Engineering DNA self-assemblies as templates for functional nanostructures. Accounts of Chemical Research，2014，47（6）：1654-1662.

[289] Yang H，Finefrock S W，Caballero J D A，et al. Environmentally benign synthesis of ultrathin metal telluride nanowires. Journal of the American Chemical Society，2014，136（29）：10242-10245.

[290] Liu J W，Xu J，Hu W，et al. Systematic synthesis of tellurium nanostructures and their optical properties：From

nanoparticles to nanorods，nanowires，and nanotubes. ChemNanoMat，2016，2（3）：167-170.

[291] Qian H S，Yu S H，Luo L B，et al. Synthesis of uniform Te@carbon-rich composite nanocables with photoluminescence properties and carbonaceous nanofibers by the hydrothermal carbonization of glucose. Chemistry of Materials，2006，18（8）：2102-2108.

[292] Liang H W，Guan Q F，Chen L F，et al. Macroscopic-scale template synthesis of robust carbonaceous nanofiber hydrogels and aerogels and their applications. Angewandte Chemie International Edition，2012，51（21）：5101-5105.

[293] Song L T，Wu Z Y，Liang H W, et al. Macroscopic-scale synthesis of nitrogen-doped carbon nanofiber aerogels by template-directed hydrothermal carbonization of nitrogen-containing carbohydrates. Nano Energy，2016，19：117-127.

[294] Song L T，Wu Z Y，Zhou F，et al. Sustainable hydrothermal carbonization synthesis of iron/nitrogen-doped carbon nanofiber aerogels as electrocatalysts for oxygen reduction. Small，2016，12（46）：6398-6406.

[295] Zhang Z，Zaworotko M J. Template-directed synthesis of metal-organic materials. Chemical Society Reviews，2014，43（16）：5444-5455.

[296] Zhang W，Wu Z Y，Jiang H L，et al. Nanowire-directed templating synthesis of metal-organic framework nanofibers and their derived porous doped carbon nanofibers for enhanced electrocatalysis. Journal of the American Chemical Society，2014，136（41）：14385-14388.

[297] Gong J Y，Guo S R，Qian H S，et al. A general approach for synthesis of a family of functional inorganic nanotubes using highly active carbonaceous nanofibres as templates. Journal of Materials Chemistry，2009，19（7）：1037-1042.

[298] Liang H W，Zhang W J，Ma Y N，et al. Highly active carbonaceous nanofibers：A versatile scaffold for constructing multifunctional free-standing membranes. ACS Nano，2011，5（10）：8148-8161.

[299] Le Y，Han H，Bin W H，et al. Complex hollow nanostructures：Synthesis and energy-related applications. Advanced Materials，2017，29（15）：1604563.

[300] Zhang G，Xia B Y，Xiao C，et al. General formation of complex tubular nanostructures of metal oxides for the oxygen reduction reaction and lithium-ion batteries. Angewandte Chemie International Edition，2013，125（33）：8805-8809.

[301] Guo Y，Yu L，Wang C Y，et al. Hierarchical tubular structures composed of Mn-based mixed metal oxide nanoflakes with enhanced electrochemical properties. Advanced Functional Materials，2015，25（32）：5184-5189.

[302] Lee W，Park S J. Porous anodic aluminum oxide：Anodization and templated synthesis of functional nanostructures. Chemical Reviews，2014，114（15）：7487-7556.

[303] Wen L，Wang Z，Mi Y，et al. Designing heterogeneous 1D nanostructure arrays based on AAO templates for energy applications. Small，2015，11（28）：3408-3428.

[304] Martin C R. Template synthesis of electronically conductive polymer nanostructrues. Accounts of Chemical Research，1995，28（2）：61-68.

[305] Tierney M J，Martin C R. Transparent metal microstructures. The Journal of Physical Chemistry，1989，93（8）：2878-2880.

[306] Martin C R. Nanomaterials：A membrane-based synthetic approach. Science，1994，266（5193）：1961-1966.

[307] Zhang D，Eaton S W，Yu Y，et al. Solution-phase synthesis of cesium lead halide perovskite nanowires. Journal of the American Chemical Society，2015，137（29）：9230-9233.

[308] Ashley M J，O'Brien M N，Hedderick K R，et al. Templated synthesis of uniform perovskite nanowire arrays. Journal of the American Chemical Society，2016，138（32）：10096-10099.

[309] Lee W，Scholz R，Nielsch K，et al. A template-based electrochemical method for the synthesis of multisegmented

metallic nanotubes. Angewandte Chemie International Edition，2005，44（37）：6050-6054.

[310] Ye X，Zhu C，Ercius P，et al. Structural diversity in binary superlattices self-assembled from polymer-grafted nanocrystals. Nature Communications，2015，6：10052.

[311] Wen L Y，Xu R，Mi Y，et al. Multiple nanostructures based on anodized aluminium oxide templates. Nature Nanotechnology，2017，12（3）：244-250.

[312] Hyeon T，Lee S S，Park J，et al. Synthesis of highly crystalline and monodisperse maghemite nanocrystallites without a size-selection process. Journal of the American Chemical Society，2001，123（51）：12798-12801.

[313] Yin Y D，Rioux R M，Erdonmez C K，et al. Formation of hollow nanocrystals through the nanoscale Kirkendall effect. Science，2004，304（5671）：711-714.

[314] Henkes A E，Vasquez Y，Schaak R E. Converting metals into phosphides：A general strategy for the synthesis of metal phosphide nanocrystals. Journal of the American Chemical Society，2007，129（7）：1896-1897.

[315] Park J I，Cheon J. Synthesis of "solid solution" and "core-shell" type cobalt-platinum magnetic nanoparticles via transmetalation reactions. Journal of the American Chemical Society，2001，123（24）：5743-5746.

[316] Chou N H，Schaak R E. Shape-controlled conversion of β-Sn nanocrystals into intermetallic M-Sn（M = Fe，Co，Ni，Pd）nanocrystals. Journal of the American Chemical Society，2007，129（23）：7339-7345.

[317] Gates B，Wu Y Y，Yin Y D，et al. Single-crystalline nanowires of Ag_2Se can be synthesized by templating against nanowires of trigonal Se. Journal of the American Chemical Society，2001，123（46）：11500-11501.

[318] Liang H W，Liu S，Wu Q S，et al. An efficient templating approach for synthesis of highly uniform CdTe and PbTe nanowires. Inorganic Chemistry，2009，48（11）：4927-4933.

[319] Wang K，Liang H W，Yao W T，et al. Templating synthesis of uniform Bi_2Te_3 nanowires with high aspect ratio in triethylene glycol（TEG）and their thermoelectric performance. Journal of Materials Chemistry，2011，21（38）：15057.

[320] Liang H W，Liu J W，Qian H S，et al. Multiplex templating process in one-dimensional nanoscale：Controllable synthesis，macroscopic assemblies，and applications. Accounts of Chemical Research，2013，46（7）：1450-1461.

[321] Yang Y，Wang K，Liang H W，et al. A new generation of alloyed/multimetal chalcogenide nanowires by chemical transformation. Science Advances，2015，1（10）：e1500714.

[322] Jiang X C，Mayers B，Herricks T，et al. Direct synthesis of Se@CdSe nanocables and CdSe nanotubes by reacting cadmium salts with Se nanowires. Advanced Materials，2003，15（20）：1740-1743.

[323] Jiang X，Mayers B，Wang Y，et al. Template-engaged synthesis of $RuSe_2$ and $Pd_{17}Se_{15}$ nanotubes by reacting precursor salts with selenium nanowires. Chemical Physics Letters，2004，385（5/6）：472-476.

[324] Zhang G，Fang H，Yang H，et al. Design principle of telluride-based nanowire heterostructures for potential thermoelectric applications. Nano Letters，2012，12（7）：3627-3633.

[325] Yang H，Bahk J H，Day T，et al. Enhanced thermoelectric properties in bulk nanowire heterostructure-based nanocomposites through minority carrier blocking. Nano Letters，2015，15（2）：1349-1355.

[326] Fang H，Feng T，Yang H，et al. Synthesis and thermoelectric properties of compositional-modulated lead telluride-bismuth telluride nanowire heterostructures. Nano Letters，2013，13（5）：2058-2063.

[327] Zhang H，Wang H，Xu Y，et al. Conversion of Sb_2Te_3 hexagonal nanoplates into three-dimensional porous single-crystal-like network-structured Te plates using oxygen and tartaric acid. Angewandte Chemie International Edition，2012，51（6）：1459-1463.

[328] Sines I T，Schaak R E. Phase-selective chemical extraction of selenium and sulfur from nanoscale metal chalcogenides：A general strategy for synthesis，purification，and phase targeting. Journal of the American Chemical

Society，2011，133（5）：1294-1297.

[329] Zhang Q，Zhang T，Ge J，et al. Permeable silica shell through surface-protected etching. Nano Letters，2008，8（9）：2867-2871.

[330] Xia X，Wang Y，Ruditskiy A，et al. 25th anniversary article：galvanic replacement：A simple and versatile route to hollow nanostructures with tunable and well-controlled properties. Advanced Materials，2013，25（44）：6313-6333.

[331] Haynes W M. CRC Handbook of Chemistry and Physics. Boca Raton：CRC Press，2014.

[332] Skrabalak S E，Chen J，Sun Y，et al. Gold nanocages：Synthesis，properties，and applications. Accounts of Chemical Research，2008，41（12）：1587-1595.

[333] Liang H W，Liu S，Gong J Y，et al. Ultrathin Te nanowires：An excellent platform for controlled synthesis of ultrathin platinum and palladium nanowires/nanotubes with very high aspect ratio. Advanced Materials，2009，21（18）：1850-1854.

[334] Liu J W，Huang W R，Gong M，et al. Ultrathin hetero-nanowire-based flexible electronics with tunable conductivity. Advanced Materials，2013，25（41）：5910-5915.

[335] Li H H，Zhao S，Gong M，et al. Ultrathin PtPdTe nanowires as superior catalysts for methanol electrooxidation. Angewandte Chemie International Edition，2013，52（29）：7472-7476.

[336] Ma S Y，Li H H，Hu B C，et al. Synthesis of low Pt-based quaternary PtPdRuTe nanotubes with optimized incorporation of Pd for enhanced electrocatalytic activity. Journal of the American Chemical Society，2017，139（16）：5890-5895.

[337] Li H H，Ma S Y，Fu Q Q，et al. Scalable bromide-triggered synthesis of Pd@Pt core-shell ultrathin nanowires with enhanced electrocatalytic performance toward oxygen reduction reaction. Journal of the American Chemical Society，2015，137（24）：7862-7868.

[338] Gupta S，Kershaw S V，Rogach A L. 25th anniversary article：Ion exchange in colloidal nanocrystals. Advanced Materials，2013，25（48）：6923-6943.

[339] Mews A，Eychmueller A，Giersig M，et al. Preparation，characterization，and photophysics of the quantum dot quantum well system cadmium sulfide/mercury sulfide/cadmium sulfide. The Journal of Physical Chemistry，1994，98（3）：934-941.

[340] Rivest J B，Jain P K. Cation exchange on the nanoscale：An emerging technique for new material synthesis，device fabrication，and chemical sensing. Chemical Society Reviews，2013，42（1）：89-96.

[341] Luo Y R. Comprehensive Handbook of Chemical Bond Energies. Boca Raton：CRC Press，2007.

[342] Mu L L，Feng C J，He H M. Topological research on lattice energies for inorganic compounds. Match-Communications in Mathematical and in Computer Chemistry，2006，56（1）：97-111.

[343] Groeneveld E，Witteman L，Lefferts M，et al. Tailoring ZnSe-CdSe colloidal quantum dots via cation exchange：From core/shell to alloy nanocrystals. ACS Nano，2013，7（9）：7913-7930.

[344] Miszta K，Gariano G，Brescia R，et al. Selective cation exchange in the core region of $Cu_{2-x}Se/Cu_{2-x}S$ core/shell nanocrystals. Journal of the American Chemical Society，2015，137（38）：12195-12198.

[345] Wark S E，Hsia C H，Son D H. Effects of ion solvation and volume change of reaction on the equilibrium and morphology in cation-exchange reaction of nanocrystals. Journal of the American Chemical Society，2008，130（29）：9550-9555.

[346] Pearson R G. Hard and soft acids and bases. Journal of the American Chemical Society，1963，85（22）：3533-3539.

[347] Parr R G，Pearson R G. Absolute hardness：Companion parameter to absolute electronegativity. Journal of the American Chemical Society，1983，105（26）：7512-7516.

[348] Pearson R G. Absolute electronegativity and hardness: Application to inorganic chemistry. Inorganic Chemistry，1988，27（4）：734-740.

[349] Moon G D，Ko S，Xia Y，et al. Chemical transformations in ultrathin chalcogenide nanowires. ACS Nano，2010，4（4）：2307-2319.

[350] Moon G D，Ko S，Min Y，et al. Chemical transformations of nanostructured materials. Nano Today，2011，6（2）：186-203.

[351] Langw N A，Dean J A. Lange's Handbook of Chemistry. New York：McGraw-Hill，1979.

[352] Son D H，Hughes S M，Yin Y，et al. Cation exchange reactions in ionic nanocrystals. Science，2004，306（5698）：1009-1012.

[353] Robinson R D，Sadtler B，Demchenko D O，et al. Spontaneous superlattice formation in nanorods through partial cation exchange. Science，2007，317（5836）：355-358.

[354] Park J，Zheng H，Jun Y W，et al. Hetero-epitaxial anion exchange yields single-crystalline hollow nanoparticles. Journal of the American Chemical Society，2009，131（39）：13943-13945.

[355] Wu H L，Sato R，Yamaguchi A，et al. Formation of pseudomorphic nanocages from Cu_2O nanocrystals through anion exchange reactions. Science，2016，351（6279）：1306-1310.

[356] 坎贝尔 S，曾莹. 微电子制造科学原理与工程技术. 北京：电子工业出版社，2003.

[357] Frankenheim M L. Ueber die Verbindung verschiedenartiger Krystalle. Annalen der Physik，1836，113（3）：516-522.

[358] Royer L. Experimental research on parallel growth on mutual orientation of crystals of different species. Bull Soc Fr Mineral，1928，51：7-159.

[359] Tan C，Chen J，Wu X J，et al. Epitaxial growth of hybrid nanostructures. Nature Reviews Materials，2018，3（2）：17089.

[360] Milliron D J，Hughes S M，Cui Y，et al. Colloidal nanocrystal heterostructures with linear and branched topology. Nature，2004，430（6996）：190-195.

[361] Li H，Kanaras A G，Manna L. Colloidal branched semiconductor nanocrystals：State of the art and perspectives. Accounts of Chemical Research，2013，46（7）：1387-1396.

[362] Park J，Joo J，Kwon S G，et al. Synthesis of monodisperse spherical nanocrystals. Angewandte Chemie International Edition，2007，46（25）：4630-4660.

[363] Habas S E，Lee H，Radmilovic V，et al. Shaping binary metal nanocrystals through epitaxial seeded growth. Nature Materials，2007，6（9）：692-697.

[364] Fan Z X，Zhang H. Crystal phase-controlled syntehesis，properties and applications of noble metal nanomaterials. Chemical Society Reviews，2016，45：63-82.

[365] Fan Z X，Zhu Y H，Huang X，et al. Synthesis of ultrathin face-centered-cubic Au@Pt and Au@Pd core-shell nanoplates from hexagonal-close-packed Au square sheets. Angewandte Chemie International Edition，2015，54（19）：5672-5676.

[366] Sciacca B，Mann S A，Tichelaar F D，et al. Solution-phase epitaxial growth of quasi-monocrystalline cuprous oxide on metal nanowires. Nano Letters，2014，14（10）：5891-5898.

[367] Manna L，Scher E C，Alivisatos A P. Synthesis of soluble and processable rod-，arrow-，teardrop-，and tetrapod-shaped CdSe nanocrystals. Journal of the American Chemical Society，2000，122（51）：12700-12706.

[368] Manna L，Milliron D J，Meisel A，et al. Controlled growth of tetrapod-branched inorganic nanocrystals. Nature Materials，2003，2（6）：382-385.

[369] Cho J W，Kim H S，Kim Y J，et al. Phase-tuned tetrapod-shaped CdTe nanocrystals by ligand effect. Chemistry of Materials，2008，20（17）：5600-5609.

[370] Fiore A，Mastria R，Lupo M G，et al. Tetrapod-shaped colloidal nanocrystals of Ⅱ-Ⅵ semiconductors prepared by seeded growth. Journal of the American Chemical Society，2009，131（6）：2274-2282.

[371] Koo B，Patel R N，Korgel B A. Wurtzite-chalcopyrite polytypism in CuInS$_2$ nanodisks. Chemistry of Materials，2009，21（9）：1962-1966.

[372] Fan F J，Wu L，Gong M，et al. Linearly arranged polytypic CZTSSe nanocrystals. Scientific Reports，2012，2：952.

[373] Wang J，Singh A，Liu P，et al. Colloidal synthesis of Cu$_2$SnSe$_3$ tetrapod nanocrystals. Journal of the American Chemical Society，2013，135（21）：7835-7838.

[374] Wu L，Fan F J，Gong M，et al. Selective epitaxial growth of zinc blende-derivative on wurtzite-derivative: The case of polytypic Cu$_2$CdSn(S$_{1-x}$Se$_x$)$_4$ nanocrystals. Nanoscale，2014，6（6）：3418-3422.

[375] Zamani R R，Ibanez M，Luysberg M，et al. Polarity-driven polytypic branching in cu-based quaternary chalcogenide nanostructures. ACS Nano，2014，8（3）：2290-2301.

[376] Wu L，Chen S Y，Fan F J，et al. Polytypic nanocrystals of Cu-based ternary chalcogenides: colloidal synthesis and photoelectrochemical properties. Journal of the American Chemical Society，2016，138（17）：5576-5584.

[377] Fan Z，Yalcin A O，Tichelaar F D，et al. From sphere to multipod: Thermally induced transitions of cdse nanocrystals studied by molecular dynamics simulations. Journal of the American Chemical Society，2013，135（15）：5869-5876.

[378] Kanaras A G，Sönnichsen C，Liu H，et al. Controlled synthesis of hyperbranched inorganic nanocrystals with rich three-dimensional structures. Nano Letters，2005，5（11）：2164-2167.

[379] Mews A，Kadavanich A V，Banin U，et al. Structural and spectroscopic investigations of CdS/HgS/CdS quantum-dot quantum wells. Physical Review B，1996，53（20）：13242-13245.

[380] Peng X G，Schlamp M C，Kadavanich A V，et al. Epitaxial growth of highly luminescent CdSe/CdS core/shell nanocrystals with photostability and electronic accessibility. Journal of the American Chemical Society，1997，119（30）：7019-7029.

[381] Regulacio M D，Ye C，Lim S H，et al. One-pot synthesis of Cu$_{1.94}$S-CdS and Cu$_{1.94}$S-Zn$_x$Cd$_{1-x}$S nanodisk heterostructures. Journal of the American Chemical Society，2011，133（7）：2052-2055.

[382] Wu X J，Chen J，Tan C，et al. Controlled growth of high-density CdS and CdSe nanorod arrays on selective facets of two-dimensional semiconductor nanoplates. Nature Chemistry，2016，8（5）：470-475.

[383] Fan Z X，Huang X，Chen Y，et al. Facile synthesis of gold nanomaterials with unusual crystal structures. Nature Protocols，2017，12（11）：2367-2378.

[384] Fan Z X，Chen Y，Zhu Y H，et al. Epitaxial growth of unusual 4H hexagonal Ir，Rh，Os，Ru and Cu nanostructures on 4H Au nanoribbons. Chemical Science，2017，8（1）：795-799.

[385] Manna L，Scher E C，Li L S，et al. Epitaxial growth and photochemical annealing of graded CdS/ZnS shells on colloidal CdSe nanorods. Journal of the American Chemical Society，2002，124（24）：7136-7145.

[386] Mahler B，Nadal B，Bouet C，et al. Core/shell colloidal semiconductor nanoplatelets. Journal of the American Chemical Society，2012，134（45）：18591-18598.

[387] Yu X，Shavel A，An X，et al. Cu$_2$ZnSnS$_4$-Pt and Cu$_2$ZnSnS$_4$-Au heterostructured nanoparticles for photocatalytic water splitting and pollutant degradation. Journal of the American Chemical Society，2014，136（26）：9236-9239.

[388] Ben-Shahar Y，Scotognella F，Kriegel I，et al. Optimal metal domain size for photocatalysis with hybrid

semiconductor-metal nanorods. Nature Communications，2016，7：10413.

[389] Huang X，Zeng Z Y，Bao S Y，et al. Solution-phase epitaxial growth of noble metal nanostructures on dispersible single-layer molybdenum disulfide nanosheets. Nature Communications，2013，4：1444.

[390] Hong X，Liu J，Zheng B，et al. A universal method for preparation of noble metal nanoparticle-decorated transition metal dichalcogenide nanobelts. Advanced Materials，2014，26（36）：6250-6254.

[391] Zhuang T T，Fan F J，Gong M，et al. $Cu_{1.94}S$ nanocrystal seed mediated solution-phase growth of unique Cu_2S-PbS heteronanostructures. Chemical Communications，2012，48（78）：9762-9764.

[392] Han S K，Gong M，Yao H B，et al. One-pot controlled synthesis of hexagonal-prismatic $Cu_{1.94}$S-ZnS，$Cu_{1.94}$S-ZnS-$Cu_{1.94}$S，and $Cu_{1.94}$S-ZnS-$Cu_{1.94}$S-ZnS-$Cu_{1.94}$S heteronanostructures. Angewandte Chemie International Edition，2012，51（26）：6365-6368.

[393] Zhou W C，Pan A L，Li Y，et al. Controllable fabrication of high-quality 6-fold symmetry-branched CdS nanostructures with ZnS nanowires as templates. Journal of Physical Chemistry C，2008，112（25）：9253-9260.

[394] Chen J，Wu X J，Gong Y，et al. Edge epitaxy of two-dimensional $MoSe_2$ and MoS_2 nanosheets on one-dimensional nanowires. Journal of the American Chemical Society，2017，139（25）：8653-8660.

[395] Talapin D V，Nelson J H，Shevchenko E V，et al. Seeded growth of highly luminescent CdSe/CdS nanoheterostructures with rod and tetrapod morphologies. Nano Letters，2007，7（10）：2951-2959.

[396] Espinosa H D，Rim J E，Barthelat F，et al. Merger of structure and material in nacre and bone-Perspectives on de novo biomimetic materials. Progress in Materials Science，2009，54（8）：1059-1100.

[397] Koch K，Bhushan B，Barthlott W. Multifunctional surface structures of plants：An inspiration for biomimetics. Progress in Materials Science，2009，54（2）：137-178.

[398] Bunker B C，Rieke P C，Tarasevich B J，et al. Ceramic thin-film formation on functionalized interfaces through biomimetic processing. Science，1994，264（5155）：48-55.

[399] Chen P Y，McKittrick J，Meyers M A. Biological materials：Functional adaptations and bioinspired designs. Progress in Materials Science，2012，57（8）：1492-1704.

[400] Wendler J E，Bown P. Exceptionally well-preserved Cretaceous microfossils reveal new biomineralization styles. Nature Communications，2013，4：2052.

[401] Aizenberg J，Weaver J C，Thanawala M S，et al. Skeleton of Euplectella sp.：Structural hierarchy from the nanoscale to the macroscale. Science，2005，309（5732）：275-278.

[402] Weaver J C，Milliron G W，Miserez A，et al. The stomatopod dactyl club: a formidable damage-tolerant biological hammer. Science，2012，336（6086）：1275-1280.

[403] Amini S，Masic A，Bertinetti L，et al. Textured fluorapatite bonded to calcium sulphate strengthen stomatopod raptorial appendages. Nature Communications，2014，5：3187.

[404] Vukusic P，Sambles J R. Photonic structures in biology. Nature，2003，424（6950）：852-855.

[405] Young L R，Oman C M，Watt D G，et al. Spatial orientation in weightlessness and readaptation to earth's gravity. Science，1984，225（4658）：205-208.

[406] Wegst U G，Bai H，Saiz E，et al. Bioinspired structural materials. Nature Materials，2015，14（1）：23-36.

[407] Lu Y，Dong L，Zhang L C，et al. Biogenic and biomimetic magnetic nanosized assemblies. Nano Today，2012，7（4）：297-315.

[408] Yao H B，Fang H Y，Wang X H，et al. Hierarchical assembly of micro-/nano-building blocks: Bio-inspired rigid structural functional materials. Chemical Society Reviews，2011，40（7）：3764-3785.

[409] Jackson A P，Vincent J F V，Turner R M. The mechanical design of nacre. Proceedings of the Royal Society Series

B—Biological Sciences，1988，234（1277）：415-440.

[410] Olszta M J，Gajjeraman S，Kaufman M，et al. Nanofibrous calcite synthesized via a solution-precursor-solid mechanism. Chemistry of Materials，2004，16（12）：2355-2362.

[411] Natalio F，Corrales T P，Panthofer M，et al. Flexible minerals：Self-assembled calcite spicules with extreme bending strength. Science，2013，339（6125）：1298-1302.

[412] Mao L B，Xue L，Gebauer D，et al. Anisotropic nanowire growth via a self-confined amorphous template process：A reconsideration on the role of amorphous calcium carbonate. Nano Research，2016，9（5）：1334-1345.

[413] Naik R R，Stringer S J，Agarwal G，et al. Biomimetic synthesis and patterning of silver nanoparticles. Nature Materials，2002，1（3）：169-172.

[414] Xie J，Lee J Y，Wang D I，et al. Identification of active biomolecules in the high-yield synthesis of single-crystalline gold nanoplates in algal solutions. Small，2007，3（4）：672-682.

[415] Song C，Zhao G，Zhang P，et al. Expeditious synthesis and assembly of sub-100 nm hollow spherical gold nanoparticle superstructures. Journal of the American Chemical Society，2010，132（40）：14033-14035.

[416] Song C，Wang Y，Rosi N L. Peptide-directed synthesis and assembly of hollow spherical CoPt nanoparticle superstructures. Angewandte Chemie International Edition，2013，52（14）：3993-3995.

[417] Janairo J I，Sakaguchi T，Hara K，et al. Effects of biomineralization peptide topology on the structure and catalytic activity of Pd nanomaterials. Chemical Communication，2014，50（66）：9259-9262.

[418] Sumerel J L，Yang W J，Kisailus D，et al. Biocatalytically templated synthesis of titanium dioxide. Chemistry of Materials，2003，15（25）：4804-4809.

[419] Tong Z，Jiang Y，Yang D，et al. Biomimetic and bioinspired synthesis of titania and titania-based materials. RSC Advances，2014，4（24）：12388-12403.

[420] Andre R，Tahir M N，Natalio F，et al. Bioinspired synthesis of multifunctional inorganic and bio-organic hybrid materials. The FEBS Journal，2012，279（10）：1737-1749.

[421] Sewell S L，Wright D W. Biomimetic synthesis of titanium dioxide utilizing the R5 peptide derived from Cylindrotheca fusiformis. Chemistry of Materials，2006，18（13）：3108-3113.

[422] Luckarift H R，Dickerson M B，Sandhage K H，et al. Rapid，room-temperature synthesis of antibacterial bionanocomposites of lysozyme with amorphous silica or titania. Small，2006，2（5）：640-643.

[423] Puddu V，Slocik J M，Naik R R，et al. Titania binding peptides as templates in the biomimetic synthesis of stable titania nanosols：Insight into the role of buffers in peptide-mediated mineralization. Langmuir，2013，29（30）：9464-9472.

[424] Tahir M N，Theato P，Muller W E，et al. Formation of layered titania and zirconia catalysed by surface-bound silicatein. Chemical Communication，2005，（44）：5533-5535.

[425] Kharlampieva E，Tsukruk T，Slocik J M，et al. Bioenabled surface-mediated growth of titania nanoparticles. Advanced Materials，2008，20（17）：3274-3279.

[426] Wang X，Yan Y，Hao B，et al. Protein-mediated layer-by-layer synthesis of TiO$_2$（B）/anatase/carbon coating on nickel foam as negative electrode material for lithium-ion battery. ACS Applied Materials & Interfaces，2013，5（9）：3631-3637.

[427] Nuraje N，Su K，Haboosheh A，et al. Room temperature synthesis of ferroelectric barium titanate nanoparticles using peptide nanorings as templates. Advanced Materials，2006，18（6）：807-811.

[428] Ahmad G，Dickerson M B，Cai Y，et al. Rapid bioenabled formation of ferroelectric BaTiO$_3$ at room temperature from an aqueous salt solution at near neutral pH. Journal of the American Chemical Society，2008，130（1）：4-5.

[429] Brutchey R L，Yoo E S，Morse D E. Biocatalytic synthesis of a nanostructured and crystalline bimetallic perovskite-like barium oxofluorotitanate at low temperature. Journal of the American Chemical Society，2006，128（31）: 10288-10294.

[430] Pang X，He Y，Jiang B，et al. Block copolymer/ferroelectric nanoparticle nanocomposites. Nanoscale，2013，5（18）: 8695-8702.

[431] Jiang B，Pang X，Li B，et al. Organic-inorganic nanocomposites via placing monodisperse ferroelectric nanocrystals in direct and permanent contact with ferroelectric polymers. Journal of the American Chemical Society，2015，137（36）: 11760-11767.

[432] Ryu J，Kim S W，Kang K，et al. Mineralization of self-assembled peptide nanofibers for rechargeable lithium ion batteries. Advanced Materials，2010，22（48）: 5537-5541.

[433] Lee Y J，Yi H，Kim W J，et al. Fabricating genetically engineered high-power lithium-ion batteries using multiple virus genes. Science，2009，324（5930）: 1051-1055.

[434] Guo C X，Shen Y Q，Dong Z L，et al. DNA-directed growth of FePO$_4$ nanostructures on carbon nanotubes to achieve nearly 100% theoretical capacity for lithium-ion batteries. Energy & Environmental Science，2012，5（5）: 6919-6922.

[435] Wang J J，Sun X L. Olivine LiFePO$_4$: The remaining challenges for future energy storage. Energy & Environmental Science，2015，8（4）: 1110-1138.

[436] Zhang X，Bi Z，He W，et al. Fabricating high-energy quantum dots in ultra-thin LiFePO$_4$ nanosheets using a multifunctional high-energy biomolecule-ATP. Energy & Environmental Science，2014，7（7）: 2285-2294.

[437] Yu S H，Antonietti M，Colfen H，et al. Synthesis of very thin 1D and 2D CdWO$_4$ nanoparticles with improved fluorescence behavior by polymer-controlled crystallization. Angewandte Chemie International Edition，2002，41（13）: 2356-2360.

[438] Shi H，Qi L，Ma J，et al. Polymer-directed synthesis of penniform BaWO$_4$ nanostructures in reverse micelles. Journal of the American Chemical Society，2003，125（12）: 3450-3451.

[439] Li N，Gao F，Hou L，et al. DNA-templated rational assembly of BaWO$_4$ nano pair-linear arrays. Journal of Physical Chemistry C，2010，114（39）: 16114-16121.

[440] Yang Q H，Xu Q，Jiang H L. Metal-organic frameworks meet metal nanoparticles: Synergistic effect for enhanced catalysis. Chemical Society Reviews，2017，46（15）: 4774-4808.

[441] Zhu Q L，Xu Q. Metal-organic framework composites. Chemical Society Reviews，2014，43（16）: 5468-5512.

[442] Lyu F J，Zhang Y F，Zare R N，et al. One-pot synthesis of protein-embedded metal-organic frameworks with enhanced biological activities. Nano Letters，2014，14（10）: 5761-5765.

[443] Liang K，Ricco R，Doherty C M，et al. Biomimetic mineralization of metal-organic frameworks as protective coatings for biomacromolecules. Nature Communications，2015，6（1）: 7240.

[444] Liang K，Coghlan C J，Bell S G，et al. Enzyme encapsulation in zeolitic imidazolate frameworks: A comparison between controlled co-precipitation and biomimetic mineralisation. Chemical Communications，2016，52（3）: 473-476.

第4章

低维纳米材料的固相法制备

4.1.1　球磨法简介

　　球磨法，也称机械球磨或高能机械球磨法，基本原理是利用机械能转化成化学能，诱导化学反应的进行，使原料发生结构、性能的转换，从而制备出低维纳米材料。球磨法的主要目的在于减小原料颗粒的粒径和混合不同原料颗粒使之形成新的物相。根据颗粒和合成反应的不同可以选择不同类型的球磨，而最终目的都在于使球磨珠更好地冲击原料，最大效率地完成机械能的转化。

　　球磨法经过了几十年的发展，人们除了利用球磨技术直接制备零维纳米晶和零维纳米复合材料外，还经常利用球磨法设计一定的反应条件来制备一维或二维纳米材料。因此，凡是以球磨工艺为主要手段的低维纳米材料合成方法，都可统称为球磨法[1]。其工作原理是在球磨机中利用球磨介质（多为硬质材质制备的球磨珠，如玛瑙球磨珠）之间的挤压力与剪切力来粉碎原料（多为粉末），从而制备低维纳米材料。原料在球磨过程的频繁碰撞中被不断冲击，发生强烈的塑性变形，经过反复的破碎—焊合—破碎的过程，其体积不断细化，使大晶粒变为小晶粒。球磨珠可能沿着罐壁平行连续地转动研磨，也可能下落而对底下的粉末造成冲击。例如，在行星式球磨机球磨中，如图4.1所示，由于球磨罐和底转盘的旋转方向相反，离心力交替同步。因此，摩擦是由硬质球磨珠和粉末混合物在球磨罐的内壁上交替滚动或者与罐壁碰撞而产生的。对于大规模生产纳米尺度的材料，球磨法是一种较经济的

图 4.1　行星式球磨机工作原理

加工方式。球磨法的动力学过程在于研磨的过程中，将能量从球磨珠传输到材料粉末上，而这种传输过程则由多种参数决定，如球磨类型、球磨速度、球磨珠直径和数量、球磨的干湿条件、球磨温度及球磨时间等[2]。

由于球磨珠的动能与球体的密度和球磨速度成正比，所以密度更大的材料，如不锈钢、碳化钨，相对于陶瓷球更受欢迎。与此同时，球磨珠的直径和数量也应与球磨罐、球磨机类型相匹配，罐子中球磨珠如果过于密集会阻碍珠子的自由运动，而过于稀少则会降低碰撞的频率，这两者都不利于有效地进行球磨法合成。球磨过程中产生的温度取决于研磨珠的动能大小、粉末的材料特性及球磨介质的种类。粉末的温度影响了粉末的扩散系数和缺陷浓度，同时影响了球磨过程中产生的相位变化。更高的温度有助于制备出需要更高的原子流动才能生成的相（如金属间化合物）。而在低温下，如果能量足够，则形成非晶相，低温还可以促进纳米晶相的形成[3]。此外，球碰撞过程中所伴随的高应变速率形变和累积应变会导致粒子断裂。这些相互竞争的合并和断裂事件在整个处理过程中持续发生，而且这二者在合金工艺过程中需要达到适当的平衡。在大多数情况中，这样的平衡会造成粉末粒度的近似稳态分布。在断裂合并的动态变化过程中，持续的微观结构的细化也一直在发生[4]。

在球磨过程中，原料粉末颗粒受到高能冲击，例如，进行零维合金粉末的球磨合成中，将多种金属或非金属元素粉末制成单一合金粉末（也称为机械合金法[5]）。从微观结构上看，零维纳米材料的球磨合成过程可分为四个阶段[6]：①初始阶段；②中间阶段；③最后阶段；④完成阶段。

①在球磨的初始阶段，由于球的碰撞，粉末颗粒被挤压力压扁。挤压和剪切会导致单个颗粒形状的变化，然而，粉末颗粒并没有发生质量变化。

②在球磨过程的中间阶段，与初始阶段相比，发生了显著的变化。粉末成分的混合和扩散开始发生。在这个阶段，主要过程为粉末颗粒的压裂—焊合—压裂的重复进行。虽然可能会发生一些溶解，但合金粉末的化学成分仍然不均匀。

③在球磨过程的最后阶段，颗粒大小发生明显的精细化。粒子的微观结构在微观尺度上比初始阶段和中间阶段更均匀。真正的合金可能已经形成。

④在球磨过程的完成阶段，粉末颗粒处于亚稳态结构，应变对颗粒的破碎作用趋于饱和，进一步的球磨也不能在物理上改善分散分布。因此形成了与起始成分相似的真合金。

约翰·本杰明等在20世纪60年代末发明了通过高能球磨来合成制备材料[7,8]。当时这项研究的目的是制造出用于高温结构应用的复合氧化物色散加固（oxide dispersion strengthened，ODS）合金，并将这种方法称为机械合金化。研究发现，这种方法能够成功地生产出镍基超合金，其中均匀分散了氧化物颗粒（Al_2O_3、

Y_2O_3、ThO_2），而这是由传统粉末冶金方法不可能制备出的。此外，如钛等反应性合金化成分，可以混入主合金粉末一起加入合成体系，这样就可以清楚地表明，在机械加工过程中，"合金化"可能发生在原子水平上。本杰明等[8, 9]在 Inca Paul D. Merica 研究实验室也探索了球磨法对其他类型的材料的合成，如固溶体合金和非混相系统，并指出机械合金化（mechanical alloying，MA），除了弥散强化合金，还可以合成金属复合材料、化合物和/或具有独特性能的新材料。

在 20 世纪 80 年代早期，大部分的关于球磨法合成零维纳米材料的工作都集中在 ODS 超级合金（镍-铁基）和铝合金的生产上。1983 年，Koch 等[10]的一篇论文引发了连锁反应，他们成功采用机械合金法制备了 $Ni_{60}Nb_{40}$ 非晶态纳米合金粉末，随后，分别关于多层的金和镧进行低温扩散退火制成零维合金颗粒[11]和 Zr_3Rh 通过氢化退火制成零维合金颗粒[12]的论文相继发表，因此 1983 年可被认为是"固态非晶化"的研究的开端。接着人们又发现，非晶化过程中通过低温退火之后，可将镍和锆的纯金属箔片轧制成一种非晶合金纳米颗粒[13-15]。此后，机械合金法成为制备稳定和介稳定合金包括非晶和准晶合金粉末的重要手段，球磨合成法成为世界上许多实验室新的研究领域。随着对球磨法的不断研究，其应用范围也不断扩大，现已广泛地应用于非晶金属纳米材料、纳米合金金属化合物、陶瓷纳米颗粒、复合材料和纳米复合材料的合成。

总而言之，使用球磨法合成低维纳米材料，具有一些独特的优点[1, 11, 12]：①可以用于制备粒径 2～20 nm 的纳米粉末；②可以扩大合金固溶度范围；③可在室温下进行化学置换反应；④易于制备纳米氧化物；⑤易于制备金属间化合物的纳米粉末；⑥易于大规模生产，生产成本低，产率高。

但是，机械球磨法也有不足之处，如生产的纳米材料形状不规则、粒径分布难以控制、可能被研磨珠碎屑和添加物污染及不可避免的晶体缺陷等。

4.1.2　球磨法的装置和工艺参数

1. 球磨装置

典型的球磨装置主要由球磨机、球磨罐和球磨珠组成[2]。不同类型的球磨设备存在不同的运转规律、球磨效率及不同的辅助设备。球磨机通常分为 4 类，行星式球磨机（planetary ball mill）、振动式球磨机（vibrating ball mill）、水平滚筒式球磨机（horizontal roller ball mill）和搅拌式球磨机（stirring ball mill）。前两种多用于实验室或小型制粉，后两者则多用于工业生产。行星式球磨机相对于振动球磨机来说，能量要小得多，通常一个支撑盘配多个球磨罐，每个球磨罐可围绕自己的轴心旋转[1]。当电机带动支撑盘开始旋转时，由球磨罐环绕自己的轴心转动和支撑盘的旋转所产生的离心力作用于装有球磨原料和球磨珠的球磨罐上，以此为研磨样品提供动能。而对于振动式球磨机[16]，如 SPEX 型，一次只能运转一个球磨罐。靠马达和轴承的作用可使球磨罐的循环运动的速度达到 1200 r/min。罐中球磨珠的运转速度越快，则作用于原料粉末的机械能越大，因此振动式球磨机是一种更高效的高能球磨设备。水平滚筒式球磨机[17]是工业上混合粉末时用的传统球磨机，主要用于粉碎、研磨、分散、乳化物料。由于最大转速的限制，球磨罐内体系运动速度低。例如，只有当筒径为 1 m 以上时才可能产生机械合金化所需的足够能量，这显然不适于实验室研究。搅拌式球磨机[18]利用泵的高速循环达到快速的研磨效果及较窄的粒径分布。快速循环的物料通过搅动剧烈地研磨介质层，这种现象有利于得到较窄的粒径分布，允许较小的微粒迅速通过，而相对较粗的微粒则要滞留较长的时间，对粗粒有优先破碎效果。搅拌式球磨通常用于研磨一些最终物料尺寸达到微米级，质量要求高，其他方法难以研磨和分散的物料。

2. 球磨法的工艺参数

球磨合成低维纳米材料时，工艺参数对球磨动力学和制得粉末微结构影响很大，多种因素影响着反应过程[19-21]。这里就原料材质、球磨时间和负荷比（即球磨珠和投料粉末质量之比）、球磨珠材质和直径、旋转速度及球磨罐的装料率（即球磨介质 + 投料粉末体积与球磨罐容积之比）几个工艺参数分别加以讨论。

1）原料材质

原料材质是影响合成结果的重要因素[3]，尤其是对于机械合金化。基于球磨的原料材质差异，我们以球磨法合成零维纳米金属合金为例，将原料材质分为韧性-韧性、韧性-脆性和脆性-脆性三类体系以方便比较说明。

a. 韧性-韧性组分

早在 1974 年，Benjamin 和 Volin[9, 22]对韧性原料粉末的球磨现象进行了描述。他们讨论了韧性原料的机械合金化过程中冷焊接与断裂之间的竞争关系。他们将机械合金化过程分为 5 个序列，分别用不同阶段的粉末产物进行光学显微镜观察。一开始，利用微锻造将韧性粉末压成薄片，将易碎的元件碎片变成更细的颗粒。图 4.2 给出了粉末混合物的球-粉-球碰撞的示意图。第一阶段进行着大范围的冷焊接，韧性颗粒压成板状结构。随着球磨过程进行，颗粒进一步细化，颗粒间间隙变小，在这个阶段，合金化开始。加上球磨过程伴随的局部升温，导致应变造成的晶格缺陷的扩散得以加强，并且层状结构的短路径扩散也变得更加细致。最终，层状结构的间隙变得细小到光学显微镜也不可见。随着球磨过程的进行，原料组分最终在原子层面进行了充分的固体溶解。Benjamin 等[9, 22]还展示了通过球磨法合成的镍铬合金真正在原子层面实现合金化，并且发现它的磁性行为与传统钢锭法制备的镍铬合金完全相同。

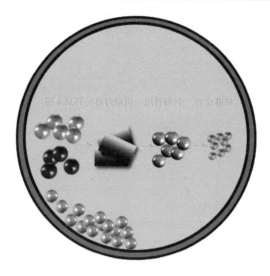

图 4.2　球磨法合成纳米材料时球磨珠对原料粒子的作用

b. 韧性-脆性组分

以机械合金化的镍基氧化物分散增强合金为例[23-25]，该组分在球磨过程中的微结构变化的具体现象已被研究发现证实，即硬脆质的原料组分在球磨过程中将被冲击致粉碎，并且碎片将贴在韧性组分的边界处。随着球磨过程的进行，韧性组分颗粒之间的距离逐渐拉近直至融合，当脆性组分不溶于韧性组分时，则脆性材料的分散相就会逐渐形成，也就是合金中的惰性氧化物。然而，脆性金属间化合物也可以通过机械合金化掺入如 Ni 基 ODS 超合金中。脆性金属间化合物是碎裂的，但显然已与 Ni 基基质合金化，因此当机械合金化完成时，它们不能通过光学显微镜解析。

c. 脆性-脆性组分

可以预料，脆性-脆性粉末系统的机械合金化不会发生，而球磨只会将脆性粉末组分的尺寸减小到所谓的组合极限[26]。有迹象表明，这种极限可能是由于极小颗粒在系统里只能发生塑性形变而不是破裂，这些细小的粒子间的聚合力，导致了聚集，或表面层的相变。

2）球磨时间和负荷比

球磨时间对于合成低维纳米材料而言同样影响很大[21]。通常来说，球磨时间选取粉末球磨达到平衡状态所需的时间，对于一定材质、质量的粉末，其他工艺参数不变的情况下，球磨时间越长，粉末细度越大，直至平衡状态。图 4.3 所示为 Koch 等使用机械合金法合成制备钴锆合金粉末时测得的粒子尺度与球磨时间的关系[10, 27]。对于规定体系而言，材料的粒径都随球磨时间的增加而急剧减小，但是球磨时间超过到达平衡状态的时间时，不仅会增加杂质含量，更容易导致产生不需要的副产物、杂质相。因此，在使用球磨法合成纳米材料时，球磨时间应控制在适当的范围内。

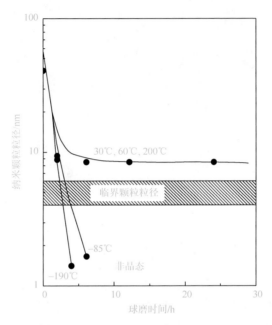

图 4.3 球磨过程中体系温度下合成钴锆合金纳米颗粒粒径对时间的影响[27, 29]

与此同时，不同材料材质不同也会导致球磨达到平衡状态时的最终粒径大小不同，不能一概而论。如在进行金属合金纳米颗粒合成时，对于低熔点面心立方结构（face-centered cubic，fcc）金属而言，最小纳米材料粒径与材质熔点成反比，而高熔点体心立方结构（boby-centered cubic，bcc）和密排六方结构（hexagonal close-packed，hcp）金属则不存在这种相关性。

球磨珠相对于原料越多，或者球磨珠质量越大，粉末受到挤压、剪切时接受的动能越大，则在合成低维纳米材料时，粒子破裂得越严重，因此负荷比也影响着球磨合成的结果。负荷比大时，碰撞密集，粒子粒径到达平衡状态所需时间更短。在 Suryanarayana 等的研究中[28, 29]，合成 TiAl 合金时负荷比为 10：1 时，需要 7 h，100：1 时仅需 1 h。

3）球磨珠的大小和材质

球磨珠的大小和材质也是影响球磨效果的重要条件[30]。常用的球磨珠材质多为氧化铝、氧化锆、氧化硅、玛瑙、硬质合金、不锈钢、高铬钢、尼龙、聚氨酯、聚丙烯、聚四氟乙烯等。通常来说，选择球磨珠时，应尽量选用与球磨罐相同材质，这样可以避免交叉污染，减少杂质种类。球磨珠的选择指标主要为密度、硬度、价格和材料类型。球磨珠的密度决定了球磨时其对原料的冲击动能大小。球磨珠的硬度越大，在实际合成时越不易掉落杂质，但硬度大的材料如碳化钨等一般价格较贵且易碎。另外在有些合成条件中，并不是所有材料类型的球磨珠都可以耐受。所以在合成低维纳米材料时，应根据实际反应类型选取合适的球磨珠材料。

另外，球磨珠的大小往往与它冲击粉末材料时携带、传递的动能成正比，与原料受到的挤压力和剪切力、发生的形变量成正比。Lai 和 Lu 等在合成钛铝合金时发现[31]，球磨珠较小时，可以得到铝在钛中的固溶体粉末，而球磨珠较大时，却只有钛和铝单质混合相。值得一提的是，采用不同大小的球磨珠混合球磨往往可以达到不一样的效果，如可以更好地去除球磨珠表面黏附的原料。

4）旋转速度

除了以上几种影响因素外，旋转速度也与球磨的合成效果息息相关[32]。显而易见，球磨罐的旋转速度越快，为罐内的合成体系提供的动能越大，其内的物理化学反应更加剧烈。然而，球磨罐的旋转速度不能无限增大，不仅在于装置的硬件限制，主要原因是当罐内球磨珠速度到达一定阈值时，球磨珠就会贴在球磨罐壁上随着罐体一起旋转，而不会在最高位置降落，对原料形成冲击。这显然不利于合成的有效进行，而这个阈值速度称为临界旋转速度[33]。在实际合成制备中，往往存在高能球磨和低能球磨之分，有时球磨反应体系中能量过高，反而将反应推进到非目的产物方向。然后对于不同的球磨装置和不同的合成反应体系，旋转速度与高能球磨、低能球磨的对应关系不能一概而论，如在制备铁、铝等金属元素的零维纳米颗粒时[34]，旋转速度为 90 r/min，得到粒径范围为 5～25 nm，而在合成铁钴纳米合金时，旋转速度则需要为 800 r/min。

5）球磨罐的装料率

球磨罐的装料率决定了罐内反应进行的充分程度与合成效率[35]。当装料较多时，留下给内容物移动的空间小，而这显然不利于反应均匀、彻底地进行。反之，当装料较少时，产率相对就低。因此，实际进行合成反应时，应规避两种极端情况，通常选用装料率 50%左右最为合适。

合成过程中，外界对球磨罐内反应体系的温度控制同样影响着合成的结果和效率。Hong 等在纳米晶的形成研究中发现[36]，较高温度得到的低维纳米材料粒径较大。钴锆纳米合金反应中，Koch 等发现温度决定了反应终产物的粒径和晶态[37]。

综上所述，在球磨法制备低维纳米材料时，根据原料的物性、反应的类型选择合适的球磨装置，并设计、验证合适的反应条件均具有非常重要的意义。

4.1.3 球磨法制备低维纳米材料的形成机理

相对于其他的冷加工中原料发生的形变如弯曲、压缩，球磨法过程中原料的形变要复杂得多。关于球磨法形成低维纳米材料的微观模型至今依然有待进一步探索和研究。Fecht 等曾提出一种三阶段的球磨法零维纳米晶的形成过程模型[38, 39]，获得较多认可。由于球磨过程中产生较大的形变，原料颗粒中的缺陷和位错分布不均匀，某些区域中的位错因分布有应力带而密度很大，这些无序的区域自由能和熵值足够高，趋向于再结晶。他们认为，开始阶段时冲击、剪切造成的高应力集中带上具有很高的位错密度，这种切变带最先发生区域化形变，典型宽度为 0.5～1.0 mm。随着球磨过程的继续进行，原料粒子中位错密度不断累积、增加，小尺度上的应变不断累积、增加，此时逐渐进入第二阶段。某些应变较大、形变严重的区域，位错密度达到最大而发生湮灭、重排和重组，为了降低晶格应变，晶体发生分裂，形成新的小角度晶界分隔的较小的晶粒。第三阶段时，随着碰撞继续发生，晶粒逐渐向自由能和熵值更低的状态变化。为了降低位错密度，向更稳定的晶体结构变化，晶界由低角状态逐渐经历旋转、滑移向高角状态变化，晶体取向逐渐混乱化。

而 Koch 等[38]却认为这一模型并不足以完美解释纳米晶的形成过程。他们以机械合金法制备金属合金中探索金属元素晶格应变与最小晶粒粒径的倒数关系的实验结果为例加以分析。通过 X 射线粉末衍射谱图结果测定应变与晶粒粒径倒数之间的关系，结果显示除钯与钛金属粉末以外，其他所测金属元素的应变都在晶粒粒径一定值时出现最大值，粒径倒数继续增加，应变却随之减小。即使这些数据由于出自不同实验室，合成条件也不尽相同，但是总体规律依然反映出上述三阶段模型存在无法解释的曲线中出现最大值后曲线下降的现象。Fecht 等提出的模型可以解释最大应变的发生，即由于球磨过程中应变累积、形变增大从而导致晶界旋转、滑移[38, 39]。但是，该模型却无法解释为何应变达到最大后，晶粒粒径继续减小的实验结果。

之后，球磨制备低维材料过程模型逐渐发展，其中几种机制模型具有一定代表性。例如，Zhang 等对锌等数个元素低维纳米材料的球磨合成过程、形成机理进行了细致、系统的分析工作[40, 41]。他们在低温（90 K）时球磨锌粉，发现在反应进行不久，颗粒的粒径出现两个峰的分布，一个峰对应粒径较大，为大于 50 nm 的大颗粒，占总体积的 70%左右，这种颗粒峰随着球磨过程的进行继续发生变化。而另一个峰则为 5 nm 左右的小颗粒，占总体积的 30%左右，这种颗粒在接下来的整个球磨期间基本没有变化。球磨 30 min 时样品中小颗粒的高分辨透射电子显微照片显示 [图 4.4 (a)]，此时小颗粒已经具有各自取向不同的晶格条纹，表明此时颗粒之间晶界已经是高角度晶界。球磨 12 h 后，小颗粒的形貌、粒径和晶格取向并没有发生较大的变化 [图 4.4 (b)]。此外，实验结果中大视野低倍率的透射电子显微照片可以看出，30 min 时有大量的不均匀大颗粒与小颗粒并存于视野内，而经过 12 h 后，大颗粒基本消失不见，视野内均为均匀的小颗粒。那么，这样的非同步进行的过程是以往的阶段式模型无法解释的。作者认为，较大颗粒是遵从阶段式模型变化的，随着球磨过程的进行，演变形成最终的小颗粒。而不同的是初始阶段就产生的小颗粒，这些小颗粒来源于切变带，晶界上由于再结晶而形成晶核，而这样的新的晶核形成纳米晶和原有的原料颗粒中晶粒取向不同，晶界为高角度晶界。以此推断，在锌等金属元素低维纳米材料的球磨法合成过程中，是由至少两种不同的演变模型共同作用的。

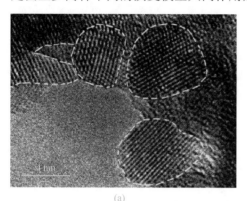
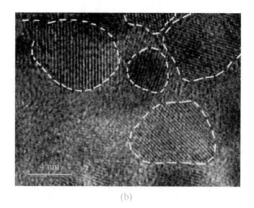

(a)　　　　　　　　　　　　　　　　(b)

图 4.4　球磨法制得金属锌纳米颗粒的高分辨透射电子显微照片[40]

(a) 球磨时长 30 min；(b) 球磨时长 12 h

发展至今，球磨作用过程机理仍然说法不一[42, 43]，但归结起来有如下几种。

（1）局部升温模型。球磨过程中球磨罐内不断的相互冲击、剪切会造成局部产生高温，然后由于体系的不断旋转，产生的高温被快速传递到整个体系[44]。因此机械能对球磨罐整体温度的升高影响并不大，但是局部产生的高温会引发纳米尺度范围内的热化学反应，使得原料与球磨珠之间有很高的剪切和冲击作用。并且，这样的局部高能碰撞会使原料产生大量的位错等晶体缺陷，进而这些扩散和滑移的作用导致整个颗粒内的原子重排和重组。

（2）缺陷和位错模型。球磨过程中，原料由于受到不断的冲击、剪切，处于热力学上和结构上都不稳定的状态，其熵值和自由能较高，趋向于向更稳定的低能状态变化，这使其具有较高的反应活性[45]。同时，持续的碰撞会使原料内部产生大量的缺陷和位错，也会对其反应活性造成影响。此外，球磨中粉末受力不均匀，其接触点处或者裂纹顶端应力集中，这一分布的强弱取决于粉末材料的物理性质和整个球磨过程的相关条件。而这些局部应力的释放也往往伴随着结构缺陷的产生及热能的转变。

（3）摩擦等离子区模型。当球磨法制备低维纳米材料时，原料物质与球磨珠在球磨罐中，在很窄小的时空范围内发生高速冲击、剪切，此时，原料粉末的局部结构受到破坏，巨大的动能导致局部的晶格松弛、破裂[46]。此时，伴随着破坏的过程，大量的电子、离子释放，从而形成摩擦等离子区。

（4）新生表面和共价键开裂理论。球磨过程中，固体受到不断的冲击力和剪切力作用，伴随着原料表面的不断被破坏，新的表面不断产生，这被称为剥离效果[47]。而新剥离的表面往往具有很高的物理化学活性，有利于下一步进程的发生。

由上述几点可以看出，实际球磨过程事件复杂，整个过程往往无法用一种机理加以概括。因此，有时以上述某种机理为主，有时则为多种机理共同作用的结果。

4.1.4 球磨法合成低维纳米材料实例

球磨法在合成低维纳米材料中已取得多种成功方案，下面从零维、一维和二维材料的合成制备分别讨论球磨法合成实例。

1. 零维纳米材料

零维纳米材料的球磨法合成按照材料种类可分为金属纳米颗粒、金属间化合物和合金纳米颗粒、氧化物陶瓷纳米颗粒。

1）金属及类金属纳米颗粒

Johnson 等成功制备了金、钯等数种体心立方结构金属元素的纳米颗粒[48]，粒径范围为 6～22 nm。而 Malow 等制备了铁单质的纳米颗粒，粒径为 8～24 nm[49]。Fecht 等制备了铷纳米颗粒[39]，最小粒径约为 10 nm。Shen 等也通过球磨法制得硅纳米颗粒[50]，并调控制备出一系列粒径的纳米晶。结果显示，在较大粒径的多晶硅颗粒中，其缺陷中存在大量的层错、孪晶和位错；而在平均粒径约为 8 nm 的纳米晶之中约有体积 15%（体积分数）的非晶硅存在；但是在另一合成条件下，硅纳米晶的粒径范围为 3～20 nm，而非晶硅主要集中在纳米颗粒的表面处。Oleszak 等系统研究了低能球磨制备金属纳米晶[51]。他们发现，当使用低能球磨合成铜、钨、银、铁、镍和铝的纳米晶时，在球磨过程的早期阶段，所有各类金属元素的晶体粒径都迅速下降到 40 nm 左右。但是随着球磨时间增加，到达 200～400 h 后，所有金属元素的零维纳米晶的粒径都减小到最小，但是最小粒径却不尽相同，从小到大依次为钨（5 nm）、铁（8 nm）、镍（11 nm）、铜（20 nm）、银（23 nm）和铝（25 nm）。与粒径大小顺序不同的是，达到最小粒径的时间不与所耗费时间相对应。铁纳米颗粒需要 800 h 才能制成最小粒径，而钨却只需要 200 h。另外，铝纳米颗粒在 400 h 达到最小后，如果继续球磨，粒径不降反升。除此之外，McCormick 等后来又成功球磨合成出镁纳米颗粒[52]，如图 4.5 所示，制备出的镁纳米颗粒的透射电子显微照片，虽然观察不到明显的晶体颗粒和晶界，但从衍射摩尔条纹可见位错的存在。

2）金属间化合物和合金纳米颗粒

在球磨法制备低维纳米材料领域，当属 Koch 等最早使用机械合金法制备出合金纳米颗粒[10]。他们在 1983 年成功制备 $Ni_{60}Nb_{40}$ 合金非晶态纳米颗粒后，人

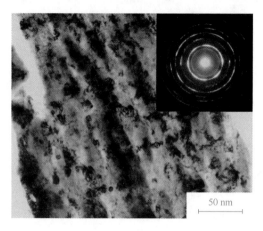

图 4.5　球磨法制得金属镁纳米颗粒的透射电子显微照片[52]

们开始关注使用球磨法制备二元甚至多元金属合金以及金属间化合物纳米颗粒，如 Varin 等成功制备了二元合金纳米颗粒[53]。他们使用铁-铝间隙相的棒材加工成微米级粉末后，通过球磨加工成纳米合金颗粒。研究发现，23 h 后，纳米颗粒出现完全无序化，即出现完整的约为 40 nm 的纳米颗粒晶体，而 47 h 后，纳米颗粒粒径减小到 7 nm。Jiang 等研究发现[54]，在氩气保护下，可制备出 $Fe_{50}Cu_{50}$ 的合金纳米颗粒及不同晶相的合金颗粒。他们的原料粉末为 99.9%纯度的微米级粉末，当合金为面心立方相时，0.5 h 内颗粒粒径可减小到 50 nm，20 h 后可达到最小值 14 nm。Zhou 等为制备铝-镁纳米合金颗粒，首先对原料进行喷雾加工，制成粒径大约 50 μm 的粉末[55]。之后球磨合成中所选用不锈钢球磨珠直径为 6.4 mm，球粉比为 32∶1，球磨罐的旋转速度设为 180 r/min。在液氮保护下进行低温球磨，并且向体系内加入约 0.2%质量分数的硬脂酸以控制反应过程。反应结果如图 4.6（a）、（b）所示，经过 8 h 后，得到平均粒径在 25 nm 左右的纳米颗粒。高分辨透射电子显微照片显示，颗粒形貌不均匀。在照片中可见，出现一些非平衡的晶界，如图 4.6（c）所示，A 与 C 之间有 5°的方向差，这一实验结果，恰恰支持了 Fecht 的三阶段模型，即在球磨过程中的第二阶段，大粒子中出现高密度的低角度晶界位错。除了上述二元合金纳米颗粒外，三元合金的纳米颗粒也可以用球磨法成功制得。例如，Krakhmalev 等成功制备的 $Fe_{80}Ti_8B_{12}$ 三元合金纳米颗粒[56]，他们将高纯度的原料金属元素粉末混合好，再与 22 cm 直径的不锈钢球磨珠，以 15∶1 的球粉比投入球磨罐中，氮气氛围保护下 300 r/min 球磨 20 h。他们成功合成 bcc 铁基相和非晶态三元纳米合金，平均粒径为 5～10 nm。此外，Lu 等使用高纯度镁、铝、钕金属粉末[57]，原料平均粒径约为 300 nm，按一定配比混合原料粉末，球粉比 20∶1，转速 250 r/min，加入硬脂酸控制反应速率，经过球磨后，制得镁-铝-钕三元合金纳米颗粒，产物平均粒径为 23 nm。相对于二元、三元纳米合金颗粒，使用球磨法合成四元以上多元合金则比较罕见，以 Suryanarayana 等开展了铜-铟-镓-硒四元合金纳米颗粒的制备研究为例[58]。他们使用高纯度的铜粉和硒粉混合镓和铟的微米片，按一定配比投料混合，球磨珠直径 13 mm，氩气氛围保护，球粉比为 10∶1 或 20∶1，转速为 150 r/min 或 300 r/min。通过调控球粉比、转速和球磨时间从而调控反应进行。X 射线粉末衍射图谱结果分析得出，球粉比为 20∶1、转速为 150 r/min、球磨时间为 5 min 时，得到纳米颗粒结构为四方相铜-铟-镓-硒相以及少量的单质铜和单质铟；而将时间延长到 10 min 时，仅有痕量的单质铜和单质铟存在；再将时间延长至 20 min 时，则粉末完全是 $CuIn_{0.7}Ga_{0.3}Se_2$ 相。并且粒子的大小存在最小值，当球磨时间到达 40 min 时最小粒径为 8 nm，继续延长时间也不会再减小。所得四方晶型的晶格参数为 $a = 0.5736$ nm，$c = 1.1448$ nm，$c/a = 1.9958$。

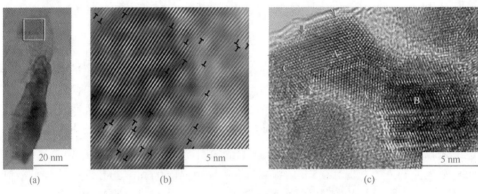

图 4.6 球磨法制备铝-镁合金纳米颗粒的高分辨透射电子显微照片[55]

(a) 大颗粒照片；(b) 图 (a) 中矩形区域放大图；(c) 小颗粒照片

3）氧化物陶瓷纳米颗粒

球磨法相对于其他合成氧化物陶瓷的优势在于可以在室温下廉价地合成纳米级的陶瓷颗粒。目前，使用球磨法已经成功制备出如三氧化二铝、氧化锆、三氧化二钆、四氧化三钴、钡铁氧体、锌铁氧体和锂锰氧体等二元或三元纳米氧化物颗粒。Ding 等将纯度为 99%的氯化锆和氧化钙微米级粉末[59]按化学计量比混合，使用直径 9.5 cm 的球磨珠，在氩气气氛保护下使用 5∶1 的球料比球磨 20 h 后得到产物，此时纳米粒子粒径为 5~10 nm。在空气气氛中 100~400℃退火 1 h，观察结果显示随着退火温度的升高，颗粒的粒径增加。使用甲醇将退火后的样品超声清洗数次，再进行 400~1000℃热处理 1 h，此时粒径仍然小于 50 nm。

另外，使用球磨法还可实现有趣的合成，即通过球磨合成得到单质-氧化物复合纳米粒子，如 Wu 等提出了球磨法制备铜-氧化铝和铝-氧化铜复合纳米颗粒[60]。Ying 等关于铜-氧化铝的合成研究也得到了一些有趣的结果[61]。他们先使用平均粒径 50 μm 左右、纯度 99.5%的铝粉和铜粉，按化学计量比，球粉比 4.4∶1，球磨珠直径 12.7 mm，氩气保护球磨 4 h，制成铝物质的量分数 14%的铜-铝混合粉末。随后，向体系内加入粒径小于 5 μm、纯度 99%的氧化铜粉末，继续球磨 16 h。他们研究发现，在第一次球磨中，铜与铝并没有形成金属间化合物，而是铝原子逐渐占据铜的晶格位置，使铜的晶格参数由 0.3613 nm 增到 0.3639 nm，形成了铝在铜中的固溶物。而在加入氧化铜后，固溶物中的铝却慢慢释放出来，并自发与氧化铜中的氧原子反应，最终体系生产稳定的铜-氧化铝。

2. 一维纳米材料

　　一维纳米材料包括纳米管、纳米线和纳米棒等，是一类具有独特理化性质和独特功能的应用新材料，诸多一维材料如碳纳米管，工业生产都需要量大质优纯度高的产业化合成方法。迄今为止，关于一维纳米材料的工业合成办法通常为化学气相沉积、激光烧蚀电弧放电法等。而相对这些方法，球磨法合成一维纳米材料不仅合成成本低廉，而且可大量生产。但球磨法合成仍需后续退火处理，这也一定程度限制了其应用。下面，将分别以碳纳米管、氮化硼纳米管、锌纳米线、碳化硅纳米线为例，讨论分析一维纳米材料的球磨法合成。

1）碳纳米管

　　先将原料石墨粉末在室温下球磨 150 h，之后在马弗炉中通氮气 1400℃煅烧 6 h，合成出的多壁碳纳米管透射电子显微照片如图 4.7 所示。所得多壁碳纳米管外径不超过 20 nm，内径在数纳米范围内。这些碳纳米管除了在少数端口处存在由于球磨装置碎屑污染而产生的铁和铬纳米颗粒，其他位置不含任何金属纳米颗粒。

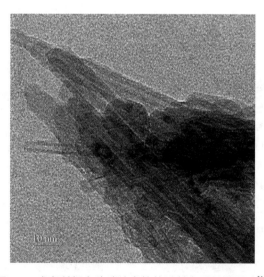

图 4.7　球磨所得多壁碳纳米管的透射电子显微照片[15]

而这些端口处的金属纳米颗粒与其他方法合成碳纳米管中所有金属元素有类似作用，即可催化碳纳米管的形成。为降低整体表面能，产物粉末中，多数碳纳米管自组装成亚微米级别的团聚体。如果球磨之后不经过煅烧，碳纳米管形貌并不会出现，所以说，碳纳米管是由球磨之后的原料经过煅烧催化生长而来。由于煅烧温度在 1400℃，远低于石墨的熔点 3500℃，因此在碳纳米管形成过程中并没有碳蒸气形成[62-65]。

2）氮化硼纳米管

氮化硼纳米管与碳纳米管具有类似的管状结构，也同样具有优异的机械性能，两者都是高温下稳定的宽带隙半导体。但是不同于碳纳米管，氮化硼纳米管很难通过化学气相沉积法或者电弧放电法制备。文献中采用高纯度的硼粉作为球磨的起始原料，选用硬化不锈钢球磨珠和不锈钢球磨罐常温进行球磨合成[66-68]。但是球磨开始前需要通入约 300 kPa 压力的氨气。在球磨过程中，大量的氨气被吸附于因球磨而产生的具有高表面能的原料粉末新表面。球磨中高频率高强度的冲击和剪切为氨气和硼的氮化反应持续供能，保证反应在常温下就可以进行。随着反应的进行，球磨罐内的气氛压力随之变化，先是急剧降低后又重新升高。待球磨结束后，氮化硼纳米晶即可产生。以这种球磨得到的氮化硼纳米晶为晶种，在随后的煅烧中，氮化反应继续进行，并生产出高密度的氮化硼纳米管。如图 4.8（a）所示，扫描电子显微照片可观察到产物氮化硼纳米管的形貌。X 射线粉末衍射图谱分析发现，产物中不仅得到氮化硼的结构，更有一些铁的峰出现，推测为反应中催化纳米晶产生之用。将球磨后的样品在 1200℃氨气氛围下煅烧 6 h，可以得到外径小于 6 nm 的薄壁氮化硼纳米管。透射电子显微照片显示产物为多壁管状结构。如果将合成条件变为球磨 50 h，1100℃氨气氛围煅烧，则产生长竹节形的纳米管，如图 4.8（d）所示。在管的端口处的铁纳米颗粒恰恰是催化竹节形纳米管产生的催化剂。

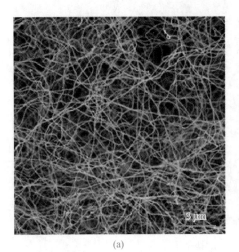 

（a）   （b）

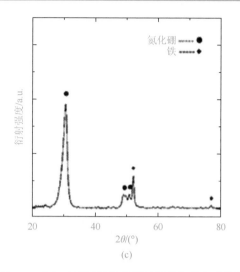

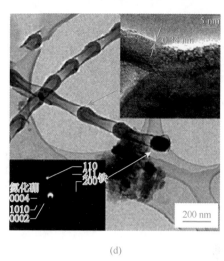

(c)　　　　　　　　　　　　　　(d)

图 4.8　（a）高密度的氮化硼纳米管扫描电子显微镜照片；（b）氮化硼纳米管的透射电子显微照片；（c）氮化硼纳米管的 X 射线粉末衍射图谱；（d）竹节形氮化硼纳米管的透射电子显微照片[15]

铁纳米颗粒的多边形形貌说明在纳米管的生长过程中，铁纳米颗粒以液体状态存在。插图中的高分辨透射电子显微照片显示，两壁的晶格间距约为 0.34 nm，与完全结晶的六方氮化硼晶体的晶格参数类似。总之，无论是圆柱形还是竹节形氮化硼纳米管，都是从球磨得到的氮化硼晶种为初始物辅以后续的煅烧来合成的。

3）锌纳米线

纯金属纳米线或者金属合金纳米线同样有着很好的应用前景，如可以作为纳米器件的内部连接导线。通过球磨可以制得大量高密度的锌纳米线。将无定形硼粉与氧化锌粉末按照 1∶1.5 的比例混合投料，氮气氛围球磨 24 h，随后在氮气氛围 1050℃煅烧 2 h。作为对比，没有经过球磨的混合粉末也进行同样条件的煅烧。经过球磨、煅烧后的样品，是一层灰黑色的黏稠样品沉降在瓷舟壁[69-71]。经过 X 射线粉末衍射和扫描电子显微镜分析，如图 4.9 所示，可见大量的纳米线生成。纳

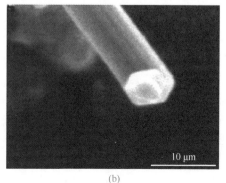

(a)　　　　　　　　　　　　　　(b)

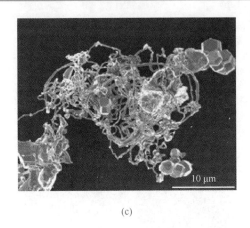

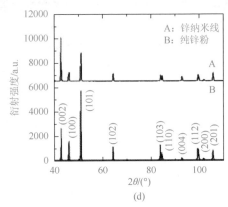

(c)

(d)

图 4.9 （a）球磨所得锌纳米线扫描电子显微照片；（b）高倍数扫描电子显微照片显示纳米线的端口为六角形；（c）未球磨的样品的扫描电子显微照片；（d）反应得到的锌纳米线和纯锌粉样品的 X 射线粉末衍射图谱对比[15]

米线直径约 150 nm，长度可达几微米。图中高分辨图像清楚地反映出纳米线表面平滑，并有六边形横截面，可见纳米线为六方晶系单晶结构。而没有经过球磨的样品，仅有少量的沉淀生成，并且形貌多为纳米线和大量纳米颗粒混合物。反应得到的锌纳米线的 X 射线粉末衍射图谱具有典型的六方晶系单质锌的结构图谱。

4）碳化硅纳米线

球磨法制备碳化硅纳米线是以碳纳米管为模板，将一氧化硅粉末与酞菁铁粉末以 1∶1 质量比混合，氮气氛围常温球磨 100 h。将球磨后的样品进行程序化煅烧，即先在 1000℃煅烧 0.5 h，之后升温到 1200℃煅烧 1 h。煅烧时，放硅片入马弗炉用来收集碳纳米管和碳化硅纳米线。在煅烧的第一阶段，即 1000℃时，可形成直径 15 nm 的多壁碳纳米管。随后，温度升高到 1200℃，形成直径 40 nm 的碳化硅纳米线，并且许多是以线束形式存在。此方法合成碳化硅纳米线整根具有均匀的直径，并且没有催化纳米粒子存在[72-75]。如图 4.10 所示，高分辨照片显示所制得的碳化硅纳米线为无定形的 SiO_x 层包裹着 SiC 单晶的核心（约 15 nm）。图中插图为透射电子显微照片的快速傅里叶转化得到的衍射花样，显示碳化硅纳米线是沿着〈111〉方向生长，并且垂直于线的轴向分布着一些重叠的断层和孪晶。本方法的生长机理在于气相一氧化硅和碳纳米管的替换反应。1000℃时，酞菁铁通过气-液-固模式热解并在基底上形成碳纳米管，而在 1200℃时，一氧化硅开始溶解蒸发，气相一氧化硅落在基底上形成的碳纳米管上。在这样高的温度下，一氧化硅与碳发生反应生成碳化硅和二氧化碳，最终碳纳米管完全转化成碳化硅。而当所有的碳都反应完后，一氧化硅即在已生成的碳化硅表面包裹上一层氧化硅层。而将没有经过球磨过的粉末进行煅烧，仅生成竹节形的碳纳米管，并且终产物为亚稳态的一氧化硅-碳纳米线。

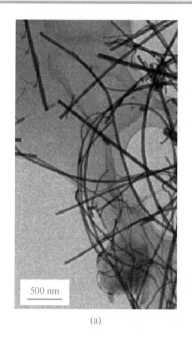 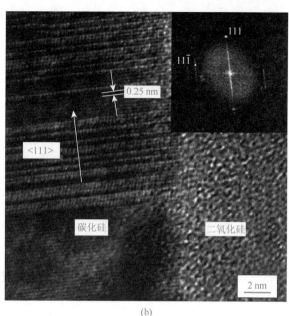

图 4.10　（a）透射电子显微照片显示纳米线端口无金属纳米颗粒存在；（b）晶格图像显示 SiC 单晶的核心外包裹着无定形的 SiO_x 层，插图显示纳米线是沿着〈111〉方向生长[15]

3. 二维纳米材料

　　二维纳米材料因其独特的物理化学性质，近年来一直是前沿研究的热点[76, 77]。这一小节主要讨论石墨烯这种常见的并被广泛研究的二维材料的球磨合成法。

　　机械法制备石墨烯纳米片是公认有效的剥离石墨烯片的方法，其中球磨剥离法因其独有的特点而受到关注。球磨法剥离石墨烯纳米片的作用机理如图 4.11 所示，在球磨过程中，两种力对剥离效果产生影响。第一种是剪切力。剪切力对于纳米片的剥离作用非常显著，这种作用方式有助于生产大片石墨烯片。第二种是冲击力，大片的石墨烯被碰撞冲击成小片，有时甚至破坏石墨烯的原有晶体结构。所以在探索合适的球磨条件时，应尽量规避第二种效果而增加第一种效果。

　　球磨法剥离石墨烯片主要分为湿磨和干磨。一开始湿法球磨仅仅被用来减小石墨的尺寸，却意外地发现能够得到厚度可以达到 10 nm 的石墨片。但这依然离成功制备石墨烯片还有差距，直到 2010 年，基于超声的液相剥离方法被发现，再到 Knieke 等调控球磨条件成功制备出石墨烯纳米片[78]，球磨法剥离石墨烯纳米片才开始兴起。将石墨分散在"良好"的溶剂中，如 N, N-二甲基丙酰胺等，此溶剂需提供足够的表面能来克服石墨烯片之间的范德瓦尔斯力。Zhao 等使用行星式球磨湿法成功制得质量不错的石墨烯纳米片[76]，他们在低转速（约 300 r/min）下球磨约

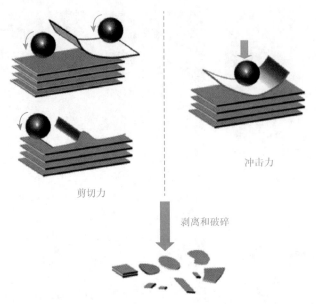

图 4.11 球磨法剥离石墨烯纳米片的作用机理[77]

30 h，以此保证剪切应力成为作用在石墨原料上的主要影响因素。除了一些有机溶剂外，水溶性的表面活性剂水溶液，如十二烷基硫酸钠溶液也可以作为湿法球磨的溶剂介质来用。但是上述方法所得剥离程度较低，随后仍需要超声才能满足使用要求。Aparna 等为了解决这个问题[79]，将球磨与强剥离剂相结合，他们将石墨粉末原料与 1-芘羧酸和甲醇混合，发现比单独使用 N, N-二甲基丙酰胺效果好很多。与此相似的，Rio-Castillo 等使用三聚氰胺作为石墨插层剂[80]，并加入少量溶剂即可显著提高插层和剥离效率，随后他们用这种方法成功将碳纳米纤维剥离成单层石墨烯。

干法剥离也已经成功用于石墨烯纳米片的球磨制备。此法将石墨粉末原料与化学惰性的水溶性无机盐共混球磨，这样就容易造成石墨片层之间的偏移，随后对球磨产物进行水洗或超声处理，即可得到石墨烯纳米片粉末。干磨法可将功能化与剥离一起实现。例如，Lin 等通过球磨化学修饰的石墨与硫[81]，得到石墨烯/硫复合物，其中硫分子固定在石墨烯片上。

总而言之，通过球磨技术宏量制备石墨烯纳米片展现出良好的研究前景，球磨法可以有效地修饰、剥离石墨烯纳米片。但是，球磨会减小石墨烯片的大小，而且球磨过程中冲击效果造成的石墨烯片的缺陷暂时无法完全避免。因此，是否选择球磨法制备石墨烯纳米片应根据实际应用对于石墨烯片的质量要求而定。

总而言之，经过几十年的发展，球磨法已经不断地得到延伸和拓展。相对于后来发展的种种材料合成方法而言，球磨法是比较经典的材料合成方法。但是，如果充分发挥该法的优势，利用其来制备低维功能纳米材料仍然是一种有效的手段。

4.2　熔　盐　法

4.2.1　熔盐法概论

1. 溶液法和熔盐法区别

从化学的角度来看，材料合成是在气态、液态或固态环境中进行化学转化的结果。在溶液中进行的湿化学合成法被广泛应用，因为它们可以提供最佳的反应可控性、有效的可逆动力学，是一种制备具有金属键、离子键或共价键等各种各样无机纳米材料的简单方法。与此相比，固态合成法在动力学上则很受限制，并且大多数的固相反应系统需要通过高温来达到热动力学稳定状态，这种状态往往持续很长时间。因此，固相反应面临的主要困难是在合成中间体时如何实现其动力学的稳定性[82]，这对所有纳米材料都是如此，尤其是对低维纳米材料更是如此。

然而，溶液化学通常只能提供 200℃的高温环境，即便是利用高沸点的溶剂或者溶剂热过程，也只能达到 350~400℃。如果温度再高，大部分的溶剂就会发生分解或者转变为超临界状态。这种方法并不适用于所有化合物的合成，特别是具有强共价键合的化合物。金属键或离子键的材料通常在温和的溶剂条件下容易结晶；而强共价键合的化合物在温和的温度下只能合成无序或者低结晶度的材料。从这方面来讲，我们需要能在高温下操作且不挥发的溶剂体系，以便在高温下开发可持续的化学合成。

溶液化学方法当然并不局限于有机溶剂和水。事实上，不同类型的"助熔剂"，包括低熔点金属和盐，已经被广泛地用于合成单晶或多晶的金属或者非金属粉末材料[83]。固态反应通常受到反应物扩散速率的严重制约。与此相比，助熔剂法降低了反应的温度，同时在液态下通过对流和扩散能够实现更快的质量转移和运输。对于那些基于溶剂的合成路线来说，溶剂化是至关重要的一步，但分子溶剂很难将许多无机物溶剂化，如金属和氧化物等。但是，在高温和强极化力的作用下，溶剂相互作用使金属键、离子键和共价键的打开成为可能，而这种强极化力则可由电离阳离子和阴离子池即熔融盐来提供。另外，由于多数盐类本质上是水溶性的，熔盐合成法具有容易分离产物的优点。实际上，熔盐法无论是在科学研究中还是在工业中都具有悠久的历史。它们常被用作各种有机和无机反应的媒介[84]，也用作晶体生长的助熔剂。多种熔盐系统已经被广泛地用作电池的高温液体电解质[85]，也被用于熔炼金属的电解反应[86]。

本节将主要介绍熔盐法制备纳米材料的研究进展。我们将从介绍熔盐法的基本物理化学原理和一些简单的熔盐系统开始，然后介绍熔盐法制备的纳米材料，包括氧化物、非氧化物、半导体、共价框架和碳纳米材料等，并详细举例讨论。本节也将着重介绍如何利用熔盐法实现对纳米材料和纳米结构的可控制备。最后是对熔盐法制备纳米材料的展望。

2. 熔盐法的物理化学过程

盐熔融过程中伴随着大量的物理和化学反应，本节将讨论熔盐法的基本特性，包括操作温度、溶解度和其他因素等。

1）熔盐法的操作温度

熔盐法的操作温度首先必须高于所用盐的熔点（T_m），混合盐的熔点可以从含有盐热力学相图的数据库中获得。为了拓宽熔盐体系的温度范围，经常采用具有低共熔特性的盐体系。表 4.1 列出了几种典型的金属卤化物以及氢氧化物和含氧熔盐体系[87]，这几种熔盐体系的温度可以低至 100℃左右。熔盐体系操作温度除了沸点以外还取决于很多其他因素[87]：①分解温度：盐类的分解温度往往比其沸点低得多；②蒸气压：蒸气压决定了熔盐体系的挥发损失速率。许多离子键和共价键混合的熔盐体系具有相对较高的蒸气压。这类盐包括金属卤化物、金属碘化物和一些过渡金属的卤化物（如 $BaCl_2$、CsI 和 $ZnCl_2$ 等），尽量避免在高出其熔点很多的温度下使用，除非反应在密闭环境下进行。

表 4.1 常见金属卤化物、氢氧化物和含氧熔盐体系的熔点和组成[88]

熔盐体系	组分	组成（摩尔分数）/%	低共熔点/℃
金属卤化物	LiCl/KCl	59/41[a]	352
	NaCl/KCl	50/50	658
	$AlCl_3$/NaCl	50/50	154
	KCl/$ZnCl_2$	48/52	228
	LiF/NaF/KF	46.5/11.5/42[a]	459
	LiI/KI	63/37[a]	286
含氧熔盐	NaOH/KOH	51/49[a]	170
	$LiNO_3$/KNO_3	43/57[a]	132
	Li_2SO_4/K_2SO_4	71.6/28.4[a]	535
	Li_2CO_3/K_2CO_3	50/50	503

a. 共熔盐组分

2）溶解度

溶解度决定了熔盐体系能容纳反应前驱体的物质的量，因而也会影响反应速率。在高温环境下，熔融盐是金属、中性化合物和气体的最佳溶剂。对一个只存在范德瓦尔斯力相互作用的体系来说，溶解度决定了在熔融转化过程中能形成自由体积的大小。事实上，化学作用经常占主导地位，如与金属离子的配位作用和酸碱相互作用等[89]。

大多数的金属能溶于相应的卤化物，在高于某一个特定温度后，金属-卤化物盐则会完全互溶。金属溶解度的大小取决于多种因素，主要包括原子尺寸和电负性等。对同一主族的金属和其卤化物熔盐体系来说，金属的溶解度随着原子质量的增加而增加。例如，在 1000℃高温下，Mg 在 $MgCl_2$ 中的溶解度只有 1.1%（摩尔分数），而 Ca 和 Sr 的溶解度分别增加到 16%（摩尔分数）和 25%（摩尔分数）[89]。对一些金属而言，其溶解度也与其价电子有关，这与高氧化态的金属盐往往具有更高的溶解度现象一致。不同金属-金属卤化物体系的结构也大不相同，如 $Ba/BaCl_2$ 体系，熔融金属会以很小的液滴存在于熔盐中，形成稳定的胶体。对其他体系而言，金属被认为在熔盐中电离成金属离子或者聚离子和自由电子，稀土-卤化物熔融体系的电导率测试可以证明这一观点[90]。随着金属含量的逐渐减少，熔盐体系会逐步发生由离域电子态到局域电子态的转变过程[90]。

许多金属复合物也能溶于高温熔盐中，大量热动力学数据可以通过网络和工具书获得，并可以利用软硬酸碱理论（hard and soft acids and bases，HSAB）来简单预测物质的溶解度。软硬酸碱理论中的相互作用可以简单描述为"硬的、非极化的盐更适合溶解硬盐；软的、极化的盐更适合溶解软盐"[91]。盐一般来说都是高度极化的媒介，因此更适合溶解高度极化的溶质。例如，MgO 很难溶解于二元或三元氯化物体系中（<0.05%），因为 MgO 是典型的硬盐，相对比的，较软的 CaO 在 $CaCl_2$ 中溶解度要高于 15%。强共价氧化物如 SiO_2 很难溶解于金属氯化物中，金属氟化物被认为是最好的溶剂，因为 F^- 是强亲核的。事实上，金属氟化物很容易溶解 SiO_2，而氯化物和溴化物则不能溶解[89]。

3）其他因素

熔融盐如果只用作溶剂，那么熔盐应该不能直接参与反应，这种情况下，具有更宽电化学窗口的化学惰性体系如碱金属氯化物，经常被用来合成金属和非金属纳米材料。一般很少使用硼酸盐[92]、磷酸盐[93]和硅酸盐[94]，因为这些共价的阴离子基团通常会形成高黏度液体，它们很容易与反应物形成玻璃相。

对熔盐合成来说，产物从熔盐体系中的分离是至关重要的，通常利用水洗来进行分离。但是少量的盐仍然会残留在产物里，这不仅与盐在水中的溶解度有关，还和盐与产物内在的相互作用有关，这种相互作用还会导致固溶体的产生。溶剂和产物的强相互作用是熔盐合成最主要的缺点，这就需要仔细考虑对所得产物质量的控制问题。

3. 常用的熔盐体系

1）金属氯化物体系

根据盐的化学特性，常用的熔盐体系可以粗略地分为惰性体系（如金属氯化物等）和反应体系（如氧化物等）。为了降低熔点，通常利用两种或更多种的盐混合物来实现更宽的可操作温度范围。需要指出的是，这里的"惰性"是指大的电化学操作窗口。例如，碱或碱土金属卤化物体系在强氧化性或强还原性反应物存在时能保持稳定，尤其是氟化物和氯化物体系[95]。

2）含氧盐体系

对于氧化物的合成来说，含氧盐体系如金属硝酸盐和硫酸盐是更好的选择。与其他氧化物熔盐类似，氢氧化物熔融成可迁移的金属阳离子（M^{x+}）和阴离子（OH^-），而且它是制备氧化物陶瓷材料的良好溶剂和反应媒介。类比于水的质子传递作用，鲁克斯-佛罗德（Lux-Flood，L-F）类型的熔融氧化物的酸碱平衡可以通过如下反应来确定[96]：

$$含氧碱 \rightleftharpoons 含氧酸 + O^{2-}$$

氧离子 O^{2-} 是最简单的碱，类比于 pH 的表达方式，熔盐的碱度可以表示为

$$pO^{2-} = -\lg m(O^{2-})$$

pO^{2-}的量级决定了熔盐中的反应。例如，在适中的 pO^{2-}下，TiO_2 进行如下的沉淀反应：

$$Ti^{4+} + 2O^{2-} \longrightarrow TiO_2$$

随着碱度的增加（pO^{2-}降低），TiO_2 沉淀又会被溶解成钛酸盐阴离子：

$$TiO_2 + O^{2-} \longrightarrow TiO_3^{2-}$$

熔融的氢氧化物、硝酸盐和硫酸盐都可认为是碱，它们都具有氧化作用，因为它们在大多数情况下都可以提供氧离子 O^{2-}。

3）其他体系

除了金属卤化物和氧化物体系，其他离子类型的无机复合物也经常被用作材料合成的助熔剂。例如，金属硫族化合物体系经常被用于合成复杂的过渡金属复合物。在这种情况下，助熔剂的作用非常复杂，它不仅提供硫族原子，还为最终产物提供了组成部分。另外，硫族盐在产物晶体结构和质量调控方面还起到了非常微妙的作用。

尽管利用高氧化性的阴离子如氯酸盐[97]等进行合成鲜有报道，但也可用于实现特殊的效果。例如，将特定的元素稳定在高氧化态。但是，这种高氧化性盐在使用过程中具有很高的爆炸风险，因此在大量使用前需进行仔细的安全评估。

盐的熔化可以包含一种或多种类型的阴离子，从这点来说，熔融盐的特点可

以被精确调控。实际上，这种方法经常被用于从含有强氧化物和碳酸根离子的熔盐中制备氧化物[98]。这种方法的目的是调控酸碱平衡，以利于金属朝着目标产物沉淀的方向进行反应。

4. 经济和安全因素

上述所提到的盐大多数是常用盐并且不包含贵金属，但是在进行大规模制备的时候，盐的成本仍然会成为一个主要的制约因素。因此，价格低廉的盐类如 NaCl 和 KCl 是最优先推荐的体系，而 Li 盐成本也较高，只能适用于制备高附加值的产物[99]。在这种情况下，开发一种盐的循环利用方法是非常重要的，并且从经济上来说也是必需的。

至于安全问题，众所周知，碱金属离子和卤离子（除了 F$^-$）都是无毒的，与皮肤直接接触也不会对人体造成伤害。但在操作金属氟化物时，一定要极其小心避免皮肤接触，因为氟离子会对人体组织造成非常严重的损害。酸性盐如 AlCl$_3$ 和碱如 KOH 都是强烈的腐蚀性物质，因此使用过程中也需要避免直接接触。此外，BaCl$_2$ 这类重金属盐也应该小心操作，因为 BaCl$_2$ 会对人体产生明显的损害。熔融态的盐也会有危险，不仅是因为高温，还有熔盐产生的有毒气体如 NO$_2$ 和 SO$_2$ 等，因此，熔盐反应须在通风橱中进行。在开始利用熔盐法制备特定产物之前，每一步操作中可能存在的安全隐患需要彻底地评估，有时化学试剂或者反应容器吸收的水分都可能导致灾难性的后果。

4.2.2　熔盐法制备氧化物陶瓷纳米材料

对氧化物的合成来说，如氢氧化物、硝酸盐、硫酸盐和碳酸盐等都是比较好的选择。大多数情况下，氧化物可以通过更简单的方法合成，如水热或常规的溶胶凝胶法。然而，使用熔盐法有助于获得更好的结晶度，并有助于实现产品的特殊性质。自 20 世纪 70 年代以来，在不同的熔盐体系下，已经实现了从简单二元氧化物到复杂的多孔框架材料等多种类型的氧化物材料的合成[100, 101]。不同材料的熔盐合成可能在不同的体系之间有所不同，但一般来说都是从前驱体的分解开始，或者是 Lux-Flood 酸碱反应。我们将从最简单的二元氧化物开始详细地介绍。

不同的熔盐体系作为反应介质，已经被广泛用于合成微米级或低维度纳米结构的主族金属氧化物如 Al 和过渡金属氧化物等。由于已报道的熔盐体系在盐的种类、前驱体和合成方法方面都有所不同，因此我们将对选定的简单金属氧化物进行介绍，之后重点讲述熔盐反应的机理和一般法则。

1. α-Al$_2$O$_3$

α-Al$_2$O$_3$ 是一种三方晶系的耐火材料，目前已经在含氧熔盐如典型的 Lux-Flood

酸碱中制备，如硝酸盐和亚硝酸盐以及碳酸盐、硫酸盐和化学惰性氯化物[102]。从碱性的 Al 盐中沉淀制备 Al_2O_3 的过程是一个典型的 Lux-Flood 酸碱反应。例如，在碱金属硝酸盐中由硫酸盐制备 Al_2O_3 通过以下方式进行[103]：

$$Al_2(SO_4)_3 + 6NO_3^- \longrightarrow Al_2O_3 + 3SO_4^{2-} + 6NO_2 + \frac{3}{2}O_2$$

研究发现通过添加更强的 Lux-Flood 碱，如 Na_2O_2 或 Na_2CO_3，可以降低反应温度，因为它们可以在较低温度的熔盐中提供氧离子（O^{2-}），所以可以加快 Al^{3+} 和 O^{2-} 的反应来制备 Al_2O_3。Al_2O_3 也可以通过 $AlCl_3$ 在硝酸盐中进行类似的反应来制备。在惰性熔盐体系如金属硫酸盐和氯化物中制备 Al_2O_3 已经可以利用 $Al(OH)_3$ 作前驱体来实现。研究发现，与其他 Al 盐前驱体类似，$Al(OH)_3$ 在熔盐体系中释放 H_2O 从而形成结晶 Al_2O_3。

在不同的报道中，因为受到很多参数的影响，合成的 $\alpha\text{-}Al_2O_3$ 的形貌各不相同。由于 Al—O 键具有非常强的共价键特性，高品质的 Al_2O_3 晶体需要很高的结晶温度。从透射电子显微照片来看，在中等温度条件下用亚硝酸盐制备的 Al_2O_3 的粉末是由 5 nm 的纳米晶体团簇组成，而这反映了 Al_2O_3 的迟缓的结晶动力学和强共价性的特点［图 4.12（a）］。

（a）

（b）

图 4.12　不同的熔盐体系下制备的 $\alpha\text{-}Al_2O_3$ 颗粒形貌[104]

（a）在 450℃熔融 $NaNO_2/KNO_2$ 中由 $Al_2(SO_4)_3$ 得到的 Al_2O_3 的典型 TEM 图像；（b）由 $Al_2(SO_4)_3$ 晶种在 1200℃ 的 Na_2SO_4 中得到的 Al_2O_3 片的扫描电子显微照片

正如不同的研究人员所观察到的，具有特定形态的 $\alpha\text{-}Al_2O_3$ 可以在高温熔盐下获得，而与所用的熔盐体系类型无关。Jin 和 Gao[104]在超过 1200℃ 的熔盐环境下利用 Na_2SO_4 合成了亚微米尺寸的 $\alpha\text{-}Al_2O_3$ 片，并通过加入 $\alpha\text{-}Al_2O_3$ 纳米颗粒（NP）

作为种子来控制片的大小，其数量也决定了其成核位点的数量 [图 4.12（b）]。其他研究人员在不同的熔盐体系中用不同的前驱体也观察到类似的六边形片状 Al_2O_3 产物，这意味着这种形态可能与 α-Al_2O_3 晶体的本征结构和暴露晶面的 Wulff 规则有关[105]。

2. SnO_2

其他主族金属氧化物如 MgO 可以用类似的方法在硫酸盐或氯化盐的熔盐体系中制备，但是利用熔盐法制备氧化锡的方式则完全不同，因为氧化锡在化学性质上相比于氧化铝和氧化镁更显酸性。具有四方金红石晶体结构的 SnO_2 是一种重要的主族氧化物，可用作电极和气体传感器材料。SnO_2 可以通过在硝酸盐熔盐中用 $SnCl_2$ 制备，其中 SnO_2 通过如下反应在 300℃下沉淀生成[106]：

$$SnCl_2 + 2NO_3^- \longrightarrow SnO_2 + 2Cl^- + 2NO_2$$

当存在较强的 Lux-Flood 碱如亚硝酸盐的情况下，此反应加快，因此沉淀的温度可以降低。相反，向熔盐体系中加入氯化物或溴化物来稳定前驱体则会因为氧离子被稀释降低反应速率。制备的 SnO_2 可以具有不同的形态，这取决于盐的类型和其他合成条件。例如，Guo 等[107]利用含有 H_2O_2 的 $LiNO_3$-$LiOH$ 的混合熔盐体系，300℃下合成了由 5 nm 的小晶粒聚集而成的 SnO_2 纳米晶体 [图 4.13（a）]。通过在 320℃下乙酸钾（CH_3COOK）的熔盐中加热邻二氮杂菲包覆的 Sn 纳米颗粒，可以得到由小晶体组成的 SnO_2 纳米晶须（<10 nm）[108]。通过在 NaCl-KCl 的混合熔盐体系中加热相同的前驱体到 800℃，所制备 SnO_2 的结晶度可以大幅度提高，得到高结晶度的直径为 15 nm 的纳米棒，这种纳米棒可用作锂离子电池阳极材料并且表现出 1100 mAh/g 的比容量。SnO_2 的单晶纳米棒也通过 800℃以上的 NaCl 熔盐中分解表面活性剂包覆的 SnC_2O_4 来获得 [图 4.13（b）][109]。研究人员发现，有机表面活性剂对于形成棒状晶体是至关重要的。

通过熔盐合成法，也有可能实现 SnO_2 纳米晶体的晶面调控。Wang 等在碱性的有机盐实验中发现，通过调节有机盐的添加量，所得的 SnO_2 纳米晶会发生从低能面到高能面的转化。在理想条件下，可以获得纯 SnO_2 八面体，其表现出显著增强的催化活性和 CO 氧化的选择性 [图 4.13（c）、（d）][110]。

3. TiO_2

作为在晶体结构和化学特性方面都与 SnO_2 类似的过渡金属，TiO_2 也能利用熔盐合成法制备。在熔融硝酸盐中，TiO_2 不能从 $TiCl_4$ 中沉淀出来，因为 $TiCl_4$ 会与硝酸根阴离子形成$(NO)_2TiCl_6$，后者会在 200℃下升华[111]。锐钛矿结构的 TiO_2 可以从 K_2TiF_6 与硝酸盐的反应得到：

图 4.13　熔盐合成法制备的 SnO_2 纳米结构[110]

（a）在 300℃的 LiOH 中由 $SnCl_2$ 得到的 SnO_2 纳米颗粒的 TEM 照片；（b）在 810℃的 NaCl 中由 SnC_2O_4 得到的 SnO_2 纳米线的 TEM 照片；（c）由 $SnCl_4$ 在四甲基氢氧化铵中合成的 SnO_2 八面体的 SEM 照片；（d）由 $SnCl_4$ 在四甲基氢氧化铵中合成的 SnO_2 八面体的 TEM 照片

$$K_2TiF_6 + 4NO_3^- \longrightarrow TiO_2 + 4NO_2 + O_2 + 2K^+ + 6F^-$$

以类似的方式，通过添加碱性氧化物（如 Na_2O_2）来增加熔盐体系的碱度可促进沉淀，并能在较低温度下形成 TiO_2。锐钛矿结构的 TiO_2 也可以用 $TiOCl_2$ 在硝酸铵熔盐中在 400～500℃下制备，反应如下[112]：

$$TiO^{2+} + 2NO_3^- \longrightarrow TiO_2 + 2NO_2 + \frac{1}{2}O_2$$

Afanasiev 等合成了 10～30 nm 的多孔 TiO_2 结构晶体[112]。他们还发现，合成过程中含氮稳定剂（尿素、三聚氰胺和草酸铵）的存在可影响 TiO_2 形态的演变以及所得产物的光催化性能 [图 4.14（a）、（b）]。在另一报道中，利用氢氧化钛作为前驱体，使用 NaCl 和 $Na_2HPO_4 \cdot 2H_2O$ 的混合物作为熔盐介质也能制备 TiO_2 纳米晶体[113]。研究发现，没有盐存在下制备的 TiO_2 颗粒呈密集的堆积形貌，而用熔盐方法制备的 TiO_2 呈分散的细颗粒。更重要的是，温度对晶体结构以及 TiO_2 的形态都有重要的影响。在低于所用盐的低共熔点的温度下（725℃）可以制得小部分的锐钛矿颗粒和纳米棒；在高于低共熔点的温度下，得到的产物是具有棒状结构的纯金红石相 [图 4.14（c）、（d）]。

图 4.14　熔盐法制备的 TiO_2 纳米晶的结构[113]

$TiOCl_2$ 在 NH_4NO_3 中得到 TiO_2 的 TEM 照片：（a）没有添加剂；（b）有$(NH_4)_2C_2O_4$的存在。熔融 NaCl 和 NaH_2PO_4 中，由 $TiCl_4$ 分别在 725℃（c）得到的纳米晶和 825℃（d）得到的 TiO_2 纳米棒的 SEM 照片

4. ZnO

除了 d^2 金属 Ti 之外，熔盐法也经常被用于过渡金属氧化物的合成。让人最感兴趣的是 d^{10} 金属 Zn 的氧化物，它是一种具有许多潜在应用的宽带隙半导体材

料。在 ZnO 的几种结构中,纤锌矿结构是最稳定的。它可以用 Lux-Flood 酸性前驱体如硫酸盐或氯化物在硝酸盐熔体中 200℃下通过以下反应沉淀得到:

$$Zn^{2+} + 2NO_3^- \longrightarrow ZnO + 2NO_2 + \frac{1}{2}O_2$$

与之前所述实例类似,通过添加氧离子供体(如 Na_2O_2)来提高熔盐的碱度,沉淀反应可以在更低的温度下发生。由于合成方法具有很高的相似性,熔盐法制备 ZnO 也被进一步探索在纳米尺度上控制其微观结构。例如,Afanasiev 等研究了在 KNO_3/KCl 熔体中 500℃下的 ZnO 的纳米结构演化,可以得到六角空心管结构,这是由中间态的 ZnO 纳米团簇的取向沉积和克肯达尔效应形成的[图 4.15 (a)～(d)][114]。这种方法可以制备不同结构的 ZnO,包括片状和长度可控的管状结构。Jiang 等在熔融 LiCl 中合成的 ZnO 纳米线具有独特的〈102〉和〈100〉生长方向[图 4.15 (e)、(f)][115]。研究人员认为,这种反常现象是 Li^+ 和 Cl^- 与〈101〉和〈001〉的极化晶面相互作用的结果,这种相互作用会降低晶面能量。此外,研究人员还发现在 $LiNO_3$ 熔盐中得到的 ZnO 纳米晶能暴露所有的极性表面,这可能是

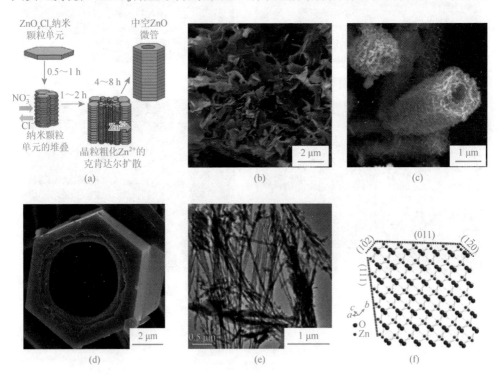

图 4.15　熔盐合成法制备的 ZnO 纳米结构[114]

(a)熔盐中 ZnO 中空纳米管的生长示意图;(b)～(d)在熔融 KNO_3/KCl 中经过 0.5 h、2 h、8 h 得到的 ZnO 纳米结构的 SEM 图像;(e)$Zn(Ac)_2$ 在 615℃的 LiCl 中分解得到的 ZnO 纳米带的 TEM 图像;(f)沿[1, 0, –1.7]方向观察纤锌矿 ZnO 的纳米线外层晶面结构

熔盐与 ZnO 表面原子之间强烈的静电相互作用，使极性表面的表面能降低导致的，并有可能存在悬键。

5. 其他简单氧化物

3d 轨道部分填充的过渡金属（如 Fe 和 V）氧化物被广泛应用于催化剂、磁铁和能量储存等领域，较重的过渡金属氧化物也具有类似的应用。原则上只要我们找到合适的熔盐体系和前驱体的组合，所有这些氧化物都可以通过熔盐法来制备。在表 4.2 中，列出了一系列利用熔盐法合成过渡金属氧化物的实例及其制备条件。在这些实例中，熔盐法合成的纳米颗粒或结构具有完全不同的特征。Kerridge 等[116]采用热重分析与 X 射线衍射（XRD）结合的方法对多种金属化合物与含氧酸盐（如硝酸盐和碳酸盐）的相互作用进行了系统研究。这些早期的研究仍然可以为今后的实验设计提供有效的指导。

表 4.2　不同熔盐体系中制备多种二元氧化物

氧化物	前驱体/盐	合成温度/℃	产物特征	参考文献
MgO	$MgSO_4$、$MgCl_2$/$NaNO_3$-KNO_3 或 $NaNO_2$-KNO_2	450～600	纳米晶，50 nm	[117]
α-Fe_2O_3	Fe_2O_3/NaCl	820	单晶菱面体	[118]
NiO	$NiSO_4$/NaCl	820	直径 1～2 μm、长 100 μm 的纤维	[119]
	Ni/$NaNO_3$-KNO_3	—	2.6～3.1 nm 的纳米晶	[120]
Co_3O_4	$Co(NO_3)_2$/$LiNO_3$	400	亚微米八面体	[121]
CuO	$CuCl_2$/NaOH-KOH	200	花状纳米结构	[122]
In_2O_3	InOOH/$LiNO_3$	300～500	<100 nm 的纳米晶	[123]
Y_2O_3	$Y(NO_3)_3$/$NaNO_3$-KNO_3	500	<100 nm 的纳米晶	[124]
CeO_2	CeO_2-$BaCO_3$/NaOH-KOH	200	纳米线	[125]
ZrO_2	$ZrOCl_2$/$NaNO_3$-KNO_3	550	纳米线	[126]
MoO_3、WO_3	Mo、W/NaCl	550	纳米片	[127]

如上述实例所示，对于大多数沉淀反应而言，金属前驱体（如硫酸盐和氯化物）可以作为 Lux-Flood 酸与碱性氧化性熔盐（如硝酸盐）反应来形成所需的不溶性氧化物。因此，在合成之前应考虑选择一个合适的 Lux-Flood 酸碱平衡，以便从其含氧熔盐中的前驱体制备氧化物。这种平衡可以通过通入氧化性/惰性气体或者通过加入氧离子供体（如 Na_2O_2）来进行调整，强碱性熔体更加有利于氧化物的沉淀。然而，这一说法并不总是正确的[100]。首先，一些高价态的酸性金属氧化物可以在碱性熔盐体系中形成金属氧酸阴离子而进一步溶解：

$$MO_x + O^{2-} \longrightarrow MO_{x+1}^{2-}$$

其次，金属氧化物也可以通过在熔盐中升高温度分解不稳定前驱体的方法来合成，用金属有机化合物（如金属草酸盐）作前驱体，就属于这种情况。在第三种情况下，熔盐有时仅提供高温液体环境，用于从非结晶的前驱体中结晶氧化物；这一过程没有发生任何化学反应，仅涉及氧化物的溶解—再结晶过程。

6. 氢氧化物

从合成的角度来看，氢氧化物（和磷酸盐）的沉淀反应与简单金属氧化物中金属阳离子与阴离子基团（如 OH^-）的反应非常类似。因此，它们也属于典型的二元系统。为了沉淀金属氢氧化物，唯一的选择是使用碱金属氧化物熔盐作为媒介和反应物。氢氧化物熔盐提供了温和的反应温度（低至 150℃），这是避免不稳定产物分解的必要条件。Hu 等提出了在封闭的聚四氟乙烯容器中，以 NaOH/KOH 熔盐体系作为媒介，在 200℃ 下利用 $La(CH_3COO)_3$ 合成 $La(OH)_3$[128]：

$$La(CH_3COO)_3 + 3OH^- \longrightarrow La(OH)_3 + 3CH_3COO^-$$

值得一提的是，反应得到的产物是厚度约为 10 nm 的均匀超长纳米带[图 4.16（a）～（d）]。这个现象表明在氢氧化物熔盐中 $La(OH)_3$ 沿着 c 轴优先生长。更重要的是，纳米带在通过高温煅烧转化成 La_2O_3 后保留了纳米带结构［图 4.16（e）、（f）］，这就给出了一种制备氧化物一维（1D）纳米结构的重要途径。由此可以预见，其他具有相似化学特性的 1D 金属氧化物也可以用类似的方法获得。

7. 钙钛矿

在过去 50 年中，熔盐法已经被广泛用于三元和多元氧化物的合成，远远多于

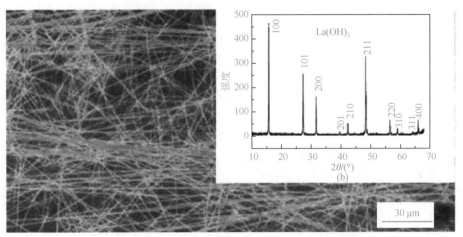

(a)

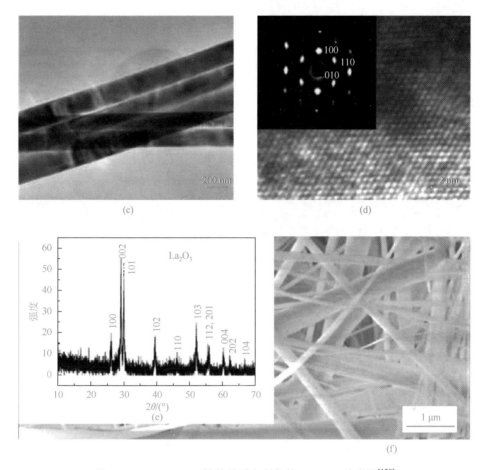

图 4.16　NaOH/KOH 熔盐体系中制备的 La(OH)$_3$ 纳米带[128]

La(Ac)$_3$ 在 200℃熔融 NaOH/KOH 中生成的 La(OH)$_3$ 纳米带的 SEM 图（a）、XRD 图（b）、TEM 图（c）和
HRTEM 图（d）；La(OH)$_3$ 在 690℃热分解得到的 La$_2$O$_3$ 纳米带的 XRD 图（e）和 SEM 图（f）

二元氧化物的体系。科学家们研究最多的三元双金属氧化物是具有钙钛矿结构的 ABO$_3$；这些氧化物在铁电、磁性、光电子和能量转换等领域具有重要的应用。实际上，人们已经在不同的盐体系中实现了这一类纳米/微晶粉末和精细纳米结构氧化物的合成。例如，BaTiO$_3$ 可以在中等温度（200℃）下由 BaCl$_2$ 和 TiO$_2$ 在熔点 165℃的 NaOH/KOH 低共熔盐中合成[129]。从产物的 X 射线衍射（XRD）图谱和扫描电子显微镜照片（SEM）可以看出，产物 BaTiO$_3$ 高度结晶，并且是由 30～40 nm 的单个纳米立方体组成 [图 4.17（a）、（b）]。在氢氧化物熔体中的反应机理如下：

$$Ba^{2+} + TiO_2 + 2OH^- \longrightarrow BaTiO_3 + H_2O$$

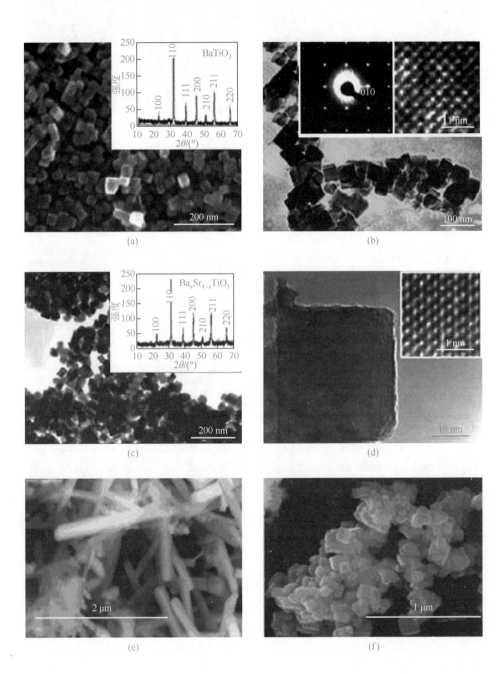

(a)   (b)

(c)   (d)

(e)   (f)

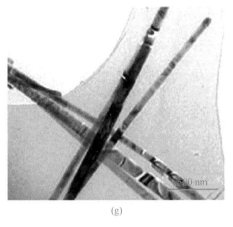
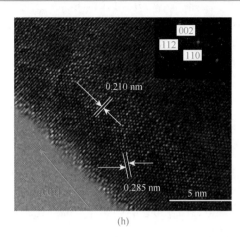

(g)　　　　　　　　　　　　　　　　(h)

图 4.17　不同熔盐体系合成的 BaTi(Sr)O₃ 纳米结构[129, 130]

（a）～（d）BaCl₂ 和 TiO₂ 在 200℃熔融 NaOH/KOH 中得到的 BaTiO₃ 纳米晶。BaTiO₃ 和 BaₓSr₁₋ₓTiO₃ 纳米晶的
SEM［(a) 和 (c)］、TEM［(b) 和 (d)］图像。(a) 和 (c) 中的插图是 XRD 图谱，(b) 和 (d) 中的插图是 HRTEM
图像。有表面活性剂的存在下，在 820℃的 NaCl 中得到的 BaTiO₃ 纳米线 (e) 和 SrTiO₃ 纳米管 (f) 的 SEM 图像。
950℃下在 NaCl/KCl 中得到的 BaTiO₃ 纳米带的 TEM (g) 和 HRTEM (h) 图像

在含有非离子型表面活性剂（壬基苯基醚）的 NaCl 熔盐中，Wong 等利用另
一种前驱体（草酸钡 BaC₂O₄）合成了钙钛矿结构的 BaTiO₃。在 825℃的反应温度
下反应可以得到 BaTiO₃ 纳米线，而对 SrTiO₃ 来说，相同条件下只能合成 SrTiO₃
纳米管。但是，它们都具有相同的立方晶体结构［图 4.17（e）、（f）］[130]。在这
样高的温度下，有机表面活性剂完全分解。实验结果表明，在低温条件下，有机
表面活性剂的存在与最终结构的形成密切有关。随后，研究人员又在高温条件下
合成了 BaₓSr₁₋ₓTiO₃ 的固溶体，产物为大量纳米颗粒（约 100 nm）堆积成的相当
不规则的聚集体，这意味着有机表面活性剂的作用不容忽视[131]。

由于采用的盐、前驱体和反应条件都不尽相同，这些因素很有可能使不同的
研究人员得到的实验结果大相径庭。在类似的熔盐体系（NaCl/KCl）中，Deng
等[132]在不使用任何表面活性剂的情况下，在 950℃下利用草酸钡和 TiO₂ 合成了
BaTiO₃ 的单晶纳米带［图 4.17（g）、（h）］。

上述实例表明，熔盐合成法可以很容易地拓展用于制备 SrTiO₃ 和 PbTiO₃ 单
晶纳米片。虽然部分研究人员报道称获得的产物是符合化学计量比的 ABO₃ 化合
物。然而，在由 Rorvik 等[133]在另一项研究中发现，在使用 NaCl 作为助熔剂的情
况下，所有的反应产物中都含有富氧化钛的化合物 BaTi₂O₅/BaTi₅O₁₁ 和 Na₂Ti₆O₁₃
物相，这说明合成过程中存在重金属（Ba、Sr 或 Pb）的损失。正如科学家们所
推测的那样，含钡前驱体和氯化物熔盐之间的反应会形成具有挥发性的重金属氯
化物。这项工作为我们提供了一个重要的例子，即前驱体的蒸发损失在一定程度
上会影响熔盐法合成产物的化学计量比。当目标化合物含有挥发性元素或者挥发

性化合物时，它们在熔体中的挥发损失就成了熔盐法中一个必要的考虑因素，尤其是对于含有重金属的体系，更容易发生成分的损失。

8. 锂电池阴极氧化物材料

在用熔盐法合成的众多三元和多元氧化物中，最具有竞争优势的是一系列用于锂离子电池阴极的氧化物陶瓷材料。这些阴极材料几乎都可以采用熔盐法合成，包括 $LiCoO_2$、$LiMn_2O_4$、$LiFePO_4$ 和 Li_xTiO_y 等。通常，这些化合物在 $LiCl$、$LiNO_3$ 或 Li_2CO_3 等含锂化合物的熔盐体系中获得，它们不仅是溶剂组分而且能提供反应所需的 Li 原子。例如，Tan 等[134]使用 $LiCl/LiNO_3$ 与硝酸钴的混合熔盐在 650℃和 750℃的温度下合成 $LiCoO_2$，最终获得尺寸为 100～500 nm 的结晶产物 [图 4.18（a）、（b）]，反应可简单表示为

$$Li^+ + Co^{2+} + 3NO_3^- \longrightarrow LiCoO_2 + 3NO_2 + \frac{1}{2}O_2$$

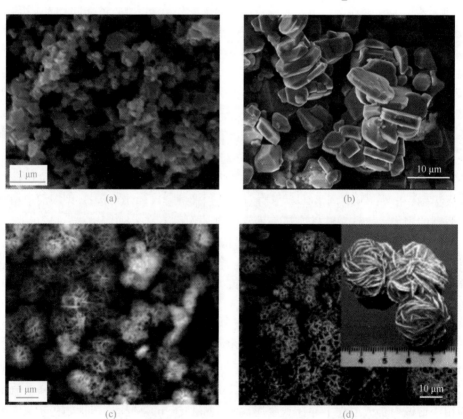

图 4.18　熔盐法制备 $LiCoO_2$ 纳米结构[134, 135]

（a）、(b) $LiCl$ 和 $Co(NO_3)_2$ 分别在 650℃和 750℃的 $LiNO_3$ 熔盐中制备的 $LiCoO_2$ 的 SEM 图像；（c）、(d) 在 200℃的氢氧化物熔盐中分别反应 24 h 和 48 h 制备的 "沙漠玫瑰" 形状的 $LiCoO_2$ 纳米结构的 SEM 图像

在强碱 KOH 的促进下，Co^{2+} 被氧化为 Co^{3+}，然后通过以下反应生成 $LiCoO_2$ 沉淀：

$$Li^+ + Co^{3+} + 4OH^- \longrightarrow LiCoO_2 + 2H_2O$$

关于产物的电化学性能，实验结果表明，在较高温度（750℃）下获得的产物为大块的晶体 [图 4.18（b）]，由于生成了非化学计量比的 $Li_{1+x}CoO_2$，因此具有较高的比容量（高达 180 mAh/g）。在另一熔盐体系（$LiCl/Li_2CO_3$）中合成 $LiCoO_2$ 的实验结果表明，在较高温度（900℃）下处理的样品，初始比容量为 150 mAh/g，并且具有更好的循环稳定性。作为对比，在 600℃ 下处理的样品，比容量仅为 50 mAh/g，并且随时间快速衰减。在较低温度（200℃）下的纯氢氧化物熔盐（CsOH、KOH 和 LiOH）中反应，可以获得具有"沙漠玫瑰"结构的 $LiCoO_2$[135]。在上述反应中，$LiCoO_2$ 发生了一个从六边形片到堆积球的微结构 [图 4.18（c）、（d）] 演化过程，揭示了溶解—氧化—沉淀的反应机理，这种微结构将有利于提高材料在高放电速率下的电化学性能。

尖晶石型 $LiMn(Ni)_2O_4$ 是一种最有开发潜力的 5 V 高电压阴极材料。在 700～900℃ 的温度下的 LiCl 和 LiOH 熔盐体系中，MnOOH 与 $Ni(OH)_2$ 反应，容易发生 $LiMn_{1.5}Ni_{0.5}O_4$ 的析出。然而，从热力学的角度来看，在该体系中，Mn_3O_4 等含 Mn 的二元氧化物也有可能析出。因此，要诱导体系沉积出所需的锂锰矿，需要精细地控制几个参数，包括反应的气氛和前驱体的比例等。最近的研究发现，产物主要由微米级的八面体尖晶石型 $LiMn_2O_4$ 粉末组成，除此之外则是典型的具有立方对称结构的晶体。结果表明，为了优化产物的电化学性能，实验中应谨慎选择反应温度。如果熔盐体系的温度过低，将不能确保所得材料循环充电-放电稳定性所需的结晶度；而过高的合成温度则会导致材料发生致密化，甚至使材料失活。在其他电极材料中也能观察到类似的温度依赖性。在另一种方法中，Chang 等[136] 首先在室温下的水溶液中沉淀得到过渡金属前驱体 TmOOH（Tm：过渡金属）的球形颗粒，然后将金属前驱体在 $LiOH/LiNO_3$ 熔盐中煅烧至 800℃，得到最终的尖晶石型化合物。结果表明，合成后前驱体的球形形态仍然保留了下来，这证明了模板在熔盐合成中具有结构控制的作用。

磷酸铁锂（$LiFePO_4$）以 3.5 V 的充放电平台、高比容量、热稳定性好、低成本和环境友好等优点，已成为最有应用前景的锂离子电池正极材料。由于它是一种四元氧化物体系，常规的固相反应很难实现对该材料相组成的控制。熔盐法是获得 $LiFePO_4$ 的一种简易且成本低廉的方法。在早期尝试中，首先在 450℃ 下烧结 Li_2CO_3、FeC_2O_4 和 $NH_4H_2PO_4$ 的原料混合物，然后将烧结粉末用作前驱体，并在 750℃ 下的 KCl 熔盐中处理，得到具有橄榄石结构的 $LiFePO_4$ 产物，产物为球形并接近理论比容量（130.3 mAh/g）[137]。另一项研究显示，在 KCl 熔盐中的处理不仅有利于晶体的快速生长，而且增加了产物结构的振实密度，这都有利于提高材料的电化学性能[138]。

除了上述常见几种，材料学家正在积极开发具有更好性能的新型锂离子电池阴极氧化物陶瓷材料，如 $Li_4Ti_5O_{12}$[139]和 Li_2FeSiO_4[140]。从合成的角度来看，熔盐法是一种合成这类材料最有效的途径。

9. 二维氧化物/氢氧化物材料

二维材料由于具有奇特的电子性质和丰富的活性位点，因此在各个领域都具有很大的应用前景。开发二维材料的通用合成方法并将其从实验室推广到工业生产中具有重要意义，工业生产方法的要求是低成本、快速和高效。

最近，Zhou 等[141]发现，通过熔盐法可以实现高产率合成二维金属氧化物和氢氧化物。他们将反应前驱体与低成本的熔融盐混合 1 min，然后通过简单的水洗，就能以高产率得到二维材料。研究人员研究了不同阳离子插层的氧化锰和氧化钨二维材料的制备，如阳离子插层锰氧化物（$Na_{0.55}Mn_2O_4 \cdot 1.5H_2O$ 和 $K_{0.27}MnO_2 \cdot 0.54H_2O$）、阳离子插层氧化钨（$Li_2WO_4$ 和 $Na_2W_4O_{13}$）（图 4.19）和阴离子插层的金属氢氧化物（$Zn_5(OH)_8(NO_3)_2 \cdot 2H_2O$ 和 $Cu_2(OH)_3NO_3$）（图 4.20）。

研究人员认为，在普通溶液中合成二维材料时，首先发生的是水合离子的去溶剂化过程，这一过程会增加活化能，限制反应速率，同时未完全去溶剂化离子

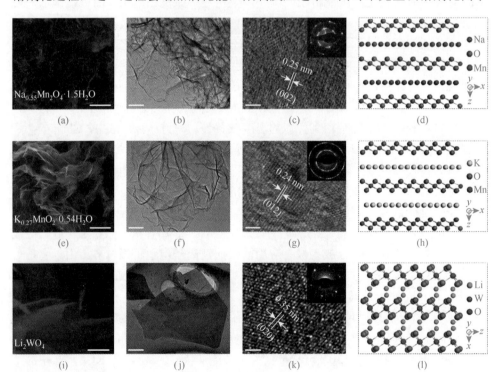

图 4.19　阳离子插层的二维氧化物纳米材料的表征[141]

（a）～（d）Na$_{0.55}$Mn$_2$O$_4$·1.5H$_2$O 的 SEM 图像、低分辨率 TEM 图像、高分辨率 TEM 图像和原子结构；（e）～（h）K$_{0.27}$MnO$_2$·0.54H$_2$O 的 SEM 图像、低分辨率 TEM 图像、高分辨率 TEM 图像和原子结构；（i）～（l）Li$_2$WO$_4$ 的 SEM 图像、低分辨率 TEM 图像、高分辨率 TEM 图像和原子结构；（m）～（p）Na$_2$W$_4$O$_{13}$ 的 SEM 图像、低分辨率 TEM 图像、高分辨率 TEM 图像和原子结构。比例尺：（a）、（e）、（i）、（m）：1 mm；（b）、（f）、（j）、（n）：200 nm；（c）、（g）、（k）、（o）：2 nm

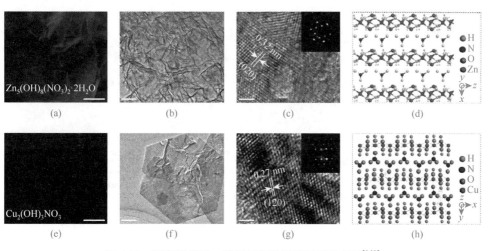

图 4.20　阴离子插层二维氢氧化物纳米材料的表征[141]

（a）～（d）二维 Zn$_5$(OH)$_8$(NO$_3$)$_2$·2H$_2$O 的 SEM 图像、低分辨率 TEM 图像、高分辨率 TEM 图像和原子结构；（e）～（h）Cu$_2$(OH)$_3$NO$_3$ 的 SEM 图像、低分辨率 TEM 图像、高分辨率 TEM 图像和原子结构。比例尺：（a）、（e）：1 mm；（b）、（f）：200 nm；（c）、（g）：2 nm

的存在也可能导致晶体变形，降低材料品质。而熔盐体系中的第一步是八面体晶核的成长；第二步是"八面体晶种"在熔融盐离子的影响下进一步组装成二维平面材料（图 4.21）。熔盐中的"裸"离子在其中起到了关键作用，可迅速形成二维平面，诱导了氧化物及氢氧化物二维结构的生长。研究还探讨了温度和离子态对产物形态的影响，发现温度对产物形貌的影响微乎其微，而离子化物质是通过加快反应速率（不需要脱水过程）来影响二维材料的尺寸。

10. 其他多元金属氧化物

半个世纪以来，熔盐合成法已经被广泛地用于合成各种三元和多元氧化物体

图 4.21　熔盐合成二维离子插层金属氧化物和氢氧化物的机理[141]

前驱体金属离子与硝酸盐或水反应先形成 MO_x 或 $M(OH)_x$（M 表示金属）分子，在 MO_x 或 $M(OH)_x$ 分子的自组装过程中，熔盐离子迅速排列在二维平面中，并最终引导二维结构的生长

系，通过熔盐法制备的氧化物家族的数量也在增加。这些氧化物中的大多数是重要的功能材料，如压电/铁电陶瓷磁体、离子导体、磷光体等。表 4.3 给出了熔盐法优于当前方法的一些实例。基于对熔盐法制备各种氧化物的体系的理解，我们能够总结出这些体系在熔盐合成法背后的普遍原理，以便于材料的综合设计。

表 4.3　熔盐法制备多组分氧化物

化学式	前驱体	熔盐体系	合成温度和产物	参考文献
$LaMO_3$；M = Al、Sc、Cr、Mn、Fe、CO、Ni、Ge 或 In	(a) MSO_4, $La(NO_3)_3$, La_2O_3； (b) 过渡金属氧化物或硝酸盐和 $La_2(CO_3)_3$； (c) 金属硝酸盐	(a) $NaNO_3/KNO_3^a$、$NaNO_2$ 和 Na_2O_2 作添加剂； (b) Li_2CO_3/Na_2CO_3； (c) $NaNO_2$ 或 $NaNO_3/KNO_3$	(a) 500~900℃，微晶或纳米晶； (b) 650℃，微晶； (c) 450~850℃，纳米晶	(a) [142]； (b) [143]； (c) [144]
$Pb(MNb_3)O_3$ M = Mg、Fe、Zn、Ni、Co	(a) 金属氧化物； (b) 金属氧化物； (c) $BaCO_3$	(a) Li_2SO_4/Na_2SO_4 或 NaCl/KCl 或 LiCl/NaCl； (b) NaCl/KCl； (c) $NaOH/KOH^a$	(a) 750~900℃，纳米晶； (b) 700~900℃，纳米晶； (c) 350~500℃	(a) [145]； (b) [146]； (c) [147]
$ReFeO_3$ Re = La、Pr、Nd	Re 氧化物，$Fe(C_2O_4)_2$	NaOH	400℃，微米立方晶体	[148]
$AeTm_{12}O_9$ Ae = Sr 或 Ba Tm = Cr 或 Fe	金属氧化物	NaCl/KCl	800~1100℃，微米或纳米晶体粉末	[149]
$Na(La)TaO_3$ 或 $Na(K)TaO_3$	(a) Na_2CO_3, Ta_2O_5； (b) Na_2CO_3, K_2CO_3, Ta_2O_5	(a) Na_2SO_4/K_2SO_4； (b) NaCl/KCl	(a) 900℃，纳米晶； (b) 100~500 nm 颗粒	(a) [150]； (b) [151]
$K_2Nb_8O_{21}$；$NaNbO_3$；$Ca(NbO_3)_2$	Nb_2O_5	KCl、NaCl 或 $CaCl_2$	800~820℃，不同长度的纳米棒	[152]
$ReTaO_4$ Re = Gd、Y、Lu	金属氧化物	LiCl、Li_2SO_4 或 Na_2SO_4	610~1200℃	[153]
$BaTmO_4$ Tm = Mo 或 W	$BaCl_2$、Na_2MoO_4、Na_2WO_4 或 $(NH_4)_6Mo_7O_{24}\cdot4H_2O$	KNO_3 或 $NaNO_3$	400~550℃，微晶	[154]

续表

化学式	前驱体	熔盐体系	合成温度和产物	参考文献
$AeTmReO_6$ $Ae = Sr$ 或 Ba $Tm = Fe$ 或 Cr	金属氧化物	NaCl/KCl	750~800℃，50 nm~1 mm 颗粒	[155]
Ca_2SiO_4 或 Ca_3SiO_5	$CaCO_3$ 和 SiO_2	NaCl	908~1140℃，微晶	[156]
$9Al_2O_3·2B_2O_3$	$Al(OH)_3$ 或 $Al_2(SO_4)_3$ 和 $B(OH)_3$	KCl 或 K_2SO_4	约 1100℃，晶须	[157]

a. 共熔盐组分

（1）这些合成中所涉及的化学原理相当简单，因为大多数情况可以通过 Lux-Flood 酸碱反应来理解。

（2）这些氧化物的合成可以在如硝酸盐、碱金属氯化物等盐中进行。因此，熔盐不仅起到了溶剂的作用，而且有时也会参与反应和提供（氧）原子。

（3）使用特殊的前驱体有时是完全不必要的，因为熔盐溶剂的溶解性在大多数情况下足够高，即使是简单的二元金属氧化物（或碳酸盐）也可以有效地控制反应。

（4）与传统的固相反应相比，在相对低熔点的液体介质中进行反应时，可以在较低的温度下获得产物。此外，类似于湿法合成，使用高温溶剂的熔盐合成法还可以通过控制反应参数来调节晶体特性、暴露晶面和微观结构。

11. 复合氧化物

由 XO_4（X 可以是 B、P 或 Si）组成的无机矿物具有显著的结构复杂性，因为这些 XO_4 四面体具有多种配位结构。长期以来，这些化合物的合成在控制复杂结构以及热力学上的亚稳态方面存在很大挑战。近几年出现的一些报道，已经显示出熔盐法在制备这些材料方面的巨大前景。

第一个例子是羟基磷灰石[HAP，$Ca_{10}(PO_4)_6(OH)_2$]，用于修复骨骼和牙齿的生物材料。由 $CaCl_2$ 和 K_2HPO_4 在水溶液中制备中间前驱体，然后在 260℃ 的 $LiNO_3$ 中生长可以得到 HAP 晶体颗粒，所得的粉末是具有不规则形状的纳米晶颗粒（30~40 nm）[158]。由于盐是极性化合物，因此吸收微波，所以在熔盐合成期间使用微波加热也可以产生 HAP 颗粒及微米级的棒。另外一项研究成果表明，在 K_2SO_4 的熔盐中，作为晶种的 HAP 纳米颗粒可以完全转化成尺寸可控的晶须 [图 4.22（a）、（b）] [159]。

莫来石是一类复合硅酸铝矿物，其晶体结构具有很强的各向异性，在合适的条件下，它总是结晶成一维晶须。Hashimoto 等[160]首先报道了在熔融 K_2SO_4 中通过 $Al_2(SO_4)_3$ 和二氧化硅制备莫来石晶须。形成莫来石的反应认为存在以下三个步骤：

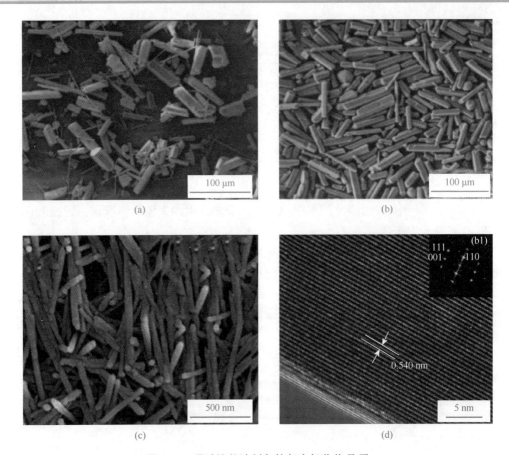

图 4.22 通过熔盐法制备的复合氧化物晶须

1300℃下在 K_2SO_4 中晶种生长得到的 HPA 晶须的 SEM 图像 [（a）和（b）][159]；在 B_2O_3 掺杂的熔盐体系中合成莫来石晶须的 SEM（c）和 HRTEM（d）图像[161]

$$Al_2(SO_4)_3 + 3K_2SO_4 \longrightarrow 2K_3Al(SO_4)_3$$

$$K_3Al(SO_4)_3 + Al_2(SO_4)_3 \longrightarrow 3KAl(SO_4)_2$$

$$2KAl(SO_4)_2 + SiO_2 \longrightarrow Al_2O_3 \cdot SiO_2 + K_2SO_4 + 3SO_3$$

在 1100℃下可以获得的产物长度为 2～5 mm，表面积为 136 m^2/g。研究发现物相组成和微观结构取决于合成温度以及前驱体的浓度。接着，Zhang 等发现从熔融 Na_2SO_4 中获得的莫来石种类非常依赖前驱体：只有无定形二氧化硅和 $Al_2(SO_4)_3$ 或无定形 Al_2O_3 反应才能得到具有晶须结构的莫来石[161]。此外，研究发现，硫酸盐中的少量 B_2O_3 可以生成直径为 30～50 nm 和长度约为 1 mm 的均一的莫来石纳米线 [图 4.22（c）和（d）]。

至于更高程度的复杂结构的合成，可以以沸石为例。沸石处于热力学亚稳态，具有由 SiO_4 和 AlO_4 单元构成的多孔骨架结构。长期以来，不同特性的人造沸石可以通过水热法、模板法等方法获得。Park 等的研究表明，通过熔融盐处理可将矿物废物（粉煤灰）转化为不同类型的沸石（图 4.23）[162]。根据不同碱（NaOH、KOH）和盐（$NaNO_3$、KNO_3、NH_4NO_3、NH_4F）的组合，得到的沸石种类可以是单相方钠石、钙霞石或者是它们的混合物。图 4.23 显示出了在 150～350℃的 $NaOH/KNO_3$ 熔盐中粉煤灰"沸石化"的相变实例。在该体系中，反应时间在 3～12 h，最佳反应温度范围为 250～350℃，在这种条件下可以达到完全转化。但是单相沸石的合成仍然不可能，产物始终是方钠石和钙霞石的混合物，而每相所占的比例与许多因素有关，如盐和前驱体的组成以及反应条件等。

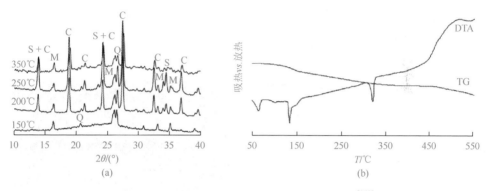

图 4.23　$NaOH/KNO_3$ 盐熔体中粉煤灰的沸石化[162]

（a）通过 XRD 检测的温度升高产生的相变，C 代表钙霞石，M 代表莫来石，Q 代表石英，S 代表方钠石；
（b）粉煤灰和盐（$NaOH/KNO_3$）混合物的 TG-DTA 图像

4.2.3　熔盐法制备非氧化合物纳米材料

氧化物通常可以基于简单的酸碱化学反应在熔盐体系中进行沉淀。然而，非氧化合物的合成则不同，因为它们具有不同的氧化还原性以及键合特性。根据它们的共价键强度可以分为两类：①化合物，如硼化物、碳化物和硅化物，其由强金属-非金属共价键构成，这些键通常需要非常高的结晶温度[163]；②硫族化合物，它们的结合能要弱得多，通常可以在较低温度下生成。

1. 硼化物

硼与过渡金属的结合能力很强，形成的金属硼化物的键通常具有很高的化学强度。从最基础的化学反应出发，在温和的熔盐条件下制备硼化物极其困难，因为硼化物通常不溶于大多数盐。为了设计一个合理的制备方案，至少需要其中一种前驱体在盐体系中可溶，这样有利于物质输运。例如，CrB 是在 650℃下高压釜中由 $CrCl_3$、钠和无定形硼溶于 $AlCl_3$ 制备而来。反应方程式如下[164]：

$$CrCl_3 + B + 3Na \longrightarrow CrB + 3NaCl$$

在上述反应中，金属钠作为还原剂生成 Cr(0)，CrB 成核并长成直径 $10\sim30$ nm 的纳米棒晶体。在 Portehault 等[165]报道的工作中，在 LiCl/KCl 的共熔体系中合成了许多过渡金属和稀土金属的硼化物纳米晶。他们用到了类似还原-硼化的方法，其中使用金属氯化物作为金属前驱体，并使用 $NaBH_4$ 作为硼源和还原剂。在熔盐体系中发生的反应可简化为

$$MCl_x + NaBH_4 \longrightarrow MB + NaCl + HCl$$

在不同的反应条件下会形成不同的纳米硼化物。图 4.24 显示了用该方法合成的纳米硼化物的两个实例。此外，熔盐法还能合成 CeB_6、MoB_4、HfB_2、FeB 和 Mn_2B 等多种硼化物，表明该方法具有广泛的可扩展性。如果不使用还原剂，也可以从氧化物前驱体出发制备硼化物，这时电子由电极提供，如在熔融氟化物中制备 CeB_6。

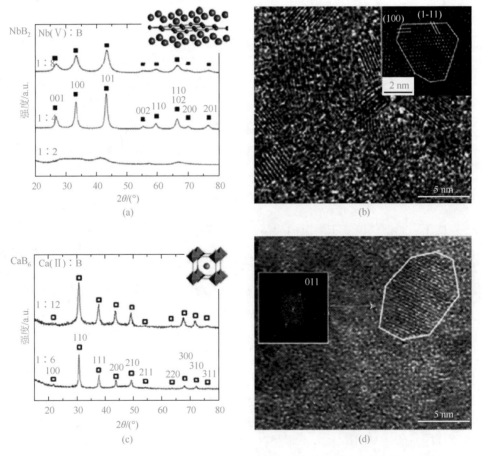

图 4.24　在 LiCl/KCl 中由金属氯化物和 $NaBH_4$ 制备金属硼化物 NbB_2 纳米晶的 XRD 图（a）和 HRTEM 图像（b）；CaB_6 纳米晶的 XRD 图（c）和 HRTEM 图像（d）[165]

2. 碳化物

类似于硼化物，各种金属碳化物也可以通过熔盐法合成，但是需要基于不同的化学反应。金属碳化物，可以直接从碳和金属在高温下合成。这种直接的方法已经用于在 1000℃ 下的 NaCl/KCl 熔盐中合成 W_2C，得到晶体尺寸为 300～500 nm 的颗粒产物。与之类似的是，在 LiCl/KCl/KF 的三元熔盐体系中，在 950℃ 下通过金属粉末与碳纳米管反应可以获得 Ti、Zr、Hf、V、Nd 和 Ta 的多晶碳化物纳米纤维（图 4.25）[166]。这些结果证实了在熔盐合成中使用结构模板的可行性，表明盐对硬模板的腐蚀非常有限。除二元体系外，从元素的粉末出发，在中等温度范围（900～1200℃）的氯化物熔盐体系也可获得三元碳化物 Cr_2AlC[167]。

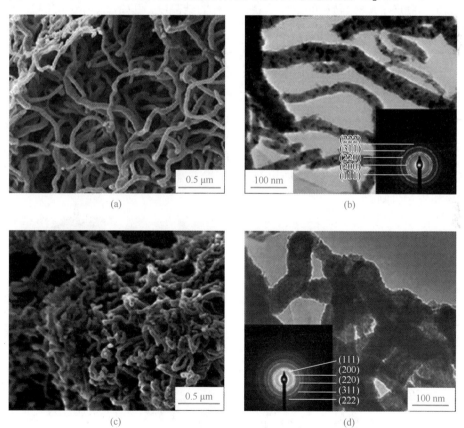

图 4.25 在 LiCl/KCl 中使用碳纳米管的模板合成的金属碳化物纳米纤维[166]

TiC［(a) 和 (b)］和 ZrC［(c) 和 (d)］纳米纤维的 SEM 和 TEM 图像

在碳的存在下，金属氧化物转化为碳化物在热力学上是可行的，可以通过碳热还原发生。在盐熔体溶剂中，反应以相同的方式发生，但是其反应动力学和产物的形态受到盐的影响很大。基于这种方法，Chen 等[168]在 1300℃下制备出了 Ti（C，N）的微米级粉末；较高的合成温度会导致产物的反氧化。在 TiO$_2$-C-NaCl 体系中，加入 Mg 并将体系加热到 2000℃以上，可以通过内部燃烧加速 TiC 的生成[169]。燃烧是 Mg 和 TiO$_2$ 快速反应的结果：

$$TiO_2 + 2Mg \longrightarrow Ti + 2MgO$$

之后，TiC 通过 Ti(0)与碳反应得到。金属碳化物在熔盐体系中的燃烧合成法可以扩展到其他碳化物的制备，如 WC。

3. 硅化物

与硼化物和碳化物相比，金属硅化物的共价键强度较弱。实际上，它们可以在低于 1000℃的较为温和的条件下获得更好的结晶度。例如，只需要 650℃，VSi$_2$ 就可以在 NaCl/MgCl$_2$ 熔盐中合成，基于如下反应[170]：

$$VCl_4 + 2Si + 4Na \longrightarrow VSi_2 + 4NaCl$$

这里，Na 同样用作强还原剂，是反应重要的一部分。所得的颗粒尺寸为 40～60 nm，并且具有抗氧化性。第二个例子，是 Mn 的硅化物即 Mn$_5$Si$_3$，可由以下反应合成[171]：

$$5MnCl_2 + 3Mg_2Si \longrightarrow Mn_5Si_3 + 5MgCl_2 + Mg$$

在反应体系中，过量的 MnCl$_2$ 既作为反应物，也用作熔盐。所得的硅化物具有纳米笼和竹状纳米管的有趣结构（图 4.26），这意味着该反应涉及中间体复杂的成核和生长机制。

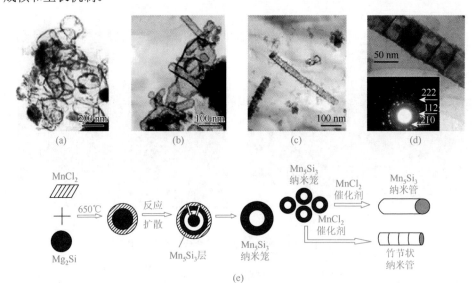

图 4.26 由 Mg$_2$Si 和 MnCl$_2$ 合成的 Mn$_5$Si$_3$ 纳米笼网 [（a）和（b）] 和纳米管 [（c）和（d）] 的 TEM 图像；（e）两种纳米管形成机理的示意图[109]

类似于前面讨论的碳化物，金属硅化物也可以通过熔盐燃烧法来合成。Manukyana 等[172]利用 MoO_3、Si 和 Mg 作为反应物，NaCl 作为盐，通过熔盐燃烧法合成了 $MoSi_2$。在这里，使用 NaCl 作为减缓燃烧的稀释剂，在调节粒径小于 1 mm 时起到非常关键的作用。

4. 硫族化合物、多硫族化合物、硫代磷酸盐及其他

含有硫族元素和氮族元素的金属化合物具有与氧化物不同的电子和晶体结构特征，因此它们具有迷人的新特性。除了众所周知的二元硫族化合物半导体（其将在下一节中介绍）之外，过渡金属的许多硫族化物是金属性导体，可用于电子和催化等领域。实际上，通过熔盐法获得简单硫族化合物是很少见的。Afanasiev 及其同事[173]在 Na_2CO_3（或 Li_2CO_3）熔盐中从金属前驱体和硫元素出发，合成了一系列硫化物。该反应条件温和（250～400℃），且能在玻璃反应器中进行可以根据盐和前驱体的类型得到不同的硫化物。例如，$CoCl_2$ 与 S 在 Na_2CO_3 熔盐中反应生成单相 CoS_2，而对于 $NiCl_2$ 在相同的反应条件下，产物则为 $Na_{0.008}NiS_2$。实验发现碱金属离子容易插入最终产物中，特别是 MoS_3；相反没有检测到氯离子的残留，这可能是由碱金属阳离子和卤阴离子的大小差异造成的。

另外，金属硫族化物表现出丰富的结构变化，因为硫族原子倾向于与多个金属原子配位。这些材料的一系列有趣的性质吸引着人们不断探索新的合成方法。通过高温如固相反应来合成这些多硫族化物是不可能的，因为多硫族阴离子是不稳定的。具有低熔点的金属（多）硫族化物是一个理想的助熔剂，同时可以作为熔盐反应的前驱体。一系列这样的化合物已经可以以单晶形式从碱金属多硫族化合物中制备得到。这些体系中的助熔剂不提供单独的硫族原子，而只能提供多族硫阴离子并在产物中作为结构单元。此外，熔盐的碱度和粉末的氧化性已经被证实是决定产品结构和相组成的重要因素，如 $KAuSe_x$。然而，从硫族化合物熔盐中开发的材料不限于硫族化物的产物。例如，据报道，$ASnPS_4$（A = K、Rb、Cs）可以在 K_2S 熔盐中进行硫代磷酸酯的合成。这些工作清楚地表明，使用新的熔盐介质（如金属硫族化物等）可以开辟新的材料合成方法，从而促进熔盐合成方法的发展。

5. 金属和合金纳米结构

熔盐法合成还可以方便地得到上述部分中不包括的一系列其他材料，如在化学惰性熔盐（如氟化物或氯化物）中合成金属材料。从化学的角度来看，通过用强还原金属如 Al 或 Mg 等来还原金属前驱体（如氧化物或卤化物）等可以轻易地实现金属材料的合成。实际上，这种方法长期用于合成金属间化合物。

通常我们认为氧化物阴离子如 NO_3^- 具有较强的氧化性，但是金属及合金也可

以在这些氧化性熔盐中合成。最近，Zhao 等[174]在含有 KOH 的 $LiNO_3$-KNO_3 熔盐中由四氨合草酸铂［$Pt(NH_3)_4C_2O_4$］合成凹陷 Pt 纳米颗粒，在低于 200℃的温度下即可得到产物，发生的反应如下：

$$Pt(NH_3)_4C_2O_4 + 4KOH \longrightarrow Pt + 4NH_3 + 2K_2CO_3 + 2H_2O$$

在相同的熔盐体系中，研究人员甚至不使用任何还原剂也能合成铂铜的纳米合金，虽然原理上铜对氧的亲和性更强。所得到的 Pt_xCu_y 合金颗粒也呈凹形轮廓，组成可以轻易调控。这些结果表明了产物的高稳定性，也意味着这些硝酸盐、氢氧化物和碳酸根阴离子氧化能力的局限性，从而意味着在其他方案中作为"惰性"溶剂的可行性。

4.2.4 熔盐法制备半导体材料

1. Ⅱ-Ⅵ族金属硫化物一维纳米线/二维纳米片

二元过渡金属硫族化合物（简称金属硫族化合物）是带隙从近紫外到远红外区域的重要半导体。作为传统湿法化学合成法的补充，熔盐法一直用于合成硫化物和碲化物等。由于金属硫族化合物在较低温度下容易结晶，所以经常采用低温的熔盐体系，而且，熔点低于 100℃的有机盐体系似乎十分合适。目前，有机盐用作溶剂，已经成功地制备了从块材到纳米结构的不同硫族化合物半导体。

此外，也可使用低熔点的无机盐作为溶剂，如硝酸盐和氢氧化物等，在不考虑它们的氧化性的情况下，无机盐也能提供用于合成金属硫族化合物的合适的温度范围。Hu 及其同事[175]通过熔盐法得到了金属硫族化合物半导体的纳米结构，他们将其称为复合氢氧化物诱导法。通过这种方法可得到硫化物（ZnS、CdS 和 Bi_2S_3）、硒化物（CdSe 和 PbSe）和碲化物（CdTe 和 HgTe）。这些材料可以使用 S（或 Se、Te）或 Na_2Ch（Ch：硫族元素）的金属盐和元素粉末作为前驱体在低于 200℃的温度下合成。他们发现金属硫族化合物可以在不使用还原剂的情况下在氢氧化物的熔盐中生成，而硒化物和碲化物通常需要还原剂，如肼。对于不同的体系，他们认为涉及的反应机理相似。在第一步中，硫族元素和氢氧根阴离子之间发生歧化反应[176]：

$$3Ch + 6OH^- \longrightarrow 2Ch^{2-} + ChO_3^{2-} + 3H_2O$$

之后，金属硫族化合物沉淀：

$$Ch^{2-} + M^{2+} \longrightarrow MCh$$

该方法得到的产物通常是棒状或线状结构，表明存在晶体的优先生长方向。图 4.27 显示了在氢氧化物的熔盐体系中合成的典型金属硫族化物纳米结构的电镜照片。

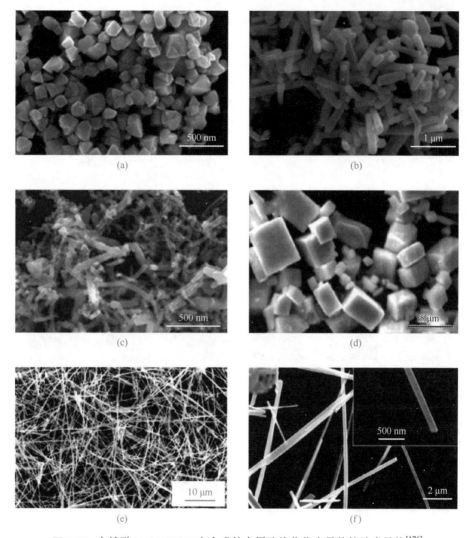

图 4.27 在熔融 NaOH/KOH 中合成的金属硫族化物半导体的纳米结构[176]

200℃下在 2 mL（a）和 8 mL（b）水存在下由 Cd(NO₃)₂ 和元素 Se 合成的 CdSe 纳米颗粒和纳米棒的 SEM 图像；
在肼存在下由 Hg(NO₃)₂ 和元素 Te 合成的 HgTe 纳米棒的 SEM 图像（c）和微观立方体的 SEM 图像（d）；由 CuCl₂
和元素 Se 合成的 Cu₂₋ₓSe 纳米线的 SEM（e）和 TEM（f）图像

　　大面积、高质量的金属硫族化合物（transition-metal chalcogenides，TMC）
二维晶体材料的制备是实现其在光电、柔性器件等领域应用的前提。CVD 法是目
前制备大面积二维材料的最有效方法，并且获得的材料的质量和性能接近机械剥
离法制备的材料。由金属-硫二元相图可知，在高温下（＞500℃）金属容易与硫
化合形成硫化物，即使是化学性质相对比较稳定的铂族金属（Pt、Pd、Os）也会
形成 PtS、RuS₂、PdS、PdS₂、OsS₂ 等硫化物，这为二维 TMC 材料的化学气相沉

积制备提供了可能。熔盐辅助法可以在相对低的温度下制备陶瓷粉末材料，最近，这种方法也被用于促进单层 WS_2 和 WSe_2 的生长。

　　Liu 等[177]证明熔盐辅助化学气相沉积可广泛应用于合成各种原子级厚度的二维 TMC 材料，并通过熔盐辅助的化学气相沉积法制备了 47 种二维 TMC 材料（图 4.28 和图 4.29），其中包括 32 种二元化合物（基于过渡金属 Ti、Zr、Hf、V、

ⅢB	ⅣB	ⅤB	ⅥB	ⅦB		ⅧB		ⅠB	ⅤA	ⅥA	ⅦA
Sc 21	Ti 22	V 23	Cr 24	Mn 25	Fe 26	Co 27	Ni 28	Cu 29	P 15	S 16	Cl 17
Y 39	Zr 40	Nb 41	Mo 42	Tc 43	Ru 44	Rh 45	Pd 46	Ag 47	As 33	Se 34	Br 35
La 57	Hf 72	Ta 73	W 74	Re 75	Os 76	Ir 77	Pt 78	Au 79	Sb 51	Te 52	I 53

(a)

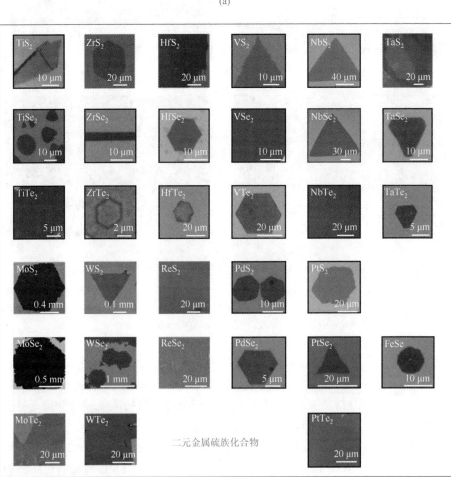

二元金属硫族化合物

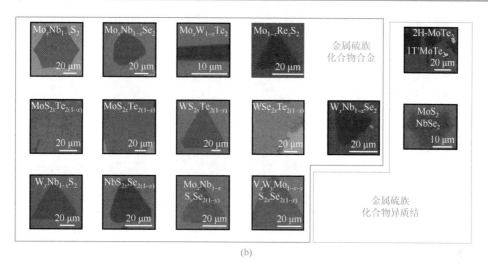

(b)

图 4.28 （a）可制备的层状硫化物、硒化物和碲化物的金属元素（紫色）和硫属元素（黄色和橙色）；（b）合成的 47 种 TMC 的光学图像（彩图见封底二维码）[177]

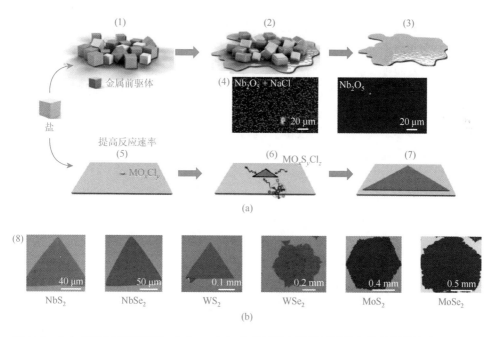

图 4.29 （a）制备过程示意图：（1）～（3）熔盐辅助方法降低了前驱体材料的熔点，（4）添加（左）和未添加盐（右）的 Nb 核的 SEM 图像，（5）～（7）中间产物的二维原子层的生长过程；（b）（8）在不到 3 min 的生长时间内获得的大单层的 TMC 材料[177]

Nb、Ta、Mo、W、Re、Pt、Pd 和 Fe），13 种合金（包括三元、一元和二元），以及两种异质结构化合物。研究表明，采用此方法合成的大多数材料是可用的，虽然一些材料的质量仍然需要进一步提高，但该方法为各种二维 TMC 材料的大规模制备和应用开辟了新的道路。

2. 第Ⅳ族半导体材料

1）Si 和 Ge 纳米颗粒

第Ⅳ族的半导体元素包括 Si 和 Ge 两种以及化合物 SiC。这三种材料都是由 sp^3 共价键构成，且在较低温度下它们的结晶动力学较差，这样就排除了运用湿法化学来制备的可能性[178]。

单质 Si 是当前半导体行业的基础[178]。在纳米尺度上，Si 可以用于电化学能量储存和光电方面。人们一直寻求用各种物理和化学方法合成纳米 Si，其中在熔盐中 Si 纳米颗粒的合成是基于镁热还原反应[179]。不同于产生剧烈燃烧的 TiB 和其他化合物的合成，在 LiCl/KCl 共熔盐中进行反应时，Mg 粉以较为温和的方式还原二氧化硅，从而使得反应易于控制。在 550℃ 下就能观察到 Si 的形成，随着反应温度逐渐升高，晶体尺寸逐渐从小于 10 nm 增加至 900℃ 时的 50 nm。这种晶体生长也反映在产物的颜色变化中［图 4.30（a）、（c）～（e）］。该方法合成的颗粒总是团聚在一起，且随着温度上升，团聚颗粒逐渐增大[180]。

Lin 等发展了一种低温熔盐体系，原理是利用二氧化硅和硅酸盐的金属热还原反应制备纳米 Si 材料[181]。实验证明，在 200℃ 的低温下，用熔融的 $AlCl_3$ 中的金属 Al 还原微量的高硅沸石（Si/Al = 1/1）可以制备结晶的 Si 纳米颗粒。在 200℃ 下反应即可发生，随着温度从 200℃ 增加到 250℃ 可以使产率从 40% 增加到 75%。化学反应可以表示为

$$4Al + 3SiO_2 + 2AlCl_3 \longrightarrow 3Si + 6AlOCl$$

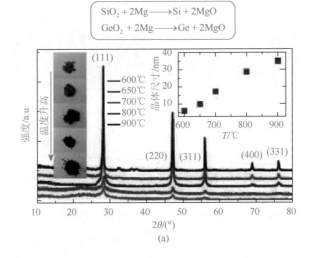

(a)

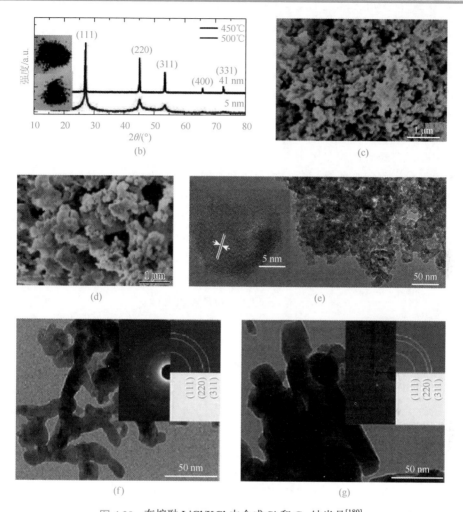

图 4.30 在熔融 LiCl/KCl 中合成 Si 和 Ge 纳米晶[180]

（a）、（b）在不同温度下合成的 Si 和 Ge 纳米晶的 XRD 图，（a）中的插图是 Si 纳米晶粉末的照片，以及不同合
成温度下晶体尺寸的变化，（b）中的插图是 Ge 纳米晶粉末的照片；（c）、（d）在 600℃和 800℃下合成条件下 Si
纳米晶的 SEM 图像；（e）在 600℃合成的 Si 纳米晶的 HRTEM 图像；（f）、（g）在 450℃和 500℃下合成的 Ge 纳
米晶的 TEM 图像，插图是相应的电子衍射图案

在该反应中，曾一直被用于提供液体环境的 $AlCl_3$，也可以参与还原反应并生
成 AlOCl。这一方法也可以拓展到镁热还原反应中，200℃下反应如下：

$$2Mg + SiO_2 + 6AlCl_3 \longrightarrow 2MgAl_2Cl_8 + 2AlOCl + Si$$

值得一提的是，这一合成路线同样可以被应用于 SiO_2 粉末和玻璃纤维、硅藻
土、钠长石等多种硅酸盐材料的合成。

Si 纳米颗粒制备方法还很容易扩展到 Ge 纳米颗粒的合成。由于键的强度较
弱，在较低温度（450℃）下即可获得 Ge 颗粒。随着晶体尺寸从 5 nm 增加到超

过 20 nm，产物的颜色从酒红色逐渐变为黑色 [图 4.30（b）、（f）和（g）]，该变化表明存在 Ge 颗粒的量子限域效应。尽管所获得的 Si 和 Ge 颗粒都是团聚的，但实际上容易重新分散在水中，因此能够进一步进行表面修饰。熔盐合成法有望为纳米 Si 和 Ge 的廉价宏量制备提供可能，以期望在太阳能等领域实现第Ⅳ主族纳米材料的大规模应用[180]。

2）SiC 纳米结构

碳化硅是重要的宽带隙半导体和优良的陶瓷材料，可在苛刻条件下使用。由于 SiC 共价键很强，所以 SiC 的结晶通常需要高温。例如，在超过 1400℃时，可以通过 SiO_2 和碳的碳热还原来合成 SiC 晶体。在熔融 LiCl/KCl 中，可以在小于 700℃的较低温度下实现 SiC 的合成[182]，该方法同样是在碳存在时的镁热还原 SiO_2 实现的。为了使合成方案可行，需要使用具有较高反应性的无定形（或有机）前驱体，因为结晶的前驱体（石英和石墨）会限制转化率。反应可以通过以下两个步骤简单表示：

$$2Mg + SiO_2 \longrightarrow Si + 2MgO$$
$$Si + C \longrightarrow SiC$$

通过 XRD 观察相变，很明显地发现，Si 在较低温度 550℃附近开始形成，而只有在较高的温度（>650℃）下才能观察到 SiC。如此小的温度差异是因为 Si 晶体只能和无定形碳进行反应，这个反应也只能被非晶物质来推动，而在高温下无定形碳会与 Si 晶体达到化学平衡。进一步的研究表明，所生成的 SiC 的特性不仅取决于合成温度，还取决于碳前驱体的类型。高温有助于晶体尺寸的增加，使得六方形态的 2H-SiC 更加稳定 [图 4.31（a）和（b）]；相反，在合成温度为 650～1000℃时，小晶体（<5 nm）则以更加稳定的立方结构存在 [图 4.31（c）]。该结果表明，小晶体尺寸有利于形成高对称结构（3C-SiC），而较大的晶体不易受到表面能的限制，从而可以使其结构不同程度地最小化，即纳米尺度区域中的 SiC 的相图具有尺寸依赖性。

使用无定形碳会生成由 8～40 nm 微晶组成的颗粒，尺寸与温度相关 [图 4.31（b）、（d）和（e）]。与此相反，使用葡萄糖作为碳前驱体则会生成尺寸小得多的 SiC 微晶（<5 nm），这些微晶分散在碳基质中 [图 4.31（c）、（f）和（g）]。结果进一步表明，通过使用 100～200 nm 的二氧化硅微球可以实现熔盐体系中的模

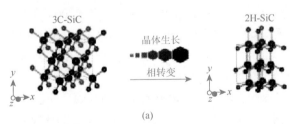

(a)

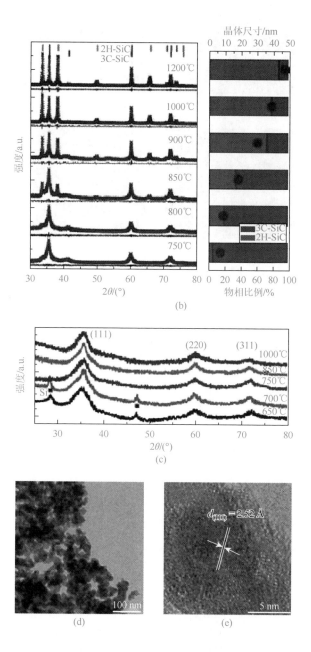

(b)

(c)

(d)

(e)

图 4.31　在熔融 LiCl/KCl 中合成结构和物相可调控的 SiC 纳米材料[182]

（a）纳米 SiC 晶体生长产生的相变示意图；（b）在不同温度下由 Mg、碳和 SiO$_2$ 合成的 SiC 的 XRD 图（左），右图显示了立方和六方相的比例与晶体尺寸与合成温度的关系；（c）由 Mg、葡萄糖和 SiO$_2$ 合成的 SiC 的 XRD 图，仅观察到小尺寸（<5 nm）的立方 SiC 晶体；在 750℃下由 Mg、碳和 SiO$_2$ 合成的 SiC 纳米晶的 TEM（d）和 HETEM（e）图像；使用葡萄糖作为碳前驱体合成的 SiC/C 杂化物的 TEM（f）和 HETEM（g）图像；使用二氧化硅纳米小球作为模板合成的 SiC 纳米小球的 SEM（h）和 TEM（i）图像

板法合成［图 4.31（h）和（i）］。这些结果清楚地表明，在熔盐体系中，实现 SiC 相和微观结构的调控是有可能的[182]。

　　3. B, N-基半导体纳米材料

　　熔盐法合成的Ⅲ主-Ⅴ主族半导体的实例很少见，这可能是由于固态氮前驱体的选择有限。2007 年，Gu 及其同事[183]在 600～700℃的保护气中，在 LiBr 熔体中实现了六方结构的 BN（h-BN）的合成。在该工作中，NaBF$_4$ 和 NaNH$_2$ 作为硼和氮前驱体，完整的反应可以描述为

$$NaBF_4 + 3NaNH_2 \longrightarrow h\text{-}BN + 4NaF + 3H_2 + N_2$$

　　产物的形态对合成温度非常敏感，在 600℃下获得纳米颗粒的聚集体，温度升高 100℃后，可得到层状结构，符合 h-BN 的层状晶体结构。

　　由于 h-BN 与石墨是完全同构型和等电子的，同时因受到石墨烯研究的影响，单层或多层 BN 片的制备也引起了化学家们的兴趣。在从块体 h-BN 直接合成 BN 纳米片中，熔盐法显示出非常有效的化学氧化剥离效果。Li 等[184]在 180℃的高压

釜内，用熔融 NaOH/KOH 处理块体 *h*-BN，然后通过该反应将本体粉末剥离成薄的纳米片：

$$BN + 3NaOH \longrightarrow Na_3BO_3 + NH_3$$

所得到的产物主要是大于 100 nm×100 nm 的几个片层厚的纳米片。他们提出，理论上该过程是由于附着氢氧化物阴离子产生自卷曲，而后剥离。然而，该方法的产率仅为 0.2%，这意味着大部分 *h*-BN 被蚀刻掉。该方法还有很大的优化空间，这种基于熔盐氧化剥离过程有可能用于其他块体晶体合成无机二维（2D）材料（图 4.32）。

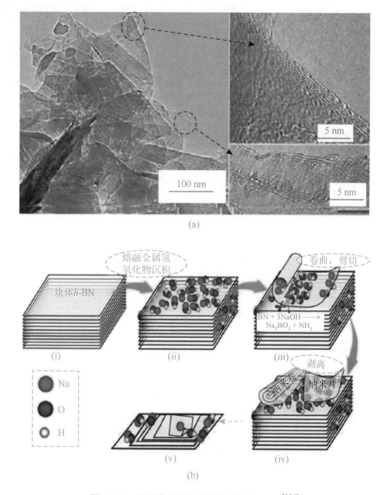

图 4.32 熔融氢氧化物剥离块体 *h*-BN[184]

（a）180℃下在熔融 NaOH/KOH 中剥离 *h*-BN 纳米片的 TEM 图像；（b）基于自卷曲和剥离过程的剥离机理示意图

近年来，熔盐合成法也被用于合成结晶聚合物石墨碳氮化物（g-C$_3$N$_4$）。碳氮化物具有几种不同的结构，其中，具有层状结构的 g-C$_3$N$_4$［图 4.33（a）］是光催化领域特别重要的非金属半导体，可以通过许多单体如氨基腈和双氰胺缩合合成。在德国马克斯-普朗克胶体与界面研究所 Antonietti 等的研究中[185]，双氰胺［NH$_2$C（＝NH）NHCN］在 380～600℃的熔融 LiCl/KCl 中进行缩合反应，得到均匀的结晶六方纳米片［图 4.33（b）和（c）］。基于 X 射线衍射和分子模拟，推测熔盐合成的产物是具有基于六边形排列的 s-庚嗪环单元的层状结构的 g-C$_3$N$_4$。

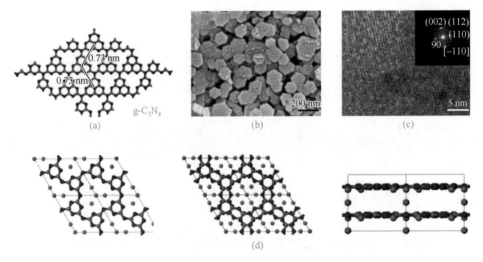

图 4.33　熔盐法制备聚合物氮化碳半导体[185]

（a）基于 s-庚嗪环（C$_6$N$_7$）单元排列的理想单层 g-C$_3$N$_4$ 的 2D 结构；（b）、（c）在 LiCl/KCl 中合成的结晶 CN 聚合物的 SEM 和 TEM 图像；（d）在 LiBr/KBr 的熔盐中合成的具有 Br 原子嵌入的 2D 聚（三嗪酰亚胺）的结构，左图为单层 c 轴视图，中间为双层堆积的 c 轴视图，右图为 b 轴视图。碳、氮、锂和溴原子分别表示为灰色、蓝色、紫色和红色球体（彩图见封底二维码）

由于金属和氯元素总是存在于产物中，所以 Wirnhier 等[186]通过详细的 NMR 和 X 射线衍射研究提出了具有插层 LiCl 的层状结构，但是这种结构模型似乎仍然不正确。在最近的研究发现，双氰胺在 LiBr/KBr 中进行缩合反应，所得产物是 Br 插层的聚（三嗪酰亚胺）二维片层（PTI/Br）。该结构虽然具有 2D 片层结构，但是与推测的 g-C$_3$N$_4$ 的三嗪层状排列结构完全不同。另外，可以通过 Br 与 F 离子交换来调节两个相邻共价层之间的堆叠距离。

关于 g-C$_3$N$_4$ 的光催化性能，直到最近，科学家们发现熔盐法制备的结晶三嗪酰胺是光催化产氢的有效催化剂[187]。其活性优于通过非熔盐中前驱体简单缩聚获得的 g-C$_3$N$_4$ 的活性，这是因为通过熔盐法获得的产物的结晶度得到了很大的提高。

2014 年，Bojdys 等终于从双氰胺合成了石墨型 g-C₃N₄。与之前的实验一样，采用双氰胺在 12 bar、600℃的熔融 LiBr/KBr 中进行 60 h 的缩合反应。反应得到两种产物，一种是分散在熔盐中的 PTI/Br，另一种是在反应器内部气液界面和液固界面的连续的膜［图 4.34（a）和（b）］，产率可以达到 12.6%。他们采用扫描隧道显微镜和高分辨透射电子显微镜等多种手段证实了这种产物与理论计算的化合物相符［图 4.34（e）和（f）］。在化学家们经历了无数的失败之后，终于合成了 1996 年理论预测中的石墨型 g-C₃N₄，这一成果的发表令人振奋[188, 189]。

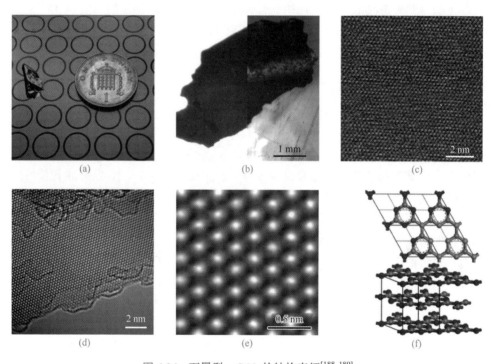

图 4.34 石墨型 g-C₃N₄ 的结构表征[188, 189]

（a）石墨型 g-C₃N₄ 的产物照片；（b）在透射光（左）和反射光（右）下的石墨型 g-C₃N₄ 的光学显微图像；（c）～（e）经过机械剥离的石墨型 g-C₃N₄ 的扫描隧道显微镜图像（c）和高分辨透射电子显微镜图像［(d) 和 (e)］；（f）经结构修正后的晶胞结构单元［$a = 5.0415$nm（10），$c = 6.57643$nm（31），空间群 187］和 AB 型堆叠的石墨型 g-C₃N₄ 层。灰色和蓝色球体分别表示碳原子和氮原子（彩图见封底二维码）

4.2.5 熔盐法制备纳米碳材料

1. 惰性熔盐体系中碳化多糖制备多孔碳材料

碳材料，由于具有多种特殊的纳米结构，已经被广泛应用于多个领域，如催化和能源储存等。多孔碳可以利用煤、生物质或聚合物分子等多种原料经过不同的方法制备而来。化学活化一直是合成高比表面积碳的常用方法，但是也有很大的缺点，如活化过程中材料功能的丧失和刻蚀过程中造成的质量损失等。最近，Liu 等[190]在 LiCl/KCl 的熔盐中将葡萄糖转化为多孔碳，在熔盐中，葡萄糖经过脱水而逐渐碳化。这一过程可以利用光谱来进行分析研究，如 XRD、红外光谱和拉曼光谱等。碳材料的孔隙率在碳化温度 700℃时达到最高值约 600 m^2/g，但是随着材料石墨化程度的增加，碳材料的孔隙率会逐渐降低。所得碳材料的孔隙主要是小于 2 nm 的微孔，且多孔碳具有不规则的等级结构，而且合成温度对微观结构有明显的影响。

在金属氯化物的熔盐中形成孔隙的机理仍然处于探索阶段。相比于直接碳化过程无法得到有意义的孔隙，在熔盐体系中葡萄糖是以溶剂化的形式碳化。最近的一些文献认为碳材料和无机材料的合成中加入的无机盐起到了造孔模板的作用[191]，然而在熔盐体系中孔隙的来源可能是各不相同的，值得今后进一步深入研究。

在熔盐中得到的碳材料，虽然在 1000℃处理后是高度 sp^2 杂化的碳，但其只有很少的石墨结构，因此很自然地想到加入过渡金属来加速碳材料的石墨化。研究结果发现，在所有 3d 区过渡金属中，铁是石墨化催化活性最高的，不管其氧化状态和化学形式如何。在熔盐体中，铁盐的添加能实现与溶剂的完全混溶。然而，我们无法排除原熔盐体系中痕量铁元素［<10 ppm（1 ppm = 10^{-6}）］或其他过渡金属的存在，因为它们本就是盐类的天然杂质。如果引入铁盐（FeCl$_2$），从制得样品的 XRD 图谱中的（002）峰和拉曼光谱（D 峰和 G 峰）可以看出葡萄糖的石墨化程度明显提高。另外，铁盐催化剂会引起石墨层之间的堆叠，导致在整体结构上片状结构比例明显增加[128]。

Peng 等报道了一种利用熔盐法制备石墨化碳的方法，他们发现在约 1100 K 下熔融 CaCl$_2$ 中的阴极极化可实现各种无定形碳的石墨化，得到包含花瓣状纳米片的多孔石墨[192]。如图 4.35（a）和（c）所示，原始炭黑（CB）由尺寸 30～100 nm 的纳米颗粒组成。在石墨化之后，纳米颗粒变为多孔石墨，由厚度 10～20 nm 的花瓣状薄片组成［图 4.35（c）］。该方法的机理是利用电化学极化时碳原子的长距离重排，促使热稳定性差的无定形碳转变为石墨化碳。研究结果表明，在没有阴极极化的情况下，仅通过将 CB 颗粒浸入熔融的 CaCl$_2$ 中不会发生石墨化。

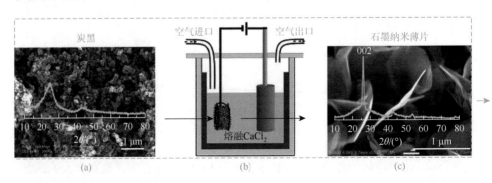

(a)　　　　　　　　　　(b)　　　　　　　　　　(c)

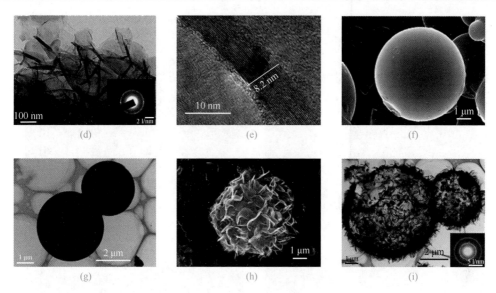

图 4.35　在 1093 K 下的熔融 $CaCl_2$ 中，0.5 g 炭黑或炭球在恒定电压下极化实现电化学石墨化[192]

（a）电化学石墨化前炭黑的 SEM 图像，插图为相应的 XRD 图谱；（b）电化学石墨化的反应示意图；（c）在 2.6 V 电压下处理 2 h 后的炭黑的 SEM 图像，插图为相应的 XRD 图谱；（d）、（e）石墨化炭黑的 TEM 图像和高分辨 TEM 图像，插图为选区电子衍射花样；（f）、（g）电化学石墨化前炭球的 SEM 图像和 TEM 图像；（h）、（i）在 2.4 V 电压下处理 2 h 后的炭黑的 SEM 图像和 TEM 图像，插图为选区电子衍射花样

2. 熔盐体系中将葡萄糖转化为石墨烯

　　如上所述，葡萄糖可以在高温熔盐中转化为 sp^2 杂化的芳香族 C══C 键，即使是低温熔盐中制备的样品也能在电子显微镜下观察到片状结构。最初的实验结果确实表明，在熔盐中将葡萄糖转化为高纯度的石墨烯似乎是可行的[190]。正如人们所推测的那样，只有在熔融盐环境中才能形成石墨烯片，而沉淀过程仅能得到乱序的碳，因此，葡萄糖的碳化反应是在非常低的浓度下进行的（葡萄糖/盐质量比 = 1/100）。其中，片层结构分布于整个样品中，证明了实际的溶液生长机制（图 4.36）。采用原子力显微镜，可以直接观察到石墨烯薄层，厚度为 0.6～5 nm。但是，熔盐法制备的石墨烯仍然存在明显的片内无序结构，因为透射电子衍射结果显示只有扩散环结构[190]。

OH

HO

HO

O

OH

OH

葡萄糖

氮气

熔融LiCl/KCl

高葡萄糖浓度

低葡萄糖浓度

(a)

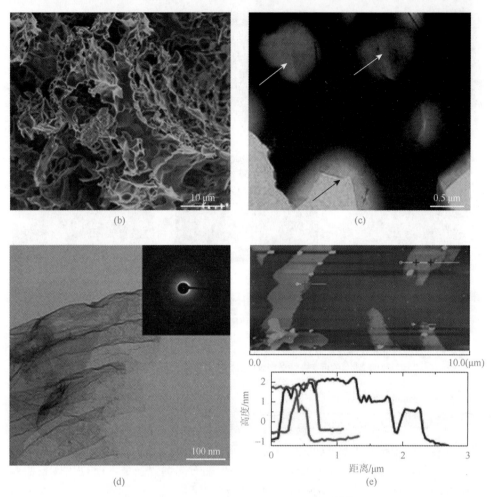

图 4.36　熔盐法利用葡萄糖制备石墨烯[190]

（a）熔盐法利用葡萄糖制备石墨烯示意图；（b）、（c）800℃下利用高浓度葡萄糖制备的多孔碳 SEM 和 TEM 照片；
（d）、（e）利用低浓度葡萄糖制备的石墨烯的 TEM 和 AFM 照片

　　为了提高熔盐法合成石墨烯的效率，含铁催化剂被认为是提高石墨化程度最好的选择。对于合成高纯度的石墨烯，碳化过程仍然需要在较低的前驱体浓度下进行，但反应的效率在不断得到提高。有趣的是，催化剂衍生得到的石墨烯即使采用 HCl 反复清洗仍具有磁性，表明残留的铁原子被嵌入或插层在石墨烯片层之间。

　　3. 金属氯化物盐控制碳材料的化学结构

　　碳材料经常通过不同的物理和化学的活化方法来提高孔隙率。经典的化学活化是在熔融碱金属氢氧化物中进行的，碱金属氧化物会在 500℃高温下氧化并蚀刻结合较弱的碳原子。类似 KOH 或 NaOH 的活化效应，$ZnCl_2$ 熔盐也可以实现多

孔结构。在 Caturla 等的早期研究中，他们采用不同量的 $ZnCl_2$ 对核桃原材料进行处理。实验结果表明，随着 $ZnCl_2$ 用量的增加，比表面积逐渐增加但是产率下降。在优化条件下，500℃ 下碳化的样品比表面积达到 2100 m^2/g，块材密度大约 0.3 g/cm^3。椰子壳、橄榄壳等木质纤维素材料采用类似的熔融盐脱水方法，得到的材料比表面积超过 1000 m^2/g。在近期 $ZnCl_2$ 熔盐衍生的多孔聚合物和碳材料中，$ZnCl_2$ 不再被当作是简单的活化剂，而是提出了多种不同的机理[191]。早期的一些工作中就包含了 $ZnCl_2$ 造孔的机理。首先，$AlCl_3$ 和 $ZnCl_2$ 等 Lewis 酸是弗里德-克拉夫茨（Friedel-Crafts）催化剂，有利于芳烃的缩合（烷基化和酰化反应）。另外，$ZnCl_2$ 是纤维素材料良好的脱水剂，它能通过除去纤维素骨架上的水分子从而提高碳骨架上反应性双键的形成。最重要的是在更高的温度下，在一些情况下需要考虑 $ZnCl_2$ 的还原反应。而高温条件下，碳与锌化合物在热力学上很容易发生碳热还原，形成氧化孔。最近，俞书宏等利用 $ZnCl_2$ 熔盐法一步制备酚醛树脂碳气凝胶的研究是 $ZnCl_2$ 熔盐法综合运用的实例，他们将苯酚和甲醛在 $ZnCl_2$ 的超盐环境（超高浓度的 $ZnCl_2$）下进行聚合，随后将所得的密实块材进行简单干燥后直接高温碳化，就能得到低密度（25 mg/cm^3）、高比表面积（1300 m^2/g）和高微孔体积（0.75 cm^3/g）的泡沫状的硬碳气凝胶（图 4.37）[193]。$ZnCl_2$ 是一种离液剂，能促

(a)　　　　　　　　　　　　　(b)

(c)　　　　　　　　　　　　　(d)

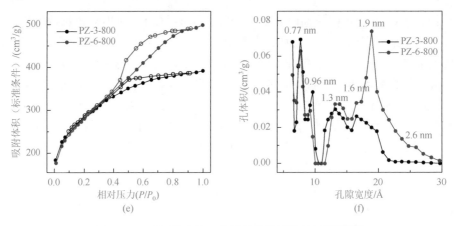

图 4.37　ZnCl₂ 熔盐法一步制备酚醛树脂碳气凝胶[193]

（a）酚醛树脂碳气凝胶的照片；（b）～（d）酚醛树脂碳气凝胶微观结构的 SEM 和 TEM 照片；（e）、（f）不同
ZnCl₂ 用量下制备的酚醛树脂碳气凝胶的 N₂ 吸附-脱附曲线和孔径分布

进高浓度单体的溶解，同时 ZnCl₂ 的脱水作用也对苯酚甲醛的脱水缩合起到一定的催化作用；最后高温碳化过程中，ZnCl₂ 又起到脱水脱氧和发泡作用，因此能够直接得到膨胀的碳气凝胶。其中的 ZnCl₂ 转换成 ZnO，可以利用高温下的碳热还原将其挥发除去。在这个过程中，ZnCl₂ 起到了稳定剂、催化剂、脱水剂、发泡剂和造孔剂等多种作用，是一步法制备碳气凝胶的关键所在。

4. 利用含氧盐制备掺杂的高孔隙率多孔碳

前面描述的葡萄糖碳化是在惰性氯化物盐中进行的。为了在熔盐中实现碳材料的化学修饰，德国马克斯-普朗克胶体与界面研究所 Antonietti 等在硝酸盐、硫酸盐等高反应性的含氧熔盐中进行葡萄糖的碳化。对于硝酸盐，即使在氮气保护下，加热其与葡萄糖的混合物也会导致爆炸或者剧烈的燃烧，类似于常见的黑色火药。当葡萄糖与硝酸盐的混合物用 LiCl/KCl 熔盐稀释后，爆炸反应就不会发生了，可以采用常规的方法收集碳产物。在不同的反应温度和硝酸盐/葡萄糖比例下合成样品，结果发现，无论是提高反应温度还是提高硝酸盐/葡萄糖的比例，都导致产率降低，这意味着在熔盐中硝酸根会继续氧化碳[194]。在没有硝酸盐存在的条件下，仅用金属氯化物盐得到的产物表现出完全不同的产物特征。含氧熔盐方法得到的碳材料都具有很高的比表面积。例如，在 800℃ 下，纯 LiCl/KCl 中得到的样品的比表面积仅为 200 m²/g，而在硝酸盐存在的条件下可以高达 1800 m²/g。样品在不同的熔盐体系中都会演变为薄片状，可以推测出它们必然是石墨结构[图 4.38（b）～（d）]。在对产物进行了系统的分析以后，结果发现样品在 600℃具有高达 13wt%（wt%表示质量分数）的氮含量，温度升高到 1000℃时降至 2wt%。

在碳中掺入氮之后，XRD 图谱中的（002）峰明显增加，这对于 N 掺杂的碳是很常见的，并且表明由亲核氮会促进碳的芳构化。XPS 分析证明产物中存在不同的 C—N 键，包括吡啶 N、吡咯 N 和石墨化的 N 三种［图 4.38（e）］。这表明，N 元素从 NO_3^- 中的 + 5 价还原到连接 sp^2 碳的-3 价。

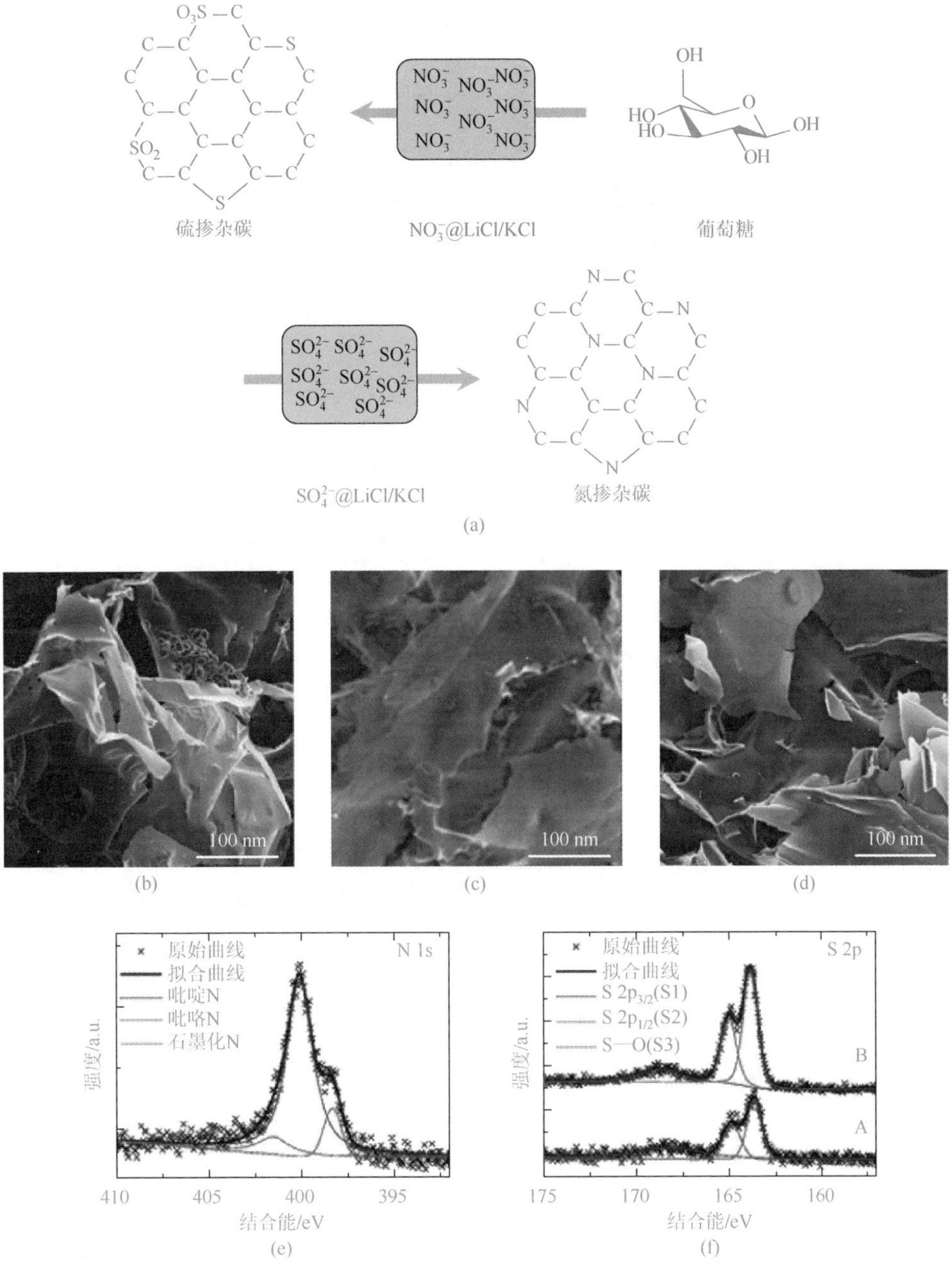

(a)

(b)　　　　　　　(c)　　　　　　　(d)

(e)　　　　　　　　　　　　(f)

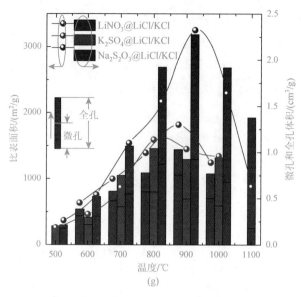

图 4.38 熔盐中制备杂原子掺杂的碳纳米片[194]

（a）利用葡萄糖在 NO_3^- @LiCl/KCl 和 SO_4^{2-} @LiCl/KCl 熔盐中制备 N 掺杂和 S 掺杂的碳示意图；（b）～（d）分别在 LiNO₃@LiCl/KCl、K₂SO₄@LiCl/KCl 和 Na₂S₂O₃@LiCl/KCl 熔盐体系中制备的掺杂碳片的 SEM 图像；（e）LiNO₃@LiCl/KCl 中制备的 N 掺杂的碳的 N 1s XPS 光谱；（f）S 掺杂碳的 S 2p XPS 光谱，A：K₂SO₄@LiCl/KCl，B：Na₂S₂O₃@LiCl/KCl；（g）样品的比表面积和孔体积

受到硝酸盐成功实现 N 的高含量掺杂的启发，这种方法被拓展到用于硫原子的掺杂。用 K_2SO_4 等硫酸盐取代硝酸盐可以很简单地实现硫在碳材料中的掺杂。元素分析表明，在 600℃下制备的样品的硫含量高达 16wt%。随着反应温度增加，S 的掺杂量迅速降低，在超过 1000℃时仅为 2wt%～3wt%。S 掺杂含量较低是很常见的情况，因为 C—S 键的强度远低于 C—C 键的强度。基于 XPS 的结果分析可知，硫原子主要以还原态的形式与 sp² 碳相连接，同时含有少量的 S—O 键。与之前的反应体系类似，S 掺杂碳的比表面积大大增加，证明了硝酸盐和硫酸盐的活化作用。为了实现产物更高的 S 含量，我们用硫代硫酸盐取代硫酸盐。硫代硫酸盐中的硫价态为 +6 价和−2 价。在 600℃下，S 的掺杂量可以达到 30wt%，主要以噻吩 S 的形式存在，少量为氧化的砜类。令人惊奇的是，在 $Na_2S_2O_3$ 的存在下合成的 S 掺杂碳的比表面积超过了 3200 m²/g，大于完全剥离的石墨烯的理论值，与细粉末的活性炭相当。

通过考虑碳与含氧阴离子之间的简单热力学反应可以帮助理解活化过程。例如，假设 CO_2 是氧化产物，则碳与硝酸根的反应可以表示为

$$5C + 4NO_3^- \longrightarrow 5CO_2 + 2N_2 + 2O^{2-}$$

因为硫酸根不会像硝酸根那样发生氧化，所以与碳的反应以不同的方式进行：

$$C + 2SO_4^{2-} \longrightarrow CO_2 + 2SO_2 + 2O^{2-}$$

上述反应解释了孔隙率和产率随温度降低的原因，即发生了碳原子的氧化腐蚀。掺杂剂原子（N 或 S）与 sp^2 碳键合的时间与方式的问题尚在讨论中，在这方面机理的研究仍在进行，这与熔盐中的有机化学反应有关。

5. 碳纳米管和石墨/盐插层复合物

在这部分熔盐法碳合成中，我们选择了另外两个可能具有更广泛应用的例子。第一个是用电化学的方法在熔盐中合成 CNT。在碱金属氯化物（LiCl 和 KCl）中电解石墨电极，可以观察到固体石墨发生剥离并卷曲形成 CNT（图 4.39）[195]。

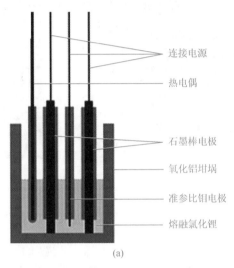

连接电源

热电偶

石墨棒电极

氧化铝坩埚

准参比钼电极

熔融氯化锂

(a)

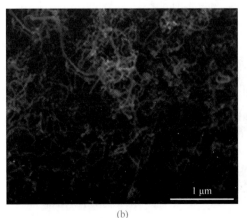

1 μm

(b)

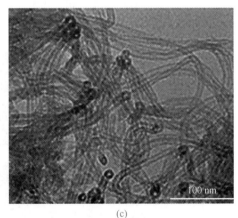

100 nm

(c)

图 4.39　在氯化物熔盐中制备 CNT[195]

（a）电解石墨制备 CNT 装置示意图；熔盐中制备的 CNT 的 SEM（b）和 TEM（c）图像

在熔盐体系中合成的产物可以很容易地进行收集，并且比其他碳纳米管的合成方法如 CVD 等具有更高的效率。

第二个例子是由石墨和盐反应形成石墨插层复合物。石墨和 $FeCl_3$ 的插层过程非常简单，产物是由石墨层和二维 $FeCl_6$ 层堆叠构成的。插层导致 sp^2 碳层周期性地插入二维 $FeCl_6$ 八面体堆积层之间。不同的石墨烯层与 $FeCl_3$ 层间的堆叠顺序可以得到不同的结构。已经有多个文献报道了 c 轴层间距不同的石墨的 $FeCl_3$ 插层复合物（图 4.40）[196]。

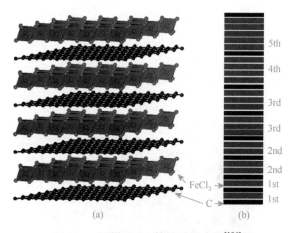

图 4.40　石墨/$FeCl_3$ 的插层复合物[196]

（a）第一阶段插层的石墨/$FeCl_3$ 复合物；（b）第一阶段到第五阶段插层的石墨/$FeCl_3$ 复合物结构示意图

受到石墨和 $FeCl_3$ 的插层过程的启发，Li 等[197]提出了一种简单可扩展的活性盐模板方法。他们用 $FeCl_3 \cdot 6H_2O$ 作为模板，先与带有羟基或氨基的有机前驱体进行复合，形成层状的有机-无机杂化结构（图 4.41）。在除去无机模板之后，这种

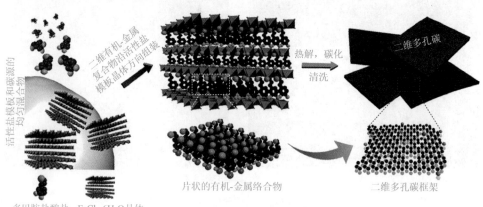

(a)

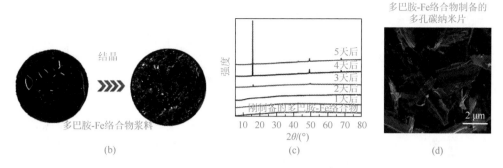

图 4.41　（a）2D 微孔碳纳米片的合成过程的示意图；（b）刚制备 DA-Fe 糊状物和老化后的晶体照片；（c）不同老化时间后糊状物的 XRD 图谱；（d）DA-Fe 络合物获得的碳纳米片的 SEM 图像[197]

层状结构在碳化过程中被保留，并得到最终的碳形态——只有几纳米厚度的二维多孔碳纳米片（CN）。应用不同的富碳前驱体，如盐酸多巴胺（DA）、邻苯二酚（Cat）或苯胺（An）可以实现具有杂原子掺杂的碳材料。这种增加层间距的方法，为碳材料在锂离子电池中的应用提供了最佳性能。其制备的 ORR 催化剂，在标准电极电位为 0.76 V 时的电流密度可以达到 5 mA/cm^2，是当时报道的性质最好的非贵金属催化剂。

4.2.6　有机低共熔盐

1. 离子液体简介

离子液体是由有机阳离子和无机或有机阴离子构成的液态的盐，而在某些著作或文献中，离子液体特指熔点低于某一温度的盐，如低于 100℃。一般的液体如水和汽油等主要是由电中性的分子构成，而离子液体主要是由离子和动态的离子对构成。在不同的文献中，离子液体也被称为"液态电解质"、"离子流体"和"液态盐"等。离子液体虽然是液态，但离子液体大部分是有机盐，由于离子的配位作用较弱，因此熔点低（低于 100℃，甚至低于室温）。离子液体本质上是一种低熔点的有机共熔盐，因此本书中将离子液体归类于熔盐部分。

离子液体中常见的阳离子有季铵盐离子、季鏻盐离子、咪唑盐离子等，阴离子有卤素离子、四氟硼酸根离子、六氟磷酸根离子等（图 4.42）。目前所研究的离子液体中，阳离子主要以咪唑阳离子为主，阴离子主要以卤素离子和其他无机酸离子为主。根据离子液体中有机阳离子母体的不同，可以将离子液体分为咪唑盐类、吡啶盐类、季铵盐类和季鏻盐类等。

尽管认为离子液体最近有所发展，但实际上从发现硝酸铵室温下是液体时，至今已经有大约 100 年的历史了。通过选择合适的阳离子和阴离子，离子液体的

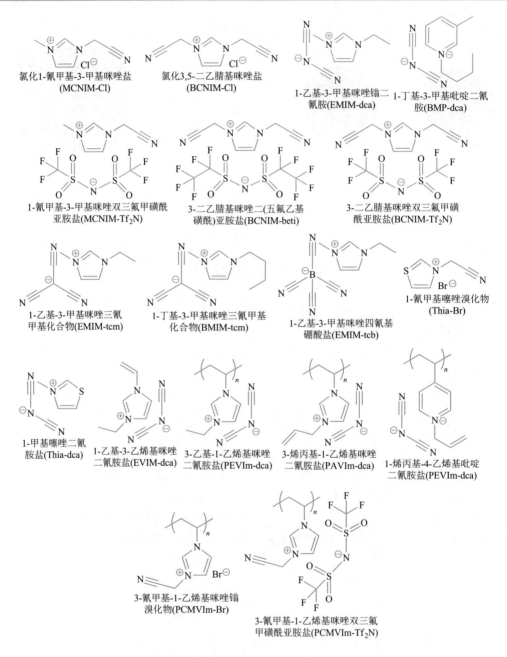

图 4.42　可用作碳前驱体的离子液体和聚离子液体的分子结构和简写

液相线的起始温度比无机盐的低得多，这样其实是弱化了离子对的配位趋势，降低了分子间的相互作用，并破坏了化学结构的对称性。由于离子液体完全由离子组成，因此电荷密度也比普通溶剂和盐溶液中的电荷密度大得多。不是所有有机盐的熔点都易于检测，有些则表现出动力学结晶抑制的情况，从而降低了玻璃化转变温度（T_g），使得它们在室温下是液体。

2. 离子液体的碳化

在众多可行的前驱体中，咪唑类及吡啶类离子液体被认为是合成功能碳纳米材料最有效的碳前驱体。在 2009 年分别有两个研究组独立开始使用这类离子液体[198, 199]。由于制备碳材料的离子液体所需要的条件已经有详细的综述[200]，在这里我们只做一个简短的概述。首先，虽然离子液体具有可忽略的蒸气压，但第一次热分解产生的中间体可能非常不稳定。因此，不是任何离子液体都适合作为碳前驱体，通常高温处理都会导致离子液体发生彻底的分解。Wooster 等[201]通过研究离子液体的稳定性发现，当含有氰基的阴离子在惰性气氛下热处理后会产生非常难处理的焦炭。这一类阴离子包括二氰胺（dca）、三氰基甲烷根（tcm）、四氰基硼酸根（tcb）等。这些可缩聚阴离子可以与不同反离子偶合成吡啶鎓、吡咯烷鎓或咪唑衍生物[202]。另外，氰基官能团也可以存在于阳离子中[203]。

通过分析材料的热重分析（thermogravimetric analysis，TGA）曲线可了解热分解起点和失重情况，因而可以给出离子液体碳化的有效证据。例如，在 450℃下 1-丁基-3-甲基咪唑双三氟甲磺酰亚胺盐（BMIM-Tf$_2$N）（图 4.43）完全失重，说明反应中分子重排形成了无电荷的挥发性产物 [图 4.43（a）-1]；而含有氰基的 BCNIM-Tf$_2$N 在高温处理后的残重约为 20wt%。该实验也为我们打开了另一种思路，即通过纳米限域来避免材料分解后组分的挥发。众所周知，将离子液体注入具有高比表面能和高表面张力的多孔材料中能显著提高碳产率。即使 BMIM-Tf$_2$N 这样易分解的分子也能通过二氧化硅基体的限域作用来提高产率[204]。

基于大量实验结果的一个被广泛接受的事实是，离子液体会在低于完全分解的温度以下，发生一些官能团的聚合[202]。氰基会发生一个三聚反应生成三嗪环，在中间温度下它会发生非常稳定的交联。

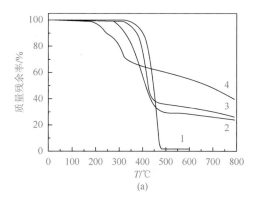

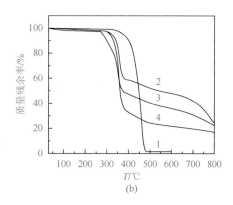

(a)　　　　　　　　　　　　　　　　(b)

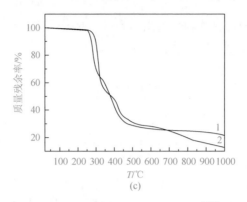

图 4.43　不同离子液体的 TG 曲线[204]

（a）1. BMIM-Tf$_2$N，2. BCNIM-Tf$_2$N，3. BCNIM-beti，4. BCNIM-Cl；（b）1. BMIM-Tf$_2$N，2. BMIM-tcm，3. EMIM-tcm，4. DMIM-tcm；（c）1. 3MBP-dca，2. EMIM-dca

　　从离子液体单体聚合得到的聚离子液体也可以作为碳前驱体。由于碳骨架的固定作用，即使在没有额外添加丁腈时，聚离子液体分解也能得到很高的碳产率。聚离子液体的第一个例子是在 2010 年实现的[205]，在 900℃的高温下，通过分解含有氯化铁的离子液体单体或聚离子液体可以得到高度石墨化的介孔导电碳。这种合成路线避免了使用任何模板，其中引入的金属盐能催化折叠的石墨烯片生长。在高分辨透射电子显微镜中可以观察到，这些层状结构事实上由独立于离子液体或聚离子液体的非常完美的石墨纳米结构组成。通过盐酸刻蚀可以除去产物中残余的 Fe，并且不会破坏石墨的纳米结构。

　　用金属盐催化离子液体碳化的方法有一个最大的缺点是排除了碳产物中的所有氮元素。严格来说，这是液态金属的原位"溶解再沉淀"过程，显然这一过程会破坏产物中前驱体的化学结构。尽管作为一个非常简单的方法来解决一些实际问题，但并不能用于直接控制材料的组成和形貌。因此，在后续的大多数研究中，为了保留碳化产物中的 N 原子，Fe/Co/Ni 等金属或金属盐都被抛弃使用。

3. 离子液体实现碳材料的杂原子掺杂

　　所有以上讨论的离子液体前驱体中的特征 N（或 B、S、P）原子，在产物中不可避免地都存在 N 掺杂。大多数文献作者都会指出这一点，因为 N 掺杂的碳材料具有纯碳的材料所不具备的多种性质。

　　我们讨论的大多数离子液体的 N 含量达到 50wt%。从图 4.43 中可以看出，随着碳化温度增加，掺杂的 N 含量逐渐降低。在 800℃下，产物具有 25wt%的掺杂 N 含量，即每 4～5 个原子中有一个 N 原子[202]。在 1000℃下，材料几乎完全石墨化并表现出明显的金属光泽，产物中的 N 含量降低到 10wt%。为了提高产物中的 N 含量，在 1-乙基-3-甲基咪唑双氰胺盐（EMIM-dca）中加入鸟嘌呤这类碱基，碳产物的 N 含量能从原始的 8.8wt%增加至 12.0wt%[206]。

与碳原子相连的 N 原子的性质可以通过 XPS 进行研究。所有的测试结果都表明，N 原子以五元环的形式存在。绝大部分的 XPS 测试数据显示，N 原子主要连接在吡啶碳或四价碳上，是作为结构氮存在于石墨结构中的。根据 XPS 光谱进行强度分析，当产生高比表面积碳时，可以发现较高含量的吡啶类物质，其实际上可能有利于在片层边缘形成吡啶碳[207]。

最近，使用具有四氰基离子的离子液体，即纯的 1-乙基-3-甲基咪唑四氰基硼酸盐[EMIM-B(CN)$_4$]，也可以进行富硼和富氮碳材料制备。材料的孔隙率可以通过改变两种材料的前驱体比例来调节[207]。纯的 EMIM-B(CN)$_4$ 可以作为碳氮化硼的前驱体[208]。碳氮化硼的形貌很难控制，因为硼会与二氧化硅硬模板发生反应。我们通过采用熔盐做模板合成碳氮化硼，这种方法得到的碳氮化硼比表面积为 1782m^2/g，是这种材料迄今最高的值。

虽然与 B 和 N 的同时掺杂会导致形成碳的等电子衍生物，但是引入 V 主族元素可以实现 n 型掺杂，从而增加材料固有的电子密度。在这方面，最近有人提出了氮和磷共掺杂的方法。磷源主要是三氨基磷酸盐或四氨基磷酸盐，用作 1-丁基-3-甲基吡啶二氰胺（BMP-dca）热解时的添加剂，在 1000℃下得到的产物 N 掺杂含量为 4.1wt%，P 掺杂含量为 5.7wt%，比表面积为 283m^2/g。在 VI 主族元素掺杂方面，在葡萄糖和氧化石墨烯的存在下，含硫的离子液体通过限域碳化来获得掺硫碳。离子液体既作为稳定剂也是硫源。在 800℃下碳化的材料只有 1.9wt%的硫含量。采用类似 1-甲基-3-苯乙基-1H-咪唑硫酸氢盐封闭碳化方法合成纳米纤维状的介孔碳，可用作氧化邻苯二酚的电极材料[209]。

这种方法还可以实现良好的共掺杂，并且借助二氧化硅硬模板可以获得具有高比表面积的 N、S 共掺杂的介孔碳。尽管硫和磷的原子直径较大，但是掺杂原子与碳材料在结构上是一体化的，只有少量被氧化，因此不同于表面功能化。此外，还有另一种方法可以制备氮和磷共掺杂的碳材料。在这种情况下，杂原子不从单一前驱体引入，而是通过向离子液体前驱体（BMP-dca）中加入四烷基磷溴化物。使用两个杂原子源的方法具有以下优点：原则上可以独立地控制杂原子掺杂的量。实验也表明，磷添加剂会增加离子液体分解得到的碳材料的比表面积。

碳材料的导电性会随着碳化温度增加而明显提高。在 900℃下，1-乙基-3-甲基咪唑鎓二氰胺（EMIM-dca）、1-丁基-3-甲基吡啶二氰胺（MBP-dca）和 1-乙烯基-3-甲基咪唑鎓二氰胺（VMIM-dca）分解得到的碳材料，其导电性能达到甚至能明显超过工业石墨材料水平。关于 S 掺杂或共掺杂的离子液体衍生碳的导电性则鲜有报道。对比 1000℃下碳化的火花等离子体烧结的 BMP-dca 和在 1400℃碳化的 EMIM-tcb 的温度-电阻率关系图（图 4.44），可以发现离子液体分解产生的碳材料更适合应用于电化学领域。

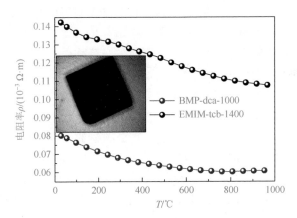

图 4.44 等离子体烧结的 EMIM-tcb-1400 和 BMP-dca-1000 块材在 25～900℃之间的四探针电阻测试，样品尺寸约 1 cm²

4.2.7 熔盐法制备低维纳米材料展望

经过过去 50 年的发展，熔盐法已经从初始的氧化物陶瓷发展到广泛的纳米材料，包括聚合物材料和碳材料的合成。作为高温离子溶剂，强烈的极化性质对氧化物和共价化合物具有极佳的溶剂化能力，因此能促进连续液相中的质量传输和成核过程。因此，熔盐法特别适用于得到那些在常规湿化学路线中结晶缓慢的传统材料。即便是由强共价键构成的金属硼化物、硅和 SiC 也可以很容易地以高度结晶的形式得到。

熔盐法的另一优势在于具有对纳米结构进行可控合成的潜力。由于熔盐体系具有极高的极性，纳米晶的高表面能晶面被暴露出来，这些晶面允许材料具有异常的催化活性或发生精细的定向附着。熔盐法合成仍然有许多未被揭示的问题。例如，在分子水平上，许多体系中的离子盐物质的结构尚未得到明确的理解，更不用说盐阳离子和阴离子与被溶解反应物之间的相互作用、溶剂化热力学、成核过程和晶体的生长与稳定等一系列问题。这方面的研究更加复杂，因为反应温度和反应压力阻碍了原位结构表征技术的应用。

熔盐法通常被认为是一种绿色环保的合成方法，因为盐类一般不具有挥发性，它们大多是环境友好的，可以容易地回收利用。因此，这种方法从实验室规模发展为批量合成的工业化规模似乎是很有潜力的，但通常在能量和时间方面效率低下。对于大规模合成，我们可以采用在玻璃工业中类似的连续熔融方法，其能量效率更高，并且能够大规模生产。然而，为了实现这样的熔盐合成系统，需要克服重要的技术障碍，例如，将盐和产物的分离和盐回收整合到整个系统中。

使用离子液体和聚离子与熔盐体系进行碳材料的功能化合成是一个快速发展的领域。实际上，几乎所有的重要进展均是在过去的十年中取得的。这些方法很好地结合了离子液体研究的最新进展以及碳基纳米材料的热点方向。杂原子在碳框架中的有效掺杂，实际上在碳前驱体离子液体中就已经实现了。这种方法代表了一种灵活而有力的合成工具，可以在很宽的范围内设计和修饰碳的物理化学性质和功能，并且可以解决许多问题。应该指出，在离子液体和熔盐中，阴离子/阳离子的组成以及大分子结构的存在都具有极大的可能性。

在精心设计和处理下，简单的浸渍就可以很容易在最终的碳结构中引入非贵金属或金属氧化物（Fe、Mn、Cu 等的氮化物），这将会改变其电子特性，如氧化还原性和自旋特征。这样会增强电化学和催化能力，同时有助于探索新的应用领域。

本节中，我们总结了各种氮掺杂纳米碳材料的制备。许多研究结果表明，当使用这些功能性碳材料时，所构建的装置的性能都得到提升，同时，随着离子液体基碳材料的快速发展，下一步必须考虑的是价格和可持续发展的问题。目前化石燃料的生产正日益受到来自经济、社会和环境方面的压力，这点就显得尤为重要。绿色合成途径和使用低价可再生能源生产离子液体将具有很大意义。反之，这也将潜在地加速离子液体的商业化生产和应用，并进一步促进其在功能碳材料制备领域的应用。

参 考 文 献

[1] Burmeister C F, Kwade A. Process engineering with planetary ball mills. Chemical Society Reviews, 2013, 42 (18): 7660-7667.

[2] El-Eskandarany M S. Mechanical Alloying (Second Edition) —The history and necessity of mechanical alloying. Norwich, New York: William Andrew Publications, 2015: 213-247.

[3] Yadav T P, Yadav R M, Singh D P. Mechanical milling: A top down approach for the synthesis of nanomaterials and nanocomposites. Nanoscience and Nanotechnology, 2012, 2 (3): 22-48.

[4] El-Eskandarany M S. Mechanical Alloying (Second Edition) —Controlling the powder milling process. Norwich, New York: William Andrew publications, 2015: 48-83.

[5] 张邦维. 纳米材料物理基础. 北京: 化学工业出版社, 2009.

[6] Suryanarayana C, Ivanov E, Boldyrev V V. The science and technology of mechanical alloying. Materials Science and Engineering: A, 2001, 304-306: 151-158.

[7] Jangg G, Kutner F, Korb G. Production and properties of dispersion-hardened aluminum. Aluminium, 1975, 51 (10): 641-645.

[8] Weeber A W, Bakker H, Deboer F R. The preparation of amorphous Ni-Zr powder by grinding the crystalline alloy. Europhys Letters, 1986, 2 (6): 445-448.

[9] Benjamin J. Mechanical alloying. Scientific American, 1976, 234 (5): 40-48.

[10] Koch C, Cavin O, McKamey C, et al. Preparation of "amorphous" $Ni_{60}Nb_{40}$ by mechanical alloying. Applied

Physics Letters, 1983, 43 (11): 1017-1019.

[11] Schwarz R, Johnson W. Formation of an amorphous alloy by solid-state reaction of the pure polycrystalline metals. Physical Review Letters, 1983, 51 (5): 415.

[12] Yeh X, Samwer K, Johnson W. Formation of an amorphous metallic hydride by reaction of hydrogen with crystalline intermetallic compounds—A new method of synthesizing metallic glasses. Applied Physics Letters, 1983, 42 (3): 242-243.

[13] Lee P Y, Jang J, Koch C. Amorphization by mechanical alloying: The role of mixtures of intermetallics. Journal of the Less Common Metals, 1988, 140: 73-83.

[14] Gorrasi G, Sorrentino A. Mechanical milling as a technology to produce structural and functional bio-nanocomposites. Green Chemistry, 2015, 17 (5): 2610-2625.

[15] Chen Y, Li C P, Chen H, et al. One-dimensional nanomaterials synthesized using high-energy ball milling and annealing process. Science and Technology of Advanced Materials, 2016, 7 (8): 839-846.

[16] Edwards R, Buckley A H, Emslie A G, et al. Vibrating ball mill: U. S. Patent 3510074. 1970-05-05.

[17] Genç Ö, Benzer A. Horizontal roller mill (horomill®) application versus hybrid HPGR/ball milling in finish grinding of cement. Minerals Engineering, 2009, 22 (15): 1344-1349.

[18] Enderle U. Stirring Ball Mill: U. S. Patent 8702023. 2014-04-22.

[19] Burmeister C F, Kwade A. Process engineering with planetary ball mills. Chemical Society Reviews, 2013, 42 (18): 7660-7667.

[20] Koch C. Synthesis of nanostructured materials by mechanical milling: Problems and opportunities. Nanostructured Materials, 1997, 9 (1-8): 13-22.

[21] Schwanninger M, Rodrigues J, Pereira H, et al. Effects of short-time vibratory ball milling on the shape of FT-IR spectra of wood and cellulose. Vibrational Spectroscopy, 2004, 36 (1): 23-40.

[22] Benjamin J, Volin T. The mechanism of mechanical alloying. Metallurgical Transactions, 1974, 5 (8): 1929-1934.

[23] Gilman P, Benjamin J. Mechanical alloying. Annual Review of Materials Science, 1983, 13 (1): 279-300.

[24] Lee P, Koch C. Formation of amorphous Ni-Zr alloy powder by mechanical alloying of intermetallic powder mixtures and mixtures of nickel or zirconium with intermetallics. Journal of Materials Science, 1988, 23 (8): 2837-2845.

[25] Schultz L. Formation of amorphous metals by mechanical alloying. Materials Science and Engineering, 1988, 97: 15-23.

[26] Kano J, Mio H, Saito F. Correlation of size reduction rate of inorganic materials with impact energy of balls in planetary ball milling. Journal of Chemical Engineering of Japan, 1999, 32 (4): 445-448.

[27] Koch C C, Pathak D, Yamada K. Mechanical Alloying for Structural Applications. Ohio: ASM International, Materials Park, 1993: 205-212.

[28] Suryanarayana C. Bibliography on Mechanical Alloying and Milling. Cambridge: International Science Publishing, 1995.

[29] Suryanarayana C. Mechanical alloying and milling. Progress in Materials Science, 2001, 46 (1): 1-184.

[30] Austin L, Shoji K, Luckie P T. The effect of ball size on mill performance. Powder Technology, 1976, 14 (1): 71-79.

[31] Lü L, Lai M, Zhang S. Modeling of the mechanical-alloying process. Journal of Materials Processing Technology, 1995, 52 (2-4): 539-546.

[32] Mankosa M, Adel G, Yoon R. Effect of operating parameters in stirred ball mill grinding of coal. Powder Technology, 1989, 59 (4): 255-260.

[33]　Watanabe H. Critical rotation speed for ball-milling. Powder Technology，1999，104（1）：95-99.

[34]　Lee B H，Ahn B S，Kim D G，et al. Microstructure and magnetic properties of nanosized Fe-Co alloy powders synthesized by mechanochemical and mechanical alloying process. Materials Letters，2003，57（5）：1103-1107.

[35]　Fuerstenau D，Abouzeid A Z. The energy efficiency of ball milling in comminution. International Journal of Mineral Processing，2002，67（1-4）：161-185.

[36]　Hong L，Bansal C，Fultz B. Steady state grain size and thermal stability of nanophase Ni_3Fe and Fe_3X（X= Si，Zn，Sn）synthesized by ball milling at elevated temperatures. Nanostructured Materials，1994，4（8）：949-956.

[37]　Koch C. Intermetallic matrix composites prepared by mechanical alloying—A review. Materials Science and Engineering：A，1998，244（1）：39-48.

[38]　Fecht H J，Hellstern E，Fu Z，et al. Nanocrystalline metals prepared by high-energy ball milling. Metallurgical Transactions A，1990，21（9）：2333.

[39]　Fecht H J. Nanostructure formation by mechanical attrition. Nanostructured Materials，1995，6（1-4）：33-42.

[40]　Zhang X，Wang H，Narayan J，et al. Evidence for the formation mechanism of nanoscale microstructures in cryomilled Zn powder. Acta Materialia，2001，49（8）：1319-1326.

[41]　Zhang X，Wang H，Kassem M，et al. Origins of stored enthalpy in cryomilled nanocrystalline Zn. Journal of Materials Research，2001，16（12）：3485-3495.

[42]　Urakaev F K，Boldyrev V. Mechanism and kinetics of mechanochemical processes in comminuting devices：1. Theory. Powder Technology，2000，107（1-2）：93-107.

[43]　Moothedath S K，Ahluwalia S. Mechanism of action of grinding aids in comminution. Powder Technology，1992，71（3）：229-237.

[44]　Schaffer G，McCormick P. Displacement reactions during mechanical alloying. Metallurgical Transactions A，1990，21（10）：2789-2794.

[45]　Wakayama H，Mizuno J，Fukushima Y，et al. Structural defects in mechanically ground graphite. Carbon，1999，37（6）：947-952.

[46]　Le Brun P，Froyen L，Delaey L. The modelling of the mechanical alloying process in a planetary ball mill：Comparison between theory and in-situ observations. Materials Science and Engineering：A，1993，161（1）：75-82.

[47]　Beyer M K，Clausen-Schaumann H. Mechanochemistry：The mechanical activation of covalent bonds. Chemical Reviews，2005，105（8）：2921-2948.

[48]　Eckert J，Holzer J，Krill C，et al. Structural and thermodynamic properties of nanocrystalline fcc metals prepared by mechanical attrition. Journal of Materials Research，1992，7（7）：1751-1761.

[49]　Malow T，Koch C. Grain growth in nanocrystalline iron prepared by mechanical attrition. Acta Materialia，1997，45（5）：2177-2186.

[50]　Shen T，Koch C，McCormick T，et al. The structure and property characteristics of amorphous/nanocrystalline silicon produced by ball milling. Journal of Materials Research，1995，10（1）：139-148.

[51]　Oleszak D，Shingu P H. Nanocrystalline metals prepared by low energy ball milling. Journal of Applied Physics，1996，79（6）：2975-2980.

[52]　Hwang S，Nishimura C，McCormick P. Mechanical milling of magnesium powder. Materials Science and Engineering：A，2001，318（1）：22-33.

[53]　Varin R，Bystrzycki J，Calka A. Characterization of nanocrystalline Fe-45at% Al intermetallic powders obtained by controlled ball milling and the influence of annealing. Intermetallics，1999，7（8）：917-930.

[54] Jiang J, Olsen J, Gerward L, et al. Compressibility of nanostructured Fe-Cu materials prepared by mechanical milling. Nanostructured Materials, 1999, 12 (5-8): 847-850.

[55] Zhou F, Liao X, Zhu Y, et al. Microstructural evolution during recovery and recrystallization of a nanocrystalline Al-Mg alloy prepared by cryogenic ball milling. Acta Materialia, 2003, 51 (10): 2777-2791.

[56] Krakhmalev P, Yi D, Nyborg L, et al. Isothermal grain growth in mechanically alloyed nanostructured $Fe_{80}Ti_8B_{12}$ alloy. Materials Letters, 2003, 57 (22): 3671-3675.

[57] Lu L, Raviprasad K, Lai M. Nanostructured Mg-5% Al-x% Nd alloys. Materials Science and Engineering: A, 2004, 368 (1): 117-125.

[58] Suryanarayana C, Ivanov E, Noufi R, et al. Phase selection in a mechanically alloyed Cu-In-Ga-Se powder mixture. Journal of Materials Research, 1999, 14 (2): 377-383.

[59] Ding J, Tsuzuki T, McCormick P. Mechanochemical synthesis of ultrafine ZrO_2 powder. Nanostructured Materials, 1997, 8 (1): 75-81.

[60] Wu J, Li Z. Nanostructured composite obtained by mechanically driven reduction reaction of CuO and al powder mixture. Journal of Alloys and Compounds, 2000, 299 (1): 9-16.

[61] Ying D, Zhang D. Processing of Cu-Al_2O_3 metal matrix nanocomposite materials by using high energy ball milling. Materials Science and Engineering: A, 2000, 286 (1): 152-156.

[62] Chen Y, Conway M, Fitzgerald J. Carbon nanotubes formed in graphite after mechanical grinding and thermal annealing. Applied Physics A: Materials Science & Processing, 2003, 76 (4): 633-636.

[63] Laurent C, Flahaut E, Peigney A, et al. Metal nanoparticles for the catalytic synthesis of carbon nanotubes. New Journal of Chemistry, 1998, 22 (11): 1229-1237.

[64] Iijima S, Ichihashi T. Single-shell carbon nanotubes of 1-nm diameter. Nature, 1993, 363 (6430): 603-605.

[65] Chen Y, Fitz Gerald J, Chadderton L T, et al. Nanoporous carbon produced by ball milling. Applied Physics Letters, 1999, 74 (19): 2782-2784.

[66] Chen Y, Gerald J F, Williams J, et al. Synthesis of boron nitride nanotubes at low temperatures using reactive ball milling. Chemical Physics Letters, 1999, 299 (3): 260-264.

[67] Heng L Y, Chou A, Yu J, et al. Demonstration of the advantages of using bamboo-like nanotubes for electrochemical biosensor applications compared with single walled carbon nanotubes. Electrochemistry Communications, 2005, 7 (12): 1457-1462.

[68] Chen Y, Chadderton L T, Gerald J F, et al. A solid-state process for formation of boron nitride nanotubes. Applied Physics Letters, 1999, 74 (20): 2960-2962.

[69] Heremans J P, Thrush C M, Morelli D T, et al. Resistance, magnetoresistance, and thermopower of zinc nanowire composites. Physical Review Letters, 2003, 91 (7): 076804.

[70] Chen Y J, Chi B, Zhang H Z, et al. Controlled growth of zinc nanowires. Materials Letters, 2007, 61(1): 144-147.

[71] Peng X, Zhang L, Meng G, et al. Synthesis of Zn nanofibres through simple thermal vapour-phase deposition. Journal of Physics D: Applied Physics, 2003, 36 (6): 35-38.

[72] Huang S, Dai L, Mau A W. Patterned growth and contact transfer of well-aligned carbon nanotube films. The Journal of Physical Chemistry B, 1999, 103 (21): 4223-4227.

[73] Chen Y, Chadderton L. Improved growth of aligned carbon nanotubes by mechanical activation. Journal of Materials Research, 2004, 19 (10), 2791-2794.

[74] Chen Y, Yu J. Patterned growth of carbon nanotubes on Si substrates without predeposition of metal catalysts. Applied Physics Letters, 2005, 87 (3): 033103.

[75] Li C P，Chen Y，Gerald J F. Substitution reactions of carbon nanotube template. Applied Physics Letters，2006，88（22）：223105.

[76] Zhao W，Fang M，Wu F，et al. Preparation of graphene by exfoliation of graphite using wet ball milling. Journal of Materials Chemistry，2010，20（28）：5817-5819.

[77] Yi M，Shen Z. A review on mechanical exfoliation for the scalable production of graphene. Journal of Materials Chemistry A，2015，3（22）：11700-11715.

[78] Knieke C，Berger A，Voigt M，et al. Scalable production of graphene sheets by mechanical delamination. Carbon，2010，48（11）：3196-3204.

[79] Aparna R，Sivakumar N，Balakrishnan A，et al. An effective route to produce few-layer graphene using combinatorial ball milling and strong aqueous exfoliants. Journal of Renewable and Sustainable Energy，2013，5（3）：033123.

[80] Del Rio-Castillo A E，Merino C，Díez-Barra E，et al. Selective suspension of single layer graphene mechanochemically exfoliated from carbon nanofibres. Nano Research，2014，7（7）：963-972.

[81] Lin T，Tang Y，Wang Y，et al. Scotch-tape-like exfoliation of graphite assisted with elemental sulfur and graphene-sulfur composites for high-performance lithium-sulfur batteries. Energy & Environmental Science，2013，6（4）：1283-1290.

[82] Yin Y，Alivisatos A P. Colloidal nanocrystal synthesis and the organic-inorganic interface. Nature，2005，437（7059）：664-670.

[83] Bugaris D E，Zur Loye H C. Materials discovery by flux crystal growth：Quaternary and higher order oxides. Angewandte Chemie International Edition，2012，51（16）：3780-3811.

[84] Volkov S V. Chemical-reactions in molten-salts and their classification. Chemical Society Reviews，1990，19（1）：21-28.

[85] Giddey S，Badwal S P S，Kulkarni A，et al. A comprehensive review of direct carbon fuel cell technology. Progress in Energy and Combustion Science，2012，38（3）：360-399.

[86] Chen G Z，Fray D J，Farthing T W. Direct electrochemical reduction of titanium dioxide to titanium in molten calcium chloride. Nature，2000，407（6802）：361-364.

[87] Wu Y T，Ren N，Wang T，et al. Experimental study on optimized composition of mixed carbonate salt for sensible heat storage in solar thermal power plant. Solar Energy，2011，85（9）：1957-1966.

[88] Raud R，Jacob R，Bruno F，et al. A critical review of eutectic salt property prediction for latent heat energy storage systems. Renewable & Sustainable Energy Reviews，2017，70：936-944.

[89] Sundermeyer W. Fused salts and their use as reaction media. Angewandte Chemie International Edition，1965，4（3）：222-238.

[90] Nachtrieb N H. Conduction in fused-salts and salt-metal solutions. Annual Review of Physical Chemistry，1980，31：131-156.

[91] Pearson R G. Hard and soft acids and bases HSAB，Part Ⅱ：Underlying theories. Journal of Chemical Education，1968，45（10）：643-648.

[92] Sen S. Temperature induced structural changes and transport mechanisms in borate，borosilicate and boroaluminate liquids：High-resolution and high-temperature NMR results. Journal of Non-crystalline Solids，1999，253：84-94.

[93] Bruckner R，Murach J，Hao S. Generation and relaxation of flow birefringence of high-viscous alkali phosphate glass melts. Journal of Non-crystalline Solids，1996，208（3）：228-236.

[94] Sipp A，Richet P. Equivalence of volume，enthalpy and viscosity relaxation kinetics in glass-forming silicate liquids. Journal of Non-crystalline Solids，2002，298（2/3）：202-212.

[95] Rovere M, Tosi M P. Structure and dynamics of molten-salts. Reports on Progress in Physics, 1986, 49 (9): 1001-1081.

[96] Flood H, Forland T. The acidic and basic properties of oxides. Acta Chemica Scandinavica, 1947, 1 (6): 592-604.

[97] Gardiner D J, Girling R B, Hester R E. Raman studies of molten-salt hydrates-magnesium chlorate-water system. The Journal of Physical Chemistry, 1973, 77 (5): 640-644.

[98] Li L X, Shi Z N, Gao B L, et al. Electrochemical behavior of carbonate ion in the $LiF-NaF-Li_2Co_3$ system. Electrochemistry, 2014, 82 (12): 1072-1077.

[99] Mao Y, Park T J, Zhang F, et al. Environmentally friendly methodologies of nanostructure synthesis. Small, 2007, 3 (7): 1122-1139.

[100] Chen D P, Fu J, Skrabalak S E. Towards shape control of metal oxide nanocrystals in confined molten media. ChemNanoMat, 2015, 1 (1): 18-26.

[101] Xiao W, Wang D H. The electrochemical reduction processes of solid compounds in high temperature molten salts. Chemical Society Reviews, 2014, 43 (10): 3215-3228.

[102] Hsiang H I, Chen T H, Chuang C C. Synthesis of alpha-alumina hexagonal platelets using a mixture of boehmite and potassium sulfate. Journal of the American Ceramic Society, 2007, 90 (12): 4070-4072.

[103] Du Y S, Inman D. Precipitation of finely divided Al_2O_3 powders by a molten salt method. Journal of Materials Chemistry, 1996, 6 (7): 1239-1240.

[104] Jin X H, Gao L A. Size control of alpha-Al_2O_3 platelets synthesized in molten Na_2SO_4 flux. Journal of the American Ceramic Society, 2004, 87 (4): 533-540.

[105] Zhu L H, Huang Q W. Morphology control of alpha-Al_2O_3 platelets by molten salt synthesis. Ceramics International, 2011, 37 (1): 249-255.

[106] Kerridge D H, Shakir W M. Molten lithium-nitrate potassium-nitrate eutectic: The reaction of tin (Ⅱ) chloride. Thermochimica Acta, 1988, 136: 149-152.

[107] Guo Z P, Du G D, Nuli Y, et al. Ultra-fine porous SnO_2 nanopowder prepared via a molten salt process: A highly efficient anode material for lithium-ion batteries. Journal of Materials Chemistry, 2009, 19 (20): 3253-3257.

[108] Wang Y, Lee J Y. Molten salt synthesis of tin oxide nanorods: Morphological and electrochemical features. The Journal of Physical Chemistry B, 2004, 108 (46): 17832-17837.

[109] Xu C K, Zhao X L, Liu S, et al. Large-scale synthesis of rutile SnO_2 nanorods. Solid State Communications, 2003, 125 (6): 301-304.

[110] Wang X, Han X G, Xie S F, et al. Controlled synthesis and enhanced catalytic and gas-sensing properties of tin dioxide nanoparticles with exposed high-energy facets. Chemistry: A European Journal, 2012, 18(8): 2283-2289.

[111] Kerridge D H, Rey J C. Molten lithium nitrate-potassium nitrate eutectic: Reaction of compounds of titanium. Journal of Inorganic and Nuclear Chemistry, 1975, 37 (11): 2257-2260.

[112] Raciulete M, Kachina A, Puzenat E, et al. Preparation of nanodispersed titania using stabilized ammonium nitrate melts. Journal of Solid State Chemistry, 2010, 183 (10): 2438-2444.

[113] Roy B, Ahrenkiel S P, Fuierer P A. Controlling the size and morphology of TiO_2 powder by molten and solid salt synthesis. Journal of the American Ceramic Society, 2008, 91 (8): 2455-2463.

[114] Afanasiev P. Snapshots of zinc oxide formation in molten salt: Hollow microtubules generated by oriented attachment and the kirkendall effect. The Journal of Physical Chemistry C, 2012, 116 (3): 2371-2381.

[115] Jiang Z Y, Xu T, Xie Z X, et al. Molten salt route toward the growth of ZnO nanowires in unusual growth directions. The Journal of Physical Chemistry B, 2005, 109 (49): 23269-23273.

[116] Habboush D A，Kerridge D H，Tariq S A. Molten nitrate eutectics: The reaction of four lanthanide chlorides. Thermochimica Acta，1983，65（1）: 53-60.

[117] Du Y S，Inman D. Synthesis of MgO powders from molten salts. Journal of Materials Science，1997，32（9）: 2373-2379.

[118] Park T J，Wong S S. As-prepared single-crystalline hematite rhombohedra and subsequent conversion into monodisperse aggregates of magnetic nanocomposites of iron and magnetite. Chemistry of Materials，2006，18（22）: 5289-5295.

[119] Zhan Y J，Yin C R，Zheng C L，et al. A simple method to synthesize NiO fibers. Journal of Solid State Chemistry，2004，177（7）: 2281-2284.

[120] Hooker P D，Klabunde K J. Reaction of nickel atoms with molten-salts—A new approach to the synthesis of nanoscale metal，metal-oxide，and metal carbide particles. Chemistry of Materials，1993，5（8）: 1089-1093.

[121] Xu T，Zhou X，Jiang Z Y，et al. Syntheses of nano/submicrostructured metal oxides with all polar surfaces exposed via a molten salt route. Crystal Growth & Design，2009，9（1）: 192-196.

[122] Wang X，Hu C，Liu H，et al. Synthesis of CuO nanostructures and their application for nonenzymatic glucose sensing. Sensors and Actuators B—Chemical，2010，144（1）: 220-225.

[123] Sun Q B，Zeng Y P，Jiang D L. Synthesis and morphological transition of Ni^{2+} doped $Rh-In_2O_3$ nanocrystals under $LiNO_3$ molten salts. Applied Physics Letters，2012，101: 073109.

[124] Mao Y，Tran T，Guo X，et al. Luminescence of nanocrystalline erbium-doped yttria. Advanced Functional Materials，2009，19（5）: 748-754.

[125] Deng Y，Qi D，Deng C，et al. Superparamagnetic high-magnetization microspheres with an $Fe_3O_4@SiO_2$ core and perpendicularly aligned mesoporous SiO_2 shell for removal of microcystins. Journal of the American Chemical Society，2007，130（1）: 28-29.

[126] Afanasiev P，Geantet C，Lacroix M，et al. Synthesis of ZrO_2 in molten salt mixtures: Control of the evolved gas and the oxide texture. Journal of Catalysis，1996，162（1）: 143-146.

[127] Xiao X，Song H，Lin S，et al. Scalable salt-templated synthesis of two-dimensional transition metal oxides. Nature Communications，2016，7: 11296.

[128] Hu C G，Liu H，Dong W T，et al. La(OH)$_3$ and La_2O_3 nanobelts-synthesis and physical properties. Advanced Materials，2007，19（3）: 470-474.

[129] Liu H，Hu C G，Wang Z L. Composite-hydroxide-mediated approach for the synthesis of nanostructures of complex functional-oxides. Nano Letters，2006，6（7）: 1535-1540.

[130] Mao Y B，Banerjee S，Wong S S. Large-scale synthesis of single-crystal line perovskite nanostructures. Journal of the American Chemical Society，2003，125（51）: 15718-15719.

[131] Mao Y B，Wong S S. Composition and shape control of crystalline $Ca_{1-x}Sr_xTiO_3$ perovskite nanoparticles. Advanced Materials，2005，17（18）: 2194-2199.

[132] Deng H，Qiu Y C，Yang S H. General surfactant-free synthesis of $MTiO_3$（M = Ba，Sr，Pb）perovskite nanostrips. Journal of Materials Chemistry，2009，19（7）: 976-982.

[133] Rorvik P M，Lyngdal T，Saeterli R，et al. Influence of volatile chlorides on the molten salt synthesis of ternary oxide nanorods and nanoparticles. Inorganic Chemistry，2008，47（8）: 3173-3181.

[134] Tan K S，Reddy M V，Rao G V S，et al. High-performance $LiCoO_2$ by molten salt（$LiNO_3$: LiCl）synthesis for Li-ion batteries. Journal of Power Sources，2005，147（1/2）: 241-248.

[135] Chen H L，Grey C P. Molten salt synthesis and high rate performance of the "desert-rose" form of $LiCoO_2$. Advanced Materials，2008，20（11）: 2206-2210.

[136] Chang Z R, Chen Z J, Wu F, et al. The synthesis of Li（$Ni_{1/3}Co_{1/3}Mn_{1/3}$）O_2 using eutectic mixed lithium salt $LiNO_3$-LiOH. Electrochimica Acta, 2009, 54（26）: 6529-6535.

[137] Ni J F, Zhou H H, Chen J T, et al. Molten salt synthesis and electrochemical properties of spherical $LiFePO_4$ particles. Materials Letters, 2007, 61（4/5）: 1260-1264.

[138] Fey G T K, Lin Y C, Kao H M. Characterization and electrochemical properties of high tap-density $LiFePO_4$/C cathode materials by a combination of carbothermal reduction and molten salt methods. Electrochimica Acta, 2012, 80: 41-49.

[139] Rahman M M, Wang J Z, Hassan M F, et al. Basic molten salt process—A new route for synthesis of nanocrystalline $Li_4Ti_5O_{12}$-TiO_2 anode material for Li-ion batteries using eutectic mixture of $LiNO_3$-LiOH-Li_2O_2. Journal of Power Sources, 2010, 195（13）: 4297-4303.

[140] Kojima T, Kojima A, Miyuki T, et al. Synthesis method of the Li-ion battery cathode material Li_2FeSiO_4 using a molten carbonate flux. Journal of Electrochemical Society, 2011, 158（12）: A1340-A1346.

[141] Hu Z, Xiao X, Jin H, et al. Rapid mass production of two-dimensional metal oxides and hydroxides via the molten salts method. Nature Communications, 2017, 8: 15630.

[142] Matei C, Berger D, Marote P, et al. Lanthanum-based perovskites obtained in molten nitrates or nitrites. Progress in Solid State Chemistry, 2007, 35（2/3/4）: 203-209.

[143] Kojima T, Nomura K, Miyazaki Y, et al. Synthesis of various $LaMO_3$ perovskites in molten carbonates. Journal of the American Ceramic Society, 2006, 89（12）: 3610-3616.

[144] Yang J, Li R S, Zhou J Y, et al. Synthesis of $LaMO_3$（M = Fe, Co, Ni）using nitrate or nitrite molten salts. Journal of Alloys and Compounds, 2010, 508（2）: 301-308.

[145] Yoon K H, Cho Y S, Kang D H. Molten salt synthesis of lead-based relaxors. Journal of Materials Science, 1998, 33（12）: 2977-2984.

[146] Chiu C C, Li C C, Desu S B. Molten-salt synthesis of a complex perovskite, Pb（$Fe_{0.5}Nb_{0.5}$）O_3. Journal of the American Ceramic Society, 1991, 74（1）: 38-41.

[147] Meng W, Virkar A V. Synthesis and thermodynamic stability of $Ba_2B'B''O_6$ and $Ba_3B*B''_2O_9$ perovskites using the molten salt method. Journal of Solid State Chemistry, 1999, 148（2）: 492-498.

[148] Shivakumara C. Low temperature synthesis and characterization of rare earth orthoferrites $LnFeO_3$（Ln = La, Pr and Nd）from molten naoh flux. Solid State Communications, 2006, 139（4）: 165-169.

[149] Arendt R H. Molten-salt synthesis of single magnetic domain $BaFe_{12}O_{19}$ and $SrFe_{12}O_{19}$ crystals. Journal of Solid State Chemistry, 1973, 8（4）: 339-347.

[150] Porob D G, Maggard P A. Flux syntheses of La-doped $NaTaO_3$ and its photocatalytic activity. Journal of Solid State Chemistry, 2006, 179（6）: 1727-1732.

[151] Sun J X, Chen G, Li Y X, et al. Novel（Na, K）TaO_3 single crystal nanocubes: Molten salt synthesis, invariable energy level doping and excellent photocatalytic performance. Energy & Environmental Science, 2011, 4（10）: 4052-4060.

[152] Xu C Y, Zhen L, Yang R, et al. Synthesis of single-crystalline niobate nanorods via ion-exchange based on molten-salt reaction. Journal of the American Chemical Society, 2007, 129（50）: 15444-15445.

[153] Hedden D B, Torardi C C, Zegarski W. M'-$RTaO_4$ synthesis: activation of the precursor oxides by the reaction flux. Journal of Solid State Chemistry, 1995, 118（2）: 419-421.

[154] Afanasiev P. Molten salt synthesis of barium molybdate and tungstate microcrystals. Materials Letters, 2007, 61（23/24）: 4622-4626.

[155] Fuoco L，Rodriguez D，Peppel T，et al. Molten-salt-mediated syntheses of Sr_2FeReO_6，Ba_2FeReO_6，and Sr_2CrReO_6: Particle sizes，B/B' site disorder，and magnetic properties. Chemistry of Materials，2011，23（24）: 5409-5414.

[156] Photiadis G，Maries A，Tyrer M，et al. Low energy synthesis of cement compounds in molten salt. Advanced in Applied Ceramics，2011，110（3）: 137-141.

[157] Wada H，Sakane K，Kitamura T，et al. Synthesis of aluminum borate whiskers in potassium-sulfate flux. Journal of Materials Science Letters，1991，10（18）: 1076-1077.

[158] Gopi D，Indira J，Kavitha L，et al. Spectroscopic characterization of nanohydroxyapatite synthesized by molten salt method. Spectrochimica Acta A，2010，77（2）: 545-547.

[159] Tas A C. Molten salt synthesis of calcium hydroxyapatite whiskers. Journal of the American Ceramic Society，2001，84（2）: 295-300.

[160] Hashimoto S，Yamaguchi A. Synthesis of needlelike mullite particles using potassium sulfate flux. Journal of the European Ceramic Society，2000，20（4）: 397-402.

[161] Zhang P Y，Liu J C，Du H Y，et al. A facile preparation of mullite [Al_2（$Al_{2.8}Si_{1.2}$）$O_{9.6}$] nanowires by B_2O_3-doped molten salts synthesis. Chemical Communications，2010，46（22）: 3988-3990.

[162] Choi C L，Park M，Lee D H，et al. Zeolitization of mineral wastes by molten-salt method: $NaOH$-KNO_3 system. Journal of Porous Materials，2007，14（1）: 37-42.

[163] Javadi A，Pan S H，Cao C Z，et al. Facile synthesis of 10 nm surface clean TiB_2 nanoparticles. Materials Letters，2018，229: 107-110.

[164] Ma J H，Gu Y L，Shi L，et al. Reduction-boronation route to chromium boride（CrB）nanorods. Chemical Physics Letters，2003，381（1/2）: 194-198.

[165] Portehault D，Devi S，Beaunier P，et al. A general solution route toward metal boride nanocrystals. Angewandte Chemie International Edition，2011，50（14）: 3262-3265.

[166] Li X，Westwood A，Brown A，et al. A convenient，general synthesis of carbide nanofibres via templated reactions on carbon nanotubes in molten salt media. Carbon，2009，47（1）: 201-208.

[167] Tian W B，Wang P L，Kan Y M，et al. Cr_2AlC powders prepared by molten salt method. Journal of Alloys and Compounds，2008，461（1/2）: L5-L10.

[168] Chen X L，Li Y B，Li Y W，et al. Carbothermic reduction synthesis of Ti（C，N）powder in the presence of molten salt. Ceramics International，2008，34（5）: 1253-1259.

[169] Nersisyan H H，Lee J H，Won C W. Combustion of TiO_2-Mg and TiO_2-Mg-C systems in the presence of NaCl to synthesize nanocrystalline Ti and TiC powders. Materials Research Bulletin，2003，38（7）: 1135-1146.

[170] Ma J H，Gu Y L，Shi L，et al. Synthesis and thermal stability of nano-crystalline vanadium disilicide. Journal of Alloys and Compounds，2004，370（1/2）: 281-284.

[171] Yang Z H，Gu Y L，Chen L Y，et al. Preparation of Mn_5Si_3 nanocages and nanotubes by molten salt flux. Solid State Communications，2004，130（5）: 347-351.

[172] Manukyan K V，Aydinyan S V，Kirakosyan K G，et al. Molten salt-assisted combustion synthesis and characterization of $MoSi_2$ and $MoSi_2$-Si_3N_4 composite powders. Chemical Engineering Journal，2008，143（1/2/3）: 331-336.

[173] Afanasiev P，Rawas L，Vrinat M. Synthesis of dispersed Mo sulfides in the reactive fluxes containing liquid sulfur and alkali metal carbonates. Materials Chemistry and Physics，2002，73（2/3）: 295-300.

[174] Zhao H D，Yang S C，You H J，et al. Synthesis of surfactant-free Pt concave nanoparticles in a freshly-made or recycled molten salt. Green Chemistry，2012，14（11）: 3197-3203.

[175] Hu C G, Xi Y, Liu H, et al. Composite-hydroxide-mediated approach as a general methodology for synthesizing nanostructures. Journal of Materials Chemistry, 2009, 19 (7): 858-868.

[176] Sheldrick W S, Wachhold M. Solventothermal synthesis of solid-state chalcogenidometalates. Angewandte Chemie International Edition, 1997, 36 (3): 207-224.

[177] Zhou J, Lin J, Huang X, et al. A library of atomically thin metal chalcogenides. Nature, 2018, 556 (7701): 355-359.

[178] Shah A, Torres P, Tscharner R, et al. Photovoltaic technology: The case for thin-film solar cells. Science, 1999, 285 (5428): 692-698.

[179] Bao Z H, Weatherspoon M R, Shian S, et al. Chemical reduction of three-dimensional silica micro-assemblies into microporous silicon replicas. Nature, 2007, 446 (7132): 172-175.

[180] Liu X F, Giordano C, Antonietti M. A molten-salt route for synthesis of Si and Ge nanoparticles: Chemical reduction of oxides by electrons solvated in salt melt. Journal of Materials Chemistry, 2012, 22 (12): 5454-5459.

[181] Lin N, Han Y, Zhou J, et al. A low temperature molten salt process for aluminothermic reduction of silicon oxides to crystalline si for Li-ion batteries. Energy & Environmental Science, 2015, 8 (11): 3187-3191.

[182] Liu X F, Antonietti M, Giordano C. Manipulation of phase and microstructure at nanoscale for SiC in molten salt synthesis. Chemistry of Materials, 2013, 25 (10): 2021-2027.

[183] Gu Y L, Zheng M T, Liu Y L, et al. Low-temperature synthesis and growth of hexagonal boron-nitride in a lithium bromide melt. Journal of the American Ceramic Society, 2007, 90 (5): 1589-1591.

[184] Li X L, Hao X P, Zhao M W, et al. Exfoliation of hexagonal boron nitride by molten hydroxides. Advanced Materials, 2013, 25 (15): 2200-2204.

[185] Bojdys M J, Muller J O, Antonietti M, et al. Ionothermal synthesis of crystalline, condensed, graphitic carbon nitride. Chemistry: A European Journal, 2008, 14 (27): 8177-8182.

[186] Wirnhier E, Doblinger M, Gunzelmann D, et al. Poly (triazine imide) with intercalation of lithium and chloride ions [(C$_3$N$_3$)$_2$(NH$_x$Li$_{1-x}$)$_3$·LiCl]: A crystalline 2D carbon nitride network. Chemistry: A European Journal, 2011, 17 (11): 3213-3221.

[187] Schwinghammer K, Tuffy B, Mesch M B, et al. Triazine-based carbon nitrides for visible-light-driven hydrogen evolution. Angewandte Chemie International Edition, 2013, 52 (9): 2435-2439.

[188] Algara-Siller G, Severin N, Chong S Y, et al. Triazine-based graphitic carbon nitride: A two-dimensional semiconductor. Angewandte Chemie International Edition, 2014, 53 (29): 7450-7455.

[189] Kroke E. gt-C$_3$N$_4$—The first stable binary carbon (IV) nitride. Angewandte Chemie International Edition, 2014, 53 (42): 11134-11136.

[190] Liu X F, Giordano C, Antonietti M. A facile molten-salt route to graphene synthesis. Small, 2014, 10 (1): 193-200.

[191] Fechler N, Fellinger T P, Antonietti M. "Salt templating": A simple and sustainable pathway toward highly porous functional carbons from ionic liquids. Advanced Materials, 2013, 25 (1): 75-79.

[192] Peng J, Chen N, He R, et al. Electrochemically driven transformation of amorphous carbons to crystalline graphite nanoflakes: A facile and mild graphitization method. Angewandte Chemie International Edition, 2017, 56 (7): 1751-1755.

[193] Yu Z L, Li G C, Fechler N, et al. Polymerization under hypersaline conditions: A robust route to phenolic polymer-derived carbon aerogels. Angewandte Chemie International Edition, 2016, 55 (47): 14623-14627.

[194] Liu X F, Antonietti M. Moderating black powder chemistry for the synthesis of doped and highly porous graphene nanoplatelets and their use in electrocatalysis. Advanced Materials, 2013, 25 (43): 6284-6290.

[195] Schwandt C, Dimitrov A T, Fray D J. High-yield synthesis of multi-walled carbon nanotubes from graphite by molten salt electrolysis. Carbon, 2012, 50（3）: 1311-1315.

[196] Liu J, Qiao S Z, Liu H, et al. Extension of the stöber method to the preparation of monodisperse resorcinol-formaldehyde resin polymer and carbon spheres. Angewandte Chemie International Edition, 2011, 50（26）: 5947-5951.

[197] Li S, Cheng C, Liang H W, et al. 2D porous carbons prepared from layered organic-inorganic hybrids and their use as oxygen-reduction electrocatalysts. Advanced Materials, 2017, 29（28）: 1700707.

[198] Paraknowitsch J P, Zhang J, Su D, et al. Ionic liquids as precursors for nitrogen-doped graphitic carbon. Advanced Materials, 2010, 22（1）: 87-92.

[199] Luo H, Baker G A, Lee J S, et al. Ultrastable superbase-derived protic ionic liquids. The Journal of Physical Chemistry B, 2009, 113（13）: 4181-4183.

[200] Paraknowitsch J P, Thomas A. Functional carbon materials from ionic liquid precursors. Macromolecular Chemistry and Physics, 2012, 213（10/11）: 1132-1145.

[201] Wooster T J, Johanson K M, Fraser K J, et al. Thermal degradation of cyano containing ionic liquids. Green Chemistry, 2006, 8（8）: 691-696.

[202] Paraknowitsch J P, Thomas A, Antonietti M. A detailed view on the polycondensation of ionic liquid monomers towards nitrogen doped carbon materials. Journal of Materials Chemistry, 2010, 20（32）: 6746-6758.

[203] Lee J S, Wang X Q, Luo H M, et al. Facile ionothermal synthesis of microporous and mesoporous carbons from task specific ionic liquids. Journal of the American Chemical Society, 2009, 131（13）: 4596-4597.

[204] Wang X Q, Dai S. Ionic liquids as versatile precursors for functionalized porous carbon and carbon-oxide composite materials by confined carbonization. Angewandte Chemie International Edition, 2010, 49（37）: 6664-6668.

[205] Yuan J Y, Giordano C, Antonietti M. Ionic liquid monomers and polymers as precursors of highly conductive, mesoporous, graphitic carbon nanostructures. Chemistry of Materials, 2010, 22（17）: 5003-5012.

[206] Yang W, Fellinger T P, Antonietti M. Efficient metal-free oxygen reduction in alkaline medium on high-surface-area mesoporous nitrogen-doped carbons made from ionic liquids and nucleobases. Journal of the American Chemical Society, 2011, 133（2）: 206-209.

[207] Fulvio P F, Lee J S, Mayes R T, et al. Boron and nitrogen-rich carbons from ionic liquid precursors with tailorable surface properties. Physical Chemistry Chemical Physics, 2011, 13（30）: 13486-13491.

[208] Fellinger T P, Su D S, Engenhorst M, et al. Thermolytic synthesis of graphitic boron carbon nitride from an ionic liquid precursor: Mechanism, structure analysis and electronic properties. Journal of Materials Chemistry, 2012, 22（45）: 23996-24005.

[209] Karimi B, Behzadnia H, Rafiee M, et al. Electrochemical performance of a novel ionic liquid derived mesoporous carbon. Chemical Communications, 2012, 48（22）: 2776-2778.

第5章

低维纳米材料的宏量制备

低维纳米材料宏量制备的重要性

纳米材料因其独特的结构、特殊的性质与优异的性能,在光学、电学、磁学、医药、催化、影像、传感、能源存储与转换、数据及信息存储等领域具有广阔的应用前景而备受关注。为了探索纳米材料的新型微结构与超结构、新的物化性质与现象以及纳米材料的应用,纳米材料的可控制备已日益成为纳米技术的首要前提和基础。因此,开发新型纳米材料、优化调控纳米材料的结构与发展简单有效的纳米材料可控宏量制备技术也成了纳米科学技术的重要研究领域之一。

纵然纳米材料有着非常奇妙的性质,具有优于块体材料的特性和应用价值,但如果希望这些纳米材料走出实验室,面向实际应用进入市场,首要解决的关键问题就是如何结合纳米材料的合成化学手段,实现纳米材料的可控宏量制备,这是纳米材料走向实际应用拓展的基础和前提,也是纳米科技领域当前面临的挑战之一。因此,探究放大制备过程中宏观尺度反应容器的热量、质量、动量输运与微观尺度纳米材料的成核与生长、形貌、结构和尺寸的相互关系,对研究放大制备过程中体积变化、质量传递、热量传递等对纳米材料的形貌、性能、团聚等的影响以及探索和解决放大宏量制备过程中遇到的技术难题均具有重要的指导意义。因此,在保证纳米材料的分散性、均一性、稳定性等前提下,如何克服纳米材料在放大制备过程中面临的质量、热量、动量传递等技术瓶颈,对开发简单、经济、有效的可控宏量制备方法和工艺技术具有重要的现实意义和巨大的经济价值。

面向实际应用,纳米材料的精确控制合成及其宏量制备是构建微观尺度和宏观尺度器件的基础,是实现其最终产业化应用的前提和关键,具有十分重要的意义。因此,基于零维、一维、二维结构的纳米材料的精确控制合成与宏量制备引起了广泛的关注和研究[1]。纳米材料的宏量制备的实现主要有两种途径：一种是间歇反应，通过增大底物浓度或放大反应体积来增加产量的简易制备方法（如模板法、化学还原法等），当反应条件温和，并且纳米材料的质量对反应体积不敏感时，简单地通过放大反应容器体积或增加底物浓度，实现纳米材料的宏量制备；另一种则是连续式制备方法（如液滴微流控），该方法容易实现对产物的形貌、结构、组成与尺寸的控制，该方法的宏量制备与小批量制备实验条件相同，可以通过延长时间和同时运行多个设备实现纳米材料的宏量制备。

早在 2003 年，彭笑刚等发展了一种通用的化学还原法，选择合适的表面活性剂、还原剂、前驱体等，在室温条件下实现了尺寸可控、均一的 Au、Ag、Cu 及 Pt 等金属纳米材料的克量级制备[2]。2004 年，Hyeon 等实现了单分散、尺寸均一、40 克量级的氧化铁纳米晶的成功制备（图 5.1）[3]。当纳米材料的结构与形貌等对反应底物的浓度不敏感时，通过大幅度提升底物的浓度并辅以反应体积的放大即可轻易实现纳米材料的宏量制备。Robinson 等发现在底物浓度接近溶解极限的情况下，仍然可以成功合成高质量的纳米材料（图 5.2）[4]。通过增加底物浓度和体积，可以实现亚千克量级 $Cu_{2-x}S$、CdS 以及 PbS 纳米材料的可重复制备，其中前驱体浓度高达 1000 mmol/L，硫源浓度高达 5000 mmol/L，反应容器体积从 25 mL 放大到 2.5 L，产物的质量体积浓度达到 86 g/L。中国科学技术大学俞书宏等通过扩大反应容器体积至 250 mL，实现了 10 g Cu_2ZnSnS_4 纳米晶的成功制备[5]。在很多情况下，纳米材料的成核和生长对于反应条件，如前驱体浓度、表面活性剂浓度、体积、温度等参数高度敏感，简单地增大底物浓度或放大反应体积，在实现纳米材料的宏量制备的同时很难保证纳米材料的品质。此时，兼具小规模调控合

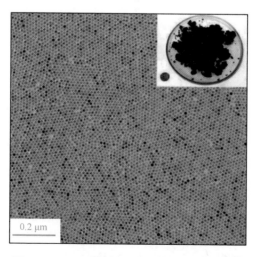

0.2 μm

图 5.1　12 nm 磁铁矿纳米晶体的 TEM 图像[3]

图中清楚地显示这种纳米晶体具有均匀的尺寸分布，插图是 40 g 磁铁矿纳米晶体的数码照片

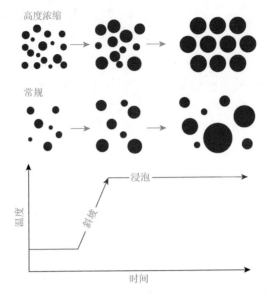

图 5.2   高度浓缩与常规浓度条件下产物的对比示意图[4]

初始阶段，两种方法所用的纳米颗粒的尺寸分布（约 3 nm）与浓度保持一致，然后升高温度并将其稳定在 185℃条件下，随着时间的延长，颗粒尺寸分布发生变化。在 185℃下保持一定时间后，高度浓缩方法可以保证纳米颗粒尺寸分布的均匀性，而传统方法的纳米颗粒会发生奥斯特瓦德熟化

成与大规模制备的连续式制备工艺具有更好的实现纳米材料宏量制备的潜力。Cabot 等使用连续式制备工艺实现了 Cu_2ZnSnS_4 纳米材料的宏量制备[6]。佐治亚理工学院夏幼南等使用液滴微流控技术实现了具有可控形貌、尺寸、组分及结构的 Pd、Au、Ag 等贵金属纳米材料的宏量制备[7]。

一维纳米材料在纳米电子学等领域有着特殊的用途。例如，碳纳米管一直被认为是硅晶体管潜在的继任者。然而，为了实现一维纳米材料的工业化应用，一维纳米材料的宏量制备技术尤为关键。日本产业技术综合研究所 Hata 领衔的碳纳米管应用研究中心一直致力于发展碳纳米管的制备技术。该中心长期从事面向碳纳米管应用的相关技术的开发，如碳纳米管的分散与集成技术以及相关的表征技术[8-12]。他们发展了基于"超速生长法"（一种水辅助生长的化学气相沉积方法）的单壁碳纳米管阵列的宏量制备技术。

清华大学魏飞、范守善等在碳纳米管的宏量制备技术方面也做出了突出的贡献，他们开发了一系列连续化、低能耗、放大效应小，适合产业化推广的制备技术，推动了碳纳米管的产业化发展[13-17]。他们系统开展了多尺度、多维度、多功能的碳纳米管的制备和生长机理研究，分别解决了多壁碳纳米管、单壁碳纳米管、超长碳纳米管、阵列碳纳米管以及掺杂、螺旋大空腔等特种碳纳米管的宏量制备面临的技术难题（图 5.3）[18]；发展了纳米聚团床反应器、流化床-化学气相沉积法大批量制备碳纳米管的技术，并建立了反应体系的传递现象与纳米管生长动力学的关系；针对碳纳米管宏量制备过程中遇到的生长和团聚等问题，开展了碳源在催化剂表面吸附、分解与反应，并形成碳纳米管的相关研究；系统研究了碳纳米管宏量制备的化学及工程原理，总结了微观碳纳米管与加工工艺操作的相互关系，借鉴化学工程概念，采用连续流水线操作，分析和研究碳纳米管产业化中的工程问题和技术瓶颈（图 5.4）。基于此，他们实现了多壁碳纳米管、单壁碳纳米管、双壁碳纳米管、定向碳纳米管、超顺排碳纳米管、水平阵列碳纳米管和掺杂碳纳米管等多种碳纳米管的直径（0.5～50 nm）、壁数和长度（几十纳米～55 cm）的调控及其宏量制备；实现了聚团状多壁碳纳米管（70 kg/h），阵列状多壁碳纳米管（3 kg/h），单、双壁碳纳米管（1 kg/h）和碳纳米管/石墨烯杂化物（1 kg/h）的生产速率；碳纳米管浆料年产量达到 10000 t/a。更重要的是，这些碳纳米管被成功地应用在手机柔性屏、锂离子电池、超级电容器、轮胎复合材料等领域。

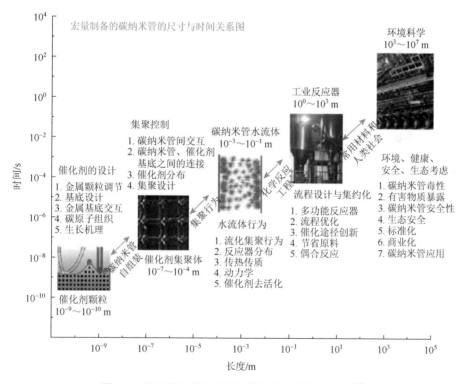

图 5.3　多尺度的碳纳米管材料的宏量制备示意图[18]

　　除了碳纳米材料以外，银纳米线和铜纳米线被认为是透明导电电极非常重要的候选材料。夏幼南、Yuen 等已经实现了银纳米线的大量制备，并采用液滴微流控技术实现了贵金属纳米材料的大量制备[19, 20]；潘道成、Wiley 等分别采用电高

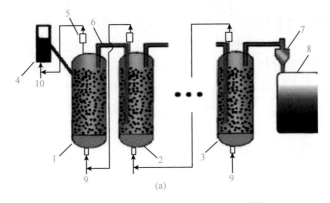

图 5.4　碳纳米管制备中试示意图[18]

连续大规模生产碳纳米管：1. 第一反应器；2. 第二反应器；3. 最后反应器；4. 催化剂还原反应器；
5. 气固分离器；6. 溢流管；7. 气旋；8. 碳纳米管罐；9. 反应器之间的连接件；10. 催化剂入口

压锅内一锅法和扩大反应体积的方法宏量制备了铜纳米线[21, 22]。2011 年美国政府启动的"材料基因组"计划中将碲列为需要密切关注的与能源及电子行业密切相关的矿物材料中的一种。鉴于碲纳米线及其相关衍生物纳米线在热电、光电、催化等领域有着重要的应用前景，中国科学技术大学俞书宏等基于前期发展的规模化制备超细一维纳米材料的工作和实验条件，首次成功实现了亚千克规模的超细碲纳米线的制备[23]。此外，多种有重要应用价值的一维纳米材料的大规模制备也被实现，如 GaAs 纳米线、超细 Bi_2S_3 纳米线、TiO_2 纳米线及金属掺杂 TiO_2 纳米线等[24-26]。

　　除了零维和一维纳米结构材料，二维纳米结构材料的宏量制备也取得了长足的发展，尤其是由碳原子组成的单层片状结构的石墨烯，正在从研发阶段向产业化阶段迅速推进。石墨烯优异的物理化学性能、极高的理论比表面积与单原子层结构，为构筑具有特定结构和功能的宏观材料带来新的契机，并可衍生出宏观尺度的特殊性能。因此，科学家们围绕石墨烯开展了一系列的调控与制备研究。国际上，Geim、Barron、Novoselov 等研究组采用胶带剥离、超声剥离和小分子插层剥离的方法，通过一定的机械力作用进行石墨片层的剥离，得到石墨烯[27-29]。自 2006 年 Somani 等首次采用化学气相沉积（CVD）技术在镍基体上成功实现石墨烯的制备之后，CVD 技术成为制备高质量单层石墨烯的重要方法[30]。北京大学刘忠范等也采用低温 CVD 方法开发了石墨烯及其杂化材料的精确调控生长技术、新型的生长催化剂技术、高品质石墨烯的批量制备技术等关键技术。该团队设计并研制了可达到中试水平的石墨烯卷对卷化学气相沉积系统，通过对石墨烯成核与生长的调控，实现了大面积单层石墨烯薄膜在工业铜箔基底上的卷对卷宏量制备，成功研发出了高性能石墨烯柔性透明电极连续卷对卷生产新工艺，该工艺具有工业化生产的潜力（图 5.5）[31]；利用化学气相沉积的方法，通过优化生长条件，

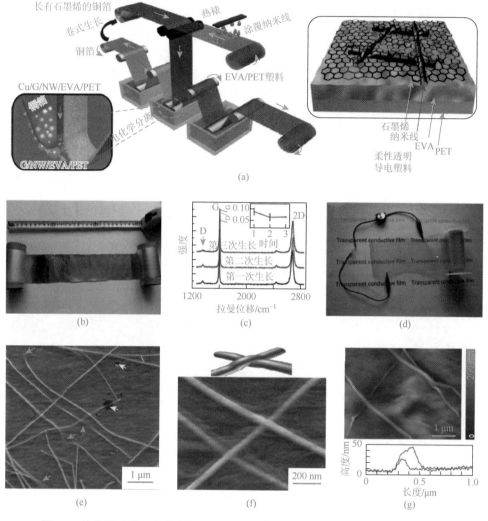

图 5.5 连续卷对卷工艺生产的石墨烯和金属纳米线混合薄膜的示意图和结构[31]

（a）制造工艺示意图包括在聚合物基材（EVA/PET）上涂覆金属纳米线，用石墨烯/铜箔进行热压层压，通过电化学鼓泡法分离石墨烯和铜箔，以及再利用铜箔通过连续化学气相沉积系统生长石墨烯；（b）通过卷对卷化学气相沉积生长长度为 5 m，宽度为 5 cm 的石墨烯/铜箔卷的照片；（c）转移到二氧化硅/硅基底上的石墨烯膜的拉曼光谱；（d）长度为 5 m，宽度为 5 cm 的 EVA/PET 塑料上的石墨烯和银纳米线混合薄膜卷的照片；（e）石墨烯和银纳米线混合膜在 EVA/PET 塑料上的 SEM 照片；（f）石墨烯和银纳米线的混合膜的侧视 SEM 照片；（g）石墨烯和银纳米线的混合膜的原子力显微镜照片

在玻璃表面成功地实现了石墨烯的直接生长。该方法获得的石墨烯玻璃，具有玻璃与石墨烯的界面接触良好、界面无污染等优异特性。虽然采用氧化石墨的化学剥离法和电化学剥离法制备得到的石墨烯具有少量缺陷,但该方法具有条件温和、能耗低、环境友好等优势,有望实现石墨烯材料的宏量制备[32-34]。中国科学院沈

阳金属研究所成会明等基于化学剥离方法，利用石墨不同的尺寸和结晶度控制石墨烯的层数，实现了单层、双层和三层为主的高质量石墨烯的可控宏量制备[35]。目前，高质量单层、少层石墨烯的宏量制备依然是科学家面临的挑战之一。如图 5.6 所示，爱尔兰都柏林圣三一学院 Coleman 等开展了液相剥离方法学研究，系统研究了有机溶剂的表面张力和溶解度、稳定剂的辅助作用、生物相容性的水/表面活性剂溶液、超声时间等对石墨烯质量和产量的影响，利用液相剥离法不必引入化学反应的优势，在石墨烯表面避免了结构缺陷的引入，制备了缺陷较少的高品质石墨烯[36, 37]。液相剥离方法充分利用超声作用减弱石墨层间的范德瓦尔斯力，通过简单的延长超声时间来增加石墨烯产量。例如，超声 1 h 单层石墨烯的产率为

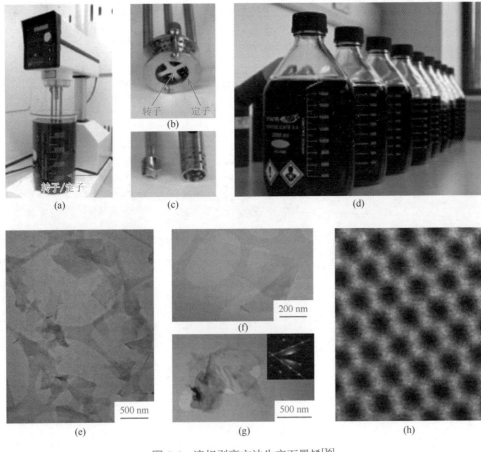

图 5.6　液相剥离方法生产石墨烯[36]

（a）A Silverson 型 L5M 高剪切混合机，混合头在 5 L 石墨烯分散体中，$D=32$ mm 混合头（b）和 $D=16$ mm 与定子分离的转子（左）混合头（c）的特写视图；（d）由剪切剥离产生的石墨烯-N-甲基吡咯烷酮分散液；（e）剪切剥离石墨烯纳米片的宽场 TEM 图像（离心后）；（f）～（h）单个纳米片（f）、多层［（g）左下］和单层［（g）右］的 TEM 图像及其电子衍射图［（g）插图］和单层通过高分辨率成像的扫描透射电子显微镜照片（h）

1%；延长超声时间到 462 h，石墨烯浓度可达到 1.2 mg/mL，单层石墨烯的产率提高到 4%。除此之外，该课题组在 N-甲基吡咯烷酮溶剂中，采用流体剪切剥离法大规模制备了高质量无缺陷的少层石墨烯，利用高速剪切作用减弱石墨层间的范德瓦尔斯力，实现了 21 g 高质量石墨烯的制备，生产速率达到 5.3 g/h，该方法为高品质石墨烯的规模化生产提供了更有效的途径。

面向新能源的开发，非铂电催化剂的宏量制备也备受关注。关于硫属化合物，丹麦理工大学 Nørskov 团队发现层状二硫化钼边界结构拥有与铂相近的吸附氢自由能，具有优异的析氢催化应用前景而成为研究热点[38]。除了机械剥离和离子插层剥离的方法，水热法是制备二硫化钼的一种工艺简单、产率较高的方法[39]。中国科学技术大学俞书宏等采用水热法实现了 $CoSe_2$ 纳米带及其复合材料的大量制备[40]。二维层状双金属氢氧化物（LDH）因其层板组成的多样性、层间阴离子的可交换性和独特的层状结构而具有优异的催化性能，在催化领域也展现出广阔的应用前景[41]。最近，加拿大多伦多大学 Sargent 团队发展了一种在室温下的简单、有效、易于放大生产的溶胶-凝胶方法，制备得到 FeCoW 多元均质氢氧化物，在原子尺度上 Fe、Co 和 W 均相分散，并表现出过电位只有 191 mV 的优异的产氧性能[42]。

纳米材料在我们生活中发挥着越来越重要的作用，而纳米材料的宏量制备是实现纳米材料的广泛应用的前提。在过去的几十年里，科学家们开发了化学气相沉积法、水热法、微波法、热解法、模板法、还原法等技术来实现低维纳米材料的可控制备。可喜的是，碳纳米管、石墨烯、碳纳米纤维等碳纳米材料已经实现了千克级的宏量制备；CdSe 量子点、Te 纳米线等半导体纳米材料已实现了亚千克级的宏量制备；模板法、微流控技术、还原法的发展具有实现贵金属纳米材料与纳米复合材料的宏量制备的潜力。纳米材料实现产业化，从实验室走向工业生产的过程中，大部分纳米材料的宏量制备依然面临巨大的挑战：①如何在确保纳米材料的尺寸、形貌、结构、组成、晶型、分散性、均一性与稳定性不变的前提下发展纳米材料的低成本可控宏量制备技术；②探究纳米材料的放大制备过程的基础理论和关键影响因素，建立宏观反应容器的热量、质量、动量传递与微观尺度上的纳米材料的形貌、结构和尺寸的相互关系和相互作用规律；③面向市场应用需求，探索和建立纳米结构材料的规模化、简单、温和与有效的可控宏量制备方法。面临以上挑战，为了实现纳米材料的宏量制备，科学家们一直在做出各种努力，对纳米材料的成核、生长机理、反应动力学、反应器设计等进行了详细全面的研究，这些研究对实现纳米材料的宏量制备具有很好的指导作用，为纳米材料进一步实现产业化提供坚实的理论基础和技术支撑。

5.2 碳纳米材料的宏量制备

5.2.1 碳纳米材料简介

碳是神奇的六号元素，处于元素周期表中IV A 族，其原子的最外层有 4 个电子。碳元素位于金属性最强的碱金属元素和非金属性最强的卤素元素之间，在化学反应中不易得失电子，趋于形成特有的共价键，其最高共价键数为 4。碳原子可以和非金属元素（包括碳元素本身和其他非金属元素）以各种杂化形式（sp、sp^2、sp^3）形成稳定的共价键，这种特殊性质使得碳元素能够形成从小分子到长链大分子各类化学物质，从而使其在有机化学和生物化学中扮演着重要角色。早在两个世纪之前，人们就在有机分子、生物分子以及如无定形碳、石墨和金刚石等自然材料中发现了碳元素。金刚石和石墨等碳的同素异形体完全由碳元素构成，但因为其中碳原子连接形式不同，使得它们具有完全不同的性质。金刚石颜色透明，电绝缘，硬度为目前已知的硬度最高的自然材料；而石墨黑色不透明，硬度较低，具有显著的导电性。这些性质差别主要源于碳原子微观组成不同：金刚石是由四面体形 sp^3 杂化碳原子形成的碳原子单晶，其中碳原子与最近邻三个碳原子成键形成正四面体，无自由电子；而石墨是由多层石墨烯通过范德瓦尔斯力堆积而成，其中的石墨烯单层由 sp^2 杂化碳原子以二维六方晶格形式紧密堆积而成，石墨中每个碳原子与其他碳原子形成三个共价键，保有一个自由电子，可以传输电荷[43]。

经过多年的发展，在有机分子和自然碳材料之间的空白部分已经被一系列具有特殊性质和广泛应用前景的新型碳纳米材料所填补。这些碳纳米结构中最先被发现的是 C_{60} 分子（即富勒烯），它在 1985 年被首次报道[44]。随后，其他的富勒烯也被相继发现，如 C_{20} 和 C_{70}。富勒烯是目前已知稳定存在的最小碳纳米结构，处于分子和纳米材料的交界处。举例来看，C_{60} 能够溶解在有机溶剂中（特别是甲苯），因此可以被看作一个大的球形分子。在 C_{60} 发现的六年后，日本科学家 Iijima 发现了碳纳米管[45]，这是碳纳米材料发展的另一个里程碑。

在富勒烯和碳纳米管之后，更多具有特殊结构的碳纳米材料被人们所发现，如单壁碳纳米角、洋葱状碳球和竹状碳纳米管。尽管这些碳纳米材料发现的启示作用不及碳纳米管，但它们的存在也十分重要，进一步表明了碳原子具有能够形成独特纳米结构的能力。在这些材料发现的几年之前，这些纳米结构都是难以想象的。最近，石墨的组成基元即石墨烯，被分离出来。人们在几十年之前就已经预言了石墨烯的存在，而且在 1962 年 Boehm 等证实了其存在[46]，然而直到 2004 年 Geim 和 Novoselov 才首次剥离出单层石墨烯并进行了表征[47]。石墨烯家族还包括几种由单个石墨烯层或多个石墨烯层组成的纳米结构。制备石墨烯的方法有许多种，如机械剥离法、化学气相沉积法、碳化硅外延法和化学还原法等，不同方法获得的产物具有不同的尺寸和氧杂原子含量。另外，近年来石墨烯量子点引起了广泛的研究兴趣，它由单层或几个单层石墨烯组成，表现出非常特殊的光电子学性质。

以上介绍的碳同素异形体（如富勒烯、碳纳米管和石墨烯等）的制备、性质和应用已经被广泛研究（图 5.7）[48]。通过不同维度碳纳米材料的组装，可以得到许多有趣的结构。这些碳纳米结构在声子、电子和光电子器件等微系统中表现出的优异性能引起了人们广泛的关注，并促使了这些纳米材料的商业化/实用化。碳纳米材料能够真正实用化关键的第一步就是实现宏量制备。接下来的部分，我们就几种典型的具有商业化应用前景的碳基纳米材料制备技术，特别是其宏量制备技术进行论述。

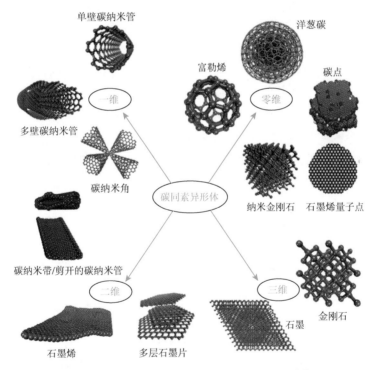

图 5.7　根据微观维度对不同碳材料进行分类[48]

5.2.2　碳量子点的宏量制备

碳量子点（carbon quantum dot，CQD）又被称为碳点或碳纳米点。这种结构是在 2004 年南卡罗来纳大学 Scrivens 等在制备单壁纳米管时被偶然发现[49]。该结构是由几个原子组成的直径为 2～10 nm 的准零维纳米结构。碳量子点主要组成元素为碳，也有部分氧元素和氮元素等。与传统半导体量子点相似，CQD 具有界面效应、小尺寸效应、量子尺寸效应、宏观量子隧道效应。碳家族中的这位新成员不仅保持了碳材料的低毒、生物相容性、抗酸碱性、双亲性等优点，还具有发光范围可调、双光子吸收截面大、光稳定性好、无光闪烁、易于功能化、价廉、容易产业化生产等优势。作为拥有如此多特性的新一代纳米材料，碳量子点已被广泛应用于催化、生物成像、分析检测等众多领域，展现出巨大的潜在应用价值，尤其是在生物医学（生物成像、生物传感、药物传输等）的应用上前景广阔。此外，碳量子点的合成方法多样，原料来源广泛，近几年来引起了科研工作者广泛的研究兴趣。

1. 碳量子点常用制备方法

目前制备碳量子点的方法大致可分为自上而下（top-down）合成法和自下而上（bottom-up）合成法[50]，如图 5.8 所示。自上而下合成法是从尺寸较大的碳材料上剥离出粗产物，然后进行后期处理得到碳量子点，主要包括弧光放电法、激光灼蚀法及电化学法等。常用原料有碳纳米管、碳纤维、石墨烯、石墨棒、活性炭等；自下而上合成法是对各种有机小分子进行碳化处理得到碳量子点，使用的原料大多是含有羟基的有机物，如葡萄糖、甘油、柠檬酸、壳聚糖等，主要包括化学氧化法、模板法、反胶束法、微波法、水热法等。由于碳量子点对环境中的污染物具有极高的灵敏性，尤其是它们的荧光性能极易受到影响，因此往往还要对碳纳米点进行表面钝化处理。目前文献中报道的碳量子点制备方法中，有的原料比较昂贵导致成本偏高，有的工艺复杂不易操作，还有的不便进行后处理。要实现碳量子点的各种应用首先必须实现碳量子点的批量制备，尽管目前对碳量子点的制备方法研究非常广泛，但是实际可批量生产的非常少。因此，寻找工艺简单、价格低廉的手段来实现宏量制备碳量子点具有重要意义。

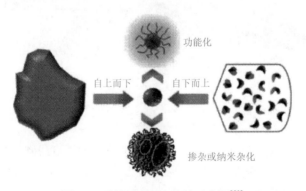

图 5.8　碳量子点制备方法示意图[50]

　　根据当前的研究报道,水热法、氧化法、超声法及微波辅助法等为碳量子点的批量合成提供了可行的途径。这些工艺手段不仅操作简单,而且原料来源广泛(理论上讲几乎所有碳材料都能作为制备碳量子点的原材料使用,如碳纳米管、碳纳米纤维、炭黑、煤焦油等)。接下来介绍几种可能应用于碳量子点宏量制备的方案,为今后有关碳量子点的规模化生产提供一定的参考。

2. 氧化法制备碳量子点

　　化学氧化是一种可大规模制备碳量子点的有效方法。此方法与氧化石墨烯的制备原理类似,都是利用强氧化剂对碳基前驱体进行刻蚀,不同的地方在于碳量子点可由多种含碳分子或聚合物经化学氧化得到,如糖类、聚乙烯亚胺、液状石蜡、天然气、活性炭、墨水、石墨以及单壁或多壁碳纳米管,均可通过此类方法制备碳量子点。例如,中国科学院上海微系统与信息技术研究所丁古巧等以墨水为原料,利用氧化/切割和还原/掺杂技术手段,一次性制备了 100 g 以上的氧化 CQD、N-CQD、S-CQD 和 Se-CQD(图 5.9)[51]。其制备工艺如下:首先将一定量的墨水加入含有一定量配比的硝酸/硫酸的混合液中,并在低温(5℃)下搅拌一段时间;再缓慢加入定量的 $NaClO_3$,并在 5℃下继续搅拌一段时间,然后在 15℃下静置 8 h,最后经纯化后得到 120 g 氧化 CQD,产率高达 80%。此外 N、S 及 Se 掺杂 CQD 产率分别为 73%、69% 及 61%;乔振安等以活性炭作为碳源,经硝酸氧化后,用端氨基化合物进行表面钝化处理得到了尺寸分布在 2～6 nm 的 CQD[52]。虽然该方法能实现 CQD 的宏量制备,但是也存在诸多缺点,如产物尺寸分布不均一、需要使用大量腐蚀性强酸、制备步骤较为烦琐等。

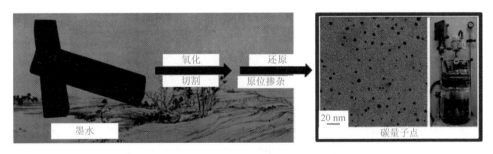

图 5.9　使用墨水制备碳量子点[51]

3. 水热法制备碳量子点

　　将含有机前驱体的溶液放入反应釜中进行高压高温的水热反应也能得到碳量子点。水热法制备碳量子点极为简便,且成本较低、合成过程环保、原料易获取,是一种大批量制备碳量子点的理想方案。目前,糖类、蛋白质、维生素、蜂花粉、香蕉及橘汁等天然物质均能通过水热法制备出碳量子点。早在 2012 年,Sahu 等便尝试用价格低廉的生物质(橘汁)作为原料,通过水热的方法制备碳量子点,但是此方法产量较低,一次只能制备出 0.4 g 碳量子点[53]。随后在 2015 年,中国科学技术大学俞书宏等同样从生物质水热法出发,发明了一种碳量子点的宏量制备方法,该方法通过超声使蜂花粉在水中分散均匀,获得一定浓度的蜂花粉分散液;将蜂花粉分散液倒入聚四氟乙烯反应釜中,再以一定温度(160~220℃)反应;反应结束后冷却至室温,过滤反应液中的黑色沉淀物,即得碳量子点溶液(图 5.10)[54]。该工艺操作简单、绿色无污染、原材料价格低廉,且一次反应可制备得到 3 g 碳量子点,具有商业化宏量制备碳量子点的潜力。

图 5.10 蜂花粉宏量制备碳量子点[54]

4. 微波辅助法制备碳量子点

微波是一类波长为 1 mm~1 m 的电磁波,它可以提供断裂化学键的能量,因此也能用来对碳基前驱体进行结构重排,进而产生碳纳米颗粒。该方法最大的优势在于合成时间短、工艺简单,并且可用该方法合成碳量子点的原料十分繁多。总的来说,该方法也是一种适用于大规模生产碳量子点的有效方案。在 2013 年吉林大学丁兰等使用一锅法并结合微波辅助批量制备出具有水溶性及高荧光特性的碳纳米点[55]。这种方法可以利用各种含羟基的有机物(如糖类和氨基酸等)为碳源来制备碳量子点。其制备工艺大致如下:首先将柠檬酸铵与磷酸盐加入蒸馏水中形成透明溶液,之后使用微波加热 2~3 min,蒸发掉大部分水,此时部分碳源会发生碳化,最后可以直接得到呈褐色的固体碳量子点。此过程不需要加入任何钝化剂,而且反应时间短(仅需要几分钟)、产量高,易于规模化生产。苏州大学何耀等也通过微波辅助技术，采用一锅法的合成路线来简单、快速合成碳量子点，其利用的碳源形式多种多样，如牛奶、豆浆、蜂蜜、丝绸、毛发、柠檬等[56]。制备流程是首先用微波对原料进行加热，然后经过离心除去杂质和大颗粒，收集上层液并对其进行稀释，再使用超滤膜进行透析，最终得到碳量子点。利用这种手段能够简便、快速地制备碳量子点（0.3 g 碳点/25 min）。中山大学陈旭东研究组在 2017 年也同样使用一锅法合成路线，使用家用微波炉辅助制备碳点，使用的碳源为葡萄糖和 4, 7, 10-三氧-1, 13-十三烷二胺[57]。其制备工艺如下：葡萄糖与 4, 7, 10-三氧-1, 13-十三烷二胺按 1∶1 质量比混合配成溶液（该过程无需纯化），并进行超声处理，然后使用家用微波炉加热几分钟，得到深棕色溶液，经过透析可以得到大约 20 mg/mL 的碳点溶液。这种制备方法得到的碳点产率约为 30%，而且能够在实验室条件下获得升量级规模的碳量子点溶液，而且放置半年以上时间未发现任何沉淀，如图 5.11 所示。但是，从已有文献报道来看，此方法获得的碳量子点产物大多尺寸分布不均且产率较低。

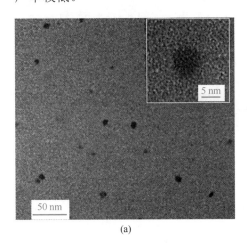

(a)

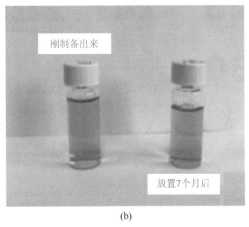

(b)

图 5.11　（a）微波辅助法得到碳点的 TEM 照片；（b）制备产物 7 个月前后未发生沉淀[57]

5. 超声法制备碳量子点

超声波可在液体中产生高、低压区域，并在低压区形成大量微小气泡，而在高压区，气泡一开始迅速变大，然后闭合。在气泡闭合时能够产生能量巨大的冲击波，进而能够提供破坏碳材前驱体结构的能量，从而形成碳量子点或碳纳米颗粒。南京工业大学陈苏等直接将 3 g 聚酰胺树脂与乙二胺按一定比例混合在去离子水中，然后超声处理 3 h 即可得到约 771 mg 的碳量子点[58]。荷兰格罗宁根大学 Yutao T. Pei 和中国科学院上海硅酸盐研究所祝迎春等将分散有乙炔黑的 N-甲基吡咯烷酮进行超声处理 1 h 后，经离心纯化后即可得到 3.8 mg/mL 的碳量子点分散液[59]。虽然该方法所需设备简易、操作简便，但目前产率极低，少有报道能一次制备出克量级的碳量子点产物。

6. 电化学氧化法制备碳量子点

电化学氧化是一种简便、低成本制备碳量子点的方法。它的主要原理是将碳基原料作为工作电极，经阳极氧化剥离出碳量子点。2007 年，Sham 等首次利用电化学法剥离多壁碳纳米管制备碳量子点[60]。他们首先将弯曲的石墨层制备成多壁碳纳米管，并将其设计成电极，同参比电极 Ag/AgCl、浓度为 0.1 mol/L 的四丁基高氯酸铵的乙腈溶液（电解液）和铂电极一起组成电解池。通电处理后，电解液从无色变为黄色，最后变成深棕色，经过透析可得到近乎球形的碳量子点并且尺寸非常均一。从现有的报道来看，电化学氧化可以由石墨、碳纳米管、石墨烯、碳纤维及炭黑等体相碳材料作为工作电极来制备碳量子点。由此方法制备出的碳量子点，大多尺寸较为均一，性质稳定，但未出现宏量制备的相关报道，有待进行尝试。

总的来说，在过去十年的研究中，碳量子点的制备方法和应用都取得了一些新进展。例如，发展出化学氧化、电化学氧化、水热法、超声及微波辅助等一系列制备方法；开发了具有生态友好和低成本优势的生物质制备克量级碳量子点的合成路径；碳量子点的化学修饰手段和功能也更为丰富，通过化学修饰手段可提高量子产率，实现多色发光调控以及拓展碳量子点的应用场景。但是，目前的宏量合成产率还停留在克级别，难以满足实际应用要求；此外，与传统的 CdSe/ZnS 量子点相比，碳量子点的量子产率还较低，有待进一步提高。

5.2.3 碳纳米管的宏量制备

碳纳米管（CNT）在结构上可以看成由一层或者多层石墨烯按照一定螺旋角卷曲而成，根据所含石墨片层的多少可以将 CNT 分为单壁碳纳米管（SWCNT）、双壁碳纳米管（DWCNT）和多壁碳纳米管（MWCNT）（图 5.12）。自 1991 年 Iijima 高分辨电子显微镜观察到 CNT 之后[45]，科学界掀起了对 CNT 的研究热潮，并取

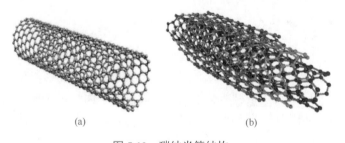

(a)   (b)

图 5.12 碳纳米管结构

（a）单壁碳纳米管；（b）多壁碳纳米管

得了突飞猛进的进展。CNT 的径向尺寸较小，管的内径一般只有一至几纳米，管的外径一般在几纳米到几十纳米。碳纳米管的长度一般在微米量级，长度和直径的比可达 $10^3 \sim 10^6$。根据碳六边形沿轴向的不同取向，可将其分成锯齿形、扶手椅形和螺旋形三种，其中螺旋形的碳纳米管具有手性，而锯齿形和扶手椅形碳纳米管没有手性。CNT 由于其独特的光学、磁学、力学、热力学及储氢等性能，使其在催化、环境保护、医学、储能及传感器等方面有着巨大的潜在应用价值。

1. 常用碳纳米管制备方法

常用的碳纳米管制备方法有电弧放电法、化学气相沉积（CVD）法、激光烧蚀法、固相热解法、模板法、气体燃烧法及聚合反应合成法等。

1）电弧放电法

早在 1991 年 Iijima 就使用电弧放电法来制备 CNT[45]，并在 1993 年采用该方法制得 SWCNT[61]。电弧放电法是以含有催化剂的石墨棒作阳极，纯石墨棒作阴极，在充有一定惰性气体、氢气或其他气体的低压电弧室内，通过电极间产生 3000℃以上的连续电弧，使得石墨与催化剂完全气化蒸发生成碳纳米管。使用这一方法制备碳纳米管，技术上比较简单，但是高温电弧会导致 CNT 与 C_{60} 等其他纳米粒子等产物混杂在一起，很难得到纯度较高的碳纳米管。可以制备较少结构缺陷的 SWCNT 和 MWCNT，但是难以实现批量 CNT 的分离和纯化过程。

2）CVD 法

CVD 法是制备定向碳纳米管的有效方法。该方法通常是在催化剂的作用下裂解含碳气体或液体碳源生成碳纳米管，故又称催化裂解法。通常在 300～600℃形成 MWCNT，而形成 SWCNT 则需要 600～1000℃（所需碳源为一氧化碳和甲烷）[62]。该制备工艺设备简单、成本低、产量大（每次生产可达克量级）、纯度容易控制且重复性好；但是石墨化程度不高、杂质多。

3）激光烧蚀法

激光烧蚀法是在一长条石英管中间放置一根金属催化剂/石墨混合的石墨靶，将该管置于加热炉内。当炉温升至一定温度时，将惰性气体冲入管内，并将一束激光聚焦于石墨靶上。在激光照射下生成气态碳，这些气态碳和催化剂粒子被气流从高温区带向低温区时，在催化剂的作用下生长成 CNT[63]。该方法可以得到较高产率的 CNT，但其成本太高并且产物杂质多，分离提纯难。

4）固相热解法

固相热解法是令常规含碳亚稳固体在高温下热解生长碳纳米管的新方法，这种方法过程比较稳定，不需要催化剂，并且原位生长。有研究者使用该方法制备得到 MWCNT[64, 65]。但这种工艺制备方法因原料限制问题,不能进行规模化和连续化生产。

5)模板法

模板法中所用的模板通常选用孔径为纳米级到微米级的多孔材料,制备过程中为使碳纳米管沉淀在选好的模板的孔壁上,同时还需结合电化学法、气相沉淀法、溶胶-凝胶法等方法。这种方法优点是:模板制备容易,合成方法简单,产物管径小并且管径均匀,产品和模板容易分离。

2. 碳纳米管宏量制备方法

CNT 的独特性能使其在高科技领域展现出巨大的潜在应用价值,在高性能电子设备(如场效应晶体管、光伏发电、生物传感器等)应用领域中,往往需要高纯度和结构稳定的 CNT,才能展现其较高的应用性能。因此要实现基于 CNT 的各种应用,首先要实现 CNT 在批量制备中使用成本低廉工艺技术,并生产出结构均匀、纯度高、稳定性好的 CNT。在 21 世纪初,MWCNT 价格约为 50 美元/g;而 SWCNT 则更高,达到 1000 美元/g,高昂的费用大大限制了碳纳米管的工业应用。目前各种各样的 CNT(尤其是聚团状 CNT)已经成功实现产业化和商业化,未经纯化的 MWCNT 的价格已经跌落到 50 美元/kg。市场研究机构 IDTechEx Research 的报告(*Graphene*,*2D Materials and Carbon Nanotubes*:*Markets*,*Technologies and Opportunities 2016-2026*)预测,到 2021 年,CNT 市场规模预期可达到 1.50 亿美元。

1)MWCNT 的宏量制备

MWCNT 是壁数大于 2 的管状纳米碳,是目前工业化碳纳米管产品的主流。继 Iijima 等使用电弧放电法得到 MWCNT 后,Ebbesen 等用改进的电弧放电方法获得了克量级规模的 MWCNT[66]。1995 年,Smalley 等采用激光烧蚀法也成功实现了碳纳米管的高温合成[67]。

José-Yacamán 等在 1993 年首次报道了使用 CVD 法生长多壁碳纳米管,其采用 700℃的生长温度,在 Fe 颗粒表面催化分解乙炔形成石墨层[68]。与电弧放电和激光烧蚀法相比,CVD 法设备较简单、产量较高、生产条件温和,可以在一个较宽的温度范围(500~1200℃)内生产操作。之后,CVD 法得到了广泛关注和发展。底部生长是 CVD 法中 CNT 的主要生长模式,同时也会有少量以顶部生长模式生成的 CNT,如图 5.13 所示[69]。CNT 的生长机理主要取决于颗粒与基体之间的相互作用,若发生强相互作用,金属颗粒就难以脱离基体表面,CNT 就会以底部生长模式进行;反之,若发生弱相互作用,就会以顶部生长模式进行。目前研究表明,该方法是最有潜力实现大批量生产高纯度、低成本碳纳米管的方法。

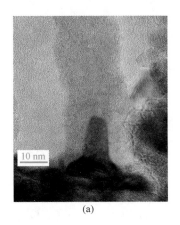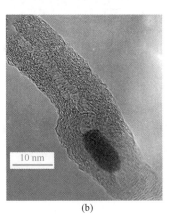

图 5.13　碳纳米管生长模式[69]

（a）底部生长模式；（b）顶部生长模式

　　CVD 法的关键因素是催化剂，过渡金属（如 Fe、Co 和 Ni）在生长碳纳米管的过程中具有极好的催化活性。目前各大公司均采用基于 CVD 的方法批量制备 MWCNT，并初步形成了碳纳米管宏量制备与应用的重要产业。据不完全统计，MWCNT 的年产能为数千吨。目前较为成熟的工艺主要有 Hypersion、Arkema、三顺中科新材料有限公司和深圳市纳米港有限公司等采用的固定床和移动床碳纳米管制备工艺，可生产 10～30 nm 的多壁碳纳米管；北京天奈科技有限公司和德国拜耳公司等采用的流化床工艺，可生产 8～20 nm 的碳纳米管（图 5.14）。

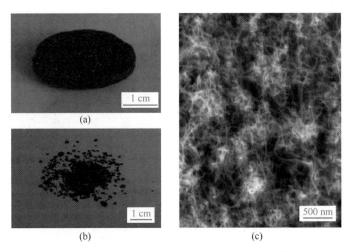

图 5.14　采用流化床批量制备多壁碳纳米管[70]

（a）块体；（b）粉体；（c）SEM 图像

2）SWCNT/DWCNT 的宏量制备

SWCNT 的产量比 MWCNT 低得多，一是 SWCNT 层数较少，单根 SWCNT 的质量仅为 MWCNT 的数千分之一，对于相同密度和长度的碳纳米管，SWCNT 的产量总是相对低很多。二是 SWCNT 与 MWCNT 相比更柔软，在多孔催化剂中有效生长时，还必须提供足够的生长空间。使用电弧放电法和激光烧蚀法可以得到高质量、少缺陷的 SWCNT。但这两种方法受限于极高的设备要求和较低的 SWCNT 产量。例如，Smalley 等使用激光烧蚀法，首次获得了 1～10 g 规模的高质量 SWCNT[71]。随后 Smalley 等采用高压一氧化碳（high pressure carbon monoxide，HiPCO）工艺进行 SWCNT 的宏量制备，该工艺采用 1～10 atm 压力及 800～1200℃的温度，并在 CO 气氛下使用 $Fe(CO)_5$ 热分解原位生成的 Fe 作为催化剂，实现了 SWCNT 生长（图 5.15）[72]。该工艺被广泛应用于科学研究中，使用的浮游催化剂原位提供碳纳米管生长所需的催化剂前驱体和碳源，通过条件调控可以获得高质量的 SWCNT，甚至是 SWCNT 宏观连续体。CVD 法可以在相对较低的温度下操作，有利于 SWCNT 的大规模生产。

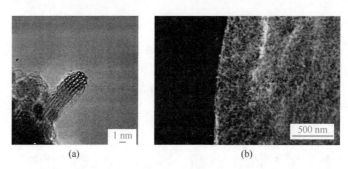

(a)　　　　　　　　　　　　　(b)

图 5.15　HiPCO 工艺制备 SWCNT[72]

（a）TEM 图像；（b）SEM 图像

清华大学魏飞等使用水滑石结构且可流化的催化剂 Fe-MgO，实现了流化床中 SWCNT/DWCNT 的宏量制备，很好地解决了温度均一、催化剂失活及 CNT 移出等问题（图 5.16）[18]。如在制备 SWCNT 时，以甲烷（400 mL/min）为碳源，氩气（100 mL/min）为载气，使用内径为 20 mm、高度为 500 mm 低空速石英流化床反应设备，反应温度为 900℃，催化剂 Fe/Mg/Al-LDH（1 g）在较大的空速区间（2.3～24 cm/s）内都能实现流化状态。制得的碳纳米管的比表面积达到 930 m^2/g，产率为 0.95 g CNT/(g cat·h)。为实现连续高效生产，他们选择相对成熟的 Fe/MgO 体系，在高甲烷空速下，利用催化剂分批进料的方式模拟连续进料体系，实现了 SWCNT/DWCNT 流化生产。在该体系中催化剂在反应器中下落与床层填料混合的过程同步实现了升温和甲烷的裂解。其少量多次进料的方法不仅保证甲烷较高的转化率，实现了高的甲烷操作空速，同时避免了催化剂被氢气过度还原和烧结。此外，失活的催化剂还可以作为惰性填料稀释催化剂床层，避免了浅床层操作的弊端。

图 5.16　碳纳米管制备中试装置[18]

3）垂直阵列碳纳米管的宏量制备

垂直碳纳米管是 CNT 与基板形成垂直取向排列的碳纳米管集合体，具有较大的长径比和较一致的取向，可加工成多种功能器件及高强度、韧性材料。中国科学院物理研究所李文震等在 1996 年将催化剂纳米颗粒分散到纳米孔道中，通过限制孔道制备垂直阵列碳纳米管（vertical array carbon nanotubes，VACNT），得到的VACNT 长达 2 mm[73]。VACNT 通常是将催化剂负载到基板上，然后再通入碳源，实现碳纳米管阵列的生长[18]，氧化铝和沸石可以作为基板。之后，研究者发现只要将催化剂平铺在平整的基板上就可以通过热 CVD 制备出碳纳米管阵列[74, 75]。清华大学魏飞等使用流化床批量制备了碳纳米管阵列，首先采用中间内嵌陶瓷烧结板的石英反应器（直径 50.0 mm）以及直径 3 μm 的 FeAlMg-LDH 片状催化剂和 Fe/Mo/膨胀蛭石催化剂分别进行表面辐射生长和内部插层生长，并使用 Ar-H_2 还原，再通入乙烯进行碳纳米管阵列生长，最后在 Ar 气氛保护下冷却至室温得到 VACNT，阵列长度在 10～30 μm。经过严格的逐级放大实验，最终产量可达到 3.0 kg/h。

4）超长水平阵列碳纳米管的制备

超长水平阵列碳纳米管（ultra-long horizontal array carbon nanotubes，ULHACNT）中管与管之间相互平行排列且间距较大，与其他 CNT 相比，在生长机理、结构形貌和性质等方面都有很大的区别。超长碳纳米管缺陷密度低，结构更加完美；是沿气流定向水平生长于基板表面的生长方式，其长度可达厘米量级，其生长模式大致可以分为两种：一是顶端生长；二是底端生长。2004 年温州大学黄少铭等提出了类似于"风筝"生长的顶端生长模式[76]，清华大学魏飞课题组使用同位素标记法证实了顶端生长模式。顶端生长模式能够成功解释一些实验现象，但也有一些相互矛盾。有研究者在 Si/SiO₂ 基底上通过将催化剂炭烧再生来证明制备的超长碳纳米管遵循底端生长模式[77]。目前该类碳纳米管由于长度和密度都不够高，离产业化应用还有一段距离。在制备过程中需要对其长度和密度进行调控，这就必须提高催化剂的活性和寿命（如引入一些弱氧化剂除去积累的无定形碳，筛选合适的金属催化剂等）；还需要在其生长过程中保持恒定的温度和平稳的气流，这就要求研究人员不断地对工艺装置进行改进。

5）掺杂碳纳米管的宏量制备

掺杂碳纳米管（doped carbon nanotubes，DCNT）的碳原子被其他杂原子（如B、N、S 及 P）原位取代，B 和 N 是最常见的掺杂元素。硼比碳少 1 个电子，在原位取代碳纳米管上的碳原子时，硼原子与周围 3 个碳原子共价连接，取代位将出现一个电子空位而形成 p 型导体；氮比碳多 1 个电子，在氮掺杂的碳纳米管中，氮原子与碳原子的成键方式有两种：三键型和双键型（吡啶型）。

通过在石墨电极中引入氮源或者硼源，或者直接在含 N 或 B 的气氛中进行高温处理可以得到 N 或者 B 掺杂的碳纳米管。王彬等使用电弧法，CoNiB 非晶合金为催化剂和 B 源，在 He/N₂ 混合气氛下得到产量高达 10 g/h 的 B/N 共掺杂单壁碳纳米管[78]。也有人使用激光蒸发法在 N₂ 气氛下制备 B/N 共掺杂 MWCNT。CVD法相对以上两种方法能耗低、操作简单、易于放大生产。清华大学王昆林课题组使用 CVD 法热解二甲苯/吡啶和二茂铁制备 N 掺杂碳纳米管（图 5.17）[79]，所得到的碳纳米管长度随着 N 含量的增加而减小。以 Co/Al LDH 为催化剂在填充床中

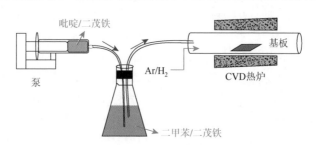

图 5.17　CVD 法制备 N 掺杂碳纳米管[79]

制备 N 掺杂碳纳米管，产量可达到 12.5 g/(g cat·h)[80]。此外，魏飞课题组在流化床中以氨气作为氮源，以 Fe/Mo/蛭石为催化剂制备出管径均一、结构稳定、缺陷较少的氮掺杂碳纳米管，产量可达到千克每小时[81]。

本节结合碳纳米管的生长机理、反应器行为、提纯和分离技术等，介绍了当前几种碳纳米管的宏量制备工艺技术。碳纳米管在工业反应器中大规模生长时，不仅需要一个稳定的温度及浓度范围，还要考虑原子尺度、纳米尺度、介观尺度、反应器尺度、工厂尺度和生态尺度等多层次工程科学的偶合和关联。从目前的制备技术来看，宏量制备碳纳米管技术大多采用 CVD 法在流化床和固定床反应装置中进行生产。相信随着科学技术的进步和工艺技术的不断改进，这种材料的价格会越来越低，其应用领域会越来越宽广。

5.2.4　碳纳米纤维的宏量制备

碳纳米纤维（carbon nanofibers，CNF）是指具有纳米尺度的碳纤维[82]，由多层石墨片卷曲而成的纤维状纳米碳材料，具有高的强度、质轻、导热性良好及高的导电性等特性，被广泛地用于电极材料、催化剂载体、吸附材料、体育及航天航空等领域。从晶体结构来看，有些碳纳米纤维结晶度高、缺陷少；有些结晶低、接近于非晶态；还有些碳纳米纤维同时包含结晶态和非结晶态。从微观尺度来看，碳纳米纤维的直径分布从几纳米到几百纳米，长度分布从微米到毫米。

碳纳米纤维是在 19 世纪中期，科学家研究烃类热解反应时发现的。尽管很早就被人们所发现和熟知，但是直到 1991 年碳纳米管被发现之前，碳纳米纤维都没有引起科学家的广泛兴趣。在碳纳米管被发现之后，科学工作者开始了有目的的合成和应用碳纳米纤维。目前碳纳米纤维的主要制备方法包括 CVD 法、静电纺丝法、固相合成法、水热/溶剂热法、生物质转化法等。

1. CVD 法

CVD 法是利用低廉的烃类化合物作原料，在一定的温度（500～1000℃）下，使烃类化合物在金属催化剂上进行热分解来合成碳纳米纤维的方法。CVD 法根据使用催化剂的分散状态和种类不同可以分为基体法、喷淋法、气相流动催化剂法和等离子增强化学气相沉积法。

基体法是高温环境下，在表面均匀负载有过渡金属纳米催化剂颗粒的基体(陶瓷或石墨)上，通入载气和烃类气体，使之热解并在其上析出碳纳米纤维。基体法实验装置示意图如图 5.18（a）所示。例如，Tibbetts 等以 Fe、Co、Ni 等过渡金属作为催化剂，在基体表面制备出了碳纳米纤维，继而又在其上沉积高温石墨层，以增加纤维的石墨化程度[83]。基体法可制备出高纯度碳纳米纤维，但是所使用的普通催化剂颗粒较大，而采用超细纳米催化剂颗粒时制备难度大，因此不易制备出较细的碳纳米纤维。此外，碳纳米纤维只在负载有催化剂颗粒的基体上生长，因而产量不高，不易实现连续化的工业生产。

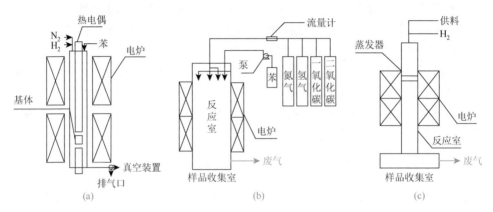

图 5.18　化学气相沉积法实验装置示意图[83-86]

（a）基体法；（b）喷淋法；（c）气相流动催化法

喷淋法是通过液态形式将纳米催化剂颗粒混入苯等有机溶剂中，继而喷淋到高温反应室中，催化分解后制得碳纳米纤维。喷淋法实验装置示意图如图 5.18（b）所示。例如，Ishioka 等在 1150℃下，按照一定的比例将催化剂（二茂铁、金属细粉等）、噻吩和苯均匀混合后喷淋，再通入 CO、CO_2 等作为载气，反应得到产量较高的碳纳米纤维[84]。该方法可实现催化剂的连续喷入，有望实现工业化连续生产，但仍存在烃类与催化剂的比例失调、催化剂颗粒分布不均等问题，因此所得产物中纳米纤维所占比例较少，常伴有大量的炭黑副产物。

气相流动催化法是以气态形式利用有机金属化合物（前驱体），并同烃类气体一起进入反应室，分解的金属颗粒在反应室分散漂浮，起催化剂的作用，热解生成的碳在纳米催化剂颗粒上生成碳纳米纤维。气相流动催化法实验装置示意图如图 5.18（c）所示。成会明等在 1100～1200℃下，以苯为碳源，二茂铁为催化剂前驱体，H_2 为载体，噻吩为生长促进剂，催化生长出碳纳米纤维[85]。气相流动催化法提高了催化剂与碳原子的接触时间和碰撞概率，使得碳源的转化率提高，可实现碳纳米纤维的宏量制备。但该法所制得的碳纳米纤维为无定向排列的短纤维状，应用受限，并且气相生长反应温度要求较高。

等离子增强化学气相沉积法是借助射频辉光放电产生的低温等离子体来增强反应物质的化学活性，以此促进气体间的化学反应，从而在较低温度下沉积晶须。其优点在于可在室温常压下实现材料制备，并不受限于基体，可制备得到定向排列的碳纳米纤维，但其成本较高，生产效率较低，工艺过程较难控制[86]。

2. 静电纺丝法

静电纺丝法是近年来报道的一种制备碳纳米纤维的常用方法[87]。静电纺丝的原理如下：首先对聚合物溶液施加几千至上万伏静电，使其负载电荷，而后在电场作用下形成泰勒（Taylor）锥，当电场力达到纺丝液滴内部张力极限时，泰勒锥体被牵伸，做加速运动，被牵引着的射流被逐渐牵伸变细成为纤维状，由于运动速率极快，使得最终沉积在收集板上的纤维呈现纳米级，形成类似非织造布的纤维毡。最后在空气中经过预氧化再经碳化处理最终得到纳米碳纤维，实验装置如图 5.19 所示。

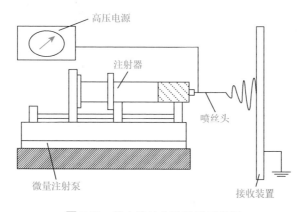

图 5.19 静电纺丝实验装置示意图

Jorge J. Santiago-Avilés 等将 PAN 和 DMF 混合后纺出的前驱体 PAN 在真空炉中高温分解 30 min，得到直径 120 nm 左右高度无序的碳纳米纤维[88]。国内顾书英等采用静电纺丝法制备纳米纤维聚丙烯腈纤维毡，并将纳米原丝在 40℃真空干燥 24 h，再在空气介质中通过不同温度的热处理，然后在 N_2 保护下于 1300℃碳化处理得到碳纤维[89]。相较传统纳米纤维制备方法，静电纺丝法所用电流较小，能耗低；纺丝原料来源广泛，可在室温下实现，所得的碳纳米纤维纯净，不需要昂贵的提纯费用，有望实现大批量的生产，具有较高的应用前景。

3. 固相合成法

固相合成法作为近年来制备碳纳米纤维的方法之一，引起了较为广泛的关注。该方法不同于以往使用气态或液态碳源的合成方法，而是采用固相碳源作为原料制备出碳纳米纤维，故名固相合成法。Chadderton 等通过对高纯石墨粉进行球磨处理，实现了固相合成碳纳米纤维[90]。中国科学院国家纳米科学中心智林杰等则通过高温热解酞菁大分子得到 CNF，而且可以通过前驱体的性质和热解过程来调控碳纳米纤维的形态[91]。

4. 水热/溶剂热法

水热/溶剂热法是指在密封的压力容器中，以水或者有机物或非水溶媒为溶剂，在高温高压的条件下进行化学反应。在水热/溶剂热法合成中，通过调节反应条件可以很容易地控制所得产物的形貌、结构、尺寸。并且，由于水热/溶剂热法能耗较低、反应条件相对温和、容易扩大化生产，该种方法被广泛应用于合成各种纳米材料，如量子点、纳米线、纳米片及三维结构的水凝胶材料等。在碳纳米纤维材料的合成中，水热法也得到了应用。例如，中国科学技术大学俞书宏等以该实验室水热制备的超细碲纳米线为模板，葡萄糖为前驱体，在 180℃的水热条件下成功制备了形貌高度均一、尺寸可控、具有高长径比的碳纳米纤维材料[92-94]。所制备的碳纳米纤维石墨化程度较低且富含丰富的表面官能团，进一步功能化可以广泛应用于环境、能源等领域。

5. 生物质转化法

生物质中富含丰富的碳元素，在高温条件惰性的气氛下，生物质能够转化为碳基材料。因此，以具有纤维结构的生物质为原材料，在高温惰性气体中，可以制备出碳纤维材料。例如，我们日常中常见的棉花，由微米结构的纤维构成，通过在惰性气体中的热解即可得到碳纤维气凝胶，能用于吸附油污及有机试剂。如果使用具有纳米纤维结构的生物质材料为原材料有望实现生物质转化法制备碳纳米纤维材料。科学家通过使用具有高结晶和高聚合度细菌纤维素（直径 20～100 nm）为原料成功制备了碳纳米纤维材料[95-98]。由于细菌纤维素在工业上可以通过深罐发酵的方法大量制备，因此该方法是可以实现碳纳米纤维的宏量制备，我们在接下来的部分会继续讨论。

6. 碳纳米纤维的宏量制备技术

制备大量低成本、高质量的碳纳米纤维材料是其商业化应用的关键所在。已有很多文献报道[99, 100]总结了化学气相沉积法及静电纺丝法在宏量制备碳纳米纤维材料的相关结果，本书不再赘述。本节我们主要介绍利用水热法和生物质转化法来宏量制备功能化碳纳米纤维材料及其应用的最新研究结果[101, 102]。

在 2006 年，中国科学技术大学俞书宏等首次发展了利用模板指引的水热碳化法来制备高质量的碳质纳米纤维（HTC-CNF）[92]。研究人员首先以聚乙烯吡咯烷酮为表面活性剂，亚碲酸钠为原料，水合肼为还原剂，在 180℃条件下制备出平均直径 7 nm 的超细碲（Te）纳米线模板[103]。以此 Te 纳米线为物理模板，廉价的葡萄糖为碳源，将它们的均匀分散液置于反应釜进行水热反应。在水热过程中，Te 纳米线诱导碳层沉积到其表面，从而形成 Te@碳的核壳纳米复合纤维。进一步

通过酸性 H_2O_2 溶液去除 Te 纳米线模板，即可获得高质量的碳质纳米纤维。该类碳纤维结晶度低，富含大量的氧元素，表面具有较多的—OH 和—C=O 官能团。通过改变水热反应的实验条件，如水热反应的时间、温度和 Te 纳米线模板与葡萄糖的比例，可以很好地控制所得碳纳米纤维的直径，所得碳纳米纤维的直径可以从 50 nm 到 400 nm 之间可调控。重要的是，这种水热法十分容易实现碳质纳米纤维的宏量制备。我们只需要使用更大体积的反应釜作为反应容器，相应的扩大实验原料的用量就可以实现碳纳米纤维的宏量制备。在 2012 年，该研究小组使用 16 L 的反应釜为反应容器，使用之前发展的水热碳化技术首次在世界上实现了 10 L 以上体积的碳质纳米纤维材料水凝胶的制备（图 5.20）[104]。值得注意的是，所得碳质纳米纤维的品质几乎没有变化。最近，他们也实现了 Te 纳米线的宏量制备，可以亚千克量级宏量制备 Te 纳米线模板[23]。这种模板的宏量制备为后续碳质纳米纤维的工业化生产提供了坚实的基础。

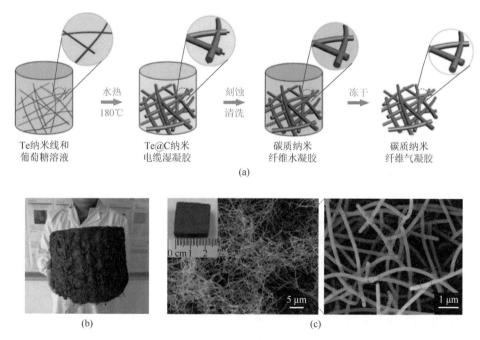

图 5.20 水热法宏量制备碳质纳米纤维水凝胶和气凝胶[104]

（a）合成示意图；（b）宏量制备的 12 L 碳质纳米纤维湿凝胶；
（c）不同放大倍率碳质纳米纤维气凝胶 SEM 照片，插图为冻干所得碳质纳米纤维气凝胶的数码照片

此外，他们将宏量合成的碳质纳米纤维通过组装和功能化制备出了一系列碳纳米纤维功能材料，可应用于环境、催化、能源储存等领域。由于该碳质纳米纤维表面具有丰富的表面官能团，其表现出极好的去除水中染料和重金属污染物的性能。

基于 Langmuir 模型，碳质纳米纤维吸附亚甲基蓝、Pb（Ⅱ）和 Cr（Ⅵ）的容量分别为 819 mg/g、424 mg/g 和 221 mg/g[94]。特别的是，放射性元素离子 U（Ⅵ）和 Eu（Ⅲ）也可以被碳质纳米纤维吸附去除[105]。为了提高去除效率，俞书宏等通过简单的自组装法制备了碳质纳米纤维薄膜，利用薄膜的过滤性质和碳质纳米纤维的吸附能力，碳质纳米纤维薄膜去除亚甲基蓝通量可达 1580 L/(m^2·h)，明显高于商业化的纳米薄膜和超滤膜[94]。由于碳纳米纤维的直径高度可控，因此可以精确控制这些薄膜的孔径，还可实现不同尺寸纳米颗粒的分离[93]。水热法所制备的碳纳米纤维结晶度较低，不能导电。进一步在惰性气体中退火处理碳质纳米纤维材料，可获得较高结晶度、导电的碳纳米纤维。例如，通过在氮气下 1450℃高温处理碳质纳米纤维气凝胶可以制备具有 0.65 S/cm 的高电导率碳纳米纤维气凝胶，可以媲美部分已报道的碳纳米管、石墨烯气凝胶的电导率[101]。

　　利用碳质纳米纤维的表面性质，俞书宏等还制备出了一系列功能化碳纳米纤维材料。例如，通过在碳质纳米纤维表面包覆聚吡咯，然后在氮气下热处理得到了多孔的氮掺杂碳纳米纤维材料。由于氮原子的掺杂和碳纳米纤维的高比表面积，这种氮掺杂碳纳米纤维材料可以用于超级电容器的电极材料，它显示出高的电容容量：在 1.0 A/g 的充放电速率下，其电容值可达 202 F/g[101]。继而，在氮掺杂碳纳米纤维材料的体系中引入铁元素，俞书宏等制备出了碳化铁颗粒镶嵌的介孔铁、氮共掺杂的碳纳米纤维。这种独特的材料具有高活性氧还原催化剂所需的特征，包括多种本征催化活性位点、高比表面积（425 m^2/g）、介孔结构和高度石墨化的碳纤维网络。该碳纳米纤维材料显示出卓越的催化性能，在碱性条件下，非常接近于目前处于领先水平的铂碳催化剂；在酸性条件下也有很好的催化活性。值得注意的是，利用该材料作为锌空气电池空气一极的催化剂构建的锌空气电池在性能上可以与铂碳催化剂构建的电池相媲美[106]。在这个工作基础上，最近他们又发展了一种二氧化硅保护热解的方法合成了无颗粒的铁、氮共掺杂的碳纳米纤维材料。由于二氧化硅保护层的存在限制了碳化铁颗粒在热解过程中的形成，因此所得铁、氮共掺杂的碳纳米纤维材料具有更多的铁-氮配位活性中心，在酸性电解液中显示出了明显提高的活性，为非贵金属燃料电池催化剂的设计提供了新思路[107]。同时，他们还使用碳质纳米纤维制备出了一种部分氧化的镍纳米颗粒负载的镍、氮共掺杂的碳纳米纤维材料，这种材料可以同时作为电化学水分解的阳极和阴极材料，用于析氧和析氢。全水分解测试显示，使用这种材料作为双功能催化剂，当电解水电流密度达到 10 mA/cm^2 时，所需的电势值为 1.69 V。并且，连续 40 h 的测试未见催化剂性能的衰减[108]。另外，在碳纳米纤维上生长 MoS$_2$ 纳米片所制备出的碳纳米纤维负载的 MoS$_2$ 材料可以用作锂离子电极材料。由于碳纳米纤维可以提供电子传输的高速通道，MoS$_2$ 可以储存锂离子，因此该杂化的碳纳米纤维材料表现出优异的锂电性能，初次放电容量可达 1489 mA h/g，经过 50 圈循环仍可保持 1264 mAh/g[109]。此外，新加坡南洋理工大学楼雄文等使用该碳纳米纤维作为模板，制备了一系列一维金属氧化物/碳纳米纤维复合材料，并将其应用于能量存储与转化，包括 MnO[110]、$CoMn_2O_4$[110]、$NiCo_2O_4$[111]和 NiO[112]等。

　　尽管水热碳化法可以实现碳纳米纤维的宏量制备，但是其中使用了价格较贵的 Te 纳米线作为物理模板。为了进一步降低碳纳米纤维的制备成本，持续开发简单、廉价、可宏量制备碳纳米纤维的技术仍然任重道远。自然界经过上亿年的进化，存在许多结构独特的材料。例如，细菌纤维素，由醋酸杆菌等微生物合成的一类纤维素，具有独特的物理、化学和机械性能，如高的结晶度、高的持水性、超精细纳米纤维网络、高抗张强度和弹性模量，受到了广泛关注。特别的是，细菌纤维素是由 20～100 nm 的纳米纤维所构成，纳米级富碳的纤维为制备碳纳米纤维提供了可能。早在 1990 年，日本科学家 Yoshino 等报道了在 2400℃惰性气体中，细菌纤维素可以转变为高度导电的纳米纤维薄膜[97]，随后中国科学家也报道了可以利用细菌纤维素来制备碳纳米纤维气凝胶材料[96]。这些工作中都是实验室静态发酵培养的小块细菌纤维素薄皮作为初始原料，很难实现工业级制备。在食品工业中，细菌纤维素已经能够实现工业化大规模制备了，一个规模中等的食品厂可以实现每天数吨细菌纤维素的制备。利用工业化大规模制备的细菌纤维素为原料，俞书宏等通过切割、冷冻干燥、高温热解，成功实现了碳纳米纤维材料的宏量制备（图 5.21）[95, 102]。重要的是，所得碳纳米纤维气凝胶具有极低的密度（3～

(a)

(b)

(c)

图 5.21　生物质转化法宏量制备碳纳米纤维气凝胶[95, 102]

（a）工业发酵所得细菌纤维素的 SEM 照片，插图为工业化所制备的细菌纤维素；
（b）细菌纤维素衍生所得碳纳米纤维气凝胶 SEM 照片；（c）宏量制备的碳纳米纤维气凝胶的数码照片

4 mg/cm³），优异的机械性能，较高的导电性（0.41 S/cm），这种碳纳米纤维气凝胶可以用于油污吸附，其吸收容量可达 106～312 倍于自身质量，是一种优异的油污泄漏处理材料。相比之前报道的宏量制备技术，如化学气相沉积法、静电纺丝法以及上述提到的水热碳化法，这种生物质转化法具有明显的优势，既廉价又更易于宏量制备。

在利用细菌纤维素宏量制备碳纳米纤维的技术上，国际上发展了细菌纤维素衍生的碳纳米纤维基功能材料的制备和应用研究。例如，通过向细菌纤维素衍生的碳纳米纤维气凝胶里面灌注弹性的高分子材料聚二甲基硅氧烷制备出了碳纳米纤维/聚二甲基硅氧烷复合物。该复合物完美地继承了碳纳米纤维气凝胶的导电性和聚二甲基硅氧烷的弹性，可用作柔性电子器件，显示出高的稳定性。经过 1000 圈的拉升实验，其电阻仅增加约 10%；5000 圈的弯曲测试只带来了约 4%的电阻增加[98]。利用该碳纳米纤维的导电性和较高的比表面积，一系列的超级电容器器件相继被开发出来，如对称超级电容器、不对称超级电容器及柔性电容器。特别的是，碳纳米纤维的三维骨架结构可以储存固态电解质，是成功制备柔性超级电容器的关键所在[102]。此外，类似于水热法制备的碳纳米纤维材料，细菌纤维素衍生的碳纳米纤维气凝胶也可以用作导电骨架生长其他锂电活性材料，如二氧化锡、锗等材料，用作锂电池负极材料来替代目前商业化的石墨负极材料。例如，碳纳米纤维/二氧化锡复合材料在 100 mA/g 的电流循环 100 圈后，其容量仍然维持在 600 mAh/g 左右，是商业化石墨负极理论容量的 2 倍左右[113]。同时利用细菌纤维素衍生的碳纳米纤维气凝胶可以设计一些电催化剂，如氮掺杂碳纳米纤维气凝胶氧还原电催化剂、碳化钼颗粒嵌入的三维氮掺杂碳纳米网络的氢析出电催化剂[114]。碳化钼颗粒嵌入的三维氮掺杂碳纳米网络催化剂在宽的 pH 范围内（0～14）中均呈现出非凡的电催化析氢活性，在碱性中电流密度到达 10 mA/cm² 仅需 167 mV 的过电势，其交换电流可达 4.73×10^{-2} mA/cm²。理论计算表明高析氢反应（HER）活性是由于 Mo_2C 纳米颗粒和氮掺杂碳纳米纤维之间强烈的协同效应引起的。另外，在细菌纤维素衍生的碳纳米纤维气凝胶直接生长二硫化钼，可以制备二硫化钼/碳纳米纤维气凝胶的三维电极，直接用于 HER[115]。以上的研究均表明由细菌纤维素宏量制备得到的碳纳米纤维材料可以广泛地应用于多个领域，并具有优异的性能。最近，俞书宏等又在宏量制备碳纳米纤维材料方面取得了新的进展，提出了一种催化热解的方法，通过使用对甲苯磺酸催化木质纳米纤维素在热解前期迅速脱水，并改变其热解过程和中间产物，使得纳米纤维素在热解后具有高的碳产率的同时，还能够保持很好的三维网状结构。该催化热解转化方法可将廉价丰富的自然界中的前驱体材料转化为高附加值的碳纳米纤维材料，对于发展可再生材料的绿色化学合成具有指导意义。由该方法制备的超细碳纳米纤维平均直径仅为 6 nm，具有很高的电导率（710.9 S/m）和比表面积（553～689 m²/g）[116]。因其独特的三维网状结构和优异的导电性能以及高的比表面积，该研究团队研制的由木材制备的碳纳米纤维气凝胶可以直接用于组装无需黏结剂的超级电容器，并且在纯碳超级电容器材料中表现出优异的电容性能，这种新型碳纳米纤维气凝胶还可应用于水体净化、电催化剂载体和电池电极材料等[116]。

　　综上所述，可以看出基于水热碳化的纳米化学合成法和利用生物质（细菌纤维素）为前驱体的生物合成法都可以实现碳纳米纤维材料的宏量制备（图 5.22）。纳米化学合成法通过调控一系列合成参数，如水热反应的时间、温度和碲纳米线模板与葡萄糖的比例，可以实现碳纳米纤维直径的精细调控，因此所得碳纳米纤维气凝胶的孔隙率、密度、机械性质高度可控。但是使用价格昂贵的碲纳米线作为模板，使得该方法目前成本较高。最近，他们又实现碲纳米模板的回收利用，使得该方法的成本在一定程度上得到了降低[117]。相比于纳米化学合成法，基于碳化生物质的生物合成法成本低廉，但是该方法碳产率较低（<10%）。此外，由于细菌纤维素是由细菌发酵所制备的，因此目前很难通过碳化细菌纤维素的方法实现所得碳纳米纤维材料直径的高度可控，同时这种碳纳米纤维气凝胶的孔隙率、密度、机械性质也不可调节。尽管在碳纳米纤维的宏量制备中取得一系列的进展，仍然需要进一步开发先进、廉价、宏量的碳纳米纤维制备技术。可以预见，使用细菌纤维素作为模板的水热碳化法有望实现碳纳米纤维材料的廉价、宏量、可控制备[101]。

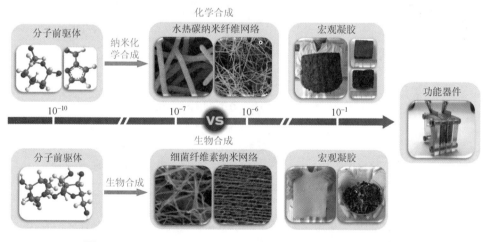

图 5.22　化学法和生物法制备碳纳米纤维材料的对比示意图[101]

5.2.5　石墨烯的宏量制备

　　石墨烯是指一类由碳原子以 sp^2 杂化方式形成的二维六方晶态材料。1986 年，单层石墨首次被命名为石墨烯，但当时这类二维石墨结构仅停留在理论阶段，并且被广泛认为无法在现实环境中稳定存在，直到 2004 年，Geim 和 Novoselov 打破了上述理论预言，将石墨烯成功带入了现实，他们通过在石墨片的两面粘贴胶带并进行连续不断的剥离，最终得到了具有单原子层厚度的二维石墨结构，即石墨烯[47]。实际上，石墨烯的真实结构并不平整，而是存在褶皱，这种褶皱结构被认为能够降低其表面能，从而使得石墨烯可以在现实环境中稳定存在[118, 119]。石墨烯的出现，不仅弥补了二维碳纳米材料的空缺，此外，如图 5.23 所示，它还可以作为碳材料的结构基元，在空间尺度上转换成零维富勒烯、一维碳纳米管及三维石墨结构。

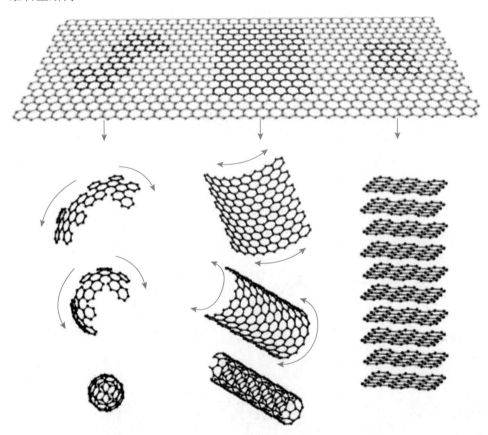

图 5.23　石墨烯通过卷曲、堆叠构成其他维度碳材料：零维富勒烯、一维碳纳米管及三维石墨[118]

碳原子 π-π 共轭的二维结构赋予了石墨烯众多优异的电学、力学、热学和光学等物理性质。例如，它的导热系数可以达到 5300 W/(m·K)，室温下电子迁移率高达 15000 cm^2/(V·S)，杨氏模量以及断裂强度分别接近 1100 GPa 和 125 GPa，其在可见光谱内的透光率高达 97.7%，同时它的理论比表面积接近 2630 m^2/g。石墨烯本身具有较高的化学稳定性，而表面进行氧化后的石墨烯则可进行化学修饰，从而实现对其表面特性的调控。因此，基于上述独特的物理及化学性质，石墨烯自发现以来便受到了广泛关注。目前，石墨烯已经在能源、电子器件、材料及医药等领域展现出巨大的应用前景。

自 2004 年以来，科学家们已发展出多种物理或化学的方法制备石墨烯，从纳米材料的制备角度来说，这些方法主要可分为"自上而下"和"自下而上"两大类。"自上而下"主要包括石墨的机械剥离、氧化石墨烯的还原以及垂直切割一维碳纳米管，"自下而上"则主要包括含碳小分子的化学气相沉积、外延生长及化学合成。下面将围绕上述制备方法的原理及优缺点进行介绍，并着重阐述各个方法在宏量制备石墨烯的可行性、特点以及待解决的问题。

1. 机械剥离

石墨是由大量石墨烯片层叠而成，是大量生产石墨烯的理想前驱体材料，目前主要可通过机械或化学剥离的方法将石墨烯片从石墨中分离开来，由 Geim 和 Novoselov 发明的胶带剥离法虽然可以获得单层石墨烯，但此方法获得的产物尺寸小、形状及层数不均一，不适合实际应用。大面积的机械剥离需要有效的外力提供能量，这些外力可由超声、球磨及剪切力等方法提供。如图 5.24 所示，Jeon

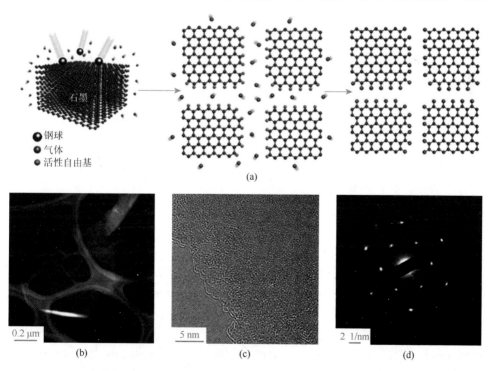

图 5.24　（a）球磨法制备边缘官能化石墨烯示意图；（b）、（c）透射电子显微镜照片；（d）选区电子衍射[120]

等将石墨在分别含有氢气、二氧化碳及三氧化硫的气氛中进行球磨，可大规模制备得到易于分散在极性溶剂中的氢、羧酸及磺酸官能化的石墨烯，这种球磨方法虽然操作简单，成本低，但球磨过程会不可避免产生材料损耗且耗时较长[120]；超声以及剪切力提供了液相剥离的能量，但该方法必须使用与石墨烯表面能相匹配的溶剂才能起到有效的剥离效果，目前 N, N-二甲基甲酰胺、二氯苯及 N-甲基吡咯烷酮等溶剂均可满足该条件。此外，通过加入表面活性剂调节表面能，水也可以作为液相剥离的溶剂。Hernandez 等使用 N-甲基吡咯烷酮作为石墨的分散介质，通过对分散液进行超声成功获得了无缺陷的单层石墨烯，并且产率达到 7wt%～12wt%[39]。

此外，如图 5.6 所示，Coleman 等报道了基于剪切力作用宏量制备少层石墨烯的方法，该方法使用转子-定子混合器提供剪切力，N-甲基吡咯烷酮或含有表面活性剂的水溶液作为溶剂，生产的石墨烯品质高且生产速率可达到 5.3 g/h，此项工作提供了批量化生产高品质石墨烯的新路径（见 5.1 节）[36]。虽然机械剥离方法已被广泛验证可大批量制备出高质量的单层或少层石墨烯，但整体生产效率依然较低。

2. 化学氧化法

化学氧化法的主要原理是利用强酸在体相石墨中实现插层，再与添加的强氧化剂形成层间化合物，并借助超声、热膨胀或剪切力的能量实现石墨的剥离，最终得到表面含有大量含氧基团以及缺陷的氧化石墨烯。$KClO_3$ 和 $KMnO_4$ 是目前主要使用的两种氧化剂，但两者在反应过程中产生的副产物污染性大且伴随爆炸风险。例如，$KClO_3$ 与浓硫酸接触后会产生有毒且易爆的气体 ClO_2，而 $KMnO_4$ 在氧化过程中可转化为 Mn_2O_7，其在高于 55℃的酸性环境中易发生爆炸。高超等经过多年探索，用 K_2FeO_4 取代了上述两种氧化剂（图 5.25），该铁系氧化剂在制备氧化石墨烯的过程中不仅不会产生污染性、易爆性的物质，而且相比传统的氯系、锰系氧化剂，其制备过程较快，1 h 即可完成从石墨到单层氧化石墨烯的转变[121]。

然而，这类氧化石墨烯导电性极差，限制了其在量子物理及电子器件等领域的应用，因此需要额外进行还原处理（图 5.26）[122]。目前，氧化石墨烯的还原方法主要包括热还原及化学还原两种。热还原就是将氧化石墨烯进行快速升温，进而在高温的条件下使热不稳定的含氧基团分解成一氧化碳及二氧化碳等气体小分子，从而达到还原目的。此外，热解所产生的气体压强还可以实现对石墨烯片的进一步分离效果。不难看出，氧化石墨烯热还原法的制备路径较为简单、可行，具有宏量制备石墨烯的潜在优势，但高温热解产生的气体分子同时也破坏了石墨烯片的结构，使得最终的热还原石墨烯片过小且褶皱较多。化学还原主要是使用还原

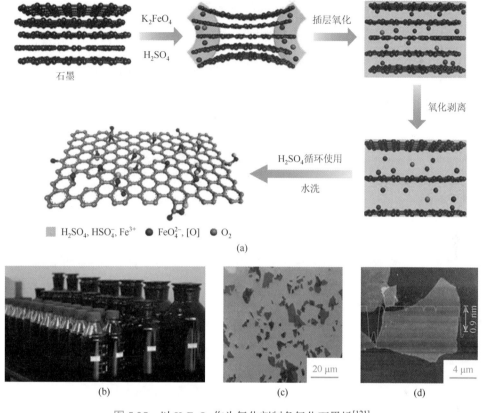

石墨

K_2FeO_4

H_2SO_4

插层氧化

氧化剥离

H_2SO_4循环使用

水洗

■ H_2SO_4, HSO_4^-, Fe^{3+}　● FeO_4^{2-}, [O]　● O_2

(a)

(b)　(c)　(d)

图 5.25　以 K_2FeO_4 作为氧化剂制备氧化石墨烯[121]

（a）流程图；（b）该方法制备的浓度为 10 mg/mL 的 75 L 氧化石墨烯分散液；（c）该方法制备的氧化石墨烯负载在 Si/SiO₂ 基底上的扫描电子显微镜照片；（d）该方法制备的氧化石墨烯的原子力显微镜照片

试剂来对石墨烯进行还原，整个反应条件较为温和，设备要求低，相比热还原来说，操作更为简便可行，基本符合高效、批量化生产石墨烯的要求。目前，硼氢化钠、水合肼、噻吩及铁粉等还原性试剂均已被验证可以实现对氧化石墨烯的化学还原。不过，氧化石墨烯在化学还原后，亲水性下降，进而会在原本的分散介质水溶液中发生团聚。为了防止团聚的发生，通常会在分散介质中加入表面活性剂或调节水溶液的 pH，以改善还原氧化石墨烯的亲水性。实际上，虽然通过热还原或化学还原可以去除大部分含氧基团，但依旧无法获得完美石墨烯结构，因此这类还原氧化石墨烯的诸多物理性能要差于由物理方法获取的石墨烯。但是，正是由于还原氧化石墨烯的表面存在缺陷，使其可以通过化学修饰进行改性，便于调控表面形成有机或无机纳米复合材料，从而拓展其应用途径。同时，湿化学条件下的可加工性可以使其组装成碳纸、薄膜及泡沫状材料，从而在能源储存、转化及催化等对石墨烯质量要求不高的应用领域展现出极大潜力。总的来说，氧化石墨烯还原法具有原料易得、成本低及技术成熟度高等优点，是目前最有望将石墨烯推向大规模实际应用的主要方法。

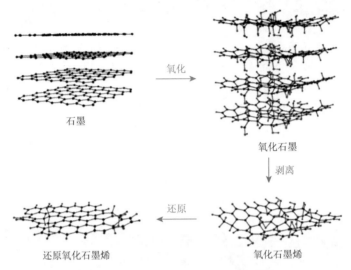

图 5.26　还原氧化石墨烯制备流程[122]

3. 垂直切割碳纳米管

将碳纳米管沿纵向切割便可转换成具有高纵横比的石墨烯纳米带（graphene nanoribbons，GNR）。边缘限域效应赋予了 GNR 独特的半导体特性，多项研究表明其边缘结构的几何构形、宽度与带隙大小存在重要的关联性。化学氧化和刻蚀法是实现垂直切割碳纳米管的主要途径。化学氧化法主要是用浓硫酸和高锰酸钾对碳纳米管进行氧化解链处理，类似氧化石墨烯，最后得到的 GNR 氧化程度较高且能均匀分散在水和极性溶剂中，但需要额外进行还原处理以恢复部分电学性能。该方法切割取向难以控制且产物尺寸过宽，不符合带隙的精确调控目标，难以投入实际应用。此外，戴宏杰等还发明了一种氩气等离子体刻蚀法，其主要制备路径是将多壁碳纳米管沉积到硅基底上并涂敷聚甲基丙烯酸甲酯，后暴露在氩气等离子体中，通过控制暴露时间即可得到具有不同层数的石墨烯纳米带[123]。但是，与氧化法类似，这种等离子刻蚀法也难以精确控制带隙大小，实用性较差。

4. 外延生长法

外延生长法可获得高质量的石墨烯，它的主要原理是在真空条件下利用高温（1200～1500℃）将单晶碳化硅表面上的硅原子升华去除，碳原子随之发生重组和石墨化，形成取向外延的石墨烯层。外延生长法的主要优势在于它能在具有半导体性质的基体上直接生成石墨烯层，方便直接用于组装电子器件。不过，碳化硅尺寸较小并且价格昂贵。硅片的价格要远低于碳化硅且尺寸最大可达到 12 英寸，是一种理想的基底材料。Miyamoto 等基于硅片的优势，先通过气态源分子束外延法在硅片基底上生成碳化硅片层，再利用外延生长的方法在碳化硅表面生成石墨烯[124]。此外，Iacopi 等还尝试在上述以硅片为基底外延生长法基础上添加金属催化剂（镍及铜镍合金），并降低了生长过程的退火温度（900～1100℃），提高了石墨烯质量[125]。总体而言，外延法需要可调控高温、高真空以及硅原子升华速率的复杂设备，暂时还难以大规模使用。

5. CVD

CVD 是一种已经被用来生产商业化石墨烯的方法，通过这种方法可制备得到具有极低薄层电阻、高载流子迁移率以及良好光学透明度的大面积、高质量石墨烯。基于缺陷、层数可控以及优异光、电等物理性质的优势，由 CVD 法得到的石墨烯在电子器件领域有着广阔的应用前景。

CVD 法是利用气体反应物在基底表面发生化学反应，进而得到固态薄膜产物的一类材料制备技术。2009 年，李雪松等以铜箔为基底，甲烷和氢气为气体反应物，首次制备出了大面积石墨烯薄膜[126]。自此之后，CVD 法被广泛用于研究和制备高质量的石墨烯。CVD 法主要包括气体分子反应生成石墨烯薄膜，将导电基底去除，以及石墨烯薄膜转移至其他基底上三个步骤，图 5.27 为典型的 CVD 法生长石墨烯薄膜的流程[127]。其中，石墨烯薄膜的转移十分重要，这主要是因为导电金属基底会极大影响石墨烯的物理性质，因此通常需要将石墨烯转移至其他基底上，以便实际应用，例如，应用在晶体管上的石墨烯基底就需要具有非导电特性，而应用在显示屏上的石墨烯基底则需要具有一定的柔韧性。目前，转移石墨烯的方法主要是湿法刻蚀，为了避免石墨烯在转移过程中发生破损，通常需要在转移前在石墨烯表面包裹一层高分子薄膜。因此，具体的转移步骤通常依次为高分子薄膜的涂敷，金属基底的刻蚀去除，以及高分子薄膜的去除。聚二甲基硅氧烷、聚甲基丙烯酸甲酯及热释胶带可作为高分子薄膜保护石墨烯[126]。其中，前两者易于通过有机溶剂或热化的方法进行去除，但不适合生产大面积的石墨烯。但是热释胶带则无法去除完全，进而会影响石墨烯的质量，此方法可通过卷式生产方式得到面积高达 30 英寸的石墨烯薄膜[128]。

6. 有机合成

多环芳烃（polycyclic aromatic hydrocarbons, PAH）是指具有两个或两个以上苯环结构的一类有机化合物，石墨烯可以看作是 PAH 的脱氢产物。目前，通过有机合

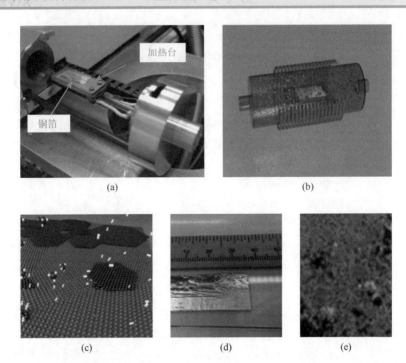

图 5.27 （a）以甲烷为碳源、铜箔为基底制备石墨烯的 CVD 装置；（b）、（c）CVD 反应过程；
（d）沉积了石墨烯的铜箔；（e）石墨烯转移至 SiO₂/Si 衬底上的拉曼图像[127]

成可获得尺寸在 1 nm 以上的石墨烯分子以及具有纵横比大于 10 的石墨烯纳米带。
其中，由有机合成得到的石墨烯纳米带在近些年受到了广泛关注和研究，这主要是
因为石墨烯纳米带的物理性质与其边缘结构有十分重要的构效关系，而有机合成的
方法能够精确调控产物的边缘结构，这对研究上述构效关系具有十分重要的意义。
目前，有机合成石墨烯纳米带的反应原理主要包括 A₂B₂ 型 Suzuki 聚合、AA 型
Yamamoto 聚合及 AB 型 Diels-Alder 聚合等。在研究早期，上述石墨烯纳米带的聚
合反应均在液相中进行，为了满足可溶性的要求，前驱体的选择及产物尺寸受到
了极大限制。2010 年，Müllen 等发明了一种在真空条件下将低聚物沉积在金属表
面直接生长石墨烯纳米带的方法，通过控制退火温度及时间即可完成前驱体的聚
合及产物的脱氢环化[129]。随后，多个课题组运用此方法合成出多种具有不同长度、
宽度或边缘结构以及杂原子掺杂的石墨烯纳米带，通过对前驱体的选择和设计，
实现了对石墨烯纳米带电学性质（带隙）的调控，有望以后大规模应用于电子器
件领域。如图 5.28 所示，通过改变前驱体即可获得具有不同边缘结构的石墨烯纳米
带[130]。但是，目前该合成方法还需要依赖真空设备及单晶金属基底，操作较为复杂，
成本较高。

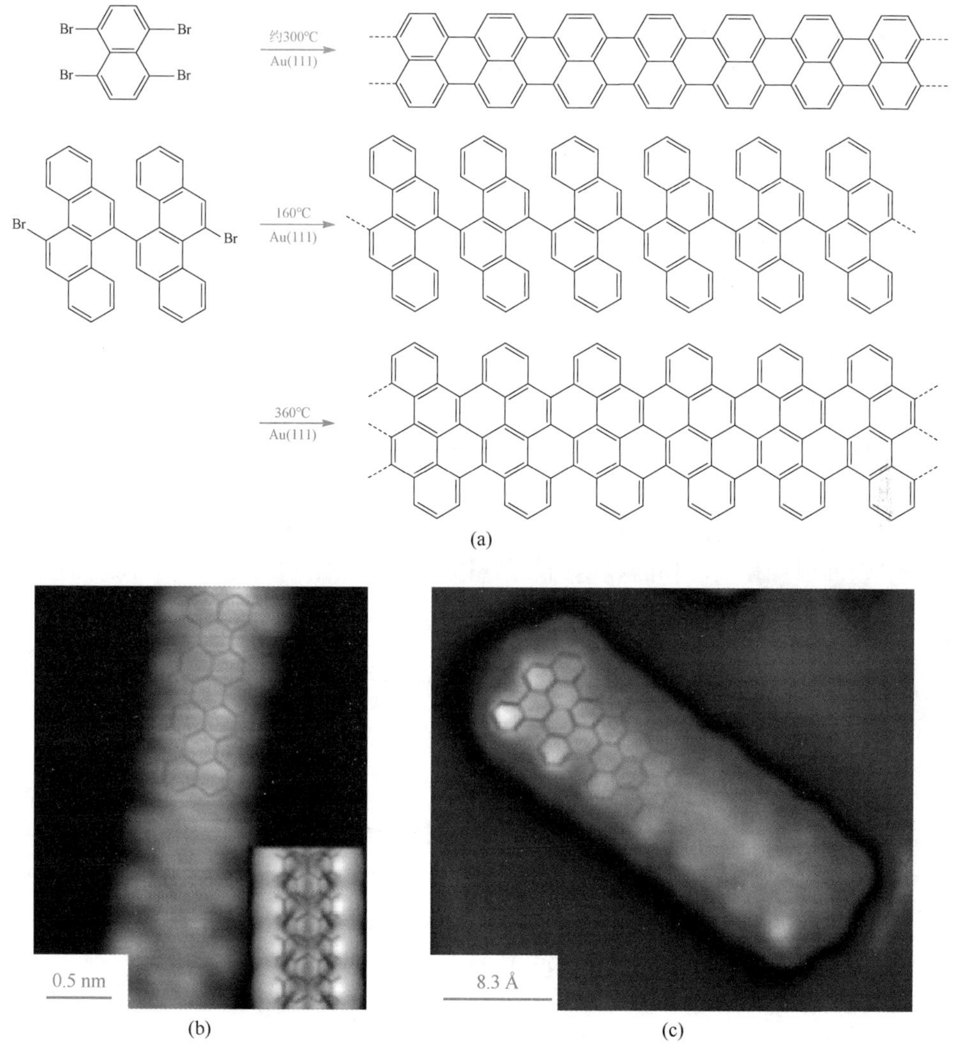

(a)

0.5 nm

(b)

8.3 Å

(c)

图 5.28　（a）不同边缘结构的石墨烯纳米带；（b）、（c）石墨烯纳米带附着在 Au（111）表面的扫描隧道电子显微镜照片[130]

7. 石墨烯的宏量制备技术

石墨烯的出现为开发新型材料和先进器件提供了广阔的前景，而石墨烯能否成功进入人们的日常生活，首先取决于石墨烯能否实现宏量制备。在上述石墨烯制备方法中，除有机合成法外，其他方法均有报道实现了石墨烯的宏量制备。其中，机械剥离、化学氧化剥离及 CVD 法更是实现了石墨烯的工业化生产[131]。例如，厦门凯纳石墨烯技术股份有限公司、青岛昊鑫新能源科技有限公司及东莞鸿纳新材料科技有限公司均利用机械剥离技术实现了石墨烯的工业化生产；常州第六元素材料科技股份有限公司使用化学氧化法在 2012 年便建立起年产 100 t 的氧化石墨烯生产线；常州二维碳素科技股份有限公司、无锡格菲电子薄膜科技有限公司及重庆墨希科技有限公司通过 CVD 法均实现了年制备超过 10 万 m^2 的石墨烯薄膜。近期，西班牙的 Graphenea 公司宣布可通过 CVD 法年产 7000 片具有 8 英寸面积的石墨烯薄膜。

　　虽然，目前石墨烯的宏量制备技术取得了很大发展，但还是存在不少局限性。首先，这几种方法都存在明显的缺陷，如机械剥离的生产效率较低；化学氧化剥离需要使用强酸等氧化剂，对环境破坏大；CVD 法需要额外转移石墨烯薄膜，转移过程较为烦琐，可能对石墨烯造成污染并影响质量。其次，由机械剥离、化学氧化剥离及 CVD 生产得到的石墨烯产物虽然已在导电添加剂、导热材料、防腐蚀材料及显示屏等领域展现出较好的应用效果，但并不能完全实现石墨烯的应用前景。例如，石墨烯纳米带有望取代传统半导体材料，为新一代高密度集成电路的制备带来希望，但目前石墨烯纳米带的制备方法，如碳纳米管的垂直切割、有机合成等方法还有待进一步降低成本、提高产物质量及产量。此外，外延生长也能制备出高质量且大面积的石墨烯，基于硅片衬底的优势，由该方法制备的产物可直接用于组装电子器件，具有十分可观的应用前景，有待进一步挖掘。

5.3 半导体纳米材料的宏量制备

5.3.1 半导体纳米材料简介

　　半导体是一种常温下导电性介于绝缘体和导体之间的材料。当今社会，半导体被广泛地应用于家电、通信、工业制造、航空、航天等诸多领域。可以说，半导体已经渗透到我们生活的每一个角落。半导体纳米材料是一种自然界不存在的人工制造的新型半导体材料，其尺寸通常在 1～100 nm。通常来说，半导体具有连续的能带结构，但当半导体至少存在一个维度上的尺寸小于玻尔激子半径时，其电子态密度将不再连续，这意味着半导体纳米材料的能带结构可以在不改变化学组分的前提下通过控制尺寸和形状来调控[132]，这种能带结构可调的特性为半导体纳米材料带来了新颖的电学和光学性能[133]。也正因如此，半导体纳米材料在发光器件、生物探针、太阳能电池、热电器件等领域展现出了广阔的应用前景[134]。

　　半导体纳米材料可以粗略地分为三大类别，即零维（主要指量子点）、一维（主要指纳米线和纳米管）及二维（包括纳米片、量子阱等）半导体纳米材料。为了获得特定功能的半导体纳米材料，需要对半导体纳米材料的组分和结构（包括尺寸、形状等）进行精准的控制，这对半导体纳米材料的合成方法提出了极高的要求。应该说，对于某种功能材料，高效的合成方法是其未来走向应用的基础。在过去的二三十年间，人们发展了一系列行之有效的合成方法来制备具有可控组分和结构的半导体纳米材料，如胶体化学法、水热/溶剂热法、模板法等[135-137]。

到目前为止,市面上已经上市了许多基于半导体纳米材料的产品,如基于 TiO_2 和 ZnO 纳米颗粒的防晒产品及量子点电视显示屏等。然而,对于种类繁多的半导体纳米材料而言,真正实现工业化应用的只是其中的极少数,而更多的性能优异甚至具有独特性能的半导体纳米材料仍然无法走出实验室。这些材料无法走出实验室的原因有很多,缺少相应的宏量制备技术是主要原因之一。

5.3.2　量子点的宏量制备

与普通化学相比,在大规模合成方面,化学工程学科积累了大量的理论和实践经验。因此,利用化学工程原理来指导量子点的宏量制备是非常明智的。绝大部分量子点的合成技术都是基于非均相反应而发展起来的。在非均相反应中,温度、压力及反应组分都是控制反应的非常重要的参数。此外,对于大规模的工业合成,反应过程中所涉及的动量、热量及质量传递等也是非常关键的参数。因此,为了实现量子点的宏量制备,理解及控制上述所有的参数是必不可少的。

近二十年来,量子点的可控合成已经发展得相当完善,人们可以方便地制备出所需尺寸、组分及结构的量子点[138, 139]。为了实现量子点的商业化,科学家们已经开始探索量子点的宏量制备技术。然而,到目前为止,量子点宏量制备的进展仍然相当有限。下面介绍几种量子点的宏量制备技术。

1. 胶体化学法

热注射法是一种以溶液为基础的高温合成方法,即把一种或几种反应前驱体加热至高温,与在高温下注入的另一种反应前驱体反应制备出高质量纳米粒子的方法。由于这种高温化学反应的前驱体、表面活性剂及溶剂的选择极具多样化,因此可形成多种体系。经过多年发展,热注射法已被广泛应用于胶体量子点的可控制备[140]。热注射法制备量子点的机理主要分为两步,即成核过程和核生长过程。当前驱体被快速注入反应容器中后,前驱体的浓度高于成核阈值就会出现短暂的成核过程。核的生长过程实际上是一个奥斯特瓦尔德熟化过程,小粒径纳米粒子的高表面能促使其溶解并沉积在大粒径的纳米粒子上,于是纳米粒子数量减少,平均尺寸增大,即大粒径纳米粒子的生长要以小粒径纳米粒子的消耗为代价。

CdSe 量子点以及一系列 CdSe 基核/壳结构量子点是一类非常重要的量子点材料。1993 年,Murry 等发表了一篇采用热注射法合成 CdSe 量子点的文章,这是胶体化学合成量子点领域的一座里程碑[141]。然而,该方法用到了二甲基镉,这是一种有剧毒并且昂贵、危险的化合物,因此该方法并不适用于 CdSe 量子点的宏量制备。2001 年,彭笑刚等以 CdO 作镉源实现了单分散 CdSe 量子点的制备,这是胶体化学合成量子点领域的又一个里程碑[142]。然而,该方法 CdSe 量子点的每批次产量只有几十到几百毫克，CdSe 量子点的宏量制备难题仍然有待解决。CdSe 量子点的表面对于化学环境非常敏感，不当的表面修饰会使其光致发光性能下降。此外，CdSe 量子点的表面对于细胞来说是有毒的，非常不利于其在生物方面的应用。若在 CdSe 量子点表面包覆上一层或多层由 CdS、ZnSe 及 ZnS 等能带宽度较宽的材料所组成的壳层，能极大地改善其光致发光性能的稳定性及生物相容性。常规的合成 CdSe 基核/壳结构量子点的方法一般包含两个步骤，即 CdSe 核的生长及 ZnS 等壳层的生长。这种方法在进行壳层生长之前，一般需要先将 CdSe 量子点核进行纯化，而这是非常耗时耗力的。显然，这种方法并不适用于 CdSe 基核/壳结构量子点的宏量制备。基于此，Kim 等发展了一种连续热注射法，实现了一步法宏量制备 CdSe 基核/壳结构量子点，该方法成本较低且省时省力[143]。在制备 CdSe/ZnSe 量子点的过程中，Se 前驱体首先被注射到 Cd 前驱体溶液中以生长 CdSe 核，随后剩余的 Se 前驱体与新注入的 Zn 前驱体继续发生反应并在 CdSe 核上生长出一层 ZnSe 壳层。上述注射过程可以重复多次以生长出更多的壳层。为了保证核/壳结构量子点的质量，必须避免壳层生长过程中新的晶核的形成，因此必须仔细地选择壳层的前驱体并且小心地控制前驱体的注射温度及壳层的生长温度。为了找出合适的 Zn 前驱体，Kim 等测试了多种 Zn 前驱体。CdSe 量子点生成的反应是在 280℃的高温下进行的，反应 5 min 后需要将反应溶液的温度降至室温以停止 CdSe 核的生长。在室温下向反应溶液中注入 Zn 前驱体后，需要将反应溶液的温度重新加热到一定的温度以诱发 ZnSe 壳层的生长。若 Zn 源为常规二乙基锌，所制备出的 CdSe/ZnSe 量子点的荧光效率很低而且荧光峰较宽，这可能是因为二乙基锌在高温下热解速率太快以至于引发了 ZnSe 晶核的生成。为了抑制新的晶核的生成并促使 ZnSe 壳层的生长，必须要使用热解速率较慢的 Zn 前驱体。基于此，Kim 等选择十一烯酸锌作 Zn 源，成功地实现了 CdSe/ZnSe 量子点的宏量制备，如图 5.29 所示。使用同样的方法，他们也实现了 CdSe/ZnSe/ZnS 量子点的宏量制备。

在实验室里，量子点一般使用热注射法制备。热注射法在量子点合成的发展过程中发挥了关键的作用。然而，热注射法制备量子点的产量很低，在实验室里一般小于 100 mg。由于热注射法涉及的反应速率很快，这使得反应原料必须在短时间内混合均匀，而这对扩大反应的规模是非常不利的。随着反应规模的扩大，反应原料混合均匀的速度会变慢，此时反应环境发生了变化，产物也会变得不一样。与热注射法相比，"升温法"（heat-up method）更有利于量子点的宏量制备。不同于热注射法，"升温法"中所有反应原料会在反应开始前就混合在一起，混合均匀后再将反应物升温至所需的反应温度以合成相应的量子点。不幸的是，这种特点会使前驱体的溶解速率与反应速率发生耦合，从而阻碍高质量的量子点的制备。因此，如何实现溶解速率与反应速率的解耦是当前"升温法"的一个亟需解

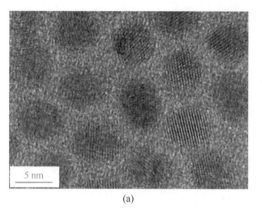

(a)　　　　　　　　　　　　　　　　　　(b)

图 5.29　　（a）CdSe/ZnSe 量子点的 TEM 照片；（b）单批次合成出来的 0.2 kg CdSe/ZnSe 量子点粉末[143]

决的问题。不过，"升温法"有个重要的优势，就是若在加热之前就将前驱体彻底地混合均匀可以将上述耦合作用暂时解耦。为了将"升温法"运用于量子点的宏量制备，有几个问题必须得到解决。首先，必须保证升温过程中的成核是爆发性的；其次，必须保证晶核的生长速率是可控的；最后，必须确保量子点生长过程中的温度分布是均匀的。一般来说，"升温法"合成量子点时，为了保证量子点的质量，前驱体的浓度会比较低，甚至会远低于前驱体在溶剂中的溶解极限，这显然对宏量制备是不利的。Curtis 等发现，若将前驱体的浓度增加到其溶解极限时，产物仍能保持单分散性（小于 7%），且量子点的产量（86 g/L）十倍于常规的升温法（小于 8 g/L）[4]。利用该策略，Curtis 等成功实现了 $Cu_{2-x}S$ 量子点的宏量制备，如图 5.30 所示。当前驱体的浓度接近其在溶剂中的溶解极限时，合成参数对实验环境变化的敏感度降低，因此该方法的重复性非常好。

　　胶体 PbS 量子点是一种非常有应用前景的光电材料，它有诸多优点，如可调的光吸收和光致发光性能、可溶液加工及可表面修饰等。为了实现其在生产生活中的广泛应用，不仅要实现高质量 PbS 量子点的可控制备，更需要实现高质量 PbS 量子点的宏量制备，甚至是低成本宏量制备。以双三甲基硅基硫醚（TMS_2S）为硫源，$PbCl_2$ 的油胺溶液为铅源，张建兵等以"升温法"实现了高质量 PbS 量子点的宏量制备，如图 5.31（a）所示[144]。他们制备的 PbS 量子点表现出了优异的空气稳定性及较高的荧光量子效率。尽管该方法一次反应就可以合成出多达 47 g 的 PbS 量子点，但是其所用到的硫源（TMS_2S）非常昂贵，而且 TMS_2S 极易挥发且有毒。为了避免使用 TMS_2S，以硫代乙酰胺为硫源，$PbCl_2$ 为铅源，张建兵等又实现了 PbS 量子点的低成本宏量制备，如图 5.31（b）所示[145]。该 PbS 量子点也展现出了较高的荧光量子效率及优异的空气稳定性。这种方法一次反应就可制备出 18 g PbS 量子点，且化学产率高达 80%。

图 5.30 （a）宏量制备 $Cu_{2-x}S$ 量子点的反应装置，反应液体积为 2.5 L；（b）$Cu_{2-x}S$ 量子点的 TEM 照片；（c）2.5 L 反应液所产出的 $Cu_{2-x}S$ 量子点粉末[4]

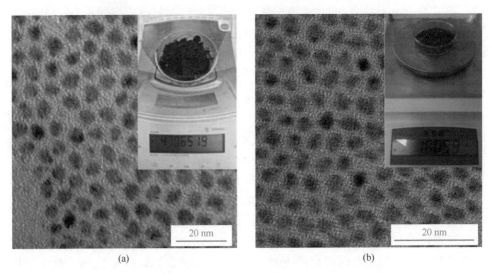

图 5.31 （a）TMS$_2$S 为硫源制备的 PbS 量子点的 TEM 照片，插图为单批次合成出来的 47 g PbS 量子点粉末[144]；（b）以硫代乙酰胺为硫源制备的 PbS 量子点的 TEM 照片，插图为单批次合成出来的 18 g PbS 量子点粉末[145]

　　与 PbS 类似，PbSe 量子点在电子器件、光电器件等领域有着广泛的应用前景。与 PbS 量子点相比，PbSe 具有更好的本征光电特性。首先，PbSe 的玻尔激子半径为 46 nm，是 PbS 的 2 倍多（PbS 的玻尔激子半径为 20 nm），这表明 PbSe 量子点具有更强的量子限域效应。其次，PbSe 量子点具有更好的多重激子生成的特性。这些特性均表明 PbSe 量子点在器件中可能会表现出更好的性能。然而，常规方法合成出来的 PbSe 量子点对空气比较敏感，稳定性弱于 PbS 量子点。因此，面向未来的应用需求，首先必须解决如下两个难题：一是 PbSe 量子点的稳定性，二是 PbSe 量子点的批量制备。最近，基于"升温法"，华中科技大学张建兵等提出了一种新的合成策略初步解决了上述两个难题[146]。该方法的要点是：以 $PbCl_2$ 为 Pb 前驱体，以硒化三辛基膦（TOPSe）和硒化二苯基膦（DPPSe）共同作为 Se 前驱体。$PbCl_2$ 作为 Pb 前驱体可以实现 PbSe 量子点的原位表面 Cl 离子钝化，保证合成出来的 PbSe 量子点对空气是稳定的。所合成出来的 PbSe 量子点在 80℃ 的情况下暴露在空气中 12 h 后，其吸收光谱中的第一激子峰没有发生任何改变，说明其对空气的稳定性良好。DPPSe 的反应活性高于 TOPSe，在室温时 DPPSe 就开始与 Pb 前驱体反应成核，而 TOPSe 则不参与反应；随着反应温度的升高，TOPSe 逐渐转化成 DPPSe 并促进 PbSe 量子点的进一步生长。显然 TOPSe 和 DPPSe 共同作为 Se 前驱体可以达到调控 PbSe 量子点生长过程的目的。如图 5.32 所示，以该方法合成出来的 PbSe 量子点尺寸分布极窄且尺寸在较大范围内可调，更重要的是，该方法的每批次 PbSe 量子点产量大于 20 g。

　　硫粉是常用的合成金属硫化物纳米晶的硫源。合成金属硫化物时，硫粉与金属源并不直接发生反应，而是先被还原成价态更低的硫离子（如 S^{2-}），然后再与金属源结合生成相应的金属硫化物。相比而言，硫化铵可以直接与金属源发生反应，而不需要额外的还原步骤，从这点来看，硫化铵具有更高的反应活性。市场上的硫化铵通常是以水溶液的形式出售的，然而硫化铵的水溶液接触空气后变质非常迅速，但是其伯胺（如油胺）溶液的变质速度则相对较慢。显然，硫化铵的伯胺溶液可以作为胶体化学法合成金属硫化物纳米晶的硫源。基于硫化铵的上述特性，Robinson 等发展了一种宏量制备单分散金属硫化物（Cu_2S、CdS、SnS、ZnS、MnS、Ag_2S 及 Bi_2S_3）纳米晶的合成方法[147]。为了获得无水的硫化铵/油胺溶液，在硫化铵的水溶液加入油胺溶液中后，需要用分子筛把溶液中的水分去除掉。无水硫化铵/油胺溶液能在空气中稳定存在 1 h，接触空气 3 h 后，该溶液中会产生黄色的沉淀，由此表明该溶液已经变质。硫化铵/油胺溶液非常活泼，能与一系列的金属盐发生反应生成相应的金属硫化物。如图 5.33 所示，以硫化铵/油胺溶液为硫源，CuCl 为铜源（或乙酸镉为镉源），Robinson 等在相对较低的温度下成功地制备出单分散 Cu_2S（或 CdS）纳米晶。使用该方法一次反应就可制备出超过 30 g 的单分散纳米晶。该方法也可用于 SnS、ZnS 及 MnS 单分散纳米晶的宏量制备。此外，

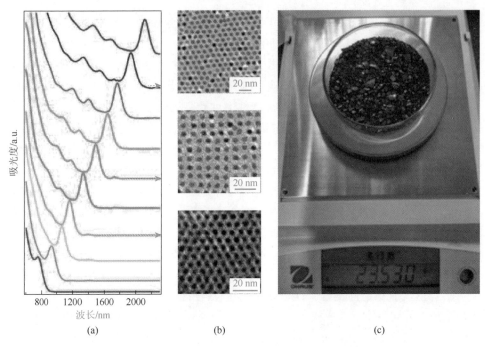

图 5.32　尺寸可控的 PbSe 量子点的宏量制备[146]

（a）不同尺寸 PbSe 量子点的吸收光谱，第一激子峰的波长越大表明量子点的尺寸越大；（b）几种典型尺寸的 PbSe 量子点的 TEM 照片；（c）单批次量子点的产量展示

利用该方法也可实现一些常规方法难以合成的金属硫化物量子点的制备，如 Ag_2S 和 Bi_2S_3 量子点。

I_2-III-VI_2 族和 I_2-II-IV-VI_4 族（I = Cu、Ag，II = Zn、Cd，III = Al、Ga，IV = Si、Ge、Sn，VI = S、Se、Te）化合物是两类复杂的硫族化合物，成键的多样性赋予了它们多变的性质，进而可应用于不同的领域。热注射法也是合成 I_2-III-VI_2 族和 I_2-II-IV-VI_4 族化合物纳米晶的常用方法，然而其产量通常只有几十到几百毫克。考虑到这些纳米晶在太阳能电池及热电器件上有着光明的应用前景，如何提高合成的产量以实现基于这些纳米晶器件的大规模生产是一个必须要考虑的问题。这些纳米晶的宏量制备对于其在热电器件中的应用尤为重要，这是因为在实验室的基础研究过程中就需用到大量的纳米晶。对纳米晶进行热电性能测试之前必须要将这些纳米晶热压成型，而纳米晶的热压成型通常需要至少几克的样品。鉴于此，俞书宏等基于"升温法"发展了一种单次反应可合成出多于 10 g 非计量比的 $Cu_2ZnSnSe_4$ 纳米晶的胶体化学合成方法，如图 5.34 所示[5]。该方法所得到的 $Cu_2ZnSnSe_4$ 纳米晶展现出了优良的热电性能。此外，李灿等同样基于"升温法"发展了一种单次反应可制备出多于 15 g 高质量 $AgSbS_2$ 纳米晶的合成方法[148]。通过选取合适的前驱体结合实验条件的精细调控，$AgSbS_2$ 纳米晶的尺寸在 5.3～58.3 nm 范围内连续可调。

图 5.33　以硫化铵为硫源宏量制备 Cu₂S 和 CdS 量子点[147]

（a）、（c）Cu₂S 量子点；（b）、（d）CdS 量子点

2. 水相合成法

荧光量子点具有荧光量子效率高、发光峰窄、光稳定性优异等诸多优点，是生物成像技术中有前景的候选材料。然而要将量子点用于生物成像，量子点必须无毒、发光效率高，并且是水溶性的[149]。尽管量子点的胶体化学合成方法已发展成为非常成熟的方法，且许多胶体量子点也能够实现宏量制备，然而运用胶体化学法宏量制备量子点时，一般需要用到大量的有机溶剂，并且往往反应温度较高，这些显然不利于量子点的绿色低成本制备。水相合成法是一种以水作为溶剂的制备纳米材料的方法，是实现量子点的绿色、低成本、大规模制备的非常合适的选择。

潘道成等利用水热法实现了 **Cu-In-S/ZnS** 核/壳结构量子点的绿色、低成本的宏量制备，如图 5.35 所示[150]。为了降低合成量子点的成本，首先，他们以成本更低的巯基乙酸作为硫源，以替换掉昂贵的谷胱甘肽；其次，他们用家用

图 5.34　Cu₂ZnSnSe₄ 纳米晶的宏量制备[5]

（a）反应原料；（b）Cu₂ZnSnSe₄ 纳米晶的正己烷分散液；（c）Cu₂ZnSnSe₄ 纳米晶粉末；（d）Cu₂ZnSnSe₄ 纳米晶的 TEM 照片；（e）Cu₂ZnSnSe₄ 纳米晶的 SEM 照片

电高压锅作为反应釜，以替换掉实验室中常用的高压反应釜。与传统的水热反应釜相比，家用电高压锅的设备成本更低，而且其温度和压强分别可以控制在约 116℃和约 164 kPa，这非常适宜于水溶性量子点的低成本宏量制备。为了获得 Cu-In-S/ZnS 核/壳结构量子点，实验分两步进行。首先是 Cu-In-S 核的制备，其次是在 Cu-In-S 核上生长 ZnS 壳层。Cu-In-S 核的荧光量子效率比较低，在 2%～5%，这是因为 Cu-In-S 核的表面上存在大量的缺陷。Cu-In-S 与闪锌矿结构 ZnS 具有相同的晶体结构，它们之间的晶格错配度低至 2.2%，因此 ZnS 可外延生长在 Cu-In-S 核的表面上，从而形成 Cu-In-S/ZnS 核/壳结构量子点。Cu-In-S/ZnS 量子点的荧光强度与 Cu-In-S 核相比有着 10 倍的提升，原因是 ZnS 壳层能有效地去除 Cu-In-S 核表面的缺陷。Cu-In-S/ZnS 核/壳结构量子点的荧光效率高达 40%。Cu-In-S 的能带宽度受 Cu/In 的比例影响，因此调节 Cu-In-S/ZnS 量子点中的 Cu/In 比例可以对其发光颜色进行调控。Cu-In-S/ZnS 量子点几乎没有细胞毒性，可直接用于生物成像。

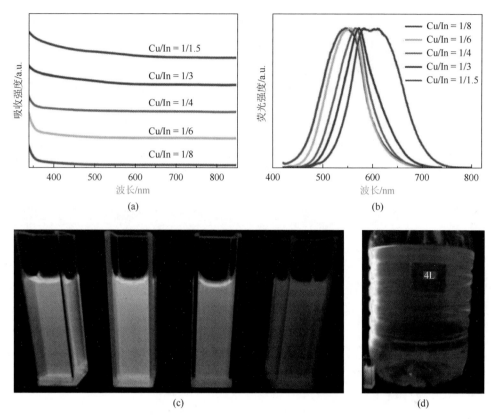

图 5.35　Cu-In-S/ZnS 水溶性量子点的宏量制备（彩图见封底二维码）[150]

（a）、（b）不同 Cu/In 比的 Cu-In-S/ZnS 量子点的紫外-可见吸收和荧光发射光谱；（c）紫外光照射下不同 Cu/In 比的 Cu-In-S/ZnS 量子点发出不同颜色的荧光；（d）4 L 量子点在紫外线照射下发光的照片

3. 连续流合成

　　为了控制产物的质量及产量，反应器的选择是非常重要的。在研究的初始阶段，从操作和控制的简易性角度来考虑，间歇式反应器（如烧瓶）显然是最好的选择。在全面地理解了反应的机理并且证明了其合成高质量量子点的能力之后，为了获得更高的产量并实现真正的工业化生产，连续式反应器是更好的选择[151]。连续式反应器可以分为两种，连续流反应器和连续式液滴反应器。这两种反应器的区别在于，反应液在连续流反应器中是不间断的，而连续式液滴反应器中的反应液是由一个一个小液滴所组成的。

　　2003 年，Kawa 等利用连续流反应器实现了 CdSe 量子点的大规模制备[152]。他们使用的反应配方与常规的胶体化学法所用的配方一致[141, 153]。如图 5.36 所示，该连续流反应器包含两个原料储存箱（分别储存 Cd/Se 原液及配体三辛基氧化膦溶液）、两个输料泵、两个送料管、一个反应器、一个加热区、一个冷凝器及一个收集瓶。反应器由不锈钢制成，带有静态混合结构以使原料在反应器中混合均匀。当输料泵启动后，储存箱里的反应原液被泵送到输料管里进行预热，随后反应原液进入反应器中进行混合并发生反应生成量子点。加热区由不锈钢管组成以控制反应进行的时间及温度。待反应进行完全后，反应液继续流动进入冷凝管中。待反应产物冷却到 $70\sim80℃$（高于三辛基氧化膦的熔点）后，反应产物最终流入收集瓶中。在整个反应过程中，为了保障反应器里的气氛，全程通入干燥的氩气。为了获得高质量的 CdSe 量子点，这些日本科学家考察了一系列的反应参数的影响。他们发现两种原料发生混合的位点的温度控制至关重要。为了获得具有高荧光效率的高质量 CdSe 量子点，反应温度必须高达 $350℃$。原料三辛基氧化膦的品质也非常重要，若三辛基氧化膦中含有一定比例的十四烷基膦酸，能有助于控制量子点的生成。各种合成参数经优化后，该方法的 CdSe 量子点的生产速率可达 13 g/h。

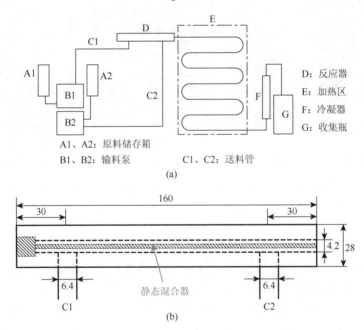

图 5.36　（a）连续流反应器的原理图；（b）反应器的具体结构（单位：mm）[152]

铜基四元金属硫化物作为光伏器件中传统光吸收层的有前景的廉价替代品，近年来引起了科学家的很大关注。作为其中的一种，Cu_2ZnSnS_4 因其合适的能带宽度（$1.45\sim1.51$ eV）以及较高的光吸收系数（$>10^4$ cm^{-1}）则尤为适合用作光伏器件的光吸收层。Cu_2ZnSnS_4 光吸收层可通过多种方法制备，如真空沉积技术及溶液加工技术。令人惊喜的是，利用溶液加工技术制备的 Cu_2ZnSnS_4 薄膜具有更好的性能，以该薄膜组装成的光伏器件具有高达 10%的光伏转化效率，远高于利用真空沉积技术制备的 Cu_2ZnSnS_4 薄膜，原因可能是溶液加工技术能更好地调控诸如四元化合物之类的成分复杂的材料的组分和晶相均匀性。利用溶液加工技术制备 Cu_2ZnSnS_4 薄膜时，Cu_2ZnSnS_4 纳米晶墨水作为原料是最好的选择，因为其他种类的原料要么需要后续的热处理（如使用金属盐作前驱体），要么溶剂有毒（如使用肼作溶剂溶解 Cu_2ZnSnS_4）。为了获得大面积的 Cu_2ZnSnS_4 纳米晶薄膜，必须要用到大量的 Cu_2ZnSnS_4 墨水，因此有必要实现 Cu_2ZnSnS_4 纳米晶的宏量制备。鉴于此，Shavel 等利用连续流反应器成功实现了 Cu_2ZnSnS_4 纳米晶的大规模制备[6]。非常可惜的是，该方法制备出的 Cu_2ZnSnS_4 纳米晶尺寸不是很均匀。

除了上述 CdSe 量子点及 Cu_2ZnSnS_4 纳米晶，连续流反应器也可用于制备其他一系列的量子点，如 InP[154]、$CuInS_2$/ZnS[155] 及 CdSe/CdS/ZnS[156]等。尽管如此，连续流反应器还是存在一些缺点。举个例子来说，当层流式的反应液流过连续流反应器时，反应器管道壁的阻力会导致管道横截面上反应液流速分布呈抛物线式分布。该速度分布存在的直接后果是，靠近管壁的反应液流速快于靠近管道中间的反应液，从而使得管道中处在不同横截面位置的反应液的反应时间不一致。此外，连续流反应中生成的纳米晶有可能会黏附到反应器的管壁上，造成纳米晶质量的下降，甚至造成反应器管道的堵塞。为了解决这些问题，可以采取适当的手段将连续流反应器中的反应液从不间断的流体变成一连串分立的小液滴，也就是所谓的连续式液滴反应器。为了使小液滴在反应器中形成，必须向反应液中引入不混溶的介质（液体或者气体）以迫使反应液分裂成分离的小液滴。与间歇式反应器相比，连续式液滴反应器的反应体积很小，传质和传热的速度非常快，这非常有利于提高产物的质量和可重复性。2011 年，Nightingale 等使用连续式液滴反应器实现了 TiO_2 和 CdSe 纳米晶的可控制备[157]。胶体化学法制备量子点时，为了获得高质量的量子点，一般需要把成核阶段和核的生长阶段分离开来，使用连续式液滴反应器可以达到该目的。2013 年，Bakr 等使用两段式连续式液滴反应器将 PbS 量子点的成核和核的生长分离开来并成功制备出高质量的 PbS 量子点[158]。如图 5.37 所示，Nightingale 等基于多通道连续式液滴反应器发展了一种纳米晶的批量合成技术[159]。该反应器可用于制备 CdSe、CdTe 及 CdSeTe 等多种高质量的量子点。由不同通道制备出的量子点质量都是一致的，多通道的采用提高了量子点的合成效率。当 Cd 前驱体的浓度为 0.4 mol/L，载体与反应液的流速分别设置为 4 mL/min 和 2 mL/min 时，经过 1 h 反应后分别可获得 3.7 g 纯 CdTe 量子点、1.5 g 纯 CdSe 量子点及 2.1 g 纯 CdSeTe 量子点。在制备 CdTe 量子点时，若载体与反应液的流速分别设置为 5 mL/min 和 3 mL/min 时，经过 9 h 反应后可制备出 54.4 g 量子点，也就是说使用该反应器制备 CdTe 量子点的生产速度为 145 g/d。

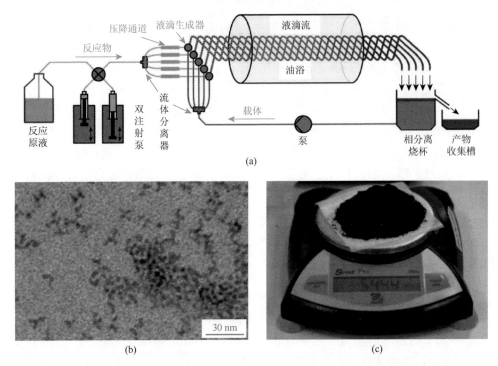

图 5.37　（a）多通道连续式液滴反应器原理图；（b）、（c）多通道连续式液滴反应器制备出的
CdTe 量子点[159]

4. 微波法

除了上述方法，微波合成法也可用于批量制备量子点[160]。微波法既可用于制备高质量的胶体量子点，也可用于制备高质量的水溶性量子点。到目前为止，科学家们利用微波法已经成功制备出了一系列的水溶性量子点，如 CdTe、CdTe/CdS/ZnS、CdSe、ZnSSe 合金及 CdSSe 合金等。微波法合成胶体量子点的方法与常规的胶体化学法类似，只需将加热方式换成微波加热即可。利用微波法，一系列高质量的胶体量子点被合成出来，如 InGaP、InP、CdSe、CdTe、CdS 及 CdSe/CdS 等。微波加热不仅可以加快量子点的形成速度，也可提升量子点的质量。微波法合成出来的胶体量子点的质量一般取决于反应物的选择、施加的微波功率、反应时间及反应温度。

由于不同化合物往往具有不同的极化率，微波加热反应液时，往往会选择性地加热反应液中的某种组分。为了利用这种效应，反应前驱体应该对微波具有较强的吸收，而反应溶剂应该具有较弱的吸收，甚至没有微波吸收能力。在这种情况下，可极化的反应前驱体会吸收掉绝大部分的微波能量以克服成核的能垒。实验结果证明，采用微波法合成 Cd 基量子点时，只有采用可极化的 Cd 前驱体（如硬脂酸镉、氧化镉及硝酸镉）才能合成出相应的量子点，而若使用不可极化的 $CdCl_2$ 前驱体则不能制备出量子点。与常规的加热方法相比，微波加热拥有几个独特的优势。微波加热法能选择性地加热目标前驱体，重复性好。更重要的是，微波加热法能与"升温法"兼容，并且能与连续流法结合以实现材料的大规模制备。在 2008 年，Washington 等发展了一种被称为"驻流"的准连续合成技术[161]。这种驻流的设计使得 CdSe 量子点的生产速率可达约 650 mg/h。

5.3.3　半导体纳米线的宏量制备

半导体纳米线是一种特殊的低维人工微结构。与其他诸如量子点和碳纳米管之类的低维纳米材料相比，半导体纳米线具有许多独特的优点。与量子点相比，半导体纳米线是电荷传输的最小载体；与碳纳米管相比，半导体纳米线的材料化学成分选择丰富多样；与块材相比，纳米线具有显著的表面效应和尺寸效应。此外，纳米线不仅可以作为器件的构筑单元，也可以作为器件之间的互联导线。因此，纳米线不仅是研究小尺度世界科学规律的理想研究对象，也是构造复杂纳米结构与纳米器件的理想构造单元。半导体纳米线材料与物理研究已经引起了国际学术界和工业界的广泛关注。早在 2004 年 MIT 研究会就把纳米线列为影响未来的十大技术之一，《自然》杂志在 2006 年把纳米线研究列为物理学的十大研究焦点，而国际半导体联合会在 2011 年度国际半导体未来发展蓝图中依然把纳米线作为最具发展潜力的十种热门材料之一。

到目前为止，半导体纳米线的可控合成技术已发展得相对较成熟，科学家们可以对纳米线的尺寸、结构、组分等进行精细的调控。半导体纳米线的应用非常广泛，可用于电子器件、激光、催化、能源存储与转化等诸多领域。为了使半导体纳米线真正走向实际应用，首先必须实现纳米线的宏量制备。下文将介绍几种纳米线的宏量制备技术。

1. 胶体化学法

胶体化学法不仅可用于量子点的批量制备，也可应用于半导体纳米线的宏量制备。2008 年，Cademartiri 等利用热注射法实现了 Bi_2S_3 项链状纳米线的大规模制备，如图 5.38 所示[25]。该纳米线具有极高的消光系数，能稳定保存几个月。用热注射法制备 CdSe、InP 等量子点时，一般需要较高的反应温度（大于 200℃），而 Bi_2S_3 项链状纳米线在 100℃ 的较低温度下就可生成。Bi_2S_3 项链状纳米线的直径小于 2 nm，尺寸非常均匀。由于 Bi_2S_3 纳米线在电子束的照射下容易融化，在电子显微镜里无法统计其长度，但是光散射测试表明 Bi_2S_3 项链状纳米线的长度可达几微米。由于 Bi_2S_3 纳米线特殊的结构和超细的直径，它在三个维度上表现出了极强的量子限域效应。

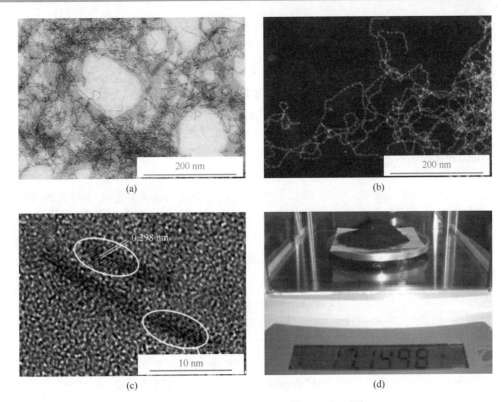

图 5.38　Bi_2S_3 项链状纳米线的宏量制备[25]

（a）～（c）Bi_2S_3 项链状纳米线的 TEM、STEM 及 HRTEM 照片；（d）Bi_2S_3 项链状纳米线固体粉末

2. 水热法

水热法是指在密封的压力容器中，以水为溶剂，在高温高压的条件下进行的化学反应。水热法在纳米材料的合成上有着广泛的应用，可用于合成量子点、纳米线、纳米片及三维纳米结构等多种多样的纳米材料。水热法在工业上的应用已非常广泛，因此，有理由相信，水热法可应用于半导体纳米线的宏量制备。

碲是一种准金属元素，具有半导体特性，元素符号为 Te，在元素周期表中属 VIA 族，原子序数 52，原子质量 127.6。碲有两种同素异形体，一种属六方晶系，原子排列呈螺旋形，具有银白色金属光泽；另一种为无定形，黑色粉末。晶态碲及其金属碲化物是非常重要的半导体材料，在光电和热电领域有着广泛的应用。在光电领域，PbTe、HgCdTe 及 PbSnTe 等是制造夜视镜、红外探测仪、激光和红外雷达的良好材料。在热电领域，BiSbSeTe 系列合金和 PbTe 等是半导体制冷和温差发电的上乘材料。相比较于体相材料，半导体纳米线一般具有更低的热导率和更高的光吸收。更高的光吸收有利于提高材料的光电性能，而更低的热导率则有利于提高材料的热电性能。因此，Te 纳米线及碲化物纳米线在光电和热电领域的应用前景非常光明。Te 纳米线的可控合成已发展得非常完善,人们可以方便地制备出直径、长径比不同的 Te 纳米线。利用水热法,以聚乙烯吡咯烷酮(PVP)为表面活性剂,Na_2TeO_3 为碲源、水合肼为还原剂,俞书宏等制备了直径为 4~9 nm、长度约为几十微米的超细 Te 纳米线[103]。在众多的碲化物纳米线的合成方法中,以 Te 纳米线为模板的化学转化法是应用最为广泛的合成方法之一。以 Te 纳米线为模板,通过化学转化法,俞书宏等成功地制备出了一系列的碲化物纳米线,如 CdTe 纳米线、PbTe 纳米线、Bi_2Te_3 纳米线及 Ag_2Te 纳米线等[162-164]。此外,通过在 Te 纳米线上外延生长一层 Se 的壳层,他们还成功制备了组分、直径可控的 Te_xSe_y@Se 核/壳纳米线,并以此为基础建立了一种多元金属-硒-碲合金及异质结构纳米线的通用合成方法[165]。相关的详细内容见第 3 章中模板合成法的相关内容。显然,上述所有碲基纳米线的合成都强烈地依赖于 Te 纳米线,为了实现这些纳米线的宏量制备,首先必须要解决的是 Te 纳米线的宏量制备难题。基于此,俞书宏等发展了一种大规模制备超细 Te 纳米线的水热合成方法[23]。在实验室使用水热法合成 Te 纳米线时,一般使用的都是容积很小的水热反应釜,如 100 mL、50 mL,甚至是 25 mL,而且所使用的原料浓度通常也较低,这都使得 Te 纳米线的产量很低,一般为几百毫克。水热反应釜是一种间歇式反应器,为了提高单次反应 Te 纳米线的产量,有必要使用容积更大的反应釜及浓度更高的反应原料。为了确保产物 Te 纳米线的质量,必须考察清楚原料浓度、反应时间等反应参数对产物的影响。当以容积为 50 mL 的反应釜制备 Te 纳米线时,为了获得更多的 Te 纳米线产物,就必须扩大原料的浓度。实验发现,当原料的浓度不高于初始浓度的 10 倍时,Te 纳米线的品质不随原料的浓度发生明显的变化,一旦原料浓度超过初始浓度的 10 倍时,产物中会出现大量的 Te 纳米带。因此,为了保证 Te 纳米线的品质,原料浓度不宜放大超过 10 倍。为了进一步提升 Te 纳米线的产出,必须使用容积更大的反应釜。随着反应釜容积的增大,反应的传质和传热会受到明显的影响。例如,以容积为 5 L 的反应釜合成 Te 纳米线时,若反应时间仍设为 3 h,产物中会有大量的纳米颗粒存在,表明反应进行得不彻底,若将反应时间延长到 6 h,则产物中只有 Te 纳米线。各种反应参数经过优化后,最终以容积为 16 L 的反应釜为反应器成功地实现了亚千克量级的 Te 纳米线的制备,如图 5.39 所示。

3. 多元醇法

多元醇法是指以多元醇为反应介质的合成方法,既可用于制备金属纳米材料,也可用于半导体纳米材料的合成。Bi_2Te_3、PbTe 等窄带隙半导体材料的热电性质非常优异。我们知道,由于特殊的一维结构,与块体材料相比,纳米线往往具有更低的热导率。研究表明,降低热电材料的热导率是提升其热电性能的有效途径

图 5.39　超细 Te 纳米线的宏量制备[23]

（a）装有 Te 纳米线母液的 16 L 反应釜；（b）10 L 碲纳米线母液；（c）丙酮提取出来的 Te 纳米线；
（d）～（g）Te 纳米线的 TEM、SEM、SAED 及 HRTEM 照片

之一。因此，在热电领域，Bi_2Te_3 纳米线、PbTe 纳米线等半导体纳米线近年来引起了科学家们的广泛关注。到目前为止，尽管科学家们发展了一系列的技术来合成 Bi_2Te_3 纳米线和 PbTe 纳米线，然而仍缺少相应的宏量制备技术。基于多元醇法，Finefrock 等发展了一种 Bi_2Te_3 纳米线和 PbTe 纳米线的宏量合成技术[166]。利用该技术，一次反应就可分别制备出多达 11.7 g 的 PbTe 纳米线及 17.6 g 的 Bi_2Te_3 纳米线，产率分别为 81.5%和 94.2%。

　　热电材料的性能由如下公式描述：$zT = S^2\sigma T/\kappa$，其中，S 为塞贝克系数；σ 为电导率；κ 为热导率。在测试纳米线的热电性能之前，需将纳米线烧结成块材。与其他原料相比，使用纳米线作原料烧结出的块材具有更大的晶界密度，从而增强了材料对声子的散射，并表现出更低的热导率，材料的热电性能得到了提升。纳米线在烧结过程中，不可避免地会相互融合长大，从而使得所烧结出的块材中晶界密度降低。在材料中引入孔结构是降低材料热导率的另一种途径。若在纳米线中引入中空结构，应能进一步降低材料的热导率。基于此思路，爱荷华州立大学的吴越教授等利用多元醇法合成了 $Bi_2Te_{2.5}Se_{0.5}$ 中空纳米棒，并研究了其热电性能。研究结果表明，由 $Bi_2Te_{2.5}Se_{0.5}$ 中空纳米棒烧结成的块材的热导率低至 0.48 W/(m·K)，zT 值则高达 1.18，是当时同类材料中的最高水平之一[167]。合成 $Bi_2Te_{2.5}Se_{0.5}$ 中空纳米棒所用到的多元醇为乙二醇。乙二醇是结构最简单的多元醇，是一种重要的大宗化工原料，具有低毒、低成本等优点。这些优点对于基于多元

醇法的纳米材料的宏量制备是非常有利的。如图 5.40 所示，以乙二醇为溶剂，吴越等成功地实现了 $Bi_2Te_{2.5}Se_{0.5}$ 中空纳米棒的宏量制备，每批次的产量高达 11 g。

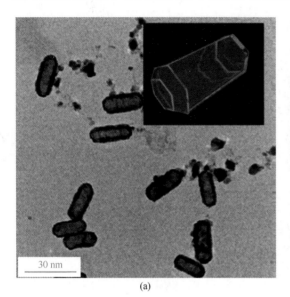

(a)　　　　　　　　　　　　　　　　(b)

图 5.40　$Bi_2Te_{2.5}Se_{0.5}$ 中空纳米棒的宏量制备[167]

（a）$Bi_2Te_{2.5}Se_{0.5}$ 中空纳米棒的 TEM 照片，插图为 $Bi_2Te_{2.5}Se_{0.5}$ 中空纳米棒的结构模型；
（b）单批次 $Bi_2Te_{2.5}Se_{0.5}$ 中空纳米棒的产量展示

5.3.4　二维半导体纳米材料的宏量制备

二维层状材料，如石墨烯、氮化硼及过渡金属二硫族化合物（TMDC）等，因其优异的电学、光学及机械性能，近年来引起了人们的广泛关注。毫无疑问，二维材料会在诸多应用领域扮演重要的角色，如下一代高性能纳米电子器件、光电子器件、新兴的柔性可伸缩电子器件、能源与存储、高性能传感器件及生物医药等。在高性能的纳米电子器件应用方面，与相应的块体材料相比，二维材料具有许多独特的电学性能，与相应的一维材料相比，二维材料具有更好的可加工性。石墨烯具有非常优异的性质，它作为具有零带隙的二维材料，常常被称为半金属或者零带隙半导体，然而其零带隙特性使得它在电子元件中的应用受到了限制。而 TMDC、磷烯、硅烯等二维材料，因其半导体特性，在电子领域的应用前景广阔。到目前为止，TMDC 是最受关注的二维半导体材料，它的化学通式 MX_2，M指过渡金属元素，包括第Ⅳ副族元素（Ti、Zr 或 Hf）、第Ⅴ副族元素（V、Nb 或 Ta）及第Ⅵ副族元素（Mo 或 W），X 指 S、Se 或 Te。举个例子来说，通过简单机械剥离法制备出来的单层 MoS_2 纳米片表现出了优异的电学性能，以该纳米片构建的场效应晶体管室温下的载流子迁移率高达 200 $cm^2/(V \cdot s)$ 且电流开关比高达

10^8，很显然 MoS_2 二维半导体材料是纳米电子器件的重要候选材料[168]。然而要实现 TMDC 二维半导体纳米材料的商业应用，必须要实现 TMDC 二维半导体纳米材料的大规模制备。

二维 TMDC 纳米材料的宏量制备方法有很多种，如液相剥离技术[37, 169]及球磨法[170]等。然而使用这些方法制备出的二维 TMDC 纳米材料不太适合于高性能纳米电子器件的应用，它们比较适用于印刷电子器件及能源存储等。为使基于二维 TMDC 纳米材料的高性能纳米电子器件走向商业化，必须发展大面积二维 TMDC 薄膜的制备技术。下文将介绍几种生长大面积二维 TMDC 薄膜的合成技术。

1. 气相沉积技术

气相沉积技术是生长大面积二维 TMDC 薄膜最有希望的技术。气相沉积是一种气相合成技术，具有设备低成本、高产率、易规模化生产等诸多优点，在工业上有着广泛的应用。一般而言，气相沉积技术依赖于气化的反应原料之间的化学反应或者反应原料的物理输运。依据反应原料的状态，气相沉积技术可以分为固态前驱体气相沉积及气态前驱体气相沉积。到目前为止，大部分气相沉积技术都是以固态原料为前驱体。以制备 TMDC 二维半导体纳米材料为例，气相沉积技术一般以金属、金属氧化物或者金属氯化物为金属前驱体，以硫（硒）粉为硫（硒）源。如图 5.41 所示，根据反应历程的不同，固态前驱体气相沉积技术可以分为三种类型[171]。第一种是硫化（或硒化）预先沉积好的金属（或金属氧化物）薄膜，

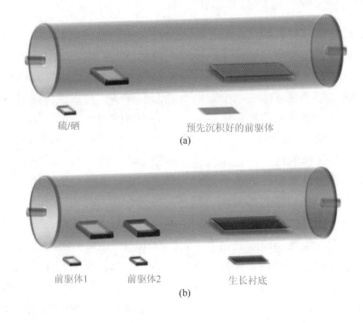

硫/硒　　　　　　　　　　预先沉积好的前驱体
(a)

前驱体1　　前驱体2　　　　生长衬底
(b)

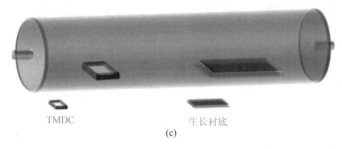

TMDC
生长衬底
(c)

图 5.41   三种固态前驱体气相沉积技术示意图[171]

(a) 硫 (硒) 化固态金属 (金属氧化物) 前驱体；(b) 化学气相沉积；(c) 物理气相沉积

将金属或金属氧化物薄膜预先沉积在衬底上，随后在硫 (硒) 蒸气中热处理该薄膜即可制备出相应的 TMDC 二维半导体纳米材料。第二种是化学气相沉积技术，第三种是物理气相沉积技术。通常来说，使用第一种方法制备的 TMDC 二维半导体纳米材料的载流子迁移率较低，通常小于 $0.1\ cm^2/(V\cdot s)$。相比之下，化学气相沉积技术更适于制备高质量的 TMDC 二维半导体纳米材料，这是因为化学气相沉积技术更利于制备单层 TMDC 纳米片，且利用该方法制备出的 TMDC 纳米片通常具有高于 $10\ cm^2/(V\cdot s)$ 的载流子迁移率。气相沉积技术制备 TMDC 纳米片所面临的最大挑战是如何获得大面积无缺陷的单晶纳米片。为了获得大面积无缺陷的单晶 TMDC 纳米片，科学工作者们提出了很多富有创造性的合成策略。

1）预处理衬底

利用气相沉积技术生长纳米材料时，SiO_2 是常用的衬底，然而由于 SiO_2 衬底上的 SiO_2 层是多晶的且往往 SiO_2 衬底的表面相当粗糙，以 SiO_2 衬底生长 TMDC 纳米片时，所获得的产物并不是一张完整无晶界的纳米片，而是由许多生长方向不一致的小纳米片组成的纳米薄膜。显然，这种现象的存在不可避免地阻碍了大面积高质量的 TMDC 纳米片制备。使用具有原子级光滑表面的晶态衬底来生长 TMDC 纳米片可以有效地控制 TMDC 晶粒的晶向并减少晶界的生成。蓝宝石可作为一种非常合适的衬底来制备大面积单晶 TMDC 纳米片。如图 5.42 所示，Dumcenco 等[172]以蓝宝石为衬底，利用化学气相沉积技术成功地制得了大面积的高质量 MoS_2 单层纳米片。获得大面积的生长取向一致的 MoS_2 单层纳米片的关键是使用经预先热处理过的蓝宝石作为生长衬底。将蓝宝石衬底在 1000℃ 下于空气中退火后，蓝宝石衬底的表面会出现具有原子级光滑的台阶。在该预先退火过的蓝宝石衬底上生长 MoS_2 单层纳米片可以生长出面积高达 6 mm×1 cm 大小的由 MoS_2 单层三角形纳米片所构成的连续单层 MoS_2 纳米薄膜。此外，90% 的 MoS_2 单层三角形纳米片均排列规整，片与片之间的夹角为 60°。该技术的另一个吸引人的优点是 MoS_2 单层纳米片于蓝宝石衬底之间仅存在相对较弱的范德瓦尔斯力。一方面，它可以有效地诱发晶格定向；另一方面，它使得 MoS_2 单层纳米片可以方便地被转移到硅晶圆上，从而可以基于该 MoS_2 单层纳米片构筑高性能场效应晶体管。基于 MoS_2 单层三角形纳米片所构筑的器件的载流子迁移率高达 43 $cm^2/(V \cdot s)$，基于整个大面积 MoS_2 单层纳米片所构筑的器件的载流子迁移率也高达 25 $cm^2/(V \cdot s)$。除了蓝宝石衬底，图案化的 SiO_2/Si 晶圆也可用作衬底来制备大面积 MoS_2 纳米薄膜[173]。大量研究表明，MoS_2 三角片和薄膜通常在衬底的边缘处、划痕处、灰尘颗粒处或者粗糙的表面上成核并生长。基于此，Najmaei 等使用传统的光刻技术在 SiO_2/Si 衬底上人为地创建台阶棱来干预 MoS_2 成核与生长，这些台阶棱由均匀分布的方形 SiO_2 柱子所构成。使用该衬底来生长 MoS_2，Najmaei 等成功地制备出了大面积连续的 MoS_2 纳米薄膜。

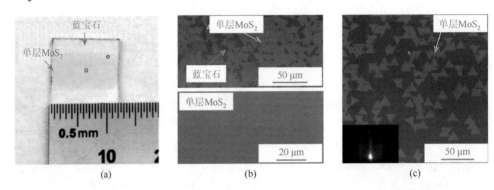

图 5.42　生长在蓝宝石衬底上的具有可控晶格取向的单层 MoS_2 纳米片[172]

(a) 生长在蓝宝石衬底上的 MoS_2 薄膜的光学照片；(b) MoS_2 薄膜 SEM 照片，上图为 (a) 图中圆圈中的区域，下图为 (a) 图中方框中的区域；(c) MoS_2 薄膜的光学显微照片

2）原子层沉积技术预沉积前驱体

为了在 SiO_2/Si 衬底上生长出层数可控的晶圆级尺寸的 WS_2 纳米片，Song 等引入原子层沉积技术[174]。首先通过原子层沉积技术在 SiO_2/Si 衬底上沉积上前驱体 WO_3 薄膜，随后通过气相沉积技术将该 WO_3 硫化即可制备出高质量的 WS_2 纳米片。得益于原子层沉积技术优异的可控性，产物 WS_2 纳米片的层数可控且具有晶圆级的厚度均匀度和高度的一致性。此外，该技术具有良好的可重复性。需要特别指出的是，产物 WS_2 纳米片的层数可简单地通过控制 WO_3 薄膜的厚度来调控。除了原子层沉积技术，氧等离子体处理技术也可用来辅助化学气相沉积技术以实现 MoS_2 纳米片的可控和大面积生长[175]。为了获得大面积的 MoS_2 纳米片，先将 SiO_2/Si 衬底用氧等离子体处理一段时间，随后再在 SiO_2/Si 衬底上沉积 MoS_2 纳米片。使用该方法，Jeon 等制得了均匀的大面积 MoS_2 薄膜。与此相反，若 SiO_2/Si 衬底不经氧等离子体处理，则生长出来的只有尺寸小于 100 nm 的三角形 MoS_2 纳米颗粒。改变氧等离子体处理的时间可以对 MoS_2 纳米薄膜的厚度进行调控。在经氧等离子体处理 90 s、120 s 及 300 s 的 SiO_2/Si 衬底上分别可生长出层数为一层、

两层及三层的 MoS_2 纳米薄膜。基于该薄膜的顶栅场效应晶体管展现了高达约 $3.9 \, cm^2/(V·s)$ 的载流子迁移率，其电流开关比约为 10^3。

3）自限性化学气相沉积技术

曹林有等发展了一种简单的自限性化学气相沉积技术以制备厘米级的大面积层数精确可控的 MoS_2 薄膜[176]。如图 5.43 所示，利用该技术，可在如 SiO_2、蓝宝石及石墨等诸多衬底上生长出高度均匀的 MoS_2 薄膜。该方法使用的原料为 $MoCl_5$ 和 S 粉，反应温度大于 800℃。在高温下，$MoCl_5$ 和 S 粉在气化后发生化学反应生成气态的 MoS_2 分子，MoS_2 分子随后沉积到衬底上并生成 MoS_2 薄膜。改变 $MoCl_5$ 的使用量或者控制生长过程中反应体系的压力可以实现对 MoS_2 薄膜厚度的精确控制。使用的 $MoCl_5$ 量越多或者反应体系中的压力越大，所生长出的 MoS_2 薄膜的厚度越厚。经分析，该 MoS_2 薄膜的生长过程应是自限性的，也就是说一旦一层 MoS_2 薄膜完成生长之后，MoS_2 薄膜的生长将停止。具体来说，反应体系中的气态 MoS_2 分子的分压（P_1）与已生长在衬底上的 MoS_2 薄膜的蒸气压（P_2）之间的动态平衡决定了 MoS_2 薄膜是否继续生长。MoS_2 薄膜的蒸气压会随着其层数的增加而变大。在反应初始阶段，$P_1 > P_2$，这个压力差会驱动单层 MoS_2 薄膜

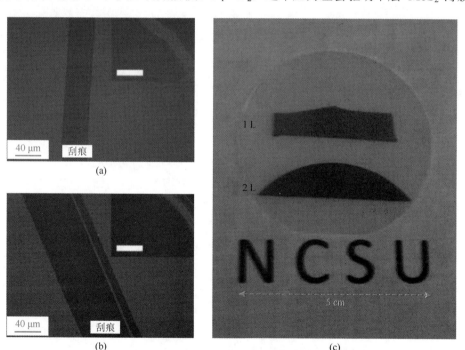

图 5.43　自限性化学气相沉积技术制备大面积 MoS_2 薄膜[176]

（a）单层 MoS_2 薄膜的光学显微照片；（b）双层 MoS_2 薄膜的光学显微照片；（c）单层、双层 MoS_2 薄膜的实物照片。插图中的标尺为 80 μm

的生长。一旦单层 MoS_2 薄膜完成了生长，P_2 会随之增大，此时 P_1 有可能会变得比 P_2 小，MoS_2 薄膜生长的驱动力会消失，MoS_2 薄膜停止继续生长。为了生长出层数更多的 MoS_2 薄膜，必须增大 P_1。因此，可以通过改变原料的加入量或者反应体系的压力来调控 MoS_2 薄膜的层数。

4）中间态前驱体

使用化学气相沉积技术制备 MoS_2 薄膜时，通常使用 MoO_3 作为金属源。在 MoS_2 薄膜的生长过程中，MoO_3 转化成 MoS_2 的反应并不是一步进行的，而是涉及一个中间过程。MoO_3 首先被 S 还原成不稳定的中间产物 MoO_{3-x}，随后 MoO_{3-x} 被进一步还原成 MoS_2。中间产物 MoO_{3-x} 可以提供额外的结合位点，而这些位点非常容易化学吸附氧，吸附的氧会使最终产物 MoS_2 薄膜上产生缺陷或者空位，使得生长出的 MoS_2 的电学性能下降。Bilgin 等直接使用 MoO_2 粉末作金属原料成功地消除了中间产物的影响[177]。使用该策略，Bilgin 等在非晶硅、单晶硅、石英、氮化硅及石墨烯等衬底上成功地生长出了大面积的单层和多层 MoS_2 纳米片。

5）气体前驱体气相沉积

研究发现，使用气相沉积技术生长 TMDC 纳米片时，使用气态前驱体可以改善纳米片生长的可控性，而常规的气相沉积技术一般使用固态硫（硒）粉作为前驱体。如图 5.44 所示，基于金属有机物化学气相沉积技术，Kang 等使用全气态的前驱体生长出了具有晶圆级均匀性的大面积单层 MoS_2 和 WS_2 薄膜[178]。具体来说，以六羰基钼或者六羰基钨为金属源，以二乙硫醚为硫源，并且通入氢气以去除薄膜生长过程中所产生的含碳化合物。所有通入的气体以载气（氩气）稀释以方便控制各气体组分的分压，通过该方法可以实现 MoS_2 薄膜的逐层生长。一般来说，在生长大面积 MoS_2 薄膜时，逐层生长有利于保证薄膜的均匀性。使用该方法生长 MoS_2 薄膜时，控制反应时间可以调控产物 MoS_2 薄膜的层数。此外，通过调节反应原料中氢气、二乙硫醚或者残留水汽的浓度可以对产物 MoS_2 薄膜中晶粒的尺寸和晶粒间的连接进行调控。在一张规格为 4 英寸的单层 MoS_2 薄膜上可以集成多达 8100 个场效应晶体管，良品率达 99%。这些晶体管的电流开关比高达 10^6，迁移率约为 29 $cm^2/(V·s)$。基于单层 WS_2 薄膜的晶体管也具有卓越的电学性能，电流开关比及载流子迁移率分别约为 10^6 和 18 $cm^2/(V·s)$。

6）熔融盐辅助化学气相沉积

化学气相沉积法是目前制备大面积二维晶体材料的最有效方法，并且获得的材料的质量和性能接近机械剥离法制备的材料。然而，由于金属和金属氧化物前驱体的高熔点特点，目前的制备方法中通常由金属或金属化合物的硫化、硒化和碲化来合成 Mo、W 系的 TMDC，而其他原子级厚度的过渡金属硫族化合物制备仍是个难题。由金属-硫二元相图可知，在高温下（>500℃）金属容易与硫化合

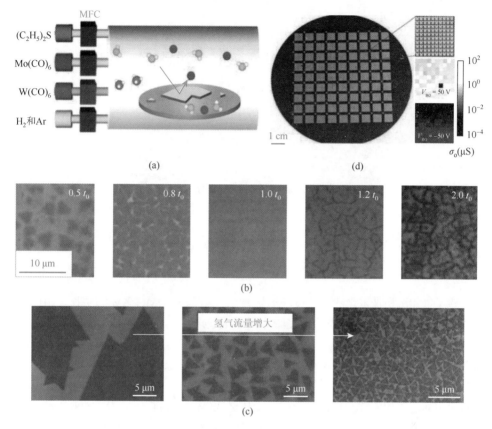

图 5.44　（a）气体前驱体金属有机物气相沉积技术生长大面积单层 MoS_2 薄膜的原理图；（b）反应时间不同的产物光学照片，t_0 为完成单层 MoS_2 薄膜生长所需的反应时间；（c）不同氢气流量对 MoS_2 晶粒尺寸的影响；（d）基于单层 MoS_2 薄膜批量制备的 8100 个晶体管的光学照片[178]

形成硫化物，即使化学性质相对比较稳定的铂族金属（Pt、Pd、Os）也会形成 PtS、RuS_2、PdS、PdS_2、OsS_2 等，这为二维 TMDC 材料的化学气相沉积制备提供了可能。熔融盐辅助法可以在相对低的温度下制备陶瓷粉末。最近，新加坡南洋理工大学刘政等证明了熔融盐辅助化学气相沉积可广泛应用于合成各种原子级厚度的二维 TMDC 材料[179]。盐的加入能有效地降低金属前驱体的熔点，为在较低温度下化学气相沉积各种 TMDC 材料提供了可能。如图 5.45 和图 4.28 所示，刘政等通过熔融盐辅助的化学气相沉积法合成了 47 种二维 TMDC 材料，其中包括 32 种二元化合物（基于过渡金属 Ti、Zr、Hf、V、Nb、Ta、Mo、W、Re、Pt、Pd 和 Fe），13 种合金（包括 11 种三元合金、1 种四元合金和 1 种五元合金），以及两种异质结构化合物。这种方法合成出来的 TMDC 薄膜的尺寸较大，例如，所合成的 W、Nb 及 Mo 基 TMDC 薄膜的尺寸可达 1 mm^2，是一种有前景的制备大面积原子级厚度 TMDC 薄膜材料的合成技术。

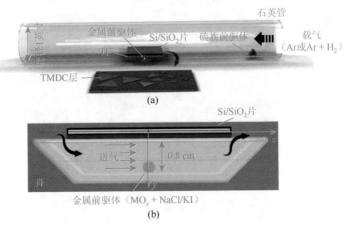

图 5.45　用于 TMDC 层生长的熔融盐辅助 CVD 结构设计[179]

2. 热分解技术

除了气相沉积技术，热分解技术也易于实现大面积 TDMC 薄膜的生长。2011 年，李连忠等利用热分解技术成功地在绝缘衬底上实现了大面积 MoS_2 薄膜的制备，如图 5.46 所示[180]。首先在绝缘衬底（蓝宝石或者 SiO_2/Si 晶片）上均匀地浸渍涂布上一层薄薄的均匀的前驱体（四硫代钼酸铵）薄膜，随后将涂有前驱体的衬底退火处理即可制备出 MoS_2 薄膜。退火过程分两步进行，首先在低温（500℃）、低压（1 Torr）氢气气氛下将四硫代钼酸铵热解成 MoS_2，随后在高温（1000℃）、高压（500 Torr）氩气气氛（或者硫蒸气与氩气的混合气）中热处理以提高 MoS_2 的结晶性以及增大 MoS_2 晶粒的尺寸。该方法生长出来的单层或者多层 MoS_2 薄膜在整个衬底上是均匀且连续的。

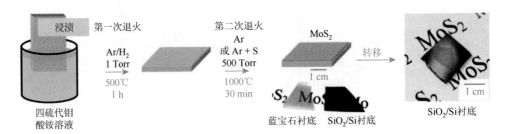

图 5.46　热分解法制备 MoS_2 薄膜示意图[180]

3. 磁控溅射法

磁控溅射是物理气相沉积的一种。一般的溅射法可被用于制备金属、半导体、绝缘体等多种材料，且具有设备简单、易于控制、镀膜面积大和附着力强等优点，而 20 世纪 70 年代发展起来的磁控溅射法更是实现了高速、低温和低损伤。磁控溅射技术也可被用于制备大面积 TMDC 薄膜。陶俊光等利用磁控溅射技术在多种衬底上实现了大面积 MoS_2 薄膜的制备,如图 5.47 所示[181]。为了获得 MoS_2 薄膜,硫粉首先被气化成气态硫,随后被通入磁控溅射设备的溅射腔里。相比化学气相沉积生长 MoS_2 薄膜时所用到 Mo 或者 MoO_3,从 Mo 靶中磁控溅射出来的 Mo 更活泼,这些 Mo 原子与气态 S 非常容易发生反应从而生成 MoS_2。而生成的 MoS_2 随后沉积在衬底上并生成 MoS_2 薄膜。由于溅射 Mo 时使用的功率非常低,MoS_2 薄膜的生长速度很低,因此通过改变溅射功率或者溅射时间可以实现对 MoS_2 薄膜层数的控制。由于磁控溅射技术可用于蒸镀大面积薄膜,陶俊光等使用该技术获得了尺寸达厘米级的、层数可控的(单层、双层、三层甚至更多层)、高度均匀的 MoS_2 薄膜。基于该薄膜的背栅场效应晶体管展现出了优异的电学性能,其电流开关比高达 10^3,载流子迁移率约为 $7\ cm^2/(V\cdot s)$。

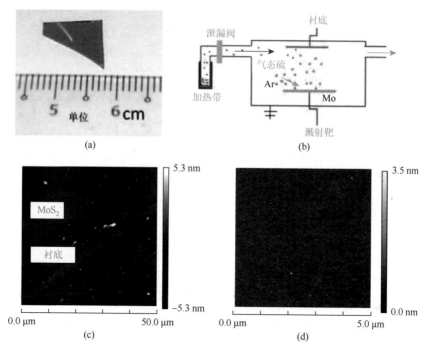

图 5.47　磁控溅射法在蓝宝石衬底上生长大面积 MoS_2 薄膜[181]

(a) MoS_2 薄膜的光学照片;(b) 磁控溅射法生长 MoS_2 薄膜的原理图;(c) MoS_2 薄膜的 AFM 照片;(d) MoS_2 薄膜的局部放大 AFM 照片

5.4　贵金属纳米材料的宏量制备

贵金属纳米材料在催化、光学、电子学、生物医学、信息存储与能量转换等领域展现出潜在的应用前景,因而受到科学家们的关注,贵金属纳米材料的设计、制备与性能研究逐步成为当今新型纳米材料领域的前沿课题[182, 183]。但是，由于地壳中贵金属的含量低，价格昂贵，如何实现贵金属纳米材料的高效利用与重复使用显得尤为重要。贵金属纳米材料的物性与其尺寸、形貌、组成、暴露的晶面、近表面结构、界面结构等紧密相关。随着合成技术日渐成熟，近些年来，科学家们开发了各种技术实现了贵金属纳米材料结构的精确调控与制备，达到了提高贵金属纳米材料的使用效率以降低成本的目的。目前，贵金属纳米材料的物性分析、结构表征、理论分析及性能应用研究已经取得重要进展。在理解不同的贵金属纳米材料的生长机制与优化制备条件的基础上，面向应用需求，如何让贵金属纳米材料真正走出实验室进入工业化生产，首先必须克服的瓶颈问题是如何实现贵金属纳米材料的可控宏量制备。鉴于此，以功能性贵金属纳米材料为导向，在保证贵金属纳米材料的结构保持、均一性与分散性的前提下，发展贵金属纳米材料的可控宏量制备方法，探究纳米材料的大量制备过程的基础理论和关键影响因素，突破现有的实验室小批量制备的技术瓶颈就显得尤为重要。

5.4.1 贵金属纳米材料简介

贵金属纳米材料是一大类基于贵金属并具有纳米结构的材料。贵金属纳米材料的制备与表征技术日趋成熟，主要集中在金、银、铂、钯、钌、铑、锇与铱八种贵金属，包括单质贵金属，二元、三元或多元贵金属合金，贵金属复合纳米材料等构成的零维纳米颗粒、一维纳米线、纳米管、纳米棒、二维纳米片、纳米盘等。不同维度的纳米结构材料又精细地分为核壳结构、异质结构（构筑界面）、超细结构（尺寸效应）、枝晶结构、多孔结构、中空结构、框架结构，或是不同结构构成的复杂等级结构等。结合不同组分的分布，贵金属纳米材料在给定的小尺寸分布范围内可实现功能多样化，在燃料电池、多相催化、储氢材料、光学器件、生物成像、药物控释、拉曼增强等方面有着重要的应用前景。例如，金纳米材料的形貌和尺寸影响其表面等离子体共振（SPR）吸收峰位置，对于棒状金纳米材料（金纳米棒），通过长径比的调控可实现 SPR 吸收峰从可见光区调至近红外区[184]；相比于纯铂纳米材料，二元或多元铂基合金纳米材料因应力效应或配位效应表现出更加优异的电催化性能[185, 186]。

金与银都是应用历史悠久的贵金属，黄金可能是被人类首先发现和使用的贵金属。铂是欧洲殖民者在 1550 年进入中美洲寻找金银的过程中发现的，在 19 世纪初又相继发现了其他铂族贵金属。随着金、银与铂族贵金属逐渐被发现以及近代与现代工业和科学技术的发展，贵金属优异的物理化学性质与应用被逐步开发利用。最早为人类所使用的贵金属纳米材料可能是胶体金（尺寸小于 100 nm 的金颗粒）。对于金纳米颗粒的最早正式报道是 1857 年法拉第制备的胶体金分散体系，即在水相体系中，通过磷还原氯化金并加入二硫化碳进行稳定的金纳米颗粒，这些金纳米颗粒被保存了近一个世纪[187]。目前，大多数金纳米颗粒的胶体制备方法依然遵循类似的过程。20 世纪 80 年代以后，纳米科学与纳米技术进入飞速发展时期，尤其这个时期发明的扫描隧道显微镜（scanning tunnel microscope，STM）与随后出现的原子力显微镜，为科学家们进行纳米结构材料的表征、测试与调控提供了全新的手段。如今，材料的操纵与表征已达到了原子水平，为纳米结构材料的可控制备、物性表征、性能研究提供了保障。

随着贵金属纳米材料合成技术的成熟，科学家们发展了众多的金属纳米材料的可控制备方法，总体可分为"自上而下"法（主要是物理法，如惰性气体蒸发法、电弧法、溅射法、球磨法等）及"自下而上"法（主要是化学法，如水热法、气相沉积法、高温热解法、高温油相法、溶胶-凝胶法等）。物理方法虽然可以对复杂的纳米结构实现精确控制，但过程复杂而且对技术设备要求高。而化学方法相对温和、廉价，可放大生产，应用前景更广阔。现有常规方法如表面活性剂辅助的高温油相法、化学气相沉积法、前驱体热解法等，会产生多余的副产物（有毒废气）或不能回收利用的金属离子、有机溶剂等，对环境造成额外的负担。因此，逐渐被水热、超声化学、微波合成等低温方法所取代。图 5.48 是低温合成方法的优势金字塔示意图，当反应温度越接近室温，材料的形貌、尺寸和结构可以实现最大程度的控制并且节约能源与资源。在实现对贵金属纳米材料的结构、组成等可控的前提下，发展一种环境友好的可控宏量制备贵金属纳米材料的低碳经济途径具有重要的理论意义和经济价值，同时也是其走向实际应用的关键[188]。

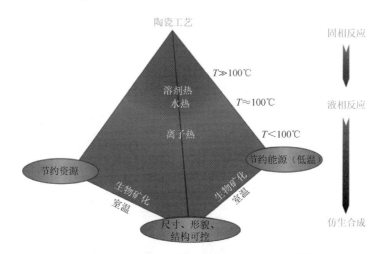

图 5.48　低温合成方法的优势金字塔示意图[188]

贵金属纳米材料的新奇性质主要来自其特殊的形貌、结构、组成与表面性质。长期以来,科学家们为了在原子尺度上实现对纳米结构的控制进行着不懈的努力,并取得了一系列重要进展。目前为止,一系列尺寸、形貌、结构、组成与表面结构可控的贵金属纳米材料甚至贵金属单原子或团簇已经能够被可控合成。合成技术的成熟与进步推动着贵金属纳米科学的机理探究与应用发展。下面我们以贵金属纳米框架结构材料为例进行阐述。贵金属框架结构纳米材料主要通过选择性刻蚀、纳米颗粒去合金化、牺牲模板法(结合克肯达尔效应)等几种方法制备得到,依据模板组成、模板结构、刻蚀强度、电势差等调控贵金属的框架结构。2014年,加州大学伯克利分校杨培东等报道了可大量制备的PtNi纳米框架结构催化剂,表现出优异的氧气电还原(oxygen reduction reaction,ORR)活性,如图5.49所示,其质量活性与比表面活性分别达到商业化Pt/C催化剂的36倍与22倍,是当时报

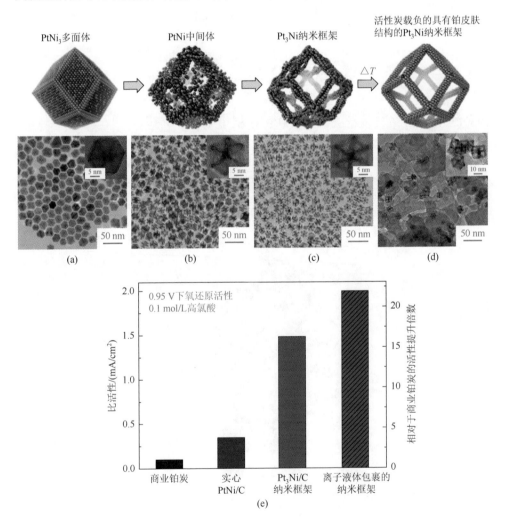

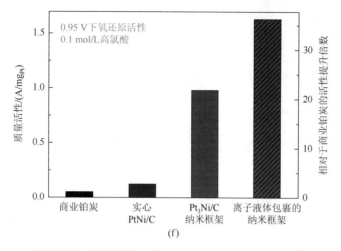

图 5.49 从 PtNi₃ 多面体向纳米框架演化过程中的四个代表性阶段的示意图和对应的 TEM 图像、框架结构形成示意图和对应 TEM 图与 ORR 活性对比图[189]

（a）初始态实心 PtNi₃ 多面体；（b）PtNi 中间体；（c）最终态中空 Pt₃Ni 纳米框架；（d）退火后负载在高比表面积活性炭上的具有类似 Pt（111）皮肤结构的 Pt₃Ni 纳米框；（e）、（f）0.95 V 下测量的比活性（e）和 0.95 V 下测量的质量活性（f）以及它们相对于商业 Pt/C 催化剂的提升倍数

道的 ORR 催化剂活性所能达到的最高值，这种优异的电催化活性主要归因于可接触的三维表面结构与发生应变的富铂表面[189]。但是，这种纳米框架结构的形成机理直到两年后才被揭示[190]。研究人员通过控制反应条件改变反应速率，对不同反应时间的菱形十二面体进行电子显微镜表征，研究表明铂沿着十四柱状结构的轴偏析和迁移，形成十二面体，这种偏析与迁移的机理为新型贵金属纳米材料的设计提供了新的思路。

　　杨培东等关于 PtNi 框架结构的工作引起了众多科学家对贵金属框架结构催化剂的兴趣。例如，南洋理工大学张华等采用一步法制备了五重孪晶 PtCu 纳米框架双功能催化剂。在碱性条件下，该催化剂表现出优异的 ORR 与甲醇氧化（methanol oxidation reaction，MOR）性能[191]。中国科学技术大学俞书宏等利用二甲亚砜与甲苯的介电常数差异，通过调节溶剂比例改善反应环境，以十六胺包覆的铜纳米线为模板，制备出由高活性单晶颗粒沿着一维方向组成的 PtCu 框架纳米管（图 5.50）。在该结构中，纳米颗粒间形成连通的孔道，在三维尺度上为甲醇氧化催化反应提供了活性表面，因此，该催化剂具有稳定而高效的甲醇氧化性能[192]。除了高活性外，纳米框架结构还具有很好的热稳定性和化学稳定性。Rh 纳米立方体框架结构可以在 500℃的高温下保持 1 h[193]。杨培东和 Stamenkovic 等研究了在氩气氛围下 400℃退火后的 Pt₃Ni 纳米框架的结构，他们发现退火前后该框架结构没有明显变化。此外，IrCu 纳米框架、RhCu 切角八面体框架、PdRh 纳米框架结构等均表现出比相应组成的实心结构或颗粒催化剂更好的活性[193-195]。

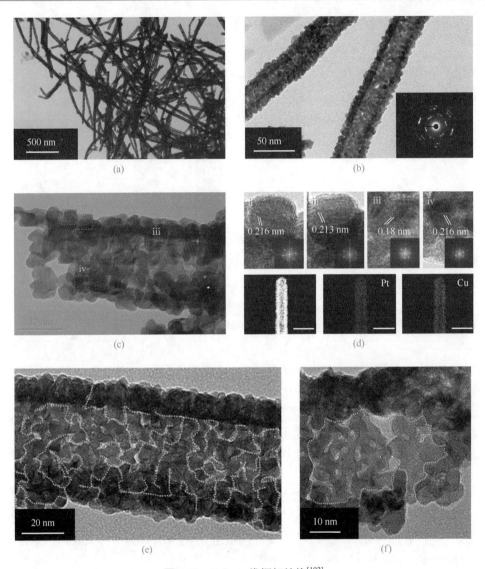

图 5.50 PtCu 一维框架结构[192]

（a）～（c）由高度结晶的纳米颗粒组成的纳米管的 TEM 与 HRTEM 图，（i～iv）是（c）中方框 i、ii、iii、iv 所标注区域的放大 HRTEM 图；（d）纳米管的 STEM 图和高分辨率 STEM-EDS 元素分布图，显示 Pt 和 Cu 元素呈均匀分布，图中标尺为 50 nm；（e）PtCu 纳米管的 HRTEM 图，图中的黄线代表纳米颗粒堆叠形成的反应物进入的通道和孔洞；（f）纳米管的断面 TEM 图，图中黄线代表断裂边界（彩图见封底二维码）

贵金属框架结构纳米材料除了有极佳的催化性能外，还具有高度可调的局域表面等离子体共振（LSPR）特性，在光学上表现出优异的性能。研究表明，金纳米棒在径向和横向上表现出两种不同的 LSPR 模式[196]。从某种意义上来说纳米框架是由棱和角组成的，而每个棱可以看作是纳米棒，因此，纳米框架可以被看作多重纳米棒的等级结构。因此，通过调控棱长与厚度便可调节贵金属纳米框架的 LSPR 性质[197, 198]。除此之外，纳米框架中可以发生内外表面等离激元的耦合，表现出更强的 SPR 特性，增强灵敏度。例如，El-Sayed 等发现金纳米框架结构的灵敏系数分别是金纳米球、金纳米立方体和金纳米棒的 12 倍、7 倍和 3 倍[197]。有趣的是，多晶态的 Au 纳米框架也表现出良好的表面增强拉曼散射（SERS）活性。高传博等以 7 nm 的碘化银立方体作为牺牲模板制备出了 23 nm 的金框架结构[199]。碘化银与金之间的晶格不匹配决定了金在模板的顶点和边缘上的非外延生长。当模板用甲胺去除后，得到的多晶态金纳米框架结构表现出了 6 倍于相似尺寸的金纳米球的 SERS 信号。纳米框架的棱长、棱间的夹角、厚度、组成和介电环境条件等均可用于改变和调控其 LSPR 性质，在诸如 SERS、光热治疗、光传感等多种光电子领域中具有较大的应用潜力。

　　虽然贵金属纳米材料在许多领域（包括材料科学、化学、物理、化工与表征等）的研究为纳米材料的系统研究奠定了坚实的材料基础与制备方法学基础，但是贵金属纳米材料的制备技术依然面临着纳米材料所特有的挑战，主要包括贵金属纳米材料的可控宏量制备、可重复性与贵金属前驱体的回收等，其中宏量制备是最迫切需要解决的问题。接下来的部分，我们就几种典型的具有宏量制备潜力的合成技术进行详细论述。

5.4.2　贵金属纳米材料的宏量制备

　　在过去的近三十年间，科学家们在发展纳米材料的可控制备技术上付出了极大的努力。到目前为止，科学家们发展出了一系列的纳米材料制备技术，如化学气相沉积、水热/溶剂热、连续流、化学还原及模板法等。人们在制备具有可控尺寸、形貌、组成、结构和其他性质的胶状纳米晶体方面已经取得了长足的进步。但是纳米材料在实验室的学术研究与工业化生产、应用研究之间仍然有着明显的差距。这种差距可以归因于我们尚缺少在对物化性质严格控制的同时进行工业级别宏量制备的能力。目前，大多数的研究方案中最初应用于纳米材料合成的间歇式反应器，通常是烧瓶。当合成方案与实验条件调控到足以制备可控产物的时候，这些方案就显露出产量较低和分批重复制备的弊端。以合成 6 nm 钯立方体为例，以 20 mL 的烧瓶为反应容器，通常需要花费 4～6 h 合成出一批 0.02 g 的固体产物，这种产量往往不够用于催化性质的测试[200]。为了解决这一问题，科学家们在保证纳米材料的分散性、均一性和稳定性的前提下，探索纳米材料的温和反应条件，开展了以连续式制备方法和放大反应体积为主要途径，并结合纳米材料合成化学的宏量制备技术的相关研究（图 5.51）。下文中，我们将以液滴微流控、模板法与化学还原法为例依次展开讨论。

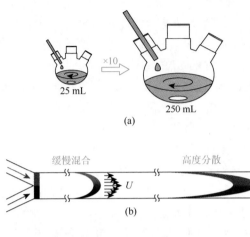

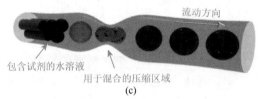

图 5.51 三种不同的纳米晶体宏量制备方法示意图[201-203]

（a）通过放大反应体积达到的批量合成；（b）连续流合成；（c）基于液滴反应器的液滴微流控技术

1. 液滴微流控

微流控是可以实现精准操作与控制流体的一种技术，尤其特指亚微米结构材料的制备技术。主要是通过把反应溶液做成连续流体或者一系列的分散液滴以减少反应体积，为纳米材料的制备提供了一个线性放大平台，基本可以保证与实验室小批量制备相同的条件下完成不同规模的操作。其中，连续流是通过一个通道的一股单独不间断的反应流体，液滴流是将反应溶液分散为一系列独立的反应溶液液滴，而不再是一股不中断的流体。该方法已经成功应用于各种胶体纳米晶的宏量制备，包括贵金属（铂、钯、金等）、金属（铜和钴等）、半导体（硒化镉、磷化铟和其他II-VI、III-V 化合物），以及一些氧化物。2013 年，Murphy 等采用微流控技术，设计了用于高通量合成金纳米颗粒的微流体台式反应器，使用该反应器可在几小时内制备得到克级的高质量的金纳米颗粒[204]。Skrabalak 等通过调控微流控反应器中的相对流速实现了 Au@Pd 核壳纳米结构的壳层厚度的控制（图 5.52）。该方法的优势在于可以在配制相同浓度的前驱体条件下，通过控制前驱体的相对流速改变每个液滴内 Pd 与 Au 的比例。例如，在同一批次实验中，可以得到不同壳层厚度、形貌、结构与组成的 Au@Pd 纳米材料，选择 Au 立方或八面体为前驱体，增加 Pd 前驱体流速可以增加 Pd 壳层厚度[205]。由此可见，该方法既可实现实验参数的优化与调控，而且同时实现了纳米材料的大规模宏量制备，对解决当前纳米材料宏量制备的安全、环保、效率、可重现性、传热、传质等制约产业发展的关键问题具有重要的意义。

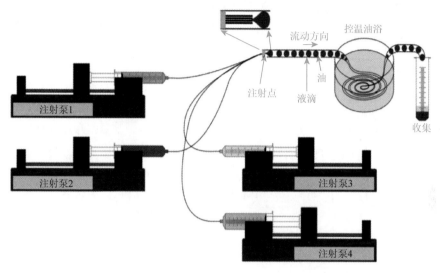

图 5.52　制备核壳结构材料的连续流制备示意图[205]

连续流微流控目前依然有一些不足之处，这将限制其在纳米材料宏量制备方面的潜力。例如，当层流液体连续流动穿过反应器通道时，液体沿着通道壁的阻力会造成一个通道横截面上的抛物线形速度分布。因此，靠近通道壁的溶液流动速度会明显慢于中心溶液的流动速度，导致反应时间的差异[203]。此外，基于连续流合成的体系通常会因为纳米材料附着在通道内壁造成管道污染，这将导致通道重复使用时影响产物纯度甚至造成堵塞[206]。为了解决这些问题，科学家们将连续流体系调整为液滴流，即通过引入一种不互溶介质（液体或者气体）来把反应溶液分为分散的小体积反应体系（如液滴模型、活塞模型或者段塞模型）。Humphrey等采用普通的连续流方法合成得到的是单分散十四面体 Rh 纳米颗粒，而如果是通过加入负载相把反应溶液分隔成分散的反应液滴，则得到枝状 Rh 纳米颗粒。该枝状纳米颗粒具有更高的比表面积，同时暴露更多的晶面，更有利于催化烯烃的气相加氢反应[207]。与间歇反应不同，小体积和高比表面积的反应液滴在反应过程中可以更好地传热和传质，从而提高产物的质量和可重复性[208]。此外，连续流微流控合成是全封闭体系，避免了合成过程中可能涉及的有毒化合物的挥发等危险因素。液滴反应可以避免连续流反应器带来的抛物线反应流体剖面和其他问题，从而能够保证反应时间一致。若将气体作为不互溶介质来分隔液滴，也可以采用液滴流反应器来实现气溶胶的反应。此外，原位分析体系，如纤维光学分光光度计，可以用来监管液滴流反应器中的合成过程[209, 210]。该方法能够给出重要的实时信息，从而可以调控和优化反应参数，并实现高效快速的平行检测与试验、快速地获得丰富系统的实验数据。

液滴流反应器是纳米材料在制备过程中物质与能量转换的核心单元，为纳米材料的宏量制备提供了平台，相比间歇反应的体积放大和增加前驱体浓度等方法更容易实现规模化，而且具有更好的可控性与经济适用性[7, 202, 206]。在该体系中，产物的总体积（V_{total}）可以用式（5-1）计算：

$$V_{total} = V_d \times f \times t \tag{5-1}$$

其中，V_d 为每个液滴的体积；f 为液滴产生的频率；t 为合成时间。$V_d \times f$ 代表反应器生产液滴的能力。通过优化反应器可提高生产能力，而当固定最大化生产量时，只要通过延长反应时间，就可以在不调整其他合成参数的情况下，提高产物的产量和总体积。这种产物总体积和反应时间之间的线性关系，不仅保证了合成的可重复性，同时还可以实现纳米材料的宏量制备。2014 年，佐治亚理工学院夏幼南等通过实验证明了液滴反应器为贵金属纳米材料的制备提供了放大生产的平台（图 5.53），得到组成、形貌、尺寸与结构可控的 Pd、Au 和 Pd-M（M＝Au、Pt 和 Ag）纳米材料，生产速率可达 1～10 g/h（如 10 nm 的 Pd 立方体为 3.6 g/h）。相比于采用 20 mL 烧瓶为反应容器的间歇反应方法，一次性制备得到的产物的产量提高了 180 倍[7]。如果通过加大反应液滴尺寸，同时平行运行多个液滴流反应器，产物的产量还可以达到千克级别[211]。

在液滴流反应中，我们可以将每一个液滴看作新型的具有受限空间的微型间歇反应器。在通道内，连续的液滴作为若干个微型间歇反应器，形成了新式的连

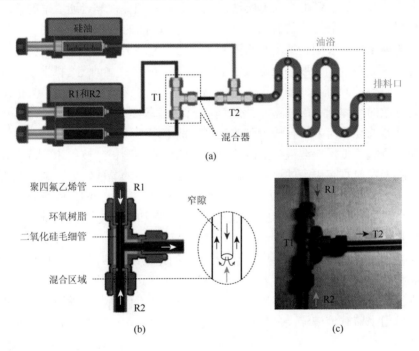

(a)

(b)　　　　　　　　　　　　　　　　　　(c)

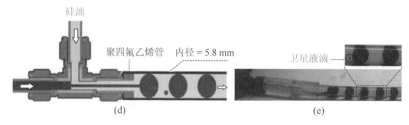

图 5.53　液滴反应器合成过程示意图及相应照片[7]

（a）用于生产毫升大小液滴的装置示意图，该设备由商业化的注射泵、T 形连接器和内径不同的聚四氟乙烯管组装而成；（b）由 T 形连接器、二氧化硅毛细管和三根聚四氟乙烯管组装而成的逆流混合器的示意图，二氧化硅毛细管用黏合剂固定在聚四氟乙烯管的顶部中心；（c）利用逆流混合器混合反应物的真实照片，使用红色和蓝色的食用色素溶液代替参与合成的试剂来更直观清楚地观察混合过程；（d）生成毫升大小液滴和伴生的微升大小卫星液滴的示意图；（e）在内径为 5.8 mm 的聚四氟乙烯管口处生成正常液滴（大小为 0.25 mL）和卫星液滴（尺寸为 0.5 μL）的真实照片

续流反应器。液滴流反应器具有避免试剂之间的交叉污染、提高液滴的内部流动和均匀混合、方便独立调控每一个液滴反应体系以及便于高效筛选与优化实验参数等优点。通过调控液滴的产生、聚合、分离及其内部的流动与混合等可以实现不同的纳米材料的可控制备。可以在全封闭通道中通过引入两种互不相溶的液体促使液滴形成。如图 5.54 所示，液滴的形成模式主要分为三种，分别是单个分散的球形液滴模式（液滴模型）、单个分散的贴壁流动的凸形柱状液滴模式（活塞模型）与相互连接的贴壁流动的凹形柱状液滴模式（段塞模型）[151]。

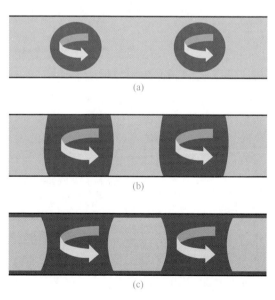

图 5.54　液滴的三种模型[151]

（a）液滴模型；（b）活塞模型；（c）段塞模型

对于单个分散的球形液滴模型，液滴在封闭的微通道中运动时，可以完全被不互溶的流动相包裹着，并且完全不接触反应器通道壁表面，直接避免了反应器被污染的问题。每个独立的液滴都可以看作一个微型反应器。为了保证液滴反应的正常进行，通常用流动相，也就是负载相，优先润湿通道。由于反应器通道用到的材料通常是聚二甲硅氧烷、聚四氟乙烯或者聚甲基丙烯酸甲酯，具有疏水性，所以，通常选用硅油和碳氟化合物作为负载相，选择水、乙二醇和很多其他不溶于负载相的极性溶剂用作反应相。

对于单个分散的凸形柱状液滴模型，负载相和反应相都会接触到反应器通道壁表面。其中，通常选择不能润湿通道壁表面的极性溶剂为反应相，以保证液滴的分隔状态并呈现凸形。液滴之间的间距保证了反应只在单独的液滴反应空间内进行。而负载相通常选择气体或者一些非极性液体，在负载相也不润湿通道壁表面的情况下才会形成凸形柱状液滴，而不是球形液滴。虽然如此，DeMello 等发现通过严格控制实验条件，在负载相和反应相都与通道表面有一定亲和性的情况下，也可以形成离散的凸形柱状液滴[206]。但是，由于反应相浸润了通道表面的原因，液滴可能会变成凹形柱状。

对于相互连接的凹形柱状液滴模型，与前两种模型不同，反应相不仅接触通道壁表面，而且彼此互溶。通常用作反应相的溶剂是己烷和碳氟化合物，与通道壁表面具有很强的亲和力，从而形成连接的凹形柱状液滴，负载相则由无法浸润通道壁表面的气体或者极性溶剂组成[151]。当反应相在反应器通道中向前推进的同时，每一个凹形柱状液滴内的反应会不可避免地影响到周围的凹形柱状液滴反应，这种液滴流反应通常是需要避免的。

液滴的形成是反应相流体在不互溶或部分互溶的负载相中分散的过程，液滴的形状、分散性与流速等因微通道结构与反应器通道壁材质不同而具有一定的差异。通常，为了增加液滴的分散性和减少液滴的合并，科学家们往往在反应流体中加入表面活性剂以降低不互溶相的界面张力，从而实现液滴的尺寸和分散性的可控。在反应过程中，如何实现液滴的合并与分裂是液滴微流控技术的另一个重要的研究方向。液滴流反应器根据液滴生成的位置及其附近的流体的差异，形成液滴的方法分为三种，即同向流、错向流与流体聚焦方法，相应的微通道为同轴环管、T 形错流微通道与流体聚焦微通道[212-214]。合理设计微通道结构是其中一个简单、直接的方式，改变微通道的宽度或添加通道分支，可以降低先形成液滴的流速，使得后形成的液滴在追赶到前面的液滴时，进行接触与合并。采用 T 形通道可以实现液滴的分裂，分裂行为取决于液滴在分支点处的延伸长度与毛细管准数[215-217]。

与间歇反应方法相比，液滴流反应的一个重要特征就是同体积的反应溶液可以分散成多个液滴，每个液滴代表一个微型反应体系，从而有效地增强了液滴与周围流动体的传热与传质。基于液滴微流控反应，增大液滴的尺寸和多个微流控反应器平行运行是实现纳米材料的高通量制备的有效方法。例如，夏幼南等通过增加注射器件的聚四氟乙烯（PTFE）管道的内径至 5.8 mm 以增加单个液滴体积到 2.5 mL[7]。相比于增加体积或底物浓度的间歇反应，液滴流反应具有很多优势：小体积快速传质传热、前驱体溶液的快速混合、便于优化反应参数、产物组成均一可控、产物结构可控、试剂低消耗及多反应器的平行操作等，有利于实现均匀尺寸和形貌可控的纳米晶体的大量制备，正是因为反应溶液被限制在了一个封闭的管道中，这种方法更安全与便利。但是，该方法也面临另一个问题就是纳米材料在水油或者水气界面上的吸附会影响纳米晶体的成核与生长。针对界面吸附问题，夏幼南等结合理论计算系统研究了液滴流反应器中 Ag 纳米晶体和 Au-Ag 合金纳米盒或者纳米笼合成过程界面吸附对材料的影响作用。尽管反应相中加入了聚乙烯吡咯烷酮（PVP），Ag 纳米晶体仍然倾向于分散在水油界面处。反应相中的 Ag 纳米晶体减少后，不规则纳米颗粒就通过均相成核形成了。他们通过在反应相中引入中性表面活性剂以消除界面吸附的不良影响，避免了不可控的副产物的产生（图 5.55）[218]。并非所有贵金属纳米材料的制备都会面临界面吸附问题，因为封闭剂或者稳定剂可以用作表面活性剂，有效地抑制纳米晶体在水油或者水气界面的吸附。Ismagilov 等通过在油相中引入含氟的表面活性剂，如全氟十四烷酸，解决了吸附问题。表面活性剂分子在水油界面处排列，不会影响到分散相的组分。而且含氟的表面活性剂不溶于水溶液，所以，也不会影响到水相中纳米晶体的成核、生长及其表面性质[219]。有趣的是，聂志鸿等反而借用纳米晶体的界面吸附，制备了多种不对称结构的纳米材料。在界面处，一边是己烷相中苯胺聚合成聚苯胺纳米颗粒，另一边是水溶液中的氯金酸还原成金纳米颗粒。界面处的氯金酸诱导了苯胺的氧化聚合，同时 Au^{3+} 被还原成金，并黏附在聚苯胺表面[220]。通过界面诱导反应作用，他们成功制备得到棒棒糖、哑铃、蛙卵等各种各样的不对称结构的纳米颗粒。另外，在界面处，也可以制备出中空结构的纳米颗粒，有机相包裹水相液滴，金属离子和有机基团在界面处以液滴为模板形成中空结构[221]。

　　目前已经报道的液滴微流控技术虽然已经实现了纳米材料的高产量制备，但是还无法进行自动化生产，需要手动分批次地收集硅油与水的混合液和分离纳米材料。整体上，降低了反应速率。最近，夏幼南等在利用液滴微流控技术制备贵金属纳米晶方面进一步取得了突破性的重要进展，他们已经成功实现了 Pd 纳米立方的自动化与规模化生产。在保证贵金属纳米晶的均一尺寸和特定形貌的前提下，大幅度提高生产效率。该团队设计的液滴微流反应装置主要包括四个部分：反应器、冷凝装置、水/油分离装置和净化装置（图 5.56）[222]。其中反应器用于均匀混合反应前驱体并保证贵金属纳米晶成核和生长的反应时间；冷凝装置用于降

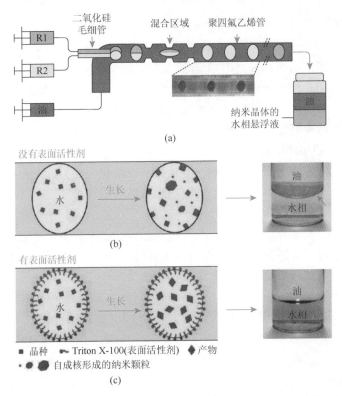

(a)

(b)

(c)

图 5.55　引入表面活性剂消除界面吸附的负面效应实现产物的均匀可控[218]

（a）油相中分离水滴、试剂混合与液滴中形成纳米晶体的实验装置示意图。其中插入图为通道中含有蓝色食用色素的液滴的真实照片；（b）、（c）展示如何利用表面活性剂控制纳米晶体在水-油界面处的界面吸附的示意图及相应的照片；（b）在反应过程中，纳米晶体易于在无表面活性剂的水-油界面处聚集，导致液滴中纳米晶体的自成核；（c）当在 Triton X-100（质量分数为 0.55%）存在下进行 Ag 纳米方块的成核生长时，没有观察到明显的界面聚集

低产物的温度，保证最终产物贵金属纳米晶的组成、尺寸、形貌与结构；将 33 cm 长和内径为 5.8 cm 的聚四氟乙烯管改造为水油分离装置，管壁分布大量的微孔，孔径为 311 μm，借用水和油在聚四氟乙烯表面张力的差异，油相更易从孔道流出，水相继续留在管内，实现自动化分离水相和油相的目的；净化装置用于分离贵金属纳米晶的液相，去除残余的前驱体、表面活性剂和还原剂，得到最终产物 Pd 纳米立方块晶体。为了实现最终收集 Pd 纳米立方块晶体的尺寸均一性，设计了交叉流分离装置，具有实现尺寸分离与产物净化的双功能作用。交叉流分离装置含有中空纤维膜，其孔大小只足够允许溶剂、前驱体、还原剂、表面活性剂和形成的小颗粒穿过，实现与大尺寸纳米颗粒的分离。运用自动化液滴微流反应装置，实现了不同尺寸 Pd 纳米立方块晶体和八面体纳米晶的制备，结合 ICP-MS 分析，收集率达到了 87.4%。

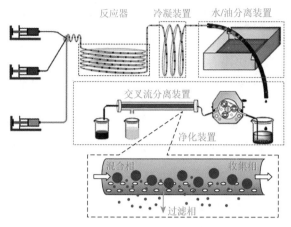

图 5.56　自动化和规模化液滴微流反应装置示意图[222]

包括反应器、冷凝装置、水/油分离装置和净化装置四部分

　　除了贵金属单质或合金外，贵金属基复合材料也可以通过液滴微流控技术制备得到，该方法具有简单、有效而且可实现连续高通量制备的优势。最近，汪夏燕等成功地将微流控反应用于快速制备碳球负载 PtSn 纳米颗粒的复合贵金属纳米材料，将含有炭黑颗粒和金属前驱体离子的反应相注入含有毛细管通道的微流控反应器，大约在 10 s 内，反应相穿过长度为 1.3 m 的毛细管通道（其中 1.2 m 为加热区，0.1 m 为冷却区）后，即可得到最终产物（图 5.57）[223]。不含表面活

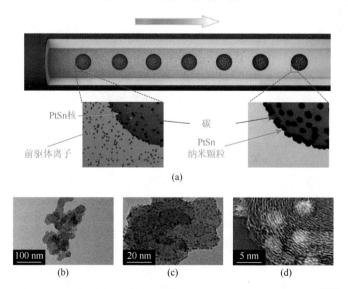

图 5.57　PtSn 纳米颗粒负载碳球的复合贵金属纳米材料的制备[223]

（a）在具有横向尺寸约束的微流控反应器中形成碳球上均匀负载的超小 PtSn 纳米颗粒；（b）～（d）在 XC-72 碳颗粒上生长的 PtSn 纳米颗粒的不同倍数的透射电子显微照片

性剂的 PtSn 合金纳米晶体可以直接沉积在各种碳载体上（零维碳球、一维碳管、二维石墨烯），完成了高密度（33wt%）和均匀的负载，产物的均一性与高分散性避免了堵塞问题，反应快速而且高效，同时可以实现材料的连续制备，通过延长时间即可实现高通量制备。基于液滴微流控技术的启发，Tsao 等在连续制备方法中引入传送带，发展了一种新型的连续制备体系，用于连续生产负载型贵金属复合纳米材料，运用输送带运输前驱体，使用气溶胶辅助喷枪将前驱体与碳颗粒一起分散在催化剂载体上，得到 Pt 纳米立方体及其合金（Pt$_3$Ni）八面体，并且在物质通过作为反应性载体气体的一氧化碳的管道输送时精细地控制反应条件[224]。将粉末加热并通过管式反应器，产生固态催化剂，得到组成与结构可控的 Pt$_3$Ni/C。因此，该方法的连续性使其可扩展以用于大规模生产。综上来看，微流控技术具有可以实现尺寸、形貌和结构可控的贵金属纳米材料的产业化的宏量制备的潜力，而且该方法可靠并具有高成本效益，为贵金属纳米材料的制备建立了一个有益于环保、可持续发展和安全的平台。

2. 模板法

模板法是指把一种物质选择为"模"，另一种物质可以围绕着"模"生长的方法，模板限制着最终产物的几何参数。在该方法中，选择合适的纳米结构和组成的模板是制备预期设计的尺寸与形貌的纳米材料的关键因素。模板法已成为制备不同结构与组成的贵金属纳米材料最常用和最直接的有效方法之一。相较于其他方法，模板法具有许多明显的优势：合成过程简单、成本低、产量高、组分可调等。另外，通常所选的模板可用作还原剂、稳定剂或定型剂，通过改变它们的尺寸与形貌就能实现预期的最终产物的结构与形貌。模板通常包括软模板和硬模板。软模板作为内核用于第二相的成核与生长，一般包括两亲分子形成的各种有序聚集体，如胶团、反胶团、囊泡、液晶、高分子聚合物、生物分子及其他有机物质。硬模板通常是作为三维立体的骨架，控制着反应空间，进而变成了微型的反应器，从而有效调控晶粒的尺寸和形貌，通常是高分子材料（如纤维素）、多孔氧化铝、二氧化硅、碳纳米管、分子筛、过渡金属纳米材料等。

软模板法制备贵金属纳米材料的反应往往是在液相中进行。纳米材料在液相中的合成一般可分为两个阶段，第一阶段是晶核的形成，第二阶段是晶核的生长（纳米颗粒的形成）。纳米颗粒的形貌、尺寸及其分布由反应体系的本质及反应的动力学过程所决定。此外，液相反应中纳米颗粒之间的团聚问题不可忽视（团聚是纳米颗粒表面能降低的自发过程）。因此，为了在溶液中获得尺寸可控、结构均一和分散性好的纳米颗粒，寻找可以干预化学反应过程的有效手段是必需的。软模板就是有效的干预手段之一，软模板可以有效地控制晶核的形成及其生长过程，并且可以有效地抑制纳米颗粒的团聚。科学家们运用软模板法已经成功制备了各种高质量的、尺寸分布均匀和单分散的量子点、量子棒、纳米线等纳米材料。除了表面活性剂，气泡也可以作为一种特殊的软模板引导纳米材料的合成。气泡既可以通过鼓入气体的方式获得，也可以由化学反应本身生成的气体进行构造。因为纳米材料只能在气泡的表面成核和生长，在气泡表面形成一个包覆层，使用气泡作为模板是制备空心结构的纳米材料的方法之一[225]。

硬模板法依据模板的功能可以分为两类，即硬物理模板法和硬化学模板法。对于硬物理模板法，模板只做一个引导纳米材料的物理结构框架而不参与化学反应。硬物理模板法一般包含三个主要的步骤：首先，根据目标材料的形貌选择并制备相应的模板材料；其次，将目标材料沉积在模板的表面或者孔道内；最后，待沉积过程结束后，去除模板即可获得预期形貌的目标材料。在一些情况下，为制备相应的杂化纳米材料，也可以保留模板，如核壳结构的纳米材料。目标材料的沉积过程对于硬物理模板法而言至关重要，这是由于目标材料在生长过程中往往伴随着不可避免的且往往是有害的均相成核生长过程。对模板进行表面修饰以增强模板与目标材料的黏附性可以很好地解决这个问题。例如，在 SiO_2 纳米小球表面修饰上 PVP，可以增强其对其他纳米材料（如金纳米颗粒、量子点等）的附着力[226]。

硬化学模板法也可以称为化学转化法，这是因为模板参与了化学反应从而成为目标材料的一部分或者被同步的反应转化为离子形式。模板的选择是化学转化法成功制备目标材料的关键。若尺寸过大的块材作为模板，反应物的扩散会很慢且反应的活化能较大，这都会使转化反应的速率变得非常缓慢，且转化反应会仅仅局限于模板的表面。若选择纳米材料作为模板，由于纳米材料的高比表面积能有效地降低反应物扩散的动力学能垒，通过化学转化过程，模板可以部分或完全的转化成所需制备的目标纳米材料。通过调控反应时间和其他实验条件，可以得到预期的目标材料。例如，在转化反应过程中停止反应或加入低于理论化学计量比的前驱体，可以制备得到核壳结构的纳米材料。化学转化反应可以分为三类，即"加成"反应、置换反应和离子交换反应。"加成"反应是指模板直接与反应物发生化合反应生成相应的纳米材料。例如，使用金属纳米颗粒作为模板，通过"加成"反应可以获得相应的氧化物、硫化物纳米颗粒等纳米材料[227]。离子交换反应是指用一种阳离子（或阴离子）交换模板中的阳离子（或阴离子）以获得新的保持模板结构的纳米材料。离子交换法是一种非常"多才多艺"的纳米材料制备方法[165]。例如，以 Cu_2S 纳米晶为模板，通过离子交换反应可以获得 CdS、PbS 等多种纳米晶[228]。置换反应是指以具有高反应活性的纳米材料作为模板，通过电化学置换反应制备目标纳米材料。例如，以高反应活性的超细碲纳米线为模板可以制得 Pt 纳米管、Pd 纳米线、Pd@Pt 核壳结构纳米线、PtPdTe 合金纳米线等贵金属超细纳米线或者纳米管[229, 230]。

采用如碲超细纳米线、铜纳米线、银纳米线、银立方、铜纳米颗粒等为模板，发生化学转化反应。基于纳米尺度的克肯达尔效应、奥斯特瓦尔德熟化、置换反应和表面保护蚀刻等的模板法，具有非常明显的优势：①模板作为形貌模具起到结构支撑作用的同时，可用作还原剂，即同时具备物理与化学作用；②活性模板直接参与反应，无需后期进行模板刻蚀或后处理，降低成本，简化实验过程；③活性模板结构各异，为贵金属纳米材料的结构设计和组分优化上提供了显著的优势；④除了继承模板本身的结构优势，结合克肯达尔效应或选择性刻蚀等方法，可以得到不同组成的多孔或中空结构的贵金属纳米材料，增加了纳米材料的多样性与复杂性；⑤模板的反应活性比较高，室温下即可用于还原所有贵金属离子，反应条件温和、简单与快速，具有可控宏量制备的潜力。硬化学模板法的不足之处是，合成的纳米结构往往是多晶，产物质量受模板的均一性与分散性的影响，并且每一次反应的产量主要受模板产量和模板均一性的影响。因此，活性模板的产量将决定贵金属纳米结构材料的产量。以下以活性模板材料碲纳米线与铜纳米线为例展开详述。

正如 5.3 节中所介绍的，在 2014 年，中国科学技术大学俞书宏等实现了超细碲纳米线的一次性亚千克规模的制备[23]。大块的碲单质是一个窄带隙半导体，它能在空气中长期保存。但是，当直径只有 7 nm 的碲纳米线与空气、水和乙醇接触时，其容易被氧化成碲的氧化物。因而，碲纳米线的亚稳定性使其具备了高反应活性，俞书宏等利用其亚稳定性，将其作为牺牲模板，进行了新的化学转变过程的探索。他们首先研究了贵金属盐与碲纳米线间的置换反应[式（5-2）和式（5-3）]。由于碲纳米线的高反应活性，采用该方法，在相当温和的条件下可以制备得到贵金属的一维纳米结构（如在乙二醇中于 80℃下反应）。制备的一维纳米结构铂和钯继承了碲纳米线的形貌，它们具有与碲纳米线类似的均一尺寸和高长径比（约为10000）。一维铂和钯纳米材料的形貌强烈地依赖于金属前驱体的价态（图 5.58），选择四价铂盐和二价钯盐可以分别制备得到铂纳米管和钯纳米线[230]。

$$PtCl_6^{2-} + Te(NW) + 3H_2O \longrightarrow Pt(NW或NT) + TeO_3^{2-} + 6Cl^- + 6H^+ \quad (5-2)$$

$$2PdCl_2 + Te + 3H_2O \longrightarrow 2Pd(NW) + TeO_3^{2-} + 4Cl^- + 6H^+ \quad (5-3)$$

基于此，俞书宏等以碲纳米线为模板，采用不同的贵金属盐种类，系统研究了一维纳米结构在不同溶剂中的形成机理并进行结构优化与组成调控。2013 年，他们通过降低反应温度至 50℃，以乙二醇为溶剂，并同时加入两种贵金属前驱体，通过调节铂和钯前驱体的摩尔数，得到了不同组分比例的 PtPdTe 纳米线，完美继承了碲纳米线的超长、超细、柔韧性好、高长径比等结构优势[95]。2016 年，他们又通过调控 $PtCl_4^{2-}$ 在乙二醇溶剂中的陈化时间，形成 Pt—Pt 键，动态构筑线性的二聚体 $Cl_3^{2-}Pt\text{-}PtCl_3^{2-}$ 甚至多聚体 Pt_mCl_n 前驱体，降低了氧化能力，与碲纳米

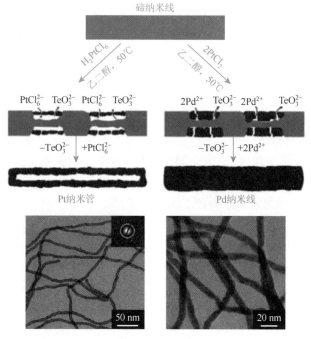

图 5.58　碲纳米模板制备铂纳米管与钯纳米线示意图与 TEM 图[230]

线发生置换取代反应，形成均一的 PtTe 纳米线结构[231]。由于乙二醇黏度比较高，搅拌分散碲纳米线的时间增长，容易造成碲纳米线的氧化，尤其在大量分散碲纳米线的过程中，碲纳米线的分散难度比较高。鉴于此，他们选择水作为溶剂分散碲纳米线，在很短的时间内可以完全分散大量的碲纳米线。水作为溶剂，黏度低，可以加快置换取代反应速率，室温条件下即可完成反应过程。2015 年，他们在室温条件下成功制备了克级 PdTe 纳米线，通过简单的搅拌，2 h 内即可得到组成可控、均一、分散性良好的一维超细 PdTe 纳米线，PdTe 纳米线表面分散大量的单晶段。对 PdTe 纳米线进行刻蚀得到 Pd 纳米线作为二重模板，引入溴离子诱导置换取代反应的发生，通过增加反应体积可以实现 Pd@Pt 核壳结构纳米线的大量制备（图 5.59）[229]。

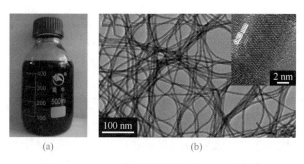

图 5.59　Pd@Pt 纳米线分散液与 TEM 图[229]

目前，以碲纳米线为模板的一维贵金属超细纳米结构的产量主要受反应容器体积的限制。该反应的驱动力主要是碲与贵金属之间的还原电势差，差值越大反应速率越快，因此，可以影响反应动力学参数的主要因素是反应条件，如贵金属盐种类、溶剂、温度等对目标材料的形貌、结构、组成等均有重要的影响。温和的反应条件是通过设计高容积的反应容器制备相同品质的纳米材料的保障，因此，探究温和的反应条件是贵金属纳米材料实现宏量制备的先决要素。

除了碲纳米线模板外，同样具有高反应活性的铜纳米材料作为牺牲模板合成铜基贵金属纳米材料的研究也备受关注。最近，潘道成等以油胺/油酸为表面活性剂，通过放大反应体积，在电高压锅内，采用一锅法一次性制备了 2.1 g 铜纳米线，这种方法制得的铜纳米线粗细均匀（45 nm±3 nm）且长径比可通过调整反应时间来进行调控（300～1700），因而具有非常好的商业潜力[21]。Wiley 等也报道了类似的结果，如图 5.60 所示，他们利用乙二胺作为表面活性剂，在碱性条件下用水合肼还原铜离子，一次性制备了 1.2 g 铜纳米线。虽然这种方法制备得到的铜纳米线的均一性比较差，但是其合成方法非常简便，铜纳米线又非常容易分离提纯，因而也具有非常好的商业价值[22]。此外，连续流工艺也能应用于铜纳米线的宏量制备[232]。这些铜纳米线大量合成工作的报道使得铜基贵金属催化剂的商业化应用又向前推进了一步。

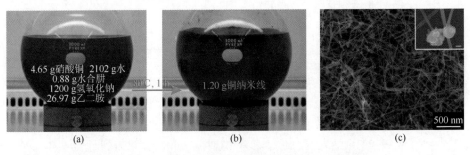

图 5.60 铜纳米线制备过程图及其 SEM 图[22]

（a）反应前前驱体体系；（b）80℃下反应 1 h 后的产物照片；（c）铜纳米线产物的扫描电子显微镜照片。铜纳米线的直径为 90 nm±10 nm，长度为 10 μm±3 μm。插图显示了铜纳米线的端点处附着有球形的铜颗粒（标尺为 200 nm）

目前，铜元素是第四周期廉价过渡金属中仅有的几个能够利用简单合成技术实现大量制备的具有特定纳米结构的金属之一。与碲纳米线类似，铜纳米线也很容易被氧化。中国科学技术大学俞书宏等通过实验证明，在铜纳米线表面包覆表面活性剂（如十六胺、十八胺等）可以有效隔绝溶剂中的氧气，从而防止铜纳米线的氧化，在低温下至少可以保存一年而不发生任何氧化。通过深入研究铜纳米线的生长机理，发展了一种新的原位两步晶种诱导法大规模低成本制备高质量的铜纳米线[233]。在成核步骤，大多数铜离子被还原成非十面体铜纳米晶核，并以这种铜纳米晶核作为晶种前驱体进一步合成铜纳米线。同时，十六胺分子在铜纳米线制备过程中具有表面活性剂和软模板的双功能作用。基于此，该团队通过扩大容器体积和提高原料浓度，以非常低的材料成本（6.3 元/g），实现了一次性 50 g 尺寸均一的铜纳米线的制备。这种方法得到的铜纳米线的产量和质量浓度（1.25 g/L）均高于目前文献所报道的合成方法。更重要的是，他们巧妙地利用了十六胺保护铜纳米线的作用，提高了纳米线的长期稳定性，尺寸、形貌和结构至少保持一年不变。在铜纳米线生长过程中，最关键的步骤是晶面生长过程，十面体孪晶的形成是铜纳米线的各向异性生长的前提条件。然而，生长过程是优先于成核过程的，未形成十面体孪晶的部分晶核容易迅速生长为铜纳米颗粒副产物。通过调节温度控制成核阶段，可以提高铜纳米线的产率。

虽然表面活性剂对保护铜纳米线和防止其氧化具有重要作用，但也会大大阻碍贵金属与铜的置换取代反应的进行。通常的解决办法是：①反应前预先除去表面活性剂；②提高反应温度增加纳米线的分散性；③使用表面活性剂的良溶剂作为反应溶剂。利用这些办法不可避免地导致了一些新的问题：在纳米线分散过程中或反应进行中铜纳米线已经被氧化了，难以在反应前稳定保持铜纳米线模板的形貌、组成及反应速率过快可能导致产物的形貌不可控。面对这些问题，俞书宏等发展了一种混合溶剂策略，该方法采用十六胺保护的铜纳米线为牺牲模板，并且不影响置换反应的进行。这种混合溶剂由十六胺的良溶剂（甲苯）和不良溶剂（二甲亚砜）组成。不良溶剂比例越高，铜纳米线的分散性越差，因而可以通过调节良溶剂和不良溶剂的比例来精确调控反应率，从而优化产物的形貌（图 5.61），制备结构、尺寸和组成可控的 PtCu、PtAuCu 多孔纳米管[192, 234]。贵金属前驱体可

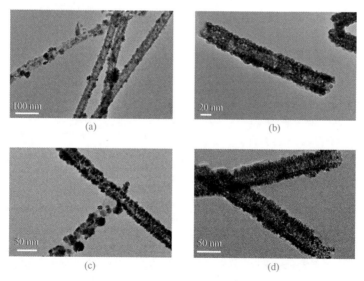

(a)   (b)

(c)   (d)

图 5.61　不同混合溶剂中制备得到的 PtCu 纳米管的 TEM 图[192]

以在不良溶剂中溶解也是成功制备结构均一和可控的纳米管的关键因素之一。基于此，他们通过简单的等比放大反应规模一次性制备了亚克级别的 PtCu 多孔纳米管，这在一定程度上证明了该方法具有放大制备的潜力。

3. 化学还原法

纳米晶的成核和生长的关键在于金属前驱体的还原速率，也可以说是溶液中金属原子的形成速率。这个动力学参数是由电子从还原剂转移到金属前驱体的速率决定的。我们对于分子间电子转移的基本物理学理解来自 1957 年创立的 Marcus 理论[235]。这个理论可以总结成人们熟知的一个关于反应中反应速率常数 k 与吉布斯自由能之间的方程式关系：

$$k = A \times e^{-\Delta G/k_{\mathrm{B}}T} \tag{5-4}$$

其中，A 取决于电子转移过程的本征特性（如双分子或分子内）；k_{B} 为玻尔兹曼常数；T 为热力学温度；吉布斯自由能的变量 ΔG，可以进一步定义为 $\Delta G = \lambda/4[1 + \Delta G^{\ominus}/\lambda]^2$。$\Delta G^{\ominus}$ 是指反应的标准自由能，而 λ 取决于任何一个分子重组过程中的溶剂化和振动改变。由此可知，电子转移过程以及还原速率与反应物、产物和其他相互作用的化合物的热力学稳定性是紧密相关的。为此，通过改变实验条件有目的性的设计和调节溶液中形成原子的速率，可以实现纳米晶体的形貌和内部结构的调控。

化学还原法最早于 1951 年由 Turkevitch 提出，他利用柠檬酸钠还原氯金酸溶液制备出不同粒径的金纳米颗粒，并研究了金颗粒的成核与生长过程[236]。1973 年 Frens 等固定了 Au^{3+} 的浓度，通过调节溶液的 pH 与柠檬酸钠的加入量，实现了金纳米颗粒的尺寸的调控，得到介于 16～147 nm 尺寸范围的金纳米颗粒[237]。化学还原方法通常需要先将贵金属盐溶解在水或有机溶剂中，然后加入表面活性剂或高分子聚合物等稳定剂调控贵金属纳米粒子的生长速度以及防止其聚集，接着以所用溶剂（乙二醇、一缩二乙二醇、油胺等）为还原剂或加入适当的还原剂（如水合肼、抗坏血酸、硼氢化钠及草酸等），在合适的条件下进行还原、成核、生长，最后形成贵金属纳米材料。该方法所使用的反应装置比较简单、成本低廉，反应体系中参数调控方便，产物形貌、组成、结构可控性好。

夏幼南等最先采用多元醇还原法制备得到了 Ag 纳米立方块，乙二醇为溶剂和还原剂，PVP 为表面活性剂，硝酸银为前驱体，反应温度为 160℃，得到单晶的银纳米立方块[238]。在此基础上，他们在乙二醇溶剂中加入 Au 晶种，引导 Ag 的成核与生长，制备得到银纳米线或银纳米棒。2012 年，孙玉刚等使用多元醇方法制备了拥有稳定的体心四方物相的银纳米线[239]。他们在 160℃下加热包含硝酸银、PVP 和乙二醇，以及痕量氯化钠和乙酰丙酮铁（Ⅲ）的混合溶液 1.5 h 后，得到了五重孪晶结构的银纳米线（图 5.62）。PVP 具有双功能作用，既作为反应的表面活性剂又能稳定贵金属银的成核，使其按一定结构生长。多元醇还原法已经被发展为大量制备银纳米线的有效方法，还原速率可以通过调控多元醇的种类和反应温度进行改变[240]。中国科学技术大学俞书宏等结合水热法发展了多元醇还原法可控宏量制备银纳米线。乙二醇和丙三醇为混合溶剂和还原剂，PVP 为表面活性剂诱导银纳米线沿着（111）晶面不断生长，硝酸银为前驱体。通过精确调控表面活性剂与硝酸银前驱体的质量比，得到不同直径和长度的高质量银纳米线。如果 PVP 的加入量过多，即过度提高 PVP 与硝酸银的质量比，生成的银纳米晶在生长到一定的阶段后，由于表面过多的 PVP，很大程度上抑制了其进一步生长，导致最终反应产物银纳米线的质量偏低；如果 PVP 的加入量过少，过多的银离子产生过多的银纳米晶，导致没有足够的表面活性剂来覆盖新产生纳米晶的特定晶面，最终银纳米线的质量也会下降。调整硝酸银和 PVP 的质量比，可以实现高质量银纳米线的制备，同时实现不同长径比和直径的调控。由此可见，PVP 在银纳米线的成核和生长过程中发挥着重要的作用。基于此，俞书宏等实现了高质量和粒径分布均匀的银纳米线从 0.3 g 到 85 g 的可控宏量制备，在反应容器体积扩大的前提下，有望实现亚千克级的银纳米线的制备[241]。具有高长径比的银纳米线的低成本和高效的宏量制备为其在透明电极领域的应用提供了材料保障。

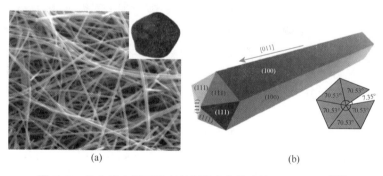

(a)　　　　　　　　　　　　(b)

图 5.62　体心四方相五重孪晶银纳米线的电镜图和结构图[239]

共还原法是用来合成 M-N 合金以及金属间纳米晶体最直接的方法之一。这种方法包含了两种金属前驱体同时还原成零价原子 M^0 和 N^0，继续一起成核生长形成 M-N 纳米晶体。结合退火（通常在惰性气体中）可以得到均质合金（如 Au-Ag 或 Pd-Pt）或者结构有序的金属间化合物（如 Pt_3Ni 或 $AuCu_3$）[242, 243]。总之，共还原法可以用来制备不同组成的二元贵金属纳米晶体，同时通过改变实验条件调控其结构与形貌，这些实验条件包括金属离子的还原电势、还原剂的还原能力、配体的性质、封端剂种类及反应温度等。例如，加入对金属离子有强配位作用的化学添加剂，可以极大地影响金属离子的稳定性和还原电势，从而改变它们的反应动力学参数。

在 Au 前驱体溶液中加入卤化物（如 Cl⁻、Br⁻、I⁻），Au 的还原电势取决于卤化物的种类和相对浓度，还原电势依次降低（$[AuCl_4]^- > [AuBr_4]^- > [AuI_4]^-$），还原速率也是相同规律[244]。加入合适的封端剂是达到形貌调控最常用的方法，封端剂的加入是为了选择性地结合到纳米晶体的特定晶面上，有效地改变表面能的各向异性从而调控接下来的吸附进程。封端剂种类比较广，分为单金属离子（如银离子、铜离子、钌离子等）[245-247]、气体（如氧气、硫化氢、一氧化碳、氢气）[248-250]、有机配体（如硫醇和胺类）、表面活性剂（如十六烷基三甲基溴化胺、十六烷基三甲基氯化铵、十二烷基硫酸钠）、聚合物（如聚乙烯吡咯烷酮、聚丙烯酰胺）及生物分子（如肽、海藻萃取、植物萃取）[251-255]。

还原电势的差异也会影响还原反应的反应速率，高还原电势的金属离子有着比低电势离子更快的还原速率。一般只有还原电势相近的金属离子才会被选择通过共还原合成合金纳米晶体。例如，Pd^{2+}/Pd 和 Pt^{2+}/Pt，还原电势分别是 + 0.9 V 和 + 1.18 V，易于形成 Pd-Pt 合金纳米晶体。布朗大学孙守恒等报道了一种合成 Pd-Pt 合金多面纳米晶体的油相方法，通过在油胺中和吗啉甲硼烷一起共还原乙酰丙酮钯和乙酰丙酮铂[256]。他们发现调节两种前驱体的投料比可以改变纳米晶体的组分，在 90～180℃调节温度可以在 3.5～6.5 nm 范围内改变尺寸。他们还论证了纳米晶体中的 Pd/Pt 原子比与乙酰丙酮钯和乙酰丙酮铂的投料比一致。结合其他体系的论证，可以看出改变前驱体的摩尔比是调控最终组分的一种最简单也是最常用的方法。对于还原电势差相对较大的情况，如 Au^{3+}/Au 和 Ag^+/Ag，还原电势分别是 + 1.5 V 和 + 0.8 V。其还原速率可以由改变金和银前驱体的摩尔比来协调。例如，孙守恒等报道了一种合成 Au_xAg_{100-x} 均匀合金纳米晶体的一步法，在十八烯溶液中 120℃共还原氯金酸和硝酸银，其中油胺作为还原剂和表面活性剂[257]。反应中更高浓度的 Ag^+ 可以补偿本身的慢还原速率，因此，达到与 $AuCl_4^-$ 相当的成核生长速率。尽管如此，由两种物化性质大大不同的金属形成的合金依旧是非常难得到的，尤其是在贵金属金和磁性金属的体系中，产物本身在平衡条件下的热力学不稳定性增加了困难[258-260]。Schaak 等解决了这一长期存在的问题，他们设计出一种在较低温度下合成 L1₂ 型晶体结构的 Au_3Fe、Au_3Co 和 Au_3Ni 金属间化合物的方法，其中作为稳定剂与还原剂的油胺起了重要作用[261]。

浸渍还原法是以浸渍为关键步骤制备载负型贵金属复合纳米材料的一种可放大制备的有效方法。首先，将特定的活性组分金属盐溶液在液相中浸渍到多孔载体（如氧化铝、氧化硅、活性炭、硅酸铝和硅藻土等）上，其次利用毛细作用使金属阳离子在载体内外表面充分吸附；通过加入还原剂或干燥煅烧等方法使金属盐溶液直接在载体表面还原，配合洗涤和活化即可得到高度分散的负载型贵金属复合纳米材料。浸渍还原法有以下优点：①合成工艺简单、金属成分用量少且分散性好；②载体利用率高、成本低和易于规模化；③载体选择性广泛，可通过选择适当的载体，为催化剂提供特殊的物理特性（如比表面积、孔半径、机械强度、热导率等），应用范围广。所以，浸渍还原法是工业上生产负载型复合金属纳米材料的一种常用方法。例如，商业化铂碳催化剂就是采用该方法制备得到，称取一定量的铂前驱体配制成溶液，在搅拌条件下向溶液内加入预先润湿的活性炭载体，调节溶液 pH 至碱性。通过搅拌一定时间，使铂离子充分吸附后进行过滤、真空干燥。最后，在一定温度下滴加过量的还原剂（通常为甲醛或甲酸）还原载体上的贵金属后即可得到铂碳催化剂。通过浸渍还原法制备得到的铂碳催化剂的颗粒尺寸通常为 2～7 nm。如果将制备过程改成把铂氨盐溶液添加到悬浮着碳载体的氨水中，然后经过一定时间充分吸附后将固体过滤、洗涤和干燥，最后利用氢气流对产物进行还原则可制备出粒径很小的 Pt 催化剂（1～2 nm）。该方法简单有效，易于实现产业化。

对于使用金属氧化物作基底的负载型贵金属催化剂来说，除了浸渍还原法外，火焰燃烧法也是一种非常有效的制备手段[262]。火焰燃烧法是工业上大规模生产纳米粉体的主要方法，它广泛应用于炭黑、颜料等功能纳米粉体的制备中。图 5.63 是一个典型的利用火焰燃烧法制备负载型贵金属催化剂的示意图。

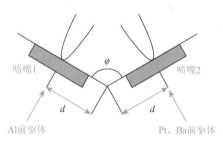

图 5.63　火焰燃烧法制备 Pt/Ba/Al$_2$O$_3$[262]

具有两个独立喷嘴的火焰燃烧法装置示意图。照片展示了利用两种火焰合成 Pt/Ba/Al$_2$O$_3$ 的过程（左边的蓝色火焰为 Al 前驱体，右边黄色火焰是 Pt、Ba 前驱体。彩图见封底二维码）

在催化剂的制备过程中，包含贵金属和基底金属前驱体的溶液从喷嘴喷出后，溶剂在火焰中蒸发，金属离子在高温火焰的热还原作用下逐渐从气相中成核、分离形成小颗粒，其中基底金属在还原过程中会被氧化成氧化物，而贵金属颗粒在氧化物颗粒形成后经过均相成核-碰撞烧结或者异相成核方式附着在氧化物的表面。这些小颗粒最终经过相互碰撞、烧结及团聚等一系列过程后形成负载型贵金属催化剂。利用火焰燃烧法制备的纳米颗粒具有粒径小、尺寸分布均一、化学活性高的特点。与成熟的传统液相法制备的已经工业应用的催化剂相比，火焰燃烧法制备得到的催化剂具有更好的催化效果，而且由于不涉及湿化学过程，火焰燃烧法制备得到的纳米颗粒纯度高、易于分离，这也是火焰燃烧法在工业上被广泛应用的原因之一。

5.5 纳米复合材料的宏量制备

5.5.1 纳米复合材料的基本概念

1. 纳米复合材料的定义

现代材料科学引用复合的概念主要用来描述不同相、不同物质组成的体系之间的组合。目前文献中对于"复合"的理解多种多样，如表 5.1 所示。复合一词意义十分广泛，内涵也极为丰富，但同时也使得难以确切地区分各种"复合"的含义。在材料领域，复合材料定义为多相体系。根据国际标准化组织（International Organization for Standardization）的定义，复合材料为由两种或者两种以上物理和化学性质不同的物质组合而成的一种多相固体材料[263]。在复合材料中，通常有一相为连续相，称为基体；另一相为分散相，称为增强材料。分散相是以独立的相态分布在整个连续相中，两相之间存在着相界面。分散相可以是纤维状、颗粒状或是弥散的填料。虽然复合材料的各个组分保持相对的独立，但是复合材料的性质却不是各个组分性能简单的叠加，由于各个组分之间的协同效应，使得复合材料表现出比各个组分更为优异的性能。

表 5.1 "复合"词条中英文含义的对照[264]

中文	英文
填充	filled
混合	blending
复合（组合）	composite/complex/compound
杂化	hybrid
混融	mixed
熔合	melting
组装	assemble
自组装	self-assemble

纳米复合材料（nanocomposite）是由 Roy 于 20 世纪 80 年代初提出的，它是由两种和两种以上的固相至少在一维以纳米量级（1～100 nm）复合而成的复合纳米材料。这些固相可以是非晶质、半晶质、晶质或者兼而有之，而且可以是无机、

有机或二者兼有[263-267]。纳米复合材料也可以是指含有一种或多种具有纳米结构组分的复合材料。通过调控这些纳米组分在复合材料中的分布，可以实现对纳米复合材料综合性能的优化。与常规的复合材料体系不同，纳米复合材料不是分散相和连续相之间的简单混合，而是两相通过化学（共价键、离子键等）与物理（氢键等）作用在纳米水平上的复合[265]。纳米材料极大的表面积导致纳米复合材料分散相和连续相之间的界面积非常大，同时两相的界面间又具有很强的相互作用，从而导致两相之间产生理想的粘接性能，使得纳米复合材料与传统的复合材料在结构和性能上有明显的区别，使其在力学、光学、催化、能源存储、传感器等多个领域展现出良好的应用前景。为了获得具有良好稳定性的纳米复合材料，必须使纳米复合材料的不同组分之间具有较强的相互作用，以防止各个组分发生相分离，避免纳米复合材料综合性能的退化。目前，在纳米复合材料稳定化设计中涉及的强相互作用力主要包括以下几种[263]：①形成共价键：利用纳米颗粒表面的化学基团与特定的目标分子发生化学反应，形成共价键，例如，有机分子的官能团（羧基、卤素、磺酸基）与纳米颗粒表面的羟基在一定条件下能够形成稳定结合的共价键；②形成离子键：离子键是通过正负电荷的静电引力作用而形成的化学键，如果将纳米材料与其自身电性相反的目标材料以适当的方式混合，它们将通过离子键结合而得到稳定的纳米复合材料体系；③形成配位键：纳米颗粒和目标材料以电子对和空电子轨道相互配位的形式产生化学键合作用，从而形成稳定的纳米复合材料；④纳米作用能的亲和作用：纳米材料由于其特殊的表面结构而具有很强的亲和力，这种力称为纳米作用能，借助该作用力，纳米颗粒可以和很多目标材料无选择地产生很强的相互作用而形成稳定的复合体系。

2. 纳米复合材料的分类

纳米复合材料可以分为多种类型[266]，按照不同组分的类型可以分为无机-无机、有机-有机、无机-有机三大类；按照组分的数目可以分为两组分复合和多组分复合；按复合方式可以分为包覆式和混合式两大类；按用途可以分为结构型、功能型和智能型。图 5.64 显示了纳米复合材料几种典型结构的表现形式：核壳、多颗粒包覆/负载、复合纤维、有序结构、多层结构和三维复合[267]。

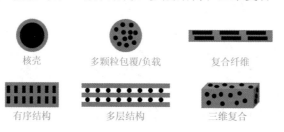

核壳　　多颗粒包覆/负载　　复合纤维

有序结构　　多层结构　　三维复合

图 5.64　纳米复合材料的几种典型结构

核壳结构纳米材料（core shell nanomaterial）是指具有"壳核包裹"这种特殊原子排列方式的纳米复合材料[268]。可以看作是对原始纳米颗粒进一步的改造，通常记作"核@壳"。添加的特定的"外壳"使得原始的纳米颗粒拥有了新的功能特性，同时通过核心材料的原子和壳层材料的原子之间电子结构的互动调变，使新复合材料的性质产生质变，从而表现出独特的光、电、催化等性质。例如，由介孔 SiO_2 包覆的 Pt 纳米颗粒表现出优异的耐高温催化性能[269]，其外壳的介孔 SiO_2 不仅提高了内部 Pt 纳米颗粒的热稳定性；同时由于介孔的存在，反应物分子可以自由地通过介孔孔道扩散到 Pt 纳米颗粒的表面发生催化反应。目前，已有多种核壳纳米复合材料被成功制备，如金属@金属、金属@无机物、金属@聚合物、金属@石墨烯、金属@半导体、无机物@无机物等。

多颗粒纳米复合物包括两种主要的类型，即包覆型和负载型。多颗粒包覆型纳米复合材料是核壳纳米复合材料的一种拓展，其核心不再是单个的纳米颗粒，而是由多个相同的纳米颗粒或几种不同的纳米颗粒组成。例如，通过反相单微乳液法可以制备 $CdTe@SiO_2$ 的多核壳纳米复合材料，其表现出强烈的荧光性质[270]。多颗粒负载型纳米复合材料是指纳米颗粒在载体的表面直接生长或者通过各种力的作用结合在载体的表面。近年来，石墨烯基的负载型纳米复合材料引起了人们广泛的研究兴趣，特别是强偶合的无机物-石墨烯纳米复合材料[271, 272]。这些无机物包括金属单质、氧化物、氢氧化物、半导体等，获得的强偶合的无机物-石墨烯纳米复合材料在电催化和能源存储方面展现出优异的性能。例如，直接在适度氧化的氧化石墨烯表面生长 Co_3O_4 纳米颗粒，可以形成强偶合的 Co_3O_4-石墨烯复合材料，其表现出比两者物理混合形成的 Co_3O_4-石墨烯复合材料更为优异的析氧性能[271]。

与多颗粒纳米复合物相同，复合纤维纳米材料也可以分为两种主要的类型，即内嵌型和负载型。内嵌型复合纤维纳米材料是指纳米功能单元分布在纤维的内部，主要的制备方法包括水热碳化法和静电纺丝。例如，以超细的 Te 纳米线为模板，通过水热碳化可以形成 Te@C 复合纤维纳米材料，其内部的 Te 纳米线仍旧具有良好的反应性，可以进一步通过化学转化形成贵金属@C 或碲化物@C 复合纤维纳米材料[273]。通过静电纺丝形成内嵌型复合纤维纳米材料通常有几种不同的途径。其一，利用已制备的纳米颗粒进行纺丝形成复合纳米纤维。例如，通过静电纺丝技术可以将预先制备的银纳米颗粒以链状排列的方式组装在聚乙烯醇纳米纤维的内部，其可以作为一种具有高活性的柔软的自支持的表面增强拉曼基底[274]。其二，将合成纳米颗粒的前驱体预先混合在纺丝溶液中，然后进行纺丝得到包含前驱体的纳米纤维，然后再进行进一步反应在纤维的内部形成纳米颗粒[275]。例如，将 $PdCl_2$ 溶解到丙烯腈和丙烯酸的共聚物/N, N-二甲基甲酰胺（PAN/DMF）纺丝溶液中进行静电纺丝得到含有 $PdCl_2$ 的纳米纤维，再将得到的纤维浸入水合肼溶液中，即可在纤维的内部原位形成 Pd 纳米颗粒[276]。负载型复合纤维纳米材料是指纳米颗粒直接生长在纤维的表面或者通过各种作用力结合在纤维的表面。例如，通过水热碳化反应得到的碳质纳米纤维的表面具有很丰富的有机基团（羧基、羰基、羟基等），这些有机基团可以吸附溶液中的反应离子，进而成为纳米材料的成核和生长位点，最终形成负载纳米颗粒的复合纳米纤维[273]。

有序结构和多层结构的纳米复合材料主要通过控制纳米复合单元在复合过程中的空间分布，使得纳米构建单元形成一定的有序排列或者形成多级层状结构。自然界提供了各种各样的多级有序结构的生物材料，如贝壳、骨骼、木材、竹子、节肢动物甲壳等。这些复杂的多尺度多级结构是由相对薄弱的生物陶瓷纳米颗粒或者软蛋白质或纤维素纳米纤维多级排列而形成，却表现出优异的力学性能。通过认识和学习植物、动物体内复杂多级结构的形成机制和结构特点，同样可以仿制出媲美/超越自然材料力学性质的具有多级有序结构的纳米复合材料。例如，中国科学技术大学俞书宏等以珍珠母层状结构为模型，利用具有板状形貌的双层氢氧化物（LDH）和沸石（zeolite）为构建单元，通过界面组装和旋涂层层组装的方法得到了一系列以 LDH 或 zeolite 微米板块作为无机组装单元的高强度，透光的类珍珠母结构的功能性复合薄膜。该类薄膜具有类似珍珠母的有序层状微结构，在抗拉伸方面表现出优异的性能，可以同天然贝壳媲美。同时，此类有机无机复合薄膜具有很高的光学透明性，而且其光学性质可以通过使用不同的无机组装单元来调控。

三维纳米复合材料是将纳米尺寸的颗粒分散在三维基体里形成的一类复合材料。例如，俞书宏等基于取向冷冻技术制备了一系列宏观三维纳米组装体材料，并发展了新型的双向冷冻方法，以氧化石墨烯片和壳聚糖溶液为原料，通过取向冷冻和高温碳化制备了以平行多拱形碳-石墨烯层为骨架的三维宏观组装体复合材料。由于该组装体中的微拱形结构起到了基本弹性元件的作用，并且取向一致，所以尽管所得组装体是由脆性碳组分构成，其仍然具有卓越的可压缩性能和回弹性能，它可以在 20%应变的情况循环压缩超过 100 万次，在 50%应变情况下循环压缩超过 25 万次后基本保持结构稳定[277]。

3. 纳米复合材料的制备方法

制备纳米复合材料首先需要制备相应的单分散的纳米颗粒。目前常见的纳米材料的制备方法可分为化学法、物理法和综合法[278]。化学法是采用化学合成的方法制备纳米材料，如沉淀法、水热法、相转移法、界面合成法、溶胶-凝胶法、气相沉积法等。物理法是最早采用的制备纳米材料的方法，如球磨法、电弧法、惰性气体蒸发法等，这类方法是采用高能耗的方式使得材料颗粒细化到纳米量级。综合法是在纳米材料制备过程中，把物理方法引入化学法中，将物理法和化学法的优点结合起来，提高化学法的效率或实现化学法达不到的效果，如超声沉淀法、激光沉淀法、微波合成法等。这些制备方法实际上已被广泛地用于合成各种纳米材料，参考并优化这些方法，设计相应的反应路径则可制备出所期望的纳米复合材料。

1）聚合物基纳米复合材料的制备方法

聚合物基纳米复合材料的制备就是以最简单、最便捷的手段将纳米颗粒分散到聚合物基体中。在制备过程中最关心的就是纳米材料的尺寸和分散程度，从目前聚合物基纳米复合材料制备方法的发展状况来看，主要有四种制备方法[265]：溶胶-凝胶法、插层法、共混法和填充法。

溶胶-凝胶法制备聚合物基纳米复合材料实际上有几种类型，主要依据它的形成过程的条件和复合材料的微观结构进行区分[263]。利用高分子可以形成溶胶-凝胶的特点，在高分子溶液中进行无机物前驱体的水解，可以制备聚合物基纳米复合材料。例如，聚 2-乙烯基吡啶、聚 4-乙烯基吡啶可用于这种溶胶-凝胶的正硅酸乙酯/水（$TEOS/H_2O$）体系。也可以在无机溶胶的网络中进行有机化合物的聚合，形成纳米复合材料，如水溶性丙烯酸酯类在 SiO_2 网络中聚合形成纳米复合材料。在溶胶-凝胶过程中，同时进行无机纳米颗粒的形成和有机单体的聚合时，则能够制备出半互穿网络结构的复合材料。

插层法是以层状无机物为主体，将作为客体的聚合物或聚合物单体插入无机相的层间，制得聚合物/无机物的纳米复合材料的方法[279]。插层法按插层的形式不同，可大致分为 4 类[279]：溶液插层聚合，它将高聚物大分子的单体和层状无机物一起加入某一溶剂中，充分搅拌分散后，使单体插入无机物层间，并在一定条件下使聚合物单体聚合；熔融插层聚合，它将高分子单体分散并插入层状硅酸盐片层中，使其进行原位聚合反应，利用聚合过程中产生的大量热量，克服层间库仑力，使纳米尺度的无机物片层与聚合物基体结合；聚合物的熔融插层，该方法是将高分子熔体与层状无机物进行混合，使聚合物插入层状无机物的层间，从而制得聚合物/无机物的纳米复合材料；聚合物的溶液插层，它将高分子和层状无机物一同加入溶液中，搅拌完全分散后，使聚合物插入无机物层间，从而合成聚合物/无机物的纳米复合材料。

共混法是通过物理或化学方法使无机纳米颗粒和聚合物或单体混合均匀从而制得纳米复合材料的一种方法[279]。该方法主要包括机械共混、熔融共混、溶液共混、乳液共混等。机械共混是将纳米颗粒与基体粉末放在研磨机中充分研磨，混合均匀后，再制成纳米复合材料。熔融共混是将纳米颗粒和基体材料在基体材料的熔点以上熔融并混合均匀，进而制得纳米复合材料；溶液共混是把基体粉末溶解在合适的溶剂中，加入纳米颗粒，搅拌溶液使纳米颗粒分散均匀，除去溶剂后获得纳米复合材料；乳液共混是把聚合物乳液与纳米颗粒均匀混合，除去溶剂后成型而制得纳米复合材料。共混法的优点在于操作简单，适合用于各种形态的无机纳米颗粒。而且该方法还可通过控制合成的路径和反应的条件来控制颗粒的形态和尺寸。

纳米颗粒填充法可分两种[280]：一种是将纳米量级的颗粒如 SiO_2 等制成胶体溶液，然后与高聚物溶液混合均匀，蒸发掉溶剂即成纳米复合材料；另一种是将无机纳米颗粒分散到有机单体中，然后引发单体聚合，使无机颗粒包裹在聚合物基体中。

2）非聚合物基纳米复合材料的制备方法

非聚合物基纳米复合材料主要包括无机-无机纳米复合材料和无机-有机小分子复合材料。大部分制备无机纳米颗粒的方法都可以经过一定的优化和设计用于制备非聚合物基的纳米复合材料。下面我们将根据材料的结构特征来介绍几种制备非聚合物基纳米复合材料的典型方法。

a. 水解包覆法制备核壳结构的复合材料

在一定条件下通过控制壳材料的前驱体的水解，使其在预先合成的纳米颗粒的表面形成包覆层。该方法通常用来进行无机氧化物壳层材料的包覆，如 SiO_2、TiO_2 等。制备 SiO_2 包覆材料最经典的是 Stöber 方法：利用正硅酸乙酯（TEOS）在水-氨-醇混合体系中的水解过程，在预先制备纳米颗粒的表面形成 SiO_2 包覆层。例如，Ohmori 等通过控制 TEOS 在异丙醇溶液中的水解过程，成功地在 α-Fe_3O_4 纳米颗粒的表面形成了 SiO_2 包覆层[281]。Selvan 等则利用反相微乳法成功地制备了 $CdSe@SiO_2$ 核壳纳米结构，相比于未包覆 SiO_2 的 CdSe 量子点，该核壳结构纳米复合物表现出良好的水分散性，低的生物毒性和高的稳定性，使其在生物标记方面具有潜在的应用价值[282]。此外，余家国等以 Ag 纳米线为模板，以钛酸丁酯为前驱体，通过蒸汽水解法在 150℃ 下制备得到 $Ag@TiO_2$ 核壳结构复合纳米线[283]。与常规 TiO_2 和 P25 纳米颗粒相比，该复合的 $Ag@TiO_2$ 纳米结构具有更高的光催化活性和光催化稳定性，并且 $Ag@TiO_2$ 纳米线在反应后可通过自然沉降的方法从反应体系中分离出来。

b. 直接生长法制备核壳结构的复合材料

直接在一种纳米材料的表面生长另一种纳米材料形成核壳结构的复合材料，这种方法要求核材料和壳材料是相亲的，以保证两者之间的具有较小的界面能，从而形成完整的包覆，如 $Au@Ag$、$CdSe@CdS$、$SiO_2@TiO_2$、$Fe_2O_3@TiO_2$ 等。根据具体的合成过程，该方法可以分为两大类：连续生长法和共生长法。连续生长法：先合成一种纳米颗粒（M1），经过分离纯化后作为"晶种"（也就是核），再利用一个类似于"晶种生长"的过程，使另一种纳米材料（M2）附着生长在预合成纳米颗粒的表面，从而形成 M1@M2 核壳复合结构。例如，张斌等先通过 Frens 方法制备了 Au 纳米颗粒，然后以其为核心，并利用抗坏血酸还

原 H_2PtCl_6，使 Pt 在 Au 纳米颗粒的表面沉积，形成了 Au@Pt 核壳纳米复合材料[284]。共生长法：反应体系中同时加入两种纳米材料的前驱体，在反应的过程中一种纳米材料首先成核生长形成"核心"，然后另一种纳米材料在其表面生长形成壳层。例如，Tedsree 等利用乙二醇于 160℃ 同时还原 $HAuCl_4$ 和 $Pd(NO_3)_2$ 成功制备了 Au@Pd 核壳纳米复合结构，该复合材料具有优异的室温催化甲酸产氢性能[285]。

c. 聚合物辅助包覆法制备核壳结构的复合材料

由于晶格不匹配和缺少化学相互作用，两种不相亲的材料之间存在着较大的界面能，使得它们很难直接形成完整的核壳复合结构。例如，直接在金属纳米颗粒的表面包覆氧化物往往很难得到核壳复合结构，而是一些不完整的包覆或是多个氧化物颗粒附着在金属颗粒的表面及纳米颗粒的团聚体等。因此，为了得到不相亲材料的核壳复合结构就需要对它们之间的界面能进行调控。例如，在两种不相亲材料的界面嵌入聚合物分子来调控它们之间的界面能。陈虹宇等通过聚乙烯吡咯烷酮（PVP）来调控 Au 纳米颗粒和 ZnO 之间的界面能，成功制备了 Au@ZnO 的纳米复合结构[286]。同时，这个方法可以将 ZnO 包覆在其他多种纳米材料的表面，如金属纳米颗粒、氧化物纳米颗粒、聚合物纳米颗粒、氧化石墨烯、碳纳米管。此外，这种方法也可以拓展到其他种类的壳层纳米材料，如 Fe_3O_4、MnO、Co_2O_3、TiO_2、Eu_2O_3、Tb_2O_3、Gd_2O_3、β-$Ni(OH)_2$、ZnS 和 CdS。

d. 直接生长法制备负载型纳米复合材料

以一种纳米材料作为载体，在其表面直接生长多个或多种纳米颗粒形成负载型纳米复合材料，例如，将具有催化活性的金属纳米颗粒负载在 SiO_2、Al_2O_3、Fe_2O_3、TiO_2、CeO_2 等纳米材料的表面形成负载型复合纳米催化剂[287]。近年来，强耦合的无机物-纳米碳负载型纳米复合材料引起了人们广泛的研究兴趣。斯坦福大学戴宏杰等发展了一种通用的制备无机物-纳米碳负载型功能纳米复合材料的方法，同直接物理混合制备的纳米混合物相比，通过该方法制备得到的强耦合复合材料表现出良好的电催化性能[272]。该制备方法的关键在于：将碳纳米材料（石墨烯或者碳纳米管）进行适度氧化，使其在保持良好导电性的同时在其表面形成含氧官能团，这些含氧官能团将为无机物的成核、生长和附着提供位点。由于无机纳米材料是直接成核和生长在功能化纳米碳的表面，它们之间将形成强烈的化学和电学耦合，这将有利于提高两者界面之间的电荷传输，从而使其展现出良好的电化学性能。

e. 异质团聚法制备负载型纳米复合材料

团聚通常会导致不同纳米材料之间的复合，这为获得负载型功能纳米复合物提供了一个低成本的路径。尽管直接生长法是制备负载型纳米复合物最常用的方法，但是该过程对负载纳米颗粒的尺寸和形貌的调控能力较弱，而这些因素又与纳米材料的物理化学性质密切相关。因此，通过异质团聚将制备好的具有理想尺寸和良好形貌的纳米颗粒与纳米载体有机地复合在一起将会获得双赢的效果。例如，孙守恒等[288]通过异质组装法将预先制备的 FePt 和 Co 纳米颗粒组装到石墨烯的表面获得了高性能的复合催化剂。首先，他们通过油相合成制备了具有理想尺寸和形貌的 FePt 和 Co 纳米颗粒。其次，将分散在己烷中的纳米颗粒与石墨烯的 N, N-二甲基甲酰胺溶液混合。最后，通过超声将两种不相溶的溶液混合，从而引发纳米颗粒和石墨烯之间的异质团聚。获得的石墨烯-纳米颗粒复合催化剂表现出比原始纳米颗粒或 Pt/C 催化剂更高的氧气还原活性，这表明异质团聚是一种制备高性能负载型纳米复合催化剂的有效途径。

f. 静电纺丝法制备纳米复合纤维材料

静电纺丝是一种利用高静电力制备各种纤维的简单技术，通过设计具有特殊结构的针头或加入适量的可以被除掉的其他物质，可制备空心的、多通道或多孔结构的电纺纤维，特别是通过共轴静电纺丝技术，可以制备各种功能性复合纤维[289]。在这些复合纤维中，由于纳米颗粒/聚合物复合纤维兼有聚合物和纳米颗粒的各种性质，其表现出巨大的潜在应用价值。目前制备纳米颗粒/聚合物复合电纺纤维的主要方法有以下两种。①直接分散法制备纳米颗粒/聚合物复合电纺纤维：直接将纳米颗粒加入可使其均匀分散的聚合物溶液，或者将聚合物加入纳米颗粒的溶液中搅拌均匀后进行电纺，即可制备复合纤维材料。由于这种方法的简便性，各种各样的纳米颗粒已被成功电纺，如球形纳米颗粒（0D）、一维纳米棒或纳米线（1D）、二维纳米片（2D）。值得注意的是，对纳米颗粒进行电纺时，其会在复合纤维中表现出一定的组装行为。②以静电纺丝纤维为基底制备纳米颗粒/聚合物复合电纺纤维：当纳米颗粒在纺丝溶液中分散性较差时，通常需要将静电纺丝技术与其他方法相结合，制备纳米颗粒/聚合物复合电纺纤维。所采用的处理方法不同，纳米颗粒与聚合物纤维的复合位置也不同，可以在纤维内部，也可以在纤维表面。例如，俞书宏等通过硅烷偶联剂对聚乙烯醇（PVA）电纺纤维表面进行处理，使纤维表面带正电，然后通过静电吸引成功地将带有负电荷的 Au 纳米颗粒附着在整个纤维的表面[290]。另外一种比较常见的在电纺纤维表面形成金属颗粒的方法是溶液还原法，即将电纺纤维浸没到含有纳米颗粒前驱体的溶液中，然后在一定的反应条件下触发前驱体的成核生长，在电纺纤维的表面形成纳米颗粒，但使用这种方法的前提是电纺纤维不溶于反应溶剂。例如，合成 Au 纳米颗粒电纺复合纤维时，首先将电纺纤维浸没到 $HAuCl_4^-$ 水溶液中一段时间，使 $AuCl_4^-$ 吸附在纤维表面，其次通过 $NaBH_4$ 将 $AuCl_4^-$ 还原为金纳米颗粒，即可得到负载 Au 纳米颗粒的电纺纤维复合物。这种方法也适用于将其他纳米颗粒负载在电纺纤维的表面，如 Ag、Pd、Pt、TiO$_2$、WO$_3$、SnO$_2$ 等。将电纺纤维作为基底，然后通过水热反应使纳米颗粒生长在纤维表面也是一种比较常见的方法。例如，王中林等首先将聚苯乙烯（PS）电纺纤维浸没到含有 ZnO 种子的溶液中，使 ZnO 种子吸附在纤维表面，其次通过水热反应，附着在纤维表面的 ZnO 种子长成 ZnO 纳米线，从而形成了"纳米刷"复合结构[291]。

g. 层层组装法制备多层结构的纳米复合材料

Layer-by-layer（LBL）层层组装：该技术最初是用于在基底上交替吸附聚阴离子和聚阳离子[292, 293]。目前，该技术已经发展到可将许多电性相反的材料（如生物大分子、多价染料、硅酸盐片、纳米颗粒和聚合物等）整合在一起形成具有多层结构的功能复合物[294]，这为多层纳米复合结构的形成提供了一种简单且便宜的方法。除了静电吸引外，氢键、共价键、生物识别作用和亲疏水相互作用也可以用于层层组装技术。相较于其他的组装方法，LBL 更简单和更普遍，它允许在纳米尺度上对复合薄膜的组分和结构进行精确调控，同时它适用于各种带电组分的组装，如生物大分子、纳米颗粒、纳米管、纳米线、纳米片、无机团簇、有机染料、树状高分子、卟啉类化合物、多肽、核酸、蛋白质、病毒等[294]。基于此方法的技术特点，层层组装技术是制备类珍珠母层状功能复合材料的有效手段。例如，段雪等利用氢键相互作用通过层层组装技术制备了具有类珍珠母的层状"砖-泥"结构的 LDH/PVA 复合薄膜。在交联之后，该复合薄膜的屈服强度达到195 MPa，为原始纯 PVA 薄膜的 5 倍，甚至超过了天然贝壳的强度，同时该复合薄膜也表现出良好的韧性[295]。

h. 水热法制备三维石墨烯基复合材料

近年来石墨烯基复合材料引起了人们广泛的研究兴趣。由于氧化石墨烯表面含有丰富的功能基团，这为纳米材料在其表面的成核和生长提供了大量的附着位点，从而有利于合成各种纳米材料（如金属、合金、氧化物、氢氧化物、硫化物、硒化物等）与石墨烯的复合材料。当溶液中氧化石墨烯的浓度高于 1 mg/mL 时，经过水热处理后，溶液中的石墨烯会聚集形成多孔的三维石墨烯凝胶，其具有高比表面积、高电导率、低密度、热稳定性好及结构可控等优点。如果在该水热过程中加入纳米材料的前驱体，则可一步形成纳米材料与石墨烯的复合凝胶。例如，Müllen 等[296]以乙酸铁、聚吡咯和氧化石墨烯为原料，通过 180℃水热处理，成功制备了负载 Fe$_3$O$_4$ 纳米颗粒的三维掺氮石墨烯凝胶，该凝胶表现出优异的氧气还原催化活性。

5.5.2　连续式宏量制备纳米复合材料

连续式宏量制备纳米复合材料的方法可以分为两大类：连续产出式和连续组

装式。连续产出式：其特点为反应前驱体溶液连续流入反应装置进行反应形成纳米复合材料，同时在反应装置的末端进行产物收集，经过长时间的连续工作以累积产出的方式实现纳米复合材料的宏量制备，如连续流法和静电纺丝。连续组装式：其特点是在衬底材料或纳米颗粒的表面逐步循环涂覆具有不同电荷的组分，从而形成衬底支持的复合薄膜或纳米颗粒@复合涂层的复合材料，其可通过调整衬底的大小或借助切向流过滤技术来实现纳米复合材料的宏量制备，主要的制备方法为层层自组装法。

1. 连续流法

相比于宏观块材，纳米材料常常表现出更好的物理化学性质，如磁学性质、光学性质、催化性质等，但是它们在商业或工业领域的应用却十分有限。这是因为纳米颗粒的液相合成方法需要高的反应温度、长的反应时间以及一些昂贵或危险的化学试剂，同时其反应物的浓度较低。这些因素很大程度上限制了纳米材料实验室量级制备方法向工业化量级的升级转化。反应体积的增加不仅会造成反应体系较慢的加热速率或冷却速率，同时也会导致在反应体系内形成较大的温度梯度，进而改变反应过程，使得无法在工业化量级制备得到具有良好形貌和均匀尺寸的功能纳米材料。在保持反应体积为实验室量级，通过连续流反应器来实现纳米颗粒连续和大规模的制备则可避免这些限制。最常见的连续流反应器为微流体反应器。微流体反应器使用微管柱作为反应腔体，反应溶液连续流入微管柱进行反应。微管柱的周围配置连续的热源，使得微管柱内的温度梯度最小化，加之微管柱的体积较小，因此可以很好地控制微管柱内部反应溶液的升温和降温速率。此外，通过改变反应溶液的 pH、反应温度、流动速度及表面活性剂，可以很好地调控纳米颗粒的形貌和尺寸。目前，连续流法已被应用于大规模制备各种纳米颗粒，如金属纳米颗粒、合金纳米颗粒、氧化物纳米颗粒等[297]。下面我们介绍几种复合纳米材料通过连续流法实现大规模制备的实例。

$TiO_2@SnO_2$ 复合纳米颗粒：$TiO_2@SnO_2$ 复合纳米颗粒的合成可以分为两个阶段，首先合成直径为 9 nm 的 TiO_2 纳米颗粒，然后再加入 $SnCl_4$ 溶液，在 TiO_2 颗粒的表面沉积 2 nm 的 SnO_2 壳层[298]。利用双阶段连续水热反应器可以实现 $TiO_2@SnO_2$ 复合纳米颗粒的大规模制备。如图 5.65 所示，该反应器分为两个阶段，分别用于制备 TiO_2 纳米颗粒和 $TiO_2@SnO_2$ 纳米颗粒。反应器的每个阶段都采用模块化设计，由进样模块（管道、液体泵等）、加热模块（预热器、主加热器）、反应模块（外径为 3/8 英寸的 316 不锈钢钢管）、冷却模块、产物收集模块等组成。独立的 PID 控制器（比例-积分-导数控制器）用于控制整个反应系统的温度。预热器的最高加热温度为 300℃；主加热器的最高加热温度为 450℃[298]。在第一个反应阶段，0.1 mol/L 的钛酸四异丙酯异丙醇溶液（试剂#1）和软化水（溶剂#1）

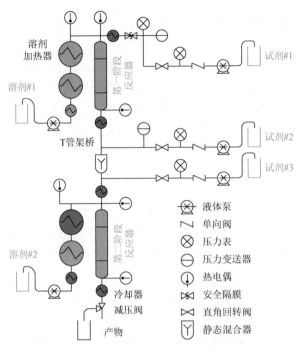

图 5.65 双阶段连续水热反应器设备的示意图[298]

分别以 4 mL/min 和 10 mL/min 的流速进入温度为 350℃的反应器,混合溶液在反应器内的停留时间为 90 s,最后形成的 TiO$_2$ 纳米颗粒悬浊液从反应器流出,此时第一阶段的反应结束。流出的 TiO$_2$ 悬浊液再与流速为 4 mL/min 的 0.1 mol/L 的 SnCl$_4$ 溶液(试剂#2)和 1 mol/L 的 NaOH 溶液(试剂#3)混合后进入第二阶段的反应器(反应温度为 150~300℃),混合溶液的停留时间为 40 s,最后形成 TiO$_2$@SnO$_2$ 纳米复合材料。通过优化实验参数,TiO$_2$@SnO$_2$ 纳米复合材料的产出速率可高达 50 g/h[298]。

CuInS$_2$/ZnS 复合量子点:其合成流程如图 5.66 所示,采用管式炉作为反应体系的反应器[155]。其合成过程也分为两步:合成 CuInS$_2$ 核心纳米颗粒;在 CuInS$_2$

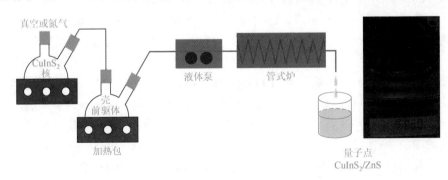

图 5.66 CuInS$_2$/ZnS 复合量子点制备流程示意图[155]

表面包覆 ZnS 壳层。首先，以 CuI、In(OAc)$_3$、十二硫醇为铜源、铟源和硫源，以十八烯为溶剂，将混合均匀的反应溶液真空脱气后在 210℃制备深红色的 CuInS$_2$ 纳米颗粒溶液；其次以乙酸锌、十二硫醇为锌源和硫源，以三辛胺和油酸为混合溶剂，形成制备 ZnS 壳层的前驱体溶液；最后通过液体泵将含 CuInS$_2$ 纳米颗粒和 ZnS 壳层前驱体溶液的混合溶液输送至管式炉反应器，在 320℃反应形成 CuInS$_2$/ZnS 复合量子点。反应体系的流速为 1 mL/min，大约是传统微流体反应器的 100 倍。

Cu@M（M = Co/Ni）核壳结构的复合材料：大规模制备核壳结构的金属纳米颗粒常常涉及合成核心纳米颗粒和壳包覆核心纳米颗粒的两步合成过程和高沸点的溶剂（如油胺或聚乙二醇）。两步合成过程需要配置两套实验设备，从而增加了合成成本，而高沸点的溶剂由于具有较高的黏度不利于其低速率的流动。为了克服这些困难，Carpenter 等[297, 299]利用乙醇作为共溶剂降低了反应溶液的黏度，通过一步连续法制备了 Cu@M（M = Co/Ni）复合纳米颗粒。整个合成系统由三部分构成：液体泵、加热圈和背压调整器。首先，以 0.5 g 的金属氯化物为铜源、钴源和镍源，以体积比为 9∶1 的乙醇-乙二醇溶液为反应液，再加入适量的 NaOH 配制反应前驱体溶液。其次，通过液体泵将反应前驱体溶液以 2 mL/min 的速率传送至毛细微流体反应器，在 100 bar、200℃反应形成 Cu@M（M = Co/Ni）复合纳米颗粒。

2. 静电纺丝技术

静电纺丝是一种利用高静电力制备纤维的简单技术[289]。其基本设备如图 5.67 所示，主要由四部分组成：高压发生装置、金属针头、储液器及接收屏。静电纺

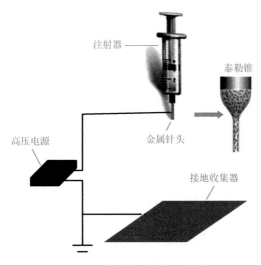

图 5.67　静电纺丝设备示意图

丝主要分为水平式和垂直式两种。前者通过注射泵控制电纺溶液的流速，后者则通过液体自身的重力补充针尖处的液体。在进行静电纺丝时，首先将聚合物溶液转移至注射器内，通过注射泵控制聚合物溶液的流速，由于表面张力聚合物溶液在喷丝头处会形成液滴。同时在喷丝头处施加的直流高压会使整个溶液带电，这样喷丝头液滴会受到与表面张力相反的静电斥力作用。当施加的高压增大，液滴逐渐变为锥形，即泰勒锥。当电场强度进一步加大，静电斥力超过表面张力时，溶液从泰勒锥中喷出，并迅速进入扰动不稳定状态。在这个不稳定区域，溶剂迅速挥发，溶质被迅速拉伸并形成纤维形貌，最后在收集屏上收集。电纺纤维制备过程中涉及很多参数，如聚合物浓度、液体流速、溶液黏度、聚合物分子量及其分布、电场强度、接收屏和针头间的距离和空气湿度等，这些参数均会影响电纺纤维的最终形貌[289]。静电纺丝技术除设备简单、操作简便外，同时具有很多其他纳米纤维制备技术所不具备的优点。通过简单地调控电纺溶液的组分或者与其他制备方法相结合等，可调控纤维的组分，从而制备各种功能性复合纤维；通过设计特殊的收集装置，可使纤维进行取向排列，在机械增强、组织工程等方面有着重要的应用前景；通过加入可被除去的其他物质或对金属针头进行设计，如共轴或者多腔道针头，可以调控纤维的形貌，制备具有多孔、核/壳、中空或多腔道结构的电纺纤维，从而进一步增大了纤维的比表面积，得到的高比表面积纤维在催化、传感、载药等领域有着重要的应用前景[87, 300-305]。例如，近年来北京航空航天大学江雷和赵勇等利用静电纺丝技术制备了多种具有多等级结构的功能纳米纤维，通过控制纳米纤维的表面结构和内部结构，实现了对纳米纤维薄膜整体性质的调控，如它们的表面亲疏水性和吸附特性等[300-302, 304, 305]。另外，在电纺具有各向异性的纳米颗粒时，静电纺丝技术表现出很好的组装效应，使复合电纺纤维表现出更好的或者新颖的性能[87, 289]。通过静电纺丝技术，各种功能性复合材料已被成功制备，包括聚合物/聚合物、聚合物/有机物、聚合物/无机物和无机物/无机物复合材料[306]。下面将介绍几种利用静电纺丝技术实现大规模制备纳米复合纤维材料的实例。

利用静电纺丝的组装效应，可通过电纺直接组装各种纳米材料。基于此，中国科学技术大学俞书宏等发展了一步法制备多种功能性复合纤维，开展了静电纺丝技术在宏量制备复合材料方面的研究[274]。他们通过静电纺丝法大规模制备了由银纳米颗粒/聚乙烯醇（Ag/PVA）复合纳米纤维组成的自支持薄膜，该薄膜具有良好的表面拉曼增强活性和柔性。电纺 1 h 后，即可制备面积超过 80 cm^2 的电纺纤维膜，证明了静电纺丝在宏量制备纳米复合纤维方面的优势 [图 5.68（a）、（b）]。所得到的 Ag/PVA 纳米复合纤维尺寸均一，具有很大的长径比（直径为 170 nm，长度为几毫米）和光滑的表面。图 5.68（c）、（f）为 Ag/PVA 纳米纤维的透射电子显微镜照片，可以发现在 PVA 纤维中的 Ag 纳米颗粒聚集体，沿着纤维的轴向方向被组装成一定的直链结构。此外，俞书宏等[308]通过静电纺丝法大规模制备了柔

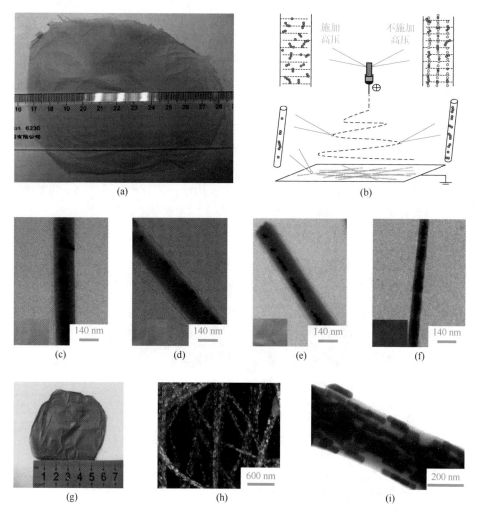

图 5.68　（a）Ag/PVA 复合纳米纤维薄膜；（b）电纺 Ag/PVA 复合纳米纤维薄膜示意图；（c）~（f）Ag/PVA 复合纳米纤维透射照片[274]；（g）Au/PVA 复合纳米纤维薄膜；（h）、（i）Au/PVA 复合纳米纤维的 SEM 照片和 TEM 照片[307]

性自支持的 Au 纳米棒/PVA 复合纳米纤维薄膜。在该薄膜中，Au 纳米棒均沿着电纺纤维轴向排列，通过改变电纺溶液中 Au 纳米棒的浓度，可以改变纳米棒间的距离，进而调控所制备的电纺薄膜的光学响应性。与 Au 纳米棒水溶液及涂布膜相比，拥有相同浓度 Au 纳米棒的静电纺丝膜有更宽的吸收带，并且 LPB（纵向等离子体共振波长）红移，这是由聚合物基质中 Au 纳米棒之间肩对肩和头对头排列的等离子体耦合效应引起的。为了充分利用 Au 纳米棒的光热效应，通过静电纺丝技术，他们还制备了 Au 纳米棒与热敏聚合物［聚 N-异丙基丙烯酰胺（PNIPAM）］复合的纳米纤维，由于 Au/PNIPAM 电纺纤维的高比表面积和纤维间的孔隙有利于水分子的进出，所制备的复合凝胶对光/热具有快速响应性，在 1 s 内即可使膜温由室温升到 34.5℃，5 s 内升到 60℃。随后，他们还研制了 Au/PNIPAM 复合凝胶，并构筑了一种新型的光控电开关，其具有高稳定性、快速响应性及耐酸碱等优点[308]。除了 Ag 纳米颗粒和 Au 纳米棒等低长径比的纳米结构单元外，具有高长径比的 Ag 纳米线-Au 纳米棒组装体[309]［图 5.69（a）、（b）］和 Ag 纳米线[310]［图 5.69（c）、（d）］也可以被成功电纺，证明了静电纺丝技术对高长径比材料同样具有组装效应。特别是通过磁场辅助的静电纺丝技术，可实现电纺纤维在收集屏上的平行排列，从而实现了 Ag 纳米线在整个电纺纤维膜内的有序排列。实验结果表明，与相应的涂布膜相比，具有相同量的 Au 纳米棒-Ag 纳米线组装体的电纺膜表现出更强的表面拉曼增强效应及更好的稳定性，证明了静电纺丝的组装效应对复合材料性能的促进作用。

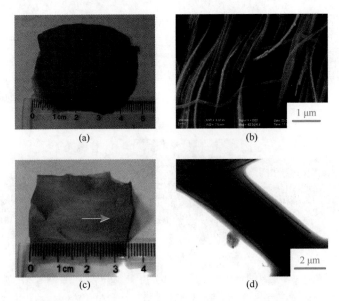

图 5.69　（a）、（b）Au/Ag/PVA 复合纳米纤维薄膜[309]；（c）、（d）Ag/PVA 复合纳米纤维薄膜[310]

（c）图中箭头所指方向为电纺纤维的排列方向

　　除了直接纺丝法，还可通过对电纺纤维进行后处理的方式间接制备复合材料，如表面处理、水热、气-固反应及煅烧等[87, 311]。根据后处理的方式不同，纳米颗粒可形成于纤维表面或者内部。例如，最近吉林大学王策等通过静电纺丝和无电沉积工艺，制备出了自支撑、轻质、柔性的聚丙烯腈（PAN）纤维/金属纳米颗粒（MNP）复合薄膜[312]。所制备的 PAN 纤维膜具有 3D 网络结构，后处理后纤维直径略微增加，表面仍然是光滑的［图 5.70（a）、（b）］。由于 MNP 的高导电性和复合膜的多孔结构，

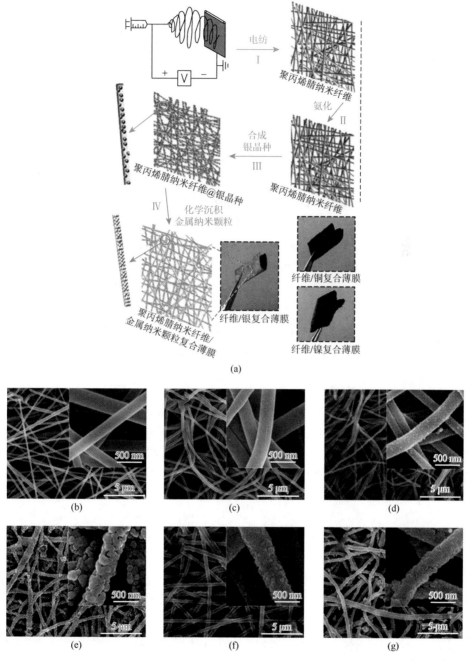

图 5.70　（a）PAN/MNP 复合纳米纤维的制备示意图；（b）静电纺丝制备的 PAN 纳米纤维的 SEM 照片；（c）交联的 PAN 纳米纤维的 SEM 照片；（d）Ag 晶种的 SEM 照片；（e）Ag 纳米颗粒的 SEM 照片；（f）Cu 纳米颗粒的 SEM 照片；（g）Ni 纳米颗粒和交联的 PAN 纳米纤维复合结构的 SEM 照片[312]

PAN/MNP 复合膜表现出优异的电磁干扰屏蔽能力，优于纯金属和大多数合成电磁干扰屏蔽材料，在智能便携式和可穿戴电子设备中具有潜在的应用前景。哈尔滨工业大学冷劲松等通过将静电纺丝技术与化学气相聚合相结合，将形状记忆型聚合物聚乳酸（PLA）和导电型聚合物聚吡咯（PPy）相复合，成功制备了一种新型的导电型形状记忆复合纤维膜，在治疗心脏病的组织工程和再生医学等生物医学领域具有潜在的应用[313]。金属有机框架（MOF）是一种金属-有机配合物，通过电纺其前驱体或者纳米颗粒，然后将所制备的复合纤维在惰性气体下进行高温煅烧，即可制备出具有高比表面积和多活性位点的复合碳纤维，近年来 MOF 衍生的碳材料在电催化、锂离子电池和超级电容器等能源领域成为研究热点。美国阿贡国家实验室 Di-Jia Liu 等通过电纺 Fe 化合物和 MOF 颗粒，然后通过惰性气体中煅烧，成功制备出了 Fe/N 掺杂的多孔碳纤维，由于具有网络结构和微孔结构，所制备掺杂多孔碳纤维具有高催化活性和稳定性[314]。新加坡南洋理工大学楼雄文等通过电纺含有乙酸钴的 PAN 纤维，然后将电纺膜在 2-甲基咪唑溶液中浸泡，使纤维中的钴离子与 2-甲基咪唑反应，在纤维表面形成 ZIF-67 纳米颗粒层，并进一步在 DMF 溶液中浸泡刻蚀掉 PAN，形成 ZIF-67 中空管。最后通过煅烧，将 ZIF-67 转化为 Co_3O_4/N 掺杂的碳纳米管。由于其独特的结构和组分特性，所制备的复合材料在被用作锂离子电池的阳极材料时表现出高容量和高稳定性[315]。

3. 层层自组装技术

层层自组装技术是一种制备多层复合功能薄膜简单而通用的方法[293, 316]。在传统的浸入式层层自组装过程中，基体交替浸入带有相反电荷的聚合物电解质水溶液中，溶液中的聚合物电解质通过静电相互作用吸附或扩散到基体的表面，并在基体表面发生重排，形成层层自组装的聚合物复合薄膜。这些扩散、吸附和重排过程需要几分钟到几十分钟或者更长时间完成，其快慢主要依赖于聚合物电解质分子的尺寸、电荷和迁移率。在过去几十年中，研究者发展了多种层层自组装技术，如旋涂式层层自组装、喷涂式层层自组装、电磁式层层自组装、流体式层层自组装等[316]。同时，他们发现除了静电吸附外，其他的相互作用也适用于层层自组装技术，如氢键、共价键、生物识别作用和亲疏水相互作用等。基于这些相互作用，层层自组装技术的组装对象可以拓展到各种材料，如生物大分子、纳米颗粒、纳米管、纳米线、纳米片、无机团簇、有机染料、树状高分子、卟啉类化合物、多肽、核酸、蛋白质、病毒等。相比于其他自组装技术，层层自组装技术具有工艺简单、通用性强、操作简单等特点，同时它允许在分子水平上对复合薄膜的组分和结构进行精确调控，因此其具有良好的应用价值。

自然材料在进化的过程中形成了精巧的分等级结构设计，这种结构设计使它们的性质远超过直接将有机物和无机物简单混合制得的复合材料。例如，珍珠母大部分是由无机矿物和一小部分的生物高分子组成，这两类物质都很脆弱，但是珍珠母却表现出优异的力学性能，其"砖-泥"层状结构对其力学性能的增强起到了关键作用。层层自组装技术是目前大规模制备类珍珠母分等级结构仿生薄膜最简单和有效的手段之一[317]。中国科学技术大学俞书宏等[318]以珍珠母层状结构为模型，通过界面组装和旋涂层层组装的方法得到了一系列的以层状双金属氢氧化物微米板块作为无机组装单元的高强、透光的类珍珠母结构的功能性复合薄膜（图 5.71）。他们首先以 1000 r/min 的速率在玻璃基底上旋涂了一层厚度均匀的壳聚糖单层，然后在水气界面上形成了一层致密的层状双金属氢氧化物单层薄膜，再将该单层薄膜转移到覆盖有壳聚糖的基底上。将以上的过程重复 10～20 次之后，便可以得到包含 10～20 层无机纳米片层的仿生纳米复合薄膜（面积为 6.25 cm^2）。

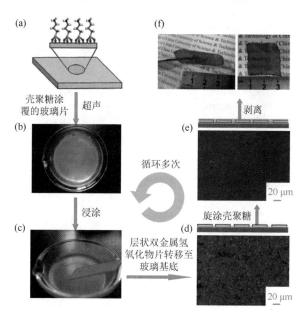

图 5.71　层状双金属氢氧化物/壳聚糖复合薄膜的制备过程及其电子照片[318]

此外，层层自组装也可用于在纳米颗粒的表面修饰功能组分，从而形成功能组分复合涂层包覆的核壳复合结构。在该过程中，纳米颗粒通过静电吸引在其表面吸附特定的聚合电解质后，需要通过离心纯化过程来去除溶液中多余的聚合物电解质，然后才可吸附另一种带有相反电荷的功能组分，接着重复该"吸附-离心纯化"过程在纳米颗粒的表面层层组装功能组分。但是，离心纯化的过程往往比较耗时，同时也会引起纳米颗粒不可逆的团聚，在一定程度上限制了材料的大规模制备。为了克服这些困难，Hammond 等[319]将切向流过滤技术引入该过程中，通过"吸附-洗涤"循环过程来在纳米颗粒的表面层层组装功能组分，以有利于材料的大规模制备（图 5.72）。他们首先将含有纳米颗粒和聚合物电解质的溶液通过蠕动泵输送至过滤系统，再根据聚合物电解质的电荷选择合适的过滤通道。当纳米颗粒经过过滤膜时，溶液中多余的聚合物电解质将通过过滤膜从溶液中去除，而较大的纳米颗粒却被截留在溶液中并进行下一次循环过滤，经过多次循环即可得到纯化的纳米颗粒溶液，然后再在纳米颗粒的表面吸附另一种带有相反电荷的功能组分，接着重复该"吸附-洗涤"过程即可得到包覆功能组分复合涂层的纳米颗粒复合材料，并实现复合材料的宏量制备。

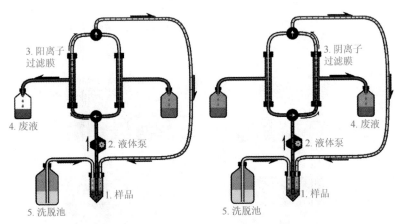

图 5.72　纳米颗粒/聚合物电解质溶液循环纯化过程示意图[319]

5.5.3　非连续式宏量制备纳米复合材料

非连续式宏量制备纳米复合材料的方法主要依赖于提高反应物的浓度（增加反应物的用量）或反应体系的体积来实现单次制备过程产出的提高。相比于其他制备方法，由于球磨法和水热法自身的特点，它们可以通过上述的方式实现纳米复合材料的非连续式宏量制备。

球磨法也称机械球磨或高能机械球磨法[320]，主要在球磨机中利用研磨介质之间的挤压力与剪切力来粉碎物料，以产生纳米粉体材料，其产出主要依赖球磨罐的体积和投放的物料的用量，是纳米材料宏量制备的有效手段之一。如果在球磨过程中加入两种或两种以上的材料，在剧烈球磨过程中这些材料之间会发生物理或化学相互作用，最终形成特定的纳米复合材料。例如，艾新平等[321]通过两次球磨法制备了 $FeSi_2/Si@C$ 纳米复合材料。首先，他们将质量比为 3∶1 的硅粉和铁粉进行球磨 10 h，得到 $FeSi_2/Si$ 复合纳米材料，然后再加入石墨粉进行二次球磨 2 h，最后得到 $FeSi_2/Si@C$ 纳米复合材料。Badi 等[322]则通过球磨法成功制备了碳-硅纳米复合材料，其可作为低成本的锂离子电池的负极材料。此外也可以将球磨法和其他制备方法结合在一起制备纳米复合材料。张猛等[323]通过结合球磨法和高温处理法大规模制备了 SiC@SiO$_2$ 纳米线（图 5.73）。他们首先将石墨、硅粉和硝酸镍进行机械球磨，然后将得到的混合物于 1400℃进行高温处理，即可得到 SiC@SiO$_2$ 纳米线，单次产出约为 27.2 g。

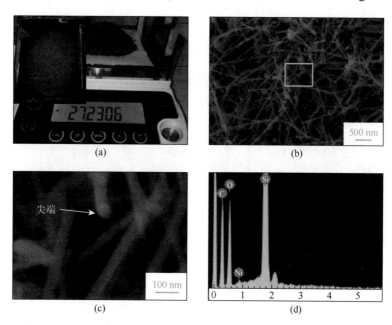

图 5.73　单次产出 SiC@SiO$_2$ 复合纳米线[323]

（a）电子照片；（b）、（c）SEM 照片；（d）能谱图

水热法是在特制的密闭反应容器（高压釜）中，采用水作为反应介质，通过对反应容器加热，使得反应容器内部产生一个高温、高压的反应环境，从而触发反应物质发生化学反应，形成纳米微粒。水热法是制备纳米材料和纳米复合材料最主要的方法之一，其实现宏量制备的方法有两种：增大反应体积和提高反应物的浓度。俞书宏等[104]以碲（Te）纳米线为模板通过水热碳化制备了 Te@C 复合纤维的宏观尺度的三维凝胶，该模板指引水热碳化过程非常容易进行放大。只要按比例扩大反应釜体积、反应物投入量（葡萄糖和 Te 纳米线）以及溶剂体积（水），在相同水热碳化温度下，经相同反应时间可得到类似尺寸的碳纳米纤维，基于此，他们将反应体积由最初的 30 mL 逐步放大至 12 L。但是，很多水热制备过程在直接体积放大的过程中，整个反应体系的传热和传质会发生较大的变化，从而在体系内部形成较大的浓度差或温度差，这往往会导致反应的失败。在保持反应体积为实验室量级的前提下，利用高浓度的前驱体溶液来提高产出是实现水热法宏量制备复合纳米材料的另一种方式。鉴于此，孙永福等[324]通过水热法成功合成了克量级的 V$_2$O$_3$ 基有机无机杂化纳米棒,该杂化材料具有多层结构,由厚度为 0.65 nm

的 V_2O_3 纳米片和苯乙酸有机分子层交替组成，单次反应溶液为 80 mL，产出约为 1.43 g（图 5.74）。Singh 等[325]也通过水热法在克量级成功制备了 $Ni(OH)_2$-还原石墨烯复合纳米材料，单次 $NiCl_2 \cdot 6H_2O$ 的投入量为 11.9 g，从而确保了最后的高产出（约为 6.2 g）。

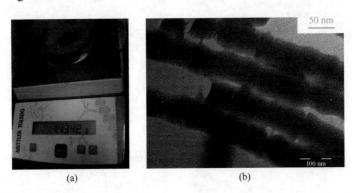

图 5.74　单次产出 V_2O_3 基有机无机杂化纳米棒[324]

(a) 电子照片；(b) 透射照片

　　除了球磨法和水热法，其他一些合成/制备方法也可用于纳米复合材料非连续式的宏量制备。例如，Choi 等[326]结合化学刻蚀和高温处理两种手段，以商业硅球（直径 5 μm）和甲苯为原料，在百克量级制备了具有双连续纳米结构的 Si@C 纳米复合材料。Kim 等[327]以乙酸锂、乙酸铁和四甘醇为原料，通过低成本的燃烧法在克量级制备了 $LiFePO_4@C$ 纳米复合材料。Song 等[328]首先以乙酰丙酮钴（1.5 g）为原料通过油相合成制备了 CoO 纳米颗粒，然后以其为模板制备出了克量级的 $CoO@SiO_2$ 核壳结构和 $Co@SiO_2$ 蛋黄结构的纳米复合材料。

5.6　低维纳米材料宏量制备的展望

　　纳米材料在生活中发挥着越来越重要的作用，而纳米材料的宏量制备是实现纳米材料广泛应用的前提。本章综述了近年来国内外在低维纳米材料的宏量制备方面取得的进展。在过去的几十年里，科学家们开发了化学气相沉积法、水热法、微波法、热解法、模板法、还原法等技术来实现低维纳米材料的可控制备。可喜的是，碳纳米管、石墨烯、碳纳米纤维等碳纳米材料已经实现了千克级的宏量制备；CdSe 量子点、Te 纳米线等半导体纳米材料已实现了亚千克级的宏量制备；模板法、微流控技术、还原法的发展具有实现贵金属纳米材料与纳米复合材料的宏量制备的潜力[1]。纳米材料实现产业化，从实验室走向工业生产的过程中，大部分纳米材料的宏量制备依然面临巨大的挑战：①如何在确保纳米材料的尺寸、形貌、结构、组成、晶型、分散性、均一性与稳定性不变的前提下发展纳米材料的低成本的可控宏量制备技术；②探究纳米材料的放大制备过程的基础理论和关键影响因素，建立宏观反应容器的热量、质量、动量输运与微观尺度上的纳米材料的形貌、结构和尺寸的相互关系和相互作用规律；③面向市场应用需求，探索和建立纳米结构材料的规模化、简单、温和与有效的可控宏量制备方法。面对以上挑战，为了实现纳米材料的宏量制备，科学家们一直在做出各种努力，对纳米材料的成核、生长机理、反应动力学、反应器设计等进行了详细全面的研究，这些研究无疑将对实现纳米材料的宏量制备具有重要的指导作用，同时必将为纳米材料进一步实现产业化提供坚实的理论基础和技术支撑。

参 考 文 献

[1] 中国科学院. 科学发展报告. 北京：科学出版社，2013：127-130.

[2] Jana N R，Peng X. Single-phase and gram-scale routes toward nearly monodisperse Au and other noble metal nanocrystals. Journal of the American Chemical Society，2003，125（47）：14280-14281.

[3] Park J，An K，Hwang Y，et al. Ultra-large-scale syntheses of monodisperse nanocrystals. Nature Materials，2004，3（12）：891-895.

[4] Williamson C B，Nevers D R，Hanrath T，et al. Prodigious effects of concentration intensification on nanoparticle synthesis: a high-quality, scalable approach. Journal of the American Chemical Society, 2015, 137(50): 15843-15851.

[5] Fan F J，Wang Y X，Liu X J，et al. Large-scale colloidal synthesis of non-stoichiometric $Cu_2ZnSnSe_4$ nanocrystals for thermoelectric applications. Advanced Materials，2012，24（46）：6158-6163.

[6] Shavel A，Cadavid D，Ibanez M，et al. Continuous production of Cu_2ZnSnS_4 nanocrystals in a flow reactor. Journal of the American Chemical Society，2012，134（3）：1438-1441.

[7] Zhang L，Niu G，Lu N，et al. Continuous and scalable production of well-controlled noble-metal nanocrystals in milliliter-sized droplet reactors. Nano Letters，2014，14（11）：6626-6631.

[8] Yamada T，Hayamizu Y，Yamamoto Y，et al. A stretchable carbon nanotube strain sensor for human-motion detection. Nature Nanotechnology，2011，6（5）：296-301.

[9] Xu M，Futaba D N，Yamada T，et al. Carbon nanotubes with temperature-invariant viscoelasticity from −196℃ to 1000℃. Science，2010，330（6009）：1364-1368.

[10] Futaba D N，Hata K，Yamada T，et al. Shape-engineerable and highly densely packed single-walled carbon nanotubes and their application as super-capacitor electrodes. Nature Materials，2006，5（12）：987-994.

[11] Hayamizu Y，Yamada T，Mizuno K，et al. Integrated three-dimensional microelectromechanical devices from processable carbon nanotube wafers. Nature Nanotechnology，2008，3（5）：289-294.

[12] Hata K，Futaba D N，Mizuno K，et al. Water-assisted highly efficient synthesis of impurity-free single-walled carbon nanotubes. Science，2004，306（5700）：1362-1364.

[13] Jiang K，Li Q，Fan S. Nanotechnology: Spinning continuous carbon nanotube yarns. Nature，2002，419（6909）：801-801.

[14] Jiang K，Wang J，Li Q，et al. Superaligned carbon nanotube arrays，films，and yarns: a road to applications. Advanced Materials，2011，23（9）：1154-1161.

[15] Zhang R，Ning Z，Zhang Y，et al. Superlubricity in centimetres-long double-walled carbon nanotubes under ambient conditions. Nature Nanotechnology，2013，8（12）：912-916.

[16] Zhang R，Ning Z，Xu Z，et al. Interwall friction and sliding behavior of centimeters long double-walled carbon nanotubes. Nano Letters，2016，16（2）：1367-1374.

[17] Zhang R，Zhang Y，Zhang Q，et al. Optical visualization of individual ultralong carbon nanotubes by chemical vapour deposition of titanium dioxide nanoparticles. Nature Communications，2013，4：1727.

[18] Zhang Q，Huang J Q，Zhao M Q，et al. Carbon nanotube mass production: principles and processes. ChemSusChem，2011，4（7）：864-889.

[19] Yang C，Gu H，Lin W，et al. Silver nanowires: from scalable synthesis to recyclable foldable electronics. Advanced Materials，2011，23（27）：3052-3056.

[20] Sun Y，Xia Y. Large-scale synthesis of uniform silver nanowires through a soft，self-seeding，polyol process. Advanced Materials，2002，14（11）：833-837.

[21] Li S，Chen Y，Huang L，et al. Large-scale synthesis of well-dispersed copper nanowires in an electric pressure cooker and their application in transparent and conductive networks. Inorganic Chemistry，2014，53（9）：4440-4444.

[22] Rathmell A R，Bergin S M，Hua Y L，et al. The growth mechanism of copper nanowires and their properties in flexible，transparent conducting films. Advanced Materials，2010，22（32）：3558-3563.

[23] Wang K，Yang Y，Liang H W，et al. First sub-kilogram-scale synthesis of high quality ultrathin tellurium nanowires. Materials Horizons，2014，1（3）：338-343.

[24] Liu B，Chen H M，Liu C，et al. Large-scale synthesis of transition-metal-doped TiO_2 nanowires with controllable overpotential. Journal of the American Chemical Society，2013，135（27）：9995-9998.

[25] Cademartiri L，Malakooti R，O'Brien P G，et al. Large-scale synthesis of ultrathin Bi_2S_3 necklace nanowires. Angewandte Chemie International Edition，2008，47（20）：3814-3817.

[26] Heurlin M，Magnusson M H，Lindgren D，et al. Continuous gas-phase synthesis of nanowires with tunable properties. Nature，2012，492（7427）：90-94.

[27] Hamilton C E，Lomeda J R，Sun Z，et al. High-yield organic dispersions of unfunctionalized graphene. Nano Letters，2009，9（10）：3460-3462.

[28] Blake P，Brimicombe P D，Nair R R，et al. Graphene-based liquid crystal device. Nano Letters，2008，8（6）：1704-1708.

[29] Novoselov K，Jiang D，Schedin F，et al. Two-dimensional atomic crystals. Proceedings of the National Academy of Sciences，2005，102（30）：10451-10453.

[30] Somani P R，Somani S P，Umeno M. Planer nano-graphenes from camphor by CVD. Chemical Physics Letters，2006，430（1）：56-59.

[31] Deng B，Hsu P C，Chen G，et al. Roll-to-roll encapsulation of metal nanowires between graphene and plastic substrate for high-performance flexible transparent electrodes. Nano Letters，2015，15（6）：4206-4213.

[32] Zheng W，Xie T，Zhou Y，et al. Patterning two-dimensional chalcogenide crystals of Bi_2Se_3 and In_2Se_3 and efficient photodetectors. Nature Communications，2015，6：6972.

[33] Zhang C，Zhao S，Jin C，et al. Direct growth of large-area graphene and boron nitride heterostructures by a co-segregation method. Nature Communications，2015，6：6519.

[34] Yan K，Wu D，Peng H，et al. Modulation-doped growth of mosaic graphene with single-crystalline p-n junctions for efficient photocurrent generation. Nature Communications，2012，3：1280.

[35] Zhao J，Pei S，Ren W，et al. Efficient preparation of large-area graphene oxide sheets for transparent conductive films. ACS Nano，2010，4（9）：5245-5252.

[36] Paton K R，Varrla E，Backes C，et al. Scalable production of large quantities of defect-free few-layer graphene by shear exfoliation in liquids. Nature Materials，2014，13（6）：624-630.

[37] Hernandez Y，Nicolosi V，Lotya M，et al. High-yield production of graphene by liquid-phase exfoliation of graphite. Nature Nanotechnology，2008，3（9）：563-568.

[38] Hinnemann B，Moses P，Bonde J，et al. Biomimetic hydrogen evolution：MoS_2 nanoparticles as catalyst for hydrogen evolution. Journal of the American Chemical Society，2005，127（15）：5308-5309.

[39] Zou X，Zhang Y. Noble metal-free hydrogen evolution catalysts for water splitting. Chemical Society Reviews，2015，44（15）：5148-5180.

[40] Gao M R，Liang J X，Zheng Y R，et al. An efficient molybdenum disulfide/cobalt diselenide hybrid catalyst for electrochemical hydrogen generation. Nature Communications，2015，6：5982.

[41] Liang H，Meng F，Cabanacevedo M，et al. Flow synthesis and exfoliation of NiCo layered double hydroxide nanosheets for enhanced oxygen evolution catalysis. Nano Letters，2015，15（2）：1421-1427.

[42] Zhang B，Zheng X，Voznyy O，et al. Homogeneously dispersed multimetal oxygen-evolving catalysts. Science，2016，352（6283）：333-337.

[43] 吴振禹. 功能化碳纳米纤维材料的宏量制备及其性能研究. 合肥：中国科学技术大学，2016.

[44] Kroto H W，Heath J R，O'Brien S C，et al. C_{60}：buckminsterfullerene. Nature，1985，318（6042）：162-163.

[45] Iijima S. Helical microtubules of graphitic carbon. Nature，1991，354（6348）：56-58.

[46] Boehm H，Clauss A，Fischer G，et al. Thin carbon leaves. Z Naturforsch，1962，17：150-153.

[47] Novoselov K S，Geim A K，Morozov S V，et al. Electric field effect in atomically thin carbon films. Science，2004，306（5696）：666-669.

[48] Georgakilas V，Perman J A，Tucek J，et al. Broad family of carbon nanoallotropes：classification，chemistry，and applications of fullerenes，carbon dots，nanotubes，graphene，nanodiamonds，and combined superstructures. Chemical Reviews，2015，115（11）：4744-4822.

[49] Xu X，Ray R，Gu Y，et al. Electrophoretic analysis and purification of fluorescent single-walled carbon nanotube fragments. Journal of the American Chemical Society，2004，126（40）：12736-12737.

[50] Rao H B，Liu W，Lu Z W，et al. Silica-coated carbon dots conjugated to CdTe quantum dots：a ratiometric fluorescent probe for copper（Ⅱ）. Microchimica Acta，2016，183（2）：581-588.

[51] Yang S W，Sun J，Li X B，et al. Large-scale fabrication of heavy doped carbon quantum dots with tunable-photoluminescence and sensitive fluorescence detection. Journal of Materials Chemistry A，2014，2（23）：8660-8667.

[52] Qiao Z A，Wang Y，Gao Y，et al. Commercially activated carbon as the source for producing multicolor photoluminescent carbon dots by chemical oxidation. Chemical Communications，2010，46（46）：8812-8814.

[53] Sahu S，Behera B，Maiti T K，et al. Simple one-step synthesis of highly luminescent carbon dots from orange juice：application as excellent bio-imaging agents. Chemical Communications，2012，48（70）：8835-8837.

[54] Zhang J，Yuan Y，Liang G，et al. Scale-up synthesis of fragrant nitrogen-doped carbon dots from bee pollens for bioimaging and catalysis. Advanced Science，2015，2（4）：1500002.

[55] Hou J，Yan J，Zhao Q，et al. A novel one-pot route for large-scale preparation of highly photoluminescent carbon quantum dots powders. Nanoscale，2013，5（20）：9558-9561.

[56] Wang J，Peng F，Lu Y M，et al. Large-scale green synthesis of fluorescent carbon nanodots and their use in optics

applications. Advanced Optical Materials，2015，3（1）：103-111.

[57] Yang Y，Lin X，Li W，et al. One-pot large-scale synthesis of carbon quantum dots：efficient cathode interlayers for polymer solar cells. ACS Applied Materials & Interfaces，2017，9（17）：14953-14959.

[58] Dang H，Huang L K，Zhang Y，et al. Large-scale ultrasonic fabrication of white fluorescent carbon dots. Industrial & Engineering Chemistry Research，2016，55（18）：5335-5341.

[59] Lu L，Zhu Y，Shi C，et al. Large-scale synthesis of defect-selective graphene quantum dots by ultrasonic-assisted liquid-phase exfoliation. Carbon，2016，109：373-383.

[60] Zhou J，Booker C，Li R，et al. An electrochemical avenue to blue luminescent nanocrystals from multiwalled carbon nanotubes（MWCNTs）. Journal of the American Chemical Society，2007，129（4）：744-745.

[61] Iijima S，Ichihashi T. Single-shell carbon nanotubes of 1-nm diameter. Nature，1993，363（6430）：603-605.

[62] Moisala A，Nasibulin A G，Kauppinen E I. The role of metal nanoparticles in the catalytic production of single-walled carbon nanotubes—A review. Journal of Physics：Condensed Matter，2003，15（42）：S3011-S3035.

[63] Guo T，Nikolaev P，Thess A，et al. Catalytic growth of single-walled manotubes by laser vaporization. Chemical Physics Letters，1995，243（1-2）：49-54.

[64] Kucukayan G，Ovali R，Ilday S，et al. An experimental and theoretical examination of the effect of sulfur on the pyrolytically grown carbon nanotubes from sucrose-based solid state precursors. Carbon，2011，49（2）：508-517.

[65] Du G，Song C，Zhao J，et al. Solid-phase transformation of glass-like carbon nanoparticles into nanotubes and the related mechanism. Carbon，2008，46（1）：92-98.

[66] Ebbesen T W，Ajayan P M. Large-scale synthesis of carbon nanotubes. Nature，1992，358（6383）：220-222.

[67] Guo T，Nikolaev P，Rinzler A G，et al. Self-assembly of tubular fullerenes. The Journal of Physical Chemistry，1995，99（27）：10694-10697.

[68] JoséYacamán M，Mikiyoshida M，Rendón L，et al. Catalytic growth of carbon microtubules with fullerene structure. Applied Physics Letters，1993，62（6）：657-659.

[69] Hao Y，Zhang Q F，Wei F，et al. Agglomerated CNTs synthesized in a fluidized bed reactor: Agglomerate structure and formation mechanism. Carbon，2003，41（14）：2855-2863.

[70] Liu Y，Qian W Z，Zhang Q，et al. Hierarchical agglomerates of carbon nanotubes as high-pressure cushions. Nano Letters，2008，8（5）：1323-1327.

[71] Thess A，Lee R，Nikolaev P，et al. Crystalline ropes of metallic carbon nanotubes. Science，1996，273（5274）：483-487.

[72] Nikolaev P，Bronikowski M J，Bradley R K，et al. Gas-phase catalytic growth of single-walled carbon nanotubes from carbon monoxide. Chemical Physics Letters，1999，313（1/2）：91-97.

[73] Li W Z，Xie S S，Qian L X，et al. Large-scale synthesis of aligned carbon nanotubes. Science，1996，274（5293）：1701-1703.

[74] Terrones M，Grobert N，Olivares J，et al. Controlled production of aligned-nanotube bundles. Nature，1997，388（6637）：52-55.

[75] Ren Z F，Huang Z P，Xu J W，et al. Synthesis of large arrays of well-aligned carbon nanotubes on glass. Science，1998，282（5391）：1105-1107.

[76] Huang S M，Woodson M，Smalley R，et al. Growth mechanism of oriented long single walled carbon nanotubes using "fast-heating" chemical vapor deposition process. Nano Letters，2004，4（6）：1025-1028.

[77] He M S，Duan X J，Wang X，et al. Iron catalysts reactivation for efficient CVD growth of SWNT with base-growth mode on surface. The Journal of Physical Chemistry B，2004，108（34）：12665-12668.

[78]　Wang B, Ma Y F, Wu Y P, et al. Direct and large scale electric arc discharge synthesis of boron and nitrogen doped single-walled carbon nanotubes and their electronic properties. Carbon，2009，47（8）：2112-2115.

[79]　Xu E Y, Wei J Q, Wang K L, et al. Doped carbon nanotube array with a gradient of nitrogen concentration. Carbon，2010，48（11）：3097-3102.

[80]　Xue R L, Sun Z P, Su L H, et al. Large-scale synthesis of nitrogen-doped carbon nanotubes by chemical vapor deposition using a co-based catalyst from layered double hydroxides. Catalysis Letters，2010，135（3/4）：312-320.

[81]　Zhang Q, Zhao M Q, Huang J Q, et al. Comparison of vertically aligned carbon nanotube array intercalated production among vermiculites in fixed and fluidized bed reactors. Powder Technology，2010，198（2）：285-291.

[82]　Frank E, Steudle L M, Ingildeev D, et al. Carbon fibers: precursor systems, processing, structure, and properties. Angewandte Chemie International Edition，2014，53（21）：5262-5298.

[83]　Tibbetts G G, Gorkiewicz D W, Alig R L. A new reactor for growing carbon fibers from liquid-and vapor-phase hydrocarbons. Carbon，1993，31（5）：809-814.

[84]　Ishioka M, Okada T, Matsubara K. Formation and characteristics of vapor grown carbon fibers prepared in Linz-Donawitz converter gas. Carbon，1992，30（7）：975-979.

[85]　成会明. 纳米碳管制备、结构、物性及应用. 北京：化学工业材料科学与工程出版中心，2002.

[86]　李恩重，杨大祥，郭伟玲，等. 碳纳米纤维的制备及其复合材料在军工领域的应用. 材料导报，2011，（S2）：188-192.

[87]　Zhang C L, Yu S H. Nanoparticles meet electrospinning: recent advances and future prospects. Chemical Society Reviews，2014，43（13）：4423-4448.

[88]　Wang Y, Santiagoavilés J J. Large negative magnetoresistance and two-dimensional weak localization in carbon nanofiber fabricated using electrospinning. Journal of Applied Physics，2003，94（3）：1721-1727.

[89]　顾书英，吴琪琳，任杰. 纳米碳纤维的制备及其表面结构分析. 功能材料，2004，35（z1）：2842-2846.

[90]　Chen Y, Fitz Gerald J, Chadderton L T, et al. Investigation of nanoporous carbon powders produced by high energy ball milling and formation of carbon nanotubes during subsequent annealing. Journal of Metastable and Nanocrystalline Materials，1999，2-6（6）：375-380.

[91]　Zhi L, Gorelik T, Friedlein R, et al. Solid-state pyrolyses of metal phthalocyanines: a simple approach towards nitrogen-doped CNTs and metal/carbon nanocables. Small，2005，1（8/9）：798-801.

[92]　Qian H S, Yu S H, Luo L B, et al. Synthesis of uniform Te@carbon-rich composite nanocables with photoluminescence properties and carbonaceous nanofibers by the hydrothermal carbonization of glucose. Chemistry of Materials，2006，18（8）：2102-2108.

[93]　Liang H W, Wang L, Chen P Y, et al. Carbonaceous nanofiber membranes for selective filtration and separation of nanoparticles. Advanced Materials，2010，22（42）：4691-4695.

[94]　Liang H W, Cao X, Zhang W J, et al. Robust and highly efficient free-standing carbonaceous nanofiber membranes for water purification. Advanced Functional Materials，2011，21（20）：3851-3858.

[95]　Wu Z Y, Li C, Liang H W, et al. Ultralight, flexible, and fire-resistant carbon nanofiber aerogels from bacterial cellulose. Angewandte Chemie International Edition，2013，52（10）：2925-2929.

[96]　Wan Y, Zuo G, Yu F, et al. Preparation and mineralization of three-dimensional carbon nanofibers from bacterial cellulose as potential scaffolds for bone tissue engineering. Surface & Coatings Technology，2011，205（8）：2938-2946.

[97]　Yoshino K, Matsuoka R, Nogami K, et al. Graphite film prepared by pyrolysis of bacterial cellulose. Journal of Applied Physics，1990，68（4）：1720-1725.

[98] Liang H W, Guan Q F, Zhu Z, et al. Highly conductive and stretchable conductors fabricated from bacterial cellulose. NPG Asia Materials, 2012, 4: e19.

[99] Inagaki M, Yang Y, Kang F. Carbon nanofibers prepared via electrospinning. Advanced Materials, 2012, 24 (19): 2547-2566.

[100] Melechko A V, Merkulov V I, McKnight T E, et al. Vertically aligned carbon nanofibers and related structures: controlled synthesis and directed assembly. Journal of Applied Physics, 2005, 97: 041301.

[101] Wu Z Y, Liang H W, Hu B C, et al. Emerging carbon-nanofiber aerogels: Chemosynthesis versus biosynthesis. Angewandte Chemie International Edition, 2018, 57 (48): 15646-15662.

[102] Wu Z Y, Liang H W, Chen L F, et al. Bacterial cellulose: A robust platform for design of three dimensional carbon-based functional nanomaterials. Accounts of Chemical Research, 2016, 49 (1): 96-105.

[103] Qian H S, Yu S H, Gong J Y, et al. High-quality luminescent tellurium nanowires of several nanometers in diameter and high aspect ratio synthesized by a poly (vinyl pyrrolidone) -assisted hydrothermal process. Langmuir, 2006, 22 (8): 3830-3835.

[104] Liang H W, Guan Q F, Chen L F, et al. Macroscopic-scale template synthesis of robust carbonaceous nanofiber hydrogels and aerogels and their applications. Angewandte Chemie International Edition, 2012, 51 (21): 5101-5105.

[105] Sun Y, Wu Z Y, Wang X, et al. Macroscopic and microscopic investigation of U (VI) and Eu (III) adsorption on carbonaceous nanofibers. Environmental Science & Technology, 2016, 50 (8): 4459-4467.

[106] Wu Z Y, Xu X X, Hu B C, et al. Iron carbide nanoparticles encapsulated in mesoporous Fe-N-doped carbon nanofibers for efficient electrocatalysis. Angewandte Chemie International Edition, 2015, 54 (28): 8179-8183.

[107] Hu B C, Wu Z Y, Chu S, et al. SiO_2-protected shell mediated templating synthesis of Fe-N-doped carbon nanofibers and their enhanced oxygen reduction reaction performance. Energy & Environmental Science, 2018, 11: 2208-2215.

[108] Wu Z Y, Ji W B, Hu B C, et al. Partially oxidized Ni nanoparticles supported on Ni-N co-doped carbon nanofibers as bifunctional electrocatalysts for overall water splitting. Nano Energy, 2018, 51: 286-293.

[109] Zhou F, Xin S, Liang H W, et al. Carbon nanofibers decorated with molybdenum disulfide nanosheets: Synergistic lithium storage and enhanced electrochemical performance. Angewandte Chemie International Edition, 2014, 53 (43): 11552-11556.

[110] Zhang G, Wu H B, Hoster H E, et al. Strongly coupled carbon nanofiber-metal oxide coaxial nanocables with enhanced lithium storage properties. Energy & Environmental Science, 2014, 7 (1): 302-305.

[111] Zhang G, Lou X W D. Controlled growth of $NiCo_2O_4$ nanorods and ultrathin nanosheets on carbon nanofibers for high-performance supercapacitors. Scientific Reports, 2013, 3: 1470.

[112] Zhang G, Yu L, Hoster H E, et al. Synthesis of one-dimensional hierarchical NiO hollow nanostructures with enhanced supercapacitive performance. Nanoscale, 2013, 5 (3): 877-881.

[113] Wang B, Li X, Luo B, et al. Pyrolyzed bacterial cellulose: a versatile support for lithium ion battery anode materials. Small, 2013, 9 (14): 2399-2404.

[114] Wu Z Y, Hu B C, Wu P, et al. Mo_2C nanoparticles embedded within bacterial cellulose-derived 3D N-doped carbon nanofiber networks for efficient hydrogen evolution. NPG Asia Materials, 2016, 8: e288.

[115] Ye T N, Lv L B, Xu M, et al. Hierarchical carbon nanopapers coupled with ultrathin MoS_2 nanosheets: Highly efficient large-area electrodes for hydrogen evolution. Nano Energy, 2015, 15: 335-342.

[116] Si-Cheng L, Bi-Cheng H, Yan-Wei D, et al. Wood-derived ultrathin carbon nanofiber aerogels. Angewandte Chemie International Edition, 2018, 57 (24): 7085-7090.

[117] Wang J L，Liu J W，Lu B Z，et al. Recycling nanowire templates for multiplex templating synthesis：a green and sustainable strategy. Chemistry：A European Journal，2015，21（13）：4935-4939.

[118] Geim A K，Novoselov K S. The rise of graphene. Nature Materials，2007，6：183-191.

[119] Meyer J C，Geim A K，Katsnelson M I，et al. The structure of suspended graphene sheets. Nature，2007，446（7131）：60-63.

[120] Jeon I Y，Choi H J，Jung S M，et al. Large-scale production of edge-selectively functionalized graphene nanoplatelets via ball milling and their use as metal-free electrocatalysts for oxygen reduction reaction. Journal of the American Chemical Society，2013，135（4）：1386-1393.

[121] Peng L，Xu Z，Liu Z，et al. An iron-based green approach to 1-h production of single-layer graphene oxide. Nature Communications，2015，6：5716.

[122] Bai H，Li C，Shi G. Functional composite materials based on chemically converted graphene. Advanced Materials，2011，23（9）：1089-1115.

[123] Jiao L，Zhang L，Wang X，et al. Narrow graphene nanoribbons from carbon nanotubes. Nature，2009，458（7240）：877.

[124] Suemitsu M，Miyamoto Y，Handa H，et al. Graphene formation on a 3C-SiC（111）thin film grown on Si（110）substrate. E-Journal of Surface Science and Nanotechnology，2009，7：311-313.

[125] Mishra N，Boeckl J，Motta N，et al. Graphene growth on silicon carbide：A review. Physica Status Solidi（a），2016，213（9）：2277-2289.

[126] Li X，Cai W，An J，et al. Large-area synthesis of high-quality and uniform graphene films on copper foils. Science，2009，324（5932）：1312-1314.

[127] Kataria S，Wagner S，Ruhkopf J，et al. Chemical vapor deposited graphene：From synthesis to applications. Physica Status Solidi（a），2014，211（11）：2439-2449.

[128] Bae S，Kim H，Lee Y，et al. Roll-to-roll production of 30-inch graphene films for transparent electrodes. Nature Nanotechnology，2010，5（8）：574-578.

[129] Cai J，Ruffieux P，Jaafar R，et al. Atomically precise bottom-up fabrication of graphene nanoribbons. Nature，2010，466（7305）：470-473.

[130] Narita A，Wang X Y，Feng X，et al. New advances in nanographene chemistry. Chemical Society Reviews，2015，44（18）：6616-6643.

[131] Zhu Y，Ji H，Cheng H M，et al. Mass production and industrial applications of graphene materials. National Science Review，2017，5（1）：90-101.

[132] Yin Y，Alivisatos A P. Colloidal nanocrystal synthesis and the organic-inorganic interface. Nature，2004，437（7059）：664-670.

[133] Talapin D V，Lee J S，Kovalenko M V，et al. Prospects of colloidal nanocrystals for electronic and optoelectronic applications. Chemical Reviews，2010，110（1）：389-458.

[134] Zhuang Z，Peng Q，Li Y. Controlled synthesis of semiconductor nanostructures in the liquid phase. Chemical Society Reviews，2011，40（11）：5492-5513.

[135] Dasgupta N P，Sun J，Liu C，et al. 25th anniversary article：semiconductor nanowires-synthesis，characterization，and applications. Advanced Materials，2014，26（14）：2137-2184.

[136] Liu Y，Goebl J，Yin Y. Templated synthesis of nanostructured materials. Chemical Society Reviews，2013，42（7）：2610-2653.

[137] Shi W，Song S，Zhang H. Hydrothermal synthetic strategies of inorganic semiconducting nanostructures. Chemical

Society Reviews，2013，42（13）：5714-5743.

[138] Jing L，Kershaw S V，Li Y，et al. Aqueous based semiconductor nanocrystals. Chemical Reviews，2016，116（18）：10623-10730.

[139] Pietryga J M，Park Y S，Lim J，et al. Spectroscopic and device aspects of nanocrystal quantum dots. Chemical Reviews，2016，116（18）：10513-10622.

[140] Ghorpade U，Suryawanshi M，Shin S W，et al. Towards environmentally benign approaches for the synthesis of CZTSSe nanocrystals by a hot injection method: a status review. Chemical Communications，2014，50（77）：11258-11273.

[141] Murray C B，Norris D J，Bawendi M G. Synthesis and characterization of nearly monodisperse CdE（E = sulfur，selenium，tellurium）semiconductor nanocrystallites. Journal of the American Chemical Society，1993，115（19）：8706-8715.

[142] Peng Z A，Peng X G. Formation of high-quality CdTe，CdSe，and CdS nanocrystals using CdO as precursor. Journal of the American Chemical Society，2001，123（1）：183-184.

[143] Kim J I，Lee J K. Sub-kilogram-scale one-pot synthesis of highly luminescent and monodisperse core/shell quantum dots by the successive injection of precursors. Advanced Functional Materials，2006，16（16）：2077-2082.

[144] Zhang J B，Gao J B，Miller E M，et al. Diffusion-controlled synthesis of PbS and PbSe quantum dots with in situ halide passivation for quantum dot solar cells. ACS Nano，2014，8（1）：614-622.

[145] Huang Z，Zhai G M，Zhang Z M，et al. Low cost and large scale synthesis of PbS quantum dots with hybrid surface passivation. CrystEngComm，2017，19（6）：946-951.

[146] Lian L，Xia Y，Zhang C，et al. In situ tuning the reactivity of selenium precursor to synthesize wide range size，ultralarge-scale，and ultrastable PbSe quantum dots. Chemistry of Materials，2018，30（3）：982-989.

[147] Zhang H，Hyun B R，Wise F W，et al. 2012. A generic method for rational scalable synthesis of monodisperse metal sulfide nanocrystals. Nano Letters，12（11）：5856-5860.

[148] Zhou B，Li M R，Wu Y H，et al. Monodisperse AgSbS$_2$ nanocrystals: size-control strategy，large-scale synthesis，and photoelectrochemistry. Chemistry: A European Journal，2015，21（31）：11143-11151.

[149] Zhou J，Yang Y，Zhang C Y. Toward biocompatible semiconductor quantum dots: from biosynthesis and bioconjugation to biomedical application. Chemical Reviews，2015，115（21）：11669-11717.

[150] Chen Y Y，Li S J，Huang L J，et al. Low-cost and gram-scale synthesis of water-soluble Cu-In-S/ZnS core/shell quantum dots in an electric pressure cooker. Nanoscale，2014，6（3）：1295-1298.

[151] Niu G，Ruditskiy A，Vara M，et al. Toward continuous and scalable production of colloidal nanocrystals by switching from batch to droplet reactors. Chemical Society Reviews，2015，44（16）：5806-5820.

[152] Kawa M，Morii H，Ioku A，et al. Large-scale production of CdSe nanocrystal by a continuous flow reactor. Journal of Nanoparticle Research，2003，5（1/2）：81-85.

[153] Peng X G，Manna L，Yang W D，et al. Shape control of CdSe nanocrystals. Nature，2000，404（6773）：59-61.

[154] Ippen C，Schneider B，Pries C，et al. Large-scale synthesis of high quality InP quantum dots in a continuous flow-reactor under supercritical conditions. Nanotechnology，2015，26（8）：085604.

[155] Lee J，Han C S. Large-scale synthesis of highly emissive and photostable CuInS$_2$/ZnS nanocrystals through hybrid flow reactor. Nanoscale Research Letters，2014，9（1）：78.

[156] Naughton M S，Kumar V，Bonita Y，et al. High temperature continuous flow synthesis of CdSe/CdS/ZnS，CdS/ZnS，and CdSeS/ZnS nanocrystals. Nanoscale，2015，7（38）：15895-15903.

[157] Nightingale A M，Krishnadasan S H，Berhanu D，et al. A stable droplet reactor for high temperature nanocrystal synthesis. Lab on a Chip，2011，11（7）：1221-1227.

[158] Pan J，El-Ballouli A O，Rollny L，et al. Automated synthesis of photovoltaic-quality colloidal quantum dots using separate nucleation and growth stages. ACS Nano，2013，7（11）：10158-10166.

[159] Nightingale A M，Bannock J H，Krishnadasan S H，et al. Large-scale synthesis of nanocrystals in a multichannel droplet reactor. Journal of Materials Chemistry A，2013，1（12）：4067-4076.

[160] Saldanha P L，Lesnyak V，Manna L. Large scale syntheses of colloidal nanomaterials. Nano Today，2017，12：46-63.

[161] Washington A L 2nd，Strouse G F. Microwave synthesis of CdSe and CdTe nanocrystals in nonabsorbing alkanes. Journal of the American Chemical Society，2008，130（28）：8916-8922.

[162] Liang H W，Liu S，Wu Q S，et al. An efficient templating approach for synthesis of highly uniform CdTe and PbTe nanowires. Inorganic Chemistry，2009，48（11）：4927-4933.

[163] Liu J W，Xu J，Liang H W，et al. Macroscale ordered ultrathin telluride nanowire films，and tellurium/telluride hetero-nanowire films. Angewandte Chemie International Edition，2012，51（30）：7420-7425.

[164] Wang K，Liang H W，Yao W T，et al. Templating synthesis of uniform Bi_2Te_3 nanowires with high aspect ratio in triethylene glycol（TEG）and their thermoelectric performance. Journal of Materials Chemistry，2011，21（38）：15057-15062.

[165] Yang Y，Wang K，Liang H W，et al. A new generation of alloyed/multimetal chalcogenide nanowires by chemical transformation. Science Advances，2015，1（10）：e1500714.

[166] Finefrock S W，Fang H Y，Yang H R，et al. Large-scale solution-phase production of Bi_2Te_3 and PbTe nanowires using Te nanowire templates. Nanoscale，2014，6（14）：7872-7876.

[167] Xu B，Feng T，Agne M T，et al. Highly porous thermoelectric nanocomposites with low thermal conductivity and high figure of merit from large-scale solution-synthesized $Bi_2Te_{2.5}Se_{0.5}$ hollow nanostructures. Angewandte Chemie International Edition，2017，56（13）：3546-3551.

[168] Radisavljevic B，Radenovic A，Brivio J，et al. Single-layer MoS_2 transistors. Nature Nanotechnology，2011，6（3）：147-150.

[169] Varrla E，Backes C，Paton K R，et al. Large-scale production of size-controlled MoS_2 nanosheets by shear exfoliation. Chemistry of Materials，2015，27（3）：1129-1139.

[170] Yao Y G，Lin Z Y，Li Z，et al. Large-scale production of two-dimensional nanosheets. Journal of Materials Chemistry，2012，22（27）：13494-13499.

[171] Shi Y M，Li H N，Li L J. Recent advances in controlled synthesis of two-dimensional transition metal dichalcogenides via vapour deposition techniques. Chemical Society Reviews，2015，44（9）：2744-2756.

[172] Dumcenco D，Ovchinnikov D，Marinov K，et al. Large-area epitaxial monolayer MoS_2. ACS Nano，2015，9（4）：4611-4620.

[173] Najmaei S，Liu Z，Zhou W，et al. Vapour phase growth and grain boundary structure of molybdenum disulphide atomic layers. Nature Materials，2013，12（8）：754-759.

[174] Song J G，Park J，Lee W，et al. Layer-controlled，wafer-scale，and conformal synthesis of tungsten disulfide nanosheets using atomic layer deposition. ACS Nano，2013，7（12）：11333-11340.

[175] Jeon J，Jang S K，Jeon S M，et al. Layer-controlled CVD growth of large-area two-dimensional MoS_2 films. Nanoscale，2015，7（5）：1688-1695.

[176] Yu Y F，Li C，Liu Y，et al. Controlled scalable synthesis of uniform，high-quality monolayer and few-layer MoS_2

films. Scientific Reports，2013，3：1866.

[177] Bilgin I，Liu F，Vargas A，et al. Chemical vapor deposition synthesized atomically thin molybdenum disulfide with optoelectronic-grade crystalline quality. ACS Nano，2015，9（9）：8822-8832.

[178] Kang K，Xie S E，Huang L J，et al. High-mobility three-atom-thick semiconducting films with wafer-scale homogeneity. Nature，2015，520（7549）：656-660.

[179] Zhou J，Lin J，Huang X，et al. A library of atomically thin metal chalcogenides. Nature，2018，556（7701）：355-359.

[180] Liu K K，Zhang W，Lee Y H，et al. Growth of large-area and highly crystalline MoS₂ thin layers on insulating substrates. Nano Letters，2012，12（3）：1538-1544.

[181] Tao J G，Chai J W，Lu X，et al. Growth of wafer-scale MoS₂ monolayer by magnetron sputtering. Nanoscale，2015，7（6）：2497-2503.

[182] Guo S，Wang E. Noble metal nanomaterials：Controllable synthesis and application in fuel cells and analytical sensors. Nano Today，2011，6（3）：240-264.

[183] Jain P K，Huang X，El-Sayed I H，et al. Noble metals on the nanoscale：optical and photothermal properties and some applications in imaging，sensing，biology，and medicine. Accounts of Chemical Research，2008，41（12）：1578-1586.

[184] Link S，El-Sayed M A. Shape and size dependence of radiative，non-radiative and photothermal properties of gold nanocrystals. International Reviews of Physical Chemistry，2000，19（3）：409-453.

[185] Mavrikakis M，Hammer B，Nørskov J K. Effect of strain on the reactivity of metal surfaces. Physical Review Letters，1998，81（13）：2819-2822.

[186] Stamenkovic V，Mun B S，Mayrhofer K J J，et al. Changing the activity of electrocatalysts for oxygen reduction by tuning the surface electronic structure. Angewandte Chemie International Edition，2006，45（18）：2897-2901.

[187] Faraday M. Experimental relations of gold（and other metals）to light. Philosophical Transactions of the Royal Society A，1857，147：145-181.

[188] Larcher D，Tarascon J M. Towards greener and more sustainable batteries for electrical energy storage. Nature Chemistry，2015，7（1）：19-29.

[189] Chen C，Kang Y，Huo Z，et al. Highly crystalline multimetallic nanoframes with three-dimensional electrocatalytic surfaces. Science，2014，343（6177）：1339-1343.

[190] Niu Z，Becknell N，Yu Y，et al. Anisotropic phase segregation and migration of Pt in nanocrystals en route to nanoframe catalysts. Nature Materials，2016，15（11）：1188-1194.

[191] Zhang Z，Luo Z，Chen B，et al. One-pot synthesis of highly anisotropic five-fold-twinned PtCu nanoframes used as a bifunctional electrocatalyst for oxygen reduction and methanol oxidation. Advanced Materials，2016，28（39）：8712-8717.

[192] Li H H，Fu Q Q，Xu L，et al. Highly crystalline PtCu nanotubes with three dimensional molecular accessible and restructured surface for efficient catalysis. Energy & Environmental Science，2017，10：1751-1756.

[193] Xie S，Lu N，Xie Z，et al. Synthesis of Pd-Rh core-frame concave nanocubes and their conversion to Rh cubic nanoframes by selective etching of the Pd cores. Angewandte Chemie International Edition，2012，51（41）：10266-10270.

[194] Pei J，Mao J，Liang X，et al. Ir-Cu nanoframes：one-pot synthesis and efficient electrocatalysts for oxygen evolution reaction. Chemical Communications，2016，52（19）：3793-3796.

[195] Park J，Kim J，Yang Y，et al. RhCu 3D nanoframe as a highly active electrocatalyst for oxygen evolution reaction under alkaline condition. Advanced Science，2016，3（4）：1500252.

[196] Yu Y-Y, Chang S-S, Lee C-L, et al. Gold nanorods: electrochemical synthesis and optical properties. The Journal of Physical Chemistry B, 1997, 101 (34): 6661-6664.

[197] Mahmoud M A, El-Sayed M A. Gold nanoframes: Very high surface plasmon fields and excellent near-infrared sensors. Journal of the American Chemical Society, 2010, 132 (36): 12704-12710.

[198] Au L, Chen Y, Zhou F, et al. Synthesis and optical properties of cubic gold nanoframes. Nano Research, 2008, 1 (6): 441-449.

[199] Zhang L, Liu T, Liu K, et al. Gold nanoframes by nonepitaxial growth of Au on AgI nanocrystals for surface-enhanced Raman spectroscopy. Nano Letters, 2015, 15 (7): 4448-4454.

[200] Jin M, Liu H, Zhang H, et al. Synthesis of Pd nanocrystals enclosed by {100} facets and with sizes<10 nm for application in CO oxidation. Nano Research, 2011, 4 (1): 83-91.

[201] Kim Y H, Zhang L, Yu T, et al. Droplet-based microreactors for continuous production of palladium nanocrystals with controlled sizes and shapes. Small, 2013, 9 (20): 3462-3467.

[202] Zhang L, Xia Y. Scaling up the production of colloidal nanocrystals: Should we increase or decrease the reaction volume? Advanced Materials, 2014, 26 (16): 2600-2606.

[203] Song H, Tice J D, Ismagilov R F. A microfluidic system for controlling reaction networks in time. Angewandte Chemie International Edition, 2003, 42 (7): 768-772.

[204] Lohse S E, Eller J R, Sivapalan S T, et al. A simple millifluidic benchtop reactor system for the high-throughput synthesis and functionalization of gold nanoparticles with different sizes and shapes. ACS Nano, 2013, 7 (5): 4135-4150.

[205] Santana J S, Koczkur K M, Skrabalak S E. Synthesis of core@shell nanostructures in a continuous flow droplet reactor: controlling structure through relative flow rates. Langmuir, 2017, 33 (24): 6054-6061.

[206] Bannock J H, Krishnadasan S H, Heeney M, et al. A gentle introduction to the noble art of flow chemistry. Materials Horizons, 2014, 1 (4): 373-378.

[207] Kunal P, Roberts E J, Riche C T, et al. Continuous flow synthesis of Rh and RhAg alloy nanoparticle catalysts enables scalable production and improved morphological control. Chemistry of Materials, 2017, 29 (10): 4341-4350.

[208] Elvira K S, i Solvas X C, Wootton R C R, et al. The past, present and potential for microfluidic reactor technology in chemical synthesis. Nature Chemistry, 2013, 5 (11): 905-915.

[209] Lignos I, Protesescu L, Stavrakis S, et al. Facile droplet-based microfluidic synthesis of monodisperse IV-VI semiconductor nanocrystals with coupled in-line NIR fluorescence detection. Chemistry of Materials, 2014, 26 (9): 2975-2982.

[210] Nightingale A M, Phillips T W, Bannock J H, et al. Controlled multistep synthesis in a three-phase droplet reactor. Nature Communications, 2014, 5: 3777.

[211] Lin X Z, Terepka A D, Yang H. Synthesis of silver nanoparticles in a continuous flow tubular microreactor. Nano Letters, 2004, 4 (11): 2227-2232.

[212] Garstecki P, Fuerstman M J, Stone H A, et al. Formation of droplets and bubbles in a microfluidic T-junction-scaling and mechanism of break-up. Lab on a Chip, 2006, 6 (3): 437-446.

[213] Cramer C, Fischer P, Windhab E J. Drop formation in a co-flowing ambient fluid. Chemical Engineering Science, 2004, 59 (15): 3045-3058.

[214] Chan E M, Alivisatos A P, Mathies R A. High-temperature microfluidic synthesis of CdSe nanocrystals in nanoliter droplets. Journal of the American Chemical Society, 2005, 127 (40): 13854-13861.

[215] Leshansky A，Pismen L. Breakup of drops in a microfluidic T junction. Physics of Fluids，2009，21（2）：023303.

[216] Ménétrier-Deremble L， Tabeling P. Droplet breakup in microfluidic junctions of arbitrary angles. Physica Review E，2006，74（3）：035303.

[217] Jullien M C，Ching M J T M，Cohen C，et al. Droplet breakup in microfluidic T-junctions at small capillary numbers. Physics of Fluids，2009，21（7）：072001.

[218] Zhang L，Wang Y，Tong L，et al. Synthesis of colloidal metal nanocrystals in droplet reactors：the pros and cons of interfacial adsorption. Nano Letters，2014，14（7）：4189-4194.

[219] Roach L S，Song H，Ismagilov R F. Controlling nonspecific protein adsorption in a plug-based microfluidic system by controlling interfacial chemistry using fluorous-phase surfactants. Analytical Chemistry，2005，77（3）：785-796.

[220] He J，Perez M T，Zhang P，et al. A general approach to synthesize asymmetric hybrid nanoparticles by interfacial reactions. Journal of the American Chemical Society，2012，134（8）：3639-3642.

[221] Ameloot R，Vermoortele F，Vanhove W，et al. Interfacial synthesis of hollow metal-organic framework capsules demonstrating selective permeability. Nature Chemistry，2011，3（5）：382-387.

[222] Niu G，Zhang L，Ruditskiy A，et al. A droplet-reactor system capable of automation for the continuous and scalable production of noble-metal nanocrystals. Nano Letters，2018，18（6）：3879-3884.

[223] Wu F，Zhang D，Peng M，et al. Microfluidic synthesis enables dense and uniform loading of surfactant-free PtSn nanocrystals on carbon supports for enhanced ethanol oxidation. Angewandte Chemie International Edition，2016，55（16）：4952-4956.

[224] Tsao K C，Yang H. Continuous production of carbon-supported cubic and octahedral platinum-based catalysts using conveyor transport system. Small，2016，12（35）：4808-4814.

[225] Guo L，Liang F，Wen X，et al. Uniform magnetic chains of hollow cobalt mesospheres from one-pot synthesis and their assembly in solution. Advanced Functional Materials，2007，17（3）：425-430.

[226] Graf C，Dembski S，Hofmann A，et al. A general method for the controlled embedding of nanoparticles in silica colloids. Langmuir，2006，22（13）：5604-5610.

[227] Yin Y，Erdonmez C K，Cabot A，et al. 2006. Colloidal synthesis of hollow cobalt sulfide nanocrystals. Advanced Functional Materials，16（11）：1389-1399.

[228] Luther J M，Zheng H，Sadtler B，et al. Synthesis of PbS nanorods and other ionic nanocrystals of complex morphology by sequential cation exchange reactions. Journal of the American Chemical Society，2009，131（46）：16851-16857.

[229] Li H H，Ma S Y，Fu Q Q，et al. Scalable bromide-triggered synthesis of Pd@Pt core-shell ultrathin nanowires with enhanced electrocatalytic performance toward oxygen reduction reaction. Journal of the American Chemical Society，2015，137（24）：7862-7868.

[230] Liang H W，Liu S，Gong J Y，et al. Ultrathin Te nanowires：An excellent platform for controlled synthesis of ultrathin platinum and palladium nanowires/nanotubes with very high aspect ratio. Advanced Materials，2009，21（18）：1850-1854.

[231] Li H H，Xie M L，Cui C H，et al. Surface charge polarization at the interface：enhancing the oxygen reduction via precise synthesis of heterogeneous ultrathin Pt/PtTe nanowire. Chemistry of Materials，2016，28（24）：8890-8898.

[232] Zhao Y，Zhang Y，Li Y，et al. Rapid and large-scale synthesis of Cu nanowires via a continuous flow solvothermal process and its application in dye-sensitized solar cells（DSSCs）. RSC Advances，2012，2（30）：11544-11551.

[233] 傅棋琪. 一维铜基功能纳米材料的设计、制备及应用研究. 合肥：中国科学技术大学，2018.

[234] Fu Q Q，Li H H，Ma S Y，et al. A mixed-solvent route to unique PtAuCu ternary nanotubes templated from Cu nanowires as efficient dual electrocatalysts. Science China Materials，2016，59（2）：112-121.

[235] Marcus R A. Electron transfer reactions in chemistry. Theory and experiment. Reviews of Modern Physics，1993，65（3）：599-610.

[236] Turkevich J，Stevenson P C，Hillier J. A study of the nucleation and growth processes in the synthesis of colloidal gold. Discussions of the Faraday Society，1951，11：55-75.

[237] Frens G. Controlled nucleation for the regulation of the particle size in monodisperse gold suspensions. Nature，1973，241（105）：20-22.

[238] Lee Y T，Im S H，Wiley B，et al. Quick formation of single-crystal nanocubes of silver through dual functions of hydrogen gas in polyol synthesis. Chemical Physics Letters，2005，411（4）：479-483.

[239] Sun Y，Ren Y，Liu Y，et al. Ambient-stable tetragonal phase in silver nanostructures. Nature Communications，2012，3：971.

[240] Wiley B，Sun Y，Xia Y. Synthesis of silver nanostructures with controlled shapes and properties. Accounts of Chemical Research，2007，40（10）：1067-1076.

[241] 王智华. 银纳米线宏量可控制备及应用研究. 合肥：中国科学技术大学，2016.

[242] Chi M，Wang C，Lei Y，et al. Surface faceting and elemental diffusion behaviour at atomic scale for alloy nanoparticles during *in situ* annealing. Nature Communications，2015，6：8925.

[243] Sra A K，Schaak R E. Synthesis of atomically ordered AuCu and AuCu₃ nanocrystals from bimetallic nanoparticle precursors. Journal of the American Chemical Society，2004，126（21）：6667-6672.

[244] Lohse S E，Burrows N D，Scarabelli L，et al. Anisotropic noble metal nanocrystal growth：the role of halides. Chemistry of Materials，2014，26（1）：34-43.

[245] Zhang L，Zhang J，Kuang Q，et al. Cu^{2+}-assisted synthesis of hexoctahedral Au-Pd alloy nanocrystals with high-index facets. Journal of the American Chemical Society，2011，133（43）：17114-17117.

[246] Personick M L，Langille M R，Zhang J，et al. Shape control of gold nanoparticles by silver underpotential deposition. Nano Letters，2011，11（8）：3394-3398.

[247] Long R，Rao Z，Mao K，et al. Efficient coupling of solar energy to catalytic hydrogenation by using well-designed palladium nanostructures. Angewandte Chemie International Edition，2015，54（8）：2425-2430.

[248] Wang T，Lee C，Schmidt L. Shape and orientation of supported Pt particles. Surface Science，1985，163（1）：181-197.

[249] Harris P. Sulphur-induced faceting of platinum catalyst particles. Nature，1986，323（6091）：792-794.

[250] Wu B，Zheng N，Fu G. Small molecules control the formation of Pt nanocrystals：a key role of carbon monoxide in the synthesis of Pt nanocubes. Chemical Communications，2011，47（3）：1039-1041.

[251] Lévy R，Thanh N T，Doty R C，et al. Rational and combinatorial design of peptide capping ligands for gold nanoparticles. Journal of the American Chemical Society，2004，126（32）：10076-10084.

[252] Chiu C Y，Li Y，Ruan L，et al. Platinum nanocrystals selectively shaped using facet-specific peptide sequences. Nature Chemistry，2011，3（5）：393-399.

[253] Xie J，Lee J Y，Wang D I，et al. Identification of active biomolecules in the high-yield synthesis of single-crystalline gold nanoplates in algal solutions. Small，2007，3（4）：672-682.

[254] Iravani S. Green synthesis of metal nanoparticles using plants. Green Chemistry，2011，13（10）：2638-2650.

[255] Raveendran P，Fu J，Wallen S L. Completely "green" synthesis and stabilization of metal nanoparticles. Journal of the American Chemical Society，2003，125（46）：13940-13941.

[256] Liu Y，Chi M，Mazumder V，et al. Composition-controlled synthesis of bimetallic PdPt nanoparticles and their electro-oxidation of methanol. Chemistry of Materials，2011，23（18）：4199-4203.

[257] Wang C，Yin H，Chan R，et al. One-pot synthesis of oleylamine coated AuAg alloy NPs and their catalysis for CO oxidation. Chemistry of Materials，2009，21（3）：433-435.

[258] Liu Y，Ge Y，Yu D. Thermodynamic descriptions for Au-Fe and Na-Zn binary systems. Journal of Alloys and Compounds，2009，476（1）：79-83.

[259] Okamoto H，Massalski T，Nishizawa T，et al. The Au-Co（gold-cobalt）system. Bulletin of Alloy Phase Diagrams，1985，6（5）：449-454.

[260] Wang J，Lu X G，Sundman B，et al. Thermodynamic assessment of the Au-Ni system. Calphad，2005，29（4）：263-268.

[261] Vasquez Y，Luo Z，Schaak R E. Low-temperature solution synthesis of the non-equilibrium ordered intermetallic compounds Au_3Fe, Au_3Co, and Au_3Ni as nanocrystals. Journal of the American Chemical Society，2008，130（36）：11866-11867.

[262] Strobel R，Mädler L，Piacentini M，et al. Two-nozzle flame synthesis of $Pt/Ba/Al_2O_3$ for NO_x storage. Chemistry of Materials，2006，18（10）：2532-2537.

[263] 徐国财，张立德. 纳米复合材料. 北京：化学工业出版社，2002.

[264] 柯扬船. 聚合物纳米复合材料. 北京：科学出版社，2009.

[265] 胡保川，牛晋川. 先进复合材料. 2 版. 北京：国防工业出版社，2013.

[266] 李凤生. 纳米/微米复合技术及应用. 北京：国防工业出版社，2002.

[267] 米耀荣，于中振. 聚合物纳米复合材料. 北京：机械工业出版社，2009.

[268] 王锐，訾学红，刘立成，等. 核壳结构双金属纳米粒子的研究与应用. 化学进展，2010，22（2/3）：358-366.

[269] Joo S H，Park J Y，Tsung C K，et al. Thermally stable Pt/mesoporous silica core-shell nanocatalysts for high-temperature reactions. Nature Materials，2009，8（2）：126-131.

[270] Jing L，Li Y，Ding K，et al. Surface-biofunctionalized multicore/shell $CdTe@SiO_2$ composite particles for immunofluorescence assay. Nanotechnology，2011，22（50）：505104.

[271] Liang Y，Li Y，Wang H，et al. Co_3O_4 nanocrystals on graphene as a synergistic catalyst for oxygen reduction reaction. Nature Materials，2011，10（10）：780-786.

[272] Liang Y，Li Y，Wang H，et al. Strongly coupled inorganic/nanocarbon hybrid materials for advanced electrocatalysis. Journal of the American Chemical Society，2013，135（6）：2013-2036.

[273] Liang H W，Liu J W，Qian H S，et al. Multiplex templating process in one-dimensional nanoscale：Controllable synthesis，macroscopic assemblies，and applications. Accounts of Chemical Research，2013，46（7）：1450-1461.

[274] He D，Hu B，Yao Q F，et al. Large-scale synthesis of flexible free-standing SERS substrates with high sensitivity：electrospun PVA nanofibers embedded with controlled alignment of silver nanoparticles. ACS Nano，2009，3（12）：3993-4002.

[275] 朱美芳. 纳米复合纤维材料. 北京：科学出版社，2014.

[276] Demir M M，Gulgun M A，Menceloglu Y Z，et al. Palladium nanoparticles by electrospinning from poly (acrylonitrile-co-acrylic acid)-$PdCl_2$ solutions. Relations between preparation conditions，particle size，and catalytic activity. Macromolecules，2004，37（5）：1787-1792.

[277] Gao H L，Zhu Y B，Mao L B，et al. Super-elastic and fatigue resistant carbon material with lamellar multi-arch microstructure. Nature Communications，2016，7：12920.

[278] 孙玉绣，张大伟，金政伟. 纳米材料的制备方法及其应用. 北京：中国纺织出版社，2010.

[279] 杨志，刘文岩，张宝青，等. 有机/无机纳米复合材料的研究进展. 机械制造，2015，53（11）：58-61.

[280] 王英辉，李晓敏. 有机-无机纳米复合材料的制备——性能及应用. 材料导报，2006，20：185-187.

[281] Ohmori M，Matijević E. Preparation and properties of uniform coated inorganic colloidal particles. Journal of Colloid and Interface Science，1993，160（2）：288-292.

[282] Selvan S T，Tan T T，Ying J Y. Robust, non-cytotoxic, silica-coated CdSe quantum dots with efficient photoluminescence. Advanced Materials，2005，17（13）：1620-1625.

[283] Cheng B，Le Y，Yu J. Preparation and enhanced photocatalytic activity of Ag@TiO$_2$ core-shell nanocomposite nanowires. Journal of Hazardous Materials，2010，177（1/2/3）：971-977.

[284] Zhang B，Li J F，Zhong Q L，et al. Electrochemical and surfaced-enhanced Raman spectroscopic investigation of CO and SCN-adsorbed on Au（core）-Pt（shell）nanoparticles supported on GC electrodes. Langmuir，2005，21（16）：7449-7455.

[285] Tedsree K，Li T，Jones S，et al. Hydrogen production from formic acid decomposition at room temperature using a Ag-Pd core-shell nanocatalyst. Nature Nanotechnology，2011，6（5）：302-307.

[286] Sun H，He J，Wang J，et al. Investigating the multiple roles of polyvinylpyrrolidone for a general methodology of oxide encapsulation. Journal of the American Chemical Society，2013，135（24）：9099-9110.

[287] 杨晓丽，苏雄，杨小峰，等. 负载型金属催化剂的热稳定机制. 化工学报，2015，67（1）：73-82.

[288] Guo S，Sun S. FePt nanoparticles assembled on graphene as enhanced catalyst for oxygen reduction reaction. Journal of the American Chemical Society，2012，134（5）：2492-2495.

[289] Zhang C L，Yu S H. Spraying functional fibres by electrospinning. Materials Horizons，2016，3（4）：266-269.

[290] Wang J，Yao H B，He D，et al. Facile fabrication of gold nanoparticles-poly（vinyl alcohol）electrospun water-stable nanofibrous mats: efficient substrate materials for biosensors. ACS Applied Materials & Interfaces，2012，4（4）：1963-1971.

[291] Xiao X，Yuan L，Zhong J，et al. High-strain sensors based on ZnO nanowire/polystyrene hybridized flexible films. Advanced Materials，2011，23（45）：5440-5444.

[292] Decher G，Hong J D. Buildup of ultrathin multilayer films by a self-assembly process, 1 consecutive adsorption of anionic and cationic bipolar amphiphiles on charged surfaces. Makromolekulare Chemie Macromolecular Symposia，1991，46：321-327.

[293] Decher G. Fuzzy nanoassemblies: toward layered polymeric multicomposites. Science，1997，277（5330）：1232-1237.

[294] Richardson J J，Cui J，Björnmalm M，et al. Innovation in layer-by-layer assembly. Chemical Reviews，2016，116（23）：14828-14867.

[295] Han J，Dou Y，Yan D，et al. Biomimetic design and assembly of organic-inorganic composite films with simultaneously enhanced strength and toughness. Chemical Communications，2011，47（18）：5274-5276.

[296] Wu Z S，Yang S，Sun Y，et al. 3D nitrogen-doped graphene aerogel-supported Fe$_3$O$_4$ nanoparticles as efficient electrocatalysts for the oxygen reduction reaction. Journal of the American Chemical Society，2012，134（22）：9082-9085.

[297] Smith S E，Huba Z J，Almalki F，et al. Continuous-flow synthesis of Cu-M（M＝Ni，Co）core-shell nanocomposites. Journal of Flow Chemistry，2017，7（1）：18-22.

[298] Hellstern H L，Becker J，Hald P，et al. Development of a dual-stage continuous flow reactor for hydrothermal synthesis of hybrid nanoparticles. Industrial & Engineering Chemistry Research，2015，54（34）：8500-8508.

[299] Carroll K J，Calvin S，Ekiert T F，et al. Selective nucleation and growth of Cu and Ni core/shell nanoparticles. Chemistry of Materials，2010，22（7）：2175-2177.

[300] Dong H，Wang N，Wang L，et al. Bioinspired electrospun knotted microfibers for fog harvesting. ChemPhysChem，2012，13（5）：1153-1156.

[301] Gong G，Wu J，Liu J，et al. Bio-inspired adhesive superhydrophobic polyimide mat with high thermal stability. Journal of Materials Chemistry，2012，22（17）：8257-8262.

[302] Jiang L，Zhao Y，Zhai J. A lotus-leaf-like superhydrophobic surface：a porous microsphere/nanofiber composite film prepared by electrohydrodynamics. Angewandte Chemie International Edition，2004，43（33）：4338-4341.

[303] Wen Q，Di J，Zhao Y，et al. Flexible inorganic nanofibrous membranes with hierarchical porosity for efficient water purification. Chemical Science，2013，4（12）：4378-4382.

[304] Wu J，Wang N，Wang L，et al. Electrospun porous structure fibrous film with high oil adsorption capacity. ACS Applied Materials & Interfaces，2012，4（6）：3207-3212.

[305] Wu J，Wang N，Zhao Y，et al. Electrospinning of multilevel structured functional micro-/nanofibers and their applications. Journal of Materials Chemistry A，2013，1（25）：7290-7305.

[306] Lu X，Wang C，Wei Y. One-dimensional composite nanomaterials：synthesis by electrospinning and their applications. Small，2009，5（21）：2349-2370.

[307] Zhang C L，Lv K P，Cong H P，et al. Controlled assemblies of gold nanorods in PVA nanofiber matrix as flexible free-standing SERS substrates by electrospinning. Small，2012，8（5）：647-653.

[308] Zhang C L，Cao F H，Wang J L，et al. Highly stimuli-responsive Au nanorods/poly（n-isopropylacrylamide）（pnipam）composite hydrogel for smart switch. ACS Applied Materials & Interfaces，2017，9（29）：24857-24863.

[309] Zhang C L，Lv K P，Huang H T，et al. Co-assembly of Au nanorods with Ag nanowires within polymer nanofiber matrix for enhanced SERS property by electrospinning. Nanoscale，2012，4（17）：5348-5355.

[310] Zhang C L，Lv K P，Hu N Y，et al. Macroscopic-scale alignment of ultralong Ag nanowires in polymer nanofiber mat and their hierarchical structures by magnetic-field-assisted electrospinning. Small，2012，8（19）：2936-2940.

[311] Huang C，Soenen S J，Rejman J，et al. Stimuli-responsive electrospun fibers and their applications. Chemical Society Reviews，2011，（40）：2417-2434.

[312] Ji H，Zhao R，Zhang N，et al. Lightweight and flexible electrospun polymer nanofiber/metal nanoparticle hybrid membrane for high-performance electromagnetic interference shielding. NPG Asia Materials，2018，10（8）：749-760.

[313] Zhang F，Xia Y，Wang L，et al. Conductive shape memory microfiber membranes with core-shell structures and electroactive performance. ACS Applied Materials & Interfaces，2018，10（41）：35526-35532.

[314] Shui J，Chen C，Grabstanowicz L，et al. Highly efficient nonprecious metal catalyst prepared with metal-organic framework in a continuous carbon nanofibrous network. Proceedings of the National Academy of Sciences，2015，112（34）：10629-10634.

[315] Chen Y M，Yu L，Lou X W. Hierarchical tubular structures composed of Co_3O_4 hollow nanoparticles and carbon nanotubes for lithium storage. Angewandte Chemie International Edition，2016，55（20）：5990-5993.

[316] Richardson J J，Bjornmalm M，Caruso F. Technology-driven layer-by-layer assembly of nanofilms. Science，2015，348（6233）：2491.

[317] Yao H B，Fang H Y，Wang X H，et al. Hierarchical assembly of micro-/nano-building blocks：bio-inspired rigid structural functional materials. Chemical Society Reviews，2011，40（7）：3764-3785.

[318] Yao H B，Fang H Y，Tan Z H，et al. Biologically inspired，strong，transparent，and functional layered

organic-inorganic hybrid films. Angewandte Chemie International Edition，2010，49（12）：2140-2145.

[319] Correa S，Choi K Y，Dreaden E C，et al. Highly scalable，closed-loop synthesis of drug-loaded，layer-by-layer nanoparticles. Advanced Functional Materials，2016，26（7）：991-1003.

[320] 陶涛. 球磨法用于制备纳米功能材料. 长沙：中南大学，2011.

[321] Chen Y，Qian J，Cao Y，et al. Green synthesis and stable Li-storage performance of $FeSi_2/Si@C$ nanocomposite for lithium-ion batteries. ACS Applied Materials & Interfaces，2012，4（7）：3753-3758.

[322] Badi N，Erra A R，Hernandez F C，et al. Low-cost carbon-silicon nanocomposite anodes for lithium ion batteries. Nanoscale Research Letters，2014，9（1）：360.

[323] Li Z J，Yu H Y，Song G Y，et al. Ten-gram scale $SiC@SiO_2$ nanowires：high-yield synthesis towards industrialization，*in situ* growth mechanism and their peculiar photoluminescence and electromagnetic wave absorption properties. Physical Chemistry Chemical Physics，2017，19（5）：3948-3954.

[324] Sun Y，Jiang S，Bi W，et al. Highly ordered lamellar V_2O_3-based hybrid nanorods towards superior aqueous lithium-ion battery performance. Journal of Power Sources，2011，196（20）：8644-8650.

[325] Singh U，Banerjee A，Mhamane D，et al. Surfactant free gram scale synthesis of mesoporous $Ni(OH)_2$-r-GO nanocomposite for high rate pseudocapacitor application. RSC Advances，2014，4（75）：39875-39883.

[326] Chun M J，Park H，Park S，et al. Bicontinuous structured silicon anode exhibiting stable cycling performance at elevated temperature. RSC Advances，2013，3（44）：21320-21325.

[327] Mathew V，Gim J，Kim E，et al. A rapid polyol combustion strategy towards scalable synthesis of nanostructured $LiFePO_4/C$ cathodes for Li-ion batteries. Journal of Solid State Electrochemistry，2014，18：1557-1567.

[328] Park J C，Lee H J，Jung H S，et al. Gram-scale synthesis of magnetically separable and recyclable $Co@SiO_2$ yolk-shell nanocatalysts for phenoxycarbonylation reactions. ChemCatChem，2011，3（4）：755-760.

关键词索引